TRAITÉ PRATIQUE

DE L'ENTRETIEN ET DE L'EXPLOITATION

DES

CHEMINS DE FER

OUVRAGES DU MÊME AUTEUR

NOTE SUR LES CHEMINS DE FER SUISSES. Brochure in-8°, un tableau et planches, 2 fr.

NOTE SUR LA CONSTRUCTION DU PONT DU RHIN A COLOGNE. Avec planche.

NOTE SUR LA PÉNÉTRATION DU BOIS PAR DES SELS MÉTALLIQUES.

DESCRIPTION D'UN PROCÉDÉ DE CARBONISATION EMPLOYÉ SUR LES BASSINS HOUILLERS DE SAARBRUCK ET DE LA RUHR, EN 1852 ET 1853. Avec planche, 1 fr. 50.

NOTE SUR L'EXPLOITATION DES MINES ET DES USINES DE BLEYBERG-EN-EIFFEL.

Paris. — Typographie HENNUYER ET FILS, rue du Boulevard, 7.

TRAITÉ PRATIQUE

DE

L'ENTRETIEN

ET DE

L'EXPLOITATION

DES

CHEMINS DE FER

PAR

CH. GOSCHLER

ANCIEN ÉLÈVE DE L'ÉCOLE CENTRALE DES ARTS ET MANUFACTURES,
et successivement
INGÉNIEUR AUX CHEMINS DE FER D'ALSACE, INGÉNIEUR PRINCIPAL AUX CHEMINS DE FER DE L'EST,
DIRECTEUR GÉNÉRAL DU CHEMIN DE FER HAINAUT ET FLANDRES, ETC., ETC.

TOME TROISIÈME

SERVICE DE LA LOCOMOTION

PARIS
LIBRAIRIE POLYTECHNIQUE
J. BAUDRY, LIBRAIRE-ÉDITEUR
RUE DES SAINTS-PÈRES, 15
LIÉGE, MÊME MAISON

1868

(C.)

Nous considérons comme un devoir d'offrir ici à M. Vuillemin, ancien élève de l'Ecole centrale des arts et manufactures et ingénieur en chef du matériel et de la traction aux chemins de fer de l'Est, l'expression de notre sincère reconnaissance pour la peine qu'il a bien voulu prendre de relire les épreuves de ce tome troisième et de nous communiquer ses observations.

Cette troisième partie du *Traité pratique de l'entretien et de l'exploitation des chemins de fer* devait paraître à la fin de l'année dernière. Mais, au moment de la livrer à l'impression, nous avons été arrêté par la pensée qu'il y aurait intérêt pour nos lecteurs à en ajourner la publication jusqu'au jour où, par une étude complète des produits de l'industrie des chemins de fer à l'Exposition universelle de 1867, nous pourrions mettre notre étude au courant des faits nouveaux que ce grand concours pouvait accuser. Sous ce rapport, notre attente a été trompée.

Cette Exposition n'a révélé aucune invention nouvelle, aucun progrès saillant sur sa devancière. Elle nous a cependant permis de distinguer certaines particularités de détails concernant le matériel roulant qui ont quelque valeur :

— Les diverses applications de la vapeur et de l'air comprimé à l'enrayage des trains ;

— L'emploi des tenders-moteurs ;

— La traversée des cours d'eau sur ponts de bateaux ;

— Le transbordement des véhicules par pontons ; les *ferry-boats ;*

— Les voitures à deux étages.

Dans un autre ordre d'idées : le contrôle des trains, les colonnes alimentaires ;

— La fabrication des agglomérés, etc., etc.

Sur les questions touchant le matériel de la voie, nous n'avons rien trouvé à l'Exposition qui ne fût déjà décrit dans les deux premiers volumes de ce livre, à l'exception, toutefois, du système de voie proposé par M. Hartwich, système que l'expérience n'a pas encore sanctionné, mais qui est digne de fixer l'attention des ingénieurs. On en trouvera la description dans les annexes du quatrième volume.

Nous aurions voulu joindre aux trois premiers chapitres de la LOCOMOTION les annexes qui s'y rapportent plus particulièrement, mais le nombre et l'importance de ces documents auraient donné à ce tome troisième un développement exagéré. — Force a donc été d'en reporter la publication jusqu'à la fin du SERVICE DE LA LOCOMOTION, en ce moment sous presse.

On y trouvera : les programmes des cahiers des charges pour la fourniture des machines locomotives, des tenders, des voitures et des wagons ;

— Des spécifications pour la fourniture des tubes, des balances de soupapes, des aciers à ressorts, des roues et essieux, etc.;

— Des types de prix de revient des divers véhicules ;

— Des cahiers des charges pour la fourniture des colonnes alimentaires, des tuyaux en fonte, des combustibles, etc.;

— Enfin, quelques détails sur les freins à huit sabots, les chariots transbordeurs, etc.

MM. Freulon et Grand, ingénieurs civils, anciens élèves de l'École centrale des arts et manufactures, le premier en continuant l'exécution des dessins, le second en réunissant tous les matériaux qui se rapportent au service de la locomotion, nous ont prêté un concours dévoué dont nous les remercions cordialement.

C. G.

Paris, janvier 1868.

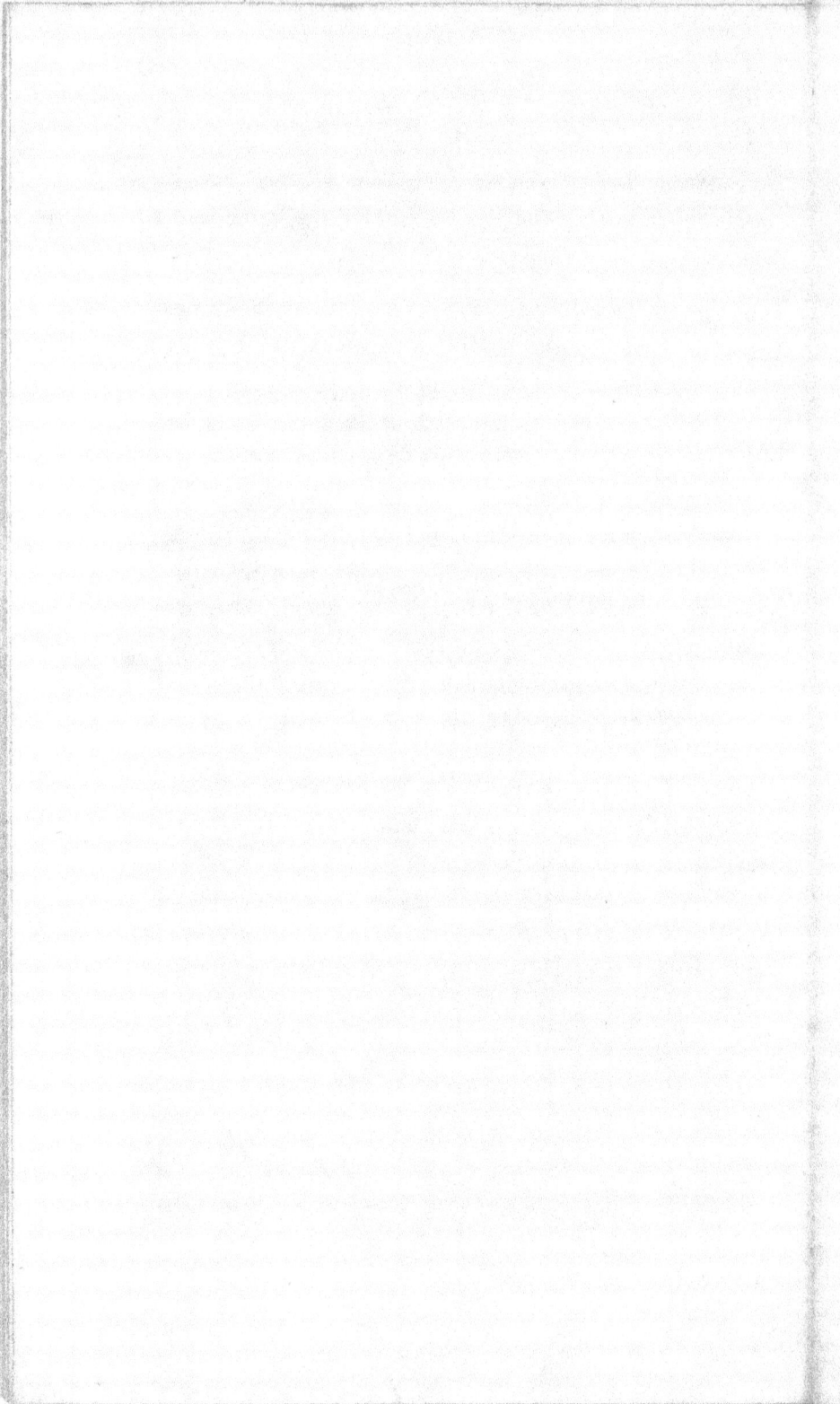

TABLE DES MATIÈRES.

CHAPITRE II. — MATÉRIEL DE TRANSPORT.

§ I. — *Classification des véhicules.*

§ II. — *Construction et entretien des voitures.*

CHAPITRE III. — ATELIERS, DÉPOTS, ALIMENTATION.

§ 1. — *Considérations générales.*

§ II. — *Outillage des ateliers.*

§ III. — *Alimentation des machines.*

FIN DE LA TABLE DES MATIÈRES.

TRAITÉ PRATIQUE

DE L'ENTRETIEN ET DE L'EXPLOITATION

DES

CHEMINS DE FER

Entretenir un Matériel industriel, c'est le tenir en bon état, réparer ses avaries, en remplacer les pièces défectueuses, et enfin le reconstruire, le renouveler, l'améliorer.

La notion des lois de la construction devient donc aussi indispensable au personnel chargé de l'entretien que la connaissance des conditions d'emploi de ce Matériel.

Nous nous sommes efforcé de répondre à cette double obligation en résumant, dans la Première Partie de ce Livre, les principes et les faits qui régissent l'établissement des chemins de fer.

La Seconde Partie de notre Traité tend au même but. Procédant des mêmes idées, l'Étude du Service de la Locomotion, affranchie des détails de construction dont le développement dépasserait notre cadre, mais précédée de quelques notions élémentaires sur la théorie des locomotives, se bornera simplement à la description des types de Matériel le plus généralement adoptés, réservant ainsi aux détails du Service l'espace restreint dont nous disposons.

L'exploitation des chemins de fer est un art complexe, dont l'exercice régulier réclame une harmonie parfaite dans le fonctionnement des divers organes qui en constituent l'ensemble. A l'origine des railways, alors que les lignes construites présentaient dans leur isolement un état en quelque sorte embryonnaire, les diverses branches de l'exploitation, concentrées dans une seule main, fonctionnaient ainsi sous une direction imprimant aux divers rouages l'unité de marche qui seule donne la régularité et l'économie. Mais des combinaisons de diverse nature ayant successivement amené le groupement en faisceaux des tronçons de lignes isolés, question intéressante et qui, pour nous, fera l'objet d'une étude particulière, les administrations de ces grands réseaux, dont les mailles couvrent des étendues considérables, ont été conduites à scinder en plusieurs services distincts, à répartir entre différentes individualités, l'entretien et l'exploitation des chemins de fer.

Indépendamment des instructions et règlements communs aux autres services, chacune des branches de l'entretien et de l'exploitation a ses instructions spéciales, ses règlements particuliers. Nous croyons nécessaire, en raison de cette division, que, dans chaque branche, les divers agents aient une connaissance suffisante des règles qui président à l'organisation et au fonctionnement des autres ramifications. C'est en nous basant sur ce principe que ce Livre a été composé.

De même que l'ingénieur de la Locomotion trouve, dans la Première Partie (Service de la voie), tous les renseignements qui intéressent le Service du Matériel roulant, — construction de la voie, force de résistance des rails, dispositions des changements et croisements de voies, plaques tournantes, etc., modifications de pentes et rampes, rayons des courbes, signaux, etc.; — de même aussi, l'ingénieur chargé des travaux et de la surveillance rencontrera, dans la Seconde Partie, les relations intimes qui lient la Voie au Matériel roulant, — poids des véhicules, écartement des roues, des essieux, dimensions et formes des bandages, hauteur des pièces au-dessus des rails, largeur des véhicules, signaux, etc., etc.

Quant aux agents du Service de l'Exploitation proprement dite — Mouvement, Trafic, etc., — malgré la spécialité de leurs fonctions, ils ne doivent pas non plus rester étrangers aux notions que possède l'ingénieur de chemins de fer. Notre Traité leur fournira des renseignements qui les mettront à même d'apprécier judicieusement les indications fournies par les agents des autres services, et qui, n'étant pas toujours convenablement interprétées, amènent quelquefois de regrettables conflits.

Le but de notre Livre est donc suffisamment indiqué.

L'étude du Service du Matériel et de la Traction, ou, plus simplement, de *la Locomotion*, se divise en cinq chapitres :

Chap. I. — Moteurs.
Chap. II. — Matériel de transport.
Chap. III. — Ateliers, dépôts, alimentation.
Chap. IV. — Organisation du service de la locomotion.
Chap. V. — Gestion du service.

Le lecteur qui voudrait poursuivre l'étude des détails de la théorie et de la construction des machines devra, comme nous, avoir recours aux lumières et aux bienveillants avis de MM. les Ingénieurs chargés du service de la Locomotion des différents chemins de fer ; il pourra d'ailleurs consulter avec fruit les ouvrages spéciaux, parmi lesquels nous citerons :

Guide du mécanicien constructeur et conducteur de machines locomotives, par MM. Le Chatelier, E. Flachat, J. Petiet et C. Polonceau.

Annales des mines. — Mémoires de MM. Le Chatelier, de Pambour, Couche, Resal, Phillips, etc.

Mémoires de la Société des ingénieurs civils. — Mémoires de MM. E. Flachat, Nozo, Geoffroy, Chobzinski, Agudio, Mathieu, Desgranges, Polonceau, Desmousseaux de Givré, Brull, Molinos et Pronnier, Desbrières, Marché, Vidal, etc., etc.

Organ für die Fortschritte des Eisenbahnwesens, par M. Edmund Heusinger von Waldegg.

Locomotive Engineering, par M. Zerah Colburn.

Die Eisenbahn Zeitung, à Stuttgard.— *Zeitschrift des Architecten und Ingenieur Vereins*, à Hanovre. — *Schweizerische Polytechnische Zeitschrift*, à Winterthur. — *Zeitschrift des Osterr.-Ingen.-Vereins*, à Vienne. — *Zeitung des Vereins*

Deutsch. Eisenb. Verwaltung, à Leipzig. — *Zeitschrift für Bauwesen*, par Erbkam, à Berlin, etc., etc.

— Bien que l'unité de système de poids, mesures et monnaies tende heureusement à remplacer l'infinie diversité qui existait naguère encore, nous croyons devoir mettre sous les yeux du lecteur les principaux éléments de conversion qui nous ont servi pour la rédaction de notre Livre.

Conversion du MÈTRE en PIEDS.

Autriche........................	3p,163
Prusse	3 ,184
Angleterre	3 ,281
Suisse, Bade et Nassau...........	3 ,333
Bavière et Hanovre..............	3 ,424
Wurtemberg.....................	3 ,496
Saxe...........................	3 ,546

Conversion du PIED en MÈTRE.

Autriche	0m,316
Prusse	0 ,314
Angleterre........................	0 ,305
Suisse, Bade et Nassau	0 ,300
Bavière et Hanovre..............	0 ,292
Wurtemberg.....................	0 ,286
Saxe...........................	0 ,282

Conversion des monnaies étrangères en monnaie française.

Nombre.	Florins du Rhin en francs.	Florins d'Autriche en francs.	Thalers en francs.	Livres sterling en francs.	Shillings en francs.
1	2,14	2,50	3,75	25,208	1,26
2	4,29	5, »	7,50	50,416	2,52
3	6,43	7,50	11,25	75,624	3,78
4	8,57	10, »	15, »	100,832	5,04
5	10,71	12,50	18,75	126,040	6,30
6	12,85	15, »	22,50	151,248	7,56
7	15, »	17,50	26,25	176,456	8,82
8	17,14	20, »	30, »	201,664	10,08
9	19,29	22,50	33,75	226,872	11,34
10	21,43	25, »	37,50	252,080	12,60

Conversion des mesures anglaises en mesures françaises.

Nombre.	Pouces en centimètres.	Pieds en mètres.	Pouces carrés en centimètres carrés	Pieds carrés en mètre carré.	Pieds cubes en mètre cube.
1	2,539 *	0,3048 *	6,45	0,0929	0,028314
2	5,078	0,6096	12,90	0,1858	0,056628
3	7,619	0,9144	19,35	0,2787	0,084942
4	10,159	1,2197	25,81	0,3716	0,113256
5	12,699	1,5239	32,26	0,4645	0,141570
6	15,239	1,8287	38,71	0,5574	6,169884
7	17,780	2,1335	45,16	0,6503	0,198198
8	20,319	2,4383	51,61	0,7432	0,226512
9	22,859	2,7432	58,06	0,8361	0,254826
10	25,399	3,0479	64,52	0,9290	0,283140
Nombre.	**Livres en kilogrammes.**	**Tonnes en tonneaux de 1000 kilogr.**	**Pressions en livres par pouce carré en kilogramme par centimètre carré.**	**Milles en kilomètres.**	**Observations.**
1	0,453558 *	1,01604 *	0,070277	1,6093	* Annuaire du Bureau des longitudes, 1852.
2	0,907116	2,03208	0,140554	3,2186	
3	1,360674	3,04812	0,210832	4,8279	
4	1,814232	4,06416	0,281109	6,4373	
5	2,267790	5,08020	0,351387	8,0466	
6	2,721348	6,09624	0,421664	9,6559	
7	3,174906	7,11228	0,491941	11,2652	
8	3,628464	8,12832	0,562219	12,8745	
9	4,082022	9,14436	0,632496	14,4838	
10	4,535580	10,16040	0,707774	16,0930	

L'administration de l'Association des chemins de fer allemands emploie pour base des calculs de sa Statistique annuelle, à laquelle nous avons fait de nombreux emprunts, les valeurs suivantes :

1 pied = 0^{m},313853.
1 ruthe = 12 pieds de Prusse = 3^{m},7662423.
1 meile = 2000 ruthe = $7^{kilom.}$,532.
1 pied cube = 0^{m3},030916.
1 klafter = 108 pieds cubes = 3^{m3},338928.

1 quintal (de douane) = 100 livres = 50 kilogrammes.
1 quintal de Vienne = $1^{q.d.}$,120 = 56 kilogrammes.
1 thaler = 30 silbergroschen = 360 Pfenningen.

Note. — Pour répondre aux bienveillantes observations qui nous ont été adressées, nous faisons précéder de quelques renseignements sur l'origine et l'histoire de la machine locomotive, la description des moteurs, qui forme le chapitre Ier de la Seconde Partie. Quant à l'invention de la machine à vapeur elle-même, nous ne pouvons faire mieux que de renvoyer le lecteur à la belle notice scientifique publiée par Fr. Arago dans l'*Annuaire du Bureau des longitudes* pour l'an 1837.

Paris, 1867.

SECONDE PARTIE

SERVICE DE LA LOCOMOTION

MATÉRIEL ROULANT. — TRACTION.

CHAPITRE I.

MOTEURS.

§ 1.

CONSIDÉRATIONS GÉNÉRALES.

Notions historiques. — L'invention de la première machine à vapeur se mouvant elle-même sur routes de terre remonte à l'année 1767. Elle est due à un ingénieur militaire français, Nicolas-Joseph Cugnot[1]. Le modèle de cette machine est exposé au Conservatoire des arts et métiers à Paris.

En 1784, James Watt et Boulton, en Angleterre, exécutèrent en miniature une machine locomotive pour routes de terre, que leurs successeurs exposèrent à Londres en 1851.

Vers la même époque, Oliver Evans sollicitait une patente des États de Pensylvanie (États-Unis d'Amérique) pour l'application de la vapeur aux voitures sur routes de terre. Cette pa-

[1] En 1801, des dispositions furent prises pour faire des essais de cette machine en présence du général Bonaparte ; mais le départ pour l'Égypte arrêta les essais. (ZERAH COLBURN.)

tente lui fut refusée; mais, en 1787, l'État du Maryland lui accorda le privilége demandé pour les « wagons à vapeur. »

Richard Trevithick, ingénieur anglais, avec le concours financier de son cousin Vivian, exécuta la première locomotive circulant sur chemin à ornières. Le modèle, qui date de 1802, est conservé dans le South-Kensington, Museum of Patents. Une machine destinée à l'exploitation d'un chemin de fer de houillère, en 1811, fut construite par cet habile ingénieur et envoyée à Newcastle; mais elle ne fonctionna que pour activer les appareils d'une fonderie. On assure que George Stephenson, à la vue de cette machine, aurait conçu l'idée et annoncé l'intention d'établir une locomotive satisfaisant mieux que celle de Trevithick aux conditions du service demandé.

Dans la même année — 1811 — un ingénieur distingué, Matthew Murray, à Leeds, mit la main à la construction d'une locomotive destinée au chemin des houillères de Middleton, appartenant à M. John Blenkinsop, qui avait pris à cette époque une patente pour augmenter l'adhérence des locomotives au moyen d'engrenages et d'une crémaillère adaptée à l'un des rails.

En 1813, Hedley, ingénieur et inspecteur des houillères dont M. Blackett, à Wylam près Newcastle, était propriétaire, prit une patente pour l'application de la locomotion à vapeur sur chemin de fer; et en 1815, une machine de Hedley fonctionnait sur la ligne de Wylam. Elle portait deux cylindres verticaux, le mouvement renvoyé par deux balanciers et deux bielles pendantes aux engrenages appliqués contre les roues de la machine.

L'ingénieur, en construisant sa chaudière, introduisait deux perfectionnements considérables : — retour de flamme et réduction du diamètre de la cheminée; — il obtenait ainsi plus de surface de chauffe et plus d'activité dans le tirage qu'avec les dispositions antérieurement adoptées.

Le 25 janvier 1814, une locomotive construite sous la direction de George Stephenson sortait des ateliers du charbonnage de Killingworth, pour effectuer le transport du charbon sur le chemin de fer de la houillère. Le générateur de vapeur, en fer forgé, avait 8 pieds (2^m,438) de long et 34 pouces (0^m,863) de diamètre, avec un seul bouilleur intérieur de 20 pouces (0^m,508) de diamètre; le foyer à l'une de ses extrémités; à l'autre, une cheminée de 20 pouces (0^m,508). Le mécanisme se composait de deux cylindres verticaux de 8 pouces (0^m,203) de diamètre et 24 pouces (0^m,609) de course, plongés jusqu'à moitié de leur longueur dans la chaudière, — comme dans la machine de Trevithick; — de quatre bielles pendantes, conjuguées deux à deux, qui communiquaient le mouvement à trois arbres armés de pignons, engrenant avec des roues à dents montées sur les deux essieux moteurs qui servaient de support, disposition presque identique à celle de la machine de Hedley. Les essieux moteurs étaient distants de 5 pieds (1^m,523); leurs roues d'engrenage avaient 24 pouces (0^m,609) de diamètre, et les trois roues dentées intermédiaires 12 pouces (0^m,305).

Dans sa seconde machine, édifiée en 1815, Stephenson abandonne les engrenages de transmission parce qu'ils causent du bruit et rendent impossible l'emploi des ressorts pour soulager la machine; il rattache ses bielles pendantes à des manivelles fixées aux essieux, qu'il se propose d'ailleurs d'accoupler au moyen de manivelles coudées venues de forge; enfin l'adhérence du tender doit être utilisée en accouplant son essieu à l'essieu d'arrière de la machine par une chaîne sans fin.

En 1816, il prend patente pour un système de supports à piston communiquant avec le générateur à vapeur, et qu'il interpose entre les essieux et la chaudière chargée du mécanisme; — arrangement défectueux par les violentes irrégularités qui se produisent sur les pistons moteurs, et, en définitive, abandonné dès le début.

Hackworth, attaché d'abord au chemin de Wylam, avait travaillé de ses mains et apporté plusieurs perfectionnements à la machine de Hedley, le *Puffing-Billy*. En 1824, employé à la fabrique de locomotives de Stephenson, à Newcastle, il devint, l'année suivante, ingénieur des locomotives au chemin de fer de Stockton à Darlington. La traction des trains sur cette ligne, ouverte à la circulation des voyageurs et des marchandises le 27 septembre 1825, était effectuée par des machines fixes, des chevaux, et par cinq locomotives, dont quatre sorties des ateliers de Stephenson. Ces dernières donnant des résultats peu satisfaisants, les directeurs étaient sur le point d'en décider l'abandon complet, peut-être à la suite d'une explosion causée par la faute d'un conducteur, lorsque Hackworth entreprit de changer et d'améliorer l'une des locomotives de Stephenson, en réparation.

Cette machine, modifiée et connue sous le nom de *Royal-George*, fut mise en service dans le mois d'octobre 1827. La chaudière, cylindrique, avait 13 pieds ($3^m,96$) de long, 4 pieds 4 pouces ($1^m,322$) de diamètre. Le retour de flamme des machines de Wylam, appliqué au *Royal-George*, donnait une large surface de chauffe. Les deux cylindres à vapeur, de 11 pouces ($0^m,279$) de diamètre et 20 pouces de ($0^m,508$) de course, placés verticalement à l'extrémité opposée au foyer, activaient un seul et même essieu, celui d'avant. Les trois essieux de la machine étaient accouplés par des bielles de connexion extérieures, l'essieu d'avant lié directement à la machine, mais les deux autres supportant la charge au moyen de deux forts ressorts interposés.

A cette époque, — 1827, — l'injection de la vapeur dans la cheminée, pour activer le tirage, était employée par Hackworth et Stephenson. Le premier lançait la vapeur en un seul jet dans l'axe, le second par deux tuyères diamétralement opposées le long des parois de la cheminée d'aspiration.

Le 20 décembre 1827, M. Marc Séguin, connu plus généralement sous le nom de Séguin aîné, directeur du chemin de fer de Saint-Étienne à Lyon, prend, en France, un brevet pour la substitution, au large bouilleur intérieur, d'un grand nombre de tubes à fumée à petit diamètre et faible épaisseur, et l'application d'un ventilateur mû par la machine elle-même, pour activer le tirage et la combustion dans le foyer; mais il abandonne cette dernière invention et la remplace par le tirage artificiel dû au jet de vapeur dans la cheminée.

En 1828, les directeurs du chemin de fer de Liverpool à Manchester, désireux d'appliquer à la locomotion de leur ligne une vitesse et une puissance en dehors des conditions adoptées jusqu'à cette époque, sans toutefois être complétement fixés sur le mode de traction définitif, avaient autorisé l'ingénieur de la compagnie, G. Stephenson, à construire une machine destinée à leur chemin. Il mit sa machine en chantier au printemps de 1829. Cependant, à la suite d'un voyage d'étude fait par eux sur les lignes de Newcastle, Darlington et les environs, les directeurs opinaient pour le rejet des locomotives; des ingénieurs éminents, appelés en consultation sur l'emploi de la traction funiculaire ou par locomotives, se prononcèrent pour le premier de ces systèmes. Cette opinion fut confirmée par le rapport de M. Nicholas Wood, qui, après de nombreuses expériences sur les locomotives, émit l'avis que ces machines ne pourraient jamais dépasser une vitesse de 8 milles à l'heure.

Le conseil de direction, hésitant à prendre un parti définitif, arrêta qu'un concours de locomotives aurait lieu sur son chemin, et qu'un prix de 12500 francs serait accordé au constructeur de la machine qui remplirait les conditions suivantes :

1° Consommation de sa fumée (condition de la concession du chemin);

2° Avec un poids de 6 tonnes, traction régulière d'une charge de 20 tonnes, y compris le tender et ses approvisionnements, à la vitesse de 10 milles à l'heure (16 kilomètres), avec une pression de vapeur ne dépassant pas 50 livres par pouce carré;

3° Application de deux soupapes de sûreté, l'une à l'abri de la manipulation, l'autre à la disposition du mécanicien;

4° Suspension de la machine sur ressorts;

5° Limitation du poids de la machine pleine à 6 tonnes.

Avec un poids moindre, on exigeait aussi une moindre charge remorquée. Au poids de 4 tonnes 1/2, elle pouvait n'être portée que par quatre roues. La compagnie se réservait la faculté d'essayer la chaudière sous une pression de 150 livres par pouce carré.

6° Un manomètre à mercure pour indiquer la pression au-dessus de 45 livres par pouce carré;

7° La machine devait être livrée, en état de concourir, le 1er octobre 1829;

8° Le prix de vente de la machine était limité à 13750 francs.

Le concours s'ouvrit entre quatre machines :

Rocket, construite par G. Stephenson;
Sanspareil, — P. Hackworth;
Novelty, — John Braitwaite et John Ericsson;
Perseverance, — Burstall.

Cette dernière machine, bientôt reconnue incapable de remplir les conditions imposées, fut retirée du concours.

Il ne restait donc que trois locomotives en ligne.

Rappelons-en les principales conditions d'établissement.

La chaudière de la *Rocket* (la *Fusée*), cylindrique, de 6 pieds (1^m,829) de longueur, 3 pieds 4 pouces (1^m,016) de diamètre, était traversée, d'après le conseil de M. Booth, secrétaire de la compagnie, par vingt-cinq tubes en cuivre de 3 pouces (0^m,075) de diamètre, conduisant les gaz du foyer, placé à l'arrière, jusqu'à la cheminée de 12 pouces (0^m,305) de diamètre, fixée à l'avant de la machine. La grille mesurait 6 pieds carrés (0^{m2},5574) et le foyer 20 pieds carrés (1^{m2},85) de surface de chauffe par rayonnement; les tubes 117 3/4 pieds carrés (10^{m2},94) de surface de chauffe par contact des gaz.

Les cylindres, inclinés vers l'essieu moteur placé à l'avant, se trouvaient disposés sur les flancs de la chaudière; leur diamètre était de 8 pouces (0^m,203) avec une course de piston de 16 1/2 pouces (0^m,418). Le diamètre des roues motrices avait

4 pieds 8 1/2 pouces (1^m,435), et celui des roues indépendantes, à l'arrière, 2 pieds 6 pouces (0^m,761).

La machine en service pesait 4 tonnes 5 quintaux; outre son tender plein, 3 tonnes 4 quintaux et demi, elle devait traîner 9 tonnes 10 quintaux et demi, ensemble 17 tonnes.

Dans la *Sanspareil* on remarquait sa chaudière cylindrique de 6 pieds de long et 4 pieds 2 pouces de diamètre, traversée deux fois par un retour de gaz chauds : l'un sous forme de bouilleur, comprenant la grille, avait 24 pouces de diamètre; l'autre ramenant les gaz à la cheminée, dont il prenait le diamètre, soit 15 pouces. La grille, de 5 pieds de long, présentait une surface de 10 pieds carrés; la surface de chauffe du foyer, 15^p,7, celle du bouilleur, 74^p,6.

Les cylindres, placés verticalement sur les flancs de la chaudière, immédiatement au-dessus de l'essieu d'arrière, avaient 7 pouces de diamètre et 18 pouces de course; les deux essieux accouplés par des bielles de connexion.

Le poids de la machine atteignait 4 tonnes 15 1/2 quintaux, excédant de 5 1/2 quintaux le poids toléré pour une locomotive à deux essieux. La charge à remorquer, y compris le tender approvisionné pesant 3 tonnes 6 quintaux, s'élevait à 14 tonnes 6 1/2 quintaux; le poids du train entier était donc de 19 tonnes 2 quintaux.

La *Novelty* présentait une chaudière d'une disposition très-originale : une capacité cylindrique placée verticalement à l'arrière, suivie d'un cylindre horizontal de 12 pieds de long sur 15 pouces de diamètre. La boîte à feu contenue dans la partie verticale, et environnée d'eau, avait une grille circulaire de 18 pouces de diamètre. Le cendrier, hermétiquement fermé, recevait un courant d'air forcé provenant d'une soufflerie mue par la machine. L'alimentation du coke s'opérait à l'aide d'une trémie hermétiquement close, descendant verticalement dans l'axe de la boîte à feu. Les gaz de la combustion, en quittant le foyer, se rendaient dans un tube replié à l'avant, puis à l'arrière, traversant ainsi trois fois le corps cylindrique avant d'atteindre la cheminée, ayant un parcours total de 36 pieds. Le corps cylindrique était *plein* d'eau, le niveau du liquide s'élevant dans la partie élargie de l'enveloppe verticale du foyer.

Surface de la grille....................	1^{m2},8
Surface de chauffe de la boîte à feu....	9 ,5
— du tube............	33 ,0

Les deux cylindres à vapeur, placés verticalement sur le cadre de la machine, avaient 6 pouces de diamètre et 12 pouces de course. Les bielles pendantes faisaient mouvoir un levier coudé qui renvoyait le mouvement à l'essieu moteur placé à l'arrière, contre la boîte à feu. La vapeur sortant du cylindre s'échappait directement dans l'atmosphère.

Le constructeur avait pris ses dispositions pour établir une liaison, en cas de besoin, entre les deux essieux de la machine, au moyen d'une chaîne sans fin. Le diamètre des quatre roues était de 4 pieds 2 pouces.

La machine, *portant son coke et son eau*, comme les machines-tenders actuelles, pesait, prête à entrer en service, 3 tonnes 17 quintaux, et, déduction faite de la partie du poids relative au tender et ses approvisionnements, 2 tonnes 13 quintaux.

Le concours fut ouvert le 8 octobre 1829. Pour champ de course on choisit une section horizontale de la ligne située au Rainhill, près Liverpool. A chaque extrémité, les machines concurrentes disposaient d'un parcours supplémentaire de 1/8 de mille, pour prendre leur vitesse, d'une part, et se mettre à l'arrêt de l'autre. Il était convenu qu'elles parcourraient le champ de course quarante fois chacune, la première série de dix courses dans chaque direction représentant une longueur de 30 milles, reconnue équivalente à un voyage de Liverpool à Manchester, tandis que la seconde série de dix courses répondait au voyage de retour. On assigna à chaque machine un poids à remorquer égal à 3 fois son propre poids, et l'on nota le temps et le combustible nécessaires pour la mise en vapeur jusqu'à 50 livres de pression par pouce carré, enfin l'eau et le coke consommés pendant les essais.

La *Rocket* entra la première en lice. La mise en vapeur exigea 57 minutes; le premier parcours de 30 milles, sans compter la mise en marche et les arrêts, soit 35 milles, s'effectua en 3 heures 11 minutes 33 secondes.

La vitesse maxima atteignit 21,43 milles à l'heure.

La seconde course de 30 milles, accomplie comme la première, en tirant la charge dans un sens et en la poussant au retour, dura 2 heures 6 minutes 49 secondes.

La vitesse maxima s'éleva, dans cette course, à 24 milles à l'heure.

La *Novelty* (la *Nouveauté*) fit ses essais le 12 octobre. Après un parcours de 3 milles, survint un dérangement au mécanisme. La réparation effectuée, le concours suspendu fut repris le même jour.

La vitesse maxima fut de 21 1/2 milles à l'heure.

La *Sanspareil* entra en concours le 13 octobre. A peine sa course était-elle commencée, que l'un des cylindres se fendit par suite d'un manque d'épaisseur (1/16 de pouce à peine), causé par un défaut de moulage et d'alésage, occasionnant ainsi, à chaque coup de piston, une perte de vapeur considérable. Malgré cela, la machine avait déjà parcouru 22 1/2 milles à pleine vitesse, lorsque la pompe d'alimentation refusa le service, amenant ainsi la cessation des essais. Mais, pendant ses divers parcours, la machine développa une très-grande puissance de vaporisation et de vitesse, car à certains moments elle atteignit jusqu'à 17,47 milles à l'heure.

Le 14 octobre, la *Novelty*, réparée, continua ses essais. Avec une charge triple de son propre poids, elle parcourut la distance de 20 3/4 milles en une heure. Une voiture contenant quarante-cinq voyageurs fut remorquée avec des vitesses variant de 24 à 32 milles à l'heure.

La *Rocket*, la seule des machines concurrentes qui remplissait rigoureusement les conditions du programme, remporta le prix. Le jury fit son rapport aux directeurs du chemin de fer, qui partagèrent le prix entre MM. Stephenson et Booth.

En analysant les faits que le concours a révélés, on reconnaît que la machine victorieuse ne dut son succès qu'à la disposition de sa chaudière tubulaire; et si les juges furent contraints, par *la lettre* du programme de concours, de se prononcer en faveur de la *Rocket*, l'opinion publique décerna la palme à la *Novelty*.

Le concours du Rainhill préoccupait profondément le monde industriel et commercial. On pressentait déjà, dans ce débat, la solution du grand problème du dix-neuvième siècle, et lorsque la voix publique annonça que les chemins de fer avaient enfin à leur disposition l'élément de la puissance et de la vitesse, il y eut comme une révélation qui se répandit dans le monde, et se traduisit aussitôt dans la Grande-Bretagne par une immense explosion d'entreprises de chemins de fer [1].

Si nous nous sommes étendu, trop longuement peut-être, sur le concours de 1829, c'est que l'ère véritable des chemins de fer date seulement de cette époque; et en transmettant aux générations futures les noms des deux grands hommes, G. Stephenson et Séguin aîné, qui ont doté le monde de la machine locomotive, l'histoire ne peut pas oublier les ingénieurs éminents, les ouvriers de génie qui, dans une très-large mesure, ont coopéré à la création de l'engin destiné à faire disparaître les distances. A côté de ces noms inséparables de la machine locomotive, inscrivons donc aussi ceux de Cugnot, de Watt, de Hackworth, de Hedley, de Trevithick, etc., et associons-les aux hommages reconnaissants dus aux bienfaiteurs de l'humanité.

Depuis ses premiers pas dans le monde, la locomotive a laissé bien loin en arrière les données du fameux programme de 1829. Au lieu des 20 tonnes à traîner avec une vitesse de 16 kilomètres à l'heure, c'est par plusieurs centaines de tonnes

[1] *Locomotive Engineering*, par M. ZERAH COLBURN.

à remorquer, sous des vitesses variant de 15 à 100 kilomètres, que la traction doit aujourd'hui compter pour répondre aux exigences de la circulation.

Et cependant ce sont jusqu'ici les principes sortis de toutes pièces du génie des hommes célèbres dont nous avons parlé, qui régissent encore l'art de la locomotion à vapeur; les progrès réalisés par les habiles ingénieurs placés à la tête des chemins de fer en exploitation ne sont que des conséquences heureusement tirées, des extensions de ces mêmes principes, aussi largement conçues qu'habilement exécutées.

Hâtons-nous d'ajouter, au grand honneur des ingénieurs de chemins de fer, qu'ils ont fait de cet instrument, considéré à l'origine comme un objet dont l'usage devait être restreint à une certaine classe de transport, un admirable moyen de production en le rendant solidaire des plus grandes industries — agriculture, mines, usines, etc.. — en mettant à leur disposition les moyens d'effectuer le mouvement des matières à des prix qui semblaient impossibles à une certaine époque [1].

Or, les chemins de fer donnent lieu à un mouvement de plus de 4 milliards de tonnes kilométriques, en France seulement [2]. C'est donc par centaines de millions que l'on peut chiffrer l'importance des économies dues en grande partie aux améliorations apportées par les hommes de l'art dans l'exploitation des chemins de fer, sans compter celles que la richesse publique réalise chaque jour, par suite de la rivalité qui existe entre les anciennes et les nouvelles voies de communication.

Tout le monde sait combien a été gigantesque le développement des chemins de fer depuis trente ans, entraînant avec

[1] Rappelons-nous que les lois de concession des chemins de fer en France imposaient aux Compagnies, pour tarif de la classe la plus favorisée, celle de la houille, le prix de 10 centimes pour transport d'une tonne à 1 kilomètre. Aujourd'hui, ces entreprises parviennent à effectuer ce transport à 4, 3 et même 2,77 centimes.

[2] Comité des houillères de France, *Situation de l'industrie houillère en 1856.*

eux la construction d'un matériel d'exploitation toujours plus considérable, plus puissant, répondant à des besoins toujours plus impérieux. Cet état de choses devait forcément occasionner une diversité de types de locomoteurs variant avec chaque pays, avec chaque province, avec chaque tronçon de ligne, avec chaque constructeur. De ce chaos produit par la force des choses est cependant sorti un enseignement qui a porté ses fruits. Les ingénieurs sont à peu près unanimes aujourd'hui pour reconnaître la nécessité et la possibilité tout à la fois de réduire à un très-petit nombre celui des types indispensables à l'exploitation des chemins de fer, sans cependant arriver au *type unique* qui, comme on le verra par les considérations suivantes, est encore une utopie dans l'état actuel de l'art des constructions.

C'est par la description succincte de ces types que nous commencerons l'étude du service du matériel et de la traction. Mais, pour en faire ressortir les différences essentielles, nous avons besoin de rappeler quelques-uns des principes de la théorie encore bien incomplète des locomotives.

Des machines locomotives en général. — Une machine locomotive se compose de trois parties constitutives :

— L'appareil à vapeur, qui est la source du travail produit par la machine ;

— Le mécanisme intermédiaire ou la machinerie, dont les fonctions consistent à transformer et transmettre la puissance de la vapeur à la troisième partie de la machine ;

— Le support, qui transforme et transmet à son tour le travail de la vapeur au train à remorquer en empruntant aux rails la résistance nécessaire et faisant concourir tous les éléments de la machine au but proposé — le mouvement, la locomotion.

336. **Appareil à vapeur.** — Source du travail moteur, cet appareil est constitué pour développer la plus grande quantité de vapeur, sous une pression donnée, dans le temps le plus court possible, le poids de matières employées étant d'ailleurs un minimum. Il comprend : la chaudière, les appareils de cir-

culation de la vapeur et ceux d'alimentation. Dans la chaudière, nous distinguons : la *boîte à feu*, où se brûle le combustible environné d'eau ; le *corps cylindrique*, composé d'un large tube renfermant la vapeur produite, l'eau à vaporiser, et un nombre plus ou moins considérable de *tubes à air chaud* conduisant les gaz produits par la combustion du foyer à la *boîte à fumée*. Ce dernier appendice de la chaudière, faisant suite au corps cylindrique, reçoit les matières solides et gazeuses provenant du foyer, et leur donne issue à l'extérieur par la cheminée qui le surmonte (355-356).

C'est sur la chaudière proprement dite que se trouve la *prise de vapeur*, appareil disposé pour faire passer, à la volonté du mécanicien, la vapeur dans les *cylindres*, où sa force élastique, fonctionnant comme un ressort plus ou moins fortement bandé auquel on laisserait tout à coup sa liberté d'action, presse les pistons moteurs et les force de se déplacer dans le sens de l'axe des cylindres. La vapeur *usée*, celle qui a fourni une partie de son travail mécanique à la mise en mouvement des pistons, est encore utilisée pour entraîner, par son injection à la base de la cheminée, les gaz contenus dans la boîte à fumée, dans les tubes à air chaud et dans la chambre qui surmonte la grille du foyer. De cette disposition résulte un appel de l'air extérieur, un tirage plus ou moins énergique, selon la vitesse imprimée à la vapeur sortant du *tuyau d'échappement*, et, par suite, une production de vapeur neuve plus ou moins active (357).

La combinaison de cet appel artificiel, — qui remplace pour les chaudières de locomotives le tirage naturel des foyers des chaudières fixes obtenu au moyen des hautes cheminées,— et de l'emploi des tubes à air chaud qui divisent en tranches minces rapidement perméables à la chaleur la masse d'eau à vaporiser, constitue la base de la locomotion mécanique, l'essence de l'appareil à vapeur, du générateur.

Lorsque la machine est au repos ou en marche lente, à l'action du tirage mécanique par la vapeur sortant des cylindres, on substitue celle d'un jet de vapeur pris directement dans la chaudière, disposition qui constitue le *souffleur*.

Le volume d'eau contenue dans le générateur doit rester constant. L'eau vaporisée et lancée dans l'atmosphère, ou condensée après avoir donné le travail demandé, se trouve incessamment remplacée par une nouvelle quantité de liquide puisée dans le tender. Cette alimentation s'opère au moyen des *pompes* ou des *injecteurs* (358).

L'eau transformée en vapeur dans la chaudière acquiert, par l'absorption de la chaleur que produit le combustible consommé dans le foyer, une tension croissant avec cette absorption de chaleur[1].

Les tableaux suivants donnent la comparaison de diverses indications de pression de la vapeur saturée, ainsi que les températures correspondantes.

On voit d'après ces tableaux qu'il n'existe pas de relation simple réglant les rapports des pressions et des températures; que la force élastique de la vapeur d'eau croît beaucoup plus rapidement que la température, ce qui peut expliquer un grand nombre d'explosions de chaudières à vapeur d'ailleurs dans de bonnes conditions d'alimentation.

En pratique, les indications des pressions sont données par un appareil annexé au générateur et qui porte le nom de *manomètre*.

[1] Cette puissance mécanique de la vapeur se traduit par les indications de l'effort qui est nécessaire pour lui faire équilibre. En France, cet effort s'exprime en nombre d'atmosphères, c'est-à-dire que la pression exercée par l'atmosphère qui nous entoure sur chaque mètre carré étant de 10 330 kilogrammes, la pression donnée équivaut à autant de fois 10 330 kilogrammes qu'il y a d'atmosphères marquées par l'indicateur de pression, ou plus simplement, au nombre de kilogrammes exerçant leur effet sur un centimètre carré, ou bien encore au nombre de millimètres de hauteur d'une colonne de mercure soulevée par la tension de la vapeur. En Allemagne et en Angleterre, on évalue la pression de la vapeur en livres chargeant un pouce carré.

NOMBRE D'ATMOSPHÈRES absolues.	HAUTEUR d'une colonne de mercure.	POIDS par centimètre carré.	TEMPÉRATURE en degrés centigrades.
	m mm.	kil	
1	760	1,034	100°
1.5	1.140	1,551	111,739
2	1,520	2,067	120,598
2.5	1,900	2,584	127,799
3	2,280	3,100	133,910
3,5	2,660	3,618	139,243
4	3,040	4.134	144,000
4.5	3,420	4,652	148,290
5	3,800	5,168	152,219
5,5	4,180	5,685	155,846
6	4 560	6.201	159,218
6,5	4,940	6,719	162,574
7	5,320	7,235	165,344
7,5	5,700	7.752	168,151
8	6,080	8.268	170,813
8,5	6,450	8,785	173,350
9	6,840	9,302	175,767
9.5	7,220	9,819	178,080
10	7,600	10,336	180,306
11	8,360	11,370	184,500
12	9,120	12,404	188,410
13	9,880	13,438	192,080
14	10,640	14,472	195,530
15	11,400	15,506	198,800

Les pressions dont on s'est contenté pendant longtemps dépassaient rarement 5 atmosphères. Mais, depuis quelques années, la tension de la vapeur a été portée à 7, 8 et 9 atmosphères. Enfin, on cite quelques lignes où la pression atteint 10 atmosphères — Nord-Est Suisse, — et même 11 atmosphères 1/4 — Midland et Great-Northern.

Pour établir la comparaison entre les indications du tableau qui précède et celles du tableau qui suit, on pourra se servir des valeurs contenues dans la quatrième colonne du tableau de conversion, p. 5, intitulée : *Pression en livres par pouce carré, en kilogramme par centimètre carré.*

En Angleterre, on se sert des valeurs données par le tableau ci-dessous :

PRESSION DE LA VAPEUR PAR POUCE CARRÉ		TEMPÉRATURE DE LA VAPEUR en degrés Fahrenheit.
Pression totale à partir du vide.	au-dessus de l'atmosphère.	
Livres.	Livres.	
14,7	0	212,0
15	0,3	213,1
20	5,3	228
25	10,3	240,1
30	15,3	250,4
35	20,3	259,3
40	25,3	267,3
45	30,3	274,4
50	35,3	281,0
60	45,3	292,7
70	55,3	302,9
80	65,3	312,0
90	75,3	320,2
100	85,3	327,9
125	110,3	344,2
150	135,3	358,3
175	160,3	370,8
200	185,3	381,7
250	235,3	401,1
300	285,3	417,5

En quittant la chaudière et en passant dans l'appareil d'admission pour se rendre aux cylindres, la vapeur entraîne une certaine quantité d'eau ; elle effectue ainsi un certain travail qui abaisse sa température, de telle sorte qu'arrivée aux pistons moteurs, la pression s'affaisse ; la puissance mécanique de la vapeur subit par là un déchet qui va souvent jusqu'à 30 et même 40 pour 100 de la valeur originelle.

Ce n'est donc plus sur la pression donnée par le manomètre que l'on doit compter, mais sur cette pression modifiée par un certain coefficient qui varie avec l'élévation de la pression, le plus ou moins de siccité de la vapeur, etc., etc.

Pour toutes ces raisons, il faut chercher à élever la tension de la vapeur autant que possible, sans pourtant dépasser les limites que la résistance des parois de la chaudière peut offrir[1]. Dans l'état actuel de l'art des constructions, on ne dépasse guère le nombre de 9 à 11 atmosphères de pression effective.

337. **Mécanisme.** — *Distribution.* — *Tiroirs, cylindres et pistons.* — La vapeur, sortant de la chaudière par le tuyau d'admission, entre dans la boîte du tiroir de *distribution*, disposé pour mettre alternativement en contact avec le réservoir à vapeur de la chaudière, d'une part, et l'atmosphère de l'autre, chacune des faces du piston mobile dans le cylindre (359).

Ainsi, le piston est soumis sur une de ses faces à la pression de la vapeur, et sur l'autre à la pression atmosphérique. La puissance qu'il peut développer dépend donc de la différence entre ces deux pressions. Plus la pression de la vapeur dans la chaudière sera élevée, plus grande sera cette différence et, par conséquent, la puissance de la machine.

Nous verrons plus loin que le mouvement de la locomotive provient du mouvement des pistons dans leurs cylindres. Pour que ce déplacement s'effectue, il faut que la vapeur, avec toute la tension disponible, presse alternativement chacune des faces de chaque piston, tandis que la face opposée communique avec l'atmosphère. Ce résultat s'obtient par le déplacement automatique du *tiroir*, cadre creux à larges rebords, qui, en se mouvant dans un sens, laisse passer la vapeur de la chaudière sur une face de piston, tandis qu'il rend la liberté au volume de vapeur occupant la partie du cylindre qui a pour base la face opposée du même piston.

Le tiroir doit posséder un mouvement de va-et-vient concordant avec celui du piston moteur, mais de sens inverse.

On peut produire ce mouvement de va-et-vient au moyen du levier de *mise en marche*, qui permet de porter le tiroir soit

[1] En France, l'épaisseur des tôles de chaudière est donnée par la formule $e = 1{,}8\,DP + 3$, dans laquelle e représente l'épaisseur en millimètres, D le diamètre de la chaudière en mètres, P le nombre d'atmosphères exprimant la pression effective de la vapeur. Depuis 1856, l'administration permet de réduire d'un tiers l'épaisseur donnée par la formule ci-dessus, quand on emploie les tôles d'acier.

en avant, soit en arrière. Une fois la machine en marche, elle donne elle-même le mouvement au tiroir et entretient ainsi la distribution de la vapeur sur les faces du piston. A cet effet, le tiroir est relié par une tringle à la bague d'un *excentrique* calé sur l'essieu moteur, et dont l'excentricité ou amplitude de mouvement règle la course du tiroir (360).

Si cet excentrique commande la marche en avant, il ne peut régler la marche en arrière, et réciproquement. On a donc besoin de deux excentriques calés en sens inverse l'un de l'autre; mais il faut que la tringle de liaison du tiroir aux excentriques soit disposée pour mettre, à volonté, la machine en marche dans le sens voulu. C'est avec la coulisse [1] que l'on y parvient le plus simplement, appareil qui, par une combinaison de leviers, permet, avec le levier de mise en marche, de faire fonctionner la tringle des tiroirs au moyen de l'excentrique qui commande le sens de marche que le mécanicien veut imprimer à la machine.

Cette coulisse permet aussi de régler l'admission de vapeur, de telle sorte que l'entrée dans le cylindre peut être interceptée avant l'achèvement de la course du piston; la vapeur emprisonnée agit alors sur le piston par sa dilatation. Le travail qui résulte de cette disposition s'appelle travail de la détente (expansion). C'est un travail qui ne coûte rien et qui laisse au machiniste une grande liberté d'action.

En effet : supposons, pour fixer les idées, que, au lieu de laisser l'admission de vapeur ouverte pendant toute la durée de la course du piston, on la ferme en un point de cette course, — au milieu, par exemple. La vapeur introduite dans le cylindre pendant la première période augmentera successivement de volume jusqu'à occuper un espace double de celui qu'elle remplissait pendant l'admission. Assimilant la vapeur d'eau aux gaz fixes, — ce qui n'est pas rigoureusement exact, — en vertu de la loi de Boyle ou de Mariotte [2], la pression détendue ira en

[1] Inventée par R. Stephenson.

[2] Les volumes occupés par une même masse gazeuse, dont la température demeure constante, sont en raison inverse des pressions qu'elle supporte.

diminuant et ne sera plus que moitié de la pression initiale à la fin de la course. Si cette pression initiale est supérieure à 2 atmosphères absolues ou 1 atmosphère effective, le travail de la vapeur, dû à la différence entre la pression de la vapeur et celle de l'atmosphère, aura été complet pendant la moitié de la course, puis il ira en diminuant progressivement pour arriver à zéro, depuis le milieu jusqu'à la fin de la course, — en faisant abstraction, bien entendu, des résistances sur le piston autres que celle de la pression atmosphérique.

On voit donc que plus la pression initiale est élevée, plus le travail de la détente de la vapeur est avantageux. Cette indication résulte d'ailleurs du calcul suivant : soient S la surface du piston, P la pression initiale sur 1 mètre carré, L la longueur parcourue par le piston pendant l'admission, L′ la longueur totale de la course, P′ la pression à la fin de la course, P″ la contre-pression sur la face du piston en relation directe avec l'atmosphère par la lumière d'échappement.

Le travail de la vapeur sous pression constante pendant l'admission est équivalent au produit P.SL, qui peut se représenter par un rectangle dont P est la hauteur et SL la base. Le travail de la vapeur, en se détendant, peut être représenté par un trapèze curviligne dont il faut prendre l'intégrale. Ce travail sur un petit élément est PS $\frac{L}{x}$ dx. En intégrant cette valeur depuis $x = L\frac{P}{P'}$ jusqu'à $x = L$, on trouve PSL log. nep. $\frac{P}{P'}$; en ajoutant le travail de la vapeur pendant l'admission, on obtient la valeur PSL $\left(1 + \text{log. nep. } \frac{P}{P'}\right)$; enfin le travail résistant derrière le piston trouverait son expression dans la surface d'un rectangle qui aurait pour hauteur P″, — la contre-pression, — et pour base le produit $SL' = SL\frac{P}{P'}$, de telle sorte que l'expression totale du travail de la vapeur pendant toute la course serait équivalente à :

$$PSL\left(1 + \text{log. nep. } \frac{P}{P'} - \frac{P''}{P'}\right)$$ [1].

[1] Pour le calcul pratique du travail de la vapeur dans les machines,

Le tableau suivant, extrait du *Guide du mécanicien*, etc., etc., montre comment varie la quantité de travail moteur qu'un poids constant de vapeur à pression constante est susceptible de produire lorsque la détente augmente.

Rapports des longueurs de détente à la course totale :

$$\frac{L'-L}{L'} = 0-0,1 \quad -0,2 \quad -0,3 \quad -0,4 \quad -0,5 \quad -0,6 \quad -0,7 \quad -0,8 \quad -0,9$$

Valeurs du travail moteur :

1—1,105—1,223—1,357—1,511—1,693—1,916—2,204—2,609—3,303

Transmission de la puissance. — Nous venons de voir le piston se mouvant dans le cylindre sous l'action de la vapeur. Pour tirer de ce mouvement rectiligne, mais alternatif, un mouvement rectiligne continu, il faut d'abord le transformer en un mouvement circulaire continu.

Le piston moteur est, à cet effet, armé d'une tige rigide qui, articulée à une bielle, imprime à la manivelle disposée sur l'es-

voir *Aide-Mémoire*, etc., par le général **Morin**, 5e édit., p. 238 et suiv.

Au lieu de faire entrer la valeur des pressions dans le calcul du travail de la détente, on peut se servir des chemins parcourus par le piston.

Soient Π la pression *totale* exercée sur la surface du piston, l la course du piston pendant l'admission, l' pendant la détente.

En vertu de la loi de Mariotte, la pression y exercée sur le piston en un point quelconque de la détente situé à une distance x de l'origine de la course sera donnée par l'équation $\Pi l = xy$, expression d'une hyperbole rapportée à ses asymptotes. Le travail de la détente est donc mesuré par le segment hyperbolique dont les abscisses sont l et $l + l'$.

Or, les segments hyperboliques étant représentés par les logarithmes népériens des abscisses extrêmes, le travail de la détente sera égal à

$$\Pi l \,(\text{log. nep.}\,(l + l') - \text{log. nep.}\, l)$$

ou

$$\Pi l \left(\text{log. nep.}\, \frac{l + l'}{l}\right),$$

et l'expression du travail total de la vapeur, sans avoir égard à la contre-pression, sera :

$$\Pi l \left(1 + \text{log. nep.}\, \frac{l + l'}{l}\right).$$

(Note communiquée par M. **Foucaut**, ancien élève de l'École polytechnique, répétiteur du Cours de stabilité à l'École centrale d'architecture.)

sieu moteur un mouvement circulaire auquel participent les roues motrices. Les roues en tournant forcent leur centre à se déplacer en ligne droite et entraînent toute la machine dans son mouvement de translation (364-365).

La machine locomotive porte deux cylindres et deux pistons moteurs. Le mécanisme que nous venons de décrire est donc double; seulement, pour avoir de la continuité dans le mouvement et éviter les *points morts,* temps d'arrêt qui marquent le changement de sens de marche des pistons, on dispose ceux-ci de manière que l'un d'eux se trouve au milieu de sa course, lorsque l'autre est au bout de la sienne. Les manivelles appliquées au même essieu moteur sont ainsi placées à angle droit l'une par rapport à l'autre. [*Avance ; — Recouvrement* (360).]

La machinerie d'une locomotive se compose ainsi de deux mécanismes complets et parfaitement symétriques par rapport au plan vertical passant par l'axe de la chaudière.

338. **Supports.** — Nous comprenons sous cette désignation :

La charpente du cadre, bâti ou châssis ;

La suspension ;

Les essieux montés.

Le cadre ou châssis qui sert de liaison entre les divers organes de la locomotive est formé d'un rectangle, dont les longs côtés, portant le mécanisme et la chaudière, sont munis d'appendices en fer qui servent de guides aux boîtes à friction des essieux et transmettent le mouvement de translation à l'ensemble de la machine. Cette transmission de mouvement se reporte soit à l'arrière du cadre, où se trouve la barre d'attelage au tender ou au train, soit à l'avant, où le petit côté du cadre maintient les deux tampons destinés à amortir l'effort de pression de la machine contre un obstacle placé devant elle.

Pour amortir les chocs et les détériorations que les inégalités de la voie pourraient produire sur la machine, le cadre est séparé des essieux par un appareil intermédiaire, la suspension, qui, d'une part, prend ses points d'appui sur les boîtes à friction des essieux montés et, de l'autre, soutient le cadre par des attaches fixes, la partie intermédiaire étant douée de propriétés élastiques qui lui permettent d'annuler, par le travail de flexion, les chocs dont elle doit garantir la machine.

Nous verrons plus loin (362) les diverses formes de suspension directe ou indirecte.

Les essieux montés sont de deux espèces : les essieux libres et les essieux moteurs.

Les premiers n'ont d'autre rôle à jouer que celui de soutenir le cadre. Ils se terminent, au voisinage des roues, par des parties bien calibrées, — les fusées, — qui roulent dans les boîtes à friction disposées pour diminuer la résistance que le frottement occasionne.

Les essieux moteurs sont munis de roues, de fusées et de boîtes à friction, comme les essieux libres. Ils s'en distinguent par l'application qui leur est faite de manivelles chargées de transmettre l'action de la vapeur sur les pistons.

Ces manivelles sont tantôt placées entre les roues, et alors l'essieu moteur est dit *essieu coudé ;* tantôt elles sont appliquées à l'extérieur des roues : dans ce cas l'essieu moteur est *droit.*

L'essieu moteur est l'intermédiaire forcé de la puissance dynamique de la machine et de la résistance à vaincre pour opérer le transport d'un certain poids, à une certaine distance et dans un certain délai.

Il est l'organe passif qui sert à transformer en travail effectif le travail théorique de la vapeur, et qui s'exprime en mécanique par la combinaison des différents éléments que nous venons d'énumérer : produit de l'*effort de traction* de la machine par la vitesse qu'elle imprime à la charge remorquée.

339. **Puissance des machines.** — L'*effort de traction* d'une machine, c'est l'évaluation en poids de l'action que peut exercer cette machine circulant sur voie horizontale.

Soient P la pression absolue de la vapeur par mètre carré, c'est-à-dire le produit du nombre d'atmosphères indiqué au manomètre multiplié par la pression atmosphérique ;

d le diamètre des cylindres exprimé en mètres ;

l la course des pistons, qui est égale au diamètre de la circonférence décrite par le bouton de manivelle ;

D le diamètre des roues de l'essieu moteur, mesuré à la circonférence du roulement sur les rails.

L'effort théorique de traction est donné par la formule

$$E = \frac{Pd^2 l}{D}\ ^{[1]}.$$

Cet effort de traction doit être transformé en travail utile, — autrement dit — en déplacement longitudinal de la machine.

Or, il se produit au pourtour de la roue motrice un effet analogue à celui que subit une roue dentée roulant sur une crémaillère. Si l'on imprime en un point quelconque de cette roue un effort continu et suffisant pour la faire tourner, la réaction des dents de la crémaillère sur celles de la roue forcera la roue à se mouvoir le long de la crémaillère, l'axe de cette roue se déplaçant d'une quantité linéaire égale au développement de la circonférence de la roue sur la crémaillère.

En fait, la denture de cette roue et de la crémaillère est remplacée par les innombrables aspérités des métaux en contact qui se pénètrent mutuellement, et la réaction des dents par le frottement des roues motrices sur les rails.

Si l'on désigne par p la pression verticale de la roue sur le rail, représentée par le poids de la partie du véhicule agissant sur la roue motrice, par f le coefficient de frottement de cette

[1] Pour une révolution complète des roues motrices, le travail de la résistance opposée par le train et la machine étant supposé ramené à la circonférence des roues et parallèlement aux rails, est égal à E multiplié par le développement de la circonférence de ces roues, soit $E \times 2\pi \frac{D}{2} = E\pi D$. Ce travail résistant doit être égal au travail moteur de la vapeur, qui est exprimé par la pression exercée sur le piston multipliée par le chemin que ce dernier parcourt pendant la même révolution des roues motrices. P étant la pression de la vapeur par mètre carré, d le diamètre du piston, la pression sur le piston sera $P \times \frac{\pi d^2}{4}$, le travail $2l\frac{P\pi d^2}{4}$, et pour les deux pistons $2 \times 2lP \times \frac{\pi d^2}{4} = lP\pi d^2$; égalant le travail moteur au travail résistant, nous aurons $E\pi D = lP\pi d^2$, ou $E = \frac{Pd^2 l}{D}$.

roue sur le rail, coefficient qui dépend de l'état des surfaces en contact, des conditions atmosphériques, etc., etc., fp représentera la force en vertu de laquelle la roue motrice peut progresser, et que les ingénieurs désignent en France par le nom d'*adhérence*, en Allemagne par celui d'*adhésion*. Élever cette force au maximum, tel est le problème le plus important à résoudre dans la construction des machines locomotives. Supposons, en effet, que la résistance du train soit supérieure à cette réaction du rail contre la roue motrice ; cet organe, sous l'influence du mécanisme, continuera à tourner, mais en glissant sur le rail sans avancer; il *patinera*, en un mot, et le train restera sur place.

Pour échapper à cette difficulté, qui, dans certaines circonstances, restreint les conditions du trafic, on est conduit à utiliser aussi complètement que possible toute l'adhérence que la machine peut fournir, en intéressant dans la mesure la plus large le poids total de la locomotive dans l'effort à produire.

C'est en accouplant toutes les roues de la machine qu'on porte cet effort au maximum ; mais l'accouplement des roues motrices et libres entraîne avec lui des inconvénients. L'emploi des bielles de connexion est un obstacle à une grande vitesse, surtout dans les parties de lignes à petits rayons de courbure, où le parcours des roues extérieures à la courbe est plus grand que celui des roues intérieures ; l'usure inégale des bandages produit des différences sur les diamètres des roues conjuguées, différences qui se traduisent par des réactions dans les transmissions de mouvement, des pertes de force, des frais anormaux d'entretien. Aussi l'accouplement des bielles est-il restreint aux machines faisant le service de trains à petite vitesse ou bien à celles de trains rapides circulant sur des lignes à profil accidenté, ou enfin à des trains rapides fortement chargés.

D'après de nombreuses observations, le maximum du coefficient f d'adhérence sur lequel on puisse normalement compter est de $\frac{1}{6}$, soit 0,17 du poids appliqué aux roues motrices. Il s'abaisse jusqu'à $\frac{1}{10}$ de ce poids dans certains cas, par exemple, en temps de brouillard, de verglas, d'humidité, quand le rail est couvert de feuilles mouillées, etc. Généralement, on peut admettre avec sécurité, en circonstances normales, $f = 0,14$.

Si nous désignons par m le nombre d'essieux de la machine intéressés à la transmission de l'effort de traction, par $\frac{p}{n}$ la moyenne du poids total de la machine appliquée à chaque essieu, l'adhérence qui pourra être utilisée sera représentée par l'expression $0,14 \frac{p}{n} \times m$. En pratique, et dans l'intérêt de la conservation des bandages et de la voie, cette valeur de $\frac{p}{n}$ ne doit pas dépasser 13 000 kilogrammes [1].

Quant à m, dans l'état actuel de l'art des constructions, on n'a pas cru prudent de lui donner une valeur supérieure à 4. Il y a quelques exemples où le nombre d'essieux accouplés a dépassé ce chiffre, mais ce résultat n'est atteint que par des artifices de construction qui ne paraissent pas devoir donner des résultats favorables.

Ainsi, selon que la machine possédera soit un seul essieu moteur, soit deux, trois ou quatre essieux participant à la transmission de l'effort de traction, elle présentera en adhérence ou réaction utilisée par l'effort de traction, et en supposant tous les essieux pressant également sur le rail, ce qui n'est pas toujours exact, 1 820, 3 640, 5 460, 7 280 kilogrammes.

Voyons maintenant comment cette adhérence peut être utilisée.

On ne connaît pas exactement la valeur des résistances que présente un train donné dans des circonstances déterminées. — La théorie pure est incapable d'évaluer, même approximativement, l'intensité des réactions qu'un train supporte dans sa marche, et qui proviennent :

1° Du roulement des bandages sur les rails ;

2° Du frottement et des chocs des boudins ou mentonnets des bandages contre les rails ;

3° Du frottement des fusées d'essieux dans leur boîte de

[1] *Congrès de Dresde*, 1865, p. 99.

friction plus ou moins bien lubrifiées, les essieux eux-mêmes étant plus ou moins déformés;

4° De la résistance de l'air en contact avec les faces transversales et longitudinales des véhicules.

C'est à l'expérience qu'il faut avoir recours, et, malheureusement pour l'art du constructeur, les essais tentés pour évaluer ces diverses résistances ne présentent aucun caractère de certitude et de généralité qui permette de s'en rapporter absolument aux résultats obtenus.

Cette absence de rigueur dans les évaluations n'a rien qui doive surprendre, quand on se représente l'expérimentateur ou le savant aux prises avec les conditions du problème. Pour ne parler que de la voie, ne sait-on pas combien il est difficile de conserver aux deux files de rails leur parallélisme, leur rectitude en ligne droite, l'uniformité de courbure dans les parties curvilignes, la régularité de pose et de résistance des traverses à l'enfoncement dans le ballast, régularité qui ne s'obtient que par le bourrage, capricieux comme tout ce qui dépend des travaux manuels. (1re partie, chap. V.)

Touchant le matériel roulant, nous citerons, parmi les nombreux *desiderata* en cause : la symétrie complète du montage des roues et la rigoureuse égalité de diamètre et de profil des bandages d'un même essieu; le dressage et le centrage absolus des essieux et des fusées; le montage parfait des coussinets de friction; l'égale répartition des charges sur chaque roue; l'uniformité d'attelage de tous les véhicules, etc.

On se contente dans l'état actuel de la science, et on se sert, dans les calculs exigés par la pratique, de données empiriques résultant des observations en bloc recueillies sur diverses lignes.

Pour traîner un ou plusieurs véhicules circulant sur une voie horizontale, il faut développer un effort qui se représente par une certaine fraction du poids brut à mettre en mouvement. Si, par exemple, le poids brut des véhicules avec leur chargement est de 100 tonnes, $100 \times K$ représentera l'effort à développer pour faire mouvoir le train sur voie horizontale. En ligne droite, on admet généralement $K = 0{,}005$; il faut ajouter à ce nombre la résistance supplémentaire que l'on rencontre en courbe [1], résistance évaluée ordinairement à 0,004 du poids brut à remorquer. Peut-être ce dernier chiffre serait-il un peu élevé, si le chemin présentait des courbes à grands rayons. Mais si l'on rencontrait en pleine voie des courbes de 300 mètres à 250 mètres de rayon, ce coefficient n'aurait rien d'excessif [2]. Enfin, pour les parties de ligne en rampe, aux résistances que le train éprouve par la circulation même sur rails, vient s'ajouter celle due à la pesanteur, et qui est représentée par la composante du poids du train, parallèle au plan incliné. Si on appelle α l'angle de la rampe, cette composante sera donnée par le produit du poids multiplié par sin α, T désignant le poids du train, $T \times \sin \alpha$ donnera la valeur de la résistance sur les rampes de la ligne (342).

En ajoutant toutes ces résistances partielles, nous trouverons, pour valeur des résistances totales à vaincre par l'effort réel de traction sur deux rails ordinaires, l'expression suivante, en désignant sin α par i :

$$T \times 0{,}005 + T \times 0{,}004 + T \times i = T\,(0{,}005 + 0{,}004 + i).$$

La machine locomotive elle-même éprouve des résistances analogues, que l'on peut faire entrer dans le calcul de la même manière. Si M représente le poids de la machine, les résistances qu'elle présentera au mouvement seront données par l'ex-

[1] C'est ici que se rencontrent de grandes diversités d'appréciation. En Hanovre, on regarde comme équivalente la résistance d'un train circulant dans une courbe horizontale de 470 mètres de rayon et celle qu'il rencontre en ligne droite inclinée de 0,001 ; sur le chemin autrichien (Ire part., chap. V, p. 409), on estime que la résistance croît en raison inverse du rayon de courbure, et qu'elle est, en courbe de 180 mètres de rayon, le double de la résistance en ligne droite. — Quelques ingénieurs croient trouver plus de résistance en courbes qu'en rampes ; — ils conseillent de fortes rampes et des lignes droites, de préférence aux rampes modérées combinées avec des courbes plus roides.

[2] Sur le chemin de Steierdorf (t. Ier, p. 409), presque toujours en courbe de 114 mètres, on évalue la résistance horizontale à 0,007 de la charge brute.

pression M $(0{,}009+i)$; — en ajoutant ces différentes valeurs, on aura l'ensemble des résistances que devra vaincre une machine d'un poids donné pour remorquer une charge déterminée.

Ainsi, connaissant l'importance du tonnage d'un train, et l'inclinaison maxima de la ligne à parcourir, on déterminera l'adhérence nécessaire pour vaincre les résistances du train au libre parcours; l'adhérence étant connue, on en déduira le poids total de la machine et le nombre d'essieux moteurs ; ce poids déterminé, on établira la somme totale des résistances à vaincre, et on arrivera à la valeur de l'effort de traction.

L'effort imprimé à un train par une machine dépend, d'après ce que nous avons vu, de la pression de la vapeur, de la capacité des cylindres, et, avant tout, de l'adhérence. Si l'adhérence était inférieure à la somme des résistances énumérées plus haut, les roues motrices patineraient ;—l'adhérence détermine donc soit le type de machine à choisir, s'il s'agit de remorquer un train d'un tonnage imposé, soit la charge que l'on peut faire traîner par une machine d'un type déterminé. — Indépendamment de ces considérations, comme le travail effectif d'une machine dépend de la quantité de vapeur que peut produire la chaudière, cette dernière question intervient encore lorsqu'il s'agit de résoudre le problème que nous venons de poser en termes généraux. Nous y reviendrons d'ailleurs au chapitre V, § 1.

340. **Perturbations dans l'assiette des machines.** — En considérant une machine en activité, on voit que le centre de gravité de la machine, indépendamment de son mouvement de translation longitudinale, se déplace à chaque évolution des pièces du mécanisme. — C'est le *mouvement de recul* en avant, puis en arrière, suivant que la manivelle, la bielle et le piston se sont portés en avant ou en arrière de la position moyenne.

La force qui produit ce déplacement agit dans le plan de l'axe de la tige du piston, et, comme les mouvements du mécanisme sont croisés, la machine est soumise aux efforts d'un couple qui fait passer le centre de gravité alternativement à droite et à gauche du plan de l'axe de la chaudière. Le bras de levier de ces forces étant plus grand avec les cylindres extérieurs qu'avec les cylindres intérieurs, on voit que la tendance au déplacement horizontal du centre de gravité, déplacement qui porte le nom de *mouvement de lacet*, doit être plus considérable dans la première disposition que dans la seconde.

Enfin, il existe un troisième mouvement, celui de *galop*, résultant de l'action dans le plan vertical de la masse de la manivelle, de la bielle, et des pistons si les cylindres sont inclinés. — Cette dernière est sans influence lorsque les cylindres sont horizontaux.

A l'action de ces forces plus ou moins combinées vient encore s'ajouter celle qui, prenant son origine dans les inégalités de résistance de la voie, occasionne des oscillations de grande amplitude, dans certains cas même des déraillements.

Sans aller jusqu'à cette limite extrême, les actions perturbatrices peuvent avoir une influence considérable sur la marche et l'entretien de la machine par les déformations qu'elles apportent dans le montage du cadre et des pièces du mécanisme.

Ces différentes espèces de perturbations trouvent leurs palliatifs dans les dispositions suivantes (344, page 51) :

Indépendamment des obstacles qui sont apportés au déplacement latéral par les boudins des roues, on donne à l'empatement de la machine la plus grande longueur possible, en chargeant les roues extrêmes de tout le poids dont on peut disposer et en roidissant les ressorts. — En outre, on applique aux roues motrices des *contre-poids*, dont la masse doit faire équilibre aux efforts des masses du mécanisme. — Enfin l'ingénieur cherche à diminuer le poids des pièces mobiles, en substituant l'acier au fer, et le fer à la fonte pour obtenir une résistance équivalente avec des dimensions moindres.

341. **Approvisionnement des machines.** — Chaque machine locomotive, en quittant son dépôt, porte dans sa chaudière une certaine quantité d'eau et de combustible en état d'entretenir la marche de la machine pendant un parcours plus ou moins long; mais, pour la conserver en bonne allure, il faut l'alimenter sans interruption notable pendant tout l'intervalle qui

sépare deux stations d'approvisionnement (1re partie, chap. VIII, § 1er, n° 310).

La régularité du service exige également que chaque machine soit munie des outils et agrès strictement nécessaires pour parer aux accidents de route.

Deux moyens se présentent pour atteindre ce but :

1° Annexer à la machine un tender séparé, fourgon qui porte l'eau et le combustible en quantités suffisantes pour renouveler l'approvisionnement de la locomotive pendant un parcours déterminé ;

2° Charger la machine elle-même de ses approvisionnements renfermés dans des soutes ou caisses, que l'on répartit en dessous et autour de la chaudière, de manière à tirer parti de ce surcroît de poids et, par conséquent, d'adhérence.

L'ingénieur ne doit cependant introduire dans les calculs relatifs à l'effort de traction qu'une partie de ce surcroît de poids, attendu que ce dernier diminue en raison du temps qui s'écoule entre deux ravitaillements, et que le profil de la ligne pourrait ne pas permettre à la machine d'en disposer en temps opportun.

Le tender séparé se compose d'un cadre généralement en fer portant une caisse ayant la forme d'un fer à cheval. Le pourtour de la caisse renferme l'eau ; dans le vide compris entre les deux branches du fer à cheval, on range le combustible.

Le tender est monté tantôt sur quatre, tantôt sur six roues ; mais le plus généralement on limite à deux le nombre des essieux.

Le volume de l'eau varie de 4 à 8 mètres cubes ; celui du creux entre la branche du fer à cheval, de 2 à 4 mètres cubes. On charge, en général, de 3 à 6 tonnes de combustible, selon la distance à parcourir.

On comprend, d'après ces indications, que le poids des tenders varie dans des limites très-étendues.

Vides, ils pèsent de 6 000 à 10 000 kilogrammes, et, avec leur chargement, de 13 à 18 tonnes.

Nous verrons plus loin (348) que l'on tire un parti très-avantageux du poids du tender pour la traction des trains, en appliquant à ce véhicule des cylindres à vapeur et le mécanisme nécessaire pour transformer ses essieux en essieux moteurs.

342. **Des freins appliqués aux locomotives.** — Les trains ou les machines locomotives sont assujettis à des arrêts tantôt réguliers, c'est-à-dire en des points déterminés à l'avance, comme les stations, tantôt irréguliers, tels que ceux qui résultent d'un fait anormal survenant pendant la marche entre deux stations (1re partie, chap. IX, § 1er, no 301), et à des ralentissements obligatoires, lorsqu'il s'agit de traverser un point dangereux ou de descendre une pente sur laquelle l'action de la pesanteur pourrait imprimer une vitesse excessive.

S'il s'agit d'arrêt régulier en palier ou sur rampe, ou de simple ralentissement, un mécanicien habile et connaissant bien la route peut modérer à temps l'allure de sa machine et devenir maître de la vitesse du train. Mais lorsque l'arrêt est commandé pour un cas fortuit, ou bien si les véhicules descendent une pente égale ou supérieure à $0^m,005$, il faut faire usage des freins.

Supposons un essieu monté sur ses roues, descendant un plan incliné. Soit P le poids[1] de cet essieu (et de sa charge, s'il y en a); on peut décomposer ce poids en deux forces : l'une F, parallèle au plan qui produit le mouvement, et l'autre F', perpendiculaire au plan. Cette dernière n'a pas d'influence sur le mouvement longitudinal, par suite de la résistance du plan; mais l'action de la force F est égale au produit du poids P par le rapport de la hauteur verticale du plan incliné à sa longueur, rapport qui, dans l'état actuel des chemins de fer, varie de 0 à 0,050 et même 0,060, mais très-exceptionnellement. Prenons, pour fixer les idées, une pente de 0,010 et un poids de 10 tonnes sur l'essieu, la force qui tend à faire descendre l'essieu sera représentée par le produit $10\ T \times 0,01$, c'est-à-dire 1 tonne. C'est l'action de cette même force qu'il s'agit de vaincre, si l'on veut arrêter l'essieu sur la pente, ou si l'on veut lui faire remonter le plan incliné. De même que l'on utilise l'adhérence des roues de la locomotive sur les rails pour gravir la rampe,

[1] Ce poids représente l'action de la pesanteur agissant sur tous les corps de la terre.

de même aussi on utilise l'adhérence des roues sur les rails pour amortir la descente, en développant à leur pourtour un travail résistant au mouvement.

Appliqués aux tenders, les freins ordinaires se composent d'un mécanisme manœuvré à la main, qui fait porter sur les bandages des roues des sabots en bois, en fonte ou en fer, dont le serrage est suffisant pour arrêter le mouvement de rotation et même pour faire glisser les bandages sur les rails, ce qu'il faut éviter autant que possible, car ces pièces s'altèrent rapidement par le frottement et l'échauffement qui en résulte.

Les dispositions pour atteindre ce résultat sont nombreuses : généralement on se sert des appareils appliqués à l'enrayage des wagons, appareils dont nous parlerons plus loin (2e partie, chap. II, § 3) ; pour les tenders, aujourd'hui on fait embrasser les bandages par deux sabots disposés aux extrémités d'un même diamètre. Le frottement s'opère uniquement au pourtour des roues, sans fatigue pour les fusées, les boîtes à graisse et les plaques de garde.

Jusqu'à ces derniers temps, lorsque le tender était suffisamment pesant, le train moyennement chargé et la pente peu prononcée, le frein du tender était généralement assez puissant pour produire l'arrêt dans un temps assez court. Mais l'augmentation de vitesse, de charge et d'inclinaison a forcé les ingénieurs à rechercher des moyens plus énergiques pour amortir aussi rapidement que possible la vitesse des trains dans tous les cas qui commandent l'arrêt, cas qui deviennent plus fréquents à mesure que la circulation augmente.

On s'est d'abord attaché à profiter de la masse considérable de la machine locomotive elle-même en appliquant des freins à vis sur ses roues, disposés toutefois de manière à ne pas caler ces dernières. Il suffit, pour cela, de tenir l'effort exercé par la pression des sabots en dessous de l'adhérence des roues sur les rails. Supposons un frein à deux sabots en fer sur chaque roue, si P est la pression exercée par les roues sur les rails, R le rayon des roues, p la pression exercée par les sabots, la roue s'arrêtera, dès que le moment sur le rail sera égal au moment sous le sabot, les coefficients de frottement fer sur fer étant supposés égaux ; on aura dès lors $pR = P.R$ ou $p = P$. Le calcul des organes de transmission de l'effort manuel jusqu'aux sabots fournira le moyen de donner à p la valeur convenable.

Freins mus par la vapeur. — Puissance et rapidité : telles sont les conditions que l'on recherche dans un frein. Les dispositions indiquées plus haut n'y satisfont pas toujours. Aussi a-t-on recherché les moyens de remplacer l'action faible et lente de la main de l'homme par la puissance de la vapeur et son énergique rapidité. Les freins basés sur ce principe ont donc le grand avantage de produire aussi vivement qu'on le désire le ralentissement et l'arrêt. Mais si ce mode d'enrayage a ses avantages, il n'est pas exempt d'un inconvénient qui peut, dans certaines circonstances, avoir de graves conséquences. Supposons, en effet, qu'au moment où le frein doit agir, la vapeur vienne à manquer de pression par une cause quelconque, — la rupture d'un tube, la fusion d'un bouchon de sûreté, par exemple, — qu'adviendrait-il, dans ce cas, si le train n'avait plus d'autre frein ?

Quoi qu'il en soit, certains chemins de fer emploient les freins mus par la vapeur. Nous citerons, entre autres, le chemin Rhénan, pour ses deux locomotives de la rampe d'Aix-la-Chapelle, et la ligne de l'Ouest de la Saxe. Les freins à vapeur des machines à six roues de ce dernier chemin sont disposés de la manière suivante : à égale distance, entre les deux essieux moteurs, — milieu et arrière, — et dans le plan passant par l'axe de la chaudière, se trouve un cylindre à vapeur dans lequel se meut un piston dont la tige pendante traverse l'œil d'un joug horizontal. Aux extrémités de ce joug sont articulées deux courtes bielles transmettant le mouvement du joug aux longs bras de deux leviers suspendus au bâti de la machine ; — du petit bras de chaque levier part une tige articulée à un sabot-patin qui vient porter sur les rails quand la vapeur est admise sous le piston du cylindre. Ce patin est arc-bouté par deux tringles en fer qui vont s'appuyer, l'une au cadre du dessous de l'enveloppe du foyer, l'autre à la plaque de garde de l'essieu d'avant.

Quand la vapeur cesse d'agir sous le piston, les deux longs bras des leviers conjugués sont sollicités à descendre sous l'action de deux contre-poids qui soulèvent les sabots-patins.

La vapeur est amenée au cylindre par un tuyau qui, partant du dessus du foyer, descend verticalement jusqu'à une tubulure arrêtée au bas de l'enveloppe du foyer. Elle rencontre là un robinet disposé pour la diriger à volonté sous le piston et faire agir les freins, ou pour la laisser échapper dans l'atmosphère en faisant office de purgeur, quand le frein doit cesser son action.

Bien que les freins à patin offrent un puissant moyen d'arrêt, il en faut restreindre l'emploi à l'enrayage en pleine voie, car, dans les gares, la rencontre des croisements ou traversées amènerait nécessairement des accidents. Il y a plus encore : en pleine voie, un sabot-patin peut heurter un about de rail mal assujetti, ou la pression sous le piston du frein soulever trop brusquement la machine et amener un déraillement. Ces réserves faites, ajoutons cependant que depuis huit années le chemin de Saxe en tire un parti très-avantageux.

Enrayage par le travail de compression. — Dans ces dernières années, on a cherché à utiliser, pour obtenir le ralentissement ou l'arrêt des machines, le travail mécanique développé dans les cylindres de la machine par la compression de l'air ou de la vapeur, travail employé à détruire celui que produit le véhicule en marche sous une impulsion donnée.

Tous les ingénieurs savent qu'une machine étant en mouvement, si l'on renverse la marche du tiroir de distribution, les pistons des cylindres aspirent de l'air par l'orifice d'échappement et le refoulent par les orifices d'introduction de vapeur en le comprimant dans la chaudière. Cette manœuvre, qui produit le ralentissement et l'arrêt, présente cependant de très-graves inconvénients : — 1° elle aspire de l'air chaud, chargé de corps étrangers provenant de la cheminée ; — 2° elle refoule de l'air dans la chaudière.

Comme conséquence de cette disposition, les cylindres s'échauffent, les garnitures se brûlent, et la pression dans la chaudière augmente considérablement. Le seul avantage à en retirer consiste dans une économie de vapeur et de combustible, avantage bien largement payé, d'ailleurs, par les inconvénients signalés plus haut.

Dans le même ordre d'idées, mais en modifiant les éléments de la question, on effectue l'aspiration de l'air par une tubulure spéciale et on refoule cet air dans une capacité indépendante de la chaudière, où l'on peut sans inconvénient élever la pression de telle sorte que le travail développé par cette compression fasse équilibre à l'action de la gravité ou de la force vive emmagasinée dans le train en marche. Tel est le procédé appliqué à quelques machines qui font le service de la rampe du Pecq à Saint-Germain.

Ces machines, qui sont à trois essieux moteurs, donnent au train l'impulsion du départ; arrivées sur le plan incliné, la vapeur est interceptée et l'aspiration de l'air commence. Le refoulement s'opère dans un vase en fonte muni d'une soupape et d'un robinet qui permet au mécanicien de donner à la compression l'intensité qui convient au degré de ralentissement voulu.

Le chemin de fer du Nord de l'Espagne, sur lequel la traversée de deux chaînes de montagnes a motivé l'adoption d'inclinaisons de $0^m,010$, $0^m,012$ et $0^m,015$ sur 45 kilomètres (traversée des Pyrénées); de $0^m,010$, $0^m,015$, $0^m,018$ et $0^m,020$ sur 72 kilomètres (traversée du Guadarrama), a fait plusieurs essais comme application du même principe. L'emploi prolongé de l'air refoulé sous une pression équivalente à celle de la vapeur dans la chaudière, combiné avec une soupape d'échappement d'air réglée à la pression que l'on jugeait convenable, a donné un échauffement considérable dans les cylindres, sans compter plusieurs autres inconvénients. On prit alors comme fluide à comprimer un mélange d'air et de vapeur obtenu en lançant dans le tuyau d'échappement un jet de vapeur sortant directement de la chaudière. Le résultat fut moins défavorable que le précédent, mais il occasionnait une certaine dépense de combustible.

Le mélange d'air et de vapeur abandonné, la vapeur seule servit à l'alimentation de la compression, en remplissant de vapeur le tuyau d'échappement; le régulateur de prise de vapeur dans le générateur étant ouvert, la vapeur comprimée a été refoulée dans la chaudière. L'échauffement des parties frottantes se trouvait encore réduit, mais d'une manière insuffisante, ce qui engagea les ingénieurs du chemin de fer du Nord de l'Espagne à faire travailler la compression sur un mélange de vapeur et d'eau chaude prises l'une et l'autre dans la chaudière. L'eau ainsi injectée absorbe une partie de la chaleur développée et se transforme en vapeur qui retourne au générateur. Cette ingénieuse disposition fonctionne depuis un certain temps et donne, comme moyen d'enrayage des trains, un résultat satisfaisant. Mais il reste encore plusieurs questions de détail que l'expérience devra résoudre, telles que l'échauffement des cylindres et des garnitures, la fatigue des barres et colliers d'excentriques, etc.

En Allemagne, on a dirigé des essais vers le même but. Voici le résumé des faits constatés sur les chemins de fer du Hanovre en 1865 : — 1° l'enrayage du train à la descente, au moyen de la vapeur enfermée dans les cylindres, a produit le résultat désiré : le ralentissement obtenu est égal à l'accélération que la machine peut donner au train en marche ; — 2° sur les lignes à forte inclinaison, il est possible de se passer, en règle générale, des freins de wagons, réservant leur action seulement en cas de besoin extraordinaire : on ménage ainsi les bandages, qui ne sont plus mis en cause que comme moyen de sécurité complémentaire ; — 3° on peut arrêter le train au moyen de la compression de la vapeur, moins vite cependant qu'avec la contre-vapeur et les freins de wagon ; — 4° un inconvénient à signaler sur l'emploi de ce moyen, c'est la mise en fusion des garnitures de piston en métal blanc, par suite de l'échauffement des cylindres dans le cas d'enrayage d'une certaine énergie. Les essais doivent être repris.

Nos lecteurs liront avec intérêt la note suivante qui nous a été communiquée par M. Edouard Beugniot[1], sur les *organes*

[1] Ingénieur de la Société André Kœchlin et Cᵉ à Mulhouse.

employés à la descente des rampes, dans les locomotives de montagne, établies d'après son système :

« Dans nos locomotives de montagne, construites en 1862, et qui fonctionnent actuellement en Italie, au passage des Apennins entre Poretta et Pistoïa (ligne de Bologne à Florence), j'ai mis à la disposition du mécanicien trois moyens de ralentissement ou d'arrêt, pouvant être employés séparément ou simultanément dans la marche à la descente des rampes :

« 1° Un frein ordinaire à main aux quatre roues du tender ;

« 2° Un frein à main très-puissant, agissant sur l'essieu d'arrière de la machine, et, par l'intermédiaire des bielles d'accouplement, sur les trois autres essieux de la machine ;

« 3° Enfin et surtout un ensemble de dispositions spéciales ayant pour but, non-seulement de lubrifier les pistons et de les empêcher de gripper à la descente, mais aussi d'en faire de véritables freins, s'opposant aux accélérations de vitesse dues à la gravité.

« Les machinistes se servent rarement du frein appliqué aux essieux de la machine ; ils le conservent pour les temps d'arrêt subits. Ils se contentent d'appuyer contre les bandages des roues du tender les mâchoires du frein, de façon à ce qu'elles frottent sans trop s'échauffer. Pour se rendre maîtres de la vitesse du train, ils emploient surtout les organes spéciaux dont le détail suit :

« 1° Un obturateur hermétique de l'échappement de vapeur ;

« 2° L'addition au changement de marche ordinaire (composé d'un levier, et d'un arc de cercle gradué par crans) d'une manivelle qui commande ledit arc de cercle, par l'intermédiaire d'une tige filetée, et d'un arbre à levier muni d'un écrou ; cette manivelle permet au machiniste de changer la position des coulisses de distribution par fractions de crans aussi petites que possible et sans chocs ; manœuvre impossible à obtenir par le levier lui-même ;

« 3° D'un petit tiroir additionnel, glissant sur le tiroir ordinaire du régulateur de prise de vapeur : ce petit tiroir, qui s'ouvre le premier, sert à déplaquer le grand, et à rendre sa manœuvre très-douce; de plus, il permet au machiniste de laisser arriver aux cylindres telle petite quantité de vapeur qu'il désire, ce qui est indispensable pour la marche à la descente;

« 4° D'un mouvement de robinets purgeurs, disposé de façon qu'on puisse facilement varier à divers degrés l'ouverture desdits robinets;

« 5° D'une bonne sablière de grande capacité, et se manœuvrant facilement et sûrement;

« Voici maintenant comment la marche à la descente est réglée:

« Aussitôt le train démarré au pas, et engagé sur la pente, le mécanicien ferme l'obturateur de l'échappement, ramène le levier de changement de marche au cran de la marche *en avant* le plus voisin du point mort; ouvre le petit tiroir du régulateur, de façon à laisser entrer un léger courant de vapeur dans les boîtes à tiroir, et ouvre un cran des purgeurs. Suivant le poids du train, le nombre des wagons à frein, la façon dont on serre ceux-ci, l'état des rails, etc., le train prend la vitesse réglementaire (de 14 à 18 kilomètres à l'heure), ou bien il la dépasse. Dans ce cas, et pour ralentir, le mécanicien, au moyen de la manivelle supplémentaire, manœuvre l'arc de cercle gradué, de façon à diminuer encore l'admission de vapeur dans les cylindres, et à augmenter la compression; il fait bien, en outre, d'employer le sablier.

« En manœuvrant ainsi, nous n'avons jamais été emportés par la vitesse à la descente des Apennins, où les trains vont jusqu'à cent soixante-quinze tonnes avec inclinaison de 25 millimètres par mètre.

« Tels sont les faits sanctionnés par quelques années d'expérience. Grâce à l'obturateur, il ne s'introduit dans les cylindres aucune des crasses de la boîte à fumée et de la cheminée. Grâce à la possibilité d'une introduction faible mais continue de la vapeur, les pistons et leurs tringles sont continuellement lubrifiés, et il ne se déclare pas d'usures anormales des segments, ni des stoupages; bref, la descente des trains se fait sans crainte de la part de l'exploitation, et sans dépenses particulières de la part de la traction. »

343. **Abris pour les agents de la traction.** — Les mécaniciens et chauffeurs, exposés, sur le tablier de la machine, aux influences atmosphériques les plus opposées, ne paraissent pas, en raison de ces influences, pouvoir constamment exercer dans toute sa plénitude la vigilance requise par la nature de leur service. Il y a dans ces dispositions une grave atteinte aux moyens limités que l'exploitation possède pour assurer la marche de ses trains, tout en apportant un détriment sérieux aux conditions hygiéniques des agents des trains. Lorsque, au contraire, l'arrière de la machine est garni d'un écran à glaces faisant face à la direction du mouvement, d'un toit s'étendant jusqu'au tablier du tender, d'une balustrade en tôle élevée jusqu'à la hauteur des épaules, les agents de la machine, bien garantis des intempéries, peuvent porter toute leur attention sur l'état de la voie, sur les signaux de toute espèce auxquels ils ont à prendre garde, et percevoir sans retard les bruits anormaux qui doivent solliciter leur attention.

On a prétendu que les dispositions prises pour abriter les mécaniciens diminuent les garanties de sécurité, en empêchant ces agents de voir ou d'entendre, et les engagent à la négligence.

Nous croyons ces reproches peu fondés ; mais eussent-ils même une apparence de raison d'être, qu'à notre avis il n'y aurait pas lieu d'en tenir compte. Nous avons pu constater souvent que certains machinistes se munissent de paravents mobiles en toile qu'ils suspendent aux balances des soupapes de sûreté pour se préserver des déjections de la cheminée et se garantir contre les rafales de neige ou de grêle qui les aveuglent. Afin de se soustraire aux effets du froid, de la pluie, de la neige, de la grêle, ou simplement du vent, ils se couvrent la tête d'un capuchon en étoffe généralement très-épaisse.

Ces diverses précautions de conservation personnelle, que la surveillance la plus sévère est impuissante à réprimer, limitent bien plus le champ de perception des sens que les abris installés sur les machines et étudiés en vue d'obtenir la plus grande somme de sécurité pour la circulation et de bien-être pour les mécaniciens. N'oublions pas, en effet, que c'est dans les moments les plus pénibles pour le corps que ces agents doivent redoubler d'attention, de vigilance, et qu'ils n'ont pas trop alors de toute leur sollicitude, de la jouissance la plus complète des sens les plus exercés et les plus sûrs, pour diriger leur train et éviter les accidents qu'une seconde d'inattention peut occasionner.

§ II.

CLASSIFICATION DES LOCOMOTIVES.

La destination et l'emploi des machines varient, avons-nous dit dans le paragraphe 1, avec la quantité d'adhérence disponible. De là une spécialisation, une classification basée sur le nombre d'essieux moteurs que ces machines possèdent, et que nous suivrons tout naturellement dans la description qui fait l'objet du présent paragraphe.

344. **Machines à un essieu moteur.** — Le service demandé à ce type de machines, c'est une grande vitesse imprimée à un train de charge relativement faible, circulant sur une voie à rampes peu prononcées, généralement en dessous de 0,006 $\left(\frac{1}{166}\right)$.

Sous ces machines la charge des rails à l'aplomb de l'essieu moteur s'élève à 10, 13, et même 15 tonnes. — Dans l'état actuel de la fabrication et du poids ordinaire des rails et des bandages, ces dernières limites paraissent exagérées, surtout pour des véhicules animés d'une grande vitesse.

En Allemagne, où les vitesses ne prennent pas les proportions extrêmes que l'on rencontre en Angleterre, les ingénieurs pensent que la charge de 13 tonnes est un maximum; ils conseillent de munir la machine de bons ressorts très-élastiques, et de réduire au minimum le poids des parties de la machine en dessous des ressorts, pour ménager la voie[1].

[1] *Fortschritte der Technik des Deutschen Eisenbahnwesens.* Congrès de 1865, à Dresde.

Dans cette classe de machines, le diamètre des roues de l'essieu moteur est ordinairement compris entre $1^m,70$ et $2^m,50$.

MACHINES CRAMPTON. — Les premières locomotives à grande vitesse avaient toutes cet essieu moteur placé entre la boîte à feu et la boîte à fumée, les cylindres intérieurs fixés à l'avant de la machine.

Mais, depuis quelques années, un grand nombre de machines de vitesse ont été construites d'après les plans d'un ingénieur anglais, M. Crampton, plans qui consistent à porter l'essieu moteur à l'arrière et les cylindres au milieu des longerons. On peut ainsi augmenter le diamètre des roues motrices, diminuer la longueur des bielles, la vitesse et le nombre des coups de piston, ainsi que les perturbations de la machine, qui trouve en outre une assiette plus complète dans l'emploi d'un double cadre admettant l'emploi de fusées extérieures. L'ensemble de la machine prend une hauteur très-peu prononcée sur la voie, eu égard au diamètre des roues de l'essieu moteur, et une grande stabilité en général, par la répartition des charges sur les roues et l'écartement des essieux extrêmes qui, sur certaines lignes, comme celles du Hanovre, par exemple, a été porté jusqu'à $4^m,70$, sans donner pour cela plus de difficulté dans l'entretien des bandages, les ingénieurs ayant eu soin de laisser à l'essieu du milieu un jeu latéral de 6 à 7 millimètres, suffisant pour le passage des courbes à rayons descendant jusqu'à 420 mètres.

Dans la machine Crampton, les cylindres et tout le mécanisme sont placés à l'extérieur, de telle sorte que le montage, la visite et le graissage ne présentent aucune difficulté.

Le dessus de l'enveloppe du foyer est en prolongement du corps cylindrique de la chaudière ; grande simplification dans la construction, par suite de la suppression du dôme. — Le corps cylindrique est formé de viroles établies suivant deux diamètres, les viroles du petit diamètre pénétrant dans les viroles du grand diamètre, dont le recouvrement sert à faire la double rivure.

La vapeur sort par un tube fendu à sa partie supérieure, qui règne sur toute la longueur de la chaudière dans l'espace réservé à la vapeur; disposition qui n'empêche pas l'entraînement d'une assez notable proportion d'eau mélangée avec la vapeur.

Les chemins Badois ont appliqué le système Crampton aux machines du type américain avec avant-train à pivot, qui facilite le passage dans les courbes tout en conservant à la machine son grand empatement. Mais les vitesses qu'on peut lui donner sans imprudence n'atteignent pas celles des machines à cadre rigide. Dans ces dernières, en effet, on charge l'essieu d'avant d'un poids presque équivalent à celui que porte l'essieu moteur, tandis qu'avec l'avant-train à pivot, chacun des deux essieux d'avant, ne portant que la moitié de ce poids, est plus enclin aux soubresauts, aux oscillations en tous sens.

Machines de l'Est. — La figure 425 représente le profil de la machine Crampton employée sur les chemins de fer de l'Est français depuis 1852. Les longerons du cadre extérieur sont placés à $0^m,520$ des longerons du cadre intérieur. Leur section est de $0^m,235$ sur $0^m,021$ pour les deux cadres extérieur et intérieur. Mais au-dessus de l'essieu moteur, cette section prend pour dimensions $0^m,300$ sur $0^m,025$. La machine est portée par cinq ressorts, savoir : deux ressorts en long sur l'essieu d'avant, deux ressorts en long sur l'essieu du milieu, un ressort transversal en dessous de l'essieu moteur.

Les conditions d'établissement de ces locomotives se trouvent dans le tableau des dimensions principales des machines que nous avons choisies pour types. (Page 86.)

La machine d'Orléans, mentionnée au tableau, a conservé l'ancienne forme de la locomotive type de *Sharp*, mais à cylindres extérieurs : — grandes roues motrices au milieu, le troisième essieu à l'arrière du foyer; — chaudière surmontée d'un dôme de prise de vapeur. Elle remorque, selon l'état des rails et le profil de la section, de huit à quinze voitures avec des vitesses de 60 à 46 kilomètres à l'heure.

La machine de l'Est, sur sections dont l'inclinaison ne dépasse pas $0^m,005$, remorque réglementairement neuf voitures

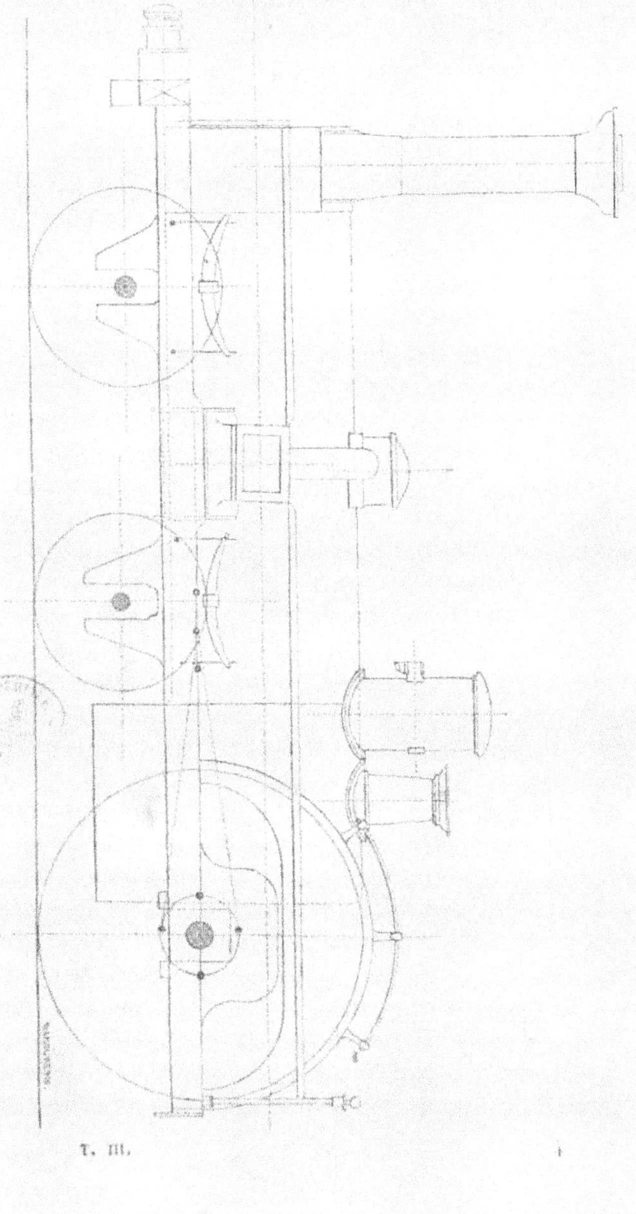

Fig. 465. Locomotive à un essieu moteur. — Système Crampton. — (Est, Lyon, Nord, Orléans). — Échelle $\frac{1}{50}$.

en été, huit voitures en hiver, à la vitesse de 72 kilomètres. Souvent, en été, elle traîne douze à treize voitures sans éprouver de retard.

On rencontre en Angleterre un grand nombre de machines de vitesse du type *Sharp*, avec des roues motrices dont le diamètre varie entre $1^m,83$ et $2^m,49$, — presque toujours avec cylindres intérieurs, l'essieu coudé muni de quatre boîtes à graisse, chaque roue comprise entre deux d'entre elles, — excellente disposition qui rend l'emploi des essieux coudés plus sûr et plus économique.

La machine du *Great-Eastern*, dont nous reproduisons les dimensions, est à cylindres extérieurs.

La Compagnie du chemin de fer *London and North-Western* emploie deux systèmes de machines à essieu moteur unique. Dans l'un les cylindres sont intérieurs ; l'autre est muni de cylindres extérieurs. Leurs roues motrices, placées entre les deux essieux libres, ont $2^m,30$ et $2^m,33$ de diamètre. Le poids servant à l'adhérence est de 11 500 kilogrammes.

Le *Caledonian railway* emploie des machines à cylindres extérieurs mettant en mouvement des roues motrices de $2^m,49$ de diamètre.

Nous ajouterons enfin que l'emploi des cylindres intérieurs avec essieux coudés en acier fondu, dans les machines à trains rapides, se répand de plus en plus en vue de la sécurité.

Machine Haswell. — Pour augmenter la vitesse, la sécurité de marche ou la charge des trains express, il a été fait depuis quelques années diverses tentatives qui doivent fixer l'attention des ingénieurs, sinon comme systèmes à imiter dans toutes leurs parties, du moins comme études très-intéressantes dont il sera peut-être un jour possible de tirer parti. Dans cette classe de machines à un essieu moteur, nous trouvons la machine *Duplex*, exécutée par M. Haswell, directeur de la fabrique de machines de la Société autrichienne I. R. P. des chemins de fer de l'État, exposée par la Compagnie à Londres, en 1862.

La machine est portée par un cadre extérieur et trois essieux placés entre le foyer et la boîte à fumée. L'essieu moteur se trouve à l'arrière ; au milieu, les deux paires de cylindres, extérieurs, agissant sur une manivelle double, dont les deux tourillons sont aux deux extrémités opposées d'un même diamètre ; les roues motrices sans contre-poids. Elle a été établie pour pouvoir circuler sur des rampes de $0^m,007$ $\left(\frac{1}{150}\right)$ et des courbes de 280 mètres de rayon.

Ses conditions d'établissement se trouvent au tableau, p. 86.

Voici, d'après la notice publiée par la Compagnie à l'époque l'Exposition universelle, les motifs qui ont guidé l'ingénieur dans le choix des dispositions adoptées.

« Dans une locomotive en action, la marche normale que l'on cherche à obtenir subit des perturbations, dues principalement au mouvement de certaines pièces qui déplacent à chaque instant le centre de gravité de la masse entière. Le mouvement de ces pièces fait naître des actions dont la résultante sur le centre de gravité varie d'intensité, et pour quelques-uns aussi de direction, et dont les moments par rapport aux axes passant par le centre de gravité ne s'équilibrent pas d'une manière constante.

« Les pistons avec leurs tiges, les bielles et d'autres parties du mécanisme, ont un mouvement de va-et-vient par rapport à la masse totale qui repose sur les ressorts, et, dans une certaine mesure, le mouvement de rotation des manivelles vient encore aggraver les effets de ce va-et-vient.

« Les forces qui naissent de l'inertie de ces masses sous l'influence de ces mouvements alternatifs, peuvent être considérées à deux points de vue.

« Reportées au centre de gravité, ces forces agiront, tantôt vers l'avant, tantôt vers l'arrière, et produiront un mouvement saccadé longitudinal d'avant en arrière et d'arrière en avant.

« L'intensité de cette perturbation — qui, ayant lieu dans le sens de la voie, ne compromet pas la sûreté de la marche — croîtra du reste avec la grandeur relative des masses à mouvement alternatif par rapport à la masse entière ; elle deviendra donc plus grande à mesure que le nombre de roues couplées augmentera et sera un minimum, par suite, sur les machines rapides qui n'ont, en général, que deux roues motrices ; mais pour ces dernières machines, le nombre de saccades par minute augmentant avec la vitesse de marche, la perturbation dont nous nous occupons pourra avoir une influence pernicieuse sur la durée de toutes les pièces de la locomotive.

« Les mêmes forces, considérées dans leur position propre, tendront à faire tourner la machine horizontalement autour de son centre de gravité, tantôt *de gauche à droite*, tantôt *de droite à gauche*, parce que leurs actions des deux côtés de la machine sont en partie concordantes, en partie opposées, et changent alternativement de direction. Ces oscillations, désignées généralement sous le nom de *mouvement de lacet*, nuisent à la voie et peuvent, avec un concours de circonstances défavorables, amener des déraillements. C'est surtout pour les locomotives rapides qu'il est essentiel de chercher à remédier à cette perturbation.

« Il y a encore dans la marche de la locomotion d'autres mouvements désordonnés, comme le *roulis* ou balancement de la machine autour de son axe longitudinal ; l'*ondulation* de toute la masse qui porte sur les ressorts de suspension ; le *galop* ou les élans autour d'un axe transversal horizontal. Ces mouvements sont produits ou favorisés par la pression qu'exercent sur les glissières les têtes des tiges de piston de bas en haut dans la marche en avant ; de haut en bas dans la marche en arrière ; par le jeu des ressorts ; par la distribution mal combinée de la charge et d'autres détails défectueux de la machine ; par les inégalités de la voie, etc., etc.

« L'inertie des manivelles et des pièces qui s'y rattachent produit une force centrifuge qui croît comme le carré de la vitesse dont les manivelles sont animées ; la composante verticale de cette force agit tantôt de haut en bas, tantôt de bas en haut, et tend à surcharger et à décharger alternativement les roues motrices. La transmission de l'action de la vapeur par les bielles contribue aussi à augmenter la charge des roues motrices dans la marche en avant et à la diminuer dans la marche en arrière, mais cette action est moins considérable que la précédente.

« On peut empêcher le mouvement longitudinal saccadé et le mouvement de lacet dont il a été question plus haut, en employant des contre-poids ajoutés aux roues motrices, et de dimensions telles que, dans leur mouvement de rotation, ils exercent une action horizontale égale et opposée à celle des masses en mouvement qui produisent les deux perturbations dont il s'agit; mais malheureusement en allant jusqu'à cette limite, l'action verticale des contre-poids dépasse beaucoup l'action en sens contraire des manivelles et des pièces qui s'y rattachent, et produit ainsi des perturbations analogues à celles dont nous venons de parler, mais notablement plus intenses.

« Ces actions, qui augmentent et diminuent alternativement la charge des roues motrices, sont nuisibles dans les deux cas.

« En diminuant la charge, elles réduisent l'adhérence qui quelquefois, et surtout dans les machines rapides, est juste suffisante à l'état normal. Il en résulte donc une tendance au patinage, et dans des conditions défavorables; il peut en résulter aussi des déraillements. En augmentant la charge, les actions dont il s'agit soumettent souvent les bandages et les rails à des efforts qui dépassent les limites qu'il faut se fixer dans un intérêt de conservation.

« Aussi, quoique chacun reconnaisse le besoin de supprimer le mouvement du lacet, beaucoup d'administrations ne donnent pas aux contre-poids toute la masse qu'il faudrait pour l'équilibre horizontal des actions dues à l'inertie des pièces en mouvement.

« Les dispositions adoptées pour la machine *Duplex* donnent sensiblement à la fois l'équilibre horizontal et l'équilibre vertical pour les pièces en mouvement, et tendent par conséquent à faire disparaître à peu près complètement les mouvements désordonnés et les variations de charge des roues.

« En effet, l'application proposée de deux engins complets à vapeur, agissant de chaque côté sur des manivelles directement opposées, contre-balance chaque action par une action égale et directement contraire. Sur chaque côté de la machine, quand un piston avec sa tige et la bielle correspondante marche en avant, un autre piston, exactement pareil par lui-même et par les accessoires, marche en arrière et à la même vitesse à chaque instant. Si une manivelle tourne de bas en haut, l'autre tourne de haut en bas exactement dans le même angle.

« L'équilibre dont nous venons de parler n'est pas absolu ; cela tient à ce que les deux manivelles de la même roue ne peuvent être dans le même plan, à égale distance de l'axe de la machine, d'où il résulte que les forces perturbatrices sont bien égales, mais agissent avec des bras de leviers différents. La construction a été étudiée de manière à réduire cette différence au minimum : elle est de $0^m,1280$ seulement ; mais même avec cette différence inévitable, il est évident que la combinaison proposée se rapproche très-sensiblement de l'équilibre parfait.

« La condition essentielle de rapprocher autant que possible les plans des deux manivelles du même côté ne permettait pas de satisfaire à une autre condition importante aussi, celle de placer les cylindres horizontalement. L'écart, sous ce rapport encore, est peu considérable dans la machine *Duplex*, car les axes des deux cylindres font avec l'horizontale deux angles égaux, qui ne dépassent pas 2° 30′.

« Les dispositions de la machine *Duplex* n'améliorent pas les conditions par rapport au mouvement de roulis, d'ondulation et de galop.

« Les dispositions de la machine *Duplex* présentent donc les avantages ci-après :

« *a.* — Elles suppriment à peu près complétement les saccades d'avant en arrière et d'arrière en avant, et le mouvement de *lacet ;*

« *b.* — Elles donnent l'équilibre vertical des pièces en mouvement en même temps que l'équilibre horizontal et, par conséquent, elles n'altèrent pas la charge des roues motrices ;

« *c.* — Par suite, l'allure de la machine devient beaucoup

plus sûre et les rails comme les bandages sont beaucoup mieux ménagés.

« Les avantages sont-ils compensés par les inconvénients du système, qui exige un double mécanisme et allonge les conduites de vapeur, ce qui semble entraîner comme conséquence un excédant de dépenses d'entretien et une déperdition de la force de la vapeur? A cet égard, il convient d'observer que toutes les pièces de mécanisme ne sont pas en double, et que celles qui sont en double sont en même temps de moindre dimension. Il y a, en outre, lieu d'espérer que, en raison même de la suppression des actions perturbatrices les plus graves, les conditions d'usure de la machine seront améliorées et que, notamment, la bonne conservation des bandages et des rails fera plus que compenser l'excédant d'entretien du double mécanisme.

« Du reste, y eût-il en dernière analyse une perte comme entretien et consommation de vapeur, on jugera sans doute que ce ne serait pas acheter trop cher par là le grand avantage, pour une machine de train express, de pouvoir marcher beaucoup plus vite en toute sûreté. »

Notre tableau, p. 86, reproduit les principales dimensions de la machine des trains express construite sur les plans de M. Sinclair pour le chemin de fer du *Great-Eastern*[1]. Dans cette locomotive à longerons intérieurs et extérieurs, les roues motrices se trouvent entre les deux essieux libres. Les cylindres sont extérieurs, un peu inclinés. L'essieu d'avant porte quatre fusées chargées par des ressorts longitudinaux à l'extérieur, et un ressort transversal à l'intérieur.

345. **Machines à deux essieux moteurs.** — Ce type de machines est employé tantôt au service des trains mixtes ou des trains de marchandises sur des lignes faiblement accidentées, ou bien encore à celui des trains de voyageurs *omnibus*, tantôt enfin au remorquage des trains express sur les lignes à rampes très-prononcées.

[1] *Mémoires des ingénieurs civils.* — *L'exploitation et le matériel des chemins anglais*, par M. Jules Morandière, 1866

C'est le type qui tend à se répandre de plus en plus; car, aux avantages d'une flexibilité relative dans les courbes, il joint celui d'une augmentation considérable d'adhérence comparativement aux machines à un seul essieu moteur; de là son nom de *machines mixtes.*

Nous diviserons les locomotives de cette classe en deux catégories :

1° Celle des machines à moyenne vitesse;

2° Celle des machines à grande vitesse.

Machines mixtes a moyenne vitesse. — L'emploi de ce type est de date assez reculée, car nous en avons vu circuler un spécimen, en 1839, en France, sur les chemins de fer de Versailles et Saint-Germain, sous le nom de la *Victorieuse*. Cette locotive, sortie des ateliers de MM. Rob. Stephenson et Cie à Newcastle, était portée par trois essieux montés, dont deux essieux moteurs conjugués à l'arrière et un essieu libre à l'avant.

Sur les roues de l'essieu intermédiaire se trouvaient des bandages sans boudin, pour faciliter le passage dans les courbes.

Voici quelles étaient les conditions d'établissement de cette machine. Elles diffèrent considérablement de celles usitées aujourd'hui dans l'industrie des chemins de fer; mais il nous paraît intéressant de les rappeler à titre de souvenir et d'enseignement.

Dimensions principales de la machine mixte LA VICTORIEUSE (1839).

Corps cylindrique. — Longueur	mèt.	2,600
Diamètre moyen	—	1,110
Capacité totale de la chaudière	m. cub.	4,600
Volume de l'eau	—	2,000
Volume de la vapeur	—	1,420
Longueur totale de la chaudière	mèt.	4,310

GRILLE.

Surface	mèt. carr.	0,949
Foyer. — Longueur	mèt.	0,930
— Largeur	—	1,020

Foyer. — Hauteur du ciel au-dessus de la grille....	mèt.	1,100
Tubes. — Nombre..............................	—	145
— Diamètre extérieur.....................	—	0,040
— Longueur totale.......................	—	2,600
Surface de chauffe. — Foyer.....................	mèt. carr.	5,210
— Tubes.....................	—	43,065

MÉCANISME.

Cylindres. — Diamètre........................	mèt.	0,380
— Course des pistons.................	—	0,450

SUPPORTS.

Roues. — Diamètre au contact	Avant..............	mèt.	0,980
	Motrices.	—	1,380
Essieux montés. — Entraxe.	Avant-milieu.......	—	1,450
	Milieu-arrière.......	—	2,080
	Extrême.	—	3,530
Poids de la machine. — Vide..................		kilogr.	12,000
— En feu..................		—	14,500

Machines de l'Est. — Depuis 1840, ce type s'est introduit sur tous les chemins de fer du monde, et constitue la grande majorité des machines locomotives. Adoptant en principe le type de la compagnie de l'Est en France, nous l'avons appliqué à un convoi de voyageurs sur le chemin de fer de *Hainaut et Flandres* (Belgique), où l'on rencontre fréquemment des courbes de 300 mètres de rayon et des rampes de $0^{m},010$.

A l'exception des roues motrices et des plaques de garde de l'essieu d'avant, ces machines étaient exactement semblables aux locomotives à trois essieux moteurs, destinées au service des marchandises [1].

Pour un chemin de fer secondaire, cette disposition est d'un très-grand avantage au point de vue de l'entretien et des approvisionnements en pièces de rechange.

[1] Nous ajouterons que, le 14 novembre 1859, nous donnions l'ordre à l'usine de Saint-Léonard à Liége, constructeur de ces machines, de remplacer l'une des pompes alimentaires par un *injecteur Giffard*, ce qui nous paraît être une des premières applications de ce nouveau mode, aujourd'hui universellement employé, d'alimentation des locomotives.

Les conditions d'établissement de ces machines sont les suivantes :

CHAUDIÈRE.

Enveloppe du foyer. —	Longueur	mèt.	1,400
—	Largeur	—	1,110
—	Épaisseur des tôles	—	0,013
Corps cylindrique. —	Diamètre moyen	—	1,256
—	Longueur	—	3,957
—	Épaisseur des tôles	—	0,013
Boîte à fumée. —	Longueur	—	0,843
—	Largeur	—	1,280
—	Épaisseur de la plaque tubulaire en fer	—	0,017
—	Longueur totale de la chaudière	—	6,200
Cheminée. —	Diamètre intérieur	—	0,392
—	Épaisseur de la tôle	—	0,004
—	Hauteur au-dessus du rail	—	4,300
Grille. —	Longueur	—	1,200
—	Largeur	—	0,916
—	Surface	m. carr.	1,100
Foyer. —	Longueur	mèt.	1,200
—	Largeur moyenne	—	0,965
—	Épaisseur des cuivres. — Plaque tubulaire (autour des tubes)	—	0,025
—	Au bas	—	0,013
—	Plaque arrière et enveloppe	—	0,013
—	Hauteur du ciel au-dessus de la grille	—	1,400
Tubes. —	Nombre	—	197
—	Diamètre extérieur	—	0,0445
—	Longueur extérieure aux plaques	—	4,012
—	Épaisseur	—	0,002
—	Poids par mètre courant	kilogr.	2,20
—	Distance verticale d'axe en axe	—	0,0595
Surface de chauffe. —	Foyer	m. carr.	7,20
—	Tubes (intérieurement)	—	100,26

MÉCANISME.

Distribution. —	Lumière d'admission	Longueur	mèt.	0,300
		Largeur	—	0,040
—	Lumière d'échappement	Longueur	—	0,300
		Largeur	—	0,075

Distribution. — Tuyau d'admission. — Diamètre....	mèt.	0,100
— — d'échappement............	—	0,130
Excentriques. — Avance...........................	degrés	32
— Course...........................	mèt.	0,116
Tiroirs. — Course maxima........................	—	0,116
— Longueur	—	0,362
— Recouvrement extérieur...............	—	0,038
— — intérieur................	—	0,007
Cylindres. — Diamètre...........................	—	0,420
— Course des pistons..................	—	0,600
— Écartement d'axe en axe.............	—	2,010

SUPPORTS.

Longerons du cadre. — Écartement intérieur..................		1,196
— Épaisseur..................................		0,030
— Hauteur....................................		0,215
Roues. — Diamètre au contact............	Avant............	1,300
	Milieu...........	1,650
	Arrière...........	1,650
ESSIEUX MONTÉS. — Écartement d'axe en axe...	Avant-milieu.	1,760
	Milieu-arrière.	1,760
	Extrême.....	3,520

Poids de la machine. — Vide.......................		Kilogr.	25 500
— En feu.......	Avant.....	—	8 100
	Milieu.....	—	10 300
	Arrière....	—	10 300
	Total.....	—	28 700

Les machines mixtes, construites par l'ancienne Compagnie du chemin de fer des Ardennes sur le même type, sauf quelques légères différences dans les dimensions, effectuent, avec un poids adhérent de 20 700 kilogrammes, sur le réseau de l'Est, le service des trains omnibus, semi-directs, trains mixtes, ou trains de marchandises à grande vitesse. Sur profil dont l'inclinaison ne dépasse 0,005, elles remorquent — en été — vingt-et-une voitures ou waggons chargés de 5 tonnes; — en hiver — dix-huit, avec une vitesse de 36 kilomètres à l'heure.

Dans ce type de machines, le foyer est en porte à faux, à l'arrière du deuxième essieu moteur.

Machines de Lyon. — Les chemins de l'Est et de Lyon possèdent un grand nombre de machines dont les deux essieux moteurs sont reportés à l'avant, et l'essieu libre à l'arrière du foyer. — Les cylindres sont intérieurs, et par conséquent inclinés pour échapper le premier essieu accouplé.

Ces machines doivent remorquer sur rampes *fictives* (2ᵉ p., ch. v, § 1) de 10 millimètres, une charge de 50 tonnes à la vitesse de 60 kilomètres à l'heure, ou 152 tonnes à la vitesse de 15 kilomètres à l'heure.

Elles possèdent 82 mètres carrés de surface de chauffe, des cylindres de $0^m,420$ de diamètre avec course de $0^m,560$; — diamètre des roues motrices $1^m,500$. Leur poids adhérent s'élève à 21 000 kilogrammes, et leur poids total à 24 000 kilogrammes. — Timbre : huit atmosphères ; l'effort théorique de traction est de 682 kilogrammes par atmosphère effective, et de 3 100 kilogrammes, avec un coefficient de 0,65.

Voici les conditions d'établissement des machines les plus puissantes, construites sur ce type par la Compagnie de Lyon :

Surface de chauffe, 117 mètres carrés ; cylindres (extérieurs), diamètre $0^m,450$, course $0^m,600$; roues motrices, diamètre $1^m,660$. Traction théorique par atmosphère effective, 758 ; effort de traction (avec coefficient de 0,65), 3 450 kilogrammes. Poids adhérent 21 700 kilogrammes ; poids total 29 000 kilogrammes. Elles doivent remorquer, sur mêmes rampes que ci-dessus, 149 tonnes à 15 kilomètres à l'heure, et 67 tonnes à 60 kilomètres à l'heure.

De nombreuses applications des machines mixtes ont été faites en Allemagne et en Suisse. Mais pour faciliter le passage dans les courbes, tantôt on a muni les machines d'un avant-train mobile (système américain) ; tantôt, au contraire, on a fait porter le foyer de la machine sur un train articulé avec le tender (système Engerth). — Le premier s'est conservé et rend de grands services sur les lignes à courbes très-prononcées, lorsque la vitesse ne dépasse pas 40 à 50 kilomètres. Quant au second, son emploi est parfaitement justifié s'il s'agit de remorquer des trains lourds à de moyennes vitesses, ou des trains

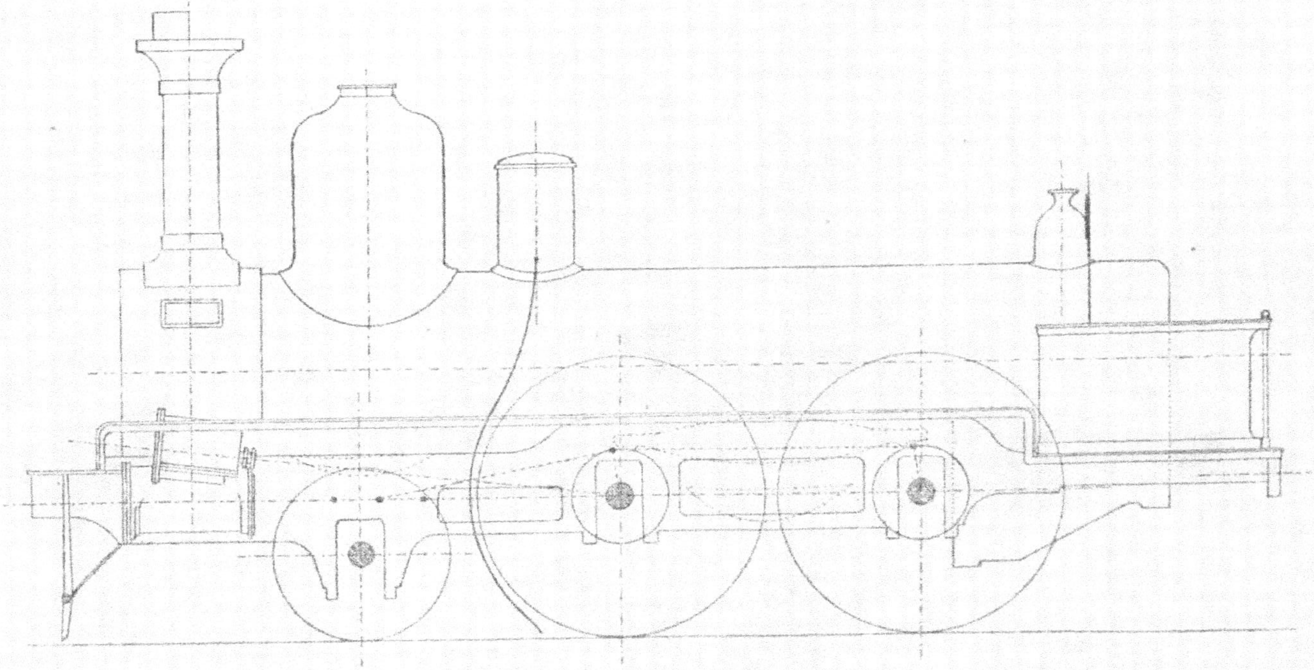

Fig. 118. Locomotives pour trains de voyageurs. — Forte traction, deux essieux moteurs (Orléans). $\frac{1}{50}$

légers sur des lignes fortement inclinées et à courbes raides. Dans ces deux cas, le foyer, soutenu par l'avant-train du tender, n'est plus en porte à faux, et la machine possède une grande stabilité, une complète régularité d'allure.

Machines mixtes a grande vitesse. — Nous trouvons en France plusieurs exemples de ce système de machines; sur les chemins de fer d'Orléans, de Lyon, de l'Ouest et de l'Est; en Suisse, sur le chemin de fer du Nord-Est; en Wurtemberg; en Angleterre, sur le Great-Western railway; en Russie, sur la grande ligne de Pétersbourg à Varsovie, etc.

Machines russes. — Ces dernières sont supportées par quatre essieux, dont deux libres, l'un à l'avant, l'autre à l'arrière, et deux essieux moteurs placés entre les premiers. Les essieux libres ont un jeu latéral de 10 millimètres.

Les dimensions principales de ces machines sont reproduites au tableau, page 86.

Le même tableau renferme les conditions d'établissement des douze machines de grande vitesse que la Compagnie d'Orléans a établies en 1864 (M. V. Forquenot, ingénieur en chef). Elles ont deux moteurs placés vers l'arrière, mais le foyer laissé en porte à faux, ainsi que l'indique la figure 426. La chaudière et les bielles sont en acier fondu.

Machines du Nord. — La machine à deux paires de cylindres du chemin de fer du Nord (France), a été établie en vue d'obtenir à la fois une grande adhérence, une grande vitesse, une production considérable de vapeur, en évitant les inconvénients de l'accouplement des essieux.

Voici comment M. Petiet, ingénieur en chef du matériel et de l'exploitation, a disposé la machine :

La chaudière se compose d'un vaste foyer ayant $3^{m},33$ de surface de grille, du système breveté par M. Belpaire, directeur au chemin de fer de l'État de Belgique, — d'un corps cylindrique renfermant des tubes de $3^{m},50$ de longueur ; — d'un sécheur et réservoir de vapeur, surmonté d'une cheminée horizontale.

Elle repose sur un cadre assez bas et s'étend au-dessus des roues libres. — Le nombre d'essieux est de cinq, dont trois intermédiaires ; les deux extrêmes sont moteurs. L'écartement de ces derniers est de $5^m,17$.

La force étant répartie sur quatre cylindres au lieu de deux, les pistons sont plus légers ainsi que les bielles et tout le mécanisme.

Elle porte un approvisionnement de 7 000 kilogrammes d'eau, et 2 000 kilogrammes de combustible.

Un point important à signaler, c'est la réduction du diamètre des roues des essieux moteurs à $1^m,60$, tandis que les roues motrices des locomotives de trains express ont généralement près de 2 mètres.

L'expérience a engagé les ingénieurs de la Compagnie du Nord à revenir du diamètre des roues motrices des machines Crampton de $2^m,300$ à celui de $2^m,10$. — Or, en supposant la vitesse des pistons de la machine à quatre cylindres égale à 1 mètre par seconde, la vitesse de la circonférence de la roue est de $7^m,39$. — Dans la machine Crampton cette vitesse est de 6 mètres.

Si donc, un train express marchant à 72 kilomètres à l'heure, soit 20 mètres par seconde, est remorqué par une machine à quatre cylindres, la vitesse des pistons sera de $2^m,71$ par seconde. Lorsqu'il est traîné par une locomotive Crampton, la vitesse des pistons s'élève à $3^m,33$ par seconde. — Le travail de la force perturbatrice résultant du mouvement alternatif des pistons, des bielles, etc., étant proportionnel au poids des pièces et au carré de leur vitesse moyenne, le rapport entre le travail de cette force dans les deux systèmes est de 1 (machine à quatre cylindres) à 3,394 (machine Crampton).

On ne doit pas se dissimuler que le nombre de tours de roues par seconde, pour la même vitesse de marche, est plus grand pour la première que pour la seconde machine, et qu'à la vitesse de 72 kilomètres, par exemple, les roues de la première feront quatre tours, quand celles de la seconde n'en feront que trois.

Les trois essieux du milieu ont un jeu latéral de 2 centimètres, de manière à se déplacer dans les courbes.

Les distributions de vapeur des deux paires de cylindres sont commandées par le même levier de marche.

Conditions d'établissement.

Grille.	Longueur	mèt.	1,475
	Largeur	m. carr.	1,775
	Surface	—	2,620
Foyer. — Hauteur du ciel au-dessus de la grille	Avant.	mèt.	1,372
	Arrière.	—	1,160
Chaudière. — Diamètre du corps cylindrique		—	1,278
Tubes. — Nombre			356
— Longueur (entre les plaques)		mèt.	3,500
— Diamètre extérieur		—	0,040
— Épaisseur		—	0,0015
Surface de chauffe.	Foyer	m. carr.	10,06
	Tubes	—	144,76
	Sécheur	—	12,00
	Totale	—	166,82
Tension de la vapeur (atmosphères)			9
Cylindres. — Diamètre		mèt.	0,360
— Course des pistons		—	0,340

SUPPORTS.

Roues. — Diamètre au contact.	Avant	mèt.	1,600
	1er intermédiaire	—	1,050
	2e intermédiaire	—	1,050
	3e intermédiaire	—	1,050
	Arrière	—	1,600
ESSIEUX MONTÉS. — Écartement d'axe en axe	Avant. — 1er interm.		1,450
	1er — 2e interm.		1,125
	2e — 3e interm.		1,185
	3e interm. — Arrière.		1,410
	Extrême		5,170
Poids de la machine. — Vide		kilogr.	35 600

Poids de la machine. — En feu (approvisionnements complets.......	Avant. ..	11 200
	1er interm.	8 600
	2e interm.	8 600
	3e interm.	8 600
	Arrière....	11 900
	Total.....	48 900
Poids adhérent, approvisionnements complets......	—	23 400

Huit machines de ce type sont employées depuis 1862 au remorquage des trains semi-directs de voyageurs, composés de dix-huit voitures. — Elles font ainsi un bon service; mais elles ont présenté, à la vitesse de 72 kilomètres, une assez grande instabilité, et n'ont pu, quant à présent, être employées régulièrement au service des trains express[1].

Machines allemandes. — Nous citerons, comme type de machines mixtes très-répandu en Allemagne, celle que l'établissement Borsig, à Berlin, avait exposée à Londres en 1862.

Portée par trois essieux, dont deux couplés à l'arrière, elle est suspendue au moyen de leviers ou balanciers compensateurs qui servent à répartir également la pression sur les roues (2e part., ch. I, § 3, *Ressorts*).

Ses principales dimensions se trouvent au tableau, page 86.

C'est, dans sa silhouette générale, le moteur habituel des chemins allemands, celui qui, sur les lignes à trafic peu important, sert au remorquage de tous les trains indistinctement, lorsque les rampes sont moyennement prononcées. Ainsi, le chemin de la Haute-Silésie, — Breslau, Myslowitz, Oswiecim, — possède des machines à deux essieux moteurs, qui, sur des pentes de $0^m,005$, remorquent à la vitesse de 60 à 65 kilomètres à l'heure, des trains express de 200 tonnes de charge brute, à celle de 40 à 45 kilomètres des trains omnibus de 300 tonnes, et enfin à la vitesse de 30 kilomètres des trains mixtes de 450 tonnes.

Les locomotives du chemin de Leipzig à Dresde sont iden-

[1] *Guide du mécanicien, constructeur et conducteur de machines locomotives*, par MM. Eug. Flachat, Le Chatelier, Petiet et Polonceau. — *Supplément*, p. 49.

tiques pour trains de vitesse et pour trains omnibus. On les emploie aussi au remorquage des trains mixtes qui marchent à raison de 30 kilomètres à l'heure, y compris les arrêts [1]. Les roues motrices ont $1^m,828$ de diamètre, les cylindres $0^m,381$ de diamètre, et $0^m,507$ de course.

La machine mixte du *London-North-Western*, dont les dimensions se trouvent dans le tableau, p. 87, est établie d'après les plans de M. Ramsbottom, superintendant de ce chemin. Sa chaudière est de la forme dite *Crampton*; les deux essieux moteurs comprennent entre eux le foyer, les cylindres intérieurs ainsi que les longerons.

Le levier de mise en marche y est remplacé par une vis à volant qui donne le mouvement aux tiroirs.

346. **Machines à trois essieux moteurs.** — Cette classe, la plus nombreuse et la plus importante des machines locomotives, se trouve aujourd'hui répandue sur toutes les lignes où le trafic des marchandises a pris une certaine importance.

Il s'agit ici d'avoir une grande puissance de traction, et dans ce but il a fallu sacrifier la vitesse à l'effort. — Aussi ces machines sont-elles caractérisées par les données suivantes :

Une large surface de chauffe ;

Des cylindres de grandes dimensions ;

Des roues de petit diamètre ;

L'accouplement de tous les essieux.

Les roues sont généralement inscrites entre le foyer et la boîte à fumée, afin de réduire au minimum l'écartement extrême des essieux conjugués, et la longueur des bielles d'accouplement.

Les cylindres sont tantôt intérieurs et tantôt extérieurs aux supports de la machine. — Nous avons vu précédemment que la première disposition offre, au point de vue de la stabilité, le

[1] *Congrès des ingénieurs allemands.* Dresde, 1865.

plus d'avantages, à la condition, toutefois, d'employer de très-bons essieux coudés. — Cette dernière question, jointe à celle des commodités de tout genre que donne la seconde disposition, a engagé les ingénieurs français à adopter les cylindres extérieurs. — Bien que leur écartement occasionne des oscillations horizontales, nuisibles à la marche de la machine, on leur donne la préférence aujourd'hui, surtout si l'on adopte les manivelles-tourillon du système de M. *Hall*[1], qui permet de diminuer l'entraxe des cylindres.

Comme exemple de machines à trois essieux moteurs, nous donnons les conditions d'établissement (voir p. 87) des machines de cette classe, mises récemment en service sur les lignes d'Orléans et de l'Est (fig. 427).

Machines Isabelle II. — Nous rangerons dans cette catégorie la machine construite pour le chemin de fer Isabelle II (Alar del rey à Santander, Espagne) par l'usine de Saint-Léonard à Liége, sur les plans de M. Waessen, directeur de l'usine.

La longueur du chemin à parcourir est de 139 kilomètres comprenant, en nombres ronds :

13 kilomètres en palier,
77 kilomètres en rampe de 0m,010 ;
14 » » de 0m,010 à 0m,015 ;
35 » » de 0m,015 à 0m,020, et des sections avec des courbes de rayon descendant à 400, 350 et 300 mètres.

Les conditions imposées par la Compagnie au constructeur, quant à la disposition des machines à marchandises, renfermaient la clause suivante :

—Remorquer un train de 200 tonnes brutes sans compter la machine, sur rampes de 0m,020 dans des courbes à rayon inférieur à 300 mètres, à la vitesse de 20 kilomètres à l'heure. — La machine repose sur trois essieux moteurs à l'arrière, et

[1] Ancien ingénieur des ateliers de MM. Maffei à Munich et Gunther à Vienne, auteur d'améliorations importantes dans les machines.

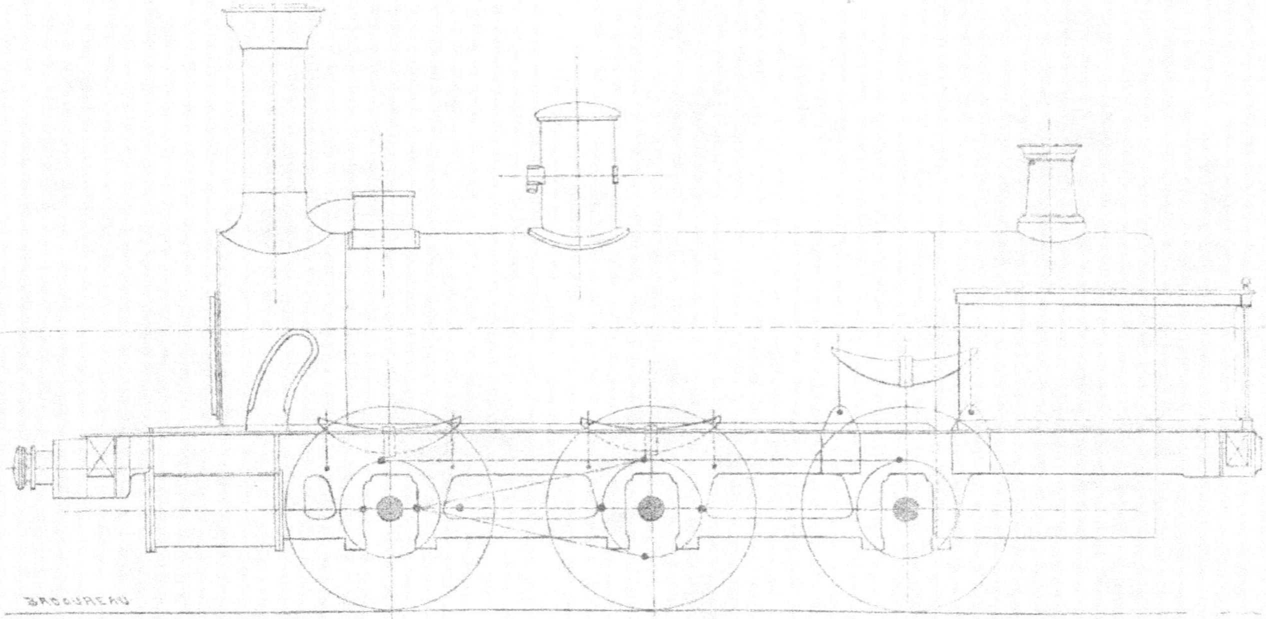

Fig. 427. Machine à trois essieux moteurs (Est, Nord, Orléans). $\frac{1}{30}$.

sur un avant-train mobile, qui diffère des trains américains en ce que ceux-ci pivotent autour d'une cheville ouvrière fixée à la machine, tandis que l'avant-train de la machine en question jouit d'un mouvement de rotation partielle autour d'un pivot sphérique fixé sur la longueur d'un levier articulé à l'une de ses extrémités vers le milieu de la chaudière; à l'autre extrémité ce levier supporte la boîte à fumée, en empruntant l'intermédiaire de deux coins en acier fondu couchés sur deux doubles plans inclinés.

En alignement droit, le levier est dirigé suivant l'axe de la chaudière et tous les essieux sont parallèles. Dans les courbes et par la pression latérale des rails contre les boudins des roues, l'avant-train tourne autour de son pivot d'une part et, de plus, il s'écarte du plan passant par l'axe de la chaudière d'une quantité variable avec le rayon de la courbe.

La chaudière, en se déplaçant, exerce sur les plans inclinés une pression qui fait équilibre à l'effort latéral produit par les boudins des roues contre les rails extérieurs et qui se traduit par un abaissement du châssis mobile. Lorsque ce dernier effort cesse, la pression sur les plans inclinés fait descendre les taquets, et le train mobile se replace dans l'axe de la chaudière.

La machine à marchandises de ce système est établie sur les données portées au tableau de la page 87.

Machine du London-Chatam-Dover-Railway. — Cette locomotive, dont les dimensions se trouvent au tableau, p. 87, diffère des machines françaises à trois essieux en ce que le porte à faux du foyer de ces dernières est évité par la disposition de l'essieu d'arrière placé sous la grille du foyer, qui est inclinée à cet effet. Un bouilleur longitudinal partage en deux sections le foyer, du système Cudworth, muni de deux portes. Le cadre de la machine est double; l'essieu coudé porte quatre boîtes à graisse.

347. **Machines à quatre essieux moteurs.** — « L'influence et les besoins du trafic sur la puissance et les dispositions des

machines destinées au transport des marchandises[1], s'est montrée en France d'une manière plus significative encore que dans les autres pays et que pour les services de grande vitesse.

« Avant que l'altération rapide des rails et des bandages résultant des charges de 6 à 7 tonnes portées par des roues de faible diamètre fût soupçonnée, c'était par l'accroissement du poids porté par chaque essieu que l'adhérence était augmentée. Mais lorsqu'on a reconnu que le fer de la voie et l'acier des bandages accouplés imposaient une limite de charge de 5 tonnes à 5 tonnes 1/2 aux roues de faible diamètre, on s'est rejeté sur le nombre d'essieux accouplés ; de 3 on est passé à 4, et de 4 la Compagnie du Nord vient de passer à 6 par l'accouplement de deux groupes de 3 essieux. »

Machines du Nord. — La machine à 4 essieux moteurs du chemin de fer du Nord (France) est du système des machines-tenders, mais à cadre rigide, faisant porter à ses roues motrices tout son approvisionnement. Le foyer est placé au-dessus des roues et des longerons du cadre. On lui a donné une grande largeur, ce qui a permis de disposer dans la chaudière un grand nombre de tubes; la grille est du système Belpaire (355). Afin de mettre le plus grand nombre possible de tubes dans le corps cylindrique, il a fallu restreindre le volume de vapeur disponible et reporter le réservoir dans un second corps tubulaire, traversé et entouré par la fumée. La chaudière porte aussi un sécheur qui a pour but d'augmenter le volume de vapeur et de lui enlever une partie de l'eau entraînée.

Machines d'Orléans. — La machine à quatre essieux moteurs du chemin de fer d'Orléans est munie d'un foyer à grille inclinée et d'un bouilleur du système Tembrinck-Bonnet (355); son attelage au tender se fait par une articulation à balancier qui reporte vers le centre de la machine le point d'intersection

[1] *Les Chemins de fer en* 1862 *et* 1863, par Eugène Flachat. Rapport sur l'exposition universelle de 1862.

des accouplements de véhicules et facilite le passage dans les courbes roides (362).

Les essieux sont munis de dispositions de suspension sur plans inclinés, qui permettent aux machines de circuler en vitesse sur des courbes de 300 mètres de rayon en voie courante, de 150 à 125 dans les stations.

On trouvera ses dimensions principales dans le tableau de la page 87.

Les Compagnies du Midi (France) et du Nord (Espagne) ont adopté un système analogue à celui que nous décrivons. Pour la première, la chaudière est en tôle d'acier fondu de $0^{m},010$ d'épaisseur.

Nous ne parlerons pas des machines Engerth, qui, après avoir rendu de grands services à l'exploitation et donné une nouvelle direction dans le système de construction des machines à grandes surfaces de chauffe, paraissent devoir être abandonnées pour faire place aux machines à cadre rigide et séparées du tender (349).

Machines du Semmering. — La transformation des machines de ce type a été commencée en 1859-1860 par la Compagnie de l'Est [1], en 1861 par le chemin du Sud de l'Autriche [2].

Les machines Engerth étaient construites pour fonctionner avec les deux essieux du tender accouplés à un essieu de la machine au moyen d'engrenages. Cette transformation de mouvement n'ayant donné que des résultats défavorables, il fallut renoncer à l'accouplement des roues du tender.

La machine se trouvait ainsi réduite à trois essieux moteurs donnant un poids adhérent de 37 500 kilogrammes, avec une charge de 13 700 kilogrammes à l'avant et de 18 000 à l'ar-

[1] Ingénieur en chef du matériel et de la traction, M. Sauvage, depuis directeur de la Compagnie, et remplacé par M. Vuillemin.

[2] Ingénieur en chef du matériel et de la traction, M. Desgranges.

rière. La machine portait son eau, et vers la fin du parcours de sa section, l'absorption de l'eau d'alimentation réduisait le poids adhérent à 32 000 kilogrammes.

Pour obvier à tous ces inconvénients, on a fixé le quatrième essieu à la machine, en l'accouplant aux trois premiers; le tender a été séparé de la locomotive; en remplaçant la chaudière, on a porté la surface de chauffe de $153^{m},39$ à $182^{m},20$; la boîte à feu extérieure a été faite en acier fondu; en un mot, les machines transformées se trouvent dans les conditions indiquées au tableau, page 87.

La charge ordinaire des trains à la vitesse de 15 à 16 kilomètres à l'heure étant de 175 tonnes, l'effort de traction sur rampes de $0^{m},025$ peut, d'après M. Desgranges, être évalué à 7 440 kilogrammes, décomposés comme suit :

Pour le train.........	175 tonnes	× (25 + 6) =	5 425 kil.
Pour la machine.......	47 —	× (25 + 6) =	1 469
Pour le tender........	18 —	× (25 + 6) =	558

L'effort théorique étant de $10\,325^{kg},50$, l'effort de traction est de 72 pour 100 de l'effort théorique, et le 1/7 du poids adhérent.

Machines de l'Est. — La machine-tender de l'Est pesait, avant sa transformation, $65^{t},6$; après la séparation du tender, les poids sont devenus (page 87) :

Machine........	45,500	69,300
Tender.........	23,800	

Elle remorque, en été, soixante wagons de houille chargés à cinq tonnes, et, en hiver, cinquante à la vitesse de 22 kilomètres, sur profil n'excédant pas $0^{m},005$ d'inclinaison.

Depuis cette époque, la Compagnie a commandé de nouvelles machines à quatre essieux moteurs (fig. 428), dans lesquelles la chaudière s'allonge jusqu'à la traverse d'avant, ce qui a diminué le contre-poids et augmenté la surface de chauffe; — en même temps on a raccourci la partie supérieure du foyer,

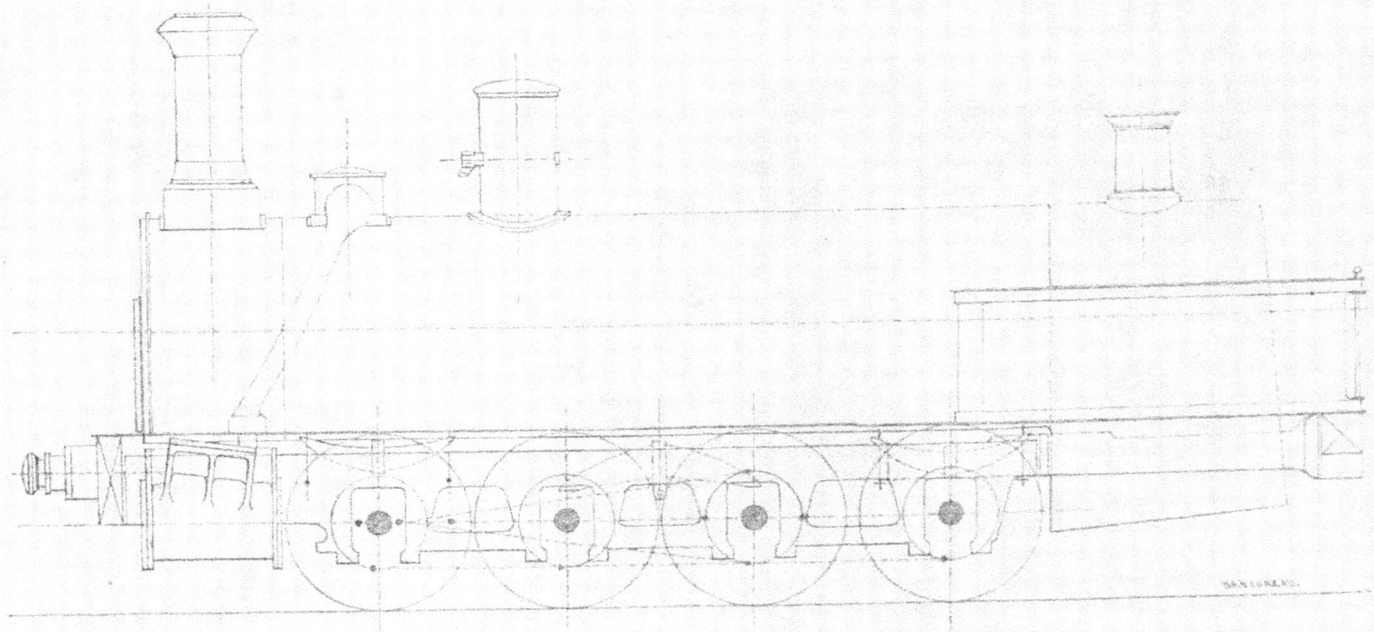

Fig. 128. Machine à quatre essieux moteurs (Est) $\frac{1}{30}$.

dont l'enveloppe est en tôle d'acier Bessemer de $0^m,013$. Nous croyons qu'on aurait pu descendre jusqu'à $0^m,010$ d'épaisseur.

De même que dans l'Engerth transformée, les roues portent des bandages dont le profil n'est pas semblable pour les quatre essieux : sur le premier, le boudin a une saillie de $0^m,035$ dont le congé est décrit avec un rayon de $0^m,012$. Sur le second essieu, le boudin est supprimé, le profil est horizontal à partir de la circonférence de roulement normale. Les bandages du troisième essieu sont identiques à ceux du premier. Enfin ceux du quatrième portent des boudins saillants seulement de $0^m,025$ avec des congés de $0^m,008$ de rayon.

Cette disposition facilite le passage dans les courbes. En outre, l'essieu d'arrière a un jeu latéral de $0^m,01$ de chaque côté. Les bielles d'accouplement sont rigides ; pour leur permettre de suivre les oscillations transversales de l'essieu d'arrière, on compte en partie sur l'élasticité du métal, et principalement sur un jeu égal de $0^m,01$ de chaque côté des têtes de bielles sur leurs tourillons.

Machines d'Orléans. — Comme machine puissante, le tableau de la page 87 renferme les principales dimensions des locomotives à quatre essieux moteurs du chemin d'Orléans. Avec un poids adhérent de 44 000 kilogrammes et un tender de 18 000 kilogrammes, elle remorque soixante wagons à 25 kilomètres à l'heure.

— Nous donnons, à titre de renseignements historiques seulement, la description succincte de machines à quatre essieux moteurs ayant fait pendant quelque temps le service de traction sur des lignes à profil très-accidenté.

Machines Verpilleux. — M. Verpilleux, constructeur de machines et entrepreneur de la traction sur le chemin de fer de Saint-Etienne à Lyon, mit en service sur ce chemin, en 1844 et 1845, huit machines de son invention qui consistait à placer sous le tender deux cylindres à vapeur semblables à ceux de la machine, tous puisant leur alimentation dans la même chaudière. Chaque véhicule était porté par deux essieux moteurs. L'attelage des deux véhicules conjugués s'opérait au moyen d'une barre rigide prenant ses points d'attache au centre de chacun d'eux.

Voici quelles étaient les principales conditions d'établissement de ces machines :

Timbre de la chaudière........	5 atmosphères.
Grille. — Surface............	1 mètre carré.
Surface de chauffe.............	57 mètres carrés.
Cylindres. — Diamètre........	$0^m,265$
— Course des pistons.	0 ,750
Roues. — Diamètre au contact..	1 ,220
Essieux. — Écartement.......	1 ,70
Poids de la machine..........	17 200 kilogrammes.

Machines de Giovi. — La ligne de Gênes à Turin rencontre, à quelques kilomètres de la première de ces villes, une ramification de la chaîne des Alpes qui a nécessité l'adoption d'un profil des plus accidentés. La section de Gênes à Pontedecimo, qui a 14 kilomètres de longueur, se développe avec des rampes inférieures à 12 millimètres par mètre, tandis que celle de Pontedecimo à Busalla, qui s'étend sur $10^k,5$ seulement, se présente avec une pente moyenne de $0^m,0257$ dont le maximum, au passage des *giovi*, s'élève jusqu'à $0^m,02868$ dans le souterrain et $0^m,035$ en voie découverte.

Ces différences brusques d'inclinaison ont conduit à scinder le service de traction. Sur la section de Gênes à Pontedecimo, les trains sont remorqués par des machines pesant 25 tonnes, à deux essieux moteurs et avant-train mobile; les roues motrices ont $1^m,40$ de diamètre.

La section de Pontedecimo à Busalla était exploitée par des machines-tenders à deux essieux moteurs, accouplées par leur plateforme d'arrière, formant un groupe de quatre essieux moteurs conduits par un mécanicien et un chauffeur. Ces machines remorquaient des trains de 80 à 100 tonnes, suivant l'état de la voie et plus facilement sur les rampes découvertes de $0^m,035$ que dans le souterrain humide, incliné seulement de $0^m,028$.

Voici quelles étaient les principales dispositions de ces machines :

Timbre	7	atmosphères.
Surface de chauffe. — Foyer	14	mètres carrés.
— Tubes	130	—
Cylindres. — Diamètre	0m,356	
— Course des pistons	0 ,558	
Roues. — Diamètre	1 ,066	
Poids des deux machines réunies.	54 000	kilogrammes.

348. **Machines à six essieux moteurs.** — Les besoins d'adhérence croissant toujours avec l'aggravation de charge des trains à remorquer sur faibles rampes, ou par suite des conditions de tracé des nouvelles lignes, ont engagé les ingénieurs à rechercher une nouvelle augmentation de l'effort de traction dans le développement de la tension de la vapeur, le diamètre des cylindres et le nombre d'essieux moteurs.

Nous venons d'indiquer les solutions que les lignes de Turin à Gênes, celle de Saint-Étienne à Lyon avaient adoptées il y a quelques années. Sur la première, on a remplacé la machine à quatre essieux par des machines à six essieux moteurs, réunis par groupes de trois essieux sous chaque machine. Ces locomotives présentent les dimensions suivantes :

Timbre de la chaudière	7,8	atmosphères.
Surface de chauffe. — Foyer	14m²,600	
— Tubes	186 ,400	
Cylindres. — Diamètre	0m,406	
— Course des pistons	0 ,558	
Roues. — Diametre	1 ,220	
Poids des deux machines réunies	66 000	kilogrammes.

Elles remorquent en été 120 tonnes de poids brut à 15 kilomètres à l'heure.

Machines du Great-Northern. — Depuis le 27 mai 1863, le chemin de fer du Great-Northern, en Angleterre, se sert de locomotives à tender-machine qui lui ont permis d'augmenter considérablement sa puissance de locomotion.

Procédant des mêmes idées que M. Verpilleux, l'ingénieur en chef des machines du Great-Northern-Railway, M. Archibald Sturrock a utilisé pour l'adhérence le poids du tender, en appliquant à ce véhicule une paire de cylindres (voir le tableau page 87). La vapeur leur est fournie par la chaudière de la machine. En sortant des cylindres la vapeur traverse des tuyaux horizontaux rangés vers le fond de la soute à eau ; celle qui n'est pas condensée s'échappe par un tuyau vertical dans une petite cheminée surmontée d'un entonnoir contre lequel vient frapper l'eau entraînée par la vapeur, et qui, condensée, retombe dans la soute du tender. Le mouvement est imprimé à l'essieu du milieu du tender et l'accouplement se fait à l'extérieur des boîtes à graisse. La machine a trois essieux moteurs ; le troisième essieu qui se trouvait en arrière du foyer est maintenant placé sous la grille, qui est fortement inclinée d'arrière en avant, par suite de l'allongement du foyer.

Les roues du tender ont $1^m,37$ de diamètre, celles de la machine $1^m,52$.

La machine agrandie pèse 35 tonnes, soit 11 660 kilogrammes sur chaque essieu, et le tender, au départ, 21 tonnes, soit 7 000 kilogrammes sur chaque essieu.

L'ancienne machine remorquait trente wagons ; la nouvelle en traîne de quarante à quarante-cinq.

L'augmentation de dépenses amenée par cette modification est de 10,000 francs environ.

Ces machines ont l'avantage de fournir un frein plus puissant contre l'action du train, puisque le tender est plus lourd, et d'apporter un surcroît de puissance de traction au moment où le train en a besoin pour franchir les points difficiles.

Cette transformation est imitée par plusieurs lignes importantes en Angleterre et doit être prochainement appliquée sur le réseau de l'Est.

Voici les conditions d'établissement des deux machines que cette Compagnie fait construire dans les ateliers de Graffenstaden, pour l'exploitation de la section de Luxembourg à Spa, qui présente de longues rampes dont l'inclinaison atteint $0^m,025$ (1/40).

Grille. — Longueur			m. 2,35
— Largeur			1,068
— Surface			2,51
Foyer. — Hauteur du ciel, du dessous du cadre	Avant		1,85
	Au-dessus de la roue d'arrière.		1,535
— Largeur intérieure	En haut		1,320
	En bas		1,068
— Longueur intérieure horizontale, au-dessus de la grille			2,258
— Epaisseur des cuivres.	Enveloppe		0,14
	Plaques d'arrière		0,15
	Tubulaire		0,25 et 0,15
Tubes. — Nombre			276
— Diamètre extérieur		mèt.	0,049
— Epaisseur		—	2,1/4
— Longueur entre les plaques		—	3,000
Surface de chauffe. — Foyer (avec bouilleur de 3 mètres environ)		mèt. car.	14,85
— Tubes		—	117,05
— Total		—	131,90
Chaudière. — Diamètre moyen du corps cylindr.		mèt.	1,500
— Epaisseur des tôles du corps cylindrique			0,011
— Enveloppe du foyer (acier Bessemer)			0,012
— Timbre de la chaudière (pression effective)			9 kil. p. cent. c.
Machine. — Nombre d'essieux accouplés			3
— Ecartement extrême des essieux		mèt.	3,550
— Diamètre des roues		—	1,300
— Cylindres.	Diamètre intérieur	—	0,420
	Course	—	0,600
— Ecartement des cylindres d'axe en axe		—	0,900
— Poids vide		—	30 500 kilogr.
— Poids en charge			35 500 —
Tender. — Nombre d'essieux accouplés			3
— Ecartement extrême des essieux			3,251 mèt.
— Diamètre des roues			1,200 —

Cylindres. — Diamètre intérieur	....	0,380 mèt.
— Course	....	0,420 —
— Ecartement d'axe en axe	....	0,750 —
Poids. — Vide	....	15 000 kilogr.
— En charge	....	23 000 à 27 000

Machines du Nord. — Etablir une machine puissante pouvant circuler dans des courbes de rayon moyen, avec six essieux moteurs réunis sous un bâti rigide, sans dépasser la charge de 12 000 kilogrammes pour chacun ; tel a été le problème résolu par M. Petiet, ingénieur en chef du matériel et de l'exploitation de la Compagnie du Nord (France).

La machine est du genre des locomotives-tenders; elle porte ses approvisionnements d'eau et de combustible pour un long parcours.

La chaudière est semblable à celle des machines à deux essieux moteurs du même chemin que nous avons décrites plus haut (345).

Le mécanisme, qui est complétement extérieur, comprend quatre cylindres à vapeur conjugués deux à deux. Chaque couple actionnant un groupe de trois essieux, a un régulateur séparé, mais les deux couples n'ont qu'un seul levier de mise en marche.

Renvoyant au n° 345 pour la description des chaudières de ce type de machine, nous nous bornerons à en donner les dimensions principales au tableau de la page 87.

L'empatement de la machine est de six mètres. Les bandages des roues sur les troisième et cinquième essieux moteurs ont des boudins minces (machines de l'Est, 347); les essieux extrêmes ont un jeu de $0^m,015$ de chaque côté, soit en totalité de $0^m,030$. L'écartement des essieux fixes n'est que de $3^m,720$; par ces dispositions, la machine peut passer facilement dans les courbes de 200 à 300 mètres de rayon. Les manetons d'accouplement sont cylindriques et les bielles extrêmes peuvent prendre un jeu latéral au moyen d'une articulation, dont l'axe est vertical, ménagée entre elles et les bielles médianes.

Ces machines remorquent sur la ligne du Nord (rampes de

$0^m,005$) quarante-cinq wagons chargés à 10 tonnes, avec une vitesse de 20 kilomètres à l'heure. Sur la rampe de $0^m,018$ de l'embranchement de Saint-Gobain, une de ces machines a remonté un train de 267 tonnes avec une vitesse moyenne de $14^k,6$ à l'heure[1].

349. **Machines-tenders.** — Nous avons vu précédemment (347) que les machines destinées à opérer de fortes tractions, et qui portent leurs approvisionnements, courent la chance de manquer d'adhérence au moment où ces approvisionnements s'épuisent, ou bien arrivent à des surcharges d'essieux si l'on veut conserver une adhérence capable d'utiliser la surface de chauffe de la chaudière.

Dans certaines circonstances, les machines-tenders de grande dimension peuvent devenir une cause d'embarras, notamment lorsqu'il s'agit de réparer des pièces importantes ou de rétablir sur la voie une machine déraillée.

M. Couche, ingénieur en chef et professeur à l'École des mines, émet les observations suivantes à propos des grandes machines Engerth, observations que l'on pourrait étendre, jusqu'à un certain point, aux grandes machines à quatre cylindres du chemin de fer du Nord (348) :

« La machine Engerth n'est pas seulement coûteuse et gênante par les installations spéciales qu'elle exige, par la nécessité de renvoyer l'appareil aux ateliers pour une simple réparation à faire au tender, par l'écrasement fréquent des bandages très-chargés du troisième essieu, par les avaries continuelles de son immense foyer, etc., etc.; elle est loin, de plus, de posséder la flexibilité complète qu'on lui attribue. En cas de déraillement, accident auquel elle est plus particulièrement sujette, tant à cause de sa roideur que par suite des ruptures de rails qu'elle détermine plus souvent que toute autre machine, elle encombre les voies pendant très-longtemps à cause de la difficulté de séparer les deux parties de l'appareil, les pièces de

[1] Relation des expériences des 2 octobre 1863 et 21 janvier 1864.

jonction étant généralement gauches et soumises à des efforts énormes. »

Les avantages que l'on prétend recueillir par l'adoption de dispositions aussi gigantesques sont moins clairement établis qu'on pourrait le croire. La consommation de combustible est très-sensiblement proportionnelle au travail produit; les frais d'entretien sont *au moins* aussi considérables pour ce moteur unique que pour deux machines d'égale puissance. Mais, s'il s'agit de réparation, l'infériorité est très-marquée. Qu'il survienne une avarie quelconque à l'une des caisses à eau de la machine tender, celle-ci doit rentrer à l'atelier, et si c'est une machine à quatre cylindres, le service de la traction se trouve par là privé du travail des quatre véhicules que la machine représente.

La réunion de deux moteurs en un seul réalise une économie dans les frais de conduite, c'est incontestable. Il y aurait cependant à examiner si l'entretien de ces *colossales machines* ne laisse pas plus à désirer que celui des machines ordinaires, par suite du surcroît de travail en route imposé au personnel. Quoi qu'il en soit de ces différentes objections, la solution *Verpilleux-Sturrock* nous paraît infiniment plus avantageuse que la précédente sous tous les rapports.

Il est des cas, cependant, où les machines-tenders peuvent rendre de grands services. Nous voulons parler notamment des services de banlieue ou d'embranchements de peu d'importance, ou enfin de traction sur une forte pente de longueur très-réduite. Ce système de moteurs présente alors de nombreux avantages par les facilités de tout genre qu'il procure.

Le cas du service sur forte rampe de faible longueur que nous venons de citer s'est présenté en 1854, lorsqu'il s'agit de faire franchir la chaîne des Alleghanys au chemin de fer qui devait relier Richmond (Virginie) à l'Ohio[1]. La réunion des

[1] *Eisenbahn Zeitung*, 16 avril 1857. — ZERAH COLBURN, *Locomotive Engineering*, etc., p. 84.

deux lignes séparées par la montagne devait s'effectuer au moyen d'un tunnel, dont la construction souffrit de longs retards. Suivant les conseils de l'ingénieur Ellet, on établit un chemin provisoire à ciel ouvert à travers le col, en s'attachant aux sinuosités du terrain; la construction dura sept mois.

Cette petite section se développait sur $12^k,5$ en deux versants; la longueur du versant ouest était de 3 248 mètres avec une inclinaison qui s'élevait jusqu'à $0^m,053$ par mètre, et en moyenne à $0^m,042$.

A l'est, le chemin s'étendait sur 3 812 mètres avec une inclinaison maxima de $0^m,056$ et moyenne de $0^m,049$.

Les courbes étaient tracées avec des rayons de 92 mètres (300 pieds), et sur un point le rayon descendait à 72 mètres.

La machine affectée au service de cette section, et construite par MM. Baldwin et Ce, portait son eau et son combustible. Elle avait trois essieux moteurs, avec roues couplées de $1^m,067$ de diamètre et un écartement extrême de boudin à boudin en contact avec les rails de $2^m,847$. Les deux essieux d'avant, avec leurs boîtes à graisse reliées par deux jougs en fer, se déplaçaient transversalement, ces boîtes à graisse étant réunies par un balancier qui pivotait autour d'un point fixe pris sur chacun des longerons de la machine.

L'accouplement des roues d'avant s'effectuait par des bielles de connexion, reliées aux roues du milieu sur un point de la manivelle situé entre le corps de la roue et l'attache de la bielle d'accouplement de la roue du milieu avec la roue d'arrière. De cette façon, les bielles d'arrière restaient parallèles aux longerons, tandis que les bielles d'avant, prenant la direction des jougs, se plaçaient dans les courbes suivant une direction parallèle à la corde de l'arc parcouru, l'essieu d'avant se déplaçant parallèlement à lui-même. Les cylindres, extérieurs, avaient pour dimension $0^m,419$ de diamètre et $0^m,508$ de course. Avec son approvisionnement de $2^{m^3},83$ d'eau et $2^{m^3},83$ de bois, en état de marche, elle pesait près de 25 tonnes (55 000 lbs.).

Pour faciliter le passage dans les courbes, un ressort pressait contre le boudin des roues des éponges imbibées d'huile.

Ces machines ont ainsi fonctionné pendant deux ans et demi sans interruption, remorquant soit deux wagons à huit roues pour voyageurs et un wagon à huit roues pour bagages, soit trois wagons à huit roues pour marchandises. La vitesse imprimée au train se tenait entre 12 kilomètres à la remonte et 8 kilomètres à la descente.

La Compagnie de l'Ouest possède un grand nombre de machines-tenders. Elles sont de trois catégories différentes.

Les unes, portées par trois essieux dont deux moteurs, placés tantôt à l'avant, tantôt à l'arrière de la machine, font le service des trains de voyageurs de banlieue.

La seconde catégorie comprend les machines à un essieu moteur avec cylindres intérieurs qui remorquent les trains de voyageurs sur les lignes de Normandie.

La troisième enfin se compose de machines à trois essieux moteurs affectées aux manœuvres de gare et au remorquage des trains de marchandises. Dans ces dernières, la chaudière est de la forme dite *des machines Crampton*, avec l'enveloppe du foyer légèrement renflée. Le foyer est légèrement pyramidal.

La prise de vapeur se fait dans un dôme placé près de la cheminée. Les cylindres et le mécanisme sont extérieurs. Les soutes à eau se trouvent comprises entre les longerons sous toute la longueur du corps cylindrique, deux bossages laissant passer les essieux d'avant ; les caisses à charbon forment rampes. Les roues d'arrière reçoivent les sabots du frein à main.

Ces machines, qui peuvent développer un effort de traction assez élevée, ne sont cependant pas susceptibles d'effectuer un service de transport à longue distance, parce que leur approvisionnement est trop restreint.

Nous rapprocherons cette machine d'une locomotive analogue appartenant aux chemins de fer du Hanovre. Dans celle-ci, les trois essieux moteurs ne se trouvent pas, comme dans la précédente, compris entre le foyer et la boîte à fumée. Ici l'essieu d'arrière est rejeté au delà du foyer. Les cylindres et le mécanisme sont extérieurs.

Les soutes pouvant contenir 6 mètres cubes d'eau, et 2 000 kilogrammes de houille, se trouvent partie sous la chaudière, partie à l'arrière de la machine.

Quand les soutes sont complétement vides, mais la machine en état de marche, la locomotive pèse 30 000 kilogrammes. Quand elle est complétement approvisionnée, elle pèse 38 900 kilogrammes; le poids moyen déterminant l'adhérence est donc de 34 450 kilogrammes, uniformément réparti sur les trois essieux.

Le service de la banlieue de Londres se fait principalement avec des machines-tenders.

La machine du North-London a deux essieux moteurs avec avant-train mobile, cadre et cylindres intérieurs. Les soutes à eau sont dispersées sur les flancs et à l'arrière. La soute à charbon se place en travers à l'arrière.

Nous terminerons enfin cette nomenclature par la description des machines de gare qui sont de la forme des machines-tenders, mais de dimensions très-réduites. En Angleterre, pour faciliter le passage dans les courbes, on n'accouple que les deux essieux extrêmes. Dans quelques locomotives du chemin de fer de l'Ouest, on trouve deux essieux seulement, tandis qu'aux chemins d'Orléans, de Lyon, de l'Est et du Nord, on fait reposer la machine sur trois essieux qui servent à l'adhérence.

Au North-Western, les locomotives de gare n'ont que quatre roues; mécanisme intérieur; le foyer placé dans le corps cylindrique, comme dans la machine de Hackworth, la *Sans-pareil*.

Il va sans dire que toutes ces machines sont munies de sabliers et de freins énergiques. Dans les machines à deux essieux de l'Ouest, chaque roue est pressée *verticalement* sous un sabot serré par un levier du deuxième genre, mis en mouvement au moyen d'une traverse à écrou, que fait monter ou descendre une vis verticale dont la tige porte une roue d'angle engrenant avec un pignon placé à l'extrémité de la tringle de manœuvre à la disposition du chauffeur.

Sur les machines de l'Est et d'Orléans affectées aux manœuvres de gare, les hommes chargés de la manœuvre sont abrités par un toit de 2 mètres de longueur pour les premières et de 2m,50 pour les secondes.

Machines-tenders à deux et trois essieux moteurs.

DÉSIGNATION DE LEUR EMPLOI :		SERVICE DE GARE		MARCHANDISES.		VOYAGEURS.	
CHEMIN DE FER :		Orléans.	Lyon.	Hanovre.	Ouest.	Ouest.	North-London.
Grille	longueur	m. 0.920	—	m. 1,142	m. 1,090	m. 1,090	m. 1,420
	largeur	0,920	—	—	1,03	1,050	1,050
Corps cylindrique.	longueur	3,238	—	—	3,750	3,800	3,000
	diamètre	1,102	—	1,371	1,080	1,080	1,250
Tubes	nombre	139	—	123	147	—	120
	longueur	3,363	—	3,200	3,780	—	3,660
	diamètre ext.	0 048	—	0,047	0,045	—	0,057
Surface de chauffe.	foyer	m² 4,99	m² 62,00	—	m² 6,45	—	m² 10,00
	tubes	68,000			77,51	—	77 00
Pression absol. de la vapeur (atm.)		8	8	7,5	9	—	12
Cylindres	entraxe	2,000	—	—	1.985	0,750	0,705
	diamètre	0,400	0,400	0,449	0,420	—	0,430
	course	0,460	0,460	0,609	0,600	—	0,610
Roues.	nombre	6	6	6	6	6	8
	entraxe extrême des roues accouplées	2,600	—	3,752	2.800	3,440	*1,950
	diamètre (roues accoupl.)	1.077	1,050	1,371	1,290	1,650	1,74
	diamètre (roues libres)	—	—	—	—	1,100	0,91
Poids de la machine	pleine	kil. 26 876	kil. 25 000	kil. 38 900	—	kil. 33 100	kil. 42 000
	pr l'adhérence				—	24 050	30 000
Volume de l'eau dans les caisses		—	—	6m3	3,100	—	5
Longueur totale de tampon en tamp.		7m 575	—	—	7,985	8,125	8,25

* Avant train mobile.

CLASSIFICATION DES MACHINES D'APRÈS LE NOMBRE D'ESSIEUX MOTEURS ;	1 ESSIEU MOTEUR.				2 ESSIEUX		
Chemins de fer où elles fonctionnent :	Est.	Orléans.	Great-Eastern.	Société autrich.	Est.	Allemagne.	Russes.
Date de leur construction :	1856	1863	1866.	1862.	1862.	1861.	1863.
	k.	k.			k.		
Poids de la machine vide	23 020	25 960	—	—	25 789	—	—
Pression de la machine pleine :			k.	k.		k.	k.
Sous le premier essieu (avant)	10 000	10 740	9 600	10 000	8 212	8 000	10 050
Sous le deuxième	7 000	12 890	11 490	9 700	10 415	12 000	11 120
Sous le troisième	10 275	5 560	8 500	12 500	10 328	12 000	10 800
Sous le quatrième	—	—	—	—	—	—	7 520
Sous le cinquième	—	—	—	—	—	—	—
Sous le sixième	—	—	—	—	—	—	—
Pression servant à l'effort de traction	10 275	12 890	11 400	12 500	20 743	24 000	21 920
Pression totale sur les rails	27 275	29 190	29 500	32 200	28 955	32 000	39 490
CHAUDIÈRE A VAPEUR	m.	m.	m.	m.	m.	m.	m.
Enveloppe du foyer — longueur	1,400	1,520	1,550	1,470	1,450	2,150	2,200
Enveloppe du foyer — largeur	1,220	1,213	—	1,260	1,110	1,270	—
Corps cylindrique — longueur	3,400	3,482	3,600	4,320	3,910	4,250	4,255
Corps cylindrique — diamètre moyen	1,266	1,211	1,220	1,212	1,236	1,210	—
Capacité totale de la chaudière en m³.	4,223	4,360	—	—	4,578	—	—
Volume de l'eau	3,355	2,760	—	—	3,166	—	—
Volume de vapeur	0,868	1,600	—	—	1,412	—	—
Soupapes. Diamètre	0,100	—	—	—	0,100	—	—
Pression de la vapeur en atmosphères	8	8	10,5	—	8	8	—
Boîte à fumée — longueur	0,580	0,890	0,850	0,700	0,810	0,730	0,925
Boîte à fumée — largeur moyenne	—	1,194		1,260	—	1,480	—
Cheminée — diamètre	0,400	0,400	haut 0,46	0,410	0,400	—	—
Cheminée — haut. sur rails	4,100	—	bas 0,38	—	4,200	—	—
Grille — longueur	1,232	1,328	1,370	1,300	1,278	—	—
Grille — largeur	1,052	1,013	1,060	1,115	0,938	—	—
Grille — surface en m²	1,286	1,345	1,450	1,400	1,159	1,080	—
Foyer — longueur min.	1,170	1,270	—	1,270	1,200	1,050	—
Foyer — largeur minim.	1,030	1,000	—	1,100	0,910	0,982	—
Foyer — haut. sous grille	1,400	1,330	—	1,320	1,400	1,258	—
Tubes — nombre	180	179	190	160	166	156	—
Tubes — diamètre extér.	0,049	0,048	0,0475	0,053	0,050	0,045	—
Tubes — longueur	3,510	3,650	3,86	—	4,047	4,236	—
Surface de chauffe — foyer. en m²	6,649	9,000	7,400	7,795	6,754	6,000	10,138
Surface de chauffe — tubes	84,620	92,037	101,600	117,128	95,850	89,500	113,140
Longueur totale de la chaudière	5,380	—	6,000	—	6,470	7,200	7,380
MÉCANISME.							
Distribution. Lum. d'adm. — longueur	0,300	0,280	—	0,316	0,300	—	—
Distribution. Lum. d'adm. — largeur	0,050	0,035	—	0,040	0,040	—	—
Tuyère d'échapp. Section max. en m²	—	0,0146	—	0,0166	—	—	—
Excentriques — avan. (m. en av.)	9°	30°	—	21° 1/3	30°	—	—
Excentriques — course	0,160	0,120	—	0,158	0,116	—	—
Tiroirs — course maxim.	0,130	0,120	—	0,110	—	—	—
Tiroirs — longueur	0,364	—	—	0,284	0,370	—	—
Tiroirs — largeur	0,286	—	—	0,395	0,202	—	—
Tiroirs — recouvr. extér.	0,028	0,030	—	0,031	0,026	—	—
Cylindres — entraxe	1,838	1,900	1,827	[illegible]	1,890	1,884	—
Cylindres — diamètre	0,400	0,400	0,400	(1)0,277	0,420	0,432	0,440
Cylindres — cours. du pist.	0,560	0,650	0,610	0,632	0,560	0,560	0,600
Bielles motrices, longueur	2,670	1,930	—	2,213	1,660	—	—
SUPPORTS.							
Essieux montés. Entraxe — 1er — 2e	2,184	—	2,130	1,422	1,760	—	1,800
Entraxe — 2e — 3e	2,316	—	2,440	2,055	1,760	—	2,200
Entraxe — 3e — 4e	—	—	—	—	—	—	1,800
Entraxe — 4e — 5e	—	—	—	—	—	—	—
Entraxe — 5e — 6e	—	—	—	—	—	—	—
Entraxe — extrême	4,500	4,300	4,570	3,477	3,520	3,370	5,800
Roues, diamètre au contact — roues libres	1,350 / 1,210	1,230	1,090	1,264	1,300	1,020	1,300
Roues, diamètre au contact — roues motrices	2,300	2,010	2,160	2,055	1,680	1,375	2,100
Longueur totale de la machine de tampon en tampon	7,702	7,820	7,590	—	8,235	—	—
Prix d'acquisition des machines	2f,50 k.	—	—	—	60 f,000	—	—

(1) Il y avait quatre cylindres.

...TEURS.		3 ESSIEUX MOTEURS.				4 ESSIEUX MOTEURS.			6 ESSIEUX MOTEURS	
...léans	North-Western.	Est.	Orléans	Isabelle II.	I. Chat. Dow.	Sud-Autrich.	Est.	Orléans.	Nord.	Great-Nothern.
1864.	1863.	1862.	1865.	1863.	1862.	1859.	1860.	1863.	1862.	1864.
k.		k.	k.	k.		k.	k.	k.	k.	
30 854	—	28 500	31 997	36 000	—	41 500	44 096	38 178	44 500	—
					k.					k.
9 000	—	11 000	12 690	4 500	10 700	12 000	10 800	10 292	8 000	9 500
12 400	—	10 750	13 010	4 500	11 600	11 600	11 625	10 535	10 400	12 000
12 559	—	10 700	11 444	12 000	9 700	11 600	11 625	12 000	8 800	9 500
—	—	—	—	11 000	—	11 800	12 250	11 355	10 000	(1) 9 000
—	—	—	—	13 000	—	—	—	—	11 000	9 000
—	—	—	—	—	—	—	—	—	10 500	9 000
34 959	—	32 450	36 514	36 000	32 000	47 000	46 310	44 182	59 700	58 000
33 959	—	32 450	36 514	45 000	32 000	47 000	46 310	44 182	59 700	58 000
	m.	m.			m.	m.	m.	m.	m.	m.
—	1,500	1,536	—	—	2,500	1,300	1,620	1,700	2,100	2,250
m.	—	1,160	m.	—	—	—	1,530	1,470	2,000	—
4,888	2,300	4,030	4,345	m.	3,300	4,500	4,800	5,040	3,550	2,600
1,246	1,200	1,320	1,367	1,300	1,270	—	1,500	1,489	1,450	[illegible]
5,750	—	5,260	6,350	—	—	—	7,250	7,947	—	—
3,750	—	3,950	4,050	—	—	—	5,220	5,012	—	—
2,000	—	1,250	(2) 2,400	—	—	—	—	2,935	—	—
—	—	0,100	—	—	—	—	0,130	—	—	—
—	9,25	8	8	8	10,50	8,75	8	8	9	11,25
0,900	—	0,875	0,900	—	0,750	0,900	0,865	0,798	0,750	0,920
1,450	—	—	1,580	—	—	—	—	1,700	1,500	—
0,410	0,380	0,420	0,430	—	[illegible]	—	0,435	0,480	0,550	—
1,220	—	1,100	1,220	—	—	—	1,150	—	1,100	1,100
1,380	1,270	1,380	1,372	2,400	2,310	—	1,440	1,500	1,850	2,130
1,013	1,060	0,990	1,011	1,110	1,010	—	1,350	0,970	1,800	1,020
1,380	1,350	1,356	1,387	—	2,33	—	1,344	1,455	3,330	2,200
—	—	1,250	—	2,400	—	—	1,360	1,500	1,850	—
—	—	0,930	—	1,140	—	—	1,280	0,970	1,700	—
1,260	—	1,000	1,450	[illegible]	—	—	1,760	1,189	[illegible]	—
179	192	197	208	200	185	—	219	251	464	187
0,048	0,0475	0,059	0,048	0,055	0,051	—	0,056	0,050	0,040	0,054
5,00	3 280	—	4 433	4,420	3 300	—	5,050	5,160	3,500	3,280
8,130	8,000	8,650	8,700	9,200	11,060	—	9,708	10,637	10,000	15,000
97,08	92,000	118,650	130,680	126,36	95,500	—	183,920	196,20	(3) 189,00	97,000
7,300	5,600	6,425	6,800	—	—	—	7,325	—	(4) 14,35	6,480
0,300	—	0,330	0,320	—	—	—	0,350	0,360	—	—
0,035	—	0,040	0,040	—	—	—	0,045	0,042	—	—
0,0132	—	—	0,017	—	—	—	—	0,0237	—	—
30'	—	30'	30'	—	—	—	30'	31',30'	—	—
0,120	—	0,130	0,120	—	—	—	0,140	0,140	—	—
0,120	—	0,128	0,119	—	—	—	0,140	0,130	—	—
—	—	0,400	—	—	—	—	0,420	—	—	—
—	—	0,279	—	—	—	—	0,290	—	—	—
0,030	—	0,030	0,030	—	—	—	0,030	0,030	—	—
1,900	intérieurs.	2,020	2,090	—	0,756	—	2,040	2,100	2,010	0,756
0,430	0,400	0,440	0,450	0,460	0,430	0,475	0,500	0,500	0,420	0,400
0,650	0,610	0,660	0,650	0,610	0,610	0,610	0,660	0,650	0,440	0,610
1,800	—	1,650	1,850	—	—	—	2,400	2,500	2,500	—
1,900	2,210	1,800	1,970	1,200	2,360	1,100	1,300	—	1,140	2,360
1,100	2,310	1,750	1,460	1,800	2,300	1,100	1,300	—	1,140	2,300
—	—	—	—	1,300	—	1,200	1,336	—	1,440	
—	—	—	—	1,500	—	—	—	—	1,140	entraxe
—	—	—	—	—	—	—	—	—	1,140	extrême
4,000	4,320	3,550	3,430	5,000	4,800	3,400	3,936	4,080	6,000	m. 4,720 t. 4 206
1,247	1,970	—	—	0,800	—	—	—	—	—	—
2,027	1,850	1,400	1,370	1,260	1,080	1,065	1,260	1,287	1,065	m. 1,526 t. 1,229
—	7,030	—	—	—	8,200	—	—	—	—	ensemble 14,300
30 k.	—	71,000	—	—	—	—	—	—	—	—

(1) Avec le dôme. — (2) Tubes. — (3) Sécheur. — (4) Tender plein.

Observation générale — Dans cette revue succincte, nous avons cherché à mettre en relief les caractères essentiels de chacun des principaux types de machines actuellement en usage sur les chemins de fer. Poussant plus loin les recherches, afin de les comparer entre eux, on pourrait faire ressortir, entre autres questions intéressantes, les points suivants :

Rapport entre la vitesse des roues motrices et celle des pistons ;

Nombre de tours de roues par kilomètre ;

Volume de vapeur dépensée par coup de piston et par kilomètre ;

Poids de vapeur dépensée par kilomètre ;

Poids de vapeur produite par heure ;

Vitesse correspondante en kilomètres ;

Effort de traction théorique par atmosphère effective ;

Effort de traction calculé avec le coefficient pratique.

Cette recherche nous éloignerait de notre but. Nous tirerons cependant de l'étude qui précède un renseignement intéressant, donné par la comparaison du poids adhérent à la surface de chauffe, dans chaque classe de type étudié :

	Surface de chauffe pour 1 tonne d'adhérence.
Machines rapides…	9 à 10 mèt. car.
Machines à vitesse moyenne	4 à 5 —
Machines de forte traction	4,2 à 4,7 —
Machines à faible vitesse	3,50 à 4 —
Machines à 6 essieux moteurs. — 4 cylindres. .	3,50 —
Machine et tender moteurs	2 —

A vitesse égale, la consommation étant sensiblement proportionnelle à la surface de chauffe, on voit que la vitesse est chose coûteuse ; il ressort en outre du tableau que les machines à tender moteur sont plus avantageuses que toutes les autres machines lentes employées jusqu'ici en exploitation de chemin de fer.

Ce résultat était d'ailleurs prévu par les auteurs du *Guide du constructeur*, etc., etc. « Ce mode de construction, disent-ils [1] en parlant de l'ingénieuse disposition des *machines*

[1] *Guide du mécanicien constructeur et conducteur de machines locomotives*, livr. IV, chap. 1, § 1.

Exposition universelle de 1867. — Machines locomotives (1er tableau).

Classification des machines (d'après le nombre d'essieux moteurs)	Un essieu moteur				Deux essieux moteurs				[illegible]
Chemins de fer auxquels les machines appartiennent	[illegible]	[illegible]			[illegible]	[illegible]	[illegible]	[illegible]	[illegible]
Fabricants des machines ou constructeurs	[illegible]	[illegible]	Compagnie de Lubeck	[illegible]	Ateliers de la Compagnie	[illegible]	Ateliers de la Compagnie	[illegible]	[illegible]
Poids de la machine vide ... kil.	28 200	27 122	27 700	25 500	—	27 500	[illegible]	[illegible]	[illegible]
Charge de la machine pleine: sur le 1er essieu (avant)	9 200	9 648	15 550	9 180	10 500	11 200	[illegible]	[illegible]	[illegible]
— 2e —	13 000	12 216	12 700	9 656	10 800	11 500	[illegible]	[illegible]	[illegible]
— 3e —	[illegible]	7 269	[illegible]	[illegible]	[illegible]	8 900	[illegible]	[illegible]	[illegible]
— 4e —	—	—	—	—	—	—	—	—	[illegible]
— 5e —	—	—	—	—	—	—	—	—	[illegible]
— 6e —	—	—	—	—	—	—	—	—	[illegible]
Pression totale sur les rails ... kil.	31 700	29 163	31 650	28 420	[illegible]	[illegible]	[illegible]	[illegible]	[illegible]
Poids servant à l'effort de traction ... kil.	13 000	12 715	15 700	19 310	[illegible]	22 500	[illegible]	[illegible]	[illegible]
Chaudière à vapeur.									
Foyer: Longueur ... mèt.	1,382	1,210	—	[illegible]	[illegible]	1,560	[illegible]	[illegible]	[illegible]
Largeur ... mèt.	[illegible]	1,037	—	[illegible]	[illegible]	1,020	[illegible]	[illegible]	[illegible]
Surface ... m. q.	[illegible]	1,582	1,672	[illegible]	1,240	1,632	[illegible]	[illegible]	[illegible]
Hauteur du ciel du foyer au-dessus de la grille ... m.	1,398	[illegible]	—	[illegible]	1,360	[illegible]	[illegible]	[illegible]	[illegible]
Tubes: Nombre	190	182	158	210	158	161	[illegible]	[illegible]	[illegible]
Diamètre extérieur ... mèt.	[illegible]	[illegible]	[illegible]	[illegible]	[illegible]	[illegible]	[illegible]	[illegible]	[illegible]

[illegible]

Exposition universelle de 1867. — Machines locomotives (2e tableau).

Exposition universelle de 1867. — Tenders.

DÉSIGNATION des lignes sur lesquelles ils circulent, et des ateliers de construction.	GREAT EASTERN — Creusot.	DUCHÉ DE BADE. — Graffenstaden.	NORD. — Cail et Cie.	ORLÉANS. — Ateliers de la Compagnie.	EST (1). — Graffenstaden.	NORD. — Cail et Cie.	EAST-INDIA. — Compagnie de Carlsruhe.	Chemins russes. — SIGL.	Ligne de SILVER-DORF — Société I. R. P. Autriche.	NEW-YORK-ÉRIÉ. — Grant.
Poids de l'eau contenue dans les caisses à eau . . . kil.	7 600	5 600	7 000	6 000	8 000	8 000	6 550	10 500	5 400	9 000
Poids du combustible . . . kil.	3 500	2 000	2 100	4 000	3 000	2 200	2 000	4 000	1 700	5 000
Diamètre des roues . . . mèt.	1,086	1,068	1,2175	1,127	1,200	1,000	1,143	1,020	1,009	0,625
Nombre d'essieux . . .	3	2	2	2	3	2	3		2	4
Écartement des essieux extrêmes mèt.	3,480	2,700	3,000	4,000	3,200	2,500	3,627	3,160	2,210	(2)1,750
Poids sur les rails par essieu (tender chargé), 1er (avant) . . . kil.	7 425	7 800	9 600	9 600	10 510	10 100	6 500	9 000	7 550	—
2e . . . kil.	7 425	7 800	9 600	8 782	9 460	10 000	6 500	9 000	7 600	—
3e . . . kil.	7 425	—	—	—	8 400	—	6 666	9 000	—	—
4e . . . kil.	—	—	—	—	—	—	—	—	—	—
Poids du tender plein . . . kil.	22 275	15 600	19 200	18 582	28 170	20 100	19 666	27 000	15 150	24 000
Poids du tender vide . . . kil.	12 175	8 000	10 100	8 582	17 280	9 000	11 270	12 500	9 800	10 000

(1) Tender moteur (voir le deuxième tableau des machines). — (2) Écartement des deux essieux de chaque truc.

Verpilleux, doit fixer l'attention des ingénieurs qui ont à faire construire des machines pour gravir, avec de fortes charges, des rampes d'une déclivité très-prononcée. »

§ III

SYSTÈMES DIVERS.

Bien que notre programme ne nous permette pas de décrire tous les moteurs simplement proposés ou temporairement utilisés dans l'industrie des transports, il nous a semblé intéressant de ne point passer sous silence quelques dispositions qui peuvent encore trouver une application dans certains cas déterminés, et que les perfectionnements de la science appliquée conduiront peut-être un jour à un emploi plus général. Nous rangerons ces moteurs en trois classes : I. Moteurs funiculaires. — II. Moteurs fixes. — III. Moteurs à rail auxiliaire. Nous y ajouterons la description d'une classe de moteurs, annexes indispensables d'une exploitation de chemin de fer interrompu par un bras de mer ou un grand fleuve qui ne comporte pas de pont fixe. Nous avons nommé les *Bateaux-Transbordeurs*.

350. **Moteurs funiculaires**. — *Système Stephenson et Maus*. — Comme type de système funiculaire dont on a vu beaucoup d'exemples à Londres, à Liverpool et à Glascow notamment, en Angleterre, et en France, sur les chemins de fer de Saint-Étienne, d'Epinac, etc., avant l'application des locomotives aux fortes rampes, nous rappellerons les moteurs des plans inclinés qui conduisent le chemin de fer venant de l'est de la Belgique à la station de Liége, construits par M. Maus, ingénieur en chef.

La différence de niveau entre les deux lignes mises en communication par ces plans inclinés est de 110 mètres sur 4 kilomètres partagés en deux sections; la pente moyenne est de $0^{m},0275$.

Au milieu de la longueur se trouve la machine fixe composée

de deux moteurs ayant chacun deux cylindres à vapeur. Chaque moteur est affecté à une section spéciale de la rampe ; et, à cet effet, il agit sur deux tambours desservant la partie du plan incliné qui le concerne. Néanmoins, les quatre tambours sont indépendants les uns des autres et disposés pour être mus indistinctement par les deux machines. Sur chaque section, le câble moteur, celui de la voie montante, par exemple, mis en mouvement par l'un des tambours, passe sur trois poulies de renvoi qui le conduisent à la voie descendante, sa tension étant réglée par un contre-poids attaché au chariot souterrain qui porte une de ces poulies de renvoi.

L'effort de traction ou de retenue est transmis aux trains montants ou descendants par un truck, muni de mâchoires qui saisissent le câble moteur ; ce véhicule est en outre armé de freins à sabots du système Laignel, que les gardes-train peuvent manœuvrer en cas de besoin.

Depuis l'introduction des perfectionnements dans la construction des locomotives, le service des plans inclinés de Liége et de leur analogue aux abords d'Aix-la-Chapelle peut sans difficulté se faire par locomotives et cela plus économiquement que par machines fixes.

Système de Lyon à la Croix-Rousse. — Ce petit chemin se compose d'un plan incliné de $489^m,20$ de longueur, franchissant une différence d'altitude de 70 mètres ; la pente par mètre atteint $0^m,1605$ par suite de l'extension des garages.

On a établi deux voies sur le plan incliné et quatre voies aux extrémités pour séparer le service des marchandises de celui des voyageurs. Les deux services ont donc un câble distinct ; les voies de garage étant en courbe, il a fallu donner aux câbles une section circulaire, et comme ils supportent une tension considérable, — 9 000 kilogrammes, — on a dû, pour ne pas exagérer leur diamètre, employer le fil d'acier fondu.

Chaque câble au diamètre de $0^m,06$ s'enroule sur un tambour de $4^m,50$ de diamètre, à masse très-réduite, commandé directement par deux cylindres de 2 mètres de course, de la force de 150 chevaux, sans condensation, à détente donnée par la coulisse.

L'inclinaison du chemin de fer de la Croix-Rousse est supérieure à la tangente de l'angle de frottement, de sorte qu'un wagon, même avec toutes ses roues enrayées, glisserait le long du plan incliné. En cas de rupture du câble, on aurait donc eu à craindre des accidents sérieux si l'on n'avait pas recours à des moyens plus puissants que le système d'enrayage ordinaire. Les ingénieurs du chemin, MM. Molinos et Pronnier, ont pris une disposition aussi sûre qu'ingénieuse pour obtenir un enrayage prompt et énergique, agissant de lui-même dès que le câble vient à manquer. Ils ont, à cet effet, monté un truck spécial, dont toutes les roues sont munies de freins à bande mis en serrage sous l'action de contre-poids dont la chute est provoquée par celle d'un frein spécial ; celui-ci, suspendu par une came en marche normale, tombe abandonné par la détente du ressort de traction quand le câble casse.

Ce frein consiste en une poulie à gorge qui, en tombant sur les rails, tourne par le mouvement que lui imprime le truck en descendant. Ce mouvement de rotation de la poulie se transmet à l'arbre qui la porte, et qui est fileté en sens inverse de chaque côté de la poulie. Sur ces parties filetées sont engagées deux mâchoires, qui descendent de chaque côté du rail, et que la rotation de l'arbre rapproche l'une vers l'autre jusqu'à ce qu'elles arrivent au serrage. Le frottement que ces mâchoires exercent sur les deux faces du champignon du rail est suffisant pour arrêter le truck après un recul de quelques mètres.

Tous les wagons sont munis de freins à contre-poids qui sont mis, par l'intermédiaire d'une tige, d'un tendeur et d'une manivelle, successivement en fonction par la chute du contre-poids du véhicule voisin.

Système Agudio[1]. — L'exécution des plans inclinés d'après les systèmes qui précèdent exige :

1° Une pente relativement faible, sans quoi, si l'on veut avoir

[1] Rapport de M. Molinos. Société des ingénieurs civils, 1863.

une forte pente et remorquer un train pesant, le câble doit prendre une section considérable ;

2° Un alignement droit sans aucune courbe, attendu que les courbes excluent l'emploi du câble plat et que le câble rond cause de grandes pertes de travail par sa roideur, s'use beaucoup sur les poulies de la voie dans les courbes, etc., etc. Par suite de ces deux conditions, l'établissement d'un chemin de fer pour franchir une montagne devient une cause de dépense considérable comme premier établissement et comme entretien journalier.

M. Agudio, ingénieur italien, a trouvé une solution très-intéressante du problème à résoudre, — établir le plan incliné en courbe, ce qui permet de suivre les ondulations du sol, et réduire les dimensions du câble remorqueur, — solution qui consiste à substituer au câble unique deux câbles distincts.

Le premier, de forte section, est le câble *toueur;* il repose au milieu de la voie, sert de point d'appui au train, et, à cet effet, passe deux fois sur les gorges de deux tambours portés par un truck placé à la queue du train.

Le second câble, dit *câble moteur*, est sans fin. Ses deux brins circulent en sens inverse sur des poulies placées de chaque côté du câble toueur.

Aux extrémités supérieure et inférieure du plan incliné se trouvent deux moteurs d'égale puissance. Celui du sommet, au moyen de poulies motrices, attire en haut le brin ascendant ; celui du pied de la rampe tire en bas le brin descendant du câble moteur.

Les deux brins de ce câble passent sur des poulies fixées à droite et à gauche des tambours du truck sur lesquels passe le câble toueur. Au moyen d'un embrayage, les poulies de droite et de gauche donnent le mouvement aux tambours du chariot toueur, qui prend alors le mouvement et la vitesse voulus. Par cette disposition, l'effet du câble moteur est réduit de moitié, puisque le brin descendant produit un travail équivalent au brin ascendant, ce qui permet d'en réduire la section à la moitié du câble ordinaire.

De plus, on peut donner aux poulies motrices une vitesse de rotation beaucoup plus considérable qu'aux tambours du câble toueur ; on réduit donc encore, par l'intermédiaire d'engrenages, la tension du brin moteur de manière à la ramener au 1/6 ou au 1/8, etc., etc., de celle qu'exige le système de la traction directe.

Le brin ascendant s'enroule, au haut de la rampe, sur deux poulies analogues à celles du truck toueur, et passe ensuite autour d'une poulie horizontale fixée à un chariot mobile sur un plan fortement incliné, et qui sert de tendeur au câble moteur. Au pied de la rampe, le brin descendant reçoit une disposition exactement semblable.

Une application de cet ingénieux système a été faite sur le plan incliné de Dusino, partie abandonnée du chemin de fer de Turin à Gênes, et qui présente une pente variable de $0^m,027$ à $0^m,032$, avec des courbes et des contre-courbes dont les rayons descendent jusqu'à 350 mètres.

Le mouvement était donné aux deux brins du câble moteur par deux machines locomotives fixées sur châssis aux extrémités du plan incliné, et qui communiquaient le mouvement aux poulies motrices du câble par l'intermédiaire de poulies de friction, appliquées contre la roue motrice de la machine au moyen d'un balancier et d'un contre-poids.

Les expériences de Dusino ont duré pendant les six derniers mois de 1863, et ont donné lieu à des rapports très-favorables de plusieurs commissions scientifiques déléguées à cet effet.

Le système de M. Agudio trouvera tôt ou tard, nous n'en doutons pas, d'intéressantes applications, lorsqu'il s'agira d'utiliser des forces motrices naturelles, telles que des cours d'eau, et que la ligne à établir ne comportera pas un emploi convenable des machines locomotives.

351. **Moteurs fixes.** — *Système atmosphérique.* — Ce mode de propulsion, proposé depuis longtemps, a été appliqué vers 1840 sur le chemin de Kingston à Dalkey, ou de South-Devon Railway, en Irlande, et sur la rampe de Saint-Germain, en France. Il consiste à faire le vide dans un tube, en avant

d'un piston attaché au véhicule à transporter. Ce piston, ayant ses deux faces soumises à des pressions différentes, doit se mouvoir du côté où la pression est la plus faible, où le poids de l'atmosphère cesse d'agir.

Sur la rampe de Saint-Germain, on avait établi, dans l'axe de la voie, un tube en fonte de $0^m,63$ de diamètre, ses génératrices supérieures remplacées par une fente longitudinale recouverte d'une lame de cuir garnie de plaques de tôle formant soupape. L'aspiration de l'air que renfermait le tube était faite au moyen d'une machine à vapeur fixe, placée au sommet de la rampe.

Dans le tube circulait un piston relié au véhicule par l'intermédiaire d'une tige verticale en fer, attachée à un train de galets qui soulevait la soupape pour effectuer la rentrée d'air du piston. A la suite, en arrière de la tige de connexion, venait un galet qui refermait la soupape.

Ce système occasionnait des frais d'entretien plus élevés que ceux entraînés par l'emploi des locomotives à grande adhérence; aussi a-t-il été abandonné; mais, comme le système Agudio, il est susceptible de donner de bons résultats dans des cas spéciaux où la force motrice serait à bas prix.

On en peut dire autant du système J.-B. Piatti, de Milan, qui consiste à donner l'impulsion au piston moteur, non pas avec la pression atmosphérique, mais à l'aide de l'air comprimé et refoulé dans la conduite.

Une idée analogue, conçue dans des proportions plus importantes, a été reprise dans ces derniers temps pour un projet de traversée des Alpes, au moyen d'un tube à grande section qui envelopperait le train tout entier.

Chemin de fer glissant. — « Les chemins de fer actuels et surtout les locomotives, en raison des mouvements alternatifs dont sont animés certains organes, et de l'action destructive qu'exerce la force centrifuge sur les roues animées d'une très-grande vitesse, paraissent avoir donné aujourd'hui le maximum de vitesse qu'ils peuvent atteindre.

« Pour suivre la loi du progrès, il faut trouver un mode de transport qui soit aux chemins de fer ce que ceux-ci ont été par rapport aux routes de terre. »

M. Girard, ingénieur civil, bien connu par ses remarquables travaux d'hydraulique appliquée, poursuivi par les deux pensées qui précèdent, a imaginé, après de longs et minutieux tâtonnements dont l'origine remonte à l'année 1852, et qui dénotent chez ce fécond inventeur, de rares qualités, l'énergie et la persévérance, jointes à un grand talent d'observation, M. Girard a imaginé, disons-nous, *le chemin de fer glissant à propulsion hydraulique.*

Concevons, établies sur une base résistante, deux plates-bandes en fonte, larges de $0^m,280$, et distantes de 2 mètres d'axe en axe. A l'extérieur, une saillie en retour d'équerre limite ces plates-bandes, qui deviennent ainsi deux rails à ornière ouverte vers l'axe de la voie. Ces rails sont dressés sur leur face supérieure, ajustés et réunis bout à bout dans toute la longueur du chemin. Tous les cent mètres, on rencontre un joint compensateur destiné à conserver la continuité de la face supérieure des rails, tout en laissant aux plates-bandes la facilité de suivre les mouvements variés de dilatation causés par les différences de température. A cet effet, les deux abouts de rails sont coupés symétriquement suivant deux plans verticaux inclinés de 45° sur l'axe de la voie. Le vide triangulaire qui en résulte est comblé par une plate-bande découpée en coin, dont les faces latérales sont aussi inclinées à 45° par rapport à son axe dirigé perpendiculairement à celui de la voie. Il est pressé dans ce sens par un levier à contre-poids qui le maintient en contact constant avec les deux abouts des rails, dont il comble la solution de continuité, s'éloignant de l'axe de la voie, si les rails dilatés le poussent en dehors, rentrant au contraire vers l'intérieur, si les rails se contractent. A côté de l'axe de la voie s'élève, au-dessus du sol, une tubulure en fonte à section rectangulaire, dont le bec recourbé s'allonge horizontalement, son axe faisant avec celui de la voie un angle de quelques degrés. Cette tubulure, désignée sous le nom d'injecteur, se rattache sous le sol à une conduite d'eau sous pression, alimentée par une machine fixe. A côté de cette tubulure se trouve, au-dessus du sol, une petite manivelle destinée à ouvrir le robinet qui met en jeu la soupape de sortie de l'eau, dont l'écoulement a lieu par le bec de l'injecteur. Voilà, en deux mots, ce qui constitue la partie fixe du chemin de fer de M. Girard.

La partie mobile se compose d'un truck prenant ses points d'appui sur les rails plates-bandes, par l'intermédiaire de quatre patins en fonte qui constituent l'essence même du chemin de fer glissant.

Supposons un bloc de fonte de forme rectangulaire, ayant même largeur que le rail plate-bande, 0^{m},80 de longueur et 0^{m},08 d'épaisseur, évidé dans le sens de l'axe principal. Au croisement des deux axes, un renflement, alésé dans son milieu, livre passage au pivot qui rattache le patin au truck, ce pivot venant prendre son point d'appui sur des ressorts à lames. En outre du vide occupé par les ressorts, on a enlevé de chaque côté deux larges bandes de métal; enfin les deux saillies latérales servent au guidage.

Retournons le patin sens dessus dessous; nous voyons, dans la face par laquelle il s'appuie sur le rail : 1° au pourtour, une série de canelures, parallèles aux côtés du patin, alternées et interrompues de distance en distance dans leur longueur; 2° de chaque côté du grand axe, deux cavités longitudinales communiquant entre elles par une petite rainure à l'une de leurs extrémités, et par une petite tubulure, avec un réservoir d'eau sous pression, placé sur le truck. Le pivot, dans ses mouvements verticaux, fait monter ou descendre une petite tige qui règle l'arrivée de l'eau sous le patin.

Enfin, si, par la pensée, nous retournions le truck sens dessus dessous, nous verrions, disposée dans l'axe du truck, une longue pièce de fonte divisée en deux parties. Celle qui se trouve immédiatement en contact avec le truck forme conduite qui sert à distribuer à droite et à gauche l'eau sous pression, par des tuyaux reliés aux patins glissants au moyen de la petite tubulure dont nous avons parlé.

La seconde partie de la longue pièce, qui porte le nom de turbine rectiligne, est ouverte sur ses faces verticales ; la liaison s'opère entre les faces supérieure et inférieure au moyen de cloisons curvilignes, verticales, venues de fonte avec tout l'ensemble de la pièce dont elles représentent les aubes.

A droite de la turbine rectiligne et à chaque extrémité du truck, nous voyons deux aiguilles horizontales, mais obliques par rapport à l'axe principal du truck, destinées pendant le mouvement, la première à ouvrir, la seconde à fermer le robinet qui donne accès à l'eau du piston moteur de la soupape des injecteurs.

Remettons maintenant toutes choses en place, le truck reposant sur la voie par l'intermédiaire de ses quatre patins. Sur le tablier du truck nous voyons un réservoir d'air et d'eau sous pression qui peut être alimenté par une petite pompe, au moyen d'un moteur quelconque.

Ce réservoir, mis en communication avec le tube longitudinal, refoule l'eau en dessous des patins. Cette eau sous pression tend à se loger dans les deux cavités ménagées sous le patin et y emprisonne une certaine quantité d'air qui fait ressort et forme régulateur de pression. Cherchant à s'échapper, elle soulève ces patins et avec eux le truck. Lorsque les patins restent horizontaux, l'écoulement se fait régulièrement à leur pourtour; mais, s'ils prennent une certaine obliquité, les cannelures font office de barrage à l'écoulement de l'eau dont la pression s'élève du côté où le patin se rapproche du rail. L'effet inverse se produit du côté du patin qui est soulevé, puisque, la section du débit de l'eau augmentant, la pression diminue sur cette partie du patin. La différence de pression rétablit l'équilibre et le patin reprend son parallélisme à la voie. Si nous admettons maintenant le truck soulevé par l'eau interposée sous le patin, et soumis à un effort longitudinal *quelconque*, par exemple celle de l'eau sous pression lancée contre les aubes de la turbine rectiligne dont le truck est armé, nous le voyons prendre un mouvement qui deviendra d'autant plus rapide que l'impulsion sera plus énergique. Lorsque les patins sont convenablement établis et alimentés, la résistance au mouvement est excessivement faible, 1/1000 environ. Le chemin de fer glissant serait donc déjà, sous ce rapport, un perfectionnement. On y trouve, de plus, des moyens d'arrêt extrêmement puissants : il suffit, pour enrayer le mouvement, de fermer l'admission de l'eau sous les patins. Ces derniers s'appuient alors directement sur les rails et le frottement des surfaces en contact devient suffisant pour arrêter le mouvement, du moins jusqu'à une certaine limite de pente.

Restent toujours les résistances de traction en courbes et sur les rampes (339). — Pour les vaincre, la propulsion hydraulique devrait prendre une importance considérable, entraînant des frais d'installation et d'exploitation dont le développement ne pourrait être couvert que par une nature de trafic largement rémunératrice : celle du transport des voyageurs à des vitesses inconnues dans l'état actuel de la science.

Jusqu'à quelles limites ce transport desservira-t-il les frais dont il s'agit? Nous n'oserions nous prononcer dans aucun sens à ce sujet. Le passé nous apprend, en effet, à nous méfier des jugements prématurés, des opinions trop absolues, surtout en fait de locomotion. Dans certains cas spéciaux, sous certaines conditions particulières, comme le transport des lettres et des dépêches par exemple, le système de M. Girard peut devenir une solution intéressante à étudier [1]. « C'est, comme le dit l'inventeur lui-même, à l'expérience *seule* de résoudre la question. »

352. **Moteurs à rail auxiliaire.** — *Machines à engrenage et crémaillère.* — Nous avons vu qu'à l'origine de la locomotion à vapeur (chap. I, § 1) les constructeurs se préoccupaient principalement des moyens de trouver sur la voie une résistance

[1] M. Girard a eu l'occasion d'appliquer son principe de glissement aux tourillons des arbres de transmission chargés de poids s'élevant jusqu'à 35 000 kilogrammes.

Les expériences prouvent que le frottement des tourillons parfaitement graissés est réduit, par l'interposition de l'eau sous pression entre les surfaces frottantes, à un centième.

suffisante pour forcer la machine d'avancer, ne croyant pas encore aux effets de l'adhérence des roues sur les rails. Mathew Murray avait, en 1812, construit pour la houillère de M. Blenkinsop une machine à pignon et roue dentée engrenant sur une crémaillère fixée à l'un des côtés de la voie. Cette machine fonctionna pendant plusieurs années, d'une manière satisfaisante, et, en 1825, elle était encore en usage sur le chemin de fer de Leeds, où se trouvaient des parties en rampe de 1/15 ou 0,066.

Vers 1848, le même procédé fut employé sur le chemin de Madison à Indianopolis (Indiana, États-Unis d'Amérique) pour franchir la rampe de 1/17 ou 0,059 sur 1 kilomètre environ de longueur qui sépare la ville de Madison de la rive nord de l'Ohio.

MM. Baldwin et Ce de Philadelphie, qui plus tard ont construit la machine du Blue-Ridge (349), fournirent pour l'exploitation de cette rampe deux machines établies comme suit :

(a) Chaudière horizontale avec foyer à dôme renflé; 112 tubes de $0^m,051$ de diamètre et $4^m,30$ de longueur.

(b) A l'avant, deux cylindres extérieurs inclinés : diamètre $= 0^m,432$; course $= 0^m,559$, agissant sur quatre essieux accouplés portant des roues de $1^m,220$ de diamètre.

(c) Au milieu, deux cylindres verticaux : diamètre $= 0^m,432$; course $= 0^m,457$, faisant mouvoir par des bielles pendantes un arbre à manivelles extérieures, muni d'un pignon qui engrenait avec une roue dentée. Cette dernière roue pouvait s'élever ou s'abaisser à la volonté du mécanicien, étant fixée à un arbre suspendu par des bielles pendantes à un levier coudé que mettait en mouvement la tige du piston d'un cylindre embrayeur à vapeur horizontal de $0^m,177$ de diamètre, placé vers l'arrière sur la chaudière de la machine.

Cette roue d'engrenage, lorsqu'elle était abaissée, correspondait à une crémaillère fixée entre les deux rails; mue par les deux cylindres verticaux, elle ajoutait la puissance développée sur leurs pistons à celle des cylindres agissant sur les huit roues porteuses de la machine. Lorsque le surcroît d'adhérence donné par la crémaillère n'était plus nécessaire à la marche, le piston du cylindre embrayeur était ramené vers l'arrière, relevant ainsi l'arbre de la roue d'engrenage qui se trouvait dégagée des dents de la crémaillère.

Les machines, sans le tender, pesaient 30 1/2 tonnes. Elles ont fonctionné pendant plusieurs années d'une manière satisfaisante à tous les points de vue.

Machines à roues horizontales. — La crainte de manquer d'adhérence, surtout pour gravir les rampes très-prononcées, préoccupe donc depuis longtemps tous les ingénieurs[1]. MM. Charles Vignoles et le capitaine John Ericsson, célèbres ingénieurs, l'un anglais, l'autre suédois, prirent, le 7 septembre 1830, un brevet d'invention pour un projet, applicable aux fortes rampes, d'un rail auxiliaire et d'une paire de roues à axes verticaux pressant ce rail sur ses deux faces latérales, et qui, par les révolutions qui leur seraient imprimées, remorqueraient un train là où les roues motrices verticales d'une machine glisseraient sans effet utile.

Le 15 octobre 1840, nous trouvons un brevet d'invention pour un projet analogue, pris par Henri Pinkus.

Le 18 décembre 1843, M. le baron Séguier communique à l'Institut de France et prend le 5 décembre 1846 un brevet pour un projet d'application du rail médian.

Le 13 juillet 1847, nouveau brevet pris en Angleterre par George Escol Sellers, sous le nom de A.-V. Newton, comprenant dans son ensemble le projet Vignoles, c'est-à-dire : adjonction à une machine locomotive ordinaire, fonctionnant avec ses roues accouplées sur les parties horizontales ou modérément inclinées, d'une seconde paire de cylindres qui faisaient tourner, par pignons et roues d'angle, deux roues horizontales pressant les deux faces d'un rail auxiliaire établi sur les parties fortement inclinées de la ligne, de telle sorte que l'adhérence

[1] M. ZERAH COLBURN, *Locom. Engineer.*, p. 70. — M. Desbrières, *Mémoires* de la Société des ingénieurs civils, 1865, p. 491.

effective pouvait être accrue pour ainsi dire indéfiniment. Chaque paire de cylindres avait son régulateur particulier, ce qui permettait de faire fonctionner à volonté chaque moteur.

M. Sellers construisit quatre ou cinq machines de ce type, destinées au chemin de fer de Panama, probablement avant que l'on eût arrêté les pentes modérées que cette ligne affecte aujourd'hui. Ces machines n'y furent jamais transportées ; on les transforma depuis ou bien on les détruisit.

Plus récemment, deux autres machines d'un modèle presque identique aux précédentes furent établies pour l'exploitation d'un chemin de houillère en Pensylvanie. Mais, pour des raisons autres que des questions techniques, les machines n'entrèrent pas en service.

Nous arrivons enfin à l'année 1863, dans laquelle M. J.-B. Fell, de Sparkbridge, Lancashire, prit en janvier et décembre deux brevets de perfectionnements aux machines locomotives et aux voitures de chemin de fer. Une première application de la machine de M. Fell eut lieu à titre d'essai dans le Derbyshire, sur le chemin de fer de Cromford à High-Peack appartenant au réseau d'exploitation du bassin houiller qui s'étend au sud de Manchester vers Sheffield.

La voie, établie sur le plan incliné de Whaley-Bridge en rampe de 1/14 ou 0,072 sur 145 mètres de longueur, se détachait au sommet du plan incliné pour se diriger vers un coteau dont il gravissait les flancs par une ligne ondulée et tracée suivant des courbes et contre-courbes de 50 mètres de rayon, avec des inclinaisons variant de 0,072 à 0,100, en moyenne 0,083, sur un développement de 720 mètres.

Les deux rails latéraux étaient espacés de $1^m,40$ et le rail auxiliaire fixé à plat sur des coussinets en fonte qui le soutenaient à $0^m,20$ environ au-dessus de la surface de roulement des rails latéraux.

La machine-tender qui a circulé sur cette voie possède une surface de $44^{m^2},85$, et pèse en état de marche $16^t,5$ et vide $14^t,4$. Elle se compose, comme celle de M. Sellers, de deux mécanismes distincts.

Le premier, que nous désignerons sous le nom de *mécanisme extérieur*, comprend une paire de cylindres extérieurs de 0m,298 de diamètre, dont les pistons, avec une course de 0m,457, font mouvoir les manivelles des deux essieux moteurs, espacés de 1m,601, et portant des roues de 0m,606 de diamètre au roulement.

Dans le second mécanisme, qui est intérieur, on trouve deux cylindres horizontaux placés entre les roues porteuses de la machine, l'un à l'avant, l'autre à l'arrière. Ils agissent chacun sur un système de deux roues horizontales de 0m,408 de diamètre, placées de part et d'autre du rail auxiliaire, contre lequel elles sont pressées par des ressorts en spirale. La tension de ces ressorts peut se régler au moyen d'un volant à la portée du mécanicien.

Le 24 janvier 1864, des essais furent faits avec cette première machine. Seule, avec une pression de huit atmosphères et marchant sous l'impulsion de son mécanisme extérieur, elle s'arrêta sur le plan incliné, manquant d'adhérence. Le mécanisme intérieur étant alors mis en mouvement à son tour, la machine gravit la rampe avec la plus grande facilité. Elle en fit de même avec les charges auxquelles on l'attela jusqu'à concurrence de 44 tonnes de poids brut (y compris son propre poids), sous des vitesses variant de 17 à 15 et 8 kilomètres, selon l'importance du train remorqué.

Ces essais se poursuivirent jusqu'en février et parurent tellement concluants qu'une société se décida à répéter l'expérience sur la partie du mont Cenis la plus difficile à exploiter à ciel ouvert. Si les nouvelles expériences étaient satisfaisantes, la société devait obtenir la concession du chemin de fer installé sur la route du mont Cenis, en attendant le percement du tunnel de Modane à Bardonnèche [1].

Ces essais furent repris sur une ligne établie provisoirement aux abords du col, entre Lanslebourg et le sommet; les faits ressortant de ces essais suffirent pour décider les gouvernements

[1] Captain Tyler, *Report to the Board of Trade.*

français et italien à concéder la ligne. Sans nous arrêter aux détails de construction de la voie et de ses accessoires, détails pour lesquels nous renvoyons aux remarquables mémoires qui ont été publiés d'une part par le capitaine Tyler[1], de l'autre par M. Desbrières[2], nous nous bornerons à décrire succinctement la nouvelle machine qui doit servir de type aux dix locomotives commandées à MM. Gouin et Cie par la Compagnie du chemin de fer du mont Cenis.

La machine a huit roues motrices, quatre roues verticales et quatre roues horizontales, toutes ensemble mises en mouvement par *deux* cylindres à vapeur placés dans l'intérieur du châssis. La machine est presque en totalité construite en acier. En voici les principales conditions d'établissement :

Poids de la machine. — Vide	16 500 kilog.
— En ordre de marche	17 500 —
Chaudière. — Longueur	2m,512
— Diametre	0m,962
Tubes. — Nombre	158
— Longueur	2m,600
— Diamètre	0m,0375
Surface de chauffe	55m²,986
— de grille	0m²,930
Pression dans la chaudière	8 atmosphères.
Pression effective sur les pistons	5 —
Cylindres (deux). — Diamètre	0m,380
— Course	0m,406
Essieux montés. — Entraxe extrême	2m,092
Roues verticales. — Diametre	0m,685
Roues horizontales. — Diametre	0m,685
— Entraxe	0m,620

L'adhérence supplémentaire donnée par les roues horizontales est facilement réglée par le mécanicien du haut de la plate-forme. La pression est appliquée au moyen d'une tige en fer portant deux pas de vis à filets opposés et qui agit sur deux

[1] Imprimé par ordre de la Chambre des communes, le 23 juin 1865.

[2] Mémoires et comptes rendus de la Société des ingénieurs civils, 1865, p. 457.

châssis placés de part et d'autre du rail médian. Ces châssis sont séparés des porte-coussinets des roues horizontales, chacun par six ressorts en spirale qui pressent sur ces dernières pièces. La pression maximum qu'on peut donner aux roues horizontales est de 24 tonnes, soit 6 tonnes par roue.

Les véhicules destinés à circuler sur ce chemin de fer, probablement le premier qu'on aura exploité dans les conditions les plus désavantageuses, sont munis de quatre galets horizontaux de $0^m,20$ à $0^m,25$ de diamètre, fous autour d'axes verticaux fixés au châssis, et disposés deux à deux aux extrémités du véhicule, de chaque côté du rail médian. « C'est, dit M. Desbrières, l'emploi de ces galets qui transforme en frottement de roulement le glissement des boudins des roues verticales contre les rails extérieurs dans les courbes et permet de franchir des courbes impraticables à tout autre matériel. C'est aussi cet emploi qui rend tout déraillement impossible, aussi bien pour le train que pour la machine. »

353. **Bateaux transbordeurs.** — Les chemins de fer rencontrent quelquefois de larges cours d'eau, de grands lacs, des bras de mer, etc., qui n'admettent pas l'établissement d'un pont fixe, tantôt parce que la dépense ne serait plus en rapport avec les avantages à en retirer, tantôt parce que les conditions locales ne se prêtent pas à une construction de ce genre. Pour tourner la difficulté et rétablir la circulation des trains que la solution de continuité occasionnée par l'amas d'eau interrompait, en forçant à des transbordements longs et onéreux, on a eu l'idée d'établir entre les deux extrémités des voies interrompues une communication par eau, au moyen de bacs recevant sur leur pont les véhicules en transit. Ces bacs transbordeurs peuvent être mis en mouvement soit par des roues à aubes ou à hélices, soit au moyen d'une machine prenant son point d'appui sur un câble toueur. Les eaux qui constituent la solution de continuité sont généralement à niveau variable d'une part et de l'autre notablement inférieur à celui des rives. Pour les franchir, il faut donc racheter par un procédé quelconque la différence qui existe entre le niveau des eaux et la plate-forme de la voie cou-

rante, que l'on tient aussi élevée que possible, pour éviter les effets des inondations. Le problème a trouvé deux solutions différentes, deux procédés bien distincts : bateaux à pont mobile, atterrissage fixe; bateaux à pont fixe et atterrissage mobile. Le premier présente relativement au second de nombreux désavantages; nous n'en dirons donc que quelques mots. Il consiste à disposer, sur un bateau d'une grande largeur et d'une longueur suffisante pour recevoir un certain nombre de wagons, une plate-forme, garnie d'une ou deux voies de fer, pouvant s'élever ou s'abaisser horizontalement au moyen de vis et de cabestans, de manière à mettre les rails de la voie d'eau à la hauteur des rails de la voie de terre. Un pont-levis comble le vide existant entre ces deux voies, et aussitôt amarrés les wagons peuvent rapidement passer de l'une à l'autre. Avantageux sous ce dernier rapport seulement, ce système présente l'inconvénient d'exiger l'emploi de bateaux d'une très-grande largeur, pour compenser le surélèvement du *métacentre*[1] nécessité par la position des wagons placés à une certaine hauteur au-dessus du plan de flottaison.

Le bac transbordeur du Nil, — remplacé depuis par un pont fixe, — qui était établi d'après ce premier système, avait une coque plate de 18^{m},28 de largeur et un tablier mobile à deux voies, pouvant prendre différentes positions selon le niveau des eaux du Nil, qui varie de 0 mètre à 8^{m},25. Le mouvement de translation horizontale était imprimé au navire par deux machines à vapeur de quinze chevaux, placées sur le pont et actionnant les poulies sur lesquelles s'enroulaient deux chaînes de touage noyées dans le fleuve, distantes l'une de l'autre de 18^{m},60, et formées de maillons de 0^{m},633 de long et 0^{m},088 de large, en fer rond de 0^{m},028 de diamètre.

[1] Centre de courbure de la courbe décrite par le centre de pression du volume d'eau déplacé dans les divers oscillations horizontales du navire, et qui doit se trouver placé au-dessus du centre de gravité du système flottant. (M. Belanger, *Cours de mécanique.*)

Le second procédé, — pont fixe et atterrissage mobile, — peut à son tour se diviser en deux systèmes : transbordement vertical; transbordement par plans inclinés.

Il existe un exemple de transbordement vertical à Ruhrort, point de rencontre du Rhin et du chemin de fer d'Aix-la-Chapelle à Gladbach et Crefeld. Sur chaque rive du fleuve se trouve une tour carrée à cinq étages, dont la base repose sur trois murs, deux perpendiculaires, le troisième, celui qui touche à la berge, parallèle au cours du fleuve. Ces trois murs forment donc une espèce de port, dont l'ouverture du côté du fleuve laisse place à l'introduction d'un ponton flottant, garni de rails sur son plancher. Dans le vide compris entre les trois murs, se meut verticalement un tablier en charpente supportant deux voies; il se rattache, par l'intermédiaire de quatre fortes tringles en fer, à un joug en fonte qui coiffe un long piston plein se mouvant dans un cylindre en fonte dont la base repose sur un plancher en fer établi à cinq mètres au-dessus des rails de terre ferme. La tête du piston est guidée par deux glissières fixées contre deux montants en bois. Le cylindre moteur communique, par une conduite d'eau sous pression, avec un accumulateur du système Armstrong, la pression étant obtenue au moyen d'une machine à vapeur (voir 1re partie, t. II, chap. VII). Il porte à sa base une large tubulure, dans laquelle nous voyons trois soupapes : l'une règle l'admission de l'eau sous-pression dans le cylindre et produit l'ascension du piston ; la deuxième donne écoulement à l'eau, lorsqu'il s'agit de laisser descendre le piston. Cette eau se rend, par un tuyau vertical, dans une bâche placée au cinquième étage du bâtiment. De là elle s'écoule vers la machine alimentant l'accumulateur.

La troisième soupape, enfin, introduit l'eau sous pression dans un second cylindre auxiliaire muni d'un piston moteur disposé en sens inverse du piston du cylindre principal. Celui-ci en effet agit par traction directe sur les chaînes de la plate-forme mobile. Le piston auxiliaire n'agit sur ces mêmes chaînes que par l'intermédiaire d'une chaîne et d'une poulie de renvoi.

Ce second piston est nécessaire lorsqu'il s'agit de transborder une locomotive. Sauf ce cas particulier, le piston principal est suffisant pour descendre ou monter deux wagons à la fois.

Supposons qu'il s'agisse de transborder un train arrivant par la voie de terre ferme.

Pour faire la manœuvre du transbordement, le tablier mobile est arrêté par un verrou, de manière à faire correspondre le niveau de ses rails avec celui des rails de terre ferme. Les wagons sont alors poussés sur la plate-forme. Le mécanicien ouvre d'abord la soupape d'admission, les verrous d'arrêt du tablier sont tirés, puis la deuxième soupape, celle d'écoulement, est mise en jeu, la machine à vapeur soutenant d'ailleurs la pression dans l'accumulateur.

Le tablier avec sa charge descend et s'arrête sur ses verrous à la hauteur des rails du ponton qui doit passer les wagons. Arrivés sur l'autre rive, les wagons sont poussés sur le tablier, enlevés, par la pression de l'eau dans le cylindre moteur, jusqu'au niveau des rails de terre ferme.

En 1856, le passage s'effectuait sur canots remorqués par un bateau à vapeur. A cette époque, nous avons vu la manœuvre du transbordement s'opérer dans les délais suivants :

Descente de deux wagons chargés à 10 tonnes, — de 4 à 5 minutes ;

Traversée d'une rive à l'autre avec seize wagons — quatre par ponton, — 45 minutes.

Depuis cette époque, le passage d'eau s'effectue sur un bateau à vapeur dont le pont porte les rails.

A notre connaissance, le système de Ruhrort n'a pas trouvé d'imitateurs.

Il n'en est pas de même du transbordement par plans inclinés. Ce système, en service depuis de nombreuses années sur les embouchures des rivières le Forth et le Tay en Écosse, a reçu, avec quelques variantes plus ou moins importantes, plusieurs applications sur le continent, notamment au passage de l'Elbe, entre les stations de Hohnstorf et de Lauenbourg (lignes du Hanovre et de Prusse), sur le Rhin à Elten et à Rheinhausen, près de Duisburg (chemins rhénans).

Nous empruntons à un mémoire de MM. Funk (Ober-Baurath), conseiller supérieur des travaux, et Welkner (Ober-Maschinen-meister), ingénieur en chef des machines, aux chemins de fer du Hanovre, les détails qui suivent sur les bateaux transbordeurs d'Ecosse et l'application qui en a été faite à l'embouchure de l'Elbe.

Les deux fleuves le Forth et le Tay produisent deux solutions de continuité sur la ligne de fer qui, partant d'Edinburgh, met cette ville en communication avec le nord de l'Ecosse, en passant par Perth et Dundee. Véritables golfes sujets à des variations considérables de niveau, les eaux à franchir présentent sur le *Forth*, entre les gares de Granton et Burnt-Island, une largeur de 5 1/2 milles anglais ($8^k,850$). L'estuaire du *Tay* n'a que 7/8 de mille ($1^k,400$) de largeur, entre les gares maritimes de Broughty-Ferry et Tay-Port.

En chacun de ces points, les rails de la gare viennent aboutir à ceux d'un plan incliné — à 1/8 sur le Forth, 1/6 sur le Tay — qui descend jusqu'au niveau le plus bas qu'atteignent les eaux. Au Forth, les plans inclinés sont construits en maçonnerie. Ceux du Tay consistent en charpentes de pilotis et longrines, portant des rails Brunel renversés. Il s'y trouve deux voies, avec cette particularité que les rails intérieurs sont assez rapprochés pour former une troisième voie. Sur ces plans inclinés se meut une plate-forme en charpente supportée par vingt-quatre roues en fonte de 2′,6″ ($0^m,761$) de diamètre, armées à la jante d'une saillie continue qui en partage la largeur en deux parties égales, cette saillie se logeant dans le creux des rails Brunel.

A l'extrémité inférieure de cette plate-forme on trouve un pont-levis qui met en communication directe les rails de la plate-forme avec ceux du pont du transbordeur. Ce pont-levis est élevé ou abaissé au moyen de chaînes mues par deux treuils placés sur un chevalet que porte la plate-forme.

Pour ménager aux wagons le passage du bateau sur la plate-forme, sans amener quelque accident ou avarie, il faut que l'inclinaison des rails du pont-levis se tienne autant que possible vers 0,01. Le bateau, armé à ses deux extrémités d'un gouvernail, ne pouvant d'ailleurs s'approcher de la rive qu'à la distance fixée par son tirant d'eau d'une part et la hauteur de la marée de l'autre, il faut que la plate-forme se déplace le long du plan incliné pour prendre le niveau du bateau. Ce déplacement s'effectue au moyen d'une chaîne attachée à l'axe du milieu de la plate-forme, et qui à son autre extrémité s'accroche à volonté dans les maillons d'une chaîne sans fin qu'une machine fixe à vapeur établie au sommet du plan incliné fait mouvoir au moyen d'un embrayage. L'arbre de couche principal que cette machine met également en mouvement porte trois tambours, au diamètre de 0^m,913, correspondant aux trois voies du plan incliné. Sur chaque tambour, qui peut être mis en mouvement ou arrêté par le mécanicien à l'aide d'embrayage, est enroulé un câble en chanvre de 2" (0^m,051) de diamètre, armé à son extrémité libre d'un étrier qui s'adapte au crochet d'attelage des véhicules à transborder.

La dépense d'établissement des plans inclinés, machines fixes, chariot, plate-forme, chaînes et cordes, s'est élevée :

Pour le Forth, à 250 000 francs ;

Pour le Tay, à 220 000 francs.

Les bateaux transbordeurs sont construits en fer — machines actionnant des roues à aubes, — un gouvernail à chaque extrémité pouvant être mû et arrêté indépendamment de l'autre.

Ceux du Forth ont 52^m,423 de longueur, 10^m,363 de largeur au milieu, 16^m,630 à l'extérieur des roues ; ils calent, à vide, 1^m,457, et en charge 1^m,980. Leur pont est garni de trois voies qui, aux extrémités, se reforment en deux voies correspondant à celles des plans inclinés. Ils chargent 33 à 35 wagons à quatre roues, opèrent la traversée entre Granton et Burnt-Island en 26 minutes et font de huit à dix voyages par jour.

Le *Leviathan*, le plus ancien bateau de ce type, construit chez M. R. Napier à Glasgow, a coûté 405 750 francs. Les bateaux du *Tay* sont plus petits ; leur pont, disposé en dos d'âne à partir de l'axe des roues avec une inclinaison de $0^m,011$, et muni de deux voies seulement, mesure $42^m,670$ de longueur, $6^m,70$ de largeur, extérieurement aux roues $12^m,430$. — Deux machines oscillantes de 120 chevaux de force. Ils déplacent 200 tonnes, et calent $1^m,683$ d'eau.

Ils chargent 15 à 17 wagons à quatre roues, font douze à quatorze traversées par jour, et transportent ainsi en moyenne 180 wagons. Le prix du *Napier* a été de 229 500 francs.

Les frais d'exploitation pendant six mois, en 1861-1862, pour le transbordement sur le Forth de 37 618 wagons, se sont ventilés de la manière suivante, non compris la main-d'œuvre d'approche dans les gares :

Machine fixe et appareils mécaniques,	768 l. st.	fr. 19 200.
Bateaux à vapeur.	1 305 l. st.	32 625.

Ce qui donne, en comptant 2,5 tonnes par wagon en moyenne, 55 centimes pour frais de traversée d'une tonne de *chargement net*.

Le transbordement, soit pour charger, soit pour décharger les bateaux, s'effectue en plusieurs opérations qui comprennent la manœuvre de deux, trois et jusqu'à cinq wagons à la fois. Sur chaque voie, trois hommes ramènent la corde au bateau ou la remontent, selon le sens de la manœuvre.

Les données qui ont servi à la rédaction du projet de traversée de l'Elbe, entre Hohnstorf et Lauenburg, procèdent des mêmes principes, mais avec des modifications résultant des circonstances inhérentes à la question elle-même. Le trafic étant beaucoup moins considérable et la durée de traversée très-courte, on n'a installé qu'une seule voie sur le bateau transbordeur. La disposition des voies aux abords des plans inclinés étant très-favorable aux manœuvres des wagons, on a compté que le chargement ou le déchargement en 2 ou 3 opérations de 2 à 3 wagons à la fois durerait en moyenne 8 minutes, la traversée 8 minutes, le temps perdu pour le départ et l'accostage 14 minutes, soit en totalité pour un seul voyage dans un sens une demi-heure ; soit enfin par jour 20 traversées simples, produisant un mouvement annuel de 60 000 tonnes de marchandises traversant l'Elbe dans chaque sens.

Les plans inclinés du Tay sont au 1/6, ceux du Forth au 1/8. Pour ceux de l'Elbe, les ingénieurs, désireux de faciliter le passage des plans inclinés sur les voies horizontales aux wagons à six roues dont on voulait ménager les ressorts et les tampons d'une part, et en même temps laisser entre le gouvernail et le plan incliné un espace libre d'au moins 0m,457, — 18" — pour tenir compte de l'oscillation du navire agité par les lames, ont adopté l'inclinaison de 1/9 (0,111). La hauteur des eaux varie de 5m,548; on a descendu le pied du plan incliné à la cote — 1m,17 et reporté son sommet au niveau des rails, soit à la cote + 7m,00. La longueur du plan incliné atteint ainsi 74m,00; celle du chariot plate-forme 30m,25, y compris la portée du pont-levis qui est de 7m,59.

La voie se compose de rails ordinaires avec traverses et longrines fixées sur pilotis.

Dans l'axe se trouve une ornière en fonte dont le fond est garni de dents contre lesquelles vient buter un fort valet en fer, placé au bas du chariot pour le maintenir en place, les joues formant guides de la forte chaîne qui sert à faire monter ou descendre le chariot, lorsque son extrémité supérieure est accrochée à la chaîne sans fin mise en mouvement par la machine fixe.

C'est le fer qui constitue la charpente du chariot plate-forme de l'Elbe, la charpente en bois des constructions analogues en Écosse exigeant une quantité considérable d'armatures, de renforts, et des réparations fréquentes, etc., etc. Cependant les poutres du pont-levis sont formées de deux longrines en bois portant des rails Brunel, armées sur leurs faces verticales de tôles et cornières qui forment renforts et garde-roues.

La manœuvre de levage du pont-levis s'effectue à la main, au moyen d'un treuil placé sur l'échafaudage qui fait corps avec le chariot plate-forme. La chaîne de traction du contre-poids et du treuil passe sur une poulie fixée à l'extrémité supérieure d'une bielle inclinée qui peut pivoter sur son pied retenu au pont du chariot; cette bielle forme bissectrice de l'angle des deux brins de la chaîne, celui d'en haut restant toujours parallèle au plan de la plate-forme.

La machine fixe est à haute pression, à deux cylindres de $0^{m},330$ de diamètre. Par une transmission spéciale, elle fait mouvoir le chariot plate-forme, dont on fixe la position d'abord au moyen du verrou d'arrêt indiqué plus haut, et de plus par des freins puissants répartis sur les axes des roues de la chaîne sans fin, et sur le volant même de la machine fixe. Les leviers de tous ces freins, comme ceux de la mise en marche de la machine, sont sous la main du mécanicien.

Le bateau porte deux gouvernails indépendants l'un de l'autre et manœuvrés du haut du balcon en arcade qui surmonte les tambours. Il a $43^{m},30$ de longueur entre les heurtoirs qui se trouvent à l'aplomb des axes des gouvernails, 7 mètres de largeur à la flottaison, $11^{m},88$ en dehors des tambours ; une seule voie, dans l'axe du bateau.

Les chaudières et la machine placées sous le pont sont divisées en deux parties égales et symétriques, disposées de chaque côté de l'axe longitudinal du bateau, les cylindres inclinés agissant directement sur les manivelles de l'arbre moteur.

La compagnie des chemins de fer Rhénans a fait exécuter, sous la direction de M. Hartwich, ingénieur général et conseiller intime, deux traversées sur le Rhin, l'une à Elten, entre Arnheim et Clèves, l'autre à Rheinhausen près Duisburg, qui diffèrent essentiellement des dispositions décrites plus haut. Ici la variation de niveau des hautes eaux et des eaux moyennes est de 6 mètres. On a pu racheter cette différence de hauteur au moyen de deux rampes inclinées à 1/48 (0,021), qui forment le prolongement des voies de la gare et, comme telles, peuvent être desservies par les locomotives. Sur ces rampes se trouvent deux petits chariots dont le tablier garni d'une voie est incliné à 1/12 ($0^{m},0833$) en sens inverse des rampes des berges, le côté le plus élevé s'adossant à l'extrémité du pont du bateau et la partie basse en contact avec la rampe étant formée d'un plan mobile équilibré par des contre-poids, à la manière des patins des chariots roulants des chemins Badois et de l'Est. (Ire partie, t. II, p. 98.)

Les rampes sont à deux voies : à chaque voie correspond un bateau toueur naviguant entre deux câbles immergés. Ces deux câbles, de $0^m,045$ de diamètre, formés de sept torons composés chacun de sept fils de fer de 5 millimètres et demi de diamètre, aboutissent au centre d'une poulie horizontale montée sur un chariot-tendeur constamment rappelé en arrière par une chaîne dont l'une des extrémités est fixée dans le terrain, tandis que l'autre soutient un contre-poids de 7,500 kilogrammes, suspendu dans un puits.

Chacun des câbles d'amont amarrés par des ancres mouillées à 100 mètres environ du passage, sert de guide au bateau toueur. Les câbles d'aval s'enroulent autour de deux grandes poulies à gorge de $7^m,25$ de diamètre, qui sont mises en mouvement au moyen d'une transmission à courroies par une machine à vapeur à deux cylindres horizontaux, placée avec ses chaudières et tout le mécanisme sur le côté d'aval du bâtiment.

Le pont, qui a 45 mètres de long et $5^m,75$ de large, ne porte qu'une seule voie disposée en trois alignements raccordés par des courbes, l'alignement du milieu, qui a 19 mètres de longueur, étant rejeté de $0^m,40$ vers l'amont, afin de laisser l'espace libre à l'installation des machines ; les voies sont munies à chaque extrémité de heurtoirs placés en tête de leviers qui, tournant autour d'un axe horizontal fixé à la tête de la coque du bâtiment, peuvent s'effacer en dessous du pont et laisser passer les wagons.

Chaque bateau peut transporter en une traversée simple cinq voitures de voyageurs à quatre ou cinq compartiments.

Les abords des rampes sont défendus par des épis s'avançant à une assez grande distance dans le fleuve pour détourner le courant, préserver les rampes des affouillements et mettre les bateaux accostés à l'abri de l'agitation des vagues.

353 *bis*. **Transbordement sur pont de bateaux.** — Un trafic peu important; un cours d'eau navigable dont le lit se déplace

et devient quelquefois à sec sur certaines parties : telles étaient les conditions que présentait la jonction de deux lignes secondaires qui relient Carlsruhe-Maxau (Bade) à Winden-Maximiliansau (Palatinat-Bavarois), séparées par le cours du Rhin à Maxau[1]. La Direction des chemins de fer du Palatinat, reculant devant l'établissement d'un pont fixe ou d'un service de bateaux transbordeurs, se décida pour l'installation d'un pont de bateaux.

La construction s'étend sur 363 mètres de longueur, dont 129 mètres sur les deux rampes de rives et 234 mètres sur les trente-quatre bateaux-pontons qui forment la traversée du Rhin. — Les deux rampes ont une inclinaison variable de $0^m,00$ correspondant aux plus hautes eaux, à $0^m,040$ qui se présente lorsque le Rhin est au plus bas niveau.

La largeur des pontons est divisée en trois sections. — Celle du milieu a $3^m,50$ et sert au passage du chemin de fer, qui n'a qu'une voie. — Les deux autres sections, à droite et à gauche des rails, avec $4^m,20$ de largeur chacune, sont destinées à la circulation des piétons et des voitures de routes ordinaires.

Les trains qui circulent sur le pont se composent de quatre wagons à marchandises chargés à 10 tonnes, remorqués par une locomotive-tender à quatre roues, pesant $17^t,50$.

Ces machines, établies sur les mêmes principes que les machines de gares construites pour les usines de M. de Wendel[2], près Saarbruck, ont les dimensions suivantes :

Surface de chauffe.............	51,00	mètres.
Diamètre de la chaudière........	1,06	—
Longueur totale de la chaudière..	4,12	—
Cylindres. — Diamètre..........	0,28	—
— course...........	0,46	—
Roues. — Diamètre..............	0,92	—
Entraxe des deux essieux........	2,10	—
Poids de la machine vide........	15	Tonnes.

[1] Station fluviale, située à peu près à égale distance de Kehl et de Manheim.

[2] Machines-tender à deux essieux accouplés, établies comme suit :

Les rampes, aux abords du pont de bateaux, inclinées à 0m,030, sont gravies sans difficulté par ces machines.

Essayée sur les rampes accostant aux bateaux transbordeurs de Ludwigshafen, inclinées à 0m,08, une de ces machines, avec 6 atmosphères de pression effective, a remorqué un wagon chargé à 10 tonnes [1].

L'abaissement des pontons sous le poids de 60 tonnes réparti sur 24 mètres de longueur, ne dépasse pas 0m,20 au point le plus chargé.

Il résulte d'un relevé statistique, fait par M. Barler, ingénieur en chef au chemin de fer du Palatinat, que les frais de trajet entre les deux stations de terre ferme, à Manheim, par bateaux transbordeurs, sont de 1/3 plus élevés que ceux du trajet à Maxau [2].

Chaudière. — Diamètre	0m,75
— longueur totale y compris le foyer	2m,10
— épaisseur des tôles de fer	0m,0107
— épaisseur des plaques de cuivre du foyer	0m,010
— épaisseur des plaques tubulaires en cuivre	0m,015
— épaisseur des plaques tubulaires en fer de la boîte à fumée	0m,015
Tubes. — Nombre	113
— longueur	1m,000
— diamètre intérieur	0m,030
— épaisseur	0m,002
Surface de chauffe. — Du foyer	2m²,500
— des tubes	9m²,225
— totale	11m²,725
Pression de la vapeur	7 atm.
Cylindres. — Diamètre	0m,180
— course	0m,350
Essieux. — Diamètre uniforme sur toute la longueur	0m,110
— entraxe	1m,300
Roues. — Diamètre	0m,750
Capacité des soutes à eau	0m³,7416
Poids de la machine vide	7,000 kilogr.
Poids de la machine en service	8,750 —

[1] Sur les lignes d'inclinaison moyenne (0,01) et en rail mouillé, ces machines remorquent des trains de 150 tonnes de poids brut.

[2] *Organ für die Fortschritte des Eisenbahnwesens*, VI Cahier, 1865.

Cette solution du problème du transbordement des wagons sur pontons flottants est intéressante à mentionner. Elle peut, sans doute, trouver d'utiles applications sur d'autres points présentant des conditions analogues : telles, par exemple, que l'établissement d'un chemin de fer provisoire en traversant un cours d'eau, ou la liaison de deux lignes disposant d'un capital trop faible pour supporter les frais de construction d'un pont fixe.

§ IV.

CONSTRUCTION ET ENTRETIEN DES LOCOMOTIVES ET TENDERS.

354. **Conditions générales.** — Le service des moteurs affectés à l'exploitation des chemins de fer est infiniment plus actif que celui des machines consacrées aux travaux de l'industrie générale. La vitesse considérable imprimée à leurs organes, la pression élevée de la vapeur, les actions perturbatrices résultant des dispositions du moteur lui-même, les réactions qui proviennent des dérangements de la voie, les influences atmosphériques enfin, deviennent autant de causes de destruction qui agissent incessamment sur les locomotives. Une interruption dans la circulation des trains étant d'ailleurs inadmissible, il est indispensable que le service de la locomotion tienne toujours prêt un certain nombre de machines en bon état de marche. Ce nombre peut être réduit ou élevé, relativement à celui des trains, selon que les moteurs auront à subir des réparations rares ou fréquentes, exigeront par conséquent des repos plus ou moins prolongés; et selon que ce nombre sera faible ou élevé, le capital consacré à l'achat du matériel moteur aura plus ou moins d'importance et réduira dans une proportion sensible ou inappréciable les produits nets de l'exploitation.

Ainsi, pour qu'une machine remplisse le mieux sa destination, il faut qu'elle donne le maximum de durée de service actif, et le minimum de repos forcé, de réparations importantes, de frais d'entretien. Ce résultat, difficile à obtenir, ne peut être atteint que moyennant les conditions suivantes :

— Choix du type approprié au service à effectuer;

— Simplicité de dispositions adoptées;

— Emploi de matériaux de première qualité;

— Construction irréprochable;

— Soins assidus dans la conduite et l'entretien.

Choix du type. — Nous nous sommes suffisamment étendu, dans le paragraphe précédent, sur les diverses considérations qui peuvent faire donner à tel type de machines la préférence sur tous les autres, pour n'avoir pas à y revenir ici.

La question de l'adoption d'un type unique applicable à tous les cas particuliers paraît aujourd'hui parfaitement résolue dans le sens de la négative. De même que l'on ne peut pas exiger d'un léger cheval de course les services rendus par un lourd cheval de roulage, de même aussi l'exploitation d'un chemin de fer, qui comprend des trains de natures différentes, ne peut demander à une même machine de les remorquer sûrement et économiquement. Il n'y a possibilité de revenir à un type unique, pour un chemin à trafic varié, qu'en adoptant la machine à deux ou trois essieux moteurs, en donnant aux trains de voyageurs une vitesse très-modérée, et en limitant la charge des trains de marchandises à un tonnage assez réduit.

Quant à l'adoption d'un type universel, c'est une véritable utopie dans l'état actuel de la science, car tel type approprié à une ligne d'un profil déterminé serait incompatible avec une ligne d'un profil différent.

On a proposé d'appliquer aux locomotives la transmission de mouvement au moyen d'engrenages de différents diamètres, avec embrayage à la disposition des mécaniciens, et permettant ainsi de conserver aux pistons une vitesse constante, tout en faisant varier celle des roues, d'après la résistance sur les rampes de différentes inclinaisons.

Cette solution, possible pour des cas très-spéciaux de transports à très-faible vitesse, comme celle que l'on peut donner aux locomobiles employées sur routes de terre, ne paraît pas susceptible d'application économique à l'exploitation de chemins de fer exigeant des vitesses qui dépassent 15 à 20 kilomètres à l'heure.

On se rappelle encore la tentative de transmission de mouvement d'un essieu à un autre par engrenages faite sur les premières machines du Semmering. Malgré les soins apportés au montage et la qualité supérieure des matières employées, l'expérience n'a pas tardé à faire rejeter d'une manière absolue ce mode de transmission.

Simplicité de dispositions. — « Une des conditions essentielles pour assurer l'économie des frais d'entretien d'une machine, disent les auteurs du *Guide du constructeur*, etc.[1], est la simplicité des organes mécaniques. Avantageuse au constructeur, qui a une moindre dépense de façon à supporter, elle l'est également à l'exploitant qui fait plus rapidement et à moins de frais les réparations. »

Cette recommandation, relative au mécanisme, doit être faite également à la rédaction des projets d'ensemble et de détails d'une locomotive. Il ne suffit pas, en effet, de concevoir une disposition ingénieuse et séduisante au premier aspect, pour l'adopter sans mûre réflexion. Une étude plus approfondie doit amener la certitude que des difficultés sérieuses ne se présenteront pas lors de la construction des organes, pendant le montage et surtout au moment où l'on devra en *faire le démontage*. Cette dernière opération, qui peut se présenter fréquemment en service, réclame impérieusement une indépendance aussi complète que possible des pièces les unes par rapport aux autres, de manière à restreindre au minimum le nombre d'organes à déranger pour atteindre celui qui exige une réparation ou même une manipulation quelconque, fût-ce un simple nettoyage ou graissage.

En exploitation de chemins de fer, les pertes de temps peuvent devenir une source de danger, et, dans tous les cas, une cause de dérangements dans le service, qu'il faut éviter à tout

[1] *Guide du mécanicien, constructeur et conducteur*, etc., liv. IV, chap. I, § 2.

prix. La simplicité dans la conception d'une machine est un des moyens d'éviter ces deux écueils.

Emploi de matériaux de première qualité. — Sous la pression des exigences du trafic, la tendance des ingénieurs a été dirigée vers une augmentation, sans cesse croissante, du poids des locomotives. En 1845, une machine de voyageurs ne pesait généralement pas plus de 15 à 16 tonnes en moyenne, et une machine à marchandises 20 tonnes. En 1855, ces poids s'élèvent respectivement à 22 000 et 26 000 kilogrammes ; aujourd'hui, nous arrivons à 29 000 kilogrammes pour la première catégorie, à 38 000, 40 000 et quelquefois plus pour la seconde.

Si, poursuivant la comparaison, nous cherchons à nous rendre compte des différences qui peuvent s'être introduites dans la constitution des machines pendant cette période d'une vingtaine d'années, nous voyons que vers la seconde époque le rapport des quantités de métal sous un état de fabrication moins avancé, la fonte, par exemple, aux quantités de matières offrant plus de garanties sous le même poids, comme le fer et l'acier, ce rapport, disons-nous, était beaucoup plus grand qu'aujourd'hui. C'est ce qui ressort du tableau suivant :

	1855. 20 tonnes.	**1865.** 30 tonnes.
Matières.	Proportion pour 100	
Fonte	19,00	11,60
Fer	37,20	39,30
Tôle	22,40	22,50
Acier	3,20	10,00
Cuivre	12,00	13,00
Bronze	4,00	1,80
Divers	2,50	1,80
	100,00	100,00

Ainsi, tandis que les machines augmentaient de poids, les matériaux de choix prenaient plus d'importance, l'acier se substituant au fer, le fer à la fonte, dans tous les cas où des difficultés insurmontables n'y mettaient pas obstacle.

Cette tendance à la perfection dans l'emploi des métaux ne

doit pas, d'ailleurs, se borner à l'*espèce;* il faut qu'elle se poursuive avant tout jusqu'à la *qualité* pour ne s'arrêter qu'aux métaux de provenance et de fabrication supérieures.

Tout ingénieur, qui se rend compte des frais de construction d'une machine, sait que les dépenses se répartissent en trois catégories : — achats de matières ; — main-d'œuvre ; — frais généraux.

Le prix actuel des machines locomotives varie de 180 francs à 200 francs la tonne. Or, la valeur des métaux entre dans ce prix pour 120 francs environ, soit pour les 3/5 de la dépense totale. Si la machine, par défaut de matière, nécessite une réparation ou le remplacement d'une pièce, il y a perte des 2/5 de la dépense de premier établissement; tandis qu'une augmentation de la dépense d'achat de matière, qui compense très-souvent une partie des frais de main-d'œuvre, n'a qu'une influence très-faible sur le prix de revient final.

Notons encore que cette réparation n'est presque jamais isolée, mais qu'elle a des retentissements, des ramifications qui s'étendent fort loin quelquefois.

Le parcours annuel d'une machine est compris, en moyenne, entre 24 000 et 28 000 kilomètres. Si, par défaut de construction, elle n'effectue pas ce parcours, il faut qu'elle soit remplacée par une autre machine. Elle-même exige l'établissement d'un remisage pour l'abriter durant le chômage; enfin, le personnel de conduite doit être utilisé pendant ce même laps de temps. Les conséquences de l'emploi de mauvaises matières sont donc : — perte d'intérêt du capital de construction; — augmentation des frais de réparation et d'entretien.

Les inconvénients de l'emploi de matières de qualité inférieure prennent ainsi un caractère d'évidence incontestable; toute administration soucieuse des intérêts qui lui sont confiés ne commettra donc pas la faute lourde de rechercher, dans l'abaissement des prix, les moyens de réduire les dépenses de premier établissement ou d'entretien d'un chemin de fer.

Construction irréprochable. — Les observations relatives au choix des matières premières entrant dans la constitution d'une machine s'appliquent avec autant de valeur aux soins qu'exige la construction d'une machine locomotive. Quand bien même les matériaux seraient de première qualité, s'ils ne sont pas travaillés et ajustés d'une manière irréprochable, si le montage laisse à désirer, il survient nécessairement dans la machine en marche des désordres qui causent des arrêts et même des accidents. Dans la plupart des cas, la locomotive doit rentrer à l'atelier de réparation; de là les inconvénients que nous venons d'énumérer plus haut.

Quelle conclusion tirerons-nous de ces diverses considérations? C'est qu'il ne faut confier la construction d'une machine locomotive qu'à un atelier possédant un outillage perfectionné, une direction intelligente et consciencieuse jusqu'au scrupule.

Nous savons bien que tous ces soins, cette attention dans l'étude et l'exécution reviennent, en définitive, à une question de rémunération. Tout chef d'atelier, quelqu'honorable soit-il, livrera des produits de qualité en rapport avec le prix qui lui sera payé, à moins de se constituer en perte, ce qui n'assurerait pas une longue durée à son établissement. Mais il ne suffit pas de bien payer. Il faut encore que la dépense soit employée à rémunérer un travail satisfaisant sous tous les rapports, et à cet égard l'administration du chemin de fer ne saurait s'entourer de trop de garanties.

Soins de conduite et d'entretien. — Pour qu'une locomotive fournisse un bon service, il ne suffit pas qu'elle ait été bien conçue, savamment étudiée, ses organes ingénieusement combinés; que les matériaux qui la constituent soient de première qualité, et qu'elle ait été construite avec toute la perfection désirable. Il faut encore et surtout que cette machine soit confiée à des hommes intelligents et soigneux, pleins de sollicitude pour l'engin qu'ils conduisent ou qu'ils sont chargés d'entretenir. Si le chef du dépôt n'a pas fait laver et nettoyer la chaudière au moment opportun, passer en revue les pièces du mécanisme, remplacer à temps les parties fatiguées, vérifier le graissage, préparer convenablement l'allumage et la mise en vapeur; si le mécanicien en route ne surveille pas attentivement l'alimentation de la chaudière, le graissage des pièces frottantes, le jeu des parties mobiles, la machine, malgré toutes les précautions prises lors de sa construction, ne tardera pas à subir de notables avaries et à exiger de grandes réparations; un long séjour à l'atelier, et pendant ce temps la mise en service d'une autre machine, deviendront alors nécessaires.

On parvient à obtenir des locomotives un bon service, en intéressant les agents de la traction au maintien des machines en activité. Sous forme de *prime d'entretien*, on accorde aux mécaniciens et aux chefs de dépôts une allocation pour les parcours effectués avec la même machine, au delà d'un minimum déterminé, sans que cette machine ait exigé d'autres réparations que celles d'entretien courant pouvant être faites dans un délai fixé à l'avance.

355. **Foyer, grille et tubes.** — *Généralités sur la chaleur.* — Lorsqu'on frappe un morceau de métal avec un marteau, quand un projectile violemment lancé rencontre un obstacle qui arrête sa marche, le morceau de métal s'échauffe très-sensiblement, le projectile acquiert une température quelquefois très-élevée; la perte de force vive occasionnée par le choc se transforme en un travail moléculaire dont la résultante est une manifestation de *chaleur*.

Dans les combinaisons chimiques résultant des affinités de certains corps les uns pour les autres, il y a également développement de *chaleur*, accompagné souvent de dégagement de *lumière* et d'*électricité*.

Quelle est la *cause* de ces diverses manifestations? Faut-il l'attribuer aux chocs plus ou moins violents des molécules mises en mouvement par leurs affinités naturelles, produisant ainsi un travail mécanique interne qui se traduit par l'un au moins de ces trois phénomènes?

On ne peut encore se livrer qu'à des conjectures à ce sujet. Depuis quelques années, il s'est fait, sur le premier de ces phénomènes, de très-intéressantes recherches scientifiques destinées à établir la *théorie mécanique de la chaleur* [1]. Nous n'avons pas en vue de suivre ici ces travaux, mais seulement de rappeler les faits principaux établis par de nombreuses expériences sur les effets de la chaleur.

Émission de la chaleur. — Quelle qu'en soit la source, la chaleur, comme la lumière, possède la faculté de se répandre ou *rayonner*, c'est-à-dire de se propager en ligne droite, avec une vitesse dépassant 300 000 kilomètres par seconde et une intensité qui varie en raison inverse du carré des distances.

Tous les corps émettent de la chaleur; mais les quantités de chaleur émises varient suivant la nature des surfaces rayonnantes, le degré de température de la source, l'inclinaison de ces surfaces par rapport à la direction des rayons émis.

Les physiciens ont reconnu qu'il y a non-seulement diverses espèces de chaleur, ayant leur mode d'action propre sur les agents qui leur sont soumis, mais que chaque source de chaleur, comme la lumière, envoie des rayons de diverses natures, se partageant ainsi en rayons *lumineux* et en rayons *obscurs*.

La faculté que possèdent les différents corps d'émettre la chaleur a reçu le nom de *pouvoir émissif*.

Voici les résultats établis par MM. de la Provostaye et Desains, à la suite des expériences entreprises par Melloni avec son appareil thermo-électrique, sur les pouvoirs émissifs, ainsi que ceux trouvés par Péclet dans ses recherches sur la détermination des coefficients de rayonnement [2].

[1] Expériences de M. Joule, de Manchester.
Mémoire de M. Bourget (*Annales de physique et de chimie*).
Mémoire de M. Verdet (*Leçons de la Société chimique de Paris*).
Mémoire de M. Bélanger (*Mémoires de la Société des ingénieurs civils*).

[2] *Traité de la chaleur*, 3e édition, t. III, p. 440.

Substances.	Melloni.	De la Provostaye et Desains.	Peclet.
Noir de fumée	1,00	1,00	1,00
Carbonate de plomb	1,00	»	»
Pierre à bâtir, bois, plâtre, étoffes	»	»	0,90
Argent bruni	»	0,025	0,034
Argent mat	»	0,05	»
Or	0,12	0,043	0,057
Cuivre	»	0,049	0,040
Platine bruni	»	0,10	»
Papier, peinture, sable, poussière	»	»	0,94
Fonte	»	»	0,84
Tôle ordinaire	»	»	0,64
Fer-blanc	»	»	0,105
Laiton	»	0,05	0,065
Zinc	»	»	0,06
Étain	»	»	0,05

Transmission de la chaleur. — De même qu'il existe pour la lumière certains corps opaques, il y a, pour certaines espèces de chaleur, des corps qui en arrêtent la propagation ; mais, en général, la chaleur traverse un très-grand nombre de corps gazeux, liquides ou solides.

Quand elle rencontre un objet, une partie de la chaleur en mouvement y pénètre, l'autre se réfléchit. Tous les corps ne possèdent pas la même faculté de réflexion, le même *pouvoir réfléchissant ;* mais lorsqu'un rayon frappe une surface réfléchissante, on démontre, par des expériences de physique, que le rayon de chaleur incident et le rayon réfléchi sont dans un même plan perpendiculaire à la surface réfléchissante, et que l'angle incident est égal à l'angle de réflexion.

Si l'on désigne par C la quantité de chaleur transmise à l'unité de surface d'une substance quelconque, et par r la quantité de chaleur que cette surface réfléchit, le pouvoir réfléchissant R de cette substance est le rapport entre les quantités r et C, et l'on a ainsi $R = \frac{r}{C}$. Le pouvoir réfléchissant des corps varie avec l'inclinaison du rayon incident, l'espèce de chaleur incidente et surtout avec l'état de leur surface et de leur constitution intérieure. Plus une surface est polie, plus elle réfléchit de chaleur; recouverte de noir de fumée, elle absorbe tous les rayons.

Le tableau suivant donne, d'après les expériences de Leslie, le rapport des pouvoirs réfléchissants de quelques substances.

Cuivre jaune...........	100
Argent.................	90
Etain en feuille........	80
Acier..................	70
Plomb..................	60
Verre..................	10
Noir de fumée..........	0

Melloni a établi que les liquides en général, les faïences, les marbres, ont un pouvoir réfléchissant qui n'est que le 1/3 de celui des métaux bruts, dont le pouvoir réfléchissant n'est, à son tour, que la moitié de celui des mêmes métaux à l'état poli. Il a également démontré que la chaleur, comme la lumière diffuse, se répand dans tous les sens.

Si l'on désigne par D le *pouvoir diffusif* d'une substance, par d la quantité de chaleur diffusée, C conservant la valeur donnée plus haut, on a :

$$D = \frac{d}{C}.$$

La chaleur qui rencontre un corps le pénètre généralement, et s'y trouve arrêtée, retenue, absorbée en partie. On désigne sous le nom de *pouvoir absorbant* d'un corps, le rapport

$$A = \frac{a}{C},$$

entre la quantité a de chaleur absorbée et la quantité C qui frappe le corps.

Au moyen des relations que nous venons d'établir, on peut calculer, pour les différentes substances employées dans l'industrie, les pouvoirs absorbants qui sont égaux, d'ailleurs, aux pouvoirs émissifs de ces mêmes substances.

Propagation de la chaleur. — *Conductibilité.* — La chaleur absorbée par un corps ne reste pas à sa surface. Selon l'état de cohésion de sa substance, la chaleur le pénètre et s'y propage plus ou moins rapidement de proche en proche. La quantité de chaleur qui traverse l'unité de section de ce corps dans l'unité de temps est le *coefficient de conductibilité*, qui sert de point de départ à la détermination des *pouvoirs conducteurs* de diverses substances.

Perfectionnant la méthode de M. Desprets, MM. Wiedemann et Franz ont établi les pouvoirs conducteurs des substances suivantes :

Argent	1,000
Cuivre	736
Zinc	193
Étain	145
Fer	119
Plomb	85
Bismuth	18

Les métaux jouissent de la propriété de posséder la conductibilité la plus parfaite. Aussi sont-ils désignés généralement sous le nom de *bons conducteurs* de la chaleur. Les corps *mauvais conducteurs* sont ceux qui possèdent une constitution non homogène, une structure lâche ou fibreuse.

M. Péclet a établi, par de nombreuses expériences, la conductibilité de diverses substances, en partant de celle du charbon obtenu par une calcination prolongée, celui des cornues à gaz, par exemple, prise pour unité. Voici les rapports des conductibilités des substances suivantes :

Charbon des cornues à gaz	1,000
Calcaire à grains fins	0,420
Plâtre ordinaire	0,066
Terre cuite	0,120
Bois de chêne (transversalement)	0,042
Bois de sapin (transversalement)	0,019
Bois de sapin (longitudinalement)	0,034
Gutta percha	0,034
Verre	0,150
Sable quartzeux	0,054

Brique pilée	0,027
Poudre de bois	0,013
Charbon de bois en poudre	0,015
Coke pulvérisé	0,032
Coton en laine	0,008
Laine cardée	0,009
Calicot, toile de chanvre	0,010

Action de la chaleur sur les corps. — Dilatation. — Le volume des corps soumis à l'influence de la chaleur augmente; il diminue sous l'action du froid. — Le *coefficient de dilatation* d'une substance est l'augmentation de l'unité de volume de cette substance quand sa température s'élève de 0° à 1°. — La dilatation superficielle étant le double et la dilatation cubique étant le triple de la dilatation linéaire, il suffit de connaître le coefficient de dilatation linéaire des divers corps pour résoudre tous les cas qui peuvent se présenter dans la pratique.

La dilatation croît avec la température. — De 0° à 100°, elle est un peu inférieure à celle qui se manifeste à des températures plus élevées. (Dulong et Petit.)

COEFFICIENTS DE DILATATION LINÉAIRE DES CORPS SOLIDES.

Verre. —	de 0° à 100°	$\frac{1}{116100}$	= 0,0000086133
—	de 0° à 200°	$\frac{1}{103200}$	= 0,0000094836
—	de 0° à 300°	$\frac{1}{98700}$	= 0,0000101084
Acier		$\frac{1}{87000}$	= 0,0000114450
Fer. —	de 0° à 100°	$\frac{1}{84600}$	= 0,0000118210
—	de 0° à 300°	$\frac{1}{68100}$	= 0,0000146842
Cuivre rouge. —	de 0° à 100°	$\frac{1}{58200}$	= 0,0000171820
—	de 0° à 300°	$\frac{1}{53100}$	= 0,0000188324

Laiton	$\frac{1}{53200}$	= 0,0000187500
Étain	$\frac{1}{42200}$	= 0,0000217298
Plomb	$\frac{1}{35100}$	= 0,0000284836
Zinc	$\frac{1}{34000}$	= 0,0000294167

Le maximum de densité de l'eau correspond au volume que ce liquide occupe à la température de + 4°. — Prenant pour unité le volume à cette température, on a les volumes suivants correspondants aux températures mises en regard.

A 0°	1,00163
A 4°	1,0000
A 20°	1,00179
A 40°	1,00773
A 60°	1,01698
A 80°	1,02885
A 100°	1,04315

Le coefficient de dilatation de l'air est de 0,366.

Chaleurs spécifiques. — Les corps exigent des quantités de chaleur inégales pour subir, sous le même poids, une égale variation de température. — On donne le nom de *calorie* à la quantité de chaleur nécessaire pour élever de 0° à 1° la température d'un kilogramme d'eau.

La *chaleur spécifique* d'un corps est le nombre de calories nécessaire pour élever de 1° la température d'un kilogramme de ce corps.

Voici, d'après M. Regnault, les chaleurs spécifiques de quelques substances qui se rencontrent dans les opérations de l'industrie en général, sous l'observation toutefois que la chaleur spécifique d'un même corps est plus grande à l'état liquide qu'à l'état solide, et qu'elle croît avec la température.

Charbon de bois	0,24150
Charbon des cornues	0,20360
Coke	0,20085
Marbre	0,20989
Fonte	0,12983
Fer	0,11379
Zinc	0,09555
Cuivre	0,09555
Plomb	0,03140
Antimoine	0,05077
Étain	0,05695

CHALEURS SPÉCIFIQUES DES FLUIDES ÉLASTIQUES.

Oxygène	0,2182
Azote	0,2440
Hydrogène	3,4046
Oxyde de carbone	0,2479
Acide carbonique	0,2164
Acide sulfureux	0,1553
Hydrogène proto-carboné	0,5929
Hydrogène bicarboné	0,3694
Vapeur d'eau	0,4750
Air	0,2378

Les chaleurs spécifiques servent à déterminer les quantités de calories que l'on peut obtenir par la combustion de certains produits, ou celles qui sont nécessaires pour élever la température de certains corps d'un nombre déterminé de degrés de chaleur.

Chaleur latente. — Fusion. — Un corps fusible sous l'influence de la chaleur en absorbe une certaine quantité jusqu'au point où arrive la fusion, mais la température reste constante depuis ce moment jusqu'à la fusion totale. — La chaleur absorbée se dégage lorsque le liquide se solidifie.

On appelle *chaleur latente de fusion* d'un corps le nombre de calories nécessaire pour fondre un kilogramme de ce corps sans en modifier la température.

Le tableau suivant donne les températures de fusion d'après MM. Pouillet, Desprets, Deville et Debray, et les chaleurs latentes de fusion de quelques corps d'après M. Person.

	Températures de fusion.	Chaleur latente de fusion.
Mercure	40°	»
Eau	0	79,25
Suif	33	»
Phosphore	44,2	5,03
Stéarine	46	»
Soufre	115	9,37
Etain	230	14,25
Bismuth	270	12,64
Plomb	332	5,37
Zinc	360	28,13
Antimoine	434	»
Bronze	900	»
Argent	1000	21,07
Fonte	1100	»
Or	1250	»
Acier	1300	»
Fer	1500	»
Platine	2000	»

Vaporisation. — Lorsqu'on soumet un corps liquide à l'action de la chaleur, sa température s'élève peu à peu, puis devient constante à un degré déterminé, tandis que le liquide entrant en ébullition se transforme en vapeur. Le nombre de calories que l'unité de poids de ce corps absorbe pour passer de l'état liquide à celui de vapeur saturée sans changer de température, ou qu'il dégage en subissant une transformation inverse, est ce qu'on appelle la *chaleur latente de vaporisation*. La température d'ébullition varie avec la nature du liquide et la pression du milieu ambiant. D'après des expériences, faites par M. Regnault, sur l'eau pour des températures d'ébullition variant de 0° à 230°, il résulte que la quantité de chaleur totale, absorbée pour élever le liquide de 0° jusqu'à son point d'ébullition et le transformer en vapeur, varie suivant une loi représentée par la formule empirique $Q = 606,5 + 0,305\ T^{\circ}$, donnant les résultats suivants pour les diverses températures entre les limites indiquées.

Température d'ébulition.	Chaleur totale.	Chaleur latente.	Tension. (atmosph.)
0°	606,5	606,5	0,0060
20	612,6	592,6	0,0229
40	618,7	578,7	0,0722
60	624,8	564,7	0,1958
80	630,9	550,6	0,4666
100	637,0	536,5	1,0000
120	643,1	522,3	1,9622
140	649,2	508,0	3,5758
160	655,3	493,6	6,1197
180	661,4	479,0	9,9289
200	667,5	464,3	15,3560
220	673,6	449,4	22,8810

Production industrielle de la chaleur. — Nous venons de parcourir rapidement les principaux phénomènes produits par l'action de la chaleur sur les corps. Il nous reste maintenant à en faire l'application à la pratique. Nous remarquerons en premier lieu que les sources de chaleur employées dans l'industrie consistent dans le phénomène de la *combustion*, résultat de la combinaison chimique de l'oxygène de l'air [1] avec les ma-

[1] L'air atmosphérique est un mélange d'*azote* et d'*oxygène* renfermant, sur 100 parties, 79 volumes du premier gaz et 21 volumes du second, proportions communément rencontrées sur tous les points du globe. On y trouve aussi, mais en quantités variables, de la vapeur d'eau, et dans des proportions beaucoup plus faibles, de l'acide carbonique, de l'acide sulfhydrique, de l'ammoniaque provenant de la décomposition des matières végétales et animales, et même des corpuscules organisés.

L'*azote* est un gaz incolore, sans odeur, ni saveur, incapable d'entretenir la combustion ou la vie. L'*oxygène* est un gaz incolore, sans odeur ni saveur, éminemment propre à entretenir et exciter la combustion. Il se combine avec tous les corps simples et avec un grand nombre de corps composés. C'est en raison de son extrême affinité pour la plupart des corps de la nature, que l'on est obligé de préserver du contact de l'air, au moyen d'un enduit approprié, toutes les pièces en fer, qui, sans cette précaution, se couvriraient de rouille en peu de temps.

tières renfermant de l'hydrogène[1] et du carbone[2] en quantité suffisante pour entretenir la continuité du phénomène, et auxquelles on donne le nom de *combustibles*.

Ceux-ci peuvent être classés en trois grandes catégories : combustibles gazeux, liquides et solides. Les derniers ont été jusqu'ici presque les seuls appliqués. Ce n'est que depuis quelques années seulement que l'emploi des premiers a été adopté dans certaines opérations métallurgiques principalement, et quant aux seconds, ils sont encore, pour ainsi dire, à l'état d'essai.

Les combustibles solides se divisent également en trois grandes classes : les combustibles végétaux (bois — charbon de bois), les combustibles minéraux (anthracite — houilles, lignites), et les tourbes, qui tiennent le milieu entre les deux premières catégories.

[1] L'*hydrogène* est un gaz qui, associé à l'oxygène dans la proportion de 2 volumes d'hydrogène pour 1 volume d'oxygène, constitue l'eau. Isolé, il brûle au contact de l'air avec une flamme peu brillante, mais de chaleur très-intense, surtout si l'oxygène est isolé de l'azote. Mélangé dans de certaines proportions avec l'air atmosphérique, 2 volumes d'hydrogène pour 5 volumes d'air, par exemple, ou 1 volume d'oxygène, il forme un ensemble susceptible de produire, au contact d'un corps en ignition, une explosion dangereuse, si la masse est considérable. Il se combine également avec d'autres corps simples, tels que l'azote, le carbone, le soufre, le chlore, etc.

[2] Le *carbone* se trouve dans la nature sous les aspects les plus variés, depuis son état parfaitement pur, — le diamant, — jusqu'aux mélanges les plus compliqués que nous offrent les roches carbonifères ou les détritus de végétaux. Le carbone forme avec les agents producteurs de la combustion diverses combinaisons : avec l'oxygène : 1° l'*oxyde de carbone*, formé de 42,86 de carbone et 57,14 d'oxygène pour 100 parties (c'est le gaz qui se produit pendant la combustion avec excès de combustible, ou insuffisance d'air d'alimentation, et donne une flamme bleuâtre). L'*oxyde de carbone*, plus léger que l'air, est incolore et inodore ; il constitue un véritable poison pour les animaux ; 2° l'*acide carbonique*, composé de 27,27 de carbone, et de 72,73 d'oxygène. Il est beaucoup plus lourd que l'air, — incolore, et sans odeur très-sensible, il a une légère saveur aigrelette, éteint les corps en ignition, produit l'asphyxie et la mort, mais il n'est pas aussi vénéneux que l'oxyde de carbone ; avec l'hydrogène, il donne naissance à divers hydrogènes carbonés, etc.

Puissance calorique. — On désigne sous ce nom le nombre de calories ou d'unités de chaleur que 1 kilogramme d'un combustible peut produire par sa combustion.

Voici les puissances calorifiques des principales substances combustibles, admises par M. Péclet, en s'appuyant sur les données établies par MM. Favre et Silbermann.

Substances.	Calories.
Hydrogène	34462
Carbone passant à l'état d'oxyde	2473
Carbone passant à l'état d'acide	8080
Oxyde de carbone	2403
Hydrogène protocarboné	13063
Hydrogène bicarboné	11857
Houille	de 7200 à 8600
Bois sec ordinaire	2800 à 3000
Bois desséché	4000
Tourbe (bonne qualité)	5200 à 5400
Charbon de tourbe	6600
Coke	6800 à 7900
Charbon de bois (ordinaire)	7000

Examinons ce qui se passe dans un foyer ordinaire. En partant du bas, un espace libre par où vient l'air entretenant la combustion ; une grille qui supporte le combustible ; puis enfin le combustible lui-même. Supposons l'allumage opéré et la combustion en train de s'effectuer. L'afflux d'air étant suffisant, on reconnaît que la température la plus élevée se trouve à quelques centimètres au-dessus de la grille ; puis, qu'elle baisse dans la région supérieure, si l'épaisseur du combustible est en excès, par suite de la conversion de l'acide carbonique en oxyde de carbone ; et enfin qu'elle s'élève de nouveau dans l'espace qui surmonte le combustible, si, par un moyen quelconque, on peut obtenir la combinaison des gaz formés dans la traversée du combustible avec une quantité suffisante d'oxygène. Si l'oxygène fait défaut, la flamme prend une teinte sombre, noirâtre, résultant d'une combustion imparfaite, d'un entraînement de parties de carbone non brûlé.

Nous verrons plus loin par quels moyens on a cherché à modifier cet état de choses.

Observations sur les questions précédentes et leur application à la construction des appareils à vapeur. — Si maintenant nous parcourons les tableaux qui précèdent, et que nous cherchions à déduire quelques principes applicables à la question qui nous occupe, nous arriverons aux résultats suivants :

En examinant les deux tableaux qui nous donnent les pouvoirs conducteurs de divers corps solides, nous verrons que parmi les métaux usuels le cuivre est celui qui a le plus grand pouvoir conducteur. Il sera donc avantageux de l'employer pour former les parois de la surface de chauffe d'un appareil, toutes les fois que l'on ne sera pas arrêté par des considérations d'économie, le prix de ce métal étant de beaucoup plus élevé que celui du fer. La propriété spéciale aux métaux de conduire la chaleur beaucoup mieux que tous les autres corps, devra d'ailleurs les faire employer, d'une manière générale, pour toutes les parties des appareils qui doivent promptement transmettre la chaleur qu'ils reçoivent d'une source quelconque. Au contraire, l'emploi des substances contenues dans le second tableau doit être réservé pour la construction des parois ou enveloppes isolantes, destinées à arrêter la propagation de la chaleur. Nous remarquerons, en passant, que ces corps conduisent d'autant moins bien la chaleur que leur texture est plus lâche. Les gaz ayant des coefficients de conductibilité encore plus faibles que ces dernières substances, leur emploi sera donc avantageux dans beaucoup de cas. En pratique on utilise cette propriété en interposant une couche d'air entre la paroi métallique de l'appareil de chauffage et l'enveloppe ou substance mauvaise conductrice qui la recouvrira.

En jetant les yeux sur le tableau des pouvoirs émissifs et absorbants des différentes substances, nous verrons qu'au contraire les substances métalliques occupent ici la partie inférieure de l'échelle, et que l'état de la surface du corps considéré influe beaucoup sur la valeur de son pouvoir émissif ou absorbant.

En partant de cette considération, nous concluons que les

surfaces des enveloppes destinées à empêcher la propagation de la chaleur doivent être polies autant que possible. C'est sur ce principe qu'est basé l'emploi dans certaines machines d'une enveloppe en laiton poli recouvrant la garniture isolante en bois.

L'emploi de la vapeur comme force motrice reposant sur ses propriétés expansives, le tableau que nous avons donné des tensions de la vapeur d'eau à différentes températures va nous offrir, au point de vue de l'application, un sujet d'étude intéressant. Nous remarquerons, en effet, que l'intensité de la pression croissant dans des proportions considérables pour de faibles différences de température, et cet effet devenant d'autant plus sensible que l'on s'approche de la limite supérieure du tableau, il y aura avantage incontestable, au point de vue de l'économie du combustible, à employer de la vapeur à haute pression. Nous voyons, par exemple, que, pour passer de 6 à 9 atmosphères, il ne faut que 6 unités de chaleur environ. Ainsi, tandis que dans ce cas la pression croît de la moitié de sa valeur primitive, la dépense de la chaleur ne croît que de moins d'un dixième. Aussi l'emploi de la vapeur à haute pression est-il presque général aujourd'hui, surtout pour les machines locomotives, et l'on tend chaque jour à en élever le degré. Cet usage nécessite naturellement l'emploi d'une température beaucoup plus élevée dans le foyer, et force les constructeurs à étudier les meilleures dispositions pour atteindre cette haute température, sans nuire aux autres conditions d'établissement des machines. On en est arrivé par ces considérations à changer le rapport qui existait autrefois entre la surface de chauffe par rayonnement et la surface par contact, en réduisant cette dernière au profit de la première. Cette augmentation de la surface de chauffe par rayonnement consiste, dans la pratique, en un agrandissement du foyer dans le sens de sa largeur et de sa longueur, la surface de la grille augmentant dans les mêmes limites.

Fumivorité. — L'emploi de la houille dans les foyers de locomotive a rappelé l'attention de l'administration supérieure sur les anciennes prescriptions de l'article 35 des premiers cahiers des charges (chap. Ier, § 1, p. 11), relatives à la consommation de la fumée[1], et les divers chemins de fer ont été invités à rechercher les moyens de purger les gaz expulsés de la cheminée des machines, des matières charbonneuses qu'ils entraînent. La question n'est donc pas nouvelle, et cependant elle n'a pas encore rencontré de solution satisfaisante.

Jusqu'à présent, les moyens proposés pour combattre la production de la fumée ont consisté à introduire dans le foyer, au-dessus de la couche de combustible, soit de l'air, soit de la vapeur, ou les deux fluides mélangés, en quantité et à une température suffisantes, sous une direction convenable, pour opérer le mélange et la combustion complète des gaz enlevés de la masse incandescente par l'appel de la cheminée.

L'introduction de l'air et son mélange avec les gaz combustibles s'opèrent suivant plusieurs dispositions peu différentes les unes des autres.

En Angleterre et en Allemagne, la disposition la plus fréquente est la voûte en briques ou en terre réfractaire, établie à l'avant du foyer, en dessous des premiers rangs de tubes, pour forcer le mélange des gaz avec l'air extérieur. L'introduction de l'air s'opère tantôt par la porte du foyer laissée constamment ouverte, tantôt par des ouvertures pratiquées à l'avant ou sur les côtés de la boîte à feu. Lorsqu'on fait entrer l'air par la porte, on place en dedans du foyer une plaque en tôle ou en fonte, qui forme hotte ou rabat, échauffe l'air, puis le conduit vers la masse des gaz à brûler.

La prise d'air du côté de l'avant du foyer s'opère tantôt par des entretoises creuses, tantôt par des tubes de la chaudière même, prolongés en avant de la boîte à fumée, tantôt enfin par des portes ménagées dans la paroi d'avant. Toutes ces ouvertures peuvent être masquées et l'introduction de l'air suspendue à la volonté du mécanicien.

[1] Art. 35. Les machines locomotives employées aux transports sur les chemins de fer devront consumer leur fumée. (1837, Mulhouse-Thann ; 1840, Strasbourg-Bâle.)

Ces diverses dispositions s'appliquent généralement bien aux machines anciennes.

Pour les machines neuves, deux dispositions de foyer se partagent les préférences des novateurs, toutes deux ayant pour but d'obtenir une surface de chauffe, directe ou par rayonnement, aussi large que possible.

En Allemagne, sur les lignes de la Société autrichienne des chemins de fer de l'État, du Hanovre et du duché de Brunswick [1], on s'est contenté d'allonger la grille et de la porter à $1^m,525$, $2^m,135$ et même $2^m,440$. En France, au chemin du Nord, M. Petiet, adoptant la disposition appliquée par M. Belpaire (chap. I, §, 2, p. 345, 348) sur les lignes de l'État et de l'Est belge, a relevé la grille au-dessus du bâtis de la machine et des roues. Il a pu, dès lors, donner à la grille une largeur de $1^m,800$ et une longueur de $1^m,850$; les barreaux, très-nombreux, très-courts et très-rapprochés, pour faciliter l'emploi des menus, sont recouverts d'une couche de combustible ne dépassant pas 8 à 12 centimètres; et la porte, très-large, située au niveau de la grille, est percée d'ouvertures qui livrent passage à l'air destiné à brûler les gaz; ces ouvertures peuvent être à volonté interceptées au moyen d'un clapet manœuvré par le mécanicien. Les lignes de l'Est et d'Orléans emploient particulièrement le foyer fumivore de M. Tenbrinck, dont le principe est le chargement continu sur le haut d'une grille inclinée, avec courant d'air dirigé en sens inverse des gaz combustibles, résultat obtenu par l'interposition, dans la boîte à feu, d'un bouilleur légèrement aplati, incliné par le haut vers la paroi antérieure et relié par le bas à la plaque tubulaire, au-dessous du premier rang de tubes, l'intervalle étant comblé par un remplissage en terre réfractaire. Les gaz, forcés, pour s'échapper, de surmonter cet obstacle, rencontrent dans leur marche ascendante le courant d'air froid injecté par des ouvertures placées au-dessus de la porte du foyer. M. Bonnet, ingénieur des ateliers au chemin de l'Est, a, dans le but de faciliter l'ap-

[1] Système Behne et Kool.

plication de ce système aux machines anciennes, remplacé la large ouverture et la trémie de chargement par une porte ordinaire, au-dessous de laquelle se trouvent les ouvertures à clapet qui donnent passage à l'air.

Les ingénieurs des chemins de fer allemands qui ont expérimenté ce système sur les lignes de Saarbrucken-Trier u. Rhein-Nahe et du chemin de l'Est de la Saxe, lui reprochent d'être d'une installation trop dispendieuse sur les machines anciennes; ils signalent également, comme un inconvénient, le bouilleur masquant quatre ou cinq rangées de tubes, et enfin l'impossibilité d'élever suffisamment la température de l'air introduit au-dessus de la grille. Cette dernière question est celle qui les a le plus préoccupés dans le choix de leurs appareils fumivores, et se trouve résolue, suivant eux, d'une manière plus satisfaisante dans l'appareil de M. Stossger. Dans cette disposition, au milieu de la grille horizontale ou inclinée, s'élève un cylindre en terre réfractaire ou en fonte, à jour ou plein, faisant saillie de $0^m,254$ et présentant un diamère variant de $0^m,229$ à $0^m,279$. L'air froid venant du cendrier s'échauffe en passant dans cette espèce de tuyau, et vient frapper un chapeau placé au-dessus de lui, qui le rabat circulairement sur toute la surface de la grille.

Le second moyen employé pour brûler la fumée, consistant dans une injection de vapeur d'eau, est connu depuis longtemps des métallurgistes qui ont appliqué le système dit de *soufflerie physique* aux fours à réchauffer. Il a été mis en pratique sur les locomotives par M. Thierry et installé au chemin de Lyon. L'appareil de M. Thierry se compose d'un simple tuyau de prise de vapeur, pénétrant dans le foyer au-dessus de la grille et lançant par une série de petits trous une nappe de vapeur d'eau contre la plaque tubulaire, au-dessous de la première rangée de tubes. Des ouvertures percées dans la porte permettent d'ajouter à volonté un courant d'air à ce jet de vapeur. Ce moyen paraît être, d'après les expériences qui en ont été faites, tant sur les locomotives du chemin de Lyon que sur celles du chemin de fer du sud de l'Autriche, un de ceux qui réalisent le mieux le but que l'on s'est proposé, la suppression de la fumée. Toutefois, essayé sur des combustibles d'une certaine nature, il reste à savoir si dans d'autres conditions il se comportera également bien.

Jusqu'ici aucun des appareils ne semble avoir résolu la question dans sa généralité; plusieurs d'entre eux peuvent être employés avantageusement dans des cas particuliers, de telle sorte qu'il serait impossible aujourd'hui de proposer l'emploi de l'un d'eux, dans tous les cas, à l'exclusion de tous les autres.

Examinons maintenant avec quelques détails les diverses parties qui composent le foyer et ses accessoires, en recherchant quelles sont les conditions auxquelles elles doivent satisfaire.

Grille.— Toute grille de locomotive est aujourd'hui composée d'une série de barreaux indépendants, reposant par leurs extrémités sur des supports en fer. Ces barreaux se font ordinairement en fer forgé ou laminé, ou en fonte. Les premiers, quoique présentant plus de garantie de solidité, sont cependant moins souvent employés que les barreaux en fer laminé, dont le prix d'achat est moins élevé, mais dont la durée est aussi moins grande. Dans les grilles Belpaire, appliquées aux machines du Nord, les barreaux sont en fonte.

La longueur des barreaux ne dépasse pas $1^m,31$. Lorsque l'étendue de la boîte à feu permet de porter la longueur de la grille au delà de cette dimension, on donne aux barreaux la moitié de cette longueur, et on les ajoute bout à bout, en les faisant poser sur un support placé au milieu de la grille. Il sera toujours préférable, dans tous les cas, d'employer des barreaux courts, car ils sont alors moins sujets à se déformer sous l'action de la haute température du foyer. Pour faciliter leur dilatation, il faudra avoir soin de leur donner au minimum $0^m,01$ centimètre de moins que la longueur de la boîte à feu. L'écartement des barreaux doit être suffisant pour donner passage à l'air nécessaire à la combustion; d'autre part, l'emploi de plus en plus fréquent de combustibles menus, oblige les constructeurs à resserrer les vides autant que possible; il sera donc nécessaire, pour concilier ces deux conditions, de faire usage de barreaux très-minces et très-rapprochés. Le cadre en fer qui soutient les extrémités des barreaux est fixé par l'intermédiaire de supports en fer plat aux parois de la boîte à feu, un peu au-dessus de son extrémité inférieure, afin de préserver du contact de la flamme la partie des parois de la chaudière où se formeront les premiers dépôts. Ce cadre est quelquefois mobile autour d'un de ses côtés, afin de permettre au mécanicien de jeter promptement le feu, dans certaines circonstances (chap. IV, § 3). Lorsque les barreaux n'ont pas toute la longueur de la grille, il est bon d'en rendre mobile une des parties; le chauffeur pourra alors, sur cette portion de la grille, rassembler tout le mâchefer et le faire tomber ensuite par une manœuvre facile.

Dans les machines anglaises, une disposition de grille fréquemment adoptée est la suivante; les barreaux sont de simples barres de fer plat, reposant sur des barres de fer rond munies de chevilles dont l'épaisseur donne l'intervalle des barreaux et dont l'écartement est réglé sur leur épaisseur. Les dimensions adoptées dans beaucoup de ces machines sont $0^m,019$ de vide pour $0^m,025$ de plein[1]. Ces dimensions ne peuvent convenir que pour des combustibles en gros fragments. A l'Est, le vide — $0^m,015$ — est égal au plein.

Cendrier. — Formé d'une caisse en tôle ouverte sur le devant et placée au-dessous de la grille, cet appareil est destiné à retenir les particules de coke enflammé qui, tombées de la grille et lancées au loin par les roues de la machine, ont donné lieu souvent à des incendies, lorsqu'elles venaient à toucher des matières facilement inflammables. On reproche à cet appareil d'empêcher le chauffeur de jeter le feu rapidement dans les cas d'accidents, de diminuer le tirage dans la marche en arrière. Pour remédier à ce dernier inconvénient, on munit la paroi du

[1] Mémoire de M. Morandière sur les chemins de fer anglais, *Bulletin de la Société des ingénieurs civils*, 1866.

fond d'une porte que l'on ouvrira pendant la marche en arrière, et qui permettra également de passer le râble pour nettoyer la grille et le cendrier. Lorsque, comme dans les machines anglaises, on ne se sert pas d'un échappement variable pour régler le tirage, on pourra utiliser le cendrier à cet usage, en lui adaptant sur le devant une porte à charnière horizontale, manœuvrée par le mécanicien. En résumé, quels que soient les quelques inconvénients présentés par cet appareil, et auxquels il est possible de remédier en partie dans la plupart des cas, il sera toujours utile de l'appliquer aux machines pour faire disparaître les causes très-fréquentes d'accidents beaucoup plus graves.

Boîte à feu. — L'enveloppe du foyer à laquelle on donne le nom de boîte à feu prend généralement la forme d'une caisse rectangulaire sans fond. On a essayé de lui en donner d'autres et particulièrement celle d'un demi-cylindre, mais on y a renoncé, et la forme rectangulaire est aujourd'hui à peu près la seule répandue. Le cuivre avait tout d'abord été employé pour la construction des parois de cette enveloppe, mais en raison du prix élevé de cette matière et dans le but de diminuer les frais de premier établissement, on fit des essais de boîtes à feu en tôle. En France comme en Allemagne, les résultats obtenus furent si peu satisfaisants qu'on y a aujourd'hui complétement renoncé. Construites en fer, les boîtes à feu ne tardent pas à devenir hors d'usage. Sur le chemin de Cologne à Minden, deux foyers de machines à marchandises construits en tôle de fer ont dû être remplacés, au bout de treize mois de service, par des foyers en cuivre. A quelques exceptions près, notamment pour les machines du duché de Bade, toutes les lignes de l'Allemagne qui avaient mis ce système à l'essai en ont obtenu de mauvais résultats. La partie la plus sujette à se détériorer paraît être, d'après ces expériences, la plaque tubulaire. On a donc essayé également des boîtes à feu dans lesquelles le ciel, les parois latérales et antérieures seules étaient en tôle de fer ; les résultats, quoique plus satisfaisants que pour la première disposition, laissent cependant beaucoup à désirer. Une observation qui a été faite sur les machines du chemin de Cologne à Minden permet de ranger, parmi l'une des causes principales de détérioration des parois en tôle, l'impureté de l'eau employée.

On a également essayé sur les chemins autrichiens des boîtes à feu en tôle d'acier fondu ; elles se sont promptement détériorées et ont dû être remplacées par des enveloppes en cuivre. Les mêmes résultats ont été obtenus sur les lignes de l'Est et de Lyon où des essais analogues avaient été faits.

Le résultat de tous ces essais a donc été d'amener les constructeurs à l'emploi exclusif du cuivre. On trouvera plus loin, au sujet des cahiers des charges, les qualités que l'on doit requérir du métal fourni pour cet usage.

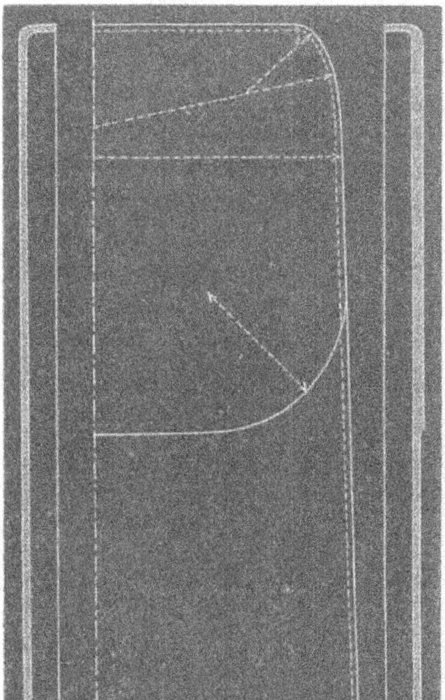

Fig. 429. Fig. 430.

Une boîte à feu rectangulaire en tôle de cuivre se compose généralement de trois feuilles, dont l'une, repliée deux fois sur elle-même, forme le ciel et les parois latérales, et vient se river par ses lisières sur les bords rabattus des deux autres qui forment les fonds. Les figures 429 et 430 représentent, la première, la paroi d'arrière, la seconde, la paroi d'avant d'une boîte à feu. Dans les machines françaises, l'épaisseur de ces feuilles est de $0^m,010$ à $0^m,015$, sauf pour la plaque antérieure, qui, devant recevoir les extrémités des tubes, présente dans la partie correspondante une épaisseur de $0^m,025$. En Allemagne, les dimensions généralement adoptées sont de $0^m,015$ à $0^m,016$ pour les parois d'arrière et des côtés, et de $0^m,025$ à $0^m,026$ pour la plaque tubulaire. Quelques ingénieurs ont porté les premières à $0^m,17$ et $0^m,18$, mais ces dimensions n'ont pas donné en général d'aussi bons résultats. D'autres, au contraire, ont essayé de diminuer autant que possible l'épaisseur des parois. Parmi ces derniers, ceux de la ligne de Thuringe ont reconnu que la limite inférieure, au-dessous de laquelle on ne pouvait descendre sans danger, était $0^m,008$, et après de nombreux essais, ils se sont tenus à $0^m,012$. La courbure affectée par les feuilles dans l'emboutissage n'est pas indifférente ; il est bon de lui donner le plus grand rayon possible. La figure 431 montre en grandeur d'exécution la courbure adoptée par le chemin de fer de l'Est.

Fig. 431. (Est.)

Les rivets qui réunissent entre elles ces trois feuilles sont tantôt en fer, tantôt en cuivre ; ces derniers paraissent préférables.

Souvent, afin d'augmenter la surface de chauffe directe ou le nombre des tubes, on donne au foyer une forme un peu évasée à la partie supérieure.

Dans certaines machines anglaises et américaines, on a employé des boîtes à feu de forme plus compliquée, et présentant quelquefois à leur suite une ou deux chambres de combustion. Ces diverses dispositions qui ont permis à quelques constructeurs de réaliser des foyers brûlant suffisamment bien la fumée, arrivent à des complications telles que la pratique doit s'en abstenir.

Quelle que soit sa forme, la boîte à feu est recouverte d'une enveloppe peu distante de la première dans sa partie inférieure, mais s'élevant beaucoup au-dessus d'elle dans la région supérieure. Ces deux enveloppes sont réunies dans le bas par une série d'entretoises en cuivre de $0^m,023$, en fer de $0^m,020$ de diamètre, filetées sur toute leur longueur, vissées par leurs extrémités sur les parois taraudées à cet effet, et rivées ensuite à chaque bout.

Il est important de ne placer les entretoises extrêmes ni trop près ni trop loin de l'angle des tôles recourbées (fig. 432). On peut regarder comme convenable une distance de 10 à 12 centimètres en moyenne. Sur les machines allemandes, les limites que l'on n'a pas dépassées sans inconvénient sont $0^m,070$ au minimum et $0^m,170$ au maximum. L'expérience a également prouvé que les entretoises en cuivre étaient préférables à celles en fer, qui présentent souvent des défauts dont on ne s'aperçoit pas tout d'abord et qui causent par la suite des ruptures fréquentes. Il est important, pendant le montage ou les réparations du foyer, d'apporter beaucoup de soin à l'opération du montage des entretoises; souvent, pour faciliter le remplacement de celles qui sont en mauvais état, on les rive simplement à l'extérieur et on les serre à l'intérieur par des écrous en cuivre. L'influence considérable des entretoises sur la solidité de la boîte à feu et la difficulté de s'assurer de leur bon état de conservation, par la position qu'elles occupent entre deux parois très-rapprochées, a depuis longtemps appelé l'attention des ingénieurs sur la possibilité d'introduire dans leur construction et leur montage quelque amélioration au point de vue de la sécurité. On a essayé successivement d'augmenter leur diamètre ou d'en multiplier le nombre. On est arrivé enfin à l'essai d'entretoises creuses en fer ou en cuivre. En Angleterre, où cette disposition adoptée depuis plusieurs années a donné jusqu'ici de bons résultats, ces entretoises sont composées de tubes creux de $0^m,03$ de diamètre extérieur file-

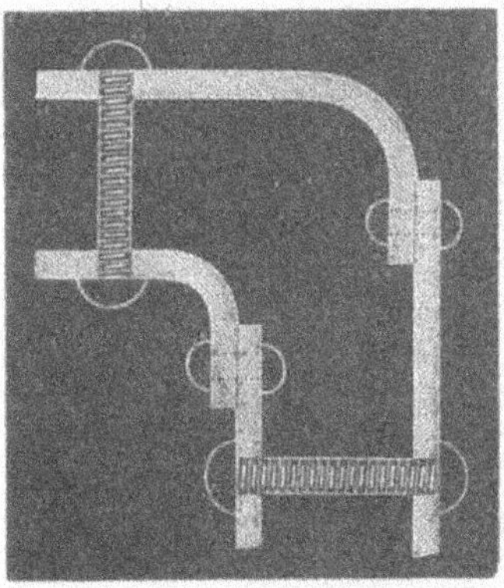

Fig. 432.

tés sur toute leur longueur, rivés sur les deux enveloppes et bouchés à leur extrémité extérieure par une rondelle chassée à force. Avec cette nouvelle disposition, il devient plus facile de se rendre compte de l'état des entretoises en les examinant intérieurement. Aussitôt qu'une fissure se déclare dans l'une d'elles, il se manifeste une fuite d'eau de la chaudière, et le mécanicien peut être ainsi immédiatement averti de la nécessité de remplacer l'entretoise ; le forage des entretoises présente également l'avantage de rendre quelquefois sensibles des défauts intérieurs qui auraient pu sans cela passer inaperçus et causer ensuite la rupture de la pièce. Mais les faibles dimensions des vides intérieurs, comparées à leur longueur, rendent difficile cette opération, qui exige des outils spéciaux. Le lecteur trouvera dans l'*Organ der Fortschritte des Eisenbahnwesens*, 1867, premier cahier, p. 33, la description avec figure d'un de ces appareils, établi dans les ateliers du chemin de Cologne à Minden, et qui a donné jusqu'ici de bons résultats.

Sur la paroi de devant, les deux enveloppes sont percées d'une ouverture rectangulaire masquée par la porte de chargement. Un cadre en fer forgé, épousant intérieurement la forme de cette ouverture, sert à réunir en cet endroit les deux parois, entre lesquelles il se trouve serré par des entretoises en fer, rivées sur les deux plaques. A leur extrémité inférieure, les deux enveloppes sont également réunies par un joint qui peut être fait de plusieurs manières différentes. On a d'abord employé pour cet usage une double cornière ou une pièce en forme de U en bronze coulé.

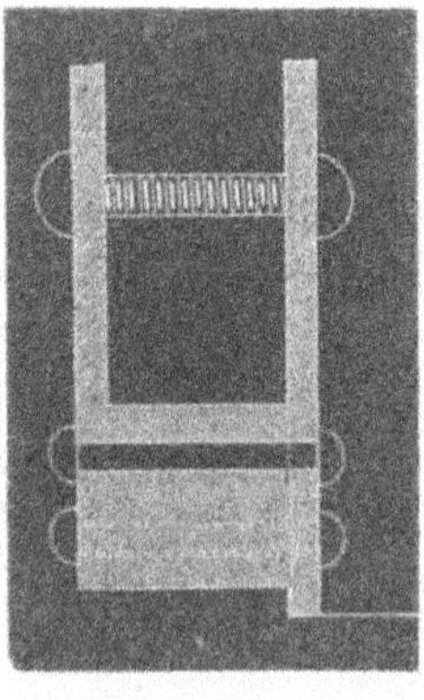
Fig. 433.

Ce cadre avait l'inconvénient de se briser. On l'a successivement remplacé par une double cornière en fer, rivée aux deux parois, puis par un simple cadre en fer forgé fixé par des entretoises rivées (fig. 433). Enfin une dernière disposition consiste à employer une bande de tôle de cuivre (fig. 434). Ce dernier mode d'assemblage paraît être le meilleur, en ce qu'il permet la libre dilatation des parties réunies, et prévient souvent la déformation des parois de la boîte à feu, maintenues, par le joint inférieur et les entretoises, à égale distance de l'enveloppe extérieure. (Chemin de fer de Thuringe.)

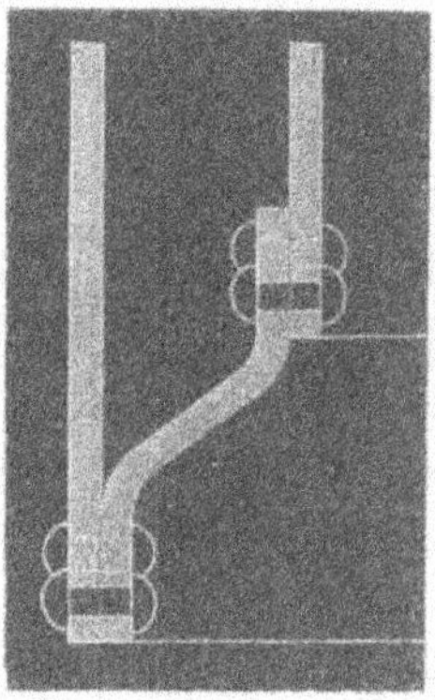

Fig. 434.

Le ciel ne peut être préservé de la déformation de la même manière, la distance qui le sépare de l'enveloppe extérieure étant généralement trop grande. Aussi doit-il être muni d'armatures transversales qui sont fixées au moyen de boulons vissés dans la paroi de l'enveloppe et serrés par un écrou à la partie supérieure. Ces boulons sont ordinairement en fer; les armatures, de forme parabolique, sont formées de pièces en fer forgé ou de doubles flasques en tôle, séparées par des rondelles en fer, que traversent les rivets qui les réunissent. Ces armatures sont maintenues à une certaine distance de la paroi du foyer par des portées saillantes ménagées à leur partie inférieure. Il est important que cette distance soit suffisante pour laisser une libre circulation à l'eau, même après le dépôt d'une certaine quantité de matière incrustante, afin d'éviter un coup de feu sur le ciel. Ces armatures devraient être reliées par des tirants en fer à l'enveloppe extérieure. Ces tirants soulageraient les entretoises et les tubes qui touchent le foyer, et assureraient la partie supérieure de son enveloppe contre toute déformation que les armatures seules ne peuvent pas toujours prévenir.

Dans les dernières machines construites par le chemin de fer du Nord, le rapprochement de l'enveloppe et du ciel a permis d'adapter à la consolidation de cette partie le même système d'entretoises que pour les parois latérales.

Nous avons dit précédemment que la plaque tubulaire présentait, à l'endroit des tubes, un surcroît d'épaisseur. Dans les nouvelles machines du chemin de l'Est de la Bavière, ce changement de dimension est placé entre le premier et le second rang d'entretoises, au-dessous de la dernière rangée de tubes. Cette disposition a été reconnue comme très-bonne pour éviter les déformations si fréquentes de cette partie du foyer. Dans certains types de machines anglaises, le changement de dimension se fait graduellement, disposition qui paraît préférable à un changement trop brusque. Dans d'autres, enfin, l'épaisseur de la plaque est uniforme sur toute sa hauteur. Lorsque le changement brusque de dimensions a lieu au-dessus du premier rang d'entretoises, on devra relier la plaque tubulaire au-dessous du dernier rang de tubes, au corps cylindrique de la chaudière, au moyen d'un harpon à patte rivée sur la chaudière et muni, à l'autre extrémité, de deux écrous serrés de chaque côté de la plaque tubulaire.

Porte de chargement. — L'ouverture percée à travers les deux enveloppes réunies par un cadre en fer, et servant à introduire le combustible, est fermée par une porte généralement en tôle avec contre-plaque, maintenue à distance par des entretoises. Cette contre-plaque sert à protéger la porte contre l'action directe du foyer et l'empêche de se déformer. La porte est manœuvrée par une chaîne à la disposition du mécanicien. (Voir au supplément.)

356. **Tubes, chaudière et caisses à eau.** — *Tubes.* — Pour passer de la boîte à feu, située à l'arrière de la machine, à la boîte à fumée qui en occupe la partie antérieure, les produits de la combustion circulent dans une série de tubes d'un faible diamètre qui traversent, dans toute son étendue, la masse d'eau à vaporiser. Ces tubes, qui, dans les premières machines, avaient été faits en cuivre rouge, ne sont plus aujourd'hui fabriqués qu'en laiton ou en fer. Les tubes en laiton sont jusqu'ici d'un usage plus répandu, mais leur prix de revient élevé engage souvent les ingénieurs à les remplacer par les tubes en fer. D'après les expériences faites sur ces derniers par les di-

verses compagnies des chemins de fer allemands et quelques lignes françaises, leur emploi donnerait généralement de bons résultats. La difficulté seule de se procurer des tubes en fer d'une bonne fabrication les a fait abandonner en France, mais les constructeurs allemands continuent à les employer avec avantage ; et sur le chemin du Nord-Est suisse, les machines de provenance allemande sont toutes munies de tubes en fer. Le seul inconvénient qu'on puisse reprocher à ces tubes est d'être d'une mise en place un peu plus difficile que celle des tubes en laiton et de se laisser détériorer plus promptement par l'action incrustante des eaux. En dehors de cela, leur emploi sera très-avantageux toutes les fois qu'on pourra se procurer des matériaux de bonne fabrication.

Quelle que soit la nature du métal employé, le diamètre intérieur des tubes est généralement de 43 à 50 millimètres. Un diamètre moindre rendrait plus difficile l'écoulement des gaz, comme aussi une trop grande longueur. Dans les machines anglaises, on dépasse rarement $3^m,65$. En Allemagne, leur longueur est assez souvent de 87 fois leur diamètre. Leur écartement ne doit pas non plus être trop faible, afin de ne pas empêcher le dégagement de la vapeur formée, effet qui aurait pour inconvénient d'isoler le tube du liquide et de l'exposer à recevoir un coup de feu. La même cause devra engager le constructeur à placer les tubes par rangées verticales plutôt que par rangées horizontales.

Les tubes sont maintenus en place par les deux plaques tubulaires, percées de trous correspondants, dans lesquels s'engagent leurs extrémités. Les trous percés dans la boîte à feu sont de $0^m,002$ environ plus étroits que ceux de la boîte à fumée. Cette disposition est nécessaire pour faciliter le montage et le démontage. Ces trous doivent laisser entre eux un espace de 15 à 20 millimètres environ. Lorsque la longueur des tubes les rend trop flexibles, on ajoute pour les soutenir une troisième plaque qui se fixe à égale distance des deux autres, mais dont les trous, un peu plus larges, laissent aux tubes un certain jeu, nécessaire pour faciliter le montage et le démontage.

Examinons maintenant, et en détail, le mode de construction et de mise en place des tubes en laiton et des tubes en fer.

Le laiton servant à la fabrication des tubes de locomotives est composé de 68 à 70 parties de cuivre pour 32 à 30 de zinc. L'épaisseur des tubes varie de 20 à 25 millimètres ; ils se divisent, suivant leur mode de fabrication, en trois catégories :

1° Tubes soudés longitudinalement et à épaisseur constante ;
2° Tubes étirés sans soudure — —
3° — — à épaisseur variable.

Les premiers sont formés d'une feuille de laiton pliée avec recouvrement de 0m,006, soudé sur toute sa longueur.

Tous les tubes sont essayés avant leur montage à une pression de 20 à 30 atmosphères. Un tube sur deux cents est ensuite soumis aux quatre épreuves suivantes. 1° Deux bouts de 0m,10, coupés aux deux extrémités du tube, sont recuits, puis sciés suivant une génératrice et retournés jusqu'à présenter un bout de tube dont la surface intérieure soit la surface extérieure primitive ; ce retournement ne doit révéler aucune paille ni gerçure. 2° Un bout recuit doit supporter le rabatage à froid d'une collerette de 0m,015 de bord, sans qu'il se déclare ni fente ni éclat. 3° Un bout de 0m,70, recuit et rempli de brai, doit pouvoir se plier jusqu'à ce que les extrémités se rejoignent, sans qu'il se manifeste ni crique ni paille. 4° Un bout de 0m,70, non recuit, rempli de brai et reposant sur deux appuis distants de 0m,50, doit pouvoir être pressé en son milieu, jusqu'à être fléchi de 0m,080, sans qu'il se manifeste ni crique ni paille. (Cahier des charges du chemin de fer du Nord.)

Le joint des tubes en laiton avec les deux plaques tubulaires se fait à l'aide de bagues en acier fortement chassées dans leur intérieur. Ces rondelles, légèrement coniques à l'extérieur, ont une épaisseur de 0m,002 au maximum. L'extrémité du tube, pressée entre la bague et l'orifice de la plaque tubulaire, est ensuite fortement matée. Afin de rendre le joint plus solide, il est important de donner aux trous percés dans la plaque tubulaire la même inclinaison qu'à la bague en acier. Cette inclinaison est, en général, de 1/40. Il faut avoir soin, pendant l'opération du serrage des bagues, d'enfoncer des mandrins dans les tubes voisins qui n'ont pas encore reçu leurs viroles, afin d'empêcher la déformation des orifices. On fixe d'abord les tubes à la plaque du foyer, puis ensuite à la plaque de la boîte à fumée. Dans les machines du Sud-Est suisse, la plaque tubulaire ayant une faible épaisseur, on fut obligé, pour avoir un joint solide, de souder, à l'extrémité des tubes en laiton, une longueur de $0^m,30$ en cuivre rouge. On supprime généralement les viroles du côté de la boîte à fumée, et l'on se contente alors de mandriner fortement le tube, pour l'appliquer exactement contre les parois de l'orifice et de rabattre les bords. L'avantage de cette disposition est de permettre aux morceaux de charbon ou de coke entraînés par les gaz de venir tomber dans la boîte à fumée, au lieu de rester dans les tubes, retenus par la virole qui rétrécit l'orifice de passage. Au bout d'un certain temps de service, les tubes, détériorés plus ou moins complétement, ont besoin d'être renouvelés ou réparés. On fait alors sauter les bagues en les coupant au besoin et les repliant sur elles-mêmes, puis on enlève le tube et on l'examine. Généralement la partie qui avoisine la boîte à feu se trouve avoir le plus souffert; et si le reste du tube est encore suffisamment sain, on coupe l'extrémité et l'on y soude un bout neuf. Lorsqu'on remplace un tube ainsi enlevé, on a soin de lui substituer un tube ayant déjà une durée de service équivalente, afin d'avoir toujours dans une même machine tous les tubes de même âge ayant fourni le même parcours. (Chemin de l'Est.)

Souvent, au lieu de fendre les viroles, on les chasse au moyen d'une barre introduite par l'autre extrémité du tube, et que l'on frappe à coups de marteau. Cette méthode a l'avantage de ne pas exposer le tube à une mise hors de service prématurée par la négligence de l'ouvrier chargé de faire sauter la virole, lorsque le tube est d'ailleurs en bon état et que la bague seule est à remplacer. Le cuivre rouge étant plus facile à mater que le laiton, au lieu de remplacer les bouts détériorés par des morceaux de tubes en laiton, on y substitue quelquefois des tuyaux en cuivre rouge. Le tube une fois mis en place, et avant d'introduire la bague en acier, on peut, à l'aide d'un instrument spécial, l'emboutir intérieurement, de manière à obtenir un bourrelet qui s'apppuie contre la face antérieure de la plaque tubulaire. On trouvera la description de cet appareil employé sur le chemin de la Theiss dans l'*Organ der Fortschritte des Eisenbahnwesens*, premier supplément, 1866, p. 128.

Les tubes en fer n'exigent pas, en général, l'emploi de viroles; quoiqu'on s'en soit d'abord servi, on se contente aujourd'hui de river les deux extrémités du tube sur les plaques tubulaires. Pour rendre le joint plus solide, on rétrécit généralement le diamètre du tube du côté du foyer, de manière à ce que le corps du tube vienne s'appuyer contre la face intérieure de la plaque tubulaire, puis on mandrine fortement l'ex-

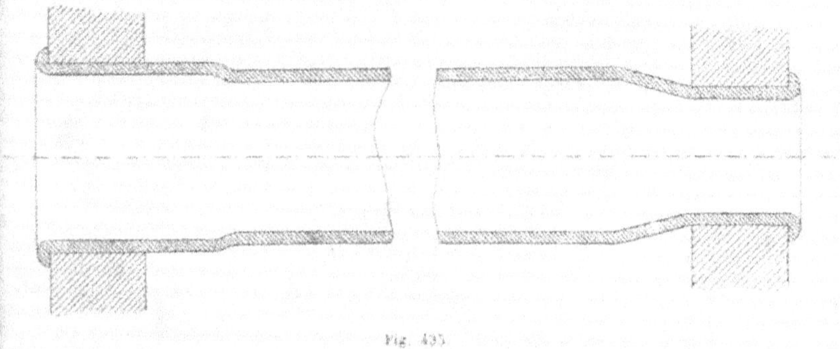

Fig. 435

trémité du tube rabattue sur la face opposée. La figure 435 représente ce mode d'assemblage, employé sur les lignes du Hanovre. D'autres procédés consistent à faire venir au tube un talon, en y soudant soit une bague extérieure, soit un bout de tube d'un plus faible diamètre. Cette dernière disposition permet de choisir pour cet usage un tube d'épaisseur plus forte et de donner plus de surface au bourrelet rabattu et qui, directement exposé au contact de la flamme, se détériore promptement et compromet alors la solidité du joint. Ces divers modes d'assemblage sont nécessités par la difficulté d'obtenir un joint qui puisse résister à la tendance des tubes à prendre une direction plus ou moins oblique sous l'influence des effets de la dilatation. — L'emploi des viroles avait l'avantage de préserver les extrémités du tube; aussi plusieurs constructeurs les ont-ils conservées dans ce seul but.

Lorsque les tubes sont mis hors de service, on les répare en y ajoutant des bouts simplement brasés ou mieux soudés sur le tube lui-même. Quelquefois on remplace le bout en fer par un bout en cuivre, et l'on obtient ainsi un nouveau tube plus facile à fixer, d'un meilleur usage que le tube tout en fer, et cependant d'un prix moins élevé que les tubes en cuivre.

Les tubes en fer, employés pour la construction des chaudières de locomotives, peuvent être fabriqués suivant deux procédés distincts. Dans le premier, le tube est formé par une feuille de tôle enroulée sur elle-même, chanfrinée sur ses bords, de manière à ne pas présenter à l'endroit du joint un surcroît d'épaisseur, puis soudée dans un four à réchauffer, et amenée ensuite au diamètre voulu par divers procédés d'étirage. Dans le second, le tube se façonne au moyen d'une feuille de tôle enroulée en hélice et soudée par une simple torsion, après avoir été amenée à une température convenable. Ce dernier procédé est celui qui donne les meilleurs résultats, lorsque l'opération est conduite avec soin.

On ne saurait apporter trop d'attention dans le montage des tubes tant en cuivre qu'en fer, et dans les réparations auxquelles leur usure donne lieu. La température élevée que développe le combustible chargé sur la grille et le contact direct de la flamme sur certaines parties sont, en effet, pour tout l'appareil de chauffage d'une machine locomotive, une cause incessante de détérioration. Il est donc très-important de prendre toutes les précautions nécessaires pour les en garantir le plus possible, et de surveiller tout spécialement les points faibles et les joints notamment qui réunissent entre elles les diverses parties. La plaque tubulaire du foyer, par sa position, est exposée à de fréquentes déformations, qui ne tardent pas à compromettre la solidité de tout l'appareil. Parmi les causes qui, indépendamment de l'action directe de la flamme, peuvent influer sur cette déformation, plaçons, d'après l'expérience acquise, le manque de soins apportés dans l'opération du montage, de l'enlèvement et du remplacement des tubes. Il faut donc éviter de chasser trop fortement les viroles, et de mandriner trop fortement l'extrémité des tubes. Il est préférable d'ajuster les tubes et les trous de la plaque de telle sorte que l'emploi du mandrin ne devienne plus nécessaire que dans des cas exceptionnels. Puis on commencera par placer quelques tubes seulement, de distance en distance, afin de donner un peu de rigidité à tout l'ensemble du système, et on continuera le montage en partant des bords de la plaque et s'avançant vers le milieu. Il importe également de s'assurer de l'absence de toute courbure dans les tubes avant leur mise en place. Contrairement à ce principe, on avait pensé que, pour combattre l'effet de la flexion sous l'action de leur poids, il serait avantageux de leur donner à tous une certaine courbure; mais cette disposition, partout où elle a été mise en pratique, a fourni de mauvais résultats, qui en ont provoqué l'abandon. Sur le chemin de l'Est de la Bavière, pour éviter l'ovalisation des trous de la plaque tubulaire, on a sacrifié la rangée verticale des tubes du milieu, que l'on a remplacée par une armature en fer à T, rivée du haut en bas contre la paroi postérieure de cette plaque. Cette disposition, qui a donné de bons résultats, a l'inconvénient de diminuer sensiblement le nombre des tubes et, par suite, la surface de chauffe. Lorsque, malgré toutes les précautions prises pour la mise en place, les tubes ont été remplacés plusieurs fois, les trous s'ovalisent et s'agrandissent, de telle sorte qu'il est impossible de faire un joint solide. On agrandit alors le trou, on le taraude, et on visse à l'intérieur un anneau en cuivre, rivé ensuite de chaque côté, et qui porte un trou du diamètre normal, destiné à recevoir le tube. Cette réparation, pour le cas des tubes en fer, est nécessaire après trois remplacements environ.

La durée des tubes en fer n'est pas encore bien déterminée. Il serait intéressant d'être fixé d'une manière positive à ce sujet par un grand nombre d'expériences, car c'est de la comparaison de prix et de durée des tubes en fer et en cuivre que doit résulter le choix des uns ou des autres. En attendant, nous donnerons quelques résultats déduits de l'emploi comparé de ces deux systèmes, par les compagnies de chemin de fer d'Aix-Dusseldorf et de Leipzig-Dresde.

D'après la première, le prix d'un tube en laiton serait de 20 fr. 30 c., celui du tube en fer de 13 fr. 65 c., et la durée de chacun d'eux serait en raison inverse des prix de revient.

La Compagnie du chemin de Leipzig à Dresde établit son compte de la manière suivante :

Un tube en laiton de $3^m,380$ pesant $10^k,740$, coûte neuf	$25^f,55$
Après huit ans de service, il pèse encore $7^k,470$, et vaut	13 ,04
Différence..............	$12^f,59$

D'autre part :

Un tube en fer de $3^m,380$ coûte neuf................	$11^f,44$
En admettant qu'il dure autant que le tube en laiton, après son temps de service sa valeur sera nulle, et la différence en faveur du premier sera de...........	$1^f,93$

Chaudières. — La chaudière dans laquelle s'effectue la vaporisation de l'eau se compose de deux parties distinctes :

1° L'espace compris entre la boîte à feu et l'enveloppe extérieure ;

2° La partie traversée par les tubes, et qui, en raison de sa forme ordinaire, porte le nom de *corps cylindrique*.

L'enveloppe extérieure de la boîte à feu affecte des profils bien différents, suivant le type de machine considéré. Nous avons déjà vu que dans sa partie inférieure elle avait toujours la forme de celle du foyer, auquel elle se trouve réunie par une série d'entretoises. La nécessité de ne pas dépasser une certaine limite de largeur et de donner au foyer les plus grandes dimensions possibles oblige le constructeur à resserrer l'intervalle qui les sépare. Il ne faut pas, toutefois, qu'il soit réduit à moins de

$0^m,080$, afin de permettre à la vapeur formée de se dégager facilement.

Au-dessus du ciel du foyer, la forme de la boîte à feu extérieure peut présenter plusieurs dispositions différentes.

Dans les premières machines construites par Stéphenson, chacune des parois verticales de l'enveloppe extérieure de la boîte à feu se prolonge à la partie supérieure par une partie demi-cylindrique, de telle sorte que l'ensemble des quatre faces ainsi recourbées forme une voûte en arc de cloître; l'espace assez considérable compris entre la surface de l'eau et le dessous de cette voûte sert de réservoir de vapeur, et la forme caractéristique qu'il présente a fait donner aux chaudières construites dans ce système le nom de chaudières à *dôme carré*. Entre la naissance du dôme et le ciel de la boîte à feu, il faut maintenir l'écartement des parois verticales par des tirants horizontaux. Quant à la partie demi-cylindrique du dôme, sa forme même doit la mettre à l'abri des déformations, et quoique les premiers constructeurs lui aient appliqué un système très-compliqué de tirants obliques, il est tout à fait inutile de surcharger de leur poids cette partie de la chaudière; on pourrait très-avantageusement les remplacer par des tirants reliant les quatre faces du dôme aux armatures du ciel du foyer. L'emploi des dômes carrés est généralement abandonné (en raison de leur poids considérable) pour toutes les machines dans lesquelles le foyer est en porte-à-faux; mais l'utilité qu'ils peuvent présenter au point de vue de leur emploi comme réservoir de vapeur pourra les faire adopter avec avantage dans certains cas, et lorsque le porte-à-faux du foyer n'existera pas.

Une disposition plus généralement employée aujourd'hui consiste à recouvrir l'enveloppe extérieure de la boîte à feu d'une partie demi-cylindrique, pouvant avoir un diamètre égal ou supérieur à celui du corps cylindrique lui-même, suivant les dimensions que diverses considérations, dont nous parlerons plus loin, permettent de donner à ce dernier. La face postérieure se réunit à la plaque tubulaire de la boîte à fumée par des tirants horizontaux passant au-dessus du ciel de la boîte à feu et fixés sur des fers cornières ou à simple T rivés aux deux parois. Des armatures de même forme sont rivées sur la partie cylindrique dans le sens transversal, et servent de points d'appui aux tirants partant des armatures de la boîte à feu intérieure.

Les ingénieurs du chemin de fer du Nord, dans les locomotives à quatre cylindres et celles à fortes rampes, terminent l'enveloppe extérieure par une surface plane, parallèle au ciel du foyer, auquel elle est réunie par des entretoises.

Le trop grand rapprochement des parois supérieures des deux enveloppes de la boîte à feu présente plusieurs inconvénients sur lesquels il paraît important d'appeler l'attention des constructeurs. M. G. Gruson, ingénieur, chef du service des machines à Hambourg, résume ainsi les conditions qu'il faut réaliser dans la construction de cette partie de la chaudière[1] :

1° Soulager les parois verticales du foyer d'une partie du poids de la paroi supérieure, par un système d'armatures qui prenne son point d'appui sur une autre partie de la chaudière, où cette disposition, loin de diminuer la solidité, puisse au contraire servir à l'augmenter ;

2° Se ménager les moyens de pouvoir visiter les entretoises et nettoyer à fond la paroi extérieure du ciel du foyer chaque fois que la machine entre à l'atelier de réparation.

La première de ces conditions se trouve réalisée par le système d'armatures et de tirants que nous avons indiqué, et qui réunit entre elles les deux parois supérieures des enveloppes de la boîte à feu, que la pression de la vapeur tend à écarter l'une de l'autre. Pour répondre au reproche que l'on a fait à ce système de s'opposer à la libre dilatation des parois dans le sens vertical, M. Gruson propose d'ovaliser les trous des boulons qui réunissent les tirants aux armatures.

Mais, pour que ces conditions soient remplies, la seconde surtout, il est nécessaire qu'il existe un espace suffisant entre les deux enveloppes à la partie supérieure, disposition qui ne se

[1] *Organ für die Fortschritte des Eisenbahnwesens*, 1866, 2e cah., p. 61.

rencontre pas dans la construction des machines Crampton et de celles du chemin de fer du Nord. Dans les premières, la distance entre les deux enveloppes ne dépasse pas 0^m,45, dont il faut retrancher 25 centimètres pour la hauteur des armatures; il ne reste donc que 20 centimètres au milieu pour les tirants et les armatures de l'enveloppe extérieure; dans ces conditions, l'établissement du système indiqué est presque impossible. Le nettoyage complet devient également très-difficile dans un espace aussi restreint, ainsi que la visite des entretoises. La disposition du foyer dans les machines du Nord, qui ne laisse guère plus de 30 centimètres entre les deux parois, présente des inconvénients; mais l'emploi des entretoises, pour la consolidation de cette partie, répond à la première des conditions énoncées. La figure 436 représente les dispositions adoptées par M. Gruson.

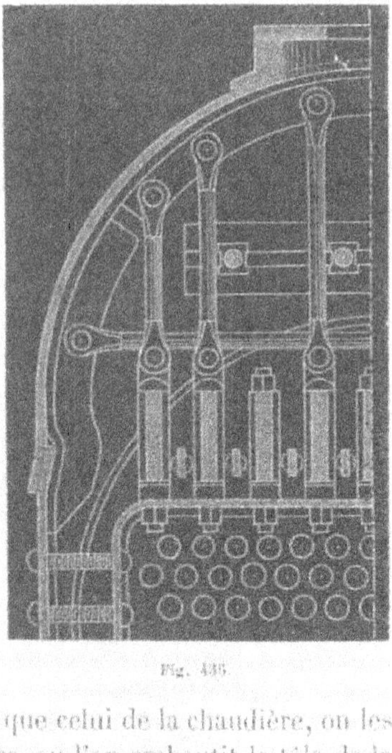

Fig. 436.

La deuxième partie de la chaudière, dont la forme est presque toujours celle d'un cylindre allongé, s'étend de la boîte à feu extérieure à la plaque tubulaire de la boîte à fumée. La liaison entre le corps cylindrique et la boîte à feu extérieure peut se faire de différentes manières. Lorsque la boîte à feu extérieure est recouverte d'un dôme carré ou d'une surface cylindrique d'un diamètre plus fort que celui de la chaudière, on les réunit au moyen d'une cornière, ou l'on emboutit la tôle de la paroi antérieure de manière à ce qu'elle forme un rebord cylindrique de même diamètre que celui de la chaudière, et auquel celle-ci est ensuite rivée. Cette dernière disposition est préférable à la première, car elle supprime un joint et l'emploi d'une cornière. L'emboutissage de la paroi de la boîte à feu est, il est vrai, un travail un peu plus dispendieux, mais il a l'avantage d'exiger, pour son exécution, l'emploi de tôles de première qualité, et de présenter ensuite pour l'assemblage une garantie de solidité beaucoup plus grande que la cornière.

Lorsque la partie cylindrique de la boîte à feu a le même diamètre que la chaudière, on n'emboutit que la partie de la paroi correspondant à la moitié inférieure de cette dernière, et l'on prolonge quelque peu la partie demi-cylindrique. On forme ainsi un anneau complet, sur lequel vient se fixer l'extrémité du corps de la chaudière, comme dans le cas précédent.

A son autre extrémité, le corps cylindrique se fixe sur la boîte à fumée de deux manières différentes. Ces deux assemblages sont représentés par les figures 437 et 438. Dans le premier,

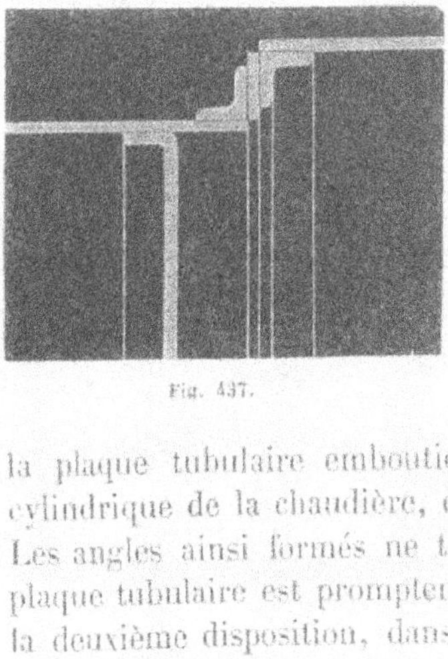

Fig. 437.

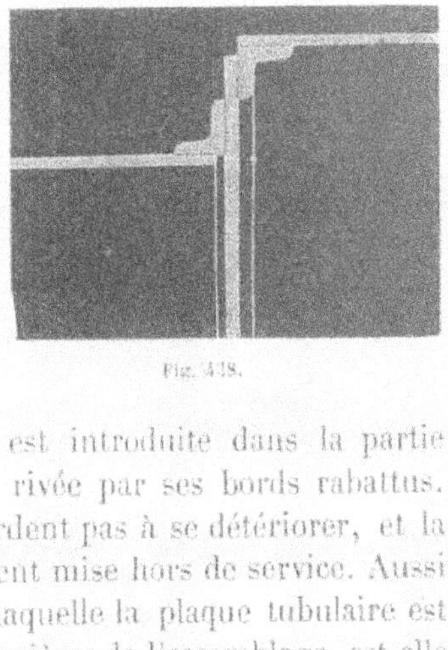

Fig. 438.

la plaque tubulaire emboutie est introduite dans la partie cylindrique de la chaudière, et rivée par ses bords rabattus. Les angles ainsi formés ne tardent pas à se détériorer, et la plaque tubulaire est promptement mise hors de service. Aussi la deuxième disposition, dans laquelle la plaque tubulaire est plane et serrée entre les deux cornières de l'assemblage, est-elle de beaucoup préférable.

La boîte à feu extérieure et le corps cylindrique de la chaudière sont généralement construits en tôle de fer. L'assemblage des feuilles de tôle entre elles se fait, ou par juxtaposition avec recouvrement par un couvre-joint en tôle rivé sur les deux feuilles, ou plus généralement par la simple superposition des deux feuilles, réunies ensuite par une rivure simple ou double, les viroles cylindriques ayant à cet effet un grand et un petit diamètre alternativement. Lorsque le ciel de la boîte à feu extérieure est demi-cylindrique ou plat, il se forme avec les deux parois latérales d'une seule feuille de tôle, si la dimension des feuilles le permet, et de deux ou trois feuilles rivées entre elles, dans le cas contraire; les faces postérieure et antérieure ont leurs bords emboutis de manière à pouvoir venir se river sur les faces latérales et le ciel.

Il est de la plus grande importance de n'employer pour la construction des chaudières que des tôles *de première qualité*; et, à cet effet, des essais rigoureux sur la résistance des tôles devront précéder leur introduction dans l'appareil; à cette condition seule, on évite les explosions, qui deviennent fréquentes par l'emploi de tôles de médiocre qualité.

On doit toujours placer les feuilles de tôle de manière à ce qu'elles travaillent dans le sens du laminage. Dans une chaudière cylindrique, la résistance à la pression intérieure dans le sens de l'axe est le double de la résistance dans le sens perpendiculaire. La rupture de la chaudière tend donc à se produire suivant une des génératrices du cylindre, et pour que les feuilles travaillent dans le sens du laminage, il faudra les courber suivant leur longueur; les joints formés par la réunion des deux extrémités, se trouvant alors dirigés suivant la génératrice du cylindre, seront plus fatigués que les joints latéraux des diverses feuilles entre elles, dirigés suivant un plan perpendiculaire à l'axe de la chaudière. Il sera donc important de soigner d'une manière toute particulière l'exécution des premiers, et nous recommanderons à cet effet l'emploi d'une double rivure, ainsi que pour tous les joints des autres parties de la chaudière situés dans les mêmes conditions.

Les trous percés dans les tôles pour le passage des rivets

doivent être forés et non pas poinçonnés. L'action du poinçon affaiblit la tôle tout autour du trou, et, lorsque les rivets sont très-rapprochés, il arrive quelquefois que l'épaisseur diminue sensiblement, et même que la tôle se déchire. Les trous percés au foret sont cylindriques, et nécessitent assez rarement l'emploi du mandrin lors de la pose des rivets ; le montage devient donc plus facile et l'assemblage présente plus de sécurité.

Les parois de la boîte à feu extérieure présentent une quantité considérable de trous pour le passage des entretoises ; il est préférable de les percer avant le montage, afin de ne pas fatiguer, par cette opération, les rivures qui les réunissent. Ils devront être également forés et non poinçonnés, les trous correspondants de l'enveloppe intérieure relevés sur les premiers, de manière à obtenir un parallélisme parfait, nécessaire à la conservation des entretoises.

Ces diverses observations prennent une certaine importance lorsque l'on songe que la plupart des explosions de chaudières ont eu pour cause la mauvaise qualité de la tôle employée ou le défaut de solidité des assemblages. Dans les machines anglaises, on s'attache avec un soin tout particulier à choisir des tôles de bonne qualité, et à faire un bon travail de chaudronnerie ; pour compenser l'affaiblissement dû aux rivets, les Anglais emploient quelquefois des tôles « *Alton and Fume's patent*, » renflées au pourtour[1].

La partie qui s'use le plus promptement sous l'action des incrustations et de la rouille, dans une chaudière de locomotive, occupe la zone voisine de la génératrice inférieure. Il faudra donc avoir grand soin de ne placer en cet endroit que des pièces parfaitement saines. Par la même raison, les rivures longitudinales ne devront jamais se trouver dans cette région. Cette rapidité de détérioration du fond de la chaudière provient sans doute du frottement incessant des dépôts soumis à une agitation perpétuelle par l'effet des trépidations de la machine en marche, action d'usure qui, par la forme même de

[1] Mémoire de M. Morandière, *Bull. de la Société des ingénieurs civils.*

la chaudière, doit s'exercer avec beaucoup plus d'énergie dans les parties inférieures. On a, de plus, remarqué que l'usure se manifeste très-promptement sur tous les points où, lors de la vidange de la chaudière, il reste une petite couche d'eau qui ne trouve pas d'écoulement. Il sera donc important de placer les bouchons de lavage le plus bas possible. Celui du corps cylindrique occupe dans la plaque tubulaire la place du tube inférieur. Pour vider la partie de la chaudière qui entoure le foyer, on ménage un bouchon de lavage aux quatre angles de l'enveloppe extérieure, et quelques-uns dans le cadre qui la réunit au foyer.

Les dimensions de la partie cylindrique de la chaudière dépendent de la longueur et du nombre des tubes, de la largeur de la boîte à feu. La chaudière devant toujours être placée le plus bas possible, il en résulte que son diamètre varie généralement entre $0^m,90$ et $1^m,70$, limité dans beaucoup de cas par l'écartement de la suspension, ce qui a engagé certains constructeurs à donner au corps cylindrique une forme ovale. Cette forme est mauvaise en principe, et quoique l'écartement des parois puisse être maintenu dans ce cas par des tirants horizontaux, perpendiculaires à l'axe de la chaudière, on ne saurait en recommander l'emploi.

A son extrémité antérieure, le corps cylindrique est terminé par la surface plane de la plaque tubulaire de la boîte à fumée. Les tubes qui la réunissent à la plaque tubulaire du foyer forment entre ces deux parois un système d'armatures qui maintient leur écartement et empêche leur déformation.

Nous avons supposé jusqu'ici que la chaudière était construite en tôle de fer, ce qui est, en effet, le cas pour la plupart des machines construites actuellement. On a fait cependant depuis quelques années, et sur diverses lignes de chemins de fer, de nombreux essais de chaudières en tôle d'acier. L'emploi de la tôle d'acier a pour résultat une diminution sensible dans le poids de la chaudière, par suite de la résistance plus considérable de la matière, qui permet de diminuer son épaisseur de moitié. Dans les expériences faites à Glasgow par M. Kirkaldy sur des tôles de fer et d'acier, la résistance de ces dernières à la rupture varia de 68 à 50 kilogrammes par millimètre carré, tandis que pour le fer les charges de rupture ont été comprises entre 39 et 28 kilogrammes. L'allongement a été de 9 à 6 pour 100 pour les tôles d'acier, 14 à 2.4 pour 100 pour le fer [1].

Les essais sur l'emploi de l'acier pour la construction des chaudières de locomotives présentent un grand intérêt, en raison de la tendance générale à augmenter la pression de la vapeur, qui entraîne un surcroît d'épaisseur des parois des chaudières en tôle de fer, un accroissement très-sensible de leur poids, ce qui pourra devenir, à un moment donné, un inconvénient très-sérieux.

Jusqu'à ce jour, les résultats obtenus ont été satisfaisants; mais on ne peut encore rien conclure en raison du peu de temps qui s'est écoulé depuis qu'on a commencé les essais. Sur les chemins du Midi et de l'Orléans, l'emploi des tôles d'acier a permis de réaliser sur le poids des chaudières une notable réduction. Sur les machines du chemin du Midi, l'épaisseur du corps cylindrique en acier est de 10 millimètres pour un diamètre de $1^{m},500$, et une pression de 9 atmosphères. La charge de rupture des tôles employées était de 60 kilogrammes environ par millimètre carré. A l'Est, des essais ont été entrepris sur l'emploi des tôles d'acier dès 1859; sur les chemins autrichiens, six locomotives fonctionnent depuis cinq ans avec des chaudières de cette espèce, qui ont fourni jusqu'ici un bon service. Il résulte de la nature des matériaux employés dans ce dernier cas qu'on peut attendre un bon emploi de tôles d'acier s'allongeant de 12 pour 100 de leur longueur avant la rupture; sur les mêmes lignes, on essaye également en ce moment des tôles en acier Bessemer [2]. Le chemin du Nord-Est Suisse emploie avec avantage depuis plusieurs années des chaudières en tôle d'acier avec double rivure pour des pressions de 10 atmosphères environ.

[1] *Guide du mécanicien constructeur*, — supplément, p. 16.

[2] *Organ für die Fortschritte des Eisenbahnwesens*, supplément 1er vol., p. 114.

L'épaisseur des parois des chaudières résulte, pour les machines fabriquées en France, de la formule déjà donnée (337) page 23.

Toute chaudière, avant sa mise en service, doit subir une épreuve en présence de l'ingénieur ou d'un agent délégué par l'administration supérieure, et qui dresse procès-verbal de l'expérience. L'essai se fait à l'aide d'une pompe foulante, sous une pression double de la pression concédée.

L'épreuve des chaudières, quoique ne les mettant pas à l'abri de toute chance d'explosion, offre néanmoins l'avantage de déceler, dans beaucoup de cas, des fuites provenant soit de la mauvaise qualité du métal, soit de l'imperfection de la rivure, et qui, dans la suite, auraient pu donner lieu à des accidents graves.

En Bavière, les épreuves des générateurs à vapeur se font de la manière suivante : La chaudière une fois remplie d'eau, on la chauffe légèrement pour dégager l'air; puis, après avoir fermé tous les orifices, on la soumet, à l'aide d'une pompe, à une pression double de celle à laquelle elle devra travailler. L'eau introduite pour arriver à ce résultat étant mesurée, on laisse dégager par la soupape et on mesure avec soin l'excédant de liquide refoulé par la contraction des parois; la différence des deux quantités sert à déterminer l'augmentation permanente de volume qu'a subie la chaudière, et qui ne doit pas dépasser certaines limites fixées à l'avance. Pour les chaudières de locomotive, la pression d'épreuve étant de $16^{at.}$,21, la dilatation permanente est généralement de $1^{lit.}$,86; la tolérance pouvant atteindre $5^{lit.}$,58.

Dômes et réservoirs de vapeur. — L'impossibilité d'augmenter la longueur des tubes au delà de certaines limites, et, par conséquent, la nécessité d'en accroître le nombre pour obtenir la plus grande surface de chauffe possible, d'une part, et, d'autre part, les exigences de la construction qui limitent, comme nous l'avons dit, les dimensions du corps cylindrique, forcent le constructeur à relever le plus possible le niveau de l'eau vers la partie supérieure de la chaudière. Il en résulte une réduction considérable de l'espace destiné au réservoir de vapeur, dont le volume par rapport à celui des cylindres devrait être, au contraire, aussi grand que possible. En conséquence de cette disposition, la prise de vapeur pour les cylindres ne peut se faire qu'à une très-petite distance de la surface du liquide agité sans cesse par l'ébullition et les trépidations dues au mouvement de la machine, et ne donne que de la vapeur très-chargée d'eau.

Ces diverses considérations ont engagé plusieurs constructeurs à munir leurs chaudières de réservoirs, dont la capacité, de grandeur assez variable, sert à la fois à emmagasiner une plus ou moins grande quantité de vapeur, et à élever à une certaine distance au-dessus du niveau du liquide l'orifice du tuyau de prise de vapeur. La disposition adoptée par Stephenson pour la construction de l'enveloppe extérieure de la boîte à feu, réalise les conditions précédentes. Mais, lorsque l'abaissement plus ou moins complet de la partie supérieure de l'enveloppe de la boîte à feu ne laisse plus un espace assez grand au-dessus du niveau de l'eau pour former un réservoir de vapeur d'une capacité suffisante, il est nécessaire de surmonter cette partie, ou l'un des points du corps cylindrique, d'un appendice rapporté, de forme généralement cylindrique, terminé souvent par une calotte hémisphérique, qui lui a fait donner le nom de *dôme*.

Quels que soient les avantages qui paraissent au premier abord résulter des considérations ci-dessus énoncées en faveur de l'emploi des dômes à vapeur, leur usage n'est cependant pas général, et leur utilité est contestée par un grand nombre de personnes [1]. Cette diversité d'opinions provient précisément du peu d'efficacité de tous les systèmes employés jusqu'ici pour empêcher l'entraînement de l'eau par la vapeur. Quelles que soient les précautions dont on s'entoure, on arrive rarement à obtenir de la vapeur *complétement* sèche. Si nous consultons, à ce sujet, les renseignements fournis par les administrations des chemins

[1] On leur a même attribué la cause des explosions de chaudières.

allemands[1], nous pourrons tirer, sur l'emploi des dômes de vapeur, les conséquences suivantes :

Leur emploi, tout en ne paraissant pas *nécessaire*[2], n'en doit pas moins être considéré comme le seul moyen d'arriver à obtenir de la vapeur aussi dépourvue d'eau que possible. Un de leurs principaux avantages est de permettre le maintien du niveau de l'eau à une hauteur convenable, et cette considération est surtout d'une grande importance dans le cas où, la voie affectant de fortes pentes, la ligne de niveau s'abaisse sensiblement à l'avant pendant la descente, et peut ainsi laisser à découvert le ciel du foyer. Dans ce dernier cas encore, l'emploi d'un dôme d'une certaine capacité a l'avantage de permettre au mécanicien, pendant la marche en palier, d'augmenter la production de la vapeur, et de l'emmagasiner jusqu'au moment où il aura une rampe à gravir.

Le rapport 1/2 ou 3/5 du volume de la vapeur à celui de l'eau paraît être assez convenable dans les cas ordinaires de l'exploitation (voir le tableau, p. 86, 87).

L'emploi du dôme facilite l'accès dans la chaudière, soit pour en visiter l'intérieur, soit pour la nettoyer et la réparer; cet avantage est d'autant plus marqué que les eaux d'alimentation sont plus impures et qu'elles nécessitent un nettoyage plus fréquent.

Cependant, plusieurs ingénieurs pensent que le dôme peut être supprimé sans inconvénient, pourvu que l'espace réservé à la vapeur soit d'une grandeur suffisante. Les auteurs du *Guide du mécanicien* considèrent cette dernière condition comme essentielle, même avec l'emploi du dôme, pour obtenir de la vapeur sèche.

En résumé, nous pensons que dans l'établissement de la chaudière il faut, tout en élevant le niveau de l'eau le plus pos-

[1] *Organ der Fortschritte des Eisenbahnwesens*, supplément, 1er vol., 1866, p. 108.

[2] Lignes du Sud de l'Autriche, de Berlin à Hambourg, de Leipzig à Dresde.

sible au-dessus des tubes et du ciel du foyer, ne pas perdre de vue que l'espace réservé à la vapeur au-dessous de la paroi supérieure de la chaudière, doit être suffisant pour faciliter son écoulement jusqu'au point où s'effectue la prise de vapeur; ces conditions n'étant d'ailleurs pas reconnues suffisantes pour obtenir de la vapeur convenablement sèche, et le seul moyen d'y arriver de la manière la plus satisfaisante étant jusqu'ici l'emploi du dôme, on devra le conserver, en tenant compte toutefois des observations suivantes :

Pendant la marche, il se produit sur toute l'étendue de la surface liquide, vers l'orifice du tuyau de prise, un courant énergique de vapeur dont l'effet est d'entraîner mécaniquement une certaine quantité d'eau, projetée en gouttelettes par l'ébullition. Ce phénomène se manifeste avec le plus d'intensité au moment de la mise en marche, l'ouverture du régulateur produisant un léger abaissement de pression qui accélère l'ébullition. Il est d'ailleurs plus sensible vers la partie postérieure de la chaudière, où l'eau, en contact direct avec les parois du foyer très-fortement chauffées, se trouve toujours en ébullition tumultueuse. La place du dôme n'est donc pas au-dessus du foyer, mais, au contraire, dans une partie de la chaudière où, l'ébullition étant plus calme, les projections sont moins nombreuses et la vapeur plus sèche. Avec cette disposition, la surface du liquide au-dessus du foyer sera moins agitée, et le mécanicien pourra tirer de l'examen des appareils indicateurs de niveau des indications plus sûres.

Enfin, il sera très-important d'apporter beaucoup de soins à la construction du dôme de vapeur, car le seul inconvénient réel que présente cet appareil est d'affaiblir la partie de la chaudière sur laquelle il est placé, et d'occasionner peut-être dans certains cas des accidents plus ou moins graves.

Trou d'homme. — L'ouverture servant à la visite et à la réparation de la chaudière se place généralement dans le voisinage du régulateur, lorsque celui-ci est intérieur, afin de faciliter son entretien. Souvent le trou d'homme, à fermeture autoclave, se trouve remplacé par le dôme de vapeur lui-même, qui se démonte sur une partie de sa hauteur.

Les ouvertures de la cuvette des soupapes et du siége du régulateur remplissent le même office.

Boîte à fumée.—A la partie antérieure de la machine, les tubes à air chaud viennent déboucher dans une chambre à laquelle on donne le nom de *boîte à fumée*. La forme extérieure de cette partie de la chaudière est ordinairement semblable à celle de l'enveloppe du foyer, mais elle s'arrête vers le niveau de la plate-forme. Fermée par le bas, elle ne laisse d'autre issue aux gaz pour s'échapper que la cheminée qui vient déboucher à sa partie supérieure; ses parois, formées de plaques de tôle de 8 à 8 millimètres pour les côtés et la face antérieure, et 15 millimètres pour la face postérieure, qui reçoit les extrémités des tubes, sont réunies entre elles par des cornières. La paroi d'avant est munie d'une porte rectangulaire ou circulaire à deux battants, qui sert au nettoyage des tubes, et doit, par conséquent, présenter des dimensions assez grandes pour que cette opération puisse se faire sans difficulté. Il est important, dans la construction de cette porte, d'obtenir une fermeture très-hermétique, car le moindre accès d'air dans la boîte à fumée affaiblirait considérablement le tirage. Dans ce but, on fait reposer la porte sur un cadre formé d'une cornière rivée sur la paroi de la boîte à fumée; les bords seront ensuite parfaitement dressés, et, pour éviter les déformations produites par la chaleur intérieure, on la munit d'une contre-plaque maintenue à distance par des entretoises. Le fond de la boîte à fumée, généralement cylindrique, doit être également pourvu d'une petite porte à charnière ou à coulisse, pour faire tomber les cendres, qui s'accumulent promptement sur ce point.

Dans les anciennes machines à cylindres intérieurs, les deux parois latérales descendaient et enveloppaient les cylindres qui s'attachaient aux parois des deux faces antérieure et postérieure de la boîte à fumée.

La chaleur des gaz sortant du foyer, le frottement incessant des particules solides entraînées et l'action oxydante de la vapeur d'eau sortant par le tuyau d'échappement, ne tardent pas à détériorer les parois de la boîte à fumée, pour lesquelles on ne devrait employer que des tôles de forte épaisseur. Malgré cette précaution, il ne faut pas compter sur une durée supérieure à six ou sept ans.

L'action du jet de vapeur qui produit le tirage du foyer prend d'autant plus de puissance que la capacité de la boîte à fumée est plus faible. Quelques constructeurs, se basant sur ce principe, ont placé au-dessus du dernier rang des tubes une plaque de tôle, de manière à réduire cette capacité à son minimum. Mise à exécution pour la première fois en 1845 par M. J.-J. Meyer, constructeur à Mulhouse, cette disposition fut ensuite adoptée par le gouvernement autrichien pour toutes ses machines, et par quelques constructeurs anglais qui l'ont également appliquée depuis plusieurs années[1].

L'emploi de cette plaque permet de descendre l'orifice de la cheminée jusqu'au niveau du dernier rang de tubes, et, par conséquent, de raccourcir le tuyau d'échappement. Cette disposition procure également l'avantage de protéger du contact des gaz chauds le joint du tuyau de prise de vapeur avec la plaque tubulaire, mais elle rend aussi plus difficile la pose de la grille à arrêter les flammèches, dont nous parlerons plus loin.

Cheminée. — La hauteur des cheminées de locomotives, limitée par celle des ouvrages d'art[2], a peu d'action sur le tirage. Il résulte des expériences faites par MM. Nozo et Geoffroy, et sur lesquelles nous reviendrons en parlant de l'échappement, que la direction de la cheminée n'ayant pas d'influence sur le tirage, celle-ci peut être inclinée, et même dirigée horizontalement. Cette dernière disposition a été adoptée sur les machines à sécheurs du Nord, dont les fortes dimensions ne permettaient pas d'employer des cheminées verticales.

[1] *Guide du mécanicien*, etc., p. 107.
[2] Première partie, ch. II, § 1-34.

La cheminée se fixe par sa base à la partie supérieure de la boîte à fumée, au moyen de boulons, dont les écrous doivent être placés en dehors pour faciliter le démontage. Ses parois sont formées de feuilles de tôle de 4 à 5 millimètres, et sa base est généralement évasée de manière à en faciliter l'entrée aux gaz. La partie supérieure doit être munie d'un capuchon ou d'un clapet pouvant être manœuvré par le mécanicien. Sur certaines machines, celles d'Orléans notamment, le chapiteau de la cheminée est surmonté d'un écran en tôle de 12 à 15 centimètres de hauteur, qui ne s'étend que sur la moitié de la circonférence à l'avant de la machine. Par ce moyen, le dégagement des gaz n'est pas gêné dans sa sortie par le choc de l'air ambiant.

La section à donner à la cheminée n'est déterminée par aucune règle générale. Le plus ordinairement le rapport de cette section à celle des tubes est de 0,70. Dans les divers types de machines employées sur la ligne de l'Est, le diamètre des cheminées varie de $0^{m},32$ à $0^{m},44$, la dimension moyenne étant de $0^{m},35$ à $0^{m},40$. Cette question se représentera, d'ailleurs, à propos de l'échappement de vapeur.

Caisses à eau. — L'eau d'alimentation des chaudières de locomotives est renfermée dans des caisses en tôle d'une capacité proportionnelle à la consommation de la machine, et pouvant contenir un approvisionnement suffisant pour la marche pendant un certain temps. Ces caisses à eau sont placées soit sur le même véhicule que la machine, soit sur le *tender;* quelquefois enfin les deux dispositions se trouvent employées à la fois. Lorsque les caisses à eau sont attachées à la machine, elles occupent tout l'espace disponible, leurs parois étant fixées sur les châssis et indépendantes de la chaudière, afin de ne pas gêner sa libre dilatation.

Lorsque la caisse à eau est placée sur un chariot spécial, elle affecte généralement la forme d'un fer à cheval, dont le vide est utilisé pour l'approvisionnement du combustible.

L'épaisseur des tôles formant les parois des caisses à eau

varie de 3 à 5 millimètres. La hauteur au-dessus de la plate-forme varie de $0^m,80$ à $1^m,20$. Les feuilles sont assemblées aux angles à l'aide de cornières, et maintenues dans leur écartement par des cornières verticales réunies par des bandes de feuillard; cette précaution est nécessaire pour éviter la déformation des parois sous la pression de l'eau. La partie supérieure est fermée par une tôle de $0^m,003$ à $0^m,004$ d'épaisseur, dans laquelle on pratique une ou deux ouvertures circulaires, fermées par un couvercle et destinées à recevoir l'extrémité du tuyau d'alimentation pendant le remplissage; un rebord entourant ces ouvertures empêche les morceaux de combustibles ou d'autres objets placés sur la paroi supérieure de tomber dans la caisse. Au-dessous, on place un cône en cuivre rouge, percé de trous de $0^m,003$ à $0^m,004$ de diamètre, servant à retenir les matières étrangères entraînées par l'eau des réservoirs. Quand il n'y a qu'un seul trou d'alimentation, il se place dans l'axe longitudinal du véhicule, afin de pouvoir prendre l'eau des colonnes d'alimentation, quel que soit le sens de la marche. Cet arrangement exige que le col de la colonne soit assez long pour atteindre le milieu de la voie. Pour éviter cette complication dans la construction, on munit la caisse à eau de deux trous d'alimentation placés aussi près que possible du bord extérieur du véhicule.

Le fond des caisses à eau est muni d'une ou deux soupapes de prise d'eau, dont les siéges en bronze sont boulonnés sur lui et doivent saillir de $0^m,05$, afin que les dépôts qui s'y accumulent ne soient pas entraînés dans le tuyau d'alimentation. La tige de la soupape traverse le couvercle de la caisse, et vient passer dans un écrou en bronze, fixé sur un support; un volant à manette, claveté à l'extrémité de cette tige, permet au mécanicien de la manœuvrer et d'ouvrir à volonté la soupape. On doit également munir le fond de la caisse d'un ou deux bouchons de lavage, afin de pouvoir la nettoyer d'une manière complète, lorsque cette opération est nécessaire.

357. **Annexes des générateurs.** — Toute chaudière de locomotive doit être pourvue d'un certain nombre d'*appareils de*

sûreté, dont les uns ont pour but de donner à chaque instant une indication exacte de la hauteur de la pression, de la position de la ligne de niveau, et les autres de prévenir, par leur action automatique, les dangers pouvant résulter d'une trop grande élévation de la tension de vapeur ou d'un abaissement considérable de la ligne de niveau.

Les manomètres, appareils à niveau, robinets d'essai, servent au premier usage ; les soupapes de sûreté, plaques fusibles, au second.

Mesure de la pression. — La nécessité de connaître à tout instant la pression intérieure a, dès l'origine de l'emploi des machines locomotives, appelé l'attention des ingénieurs d'une manière toute particulière sur la construction d'instruments indicateurs, portatifs et précis. — Le manomètre à air libre qui, à cette époque, était le seul instrument appliqué à la mesure des pressions ne pouvait être employé, en effet, que pour les machines fixes. Placé dans les gares de dépôt, il pouvait, à la rigueur, servir à régler et à vérifier la charge des soupapes des machines locomotives, mais lorsqu'il s'agissait de connaître en un moment donné, pendant la marche, l'état de la pression de la vapeur, son application n'était plus possible et il devenait nécessaire d'avoir recours à d'autres procédés.

La tension plus ou moins grande des ressorts des balances, qu'un mécanicien habile peut facilement estimer en exerçant avec la main un effort suffisant pour faire souffler la soupape, servait à indiquer d'une façon grossière le degré de la pression. On contruisit sur ce principe le *manomètre à piston*. Un cylindre creux, fermé par un piston, pressé par un ressort, et surmonté d'un index, constituait tout l'appareil, mis en communication avec la chaudière par un robinet à la disposition du mécanicien. Mais le peu de sensibilité et d'exactitude de cet instrument en fit bientôt abandonner l'usage. Le manomètre à mercure *à air comprimé* et les manomètres *à air libre*, diversement modifiés, lui furent successivement substitués.

Le manomètre à air comprimé est d'une graduation difficile et s'altère promptement. L'oxydation du mercure enlève à l'air une partie de son oxygène, le liquide mouille les parois du tube, et, ses indications devenant inexactes, il est bientôt hors de service.

Le manomètre à air libre de Richard, employé vers la fin de l'année 1845, se compose d'un siphon à plusieurs branches en communication les unes avec les autres, remplies de mercure à la partie inférieure et d'eau à la partie supérieure. Les différences de niveau du mercure dans chaque siphon, ajoutées ensemble, donnent la hauteur totale de la colonne de mercure mesurant la pression. Les indications de cet instrument sont bonnes, mais le prix en est élevé et l'entretien difficile.

Dans le manomètre à air libre de Galy Cazalat, la pression de la vapeur agit sur un piston de petite section qui la transmet au mercure par une plaque de diamètre beaucoup plus grand. En augmentant autant que possible le rapport des deux surfaces, on diminue dans les mêmes proportions la hauteur de la colonne de mercure correspondant à un nombre donné d'atmosphères, et on arrive à avoir, sous un très-petit volume, un véritable manomètre à air libre.

Quoique donnant des indications moins exactes que les manomètres à air libre, les *manomètres métalliques*, en raison de leur prix moins élevé et de leur usage plus commode, sont aujourd'hui d'un emploi presque général sur les machines locomotives.

Le *manomètre de Bourdon* est formé d'un tube métallique aplati, contourné en spirale et mis en communication avec la chaudière par un robinet. La pression en agissant dans l'intérieur de ce tube tend à l'ouvrir, et son extrémité libre agit sur une aiguille qui prend diverses positions au devant d'un cadran divisé, et indique le nombre d'atmosphères correspondant à la tension de la vapeur.

Dans le *manomètre de M. Challeton*, la vapeur agit sur une lame de cuivre très-mince, légèrement convexe, serrée par ses bords entre deux brides. Sur cette lame repose un ressort d'acier enroulé en spirale, fixé par sa circonférence à la bride supérieure. La vapeur, en pressant la plaque de cuivre, la fait passer à la forme concave, et la spirale d'acier suivant la même déformation, s'élève en son milieu, et communique son mouvement vertical à un levier coudé, dont la grande branche se termine en aiguille et se meut sur un cadran divisé.

Une troisième disposition, appliquée par M. Desbordes, consiste à transmettre la pression de la vapeur, par l'intermédiaire d'un piston armé d'une tige, à une lame d'acier fixée par ses extrémités et agissant en son milieu sur l'une des branches d'un levier, dont l'autre formée d'un secteur denté fait mouvoir une aiguille.

Sur les chemins de fer allemands et particulièrement sur les lignes du Hanovre, on emploie depuis quelques années un manomètre métallique, construit sur le même principe que les précédents, mais auquel, par un mécanisme particulier, l'inventeur, M. Semmann, ingénieur, chef du service des machines à Breslau, a donné la faculté d'indiquer d'une manière permanente, au moyen d'une seconde aiguille, les excès de pression au-dessus de la pression normale concédée ; de telle sorte que si, pendant la marche, le mécanicien, par négligence, laisse monter la tension au-dessus de la limite fixée, cette contravention sera signalée, par la position de la seconde aiguille, à l'inspecteur chargé de la surveillance des machines. M. Semmann a également supprimé le robinet de communication avec la chaudière, et l'a remplacé par une soupape qui ne ferme le passage de la vapeur que dans le cas où le manomètre vient à se briser. De cette façon, l'instrument fonctionne toujours sans que le mécanicien ait à y toucher.

En résumé, la construction d'un manomètre métallique repose sur l'élasticité d'une lame métallique pouvant affecter des formes très-diverses, pressée directement ou indirectement par la vapeur, et dont les oscillations sont rendues sensibles par la marche d'une aiguille sur un cadran divisé, à l'aide d'un mécanisme quelconque. Il résulte de l'irrégularité des propriétés élastiques des métaux que l'instrument sera sujet à se fausser promptement et exigera de fréquentes réparations; mais à côté de cet inconvénient se trouve l'avantage de supprimer l'emploi du mercure et d'avoir un appareil occupant très-peu de place et d'une manœuvre très-facile, avantage qui doit assurer à ces instruments la préférence sur les autres manomètres.

Appareils indicateurs de niveau. — Un tube à niveau en verre et trois robinets d'essai placés sur toutes les machines donnent au mécanicien, à chaque instant, la position de la ligne de niveau dans la chaudière.

Le premier de ces appareils est un tube en verre fixé à ses deux extrémités, au moyen de presse-étoupes, dans deux supports en cuivre communiquant avec la chaudière par des robinets. Des bouchons à vis permettent de nettoyer le tube et les tuyaux de communication ; enfin, l'ajutage inférieur porte un robinet servant à vider le tube lorsque la communication est interrompue avec la chaudière.

La partie inférieure du tube à niveau doit s'élever à $0^m,01$ au moins au-dessus du ciel du foyer. Le tube descendant plus bas, il pourrait arriver que le foyer se découvrît sans que le mécanicien s'en aperçût, trompé par la colonne d'eau qui remplirait encore l'appareil indicateur à ce moment.

Quelquefois, par suite d'une cause indéterminée, le tube à niveau vient à se briser, et les morceaux de verre, violemment projetés par la pression de la vapeur, atteignent et blessent les conducteurs de la machine. Pour éviter ce genre d'accident assez fréquent et dont les conséquences peuvent être fort graves, on entoure les tubes d'un treillis métallique. La disposition qui paraît la meilleure dans ce cas est celle que M. Hagen, chef du service des machines à Landsberg, a employée depuis plusieurs années avec succès. Les fils en fer demi-rond qui forment le treillis ne sont maintenus que par leurs extrémités, de telle sorte qu'aucune ligne horizontale ne peut tromper le mécanicien dans l'observation du niveau de l'eau dans le tube.

Dans le passage des rampes d'une forte inclinaison, les indications du niveau deviennent incertaines, si le mécanicien ne connaît pas exactement la pente de la voie au moment de l'observation. Pour remédier à cet inconvénient, sur les machines de la ligne du Nord destinées au service des voies à pentes et contre-pentes nombreuses, et sur lesquelles, en raison de leur grande longueur, il peut se produire des différences de niveau considérables entre les deux extrémités, M. Nozo a appliqué un appareil à niveau d'eau fermé, qui, mis en communication avec la chaudière au milieu de sa longueur, et placé à côté du tube à niveau ordinaire, donne à chaque instant au mécanicien la position de son niveau moyen en même temps que l'autre tube lui donne celle du niveau au-dessus du foyer.

Les robinets d'épreuve, au nombre de trois, sont mis, à diverses hauteurs, en communication avec la chaudière, le plus bas devant se placer à 100^{mm} au moins au-dessus de la partie la plus haute du foyer.

Stephenson a disposé sur ses machines le tube à niveau et les robinets d'essai sur un même support en bronze, mais il résulte de cette combinaison que si les tuyaux de communication ou les orifices sur la chaudière s'obstruent par suite des dépôts, les deux systèmes d'appareils sont mis en même temps hors de service, tandis qu'ils doivent pouvoir, au contraire, se suppléer au besoin les uns les autres.

La difficulté, pour ne pas dire l'impossibilité, d'empêcher les robinets d'essai de fuir plus ou moins pendant la marche, a également engagé M. Hagen à faire l'essai de robinets à soupapes, dont le lecteur trouvera la description détaillée, ainsi que celle du treillis du tube à niveau, dans l'*Organ der fortschritte des Eisenbahnwesens*, 1866, 1er cahier, p. 31 et 32.

Soupapes de sûreté. — Le diamètre des soupapes de sûreté doit être tel, que toute la vapeur formée au delà d'une certaine tension donnée puisse s'échapper dans l'atmosphère au fur et à mesure de sa production. Ce diamètre est déterminé par la formule administrative :

$$D = 2.6\sqrt{\frac{S}{n - 0.412}}$$

dans laquelle :

D, exprime le diamètre de la soupape en centimètres ;

S, la surface de chauffe en mètres carrés ;

n, le nombre d'atmosphères correspondant à la tension de la pression.

Les soupapes et leurs siéges sont généralement en bronze. La zone de contact, légèrement conique autrefois, est plane aujourd'hui.

Pour faciliter le rôdage des surfaces, et éviter l'adhérence de la soupape sur son siége, ainsi que l'erreur pouvant provenir d'une augmentation du diamètre soumis à la pression, lorsque la soupape commence à se soulever, il est nécessaire de réduire autant que possible l'étendue de cette zone. Les ordonnances administratives obligent le constructeur à ne pas donner à la portée plus de 1/30 du diamètre, et à ne jamais dépasser $0^{m},002$ de largeur.

La soupape est dirigée dans son mouvement par trois ailettes verticales. Sa surface supérieure doit porter un appendice rectangulaire servant à la fixer sur un support quelconque lorsqu'on veut la rôder. Le dessus de cet appendice, légèrement concave, reçoit l'extrémité d'une fourchette fixée à un levier, qui prend son point d'appui d'un côté de la soupape et va aboutir, à son autre extrémité, à une tige verticale agissant sur un ressort à boudins, dont la tension remplace le poids chargeant les soupapes des machines fixes. Reliée soit à la partie supérieure, soit à la partie inférieure du ressort qui, suivant le cas, agira par tension ou par compression, la tige verticale est filetée sur une partie de sa longueur, traverse le levier de la soupape et porte un écrou que l'on serre plus ou moins pour obtenir le degré de tension nécessaire. Une gaîne en laiton renfermant le ressort lui offre un point d'appui qu'elle prend elle-même sur la chaudière. Cette gaîne porte une fente longitudinale dans laquelle se meut un index porté par la tige du ressort et indiquant sur une échelle divisée la mesure de la pression. D'autres fois le ressort est fixé lui-même à la chaudière par une tige graduée sur laquelle la gaîne, réunie alors au levier de la soupape, indique par sa position le degré de la tension obtenue. L'absence de la fente dans cette dernière disposition préserve le ressort du contact des matières étrangères qui peuvent s'introduire dans le cylindre, et assure, par cela même, à l'appareil une plus longue durée.

Afin de faciliter l'ouverture de la soupape au moment où elle commence à se soulever, on a souvent employé la disposition de MM. Lemonnier et Vallée, dans laquelle la distance de l'extrémité du levier au ressort augmente brusquement au moment où la pression limite commence à agir. Cette disposition est d'une construction délicate et d'un entretien minutieux.

Chaque machine porte deux soupapes : l'une en avant, l'autre en arrière sur le foyer. Quelquefois on les place toutes deux au-dessus du foyer, à la portée du mécanicien.

M. Ramsbottom a adopté sur ses machines une disposition ingénieuse, qui consiste à placer les deux soupapes l'une à côté de l'autre, et à les maintenir au moyen d'un levier unique attaché à l'extrémité d'un ressort placé entre elles.

Pour calculer la charge des ressorts de balances, on considère que l'action de la vapeur s'étend jusqu'à la moitié de la surface annulaire de contact. Celle-ci ayant $0^m,002$ de largeur, le diamètre des soupapes sera supposé augmenté de $0^m,002$. On calculera donc la pression de la vapeur sur une soupape de diamètre égal à $D + 0^m,002$; on rapportera la valeur ainsi trouvée à l'extrémité de la tige de la balance en la multipliant par le rapport inverse des longueurs des bras de levier ; on y ajoutera les poids de la soupape et du levier transportés au même point : la somme donnera l'effort total correspondant au maximum de pression toléré. Lorsqu'on fera la réception d'une balance, on devra s'assurer qu'en y suspendant le poids calculé d'après la méthode précédente, l'index marquera le chiffre de cette tension maxima. Quant aux charges correspondant aux autres divisions de l'échelle, données par un calcul analogue, il sera difficile d'obtenir, vu le peu de régularité d'élasticité des ressorts, qu'elles fassent agir l'index avec beaucoup d'exactitude. Aussi une latitude de 2 kilogrammes est-elle généralement accordée dans ces essais pour toutes les divisions de l'échelle autres que celle correspondant à la tension maxima.

Les ressorts doivent être en acier de première qualité, vernis à l'étuve pour être préservés de l'oxydation. Leurs extrémités doivent sortir d'une demi-spire au delà des attaches, afin qu'elles ne puissent s'échapper dans les mouvements auxquels les balances sont exposées. Les trous des attaches des ressorts sont légèrement ovalisés et à bords arrondis, pour que le montage puisse se faire sans altérer la régularité de la spirale.

La tige de traction est en acier *double marteau*. L'écrou et le volant de serrage sont en bronze 90/10. Lors de la réception, les ressorts devront être démontés et soumis à une charge d'épreuve correspondant à une tension supérieure d'une atmosphère à la tension maxima dans la chaudière pour laquelle la balance a été établie, et devront pouvoir osciller sous cette charge jusqu'à $0^{m},05$ du dessous de la position d'équilibre sans qu'il se manifeste d'altération dans l'élasticité [1].

Bouchons fusibles. — Les bouchons fusibles se placent à la partie supérieure du foyer; tant que celle-ci est recouverte d'une certaine couche d'eau, le bouchon ne fait que transmettre la chaleur reçue au liquide; mais le niveau de l'eau vient-il à baisser de telle sorte que le bouchon soit mis à découvert, celui-ci s'échauffe et finit par fondre lorsque la température est suffisamment élevée. Aussitôt que le métal fondu a coulé dans le foyer, la vapeur se précipite sur la grille par l'issue qui lui est donnée, et le feu se trouve instantanément éteint. Le bouchon se compose d'un écrou en fer percé d'un trou ovale dans lequel on coule et on mate le métal fusible, et vissé dans le ciel du foyer.

Sifflets. — Les sifflets à vapeur, qui servent au mécanicien pour annoncer l'approche ou le départ du convoi, ou donner divers signaux, se composent d'un timbre en bronze sur lequel vient frapper la vapeur après avoir passé dans une ouverture

[1] Extrait du cahier des charges de la compagnie du Nord pour la fourniture des balances de soupape de sûreté.

circulaire très-étroite formée par la partie inférieure de l'appareil. Le sifflet se place sur l'arrière de la machine à la portée du mécanicien, fixé, le plus souvent, sur le même siége que la soupape d'arrière. Un robinet ou une petite soupape le mettent en communication avec la chaudière. Sur certaines machines, la soupape peut être manœuvrée également par le mécanicien et par le chef de train, au moyen d'une corde passée dans un anneau fixé à l'extrémité de la tige qui traverse l'appareil dans toute la hauteur. La figure 439 montre en coupe cette disposition, dont l'emploi doit être recommandé.

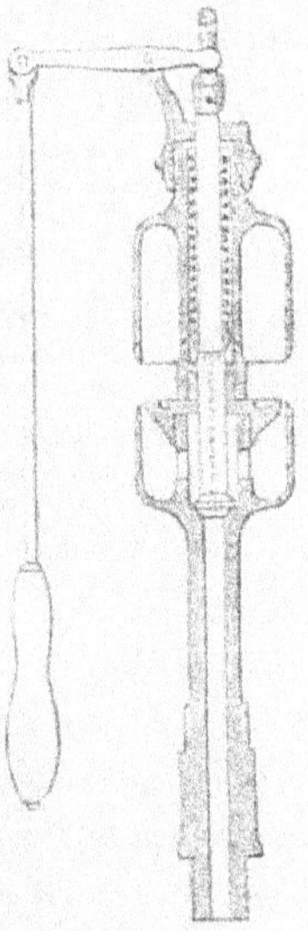

Fig. 439. Sifflet manœuvré par le garde-train. $\frac{1}{5}$.

Robinets de vidange. — Outre les bouchons de lavage placés sur les quatre angles de la boîte à feu extérieure et ceux fixés sur le cadre qui réunit les deux enveloppes du foyer, on munit encore la partie postérieure de la chaudière de robinets de vidange servant à vider la chaudière à chaud, ou à faire évacuer le trop-plein lorsque l'alimentation a été trop forte.

Prise de vapeur. — La prise de vapeur se fait au moyen d'un tuyau pénétrant dans la chaudière par son extrémité antérieure au travers de la plaque tubulaire, et disposé, d'ailleurs, de manières très-différentes, selon le cas.

Lorsqu'il s'agit d'une machine dont le dôme de prise de vapeur est situé à l'arrière ou à une distance assez grande de la boîte à fumée, la partie du tuyau comprise dans l'intérieur du corps cylindrique sera divisée en deux : l'une, horizontale, en cuivre rouge d'une épaisseur de 0^m,003 à 0^m,005 et partant de la plaque tubulaire d'avant pour venir aboutir au pied du dôme ; l'autre, qui lui fait suite, coudée à angle droit, s'élève verticalement jusqu'à la partie supérieure de cet organe. Si l'extrémité de ce tuyau ne doit pas porter le régulateur, il se fera également en cuivre rouge ; dans le cas contraire, on emploiera la fonte ou le laiton pour lui donner plus de rigidité, et on le soutiendra par des traverses en fer forgé fixées aux parois du dôme. Le joint qui réunit ces deux portions de tuyaux doit être très-solidement fait, et il convient d'employer pour cela un assemblage à brides boulonnées avec emmanchement conique.

Lorsque le dôme de vapeur est suffisamment rapproché de la cheminée, toute la partie de tuyau de prise de vapeur intérieure à la chaudière se fait en fonte d'un seul morceau.

Dans les machines à plusieurs dômes, chacun d'eux reçoit un tuyau de prise de vapeur qui vient ensuite se réunir à la conduite longitudinale.

Quelquefois même un seul dôme contient plusieurs petits tuyaux de prise de vapeur fixés sur le tuyau principal.

La suppression du dôme dans certains types de machines (Crampton, machines du *Great-Western*, en Angleterre) nécessite l'emploi d'une disposition particulière du tuyau de prise de vapeur. Celui-ci est fendu à la partie supérieure, de manière à prendre la vapeur sur tous les points de sa longueur. Quoique, par l'adoption de ce mode de construction, on semble devoir éviter les courants de vapeur vers un seul point, et par suite annuler une des causes principales de l'entraînement de l'eau, il n'en est pas moins vrai que si l'espace réservé à la vapeur au-dessus du niveau du liquide n'est pas suffisamment grand, il y aura, dans ce cas encore, un entraînement d'eau considérable.

La section intérieure du tuyau de prise de vapeur varie de 1/10 à 1/12 de celle des cylindres.

En sortant du corps cylindrique, le tuyau de prise de vapeur se bifurque pour se rendre à chacun des cylindres. Cette bifurcation s'obtient au moyen d'une culotte en fonte boulonnée contre la plaque tubulaire, et se prolongeant de chaque côté par deux tuyaux en cuivre, dont la section est au moins la moitié de celle de la conduite principale, et qui vont aboutir aux boîtes des tiroirs après avoir contourné la surface intérieure de la boîte à fumée, de manière à ne pas obstruer les orifices des tubes.

Dans les machines à cylindres intérieurs avec boîte à tiroir commune, la culotte est remplacée par un simple coude.

Les tuyaux de distribution de la vapeur aux cylindres ne passent pas toujours dans la boîte à fumée. Dans les machines du type Crampton, et quelques autres, ils descendent à l'extérieur sur les côtés du corps cylindrique.

Quelle que soit la disposition adoptée, le tuyau de prise de vapeur est muni, à son extrémité ou sur l'un des points de son parcours, d'un appareil particulier appelé *régulateur* et destiné à établir ou intercepter la communication de la chaudière avec les cylindres.

Le régulateur était autrefois composé d'un simple robinet. Aujourd'hui on n'emploie que les régulateurs *à tiroirs* et les régulateurs *à soupape*.

Une plaque verticale ou horizontale percée d'ouvertures, fixée sur le tuyau de prise de vapeur et devant laquelle peut glisser une seconde plaque portant des vides et des pleins correspondant à ceux de la première, constitue le premier genre de régulateurs. S'il est placé à l'extrémité du tuyau de prise de vapeur recourbé dans le dôme, le régulateur occupe une position verticale ou inclinée. La plaque peut être circulaire, percée de cinq ou six ouvertures, en forme de segments ; le tiroir sera représenté dans ce cas par un disque à plusieurs ailes, appelé papillon, mobile autour de son centre, et manœuvré au moyen d'un parallélogramme articulé, dont l'un des petits côtés reçoit l'extrémité d'une tige horizontale, traversant la paroi de la chaudière dans une boîte à étoupe, et terminée par un levier à la disposition du mécanicien.

Si la plaque est rectangulaire, percée d'ouvertures également rectangulaires, et recouverte d'un véritable tiroir, celui-ci sera manœuvré par une bielle fixée à sa partie inférieure à une petite manivelle, dont l'axe, prolongé jusqu'en dehors de la chaudière, se terminera par une manette.

Afin de faciliter l'ouverture de l'orifice du régulateur, M. Beugniot a appliqué sur les machines construites pour les chemins de la haute Italie, un double tiroir, formé de deux plaques superposées, dont l'extérieure, beaucoup plus petite, s'ouvre la première. La manœuvre se fait comme dans le cas précédent ;

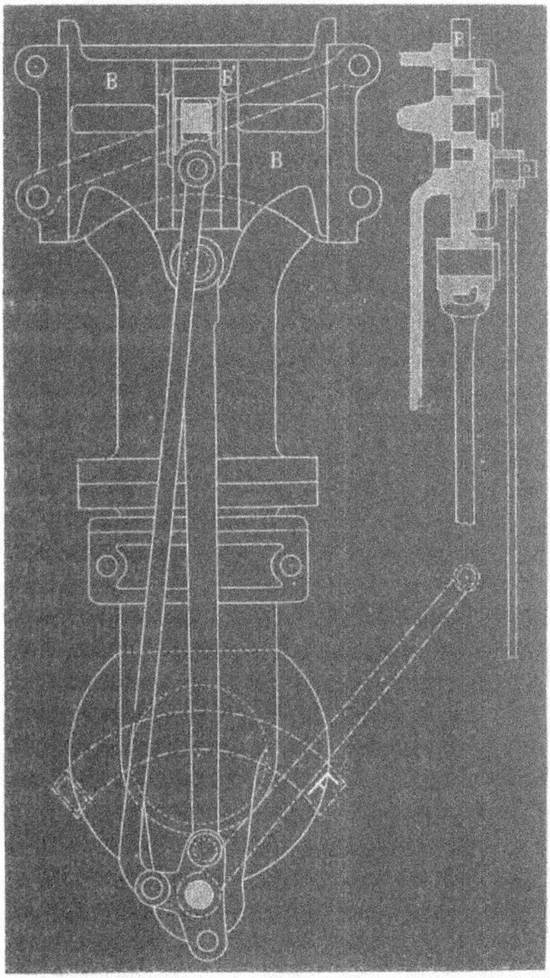

Fig. 440. Régulateur à tiroir supplémentaire. $\frac{1}{10}$.

deux manivelles, placées à angle droit sur le même arbre, commandent chacune un tiroir par une bielle spéciale. La figure 440 représente cette disposition, qui a l'avantage de permettre une ouverture graduelle et d'abord très-faible de l'orifice de prise de vapeur.

Le tiroir vertical, quelle que soit sa forme, doit être maintenu contre sa plaque par un ressort, car on laisse toujours entre les guides et le tiroir un certain jeu nécessaire pour le passage de l'air et de la vapeur refoulés dans la chaudière pendant la marche à contre-vapeur.

Il est des cas où, par suite de la construction ou pour d'autres considérations, le régulateur se trouve placé sur le parcours du tuyau, soit dans l'intérieur de la chaudière, soit dans la boîte à fumée. Le tiroir vertical ou horizontal est alors manœuvré par une tige qui lui est directement attachée; disposition appliquée sur les machines Crampton et plusieurs autres types de machines. Un double régulateur est contenu dans une boîte en fonte, placée sur le corps cylindrique, fermée par un couvercle boulonné, et au fond de laquelle vient déboucher le tuyau principal, tandis qu'elle communique latéralement avec les tuyaux de distribution par deux lumières pentagonales, recouvertes chacune d'un tiroir. Cette forme des lumières a pour but d'obtenir, comme avec la disposition de M. Beugniot, une introduction graduelle de la vapeur. Une tige unique, agissant à la fois sur les deux tiroirs, se prolonge au delà jusqu'au-dessus de la boî e à feu, en suivant l'arête supérieure de la chaudière.

Un tiroir unique, horizontal, placé dans la boîte à fumée, est souvent employé sur les machines anglaises. La tige de manœuvre suit dans ce cas l'axe du tuyau de prise de vapeur, traverse la paroi de la chaudière dans une boîte à étoupe, et se manœuvre au moyen d'un levier articulé à un point fixe, ou glissant dans un guide héliçoïdal [1].

La seconde espèce de régulateur, basée sur l'emploi d'une soupape, n'est guère employée qu'en Angleterre, où l'on y distingue deux dispositions différentes : 1° celle de M. Ramsbot-

[1] Bulletin de la Société des ingénieurs civils — Mémoire de M. Morandière, 1866.

tom, consistant en une soupape équilibrée, pouvant se soulever verticalement ; la manœuvre en est douce, mais l'ajustage doit en être très-soigné ; 2° la disposition de M. Bury consistant en une soupape mobile dans le sens horizontal, et manœuvrée par un levier glissant sur un guide héliçoïdal, disposition qui a été modifiée par M. Sinclair sur les machines du *Great-Eastern*[1].

La position du régulateur dans l'intérieur de la chaudière en rend la visite difficile, inconvénient d'autant plus grave que, sujet à des dérangements fréquents, cet appareil nécessite un entretien très-soutenu. On devra donc le placer toujours dans les parties les plus accessibles, dans le voisinage d'un trou d'homme ou dans la boîte à fumée ; mais il sera nécessaire, dans ce dernier cas, d'isoler la partie supérieure de cette capacité comme nous l'avons dit précédemment (p. 167), afin de garantir l'appareil de l'action destructive des gaz chauds. Sa position dans les machines Crampton est également bonne à ce point de vue.

Échappement. — Nous avons dit, plus haut, que le tirage du foyer dans les machines locomotives était obtenu au moyen du jet de vapeur sortant des cylindres. Pour atteindre ce but, les tuyaux d'échappement viennent se réunir en un seul conduit, terminé par une buse débouchant à la base de la cheminée. La jonction des deux tuyaux peut se faire à la partie inférieure ou supérieure de la boîte à fumée. Dans le premier cas, applicable seulement aux machines à cylindres intérieurs, une culotte en fonte réunit les boîtes à tiroir des deux cylindres à vapeur, et se continue par un tuyau vertical en cuivre ou en fonte, auquel on donne la forme elliptique, afin qu'il ne masque pas les orifices des tubes. Dans le second cas, les deux tuyaux, après avoir contourné les parois de la boîte à fumée, vont se réunir à une culotte en fonte, qui porte elle-même le tuyau d'échappement. Cette dernière disposition a l'avantage de mieux

[1] Bulletin de la Société des ingénieurs civils — Mémoire de M. Morandiere, 1866.

isoler les cylindres, et d'empêcher, par conséquent, la vapeur de l'un d'agir sur le piston de l'autre, mais aussi l'inconvénient d'obstruer la base de la cheminée.

L'orifice de sortie du tuyau d'échappement peut être circulaire, rectangulaire ou annulaire, et il prend une section variable lorsqu'on veut se servir de l'échappement pour *régler* le tirage dans le foyer.

L'influence de l'échappement sur le tirage et la recherche des meilleures dispositions à adopter dans l'installation des diverses parties qui concourent à cet effet, ont vivement préoccupé les praticiens, et de nombreuses expériences ont été faites à ce sujet depuis plusieurs années par les savants et les ingénieurs des diverses lignes de chemin de fer. Nous citerons, à cet égard, celles de M. Zeuner, de MM. Nozo et Geoffroy sur la ligne du Nord, dont les résultats se trouvent résumés dans le *Guide du mécanicien-constructeur :*

« L'orifice d'échappement ne doit pas être placé au-dessous de la base de la cheminée à une distance plus grande qu'une fois et demie le diamètre ; mais, en deçà de cette limite, on peut le placer indifféremment plus ou moins haut, on peut même l'introduire dans la cheminée. Le tirage ne diminue pas sensiblement, pourvu que la cheminée conserve une longueur suffisante à partir de l'échappement.

« Pour une combinaison donnée de section de passage, de section d'échappement et de vitesse de sortie de la vapeur, il y a une section de cheminée qui fait produire le maximum d'appel, la cheminée étant supposée avoir dans chaque cas une longueur de six à huit fois son diamètre.

« Avec une même section de passage, si la section de l'échappement ne varie que du simple au double, quelle que soit la vitesse de sortie de la vapeur, on peut dire que c'est toujours à peu près la même cheminée qui, pour chaque cas, produira le maximum de tirage.

« On peut remplacer la cheminée ordinaire et sa tuyère d'échappement par un groupe de cheminées plus petites, ayant chacune sa tuyère. Si la section totale reste la même de part et d'autre, les phénomènes ne seront que fort peu modifiés ; l'avantage de cette disposition consiste à diminuer notablement la hauteur qui n'a besoin d'être égale qu'à six ou huit fois le diamètre des cheminées partielles. »

D'autre part, M. Zeuner, professeur de mécanique à l'Institut polytechnique de Zurich, appliquant au tirage produit par un jet de vapeur le calcul de l'équivalent mécanique de la chaleur, est arrivé à établir entre le volume d'air entraîné et la quantité de vapeur employée, une relation algébrique dont il a vérifié l'exactitude en pratique par une série d'expériences qui l'ont conduit à admettre les résultats suivants[1] :

1° L'influence de la distance entre l'orifice de la tuyère et le bas de la cheminée est secondaire. Il suffit que le jet de vapeur pénètre librement dans la cheminée.

2° On peut, sans inconvénient, faire varier dans de larges limites les dimensions de l'espace dans lequel se font l'échappement et l'aspiration.

3° La forme des parois exerce une plus grande influence. Il convient que les masses gazeuses soient ramenées naturellement vers l'axe de la cheminée.

Parmi les moyens proposés par M. Zeuner pour améliorer le tirage des locomotives, il faut placer l'emploi des cheminées à section variable. M. Giffard a reconnu depuis longtemps que la dépression de l'air aspiré par un jet de vapeur était plus forte, pour une même pression de la vapeur, avec une cheminée légèrement évasée qu'avec une cheminée cylindrique.

De son côté, M. Prussman, ingénieur des machines sur une section du chemin de fer de Hanovre, est arrivé, après de nombreuses expériences, à l'adoption d'une forme de cheminée dont le profil courbe dénote certains avantages pour l'échappement de la vapeur et son effet utile.

M. Riggenbach, ingénieur en chef de la traction au chemin de fer central suisse, a cherché, en modifiant le profil en long de la cheminée, d'une part, et la disposition de l'échappement

[1] Bulletin de la Société des ingénieurs civils.

de vapeur de l'autre, à diminuer les effets de la résistance, que la colonne de vapeur et d'air entraîné doit éprouver dans la cheminée. Il a, dans ce but, élargi la base des cheminées en dessous du niveau de l'échappement, et augmenté progressivement le diamètre à quelques décimètres au-dessus, de manière à obtenir une section d'orifice double de la section au niveau de l'échappement. Des expériences faites sur ce système pendant une période d'une année, il résulte une économie qui atteint sur quelques machines jusqu'à 10 pour 100 de la dépense. La seconde modification de M. Riggenbach consiste à diviser l'ouverture de l'échappement en quatre tuyères distinctes, dont l'ensemble présenterait une surface supérieure de 1/10 à la section d'échappement unique, cette disposition devant avoir pour effet de multiplier les surfaces de contact qui produisent l'entraînement des gaz. Nous n'avons pas jusqu'ici de renseignements sur les résultats de l'application de ce système.

Les cheminées à section uniforme adoptées en France ne paraissent pas présenter tous les avantages que l'on peut tirer de l'échappement.

Nous avons déjà dit que l'orifice du tuyau d'échappement pouvait avoir des dimensions fixes ou variables. Le jet de vapeur servant à activer le tirage, il était naturel de chercher également dans son emploi le moyen de régler ce tirage, suivant les nécessités du service du foyer. En rétrécissant l'orifice d'échappement, on augmente la vitesse de la vapeur, et, par conséquent, celle de l'air aspiré ; de là l'emploi du régulateur à valves ou d'un régulateur annulaire avec obturateur intérieur mobile. Le premier de ces appareils employé en France et sur quelques lignes d'Allemagne se compose d'un tuyau en fonte terminé par deux faces planes parallèles, entre lesquelles peuvent se mouvoir deux autres faces perpendiculaires montées sur un axe horizontal et manœuvrées par le mécanicien, au moyen de leviers et de tiges de transmission.

L'emploi d'un échappement à orifice variable offre quelques avantages à côté de nombreux inconvénients. S'il est vrai qu'en rétrécissant l'orifice de sortie, on augmente l'appel de l'air, on accroît également la contre-pression sur le piston du cylindre, et l'on diminue ainsi l'effet utile de la vapeur; l'usage de l'appareil exige de la part du mécanicien une grande habileté pour la manœuvre et beaucoup de soins pour l'entretien. Il y a donc avantage à supprimer cet appareil toutes les fois qu'on le peut; il suffit pour cela d'avoir un combustible ne donnant pas un chauffage trop irrégulier et un mécanicien conduisant bien son feu.

Aussi l'emploi de ces appareils tend-il à diminuer sur les lignes françaises. Déjà il a été supprimé sur plusieurs machines du chemin de fer du Nord.

En Allemagne, on préfère généralement les échappements à orifice invariable, et, entre autres, ceux dont la forme annulaire offre une surface de contact plus considérable entre la vapeur et l'air entraîné. Il est un cas particulier, d'ailleurs, que l'on rencontre encore assez fréquemment sur les machines allemandes, et dans lequel l'échappement variable devient inutile, c'est celui où la vapeur sortant du cylindre sert par sa condensation, suivant l'un des deux procédés de MM. Kirchweger ou Rohrbuk, à échauffer l'eau du tender. Le premier consiste à faire sur le tuyau d'échappement une prise de vapeur qui se prolonge sous la chaudière, et va déboucher dans le tender par le moyen d'un tuyau percé de trous. Une valve convenablement placée permet d'envoyer, s'il est nécessaire, une partie de la vapeur dans la cheminée. Cette disposition, qui a donné une grande économie sur le combustible, au dire de ceux qui l'ont employée, tend également à disparaître aujourd'hui devant l'emploi, tous les jours plus fréquent, des injecteurs dont l'usage ne permet pas celui de l'eau d'alimentation à une température trop élevée.

Mais, tout en adoptant les échappements fixes, les Allemands, comme les Anglais, y ajoutent l'emploi du souffleur, afin de pouvoir augmenter la puissance du tirage dans certains cas. Le *souffleur* est un appareil qui puise directement la vapeur dans la chaudière, et qui, au moyen d'une soupape manœuvrée par le mécanicien, lance, par une tuyère pénétrant dans la boîte à fumée sous la cheminée, un jet de vapeur continu suffisant pour provoquer l'appel d'air dans le foyer. Il est employé également sur les machines françaises à échappement variable, mais il ne sert alors qu'à produire le tirage, pendant les heures de stationnement.

Dans l'établissement des appareils d'échappement, la principale question est de chercher une disposition simple, nécessitant le moins d'entretien possible, en raison de la position de l'appareil dans la boîte à fumée, loin des yeux du mécanicien, et exposé à la double action des gaz chauds et de la vapeur. Les échappements fixes présentent donc à cet égard un avantage sensible ; il ne faut pas oublier, dans leur construction, que de la multiplication des points de contact dépend la puissance d'entraînement du jet de vapeur, et que, par conséquent, sans négliger la première partie du problème, on doit donner à l'orifice une forme qui réponde à cette dernière condition. En ajoutant à un échappement de cette espèce l'action produite sur le tirage par la manœuvre de la porte du cendrier, celle d'un souffleur, et enfin l'emploi d'un petit registre placé sur les parois de la boîte à fumée, permettent au besoin l'introduction dans l'intérieur d'une certaine quantité d'air frais, on aura à sa disposition tous les moyens de régler le tirage d'une manière satisfaisante sans employer des appareils de construction compliquée ou d'un entretien difficile.

Sur quelques machines anglaises, on rencontre une installation de registres mobiles en forme de lames de persienne placés devant les tubes dans la boîte à fumée ; mais la complication du moyen ne répond pas aux services qu'on pourrait en attendre.

Grilles à flammèches. — Pour arrêter les flammèches entraînées par le courant gazeux dans la cheminée, on place, en France, dans la boîte à fumée, au-dessus de la dernière rangée de tubes, une grille formée de barres de fer méplat de $0^m,01$ de haut, placées de champ, perpendiculairement à l'axe de la machine. Les particules solides rencontrant ces barreaux s'arrètent et tombent dans la boîte à fumée. En Prusse, M. Gruson a appliqué sur diverses machines une grille à flammèches à barreaux mobiles, dont il dit avoir obtenu de bons résultats; mais la grille fixe nous paraît préférable en raison de sa simplicité.

M. Klein a construit, pour les machines brûlant du bois ou de la tourbe, un appareil destiné au même usage, qui se place à l'extrémité de la cheminée. Il consiste en une petite turbine mise en mouvement par la pression des gaz chauds, et lançant horizontalement les particules solides qui viennent tomber dans une double enveloppe fixée à la cheminée. Cet appareil ingénieux a été appliqué avec avantage dans certains cas particuliers.

Sur les machines américaines, la cheminée est surmontée d'un chapeau en tôle qui rabat les gaz circulairement. Les particules solides que ce premier changement de direction n'a pas arrêtées rencontrent encore avant de sortir un cône en toile métallique. Les unes et les autres tombent dans une double enveloppe entourant la cheminée. Enfin, M. Prussmann emploie une disposition analogue, l'espace compris entre les deux enveloppes, au lieu de rester vide, étant rempli d'eau.

358. **Pompes et injecteurs.** — Jusqu'à ces dernières années, le remplacement, dans les chaudières, de l'eau consommée par le travail des locomotives s'est fait au moyen de deux pompes, chacune d'elles ayant d'ailleurs un débit suffisant pour servir seule à l'alimentation de la chaudière, sans fonctionner pendant plus du tiers du parcours de la machine.

Leur plongeur manœuvre, soit directement par la tige du piston, soit par l'excentrique de la marche en arrière. Par cette disposition, l'introduction de l'eau n'a lieu que lorsque la machine circule, et, pour alimenter la chaudière en gare, il faut lui faire parcourir une certaine distance à vide, tandis que, pendant la marche et quand l'alimentation est suspendue, la pompe n'en continue pas moins à fonctionner sans produire de travail utile, mais en occasionnant, au contraire, une résistance notable. Pour parer à une partie de cet inconvénient, on a ajouté dans certains cas à la machine un cylindre à vapeur spécialement chargé de faire marcher les pompes.

L'emploi de ce moteur supplémentaire complique beaucoup la construction de la machine et en augmente le prix d'établissement. Aussi n'a-t-il été appliqué que sur quelques machines à marchandises, séjournant longtemps dans les gares.

En outre, les pompes nécessitent un entretien très-suivi, des réparations fréquentes et coûteuses ; elles augmentent le poids de la machine, le nombre des pièces du mécanisme par leurs appareils de transmission, et enfin elles absorbent une force considérable.

Il faut cependant reconnaître que, malgré tous les embarras qu'elles causent, les pompes présentent des avantages marqués. Sur une ligne accidentée, par exemple, un mécanicien habile, qui sait ménager sa vapeur et bien conduire son feu, peut, sans dépense de force, alimenter sa chaudière pendant les descentes, en utilisant la gravité pour la manœuvre de ses pompes et profitant aussi des moments où la pression de la vapeur peut baisser sans inconvénient pour rétablir le niveau d'eau à la hauteur voulue. — Aussi plusieurs ingénieurs n'hésitent pas à conserver cet organe en l'associant à l'injecteur Giffard, qu'il remplace au besoin.

L'emploi de l'injecteur Giffard, qui tend à se généraliser de plus en plus, en rendant les pompes inutiles, supprime une grande partie des inconvénients attachés à leur usage. D'un poids peu considérable et occupant une petite place, il présente surtout l'avantage de former un appareil complétement indépendant du reste de la machine, et agissant à la volonté du mécanicien, qui le fait fonctionner quand il veut, et qui peut le visiter et l'entretenir sans beaucoup de peine.

Le principe de cet appareil est fondé sur l'entraînement de l'eau par un jet de vapeur lancé avec une grande vitesse. Le jet de vapeur, pris directement sur la chaudière à alimenter, arrive dans l'appareil par une tubulure latérale, et s'engage dans un cylindre creux terminé par un ajutage conique allongé auquel on donne le nom de *tuyère*. Un second ajutage latéral, débouchant dans la chambre annulaire qui entoure cette tuyère, amène l'eau aspirée par le jet de vapeur; les deux fluides entrent dans un second ajutage conique appelé *cheminée*. A la suite de la cheminée est placé un long cône, dont le sommet, légèrement évasé, reçoit le nouveau jet formé d'eau et de vapeur plus ou moins complétement condensée, qui, après avoir soulevé une soupape de retenue située à l'extrémité de l'appareil, pénètre dans la chaudière. De l'espace annulaire qui entoure les extrémités de la cheminée et du cône de sortie se détache un tuyau de trop-plein.

La quantité d'eau entraînée variant avec la pression de la vapeur, il est nécessaire de pouvoir régler la dépense d'eau et de vapeur suivant les circonstances. Cet effet est obtenu en faisant varier la section des orifices d'introduction de la manière suivante : la tuyère à vapeur peut être plus ou moins ouverte au moyen d'une tige conique à son extrémité, filetée à sa partie supérieure, et traversant une boîte taraudée, qui ferme l'extrémité du cylindre recevant la vapeur. Ce cylindre lui-même peut glisser dans une boîte à étoupe, et, par suite de son mouvement, la tuyère qui le termine vient s'engager plus ou moins dans la base de la cheminée, en réglant ainsi la section de l'espace annulaire qui donne passage à l'eau aspirée.

Pour mettre l'appareil en marche, on commence par régler la position de la tuyère d'après la pression de la chaudière ; puis on ouvre le robinet de vapeur, et on écarte légèrement la tige conique qui, à l'état de repos, fermait complétement la tuyère. Aussitôt que l'aspiration commence à se faire, on augmente rapidement l'ouverture de la vapeur jusqu'à ce que l'eau aspirée, qui d'abord s'échappait par le tuyau de trop-plein, pénètre dans le cône et soulève la soupape de retenue.

Selon quelques ingénieurs, cette disposition exige l'emploi presque exclusif du bronze, un ajustage parfait, un entretien incessant ; la boîte à étoupe du cylindre à vapeur nécessite des réparations fréquentes, si l'on veut éviter les fuites. Ces objections, incomplétement justifiées, contre l'appareil primitif, ont amené plusieurs changements, dans quelques-uns des chemins de fer qui ont adopté cet injecteur ; tous ont en vue d'arriver à un appareil plus simple de construction, d'un entretien plus facile, et d'un prix de revient moins élevé par la substitution de la fonte au bronze en tout ou en partie. Nous signalerons ici quelques-unes de ces modifications.

Modifications de M. Delpech. — La tuyère est fixe, mais la cheminée est mobile ; le presse-étoupe du cylindre à vapeur est donc supprimé ; il est remplacé par deux autres plus faciles à entretenir. L'entrée de la vapeur se règle comme dans le premier cas. Les ajutages seuls sont en bronze, le reste est en fonte. Construit pour les machines du chemin de fer de Lyon, cet appareil s'est répandu sur plusieurs autres lignes.

Modifications de M. Turck. — La tuyère et la cheminée sont fixes ; l'entrée de l'eau est réglée par une enveloppe conique entourant la tuyère et la prolongeant au besoin de la quantité nécessaire pour réduire l'espace annulaire compris entre elle et la cheminée. La garniture est ainsi complétement supprimée ; l'enveloppe mobile se règle par un pignon placé latéralement. Les ajutages seuls sont en bronze.

Modifications de M. Sharp. — La disposition est la même en principe que celle de M. Delpech, mais la boîte à étoupe est remplacée par une garniture intérieure. Deux modèles ont été construits par M. Sharp en 1864 et 1865. Dans ce dernier, toute garniture a disparu, et la cheminée glisse à frottement dans le corps de l'appareil, manœuvrée par un pignon latéral.

Modifications de M. Krauss [1]. — Cette disposition, adoptée sur plusieurs chemins de fer allemands, se trouve représentée figure 441. La garniture est complétement supprimée, toutes les pièces sont fixes, et le règlement de l'appareil se fait au moyen de simples robinets placés sur les tuyaux d'arrivée d'eau et de vapeur. Ces robinets sont manœuvrés par des manivelles qui portent des aiguilles mobiles sur des cadrans divisés. La mise en train de l'appareil se fait en ouvrant d'abord le robinet d'eau, puis celui de vapeur ; on règle ensuite l'introduction en

[1] *Deutsche Industrie zeitung*, 1866, n° 7.

manœuvrant le premier jusqu'à ce que, par le tuyau de trop-plein, il ne s'écoule plus de liquide. Cette disposition facilite d'une manière considérable la construction de l'appareil et son entretien, et, par le fait des avantages incontestables que présentent ces conditions, elle ne tardera probablement pas à se répandre sur beaucoup d'autres lignes.

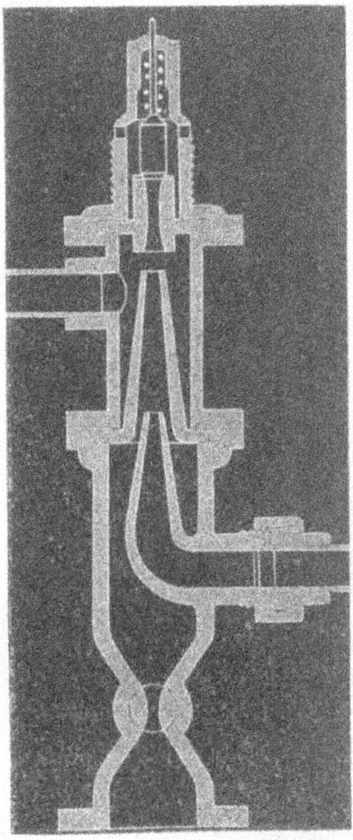

Fig. 441. Injecteur à organes fixes $\frac{1}{10}$.

L'injecteur, quelle que soit la modification adoptée, se place horizontalement ou verticalement de chaque côté de la boîte à feu extérieure, à la portée du mécanicien.

La prise de vapeur devra se faire aussi près que possible, afin de diminuer la longueur du tuyau, et, par suite, éviter la condensation de la vapeur. Il faudra toutefois que la prise de vapeur ait lieu en un point tel qu'elle soit suffisamment sèche et que l'eau de la chaudière ne soit pas projetée dans le tuyau dans les ondulations causées par l'arrêt de la machine.

Comme pour les pompes, chacun des injecteurs doit pouvoir suffire seul à l'alimentation de la chaudière, en marchant autant que possible d'une manière continue.

Les injecteurs se classent d'après le diamètre minimum du cône, qui varie de 7^{mm} à 10^{mm}, selon la puissance des machines, et pouvant fournir respectivement 1 à 2 litres par seconde.

Chauffage de l'eau d'alimentation. — Il est important que l'eau d'alimentation n'arrive pas à une trop basse température dans la chaudière, et, pour atteindre ce résultat, on a employé jusqu'ici deux dispositions principales. Nous avons déjà vu

(p. 188), que sur plusieurs lignes d'Allemagne, on envoyait une partie de la vapeur d'échappement dans les caisses à eau. En France et en Angleterre, on se sert d'une prise de vapeur directe partant de la chaudière. Ce mode de chauffage devient inapplicable avec l'emploi des injecteurs. Dans ces appareils, en effet, l'injection ne peut se faire qu'autant que l'eau aspirée ne se trouve pas à une température trop élevée, parce que l'introduction de l'eau dans la chaudière dépend de sa vitesse, que celle-ci est fonction de la quantité de vapeur condensée et qu'enfin cette dernière quantité dépend à son tour du degré de température de l'eau d'alimentation. Ainsi, pour une pression de 7 à 8 atmosphères, la limite pratique de température de l'eau aspirée est d'environ 40 degrés. Ajoutons à cela que lorsque l'eau est froide, une variation de pression ne change pas notablement le débit, et n'empêche pas l'appareil de fonctionner, tandis que si la température de l'eau approche de son maximum, toute variation dans les conditions de la mise en train de l'appareil obligera le mécanicien à régler de nouveau son appareil s'il ne veut pas voir l'alimentation s'arrêter. Il sera donc plus avantageux en général de ne pas trop élever la température de l'eau du tender. En Allemagne, la limite généralement adoptée est de 25 à 30 degrés Réaumur.

Le tuyau de réchauffage de la caisse à eau devra donc être conservé avec l'emploi du Giffard, mais l'usage en sera beaucoup restreint, puisque l'échauffement de l'eau se fait pendant son passage dans l'appareil alimentaire. Par cette disposition, la vapeur est utilisée d'une manière beaucoup plus complète avec l'injecteur qu'avec les pompes, et l'un des premiers avantages qui en résultent est la facilité de maintenir et même d'augmenter la pression pendant l'alimentation, résultat impossible à atteindre avec l'emploi des pompes qui absorbent, du reste, une quantité de force considérable.

Aspiration et refoulement. — Lorsque la caisse à eau se trouve placée sur un tender, le tuyau d'aspiration amenant l'eau aux pompes ou aux injecteurs doit affecter une disposition spéciale qui facilite le passage dans les courbes, et permette au besoin l'isolement du tender et de la machine sans donner lieu à une opération trop compliquée. Pour arriver à ce résultat, on compose le tuyau d'aspiration de plusieurs portions réunies comme suit : le tender et la machine sont munis chacun d'une portion de tuyau fixe, à laquelle vient se réunir, au moyen du joint à rotule, sur la machine, un tuyau terminé par un presse-étoupe, sur le tender un tuyau droit pouvant s'engager dans ce dernier. Pour faciliter l'introduction, le chapeau du presse-étoupe est muni d'un large pavillon, et c'est pour prémunir contre l'entrée de la poussière dans cet assemblage, que l'on place le tuyau à pavillon sur la portion adhérente à la machine.

Chaque appareil d'alimentation doit avoir un tuyau d'aspiration distinct aboutissant, dans le fond de la caisse à eau, à une soupape manœuvrée comme nous l'avons dit précédemment (256). Un tuyau de refoulement part également de chacun d'eux, et conduit l'eau d'alimentation dans la chaudière. Une soupape de retenue placée à son extrémité sert à isoler l'appareil dans le cas d'un accident arrivé au tuyau.

L'introduction de l'eau dans la chaudière peut se faire en divers points de sa longueur. Celui dont la position répondrait le mieux à la condition d'un chauffage méthodique de l'eau, serait l'extrémité antérieure du corps cylindrique ; mais la nécessité de donner dans ce cas une grande longueur au tuyau de refoulement offre quelques inconvénients, au point de vue du refroidissement de l'eau pendant le trajet.

Il ne faut cependant pas réduire cette longueur à son minimum en faisant déboucher le tuyau de refoulement dans la boîte à feu. L'introduction de l'eau d'alimentation dans la partie la plus directement exposée à la chaleur du foyer est nuisible à la bonne conservation des parois métalliques qui en forment l'enveloppe, et favorise le dépôt des matières incrustantes dans la partie de la chaudière la plus étroite, et, par conséquent, la plus difficile à visiter et à nettoyer. Il suit de ces considérations que l'on choisit, pour point d'introduction de l'eau, une position intermédiaire, mais rapprochée de l'avant du corps cylindrique ; l'extrémité du tuyau d'arrivée de l'eau prolongé dans l'intérieur de la chaudière devra se recourber horizontalement, de manière à ce que le jet d'alimentation soit dirigé dans le sens des tubes et non pas perpendiculairement à leur longueur.

359. **Cylindres et pistons.** — La partie de la machine destinée à transformer en mouvement alternatif la puissance d'expansion de la vapeur se compose, avons-nous dit (337), de deux *cylindres à vapeur*, placés de chaque côté de l'axe de la machine, tantôt extérieurement, tantôt intérieurement au châssis de suspension.

Chacun d'eux, quelle que soit sa position, comprend : 1° un cylindre en fonte de $0^m,020$ à $0^m,025$ d'épaisseur, alésé intérieurement et fermé à ses extrémités par deux couvercles, dont l'un au moins est muni d'un presse-étoupe qui donne passage à la tige du piston ; 2° une boîte à tiroir qui, au moyen de trois conduits, mène la vapeur utilisée au tuyau d'échappement, d'une part, tandis que les deux autres portent la vapeur aux extrémités du cylindre pour la faire agir sur le piston.

La construction des cylindres à vapeur exige des soins tout particuliers, que nous résumerons dans les conditions suivantes :

1° Employer de la fonte grise, dure, à grain serré, et ménager une masselotte de $0^m,40$ de hauteur, pour assurer au métal après la fusion une texture homogène ;

2° Aléser avec la plus grande précision la surface intérieure, de manière à ce qu'elle soit parfaitement cylindrique et exempte de toute rugosité ;

3° Donner aux parois une épaisseur uniforme, régulière et suffisante pour pouvoir renouveler plusieurs fois l'opération précédente sans en compromettre la solidité : le dernier alésage devra laisser au moins $0^m,015$ de métal, et le cylindre, dans ces conditions, pourra servir encore sans danger, jusqu'à ce que cette épaisseur se trouve réduite à $0^m,012$;

4° Dresser, suivant une surface exactement plane, la table des lumières, les brides des extrémités des cylindres et de la boîte à tiroir, et les portées qui servent à fixer le cylindre sur le châssis de la machine ;

5° Éviter toute espèce d'étranglement dans les conduits d'admission et d'échappement.

L'agent réceptionnaire devra se rendre compte de la façon dont ces différentes conditions ont été remplies par le constructeur, et la qualité de la fonte doit être (chap. IV, § IV, t. Ier) l'objet d'un examen attentif de sa part, surtout dans l'intérieur du cylindre, où le moindre défaut peut causer, par la suite, un accident plus ou moins grave, dont la moindre conséquence sera d'exiger une réparation très-coûteuse.

Le *tiroir de distribution* est un bloc de métal creusé en son milieu et parfaitement dressé sur sa surface inférieure, de manière à pouvoir s'appliquer très-exactement sur la table des lumières.

Il est réuni à sa tige au moyen d'un cadre le plus souvent forgé avec elle ; pour éviter que cet assemblage ne prenne du jeu au bout d'un certain temps, ce qui jetterait une perturbation fâcheuse dans les fonctions de la distribution, il faut avoir soin de ménager un moyen de serrage.

On a essayé divers systèmes de tiroirs équilibrés pour détruire la pression considérable que la vapeur exerce sur la face supérieure du tiroir ; mais aucun jusqu'ici n'a donné de résultats satisfaisants.

Le frottement qui résulte de cette pression pendant le mouvement continuel de cet organe a pour effet d'amener une prompte usure dans les deux surfaces. Afin de réduire, autant que possible, les réparations, qui deviennent difficiles et coûteuses toutes les fois qu'elles s'appliquent au cylindre à vapeur, on fait en sorte que cette action se porte principalement sur le tiroir, en employant, pour sa construction, de la fonte plus tendre ou du bronze ; lorsque l'usure atteind un degré suffisant, on rapporte sur la face inférieure des plaques de frottement en bronze.

Une disposition adoptée depuis quelques années dans ce même but, et qui tend à se répandre de plus en plus, est celle des tiroirs en fonte avec surface frottante en *métal blanc*. Cet alliage, dont la composition est la suivante :

Plomb	70
Antimoine	20
Etain	30
	120

est coulé dans des rainures pratiquées sur la face inférieure du tiroir, en prenant la précaution de ne faire cette opération qu'après avoir chauffé ce dernier à une température égale à celle de l'alliage en fusion. En renouvelant cette garniture de temps à autre, on peut arriver ainsi à faire servir la même coquille presque indéfiniment.

Pistons. — Beaucoup de dispositions ont été successivement adoptées pour la construction des pistons de locomotives, ayant toutes pour base l'emploi de segments en fonte, bronze ou acier, maintenus entre deux plateaux circulaires et pressés contre les parois du cylindre par des ressorts diversement construits.

Aujourd'hui, on n'emploie guère que le système de M. Ramsbottom et le *piston suédois*, qui ne diffère du premier que par une plus grande simplicité de construction.

Le piston Ramsbottom, en fer forgé ou en fonte, est muni de trois rangées de ressorts en acier. On le rencontre encore sur un grand nombre de machines anglaises ; mais, en France, il est remplacé généralement par le piston suédois, dont nous donnons ici les diverses dispositions usuelles. Le corps du piston est en fonte (fig. 442) ou en fer forgé. Quelques ingénieurs substituent simplement le fer forgé à la fonte, en conservant au piston la forme de la figure 442. Mais cet arrangement, solide d'ailleurs, donne un piston un peu lourd, et nécessite un contre-poids plus considérable.

Aussi préférons-nous les dispositions des pistons en fer représentés par les figures 443 et 444.

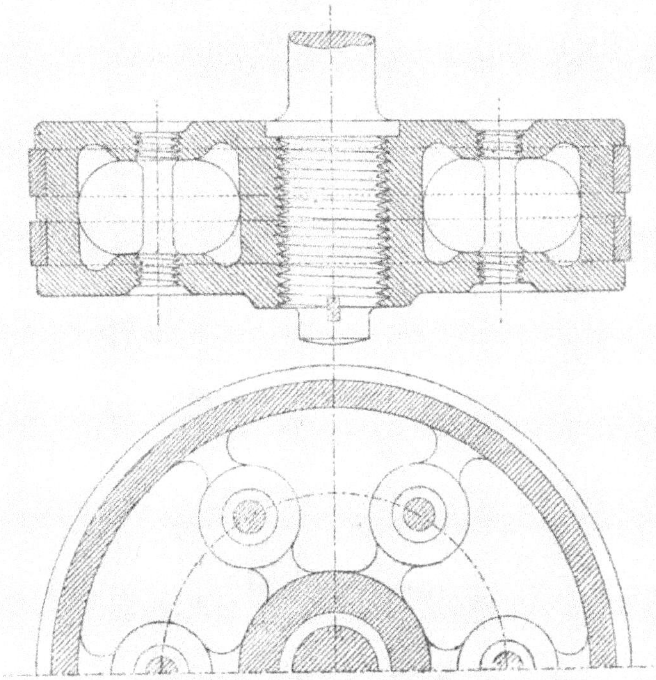

Fig. 442. Piston suédois en fonte. (Ouest.) $\frac{1}{5}$.

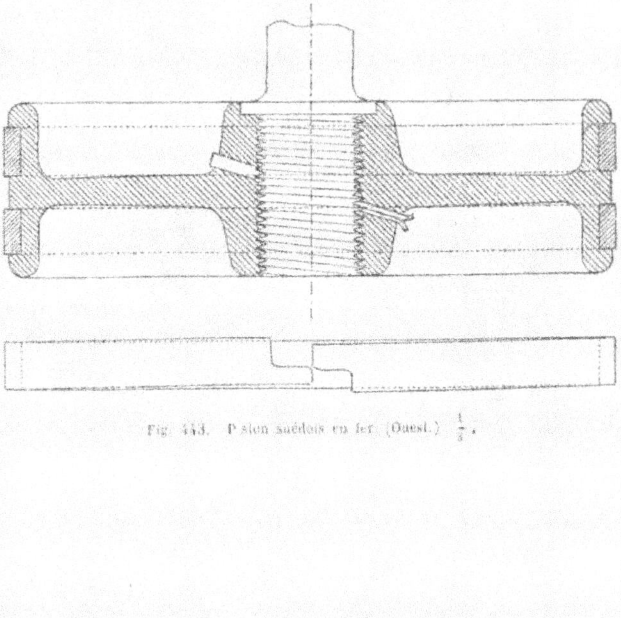

Fig. 443. Piston suédois en fer. (Ouest.) $\frac{1}{5}$.

Une gorge pratiquée sur la surface cylindrique extérieure reçoit deux anneaux métalliques fendus et superposés, en ayant soin de croiser les solutions de continuité, pour intercepter le passage de la vapeur.

Dans le même but, on place quelquefois derrière ces segments une lame mince, en acier, qui s'applique fortement contre leur face intérieure. Pour la construction des segments, on préfère aujourd'hui la fonte à l'acier, qui est cassant et grippe facilement, ou au bronze, trop tendre et s'usant inégalement, tandis qu'en maintenant un graissage suffisant, on ar-

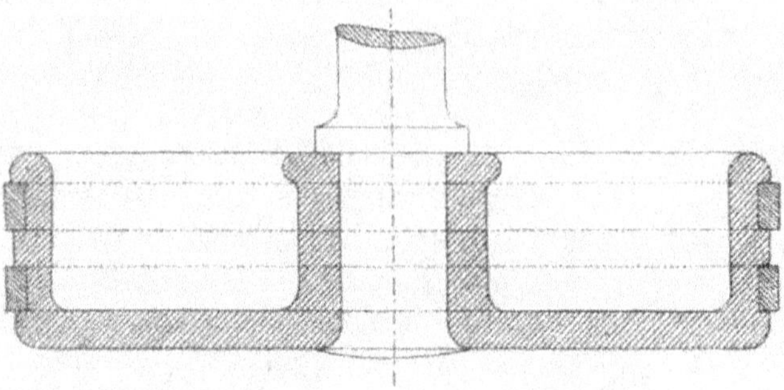

Fig. 444. Piston suédois en fer. (Ouest.) $\frac{1}{5}$.

rive à obtenir avec la fonte un très-beau poli de la surface intérieure du cylindre, et l'on réduit notablement les frais d'entretien.

Ces segments se coulent sans solution de continuité; ils sont d'abord tournés et alésés, puis martelés intérieurement pour leur donner de la *bande*. On les fend alors sur un point de leur circonférence et ils s'ouvrent en faisant ressort.

Quelques constructeurs, voulant éviter les inconvénients d'un assemblage, ont forgé d'une seule pièce des pistons avec leur tige; mais cette disposition augmente très-sensiblement les frais de premier établissement et d'entretien, par la difficulté du travail de construction et la nécessité de rejeter à la fois les deux parties, lorsque, par suite d'un accident, l'une d'elles se trouve mise hors de service.

La tige en fer forgé ou en acier est aujourd'hui presque généralement assemblée avec le corps du piston au moyen d'une partie taraudée, comme on peut le voir sur les figures 442 et 443. Les emmanchements à clavette, longtemps employés, ne tardent pas à prendre du jeu et à nécessiter de fréquentes réparations ; tandis qu'en ayant soin de river sur la face du piston l'extrémité de la tige filetée et de la maintenir ensuite au moyen d'une goupille, on obtient un assemblage aussi parfait que possible et pouvant au besoin se démonter sans beaucoup de difficulté.

Quelques constructeurs anglais emploient un emmanchement conique, serré au moyen d'un écrou placé sur l'extrémité filetée de la tige, qui, généralement, est en acier.

L'extrémité opposée de la tige se termine par une partie conique sur laquelle est clavetée une douille en fonte portant deux coulisseaux et traversée par un axe en fer forgé, qui reçoit la tête de la bielle de transmission. Deux glissières en acier fondu, fixées, d'une part, au couvercle du cylindre et, de l'autre, au châssis de suspension, maintiennent les coulisseaux et dirigent la course de la tige du piston. D'autres fois on se contente d'une seule glissière embrassée par le coulisseau. (Nord.)

Graisseurs et garnitures. — Le graissage du tiroir et du piston peut être effectué par deux procédés différents.

1° En établissant sur les couvercles de la boîte à tiroir et du cylindre des robinets graisseurs manœuvrés par le mécanicien au moyen de tringles ;

2° En se servant de graisseurs automatiques, espèces de réservoirs d'huile mis en communication avec la boîte à tiroir, d'une manière permanente ; — la vapeur, en y entrant, s'y condense et, en s'accumulant dans le fond, déplace l'huile, qui va lubrifier le tiroir et, de là, le piston. Tels sont les graisseurs de Colquhoun et de Ramsbottom. — L'action de ces appareils cessant avec l'entrée de la vapeur dans les cylindres, il sera nécessaire de se ménager un moyen de graissage pendant la marche à régulateur fermé.

Celui de M. Roscoe, plus compliqué que les premiers, se place sur le tuyau de conduite de la vapeur qui sert de véhicule à la substance lubrifiante. Avec cet appareil, le graissage peut être réglé à l'avance pour un temps ou pour un parcours déterminé, et cela même pendant la marche en descente, une très-faible admission de vapeur suffisant pour entraîner le liquide lubrifiant.

M. Kessler a imaginé un appareil qui satisfait aussi automatiquement à cette condition et dont nos lecteurs pourront trouver la description dans le deuxième cahier de l'*Organ fur die Fortschritte des Eisenbahnwesens*, 1867 [1].

Les garnitures des boîtes à étoupes continuent à se faire en chanvre, malgré les nombreux essais tentés pour l'emploi des garnitures métalliques.

360. **Mécanisme de distribution.** — Supposons le piston arrivé à l'une des extrémités de sa course : la vapeur, qui a produit son mouvement pendant cette première période, doit s'échapper dans l'atmosphère, tandis qu'une nouvelle quantité, venant presser la face opposée du piston, le ramènera en sens inverse jusqu'à l'autre bout du cylindre ; mais nous remarquerons que si l'introduction ne commence à se faire qu'au moment où le piston va rétrograder, la pression dans le cylindre ne s'établit qu'au bout d'un certain temps, et une partie de l'effet utile se trouvera perdue. D'autre part, l'échappement s'ouvrant au même moment, et d'une quantité très-faible en commençant, il se produira sur la face opposée une contre-pression qu'il est avantageux de pouvoir éviter. Ces deux inconvénients disparaîtront, si l'on donne au tiroir une certaine *avance linéaire*. L'introduction anticipée produisant un travail négatif dû à la contre-pression d'autant plus sensible que, par le même fait, elle se trouve fermée quelques instants avant la fin de la course sur la face opposée, il faut la réduire autant que possible ;

[1] Voir dans le même recueil le graisseur automatique de M. Wolkmar. 1865. IIIe et IVe cahier.

pour arriver à ce résultat, tout en conservant à l'avance à l'échappement une valeur suffisante, on prolonge à l'intérieur le tiroir d'une certaine quantité à ses deux extrémités pour retarder l'ouverture de l'orifice d'admission.

Indépendamment de cet effet, le recouvrement extérieur a pour avantage d'augmenter sensiblement la valeur de la détente déjà produite par l'avance du tiroir, ce qui fait que l'on a été conduit, dans plusieurs cas, à lui donner des dimensions supérieures à celles que nécessite l'échappement anticipé, et, par suite, à employer un recouvrement intérieur pour rétablir l'équilibre. Toutefois il ne faut pas exagérer cette disposition qui, en fermant trop prématurément l'orifice d'échappement, augmente la durée de la contre-pression ; celle-ci doit être seulement suffisante pour que, au moment de l'ouverture de l'admission, la pression dans les espaces nuisibles soit à peu près la même que dans la chaudière. D'autre part, l'emploi exclusif d'une grande détente peut avoir des inconvénients, soit pour la mise en marche, soit pour le passage des rampes à forte inclinaison, et l'on se trouve naturellement conduit, par ces considérations, à chercher une disposition qui permette de proportionner à chaque instant la valeur de la détente à celle du travail que la machine doit effectuer.

Les détentes variables à double tiroir ou à plaques, employées pour les machines fixes, ne peuvent être facilement appliquées à l'appareil moteur d'une locomotive, en raison de la complication qu'elles apportent dans le mécanisme et de la grande vitesse des organes de distribution. Les essais qui ont été faits dans ce sens sur la plupart des lignes ont donné des résultats peu satisfaisants, et si quelques ingénieurs trouvent cependant dans l'emploi de ces systèmes des avantages suffisants pour en adopter l'emploi, ils en ont toutefois réduit l'application aux seules machines à marchandises, dont la vitesse restreinte se prête mieux au bon fonctionnement de ces organes délicats.

Nous nous contenterons donc de signaler en passant, parmi les dispositions de ce genre quelquefois appliquées, celle à deux tiroirs, de M. Gonzenbach, et celle de M. Meyer.

On conçoit facilement que, en faisant varier la longueur de la course du tiroir, le recouvrement restant toujours le même, la durée de l'admission doive varier également, et qu'on puisse arriver ainsi à chaque instant à régler la détente suivant les besoins du service. Tel est, en effet, le moyen généralement employé, et dont les résultats, très-imparfaits au point de vue théorique, n'en sont pas moins aussi satisfaisants que possible dans la pratique.

Le mouvement de va-et-vient du tiroir lui est communiqué par un excentrique calé sur l'essieu moteur, et dont le grand rayon, égal à la moitié de la course du tiroir, fait avec la manivelle motrice un angle de 90 degrés, moins l'*avance angulaire* nécessaire pour obtenir l'avance linéaire.

Si le mouvement de rotation de l'essieu moteur devait toujours s'effectuer dans le même sens, on pourrait réunir par une articulation fixe la tige du tiroir à l'extrémité de la branche de l'excentrique; mais les besoins du service exigent que la machine puisse marcher tantôt en avant, tantôt en arrière; de là, nécessité de pouvoir à chaque instant changer le sens du mouvement, résultat qui exige une disposition particulière de la transmission. Attachons la tige du tiroir à l'une des extrémités d'un levier oscillant autour de son point milieu, et fixons ensuite successivement aux deux bouts de ce levier la barre de l'excentrique, nous pourrons communiquer ainsi au tiroir deux mouvements de sens contraire. Mais cette disposition a l'inconvénient de ne pas conserver dans les deux positions l'avance du tiroir, et cette condition nous amène nécessairement à l'emploi, pour chaque cylindre, de deux excentriques faisant entre eux un angle de 180 degrés, diminué de deux fois l'angle d'avance et pouvant être mis successivement en communication avec la tige du tiroir, soit directement, soit par l'intermédiaire du levier. Dans les premières installations de ce genre, une fourchette terminait la barre de chacun des excentriques et amenait le tiroir, chaque fois que l'on voulait opérer un changement dans le sens du mouvement, à la position voulue en agissant sur le bouton qui terminait sa tige ou le levier qui le commande.

Aujourd'hui les fourchettes sont remplacées par une *coulisse* réunissant les deux branches d'excentriques et dans laquelle peut glisser un coulisseau fixé à l'extrémité de la tige du tiroir.

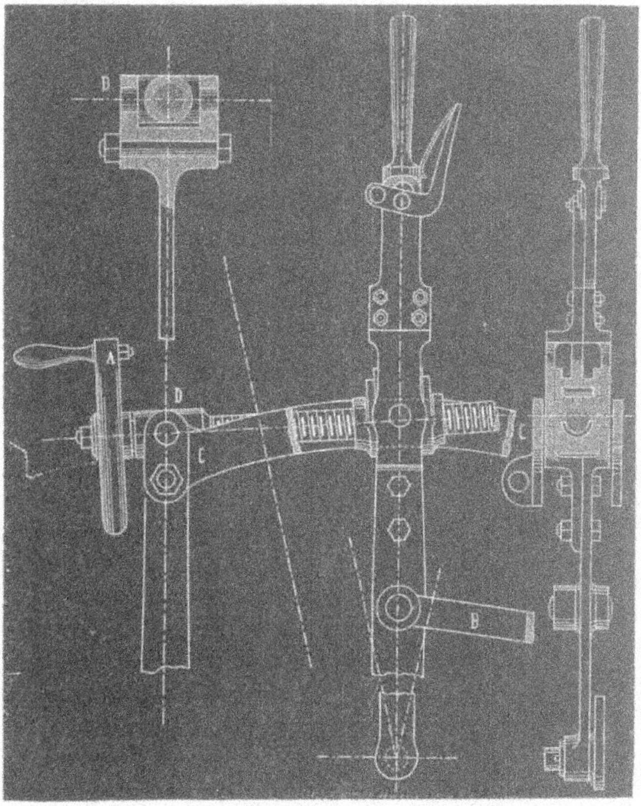

Fig. 445. Levier à vis de mise en marche. $\frac{1}{10}$.

Chaque excentrique se compose de trois parties : La *poulie*, calée sur l'arbre, et qui est généralement en fonte pleine ou évidée. — Quelquefois les deux poulies sont fondues ensemble ; mais cette disposition ne permet pas de changer au besoin le calage de l'un des excentriques par rapport à l'autre et, par cela même, elle est défectueuse. — Le *collier*, formé de deux portions réunies à l'aide de brides boulonnées, porte une rainure intérieure dans laquelle s'emboîte la poulie. Quelquefois, et lorsqu'il est indépendant de la tige, on le fait en bronze; dans le cas contraire, en fer forgé. Depuis quelques années, on construit des colliers en fer avec garniture en métal blanc, dont la composition peut être la même que celle du métal employé pour les tiroirs, ou en différer par la substitution du cuivre à l'étain; on obtient ainsi un frottement très-doux, et les dépenses de réparation se trouvent considérablement diminuées. — La *barre* de l'excentrique est en fer forgé, adhérente au collier ou simplement réunie à ce dernier par un assemblage à douille.

Le mouvement est communiqué à la coulisse par un système de tiges de transmission aboutissant à un levier placé sur le côté de la boîte à feu à la disposition du mécanicien, et pouvant se manœuvrer soit à la main, soit à l'aide d'une vis. Dans le premier cas, il se termine par une manette et porte un verrou à ressort qui peut s'engager dans des crans distribués sur la circonférence d'un secteur. Le second mode de transmission, plus nouveau, qui présente l'avantage d'une manœuvre beaucoup plus facile et permet de régler la distribution avec plus de sûreté et d'exactitude, est représenté par la figure 445.

La première disposition de la coulisse de distribution, inventée par R. Stephenson, et dont les autres ne sont que des modifications, se compose d'une coulisse en arc de cercle, présentant sa concavité à l'essieu moteur et décrite avec un rayon égal à la longueur des barres d'excentriques, comptée à partir du centre de l'essieu. Mais cette disposition ne permet pas d'avoir une avance constante pour toutes les positions du coulisseau.

Cet inconvénient disparaît avec l'emploi de la coulisse de Goock, qui présente sa concavité du côté du tiroir. Le coulisseau est fixé non plus sur la tige de commande, mais sur une bielle intermédiaire, dont la longueur donne le rayon de courbure de la coulisse, et qui, tandis que celle-ci est suspendue invariablement au châssis, reçoit elle-même le mouvement du levier de mise en marche.

En combinant à la fois les mouvements de ces deux premières dispositions, on arrive à remplacer la coulisse courbe par une coulisse droite, représentée fig. 446. La bielle du tiroir AG et la coulisse CD sont manœuvrés à la fois par un double système de tiges de transmission aboutissant à un même levier régulateur EF [1].

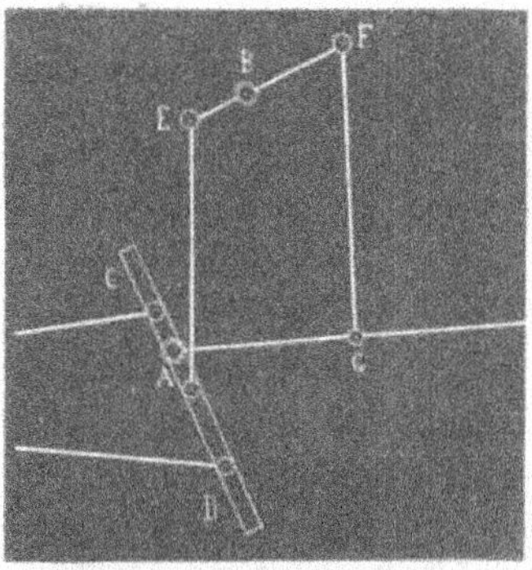

Fig. 446. Coulisse droite.

Il est facile de voir que ces divers systèmes répondent aussi exactement que possible à la condition de faire varier la course du tiroir. Supposons, en effet, que le coulisseau se trouvant occuper l'une des extrémités de la coulisse, où il reçoit directement le mouvement de l'un des excentriques, celui de la marche en avant, par exemple, soit transporté ensuite à l'autre extrémité et se trouve maintenant commandé par celui de la marche en arrière. Il communiquera au tiroir, dans cette nouvelle position, un mouvement contraire de celui qu'il lui transmettait dans la première, et pour passer de l'une de ces valeurs à l'autre, le mouvement aura dû nécessairement décroître, s'annuler, puis croître de nouveau dans l'autre sens. Il suit de là que, en éloignant le coulisseau de l'extrémité de la coulisse, on diminuera la course du tiroir, et, par conséquent, on augmen-

[1] Pour que les conditions de la distribution restent sensiblement les mêmes qu'avec la coulisse renversée, il faut que les dimensions des différentes parties satisfassent à la relation suivante :

$$\frac{b}{a} = \frac{l_0}{l}\left(1 + \sqrt{1 + \frac{l}{l_1}}\right), \text{ dans laquelle}$$

l représente la longueur de la tige d'excentrique ;
l_0 — de la bielle du tiroir jusqu'au point de suspension ;
l_1 — totale de la bielle du tiroir ;
a, b les deux bras du levier EF.

tera la détente, jusqu'au moment où, la longueur de la course ne dépassant plus celle du recouvrement, les lumières resteront fermées, et la vapeur n'entrera plus dans le cylindre. En continuant à agir dans le même sens sur le levier de mise en marche, nous augmenterons de nouveau la course, et bientôt l'admission recommencera, et avec elle le mouvement du piston et de l'essieu moteur, mais tous deux auront changé de sens.

Avec ces appareils, le coulisseau se meut généralement dans deux rainures ménagées à l'intérieur de chaque joue de la coulisse. Ces pièces sont d'exécution délicate et leur forme provoque l'accumulation de la poussière, rend difficiles le démontage du coulisseau et par suite les réparations.

M. Correns, chef du service des machines au chemin de fer Frankfurt-Hanau, s'est proposé de faire disparaître en partie ces impédiments en constituant sa coulisse (fig. 447) au moyen de deux barres droites B,B réunies haut et bas par deux boulons et entretoises, surchargées d'épaisseurs mobiles que l'on peut enlever au fur et à mesure de l'usure du coulisseau A.

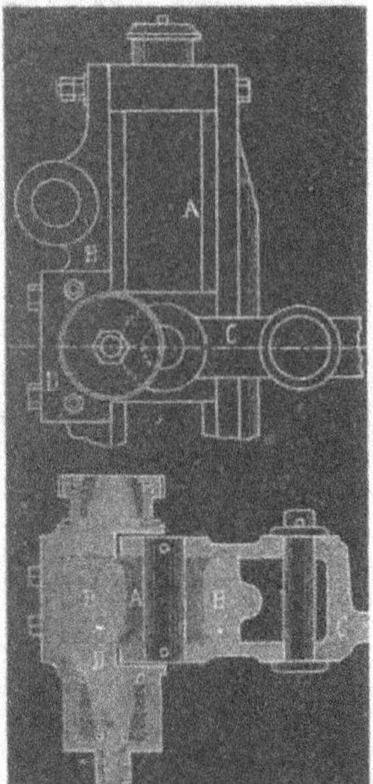

Fig. 447 Coulisse droite. (Frankfurt Hanau.)

Les tourillons D, qui supportent la coulisse, sont coniques pour en faciliter le serrage et le centrage quand l'usure en a diminué le diamètre [1].

Lorsque l'on veut établir une distribution, on doit se rendre compte à l'avance de toutes les circonstances du mouvement, de la position relative des organes à chaque instant. Pour cela on se sert généralement d'épures qui donnent pour chaque position du piston la grandeur de l'ouverture des lumières et

[1] *Organ für die Fortschritte des Eisenbahnwesens*, etc. 1865. IIe cahier.

indiquent les points où commencent la détente, l'admission et l'échappement de la vapeur. La courbe dont on fait usage en France à cet effet a pour abscisses les positions du piston et pour ordonnées celles du tiroir aux mêmes instants [1].

En Allemagne, on a adopté le tracé imaginé par M. Zeuner, dont nous donnons ici (fig. 448), un exemple tiré de l'*Ingenieurs Taschenbuch*. — OX et OY représentent deux axes perpendiculaires. Sur la droite OD, formant avec le premier un angle δ qui représente l'avance angulaire du tiroir, on porte, de chaque côté du centre O, une longueur OD, OD' égale au rayon de l'excentrique, et sur laquelle on décrit un cercle. Du point O comme centre, avec des rayons égaux aux recouvrements extérieur et intérieur du tiroir, on décrit deux autres cercles OA, OA_1 et portant, à partir des points AA, sur l'axe OY, une longueur AB A_1B_1, égale à la dimension transversale des lumières, on décrit deux nouveaux cercles du point O comme centre avec OB, OB_1 pour rayons, qui couperont les deux premiers aux points ab, a_1b_1, tandis que ceux-ci coupent les cercles OA, OA_1 aux points dc, d_1c_1. L'espace compris entre $abcd$ représente la valeur de l'admission, tandis que la surface $a_1b_1c_1d_1$ correspond à l'échappement. Veut-on connaître l'ouverture des lumières pour une position du tiroir correspondant à un angle donné CO? on mènera par le point O une droite faisant avec l'axe OX l'angle proposé ; la distance LK représentera la largeur de l'ou-

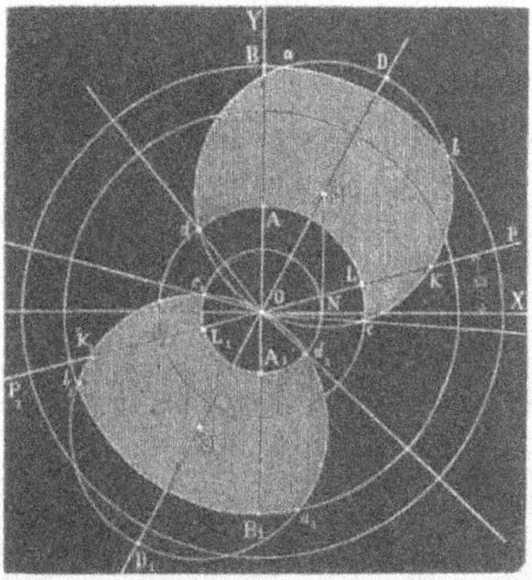

Fig. 448. Épure de la distribution de vapeur.

[1] *Guide du Mécanicien*, etc., livr. I, § 6, pl. IV.

verture de l'admission, L'K' celle de l'échappement au moment considéré.

Bielles. — Le mouvement de la tige du piston est transmis à l'essieu moteur par l'intermédiaire d'une bielle qui porte le nom de *bielle motrice ;* d'autres organes de même espèce, appelés *bielles d'accouplement*, réunissent entre eux les essieux que l'on veut accoupler pour augmenter l'adhérence de la machine (339).

Bielles motrices. — Lorsque la bielle agit sur une manivelle extérieure montée sur un essieu droit, son extrémité se compose d'un cadre venu de forge avec le corps de la bielle, et dans l'intérieur duquel on rapporte deux coussinets d'un métal plus tendre que celui du tourillon qu'ils doivent embrasser, afin de reporter l'usure due au frottement sur les coussinets.

Quand la bielle doit venir s'emmancher sur un arbre coudé, cette disposition ne peut plus être adoptée, et l'on emploie, soit une tête de bielle à chape mobile, soit une tête à fourche. Quel que soit le cas considéré, le serrage des coussinets s'obtient au moyen de clavettes et contre-clavettes. Le graissage doit se faire au moyen de l'installation sur la chape d'un godet graisseur, muni d'une mèche formant siphon ; un trou percé dans l'épaisseur du coussinet et terminé par des pattes d'oie pratiquées sur sa surface intérieure amène l'huile jusque sur le tourillon de la manivelle ou de l'arbre coudé.

L'usure très-prompte des coussinets donne lieu à des frais d'entretien et de réparation, que l'on peut diminuer d'une manière très-sensible en substituant au bronze, uniquement employé autrefois pour cet usage, le métal blanc dont nous avons déjà donné la composition en parlant des colliers d'excentrique, et qui forme alors seulement la surface interne des coussinets, dont le reste sera fait en fer forgé. Quelquefois même, lorsque les bielles sont extérieures, on supprime complétement les coussinets en coulant directement le métal dans l'intérieur de la chape[1]. Tout moyen de serrage est dès lors supprimé et l'on

[1] On rencontre cette disposition sur les machines sortant des ateliers de MM. Kitson et Ce, constructeurs à Leeds, dont un spécimen figure à l'Exposition universelle de 1867.

est obligé de remplacer la garniture aussitôt que le jeu atteint une certaine limite.

La bielle motrice se termine le plus généralement du côté du piston par une fourche ; comme elle n'est animée que d'un faible mouvement d'oscillation autour de son tourillon, les coussinets n'ont plus d'utilité et l'on se contente de faire venir de forge à chacune des branches de la fourche un œil au travers duquel vient passer le boulon d'articulation.

Le corps de la bielle doit être aussi long que possible, pour diminuer l'influence de l'obliquité de sa direction sur celle de la manivelle. Toutefois, la nécessité du passage dans les courbes, et l'inconvénient d'augmenter outre mesure le poids des masses en mouvement ou d'avoir des bielles trop flexibles, limitent le plus souvent cette longueur. La substitution de l'acier au fer forgé, et celle de la forme en croix ou en double T à la forme rectangulaire aplatie employée jusqu'ici, ont permis, dans ces derniers temps, à plusieurs constructeurs, de remédier en partie à ces inconvénients, et l'avantage que présentent ces modifications rendra certainement leur emploi plus fréquent.

Bielles d'accouplement. — Les mêmes observations s'appliquent aux bielles d'accouplement, avec cette différence que les deux extrémités ayant le même chemin à parcourir seront construites de la même manière ; les têtes à chape fermée sont également seules appliquées dans ce cas, les bielles d'accouplement étant toujours placées à l'extérieur.

On peut installer les bielles d'accouplement, soit dans un même plan en les rendant solidaires, soit en les superposant, et dans ce cas elles seront indépendantes. La première disposition, qui diminue le porte-à-faux des boutons de la manivelle et la largeur de l'espace occupé sur les voies par la machine, produit des réactions fâcheuses lors du passage dans les courbes de petit rayon. Pour tourner la difficulté, on construit quelquefois l'une des bielles en deux parties réunies par une articulation verticale qui donne à l'ensemble des bielles de la flexibilité, et lui permet de se prêter aux mouvements latéraux. (Polonceau, — Nord.)

La rupture d'une bielle est un accident qui se répète assez fréquemment, et qui peut avoir des suites très-graves, lorsque les parties rompues viennent à butter contre la voie. Pour l'éviter, il suffit d'entourer le corps de la bielle d'une coulisse suspendue au châssis qui le retiendra dans le cas d'une rupture.

Manivelles. — Lorsque, les cylindres étant extérieurs, le châssis se trouve placé intérieurement aux roues, celles-ci reçoivent directement l'action des bielles motrices ou d'accouplement au moyen d'un simple manneton calé sur un appendice venu de forge avec le moyeu. Si, au contraire, les roues sont intérieures au châssis, la manivelle doit se placer sur le prolongement de l'essieu au delà de la fusée. Le calage se fait à la presse hydraulique ; deux clavettes chassées à coups de masse à 90 degrés l'une de l'autre, servent à le maintenir.

L'emploi d'une manivelle ainsi installée augmentant sensiblement le porte-à-faux du piston moteur, M. Hall a imaginé de caler la manivelle sur la fusée même, de sorte que son moyeu, prenant la place de cette dernière, tourne dans la boîte à

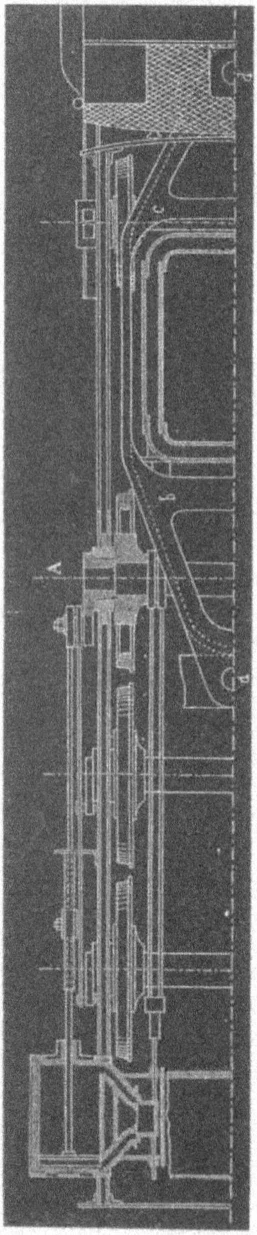

Fig. 149. Manivelle fusée, système Hall. Echelle $\frac{1}{500}$.

graisse. Cette disposition, qui offre des avantages très-sensibles, est représentée en A (fig. 449), et se trouve adoptée maintenant par plusieurs constructeurs allemands.

361. **Cadre.** — La chaudière et l'appareil moteur reposent sur un *cadre*, *bâti* ou *châssis* composé de deux parties principales : les *longerons* et les *traverses*, qui forment le cadre proprement dit, et les *plaques de garde*, appendices latéraux occupant sur les longerons la place correspondant à chaque roue et embrassant la boîte à graisse.

La principale condition à obtenir dans la construction des châssis, c'est la rigidité absolue du système, rigidité indispensable pour conserver au mécanisme qu'il porte les relations géométriques assignées aux axes de la machine.

Les cadres se placent, selon le cas, à l'extérieur ou à l'intérieur des roues ; quelquefois même les deux dispositions se trouvent réunies dans une même machine par l'emploi de deux châssis parallèles régnant tantôt tous deux sur toute la longueur, tantôt sur une partie seulement de la machine. Dans les premières machines à châssis extérieur, on rencontrait souvent des longerons en bois, armés latéralement de plaques de tôle découpées à leur partie inférieure, de manière à former les plaques de garde. On a remplacé dans la suite le bois par le fer et aujourd'hui chaque longeron se trouve généralement formé d'une seule pièce en fer forgée avec des appendices qui constituent les plaques de garde. La transmission de la force motrice à l'ensemble de la machine se faisant par l'intermédiaire de ces dernières, il faut les relier entre elles par des tirants horizontaux en fer plat, ou mieux par des entretoises venues de forge, disposition qui s'obtient en forgeant des plaques pleines, et en les évidant pour y loger les boîtes à graisse. On garnit les ouvertures des plaques de garde de guides en fonte ou en fer forgé parfaitement dressées sur leurs faces intérieures entre lesquelles doit glisser la boîte à graisse.

La traverse qui réunit les deux longerons à l'avant de la machine se fait encore, mais rarement, en bois, plus souvent en fer, quelquefois en fonte pour augmenter la charge de l'essieu d'avant. Elle porte à ses extrémités deux tampons de choc analogues à ceux que nous avons décrits en parlant des heurtoirs (Ire partie, chap. VII, 2e vol., p. 252), figure 450, et au milieu un crochet d'attelage. A l'arrière, les deux longerons sont réunis par deux tôles horizontales, entre lesquelles se place le système d'attelage.

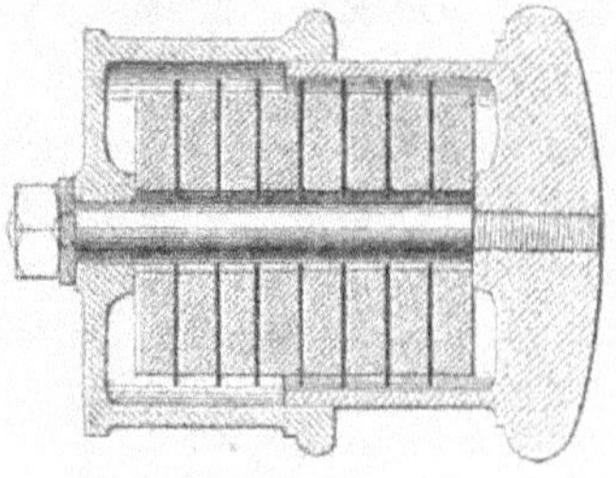

Fig. 450. Tampon à rondelles de caoutchouc vulcanisé. $\frac{8}{100}$.

On maintient l'écartement des longerons dans l'intervalle des traverses extrêmes par des fermes transversales placées à la partie supérieure du châssis entre les diverses paires de roues, et lorsque celles-ci sont à l'extérieur, par des tirants reliant entre elles les plaques de garde au-dessous des essieux.

Deux *chasse-pierres* fixés sur la traverse d'avant ou sur les longerons, et quelquefois également deux autres à l'arrière de la machine, descendent jusqu'à 5 ou 6 centimètres au-dessus des rails.

La *plate-forme* en tôle de 4 à 5 millimètres, qui repose sur le châssis en arrière du foyer, se prolonge quelquefois sur les côtés de la machine pour faciliter, pendant la marche, la circulation du mécanicien. On y arrive par un *marchepied* en fer suspendu aux longerons.

Un *garde-corps*, composé d'une balustrade en fer boulonnée sur le châssis et de feuilles de tôle, entoure la plate-forme jusqu'à l'avant du foyer. Ce garde-corps supporte l'abri des mécaniciens qui en forme comme le prolongement.

Le châssis reçoit, ainsi que nous l'avons dit plus haut, la chaudière et le mécanisme moteur.

Des supports en tôle ou en fer rivés au corps cylindrique, aux boîtes à feu et à fumée, réunissent la chaudière au châssis.

Il devient nécessaire ici de donner à l'assemblage un certain jeu pour la dilatation de l'appareil vaporisateur.

Afin de satisfaire à cette condition, on allongera dans le sens longitudinal les trous percés dans les supports à travers lesquels passent les boulons qui fixent le générateur au châssis. Des précautions analogues à celles que nous avons signalées en parlant des portées d'attache des cylindres à vapeur seront observées pour les parties du châssis qui doivent recevoir ces supports.

362. **Suspension et traction.** — *Ressorts de suspension.* — Le châssis repose sur les essieux par l'intermédiaire de ressorts en acier généralement composés d'un certain nombre de feuilles superposées réunies en leur milieu par un boulon ou par une frette. Dans le premier cas, les feuilles sont percées d'un trou pour laisser passer le boulon ; dans le second, elles portent simplement sur leur face inférieure une saillie à laquelle on donne le nom d'*étoquiau*, et par-dessus une cavité dans laquelle s'engage l'étoquiau de la feuille supérieure. Les deux ou trois premières lames sont d'égale longueur et portent le nom de *maîtresses-feuilles ;* les longueurs des autres feuilles vont en diminuant graduellement jusqu'à la dernière ; les unes comme les autres sont amincies à leurs extrémités pour augmenter la flexibilité du ressort.

Le ressort porte généralement à ses extrémités deux boulons qui servent à suspendre le châssis, tandis qu'il repose en son milieu sur la boîte à graisse au moyen d'une tige verticale.

La réunion du ressort au châssis peut se faire alors de plusieurs manières différentes. Souvent on termine la maîtresse-feuille par une partie renflée percée d'un œil et traversée par un boulon d'articulation auquel est fixée une tige de suspension attachée au longeron par sa partie inférieure ; en composant cette tige de deux parties réunies par une vis à deux filetages, on se donne le moyen de tendre plus ou moins le ressort au moment du montage. Cette disposition est fréquemment employée sur les machines anglaises. Plus généralement en France, on perce l'extrémité des feuilles supérieures d'un trou ovale traversé par la tige de suspension filetée à sa partie supérieure et portant un écrou qui vient presser l'extrémité du ressort. On emploie quelquefois avec avantage une tige terminée en crochet à sa partie supérieure, car on évite ainsi de percer les maîtresses-feuilles, une petite encoche dans l'une d'elles étant alors suffisante pour maintenir en place la pointe recourbée de la tige; on peut, enfin, supprimer également l'encoche en terminant la maîtresse-feuille par un renflement. Une dernière disposition consiste à donner à la tige de suspension la forme d'un étrier entourant l'extrémité de la maîtresse-feuille, et terminé par une douille taraudée servant d'écrou à une vis de pression qui règle le serrage du ressort.

La flexibilité des ressorts doit être *suffisante* pour amortir les chocs provenant des inégalités de la voie; mais il faut la régler de telle sorte que l'amplitude des oscillations ne soit pas assez grande pour compromettre le bon fonctionnement du mécanisme. En marche normale, elle ne dépasse guère $0^m,010$ à $0^m,012$.

L'épaisseur des feuilles varie de $0^m,010$ à $0^m,012$ et $0^m,015$. L'acier cémenté, qui tout d'abord avait été employé à cet usage, est remplacé maintenant par l'acier fondu, auquel on donne la préférence comme étant plus homogène et d'une flexibilité plus constante.

Il est très-important que la bonne qualité des feuilles soit vérifiée avec soin, et nous donnerons à ce sujet quelques détails extraits du cahier des charges du chemin de fer du Nord sur les épreuves de réception auxquelles elles sont soumises à leur entrée dans les ateliers de fabrication des ressorts.

Sur chaque série de cent barres au plus, trois des plus défectueuses sont réservées pour les essais au nombre de douze (trois à la flexion et neuf au choc) qu'elles doivent subir.

Un tableau dressé à l'aide des deux formules de la résistance des matériaux à la flexion plane :

$$\frac{PL}{4} = \frac{Rbh^2}{6} \quad \text{et} \quad f = \frac{PL^3}{4Ebh^3}\ [1],$$

[1] R représente la charge maxima imposée au métal soumis à la traction;

donne, en regard des charges d'épreuves (calculées pour les diverses dimensions de feuilles usuelles, de manière à produire toujours sur la fibre extrême une tension de 100 kilogrammes par millimètre carré), les valeurs correspondantes des flèches pour plusieurs valeurs différentes du coefficient d'élasticité.

Chaque morceau d'essai à la flexion, coupé à la longueur de 1 mètre, cintré de $0^m,100$, trempé et recuit suivant les meilleures conditions, est placé sur des supports libres, et soumis en son milieu aux efforts de flexion donnés par le tableau dont nous avons parlé en commençant.

Dans cette première flexion, la feuille ne doit ni rompre ni prendre une flèche permanente supérieure à 1/10 de la flèche élastique due à la charge d'épreuve. Chargée de nouveau de la même quantité et déchargée ensuite, la feuille ne doit plus acquérir de nouvelle flèche permanente.

Les flèches élastiques par 100 kilogrammes que l'on mesure dans cette deuxième épreuve ne doivent pas être inférieures aux valeurs données par le tableau en regard de la charge d'épreuve employée et correspondant à la valeur du coefficient d'élasticité de 20 000 000 000, soit à un allongement par mètre de $0^m,005$.

Les efforts de flexion sont ensuite augmentés progressivement jusqu'à la rupture de chaque feuille, qui ne doit avoir lieu que sous un effort au moins double de la charge d'épreuve.

Sur les trois morceaux coupés dans chaque barre à la longueur de $0^m,20$ et destinés à l'épreuve au choc, deux sont trempés et recuits de la même manière que la feuille destinée à l'essai de flexion ; chacun de ces trois morceaux, posé sur deux appuis distants de $0^m,10$, est soumis au choc d'un mouton

E le coefficient d'élasticité, b et h la largeur et l'épaisseur de la barre, L sa longueur entre les points d'appui, P le poids appliqué en son milieu, et f la flèche qui lui correspond.

On néglige le poids de la feuille (d'ailleurs très-minime), et on suppose de plus que la relation est vraie jusqu'à la rupture, ce qui est loin d'être exact. Il suit de ces considérations, que les nombres inscrits au tableau ne sont que des valeurs approchées, mais suffisantes toutefois pour la pratique.

tombant d'une hauteur de $1^{m},50$, et dont le poids est également indiqué sur le tableau pour chaque dimension. (Voir aux annexes.)

Ajoutons à ces détails quelques mots sur la fabrication des ressorts. (Voir : 370, — observation générale.)

Les barres d'acier livrées par le fabricant sont remises à un ouvrier spécial chargé de couper toutes les feuilles pour toute espèce de ressorts. Il faut exiger du fabricant des longueurs déterminées dans lesquelles on puisse trouver les diverses longueurs de lames qui entrent dans la composition des ressorts, afin d'éviter les déchets.

Les morceaux destinés à former les maîtresses-feuilles sont remis au forgeron qui refoule les bouts de manière à former, à quelque distance de l'extrémité, une saillie transversale destinée soit à compenser l'affaiblissement dû au trou de passage du boulon de suspension, que l'on perce à chaud après avoir porté la feuille au rouge cerise, soit à recevoir l'attache du crochet par lequel se termine quelquefois le boulon de suspension.

La feuille est introduite ensuite dans un four à vent forcé alimenté par du coke, et de là sous une presse à excentrique portant un poinçon qui repousse l'étoquiau. Une troisième chaude, l'amincissement des extrémités des feuilles à l'aide d'un laminoir excentrique et un cintrage à chaud, précèdent l'opération de la trempe, qui se fait dans un bassin spécial alimenté par un courant d'eau froide.

Les feuilles d'un même ressort doivent être travaillées successivement en commençant par la maîtresse-feuille, chacune d'elles devant servir de gabarit à la suivante pour le cintrage.

Au sortir de la trempe, les feuilles sont soumises au recuit dans un four au coke, puis passent à l'atelier de meulage, d'ajustage et de montage où se termine l'opération.

La trempe et le recuit sont les deux opérations capitales de la fabrication, et c'est de leur exécution que dépend en grande partie la qualité du produit définitif.

Les ressorts une fois achevés, on les essaye en exerçant une pression sur leur milieu à l'aide d'un appareil à vis ou d'un grand levier, tandis que les extrémités reposent, par l'intermédiaire de petits chariots, sur le plateau d'une bascule servant à mesurer la pression d'épreuve.

Cette méthode est défectueuse en ce qu'elle soumet le ressort à une compression lente, tandis qu'une fois en service il devra résister au contraire à des chocs, dont l'action violente est presque toujours la cause des ruptures. Aussi a-t-on recours, dans certains ateliers, à d'autres moyens d'épreuve. Dans les ateliers de la Compagnie anglaise du London-North-Western, qui, comme la Compagnie du Nord, façonne elle-même ses ressorts, et de plus fabrique, par l'application du procédé Bessemer, l'acier qui sert à leur construction, l'appareil d'épreuve consiste en un cylindre à vapeur solidement fixé, dont la tige du piston frappe le milieu du ressort, et exerce ainsi sur lui une pression instantanée que l'on peut évaluer en mesurant, au moyen d'un manomètre, la tension de la vapeur dans le cylindre. Ce mode d'essai, tout en présentant l'avantage que nous avons signalé, n'est pas susceptible d'autant de précision que le précédent.

Lorsque l'administration ne fabrique pas elle-même ses ressorts, elle impose des conditions spéciales à la réception des pièces. Ainsi la Compagnie du chemin de fer de l'Est fixe dans son cahier des charges les clauses suivantes :

Chaque ressort de suspension est essayé sous une charge pouvant faire subir à l'acier un allongement de $0^m,005$ par mètre courant, et la flèche doit mesurer $0^m,016$ à $0^m,017$ par 1 000 kilogrammes.

Après une première épreuve, la diminution de flèche ne doit pas dépasser $0^m,002$, et une seconde épreuve ne doit donner aucune nouvelle diminution permanente de flèche.

L'emploi d'un ressort indépendant pour la répartition du poids sur chacune des fusées a l'inconvénient de les isoler complétement les unes des autres et de les exposer à subir, dans de certaines circonstances, des efforts anormaux.

Depuis longtemps et dans plusieurs cas, on remplace les deux ressorts d'une même paire de roues par un ressort unique transversal reliant les deux boîtes à graisse et fixé au châssis par son milieu, arrangement nécessité souvent par l'impossibité de placer la suspension parallèlement à l'axe de la machine.

Une disposition analogue réunit quelquefois deux boîtes à graisse voisines. Lorsque l'écartement des essieux exige, pour l'application de cette disposition, des ressorts d'une trop grande longueur, on a recours à l'emploi d'un levier auxiliaire fixé au ressort par son milieu et transmettant la pression par ses deux extrémités aux boîtes à graisse. Enfin, la liaison des fusées d'un même côté de la machine peut être obtenue par l'intermédiaire de balanciers oscillant autour d'un point fixe pris sur le châssis et dont les extrémités portent les boulons d'attache des ressorts qui reposent sur les boîtes à graisse, comme dans le cas de ressorts indépendants. Cette dernière disposition est fréquemment appliquée et avec avantage pour la répartition convenable de la charge, sur les machines allemandes et anglaises; nous avons lieu de regretter qu'il n'en soit pas fait en France un plus fréquent usage.

Les ressorts en lames superposées ne sont pas les seuls usités pour la suspension des châssis. Divers essais ont été faits pour leur substituer les ressorts en spirale, et quelques constructeurs étrangers ont exclusivement adopté ces derniers dans certains cas particuliers. Parmi eux, M. Ramsbottom fait usage, pour la suspension d'arrière de ses machines, de ressorts en spirale, qui, placés de distance en distance sur l'essieu, répartissent la charge sur toute sa longueur [1]. En Amérique, M. Richard Wose emploie des ressorts métalliques en hélice, avec interposition entre chaque spire d'une lame de caoutchouc de section circulaire.

Des essais exécutés dans le but de remplacer complétement le métal par le caoutchouc pour les ressorts de suspension n'ont pas donné de résultats assez satisfaisants pour être poursuivis.

[1] Mémoire de M. Morandière, *Bulletin de la Société des ingénieurs civils*, 1866.

Afin de prévenir l'usure inégale des bandages, des fusées ou de leurs coussinets, il devient nécessaire, au bout d'un certain temps de service, de vérifier la répartition de la charge appliquée à chaque roue. Cette vérification doit être aussi fréquente que possible, et régulièrement exécutée pendant le service de la machine; on fait également bien de la répéter après chaque réparation. Ce moyen seul permet de se rendre compte de l'état des ressorts, de prévenir les ruptures, et d'obtenir une marche régulière de la locomotive.

Attache de la machine au tender. — On doit chercher avant tout, dans la réunion de la machine avec le tender, à obtenir entre eux une solidarité aussi complète que possible. L'appareil d'attache se compose tantôt d'une *barre d'attelage* ou d'un *tendeur à vis*, tantôt d'un accouplement par des bielles articulées ou enfin par un cadre qui reporte à l'avant du foyer la liaison entre le tender et la machine.

La *barre d'attelage* en fer rond, renflée vers le milieu, est terminée par deux douilles qui s'engagent de chaque côté entre deux plaques de tôle fixées aux châssis de la machine et du tender; un fort boulon en fer aciéré et trempé de $0^m,05$ à $0^m,06$, traversant à la fois les douilles et les plaques de tôle, maintient la barre en place.

Pour obtenir une solidarité plus complète entre ces deux véhicules, on dispose les tampons du tender de manière à pouvoir, au moyen d'un excentrique manœuvré par le mécanicien, arriver à les presser contre ceux de la machine, ou simplement contre la traverse d'arrière de celle-ci. Une disposition appliquée dans le même but sur plusieurs machines consiste à attacher la barre d'attelage au milieu d'un ressort que l'on est obligé de tendre fortement pour pouvoir introduire le boulon d'attache, et qui réagit ensuite en pressant fortement les deux châssis l'un contre l'autre.

Le *tendeur à vis* est formé de deux anneaux qui viennent s'engager dans des crochets fixés par l'intermédiaire de ressorts à la traverse d'arrière de la machine et à celles d'avant du tender, et terminés chacun par une douille taraudée dans laquelle est engagée une vis à double filetage. Un levier permet, en faisant tourner la vis dans un sens ou dans l'autre, de rapprocher les deux anneaux et par suite les deux véhicules auxquels ils sont attachés, jusqu'à ce que les tampons de choc soient fortement pressés les uns contre les autres.

Dans les dispositions que nous venons d'examiner, le point d'attache situé sur la traverse d'arrière de la machine tend à fatiguer beaucoup, dans les courbes, les roues voisines de l'attelage.

Pour faire disparaître cet inconvénient, M. Polonceau, sur les machines du chemin d'Orléans, et M. Stradal, sur celles des chemins autrichiens, ont adopté des dispositions particulières. La première consiste à fixer le crochet de la machine au centre d'un balancier horizontal, dont les deux bras sont articulés à deux tiges en fer attachées au châssis vers le milieu de sa longueur, et les tampons de la machine et du tender se touchent suivant une face inclinée tangente à un cylindre dont l'axe est au centre de la machine.

M. Stradal termine la barre d'attelage du côté de la machine

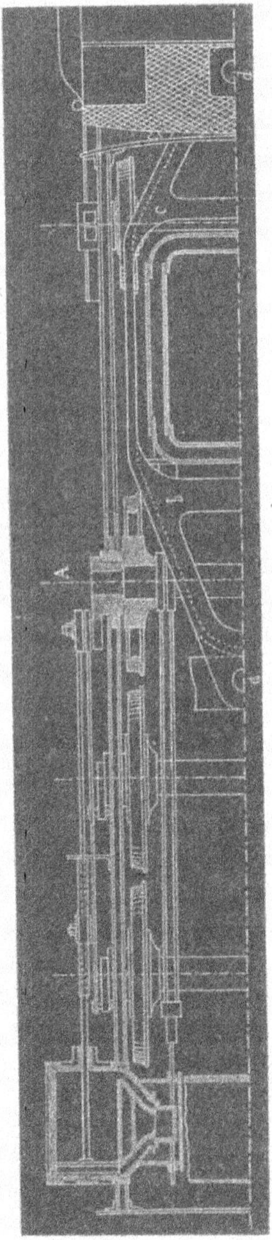

Fig. 131. Attelage Hall. Échelle $\frac{1}{20}$.

par une pièce en T ; la petite branche est articulée avec deux bielles inclinées, dont les axes prolongés vont se couper sur celui de la machine vers le milieu de sa longueur, et, comme dans le premier cas, transportent en ce point tout l'effort de traction.

Nous rencontrons encore un système d'attache particulier dans la locomotive de M. Hall, construite pour traîner de fortes charges sur des rampes considérables et des courbes de petit rayon. Le foyer en porte-à-faux sur les longerons de la machine repose sur le premier essieu du tender, comme dans les machines Engerth ; la réunion des deux véhicules se fait par l'intermédiaire d'un cadre en fer forgé *abcd* (fig. 451), embrassant le foyer et allant s'articuler d'un côté en *d* sous la plate-forme du tender, de l'autre en *a* au centre du châssis de la machine, vers le milieu de la longueur de la chaudière.

Un autre système d'attelage, qui paraît jusqu'ici donner de bons résultats, c'est celui d'un attelage rigide disposé par M. Engerth sur la machine *Steierdorf*. Chaque véhicule porte une barre rigide qui s'assemble à la suivante par un goujon traversant les douilles qui terminent chacune des barres fixes, formant ainsi une articulation placée à la rencontre des deux axes des véhicules.

363. **Boites à graisse.** — La boîte à graisse, au moyen de laquelle le châssis repose sur les fusées des essieux, est formée de trois parties distinctes : la *boîte*, le *coussinet* et le *dessous de boîte*.

La boîte proprement dite doit être parfaitement dressée sur ses deux faces latérales, afin de pouvoir glisser à frottement doux entre les deux guides de plaques de garde; des rebords solidaires avec elle ou adhérents aux guides dans les plaques de garde elles-mêmes s'opposent à ce que son mouvement dans le sens transversal prenne une trop grande amplitude. Elle porte généralement à sa partie supérieure un godet recouvert d'un couvercle dont le fond est percé de trous prolongés au travers du coussinet jusqu'à la surface de la fusée, et au milieu duquel s'élève une portée qui sert de point d'appui à l'extrémité de la tige de suspension. Lorsque la fusée est extérieure, la boîte est fermée sur le devant par une paroi verticale qui fait corps avec elle.

La fonte et plus rarement le bronze sont encore employés quelquefois pour la fabrication des boîtes, et pour remédier au jeu que le frottement contre les guides des plaques de garde ne tarde pas à produire, on interpose d'un côté, entre les deux surfaces en contact, un coin en fer que l'on peut manœuvrer au besoin à l'aide d'une vis de rappel.

Aujourd'hui on remplace généralement la fonte par le fer forgé, et l'on supprime le coin en garnissant les faces latérales de la boîte de fourrures en métal blanc. Une garniture en même matière coulée dans l'intérieur remplace souvent le coussinet indépendant en bronze.

La composition de l'alliage employé pour cet usage sur le chemin de fer de l'Est est la suivante :

Plomb	70	fusible à 500°
Antimoine	20	
Cuivre	10	
	100	

La ligne de Berlin-Stettin se sert pour les coussinets de locomotives d'un alliage de :

Zinc	82
Antimoine	11
Cuivre	7

et pour les coussinets des essieux des tenders, qui supportent une pression moindre, d'un alliage de :

Zinc	42,5
Antimoine	15,0
Plomb	42,5

Par l'emploi de ces diverses compositions, le frottement devient beaucoup plus faible, et, par conséquent, l'échauffement et l'usure des parties en contact; aussi, les frais d'entretien se trouvent-ils réduits dans une proportion notable.

Le dessous de boîte, destiné à préserver la fusée du contact des corps étrangers et à retenir les gouttelettes d'huile qui tombent de la partie supérieure, a la forme d'un coussinet ou d'une cuvette; réuni à la boîte par un ou plusieurs goujons, il ne touche pas à l'essieu, et renferme quelquefois, lorsqu'il affecte la seconde disposition indiquée, une éponge ou une mèche destinée à absorber l'huile et à lubrifier la fusée.

Cette méthode de graissage de la fusée par-dessous, introduite depuis quelques années dans les chemins de fer, présente de tels avantages qu'on l'adopte de préférence à toute autre, toutes les fois que cela est possible, le graissage par la partie supérieure étant généralement défectueux, car la pression du coussinet sur la fusée devient quelquefois trop grande pour permettre à la matière graisseuse de pénétrer entre les deux surfaces frottantes; de plus, les trous percés dans le coussinet s'obstruent souvent, l'écoulement de la matière lubrifiante se trouvant alors arrêté, les surfaces en contact ne tardent pas à s'échauffer et à gripper. Le perçage des trous dans les boîtes et les coussinets, en diminuant leur résistance, cause aussi leur rupture en service.

La faculté laissée aux essieux de se mouvoir dans le sens de leur axe d'une certaine quantité, pour faciliter le passage des roues dans les courbes de petit rayon, comme nous l'avons vu précédemment (347—*Est*), s'obtient en donnant un jeu transversal à la fusée dans le coussinet, ou bien à la boîte à graisse dans les guides. L'inconvénient que présente, au point de vue du mécanisme de transmission, ce déplacement du châssis par rapport aux axes, a fait rechercher le moyen de réduire son action aux cas strictement nécessaires, et a conduit à deux solutions d'application un peu différente. Le système de M. Caillet, employé en France sur les lignes du Nord et de l'Orléans et sur le chemin de fer du Nord de l'Espagne, consiste à maintenir la position moyenne des deux boîtes à graisse d'un même essieu, par deux ressorts réunis à une même tige horizontale fixée au bâti. Les ressorts ne pouvant fléchir que sous un effort de 1 200 à 1 500 kilogrammes, il faut une pression équivalente exercée par le boudin des roues contre le rail pour déplacer la boîte à graisse. M. Polonceau a remplacé la tension de ces ressorts par le poids même de la machine en faisant porter la tige des ressorts de suspension sur un *osselet* ou prisme triangulaire, dont l'une des arêtes repose sur la boîte à graisse.

M. Forquenot termine la partie supérieure de la boîte par un double plan incliné. Dans l'une et l'autre disposition, le mouvement de la boîte à graisse ne peut avoir lieu qu'en soulevant la machine, ou plutôt en faisant fléchir les ressorts de suspension ; en calculant convenablement les dimensions de l'osselet ou l'inclinaison des plans inclinés, on réduit à 1 500 ou 2 000 kilogrammes la force nécessaire pour obtenir le déplacement latéral des roues. (Voir chap. Ier, § 346.)

Une ou deux fois au moins par année, on doit enlever les boîtes à graisse pour les visiter et les nettoyer d'une manière complète. Ce nettoyage se fait en les plongeant dans un bain alcalin à une température élevée pour dissoudre les matières grasses. Puis, on les passe dans une dissolution faiblement acidulée pour les décaper, et l'on termine l'opération par un lavage à l'eau froide.

364. **Essieux.** — *Conditions générales.* — Les essieux transmettent aux roues dans lesquelles ils sont emmanchés les pressions qu'exerce le poids des véhicules sur les fusées par l'intermédiaire des boîtes à graisse, et reçoivent, à leur tour, de ces roues l'effet des réactions qu'elles éprouvent sur la voie.

Les roues montées sur un même essieu étant ainsi reliées entre elles d'une manière invariable, forment avec lui un tout parfaitement solidaire ; elles doivent donc avoir à chaque instant la même vitesse angulaire, quelle que soit la différence des longueurs de chemins à parcourir par chacune d'elles dans les parties courbes de la voie.

Les essieux extrêmes éprouvent dans les courbes des efforts

de flexion dans le sens horizontal, par suite de la réaction des boudins des bandages contre l'un des rails. Enfin, les essieux ont à résister à l'effort que la pression de la vapeur exerce sur la manivelle par l'intermédiaire des bielles.

En conséquence de ces diverses conditions normales et des imperfections de la construction en général, les essieux sont soumis à des efforts de *frottement* dans les fusées, de *flexion* et de *torsion*, au point d'encastrement et dans le moyeu de la roue, efforts que l'ingénieur doit combattre en donnant aux organes en question des formes bien étudiées en vue du problème à résoudre, et en portant son choix sur les qualités de métal les plus parfaites que l'industrie puisse lui procurer.

Il semble, au premier abord, qu'en prenant pour base du calcul la résultante des efforts les plus considérables auxquels l'essieu considéré puisse être soumis d'après les considérations précédentes, on doive arriver, par l'application des formules de résistance (Ire partie, t. I, chap. IV, § III), à la détermination de ses dimensions. Mais l'essieu, relié intimement aux roues et par suite animé d'un mouvement de rotation et de translation très-rapides, est exposé non-seulement aux efforts dont nous avons parlé plus haut, mais encore à des vibrations et des chocs incessants provenant de l'inégalité de la voie, et qu'il n'est pas possible de déterminer, même approximativement, pour les faire entrer dans le calcul. Toutefois, on peut tenir compte de ces circonstances exceptionnelles, en réduisant considérablement le coefficient de résistance de la matière employée. Ainsi, au lieu de compter sur 5 ou 6 kilogrammes par millimètre carré, comme nous l'avons fait pour les rails (104), il ne faudra pas ici faire travailler l'essieu à plus de 2 kilogrammes par millimètre carré. Par ces considérations, on peut arriver à se rendre compte des différences de durée que présentent les essieux en service et déterminer assez exactement les dimensions les mieux appropriées aux fonctions que ces organes ont à remplir.

La partie la plus importante dans l'essieu est la *fusée*. La forme des fusées est généralement celle d'un cylindre terminé par deux congés qui le raccordent avec les saillies terminales destinées à limiter le mouvement transversal dans les boîtes à graisse. En Angleterre, on a cherché à répartir convenablement la pression sur la fusée dans les inflexions de la voie, en lui donnant tantôt la forme de deux cônes renversés réunis par une petite partie cylindrique (M. Archibald Sturrock, Great-Northern), tantôt celle d'un hyperboloïde de révolution (M. Sinclair, Great-Eastern).

Ces dernières formes peuvent paraître intéressantes en principe, mais nous croyons qu'à l'entretien elles doivent présenter de nombreuses difficultés d'ajustage, et qu'en définitive il est encore préférable de revenir aux formes cylindriques. Chargée du poids du véhicule, la fusée est constamment soumise de ce chef à un effort fléchissant et à un effort tranchant. C'est là la condition commune de tous les essieux, indépendamment de l'affaiblissement qui résulte de l'usure normale due au frottement.

Les essieux moteurs ont, en outre de ces efforts constants, à résister à la pression que la vapeur exerce sur la section d'encastrement avec un bras de levier égal à la distance de l'axe du cylindre à la face du moyeu la plus voisine. On comprend donc toute l'importance que présente le choix de dimensions convenables. En général, on a été porté à leur donner un diamètre trop faible ($0^m,120$ à $0^m,150$) ; leur charge s'élève fréquemment à 6 000 kilogrammes et plus appliqués sur chaque fusée. L'expérience indique aujourd'hui qu'il est prudent de se tenir entre $0^m,15$ et $0^m,20$ pour les dimensions transversales de cette partie de l'essieu. Un autre élément dont il faut tenir compte est la longueur de la fusée, car il importe de ne pas dépasser, pour la pression exercée sur elle par le poids du châssis, une limite de 17 à 18 kilogrammes par centimètre carré. Pour les diamètres que nous avons indiqués plus haut, la longueur correspondante devra être de $0^m,25$. En admettant, pour base du calcul, que le contact entre le coussinet et la fusée est égal à la projection de la surface cylindrique de la fusée sur le plan méridien, on déterminera ces différentes valeurs au moyen du calcul suivant :

Soient d le diamètre de la fusée, l la longueur, y compris les congés r et r' ; P la pression totale sur la fusée. — La pression par centimètre carré sera :

$$p = \frac{P}{d\,[l - (r + r')]}.$$

En comparant les dimensions des essieux qui satisfont à peu près aux conditions du problème, les ingénieurs allemands ont été conduits à l'établissement de la relation suivante entre les diverses quantités dont il faut tenir compte dans la détermination du diamètre de la fusée [1], pour un véhicule à trois paires de roues,

$$d = 0.446 \sqrt[5]{QD}.$$

d représentant le diamètre de la fusée, D celui de la roue et Q le poids brut de la machine [2].

L'emploi de l'acier permet de réduire de 1/12 les valeurs de d données par cette formule. Pour les locomotives à deux essieux accouplés, dont les roues ont un diamètre de $1^m,22$ à $1^m,57$, les résultats doivent être au contraire augmentés de 1/8 à 1/12.

Le chemin de Leipzig à Dresde fait usage du tableau suivant pour la même détermination :

	Millimètres.		Kilogrammes.
Essieux porteurs de	121	peuvent être chargés à	6 500
—	127	—	7 500
—	133	—	8 500
—	139	—	9 500
—	142	—	10 500
Essieux moteurs de	139	—	7 500
—	146	—	8 500
—	152	—	9 500
—	157	—	10 500
—	164	—	11 500
—	167	—	12 500
—	170	—	13 000

[1] *Congrès de Dresde*, 1865, p. 99.

[2] Dans cette formule d et D sont exprimés en pouces et Q en centners de 50 kilos.

Sur les lignes du Hanovre, les dimensions des essieux des machines à roues accouplées sont les suivantes :

Pour les essieux moteurs en fer forgé.	152^{mm},04	pour une charge de 8 500 kilogr.
— — acier	137 ,50	
Pour les essieux porteurs en fer forgé.	137^{mm},50	pour une charge de 6 500 kilogr.
— — acier	127 ,00	

ces derniers ayant les fusées intérieures.

Dans les machines à grande vitesse construites d'après le système Crampton, le diamètre des essieux moteurs, dont les roues ont un diamètre de 2^{m},135, et qui reçoivent une charge de 11,500 kilogrammes, atteint 0^{m},197 millimètres pour les essieux en fer forgé, et 0^{m},178 pour les essieux en acier[1], tandis que celui des essieux porteurs, avec fusées extérieures, dont la charge s'élève à 9 000 kilogrammes, est de 0^{m},159 pour le fer forgé, et de 0^{m},141 pour l'acier.

Nous avons réuni dans le tableau suivant les principales dimensions en usage sur les autres chemins de fer allemands.

LIGNES.	DÉSIGNATION des essieux.	CHARGE par essieu.	DIAMÈTRE des roues.	DIAMÈTRE de la fusée. Fer.	Acier.	OBSERVATIONS.
		kil.	m.	mm.	mm.	
Duché de Brunswick.	Essieux porteurs.	9,000	1,016	140	»	Fusées intérieures
Id.	Id.	9,500	1,168	134	»	Fusées extérieures
Id.	Essieux moteurs.	10,000	1,449	159	»	Fusées intérieures
Id.	Id.	10,000	1,677	159	»	Id.
Saxe (Ouest).......	Essieux porteurs.	4,500	1,016	117	»	Id.
Id.	Id.	5,500 à 6,000	1,016	140	»	Id.
Id.	Id.	9,500	1,016	159	»	Id.
Id.	Essieux moteurs.	7,500	1,579	144	»	Id.
Id.	Id.	8,000	1,884	159	»	Id.
Id.	Id.	8,500	1,579	159	»	Id.
Id.	Id.	10,000	1,353	159	»	Id.
Bavière...........	Essieux porteurs.	9,600	»	»	140	Id.
Id.	Id.	9,000	»	»	140	Id.
Galicie (Ch.-Louis)..	Id.	9,500	»	127	»	Id.
Id.	Essieux moteurs.	9,500	»	147	»	Id.
Kaiser Ferdinand...	Essieux porteurs.	11,250	»	153	»	Id.
Id.	Essieux moteurs.	11,250	»	153	»	Id.
Magdebourg-Gothen.	Essieux porteurs.	10,500	1,067	131	»	Fusées extérieures
Halle-Leipzig.....	Essieux moteurs.	10,000	1,525	157	»	Id.
		10,350 à 11,550	1,353	170	»	Fusées intérieures

[1] Ces mêmes dimensions s'appliquent aux essieux chargés à 14 000 kilogrammes, des plus lourdes machines à marchandises.

Nous donnons enfin ci-dessous les dimensions des essieux de quelques types de machines dont les autres conditions d'établissement sont indiquées dans le tableau de la page 86.

DÉSIGNATION du type de machines et des chemins sur lesquels elles fonctionnent.		DÉSIGNATION des essieux.	CHARGE sur l'essieu en kilogrammes	FUSÉE. Diamètre en millimètres.	FUSÉE. Longueur en millimètres.
1 essieu moteur.	Est, 1856.....	porteurs avant.	10,000	150	260
		porteurs milieu.	7,000	130	220
		moteurs.......	10,275	180	260
	Great-Eastern, 1866.......	porteur avant..	9,600	fusée intér. min. 146 / max. 178 [1]	178
				fusée extér. min. 102 / max. 133 [2]	229
		moteur milieu..	11,400	fusée extér. min. 140 / max. 165	178
	Creusot, 1867.	porteur avant..	10,100	diamètr. fusée intér. min. 152	178
				fusée extér. min. 192	228
	Machine pour le Great-Eastern	moteur milieu..	11,460	minimum....... 165	178
		porteur arrière.	11,000	maximum....... 162	228
2 essieux moteurs.	Est, 1862.....	porteur avant..	8,212	150	220
		moteur milieu..	10,415	160	180
		accouplé arrière.	10,328	160	180
	Est, 1863.....	porteur avant..	6,894	160	186
		moteur milieu..	9,600	170	159
		accouplé arrière.	9,200	160	180
	Orléans, 1864.	avant porteur..	»	160	250
		moteur........	»	185	250
		accouplé.......	»	185	250
3 essieux moteurs.	Est, 1865.....	avant-accouplé..	10,520	180	230
		milieu moteur..	11,020	180	230
		arrière-accouplé	11,460	180	230
	Est, 1866..... Syst. Sturreck.	avant-accouplé..	12,040	170	250
		milieu moteur..	12,050	170	250
		arrière-accouplé	11,030	170	250
	Vaessen, 1867.	essieux moteur et accouplés..	37,000	175	190
	Midi.........	avant-porteur..	11,200	180	250
		milieu moteur..	12,500	180	250
		arrière-porteur.	11,000	180	250
4 essieux moteurs.	Est, 1860.....		10,800	170	250
		moteur.......	11,625	170	250
		accouplés......	11,625	200	250
			12,260	170	250
	Nord, 1867. (Cail et Cie)...	1. avant-porteur	12,200	172	250
		2. porteur......	11,600	172	250
		3. moteur......	11,800	200	250
		4. porteur......	8,400	172	250
6 essieux moteurs.	Nord, 1862...	moteurs.......	12,000	180	240
		accouplés......	9,500	170	240

[1] Section hyperboloïde.
[2] En acier Krupp.

Le contact entre le coussinet et la fusée ne se fait pas

toujours sur toute la longueur de cette dernière, car il arrive parfois que, pour faciliter le passage de la machine dans les courbes de petit rayon, au lieu de donner du jeu à la boîte à graisse dans ses guides, comme nous l'avons vu (363), on se contente de donner du jeu à la fusée dans la boîte à graisse. Cette méthode n'est applicable qu'aux machines fonctionnant à petite vitesse, car elle nuit à leur stabilité; mais elle a sur la précédente l'avantage d'une plus grande facilité d'exécution et d'entretien. On comprend que l'excès de longueur qu'il faudra donner à la fusée dans ce cas dépend du rayon des courbes à parcourir et de l'écartement des essieux; mais il ne faut pas dépasser certaines limites, et l'on peut considérer comme un maximum le jeu de $0^m,015$ de chaque côté du coussinet, soit $0^m,030$ donnés aux fusées des essieux extrêmes de la machine à douze roues couplées du chemin de fer du Nord, disposition qui, en réduisant l'écartement extrême des essieux fixes de 6 mètres à $3^m,720$, a permis de faire passer la machine dans des courbes de 200 mètres.

Comme nous l'avons dit précédemment (347), la machine à quatre essieux accouplés de l'Est, qui fait le service de la ligne de Luxembourg à Verviers, et circule dans les courbes du chemin de Pepinster à Spa, décrites avec un rayon de 250 mètres, laisse à son essieu d'arrière un jeu latéral de $0^m,01$ des fusées dans leurs boîtes à graisse.

La section transversale des essieux n'est pas uniforme sur toute leur longueur. Elle présente en certains points des renflements destinés, les uns à limiter le jeu des fusées, les autres à recevoir les moyeux des roues, les colliers d'excentriques; certains essieux sont repliés pour former les manivelles. Les différences de diamètre ou de direction qui en résultent nécessitent impérieusement des ménagements dans le passage d'une section à une autre. Le raccord se fera par des *congés* à rayon aussi grand que possible, car lorsqu'on rend trop brusques les transitions entre deux sections différentes, on augmente les causes de rupture sur l'angle de raccord.

Le corps de l'essieu est également séparé de la fusée ou de la portée de calage par une saillie. Son diamètre doit être généralement plus faible que celui de la fusée, et lorsqu'il est droit, on le fait quelquefois décroître jusqu'au milieu de la longueur.

Si l'essieu est coudé, il présente deux doubles manivelles symétriquement disposées de chaque côté de son milieu et placées à 90 degrés l'une de l'autre. Les portions qui représentent les bras des manivelles ont généralement une section rectangulaire plus favorable à leur résistance. Le raccord des manivelles avec le corps de l'essieu doit se faire par de larges congés ; les manivelles elles-mêmes ont besoin de frettes pour fournir un long parcours.

Fabrication. — La matière dont l'essieu est composé doit être telle qu'il puisse, une fois en service, présenter une flexibilité suffisante pour plier momentanément sous l'action des chocs auxquels il se trouve soumis, et assez d'élasticité pour reprendre sa forme primitive sans subir aucune déformation.

L'acier et le fer peuvent répondre à cette double condition ; mais on ne saurait aujourd'hui donner exclusivement la préférence à l'un ou à l'autre de ces deux états de la matière, en raison de la grande inégalité que l'on rencontre dans les résultats comparés de leur emploi respectif. On peut dire, toutefois, que lorsque l'acier est de bonne qualité, son emploi peut assurer à l'essieu une durée beaucoup plus grande et amener une économie sensible dans les frais d'entretien.

Le fer à essieux doit se fabriquer en fonte de première qualité, analogue à celle qui provient du traitement de bons minerais au charbon de bois ou au coke bien lavé. Le meilleur moyen d'arriver à un produit présentant toutes les garanties de sécurité désirables serait d'obtenir, par le puddlage, un bloc de métal de pureté et de dimension suffisantes pour pouvoir y façonner l'essieu d'une seule pièce. Mais il n'en est point ainsi ordinairement, et la *loupe* provenant de cette première opération, après avoir été convenablement martelée, est étirée en barres, qui, recoupées de longueur, sont disposées en paquets et introduites dans un four à réchauffer. Chaque paquet, formé de sept, neuf ou onze mises, présente en longueur environ la moitié de celle de l'essieu à obtenir, et en épaisseur deux fois à deux fois et demie son diamètre. Après avoir été chauffé au blanc soudant, le paquet est porté sous un marteau qui le façonne suivant le profil indiqué.

Le travail du four à puddler est dirigé en vue d'obtenir du fer à grains ; le réchauffage doit être aussi élevé et *aussi rapide* que possible ; enfin, l'opération du martelage doit se faire très-promptement, afin de conserver au métal un grain convenable ; en négligeant ces précautions, on s'expose à obtenir une texture fibreuse qui nuit considérablement à la résistance de l'essieu et à l'entretien des fusées.

Il est également important d'arriver à donner à l'essieu, par le travail du marteau, une forme qui diffère aussi peu que possible des dimensions définitives, de telle sorte que l'ajustage ne consiste plus, pour ainsi dire, qu'en un simple polissage ; on conserve ainsi la croûte extérieure de la pièce, qui, après le travail de la forge, présente une cohésion beaucoup plus considérable que les parties internes.

La fabrication des essieux coudés est un travail difficile et qui demande le plus grand soin. Deux méthodes sont employées aujourd'hui : la première consiste à faire venir de forge avec le corps de l'essieu deux appendices rectangulaires aplatis, que l'on amène par torsion à 90 degrés l'un de l'autre, et dans lesquelles on découpe les manivelles. Il résulte de ce mode d'opérer que les fibres du métal sont interrompues, et que les parties qui auront le plus à travailler seront celles qui présenteront le moins de résistance. Aussi n'est-il pas rare de voir se produire des ruptures dans les pièces ainsi obtenues, et ne saurait-on hésiter à leur préférer les essieux coudés fabriqués par la seconde méthode. Celle-ci consiste à refouler le corps de l'essieu dans une étampe, de manière à contourner les fibres pour leur faire présenter la forme désirée.

La fabrication des essieux en acier fondu comprend, d'une part, la coulée du bloc d'acier qui doit fournir l'essieu, puis le forgeage de ce bloc au marteau.

Le lecteur trouvera au chapitre suivant, des détails plus circonstanciés sur la fabrication des essieux en général.

Conditions des cahiers des charges. Épreuves de réception[1]. — Les essais de réception ont lieu à raison d'une épreuve par lot de vingt-cinq essieux livrés, les essieux choisis pour ces essais devant toujours être ceux qui présentent l'aspect le moins satisfaisant.

L'essieu soumis à l'essai est placé sur deux points d'appui établis aussi solidement que possible, et distants l'un de l'autre de $1^m,50$. Sur son milieu on laisse tomber, d'une hauteur de $3^m,60$, un mouton du poids de 500 kilogrammes, produisant à chaque chute un travail de choc de 1 800 kilogrammètres.

Pour les essieux en fer de $0^m,120$ de corps, les chutes du mouton seront répétées jusqu'à ce qu'on obtienne une flèche de $0^m,25$, mesurée normalement à une corde initiale de $1^m,50$, déduction faite de la conicité de l'essieu.

Le nombre de coups de mouton sous lesquels se sera produite la flèche de $0^m,25$ devra toujours être supérieur à trois. L'essieu ainsi plié de $0^m,25$ doit pouvoir se redresser complétement sans qu'il se manifeste ni crique ni fente longitudinale.

Lorsque les dimensions des essieux sont autres que celles indiquées ci-dessus, les conditions d'épreuves sont modifiées de telle sorte que l'allongement et le raccourcissement des fibres extrêmes correspondent toujours à 1/10.

Dans le cas où l'essieu pris pour essai ne satisferait pas aux conditions ci-dessus, le lot entier de vingt-cinq auquel il appartient sera refusé.

La Compagnie pourra également refuser tous les essieux présentant des défauts de fabrication, reconnus soit à la livraison, soit au moment de la mise en œuvre ; de même que tous ceux qui ne sont pas conformes aux plans remis par elle au fournisseur.

[1] Extrait du cahier des charges pour la fourniture des essieux au chemin de fer du Nord.

Garantie. — Après la réception provisoire, le fournisseur reste encore garant et responsable de tous défauts de qualité et de fabrication qui se révéleraient pendant un parcours de 100 000 kilomètres pour les essieux droits et pour les essieux coudés, quelle que soit la date de la livraison, sauf autre stipulation sur la commande. Il devra, en conséquence, remplacer à ses frais, et par simple échange, tous essieux qui seraient mis hors de service par suite de ces défauts pendant le délai de garantie.

Nous bornerons ici les considérations relatives aux conditions de réception, mais nous renvoyons le lecteur aux développements que nous avons donnés à cette question en traitant de la réception des rails[1] : Epreuves au mouton ; sa construction et ses fondations ; poids de l'enclume ; température du métal et de l'atmosphère au moment de l'essai ; surveillance de fabrication, etc., etc.

L'agent chargé de procéder aux vérifications devra, comme dans le cas déjà traité dans la première partie, s'assurer que les pièces livrées ont exactement les qualités et dimensions prescrites ; apporter, en un mot, les plus minutieuses précautions dans l'exercice de ses importantes fonctions.

Observation. — Après avoir examiné les diverses conditions de composition, de forme et de fabrication auxquelles doivent satisfaire les essieux de machines, nous ajouterons que lors même que les essais de réception auront démontré que ces conditions ont été suffisamment remplies, l'ingénieur n'est pas toujours certain que les essieux reçus présenteront également la même durée de service. La longueur du parcours effectué par les essieux de machines d'une même provenance varie dans des proportions trop considérables pour que l'on puisse la déterminer à l'avance. Ainsi, tandis que les uns fournissent souvent 300 000 kilomètres et plus, d'autres passent au rebut

[1] Part. I, chap. IV, § III, p. 107 et 108.

avec un parcours inférieur à 40 000 kilomètres. On ne devra donc jamais négliger aucune des conditions qui peuvent influer sur la durée de leur service et notamment la bonne répartition du poids de la machine, que l'on devra vérifier fréquemment, ainsi que nous l'avons déjà indiqué (363).

Dans certaines machines, on place sur l'essieu moteur principalement, dans le but de le charger plus uniformément, trois ou quatre boîtes à graisse représentant autant de points d'appui du châssis. Cette excellente disposition doit être employée toutes les fois que la construction de la machine ne s'y oppose pas d'une manière absolue.

La plupart du temps, les essieux ne sont mis au rebut que lorsque l'usure des fusées atteint $0^m,010$ sur le diamètre. A ce moment, la prudence conseille d'enlever l'essieu et de le remplacer.

La visite et l'enlèvement des essieux seront d'ailleurs assez fréquents, car indépendamment de l'usure de ces pièces, celle des coussinets et des bandages, toutes les avaries intéressant les roues ou les boites à graisse, enfin la simple inspection de ces dernières, qui doit être répétée plusieurs fois par année, rendent ce travail nécessaire. Il importe donc d'effectuer cette opération avec la plus grande promptitude, afin de ne pas interrompre le service de la machine.

L'enlèvement des essieux peut se faire de deux manières, soit en soulevant la machine, soit en faisant descendre les roues au-dessous du niveau de la voie, tandis qu'on soutient simplement le châssis. Cette dernière méthode entraîne l'établissement d'une fosse et d'une installation particulière ; aussi se contente-t-on quelquefois d'employer le premier moyen. Cependant, en considérant le poids énorme de la machine qu'il faut soulever à chaque opération, on comprend qu'il y ait encore économie à adopter le second.

Sur l'une des voies de l'atelier de réparation, on établit, à cet effet, une fosse, dans laquelle une plate-forme se meut verticalement au moyen de crémaillères, ou mieux de vis à écrous fixes.

Pour enlever les roues d'une machine avec cet appareil, on amène le véhicule de manière à faire coïncider la paire de roues en question avec la plate-forme mobile de la fosse. Les entretoises des plaques de garde enlevées, on abaisse la plate-forme qui entraîne dans son mouvement l'essieu monté. Celui-ci est conduit, par un chariot mobile dans la fosse, sous une grue qui l'enlève avec ses roues et le remplace par un nouvel essieu monté que l'on vient appliquer, à la place du premier, par une manœuvre inverse.

Lorsqu'un essieu coudé présente en un point de l'une des manivelles un commencement de rupture, on peut en prolonger le service par l'application d'une frette en fer forgé, embrassant tout le contour de la manivelle. Ces frettes sont embattues au rouge, et leur refroidissement les serre contre l'essieu, qu'elles maintiennent assez fortement pour empêcher la cassure de s'agrandir [1].

Le prix des essieux varie avec leur forme et leur matière.

Les essieux droits en fer à grain fin, au bois, garantis 100 000 kilomètres, coûtent (en 1867) 75 à 78 francs par 100 kilogrammes. Les essieux coudés, aux mêmes conditions, 200 à 220 francs.

Les essieux en acier fondu se payent, en 1867, les prix suivants :

Essieux de locomotives	droits bruts de forge, les 100 kil.		112f,50
Id.	*id.*	coudés	500 à 625 »
Id.	*id.*	*id.* finis..	625 à 750 »
Essieux de tenders,	*id.*	....	105 »

365. **Roues.** — Les roues servent de supports au véhicule sur les rails de la voie. Animées d'un mouvement de rotation très-rapide, elles sont soumises à l'action de la force centrifuge qui peut devenir importante lorsque la masse et la vitesse prennent certaines proportions. Les perturbations nombreuses de la machine en marche, qui tendent à appliquer à chaque instant contre

[1] *Guide du Mécanicien constructeur*, etc.

les rails les boudins des roues, se traduisent à la circonférence de ces dernières par des efforts transversaux. Il suit de ces considérations qu'une roue de véhicule de chemin de fer, et en particulier une roue de locomotive, doit répondre aux conditions suivantes :

Posséder une résistance suffisante dans le sens de son plan, d'une part, et normalement à ce dernier d'autre part, en présentant cependant la plus grande légèreté possible, afin de ne pas augmenter inutilement le poids de la masse mobile.

Un autre élément qui influe sur la disposition de la roue, c'est la résistance de l'air, que l'on doit chercher à diminuer autant que possible.

D'un autre côté, une rigidité absolue peut avoir des inconvénients d'abord pour la marche régulière de la machine, la roue devant concourir dans la mesure possible de son élasticité à atténuer les inégalités de la voie, puis pour la conservation du bandage qui ne tarderait pas à se laminer ou à se rompre si la roue n'offrait pas une flexibilité suffisante.

Forme. — Une roue se compose d'un *moyeu*, d'une *jante* et d'une partie intermédiaire, qui peut être formée, soit d'une série de bras indépendants, soit d'un disque plein. Chacune de ces deux dispositions différentes présente ses avantages et ses inconvénients, la première étant généralement préférable au point de vue de l'élasticité et de la légèreté, la seconde offrant moins de résistance à l'air; cette dernière forme arrivera sans aucun doute à satisfaire aux autres conditions énoncées plus haut par un choix convenable des dimensions et de la matière employée, et sera certainement le seul type qui prévaudra dans la construction des véhicules.

Le *moyeu* doit posséder des dimensions transversales plus fortes que le corps de la roue et de la jante, pour faciliter le calage et en assurer la durée; on lui donne de $0^m,150$ à $0^m,180$ en longueur. Sa section peut être déterminée par le calcul, ainsi que celle de la jante, en évaluant l'action tangentielle de la force centrifuge à la vitesse maximum de la roue.

Les *bras* sont soumis à un effort de compression et à un

effort de flexion dont le maximum se trouve à leur jonction avec la jante ; ils devraient avoir en conséquence la forme d'un solide d'égale résistance ; mais généralement on se contente de diminuer proportionnellement leur section à partir du moyeu. Si le corps de la roue est plein, son épaisseur sera plus faible que celle des rais d'une roue de même diamètre ; généralement on lui donne une forme ondulée dans le sens perpendiculaire aux rayons, afin d'augmenter son élasticité.

Le choix de l'une de ces deux dispositions dépend souvent, mais non d'une manière absolue, de la nature de la matière employée. En France, où l'application de la fonte n'est pas admise par les Compagnies de chemins de fer pour cette fabrication, les roues de locomotives en fer forgé affectent généralement la première forme, mais on rencontre cependant sous les tenders des roues en fer à disque plein. La fonte et l'acier fondu sont appliqués aux roues pleines des locomotives et tenders en Angleterre et en Allemagne, tandis qu'en Amérique la fonte, — d'ailleurs d'excellente qualité, — est employée indistinctement pour l'une ou l'autre destination.

Contre-poids. — Fonctions et construction. — Nous avons vu que les machines en marche se trouvaient soumises à des perturbations provenant de quatre causes différentes :

1° Les inégalités de la voie ;

2° Le mouvement de recul provenant du déplacement dans le sens horizontal du centre de gravité de la machine à chaque nouveau coup de piston, et qui se traduit par une série de chocs entre la machine et le tender, lorsque l'accouplement des deux véhicules n'est pas suffisamment serré et que la machine est mal équilibrée ;

3° Le mouvement de lacet qui résulte du plus ou moins grand écartement de l'axe des cylindres à celui de la machine ;

4° Le mouvement de galop, dont la cause réside dans le changement de position du centre de gravité dans le plan vertical par suite du mouvement de montée et de descente de la bielle et de la manivelle auquel, dans les machines à cylindres inclinés, il faut ajouter encore le mouvement du piston. Il en résulte successivement un excès de pression et un allégement au point de contact de la roue et des rails qui, dans le premier cas, tend à les surcharger, et, dans le second, à soulever la machine.

La première cause de perturbation, indépendante de la construction de la machine, disparaîtra par l'effet d'un bon entretien de la voie ; quant au mouvement de lacet, il trouve un palliatif dans la conicité des bandages (366), qui oppose au mouvement latéral de la machine une résistance suffisante pour en diminuer les effets dans une certaine proportion.

Le moyen le plus simple pour atténuer les perturbations résultant des dernières causes énumérées plus haut, est l'emploi des contre-poids appliqués aux roues à l'opposé de la manivelle. Ce moyen, proposé par M. Nollau en Allemagne, et M. Le Chatellier en France, est le seul en usage aujourd'hui.

Dans les premières dispositions de ce genre, les contre-poids étaient indépendants des roues et réunis aux rais et à la jante par des rivets ou des boulons. Mais ces sortes d'assemblages ne tardent pas à prendre du jeu ; pour obvier aux inconvénients qui peuvent en résulter, on rend généralement aujourd'hui le contre-poids solidaire de la roue, en le faisant venir de forge ou de fonte avec elle. La forme du contre-poids est le plus ordinairement celle d'un segment compris entre deux ou plusieurs rais. Sur les Caledonian et Great-Eastern railways, on rencontre maintenant des contre-poids en forme de croissant, dont la hauteur, dans le sens du rayon, diminue, à partir du plan milieu, leurs extrémités venant se confondre avec la jante.

Calcul du contre-poids. — Pour équilibrer le mouvement de recul, il suffit évidemment de munir la roue d'un contre-poids calculé de telle sorte que son moment par rapport au centre de l'essieu soit égal et de sens contraire à celui de l'ensemble des pièces à mouvement alternatif qui agissent sur la roue.

Si donc nous représentons par :

B, le poids de la bielle;

P, celui du piston ;

m, le poids de la manivelle transporté au centre [1] du manneton ;

r, le rayon de la manivelle ;

R, celui de la roue,

la valeur Q du contre-poids supposé placé à la jante de la roue de rayon R sera donnée par la relation :

$$^{2}\ Q \times R = (m + B + P)\, r.$$

Mais cette valeur ne convient pas pour l'équilibre des perturbations verticales. En effet, la force verticale qui agit sur les pièces en mouvement n'étant autre que la force centrifuge, nous pouvons la représenter dans une machine à roues libres et en ne considérant que l'une des moitiés du mécanisme, par les deux expressions $\frac{mv^2}{gr}$, $\frac{B}{g}\frac{l'^2}{l^2}\frac{v^2}{r}$; B, m, et r ayant les mêmes significations que précédemment, g étant la valeur de l'action de la gravité, l la longueur totale de la bielle, l' la distance de son centre de gravité au point d'articulation avec la tête du piston, et v étant la vitesse du manneton de la manivelle.

La valeur Q' du contre-poids nécessaire pour équilibrer la somme de ces deux forces verticales sera donc :

$$\left(\frac{m}{g} + \frac{B}{g}\frac{l'^2}{l^2}\right)\frac{v^2}{r} = Q'R.$$

Cette dernière valeur étant plus petite que celle de Q, il pourra arriver qu'en calculant le contre-poids par la première formule, on augmentera la valeur des efforts verticaux, et que l'on aggravera par suite ces perturbations.

On trouve par le calcul que cet excès de la pression verticale sur la force à équilibrer dépasse dans certains cas la charge

[1] Cette valeur m est déterminée par la condition que son moment mr, pris par rapport à l'axe de l'essieu, soit le même que le moment de la manivelle pd (p étant le poids réel de cette dernière, d la distance de son centre de gravité à l'axe de l'essieu).

[2] Il est bon de remarquer que lorsque la machine est à cylindres intérieurs, les contre-poids, ne se trouvant plus dans le plan des pièces en mouvement, tendront à augmenter le mouvement de lacet, tout en faisant diminuer le recul.

même des roues motrices, et des faits sont venus confirmer l'exactitude de ces résultats. Il est arrivé que les roues motrices de machines Crampton pourvues de contre-poids calculés par la première formule pour équilibrer les efforts horizontaux se sont soulevées au-dessus des rails de la hauteur des boudins et ont donné lieu à un déraillement. D'autre part, la surcharge qui en résulte en sens inverse pour les rails peut, dans certains cas, en occasionner la rupture.

Il suit de là qu'il sera préférable de n'équilibrer que les perturbations verticales, ce qui revient à ne prendre qu'une fraction de la valeur du contre-poids nécessaire pour l'équilibre des forces horizontales.

En Allemagne, M. Welkner a établi, pour le calcul des contre-poids, les formules suivantes :

Equilibre des efforts horizontaux, $Q = \frac{h+h_1}{2h_1}(G + G_1 + G_2)\frac{r}{r'}$;

Equilibre des efforts verticaux, $Q_1 = \frac{h+h_1}{2h_1}\left(G + \frac{G_1}{2}\right)\frac{r}{r'}$;

dans lesquelles :

Q et Q_1 représentent la valeur des contre-poids ;

G, le poids de la manivelle transporté au manneton ;

G_1, le poids de la bielle ;

G_2, le poids du piston et de sa tige ;

r, la longueur de la manivelle ;

r_1, la distance du centre de gravité du contre-poids à l'axe de la roue motrice ;

h, l'écartement d'axe en axe des deux cylindres ;

h_1, l'écartement d'axe en axe des moyeux des roues motrices.

Ces deux valeurs sont ensuite ramenées à une seule donnée par l'expression :

$$Q_2 = \frac{Q + Q_1}{2},$$

appliquée sur chaque roue à l'opposé de la manivelle.

M. Desmousseaux de Givré [1] a établi le barême suivant (em-

[1] *Mémoires et compte rendu de la Société des Ingénieurs civils*, 1864. — Mémoire sur la stabilité des locomotives, par M. Desmousseaux de Givré.

ployé au chemin de fer du Nord), et au moyen duquel il est facile d'obtenir sans calcul la valeur du coefficient K par lequel il faut multiplier le poids des pièces à mouvement alternatif pour avoir celui des contre-poids. Une colonne spéciale donne également la valeur de l'angle d'écartement des résultantes des deux contre-poids de droite et de gauche, et sert à déterminer leur position relative[1].

DÉSIGNATION des attirails.	E Écartement d'axe en axe des demi-attirails de droite et de gauche[1].	θ Angle d'écartement des résultantes des contre-poids des roues de droite et de gauche.	K Coefficient par lequel il faut multiplier la masse à équilibrer pour connaître la masse résultant de chaque contre poids.	OBSERVATIONS.
	m.			
Attirail d'accouplement situé en porte-à-faux extérieurement à des châssis extérieurs.	2,60	120°	1,42	Selon que E est supérieur, égal ou inférieur à l'écartement de 1m,50 des plans médians des roues, θ est obtus, droit ou aigu, et K est supérieur, égal ou inférieur à l'unité. Ce tableau est relatif à un écartement de roues (et par suite de voie) de 1m,50 ; mais il serait facile de l'adapter à un autre écartement, 1m,75 par exemple en multipliant les valeurs de E inscrites dans la 2e colonne par $\frac{1,75}{1,50}$.
	2,50	118	1,38	
	2,40	116	1,34	
	2,30	113	1,30	
	2,20	111	1,26	
Attirail d'accouplement ou attirail moteur de machines à cylindres extérieurs.	2,10	109	1,21	
	2,00	106	1,18	
	1,90	103	1,14	
	1,80	100 1/2	1,12	
Attirails fictifs dans les plans médians des roues.	1,50	90	1,00	
Attirail moteur des machines à cylindres intérieurs.	1,20	78	0,91	
	1,10	73	0,88	
	1,00	67	0,85	
	0,90	62	0,83	
	0,80	56	0,81	
	0,70	50	0,78	
	0,60	44	0,76	
	0,50	37	0,75	
	0,40	36	0,74	

[1] L'écartement des demi-attirails moteurs d'une machine à cylindres intérieurs est l'écartement d'axe en axe des cylindres. L'écartement des demi-attirails d'accouplement dans une machine quelconque s'estime de quelques centimètres inférieurs à l'écartement d'axe en axe des bielles d'accouplement, parce que cet attirail comprend les manivelles qui sont situées dans le plan des roues, et par suite moins écartées que les bielles d'accouplement. Par une raison analogue, l'écartement des demi-attirails moteurs d'une machine à cylindres extérieurs et à roues libres s'estime de quelques centimètres inférieurs à l'écartement d'axe en axe des cylindres. Au reste, si l'on voulait être plus exact, on pourrait considérer isolément trois attirails : 1° le moteur, situé dans le plan du cylindre ; 2° l'ensemble des manivelles ; 3° l'ensemble des bielles d'accouplement.

[1] Les contre-poids d'un même essieu n'étant pas ici disposés suivant le

Les contre-poids des attirails moteurs étant ainsi déterminés séparément, on les compose sur chaque roue. Mais il faut remarquer que les valeurs calculées se rapportent à une distance de l'axe de l'essieu égale à celle du rayon de la manivelle, et que pour avoir le poids réel de ces divers contre-poids, il faudra multiplier ces premières valeurs par le rapport de ce rayon à la distance réelle à laquelle doit se trouver de l'axe de l'essieu le centre de gravité de la masse équilibrante.

Fabrication. — Roues en fer forgé. — Deux modes de fabrication sont actuellement employés pour les roues en fer à rais.

Le premier consiste à composer la roue d'autant de morceaux qu'il y a de rais, chacun d'eux portant à l'une de ses extrémités un segment représentant la partie du moyeu qui lui correspond ; à l'autre extrémité, on soude la partie correspondante de la jante. On réunit tous ces morceaux que l'on entoure d'un cercle pour les maintenir en contact, et on place l'ensemble sur un feu de forge circulaire où l'on porte le moyeu au blanc soudant. On dresse ensuite les rais, on soude entre elles, à l'aide de coins intercalés, les différentes parties de la jante, et l'on termine le moyeu, en rapportant et soudant sur ses deux faces deux disques de même diamètre que lui.

Le second procédé, exploité par MM. Arbel Deflassieux et Pellion, maîtres de forge à Rive-de-Gier, demande des moyens d'action beaucoup plus puissants, mais il donne aussi des résultats plus satisfaisants. La jante se compose d'une seule barre laminée en cercle ; le moyeu s'obtient en enroulant de la même manière deux barres que l'on applique ensuite l'une sur l'autre. A la surface intérieure de la jante et à l'extérieur du moyeu, on pratique des mortaises, dans lesquelles on introduit les extrémités des rais disposées en forme de tenons. La pièce, ainsi préparée et assemblée, se chauffe au blanc soudant dans un four à voûte plate. On la place alors dans une étampe portant des creux correspondant aux différentes parties

prolongement des manivelles de chaque roue, mais symétriquement par rapport à la bissectrice de l'angle formé par ces deux manivelles.

de la roue; ceux des rais étant toutefois un peu plus courts que ces derniers (auxquels on donne un excès de longueur), il en résulte que les rayons s'élèvent en cône vers le milieu ; sous l'action d'un puissant marteau-pilon armé de la contre-étampe, il se produit un refoulement qui assure la soudure à tous les joints. Dans ce mode de fabrication, on comprend, du reste, que le moyeu de manivelle et le contre-poids peuvent venir de forge avec la roue.

Roues pleines en fer forgé. — Pour obtenir ce genre de roues, on commence par forger un disque en fer, que l'on introduit ensuite dans un laminoir d'une disposition particulière, qui lui donne le profil définitif. Par ce procédé, le corps de la roue peut être obtenu plat ou ondulé.

Roues en fer et fonte. — La jante et les rais de ce type sont faits en fer plat ou profilé, et le moyeu en fonte. Le lecteur trouvera les détails de cette fabrication au paragraphe 2 du chapitre II, MATÉRIEL DE TRANSPORT.

Roues en fonte et en acier. — Les roues en fonte et en acier se coulent directement dans des moules présentant la forme exacte de la pièce à obtenir.

Ces roues sont généralement fondues avec leur surface de roulement ; de là la nécessité de les couler en coquille pour obtenir une dureté convenable à la circonférence.

Lorsque l'usure de la surface de roulement est trop grande pour qu'on puisse maintenir la roue en service, on enlève au tour une épaisseur suffisante pour appliquer un bandage.

Montage. — Les roues, une fois le moyeu alésé et la jante tournée, sont calées sur leur essieu, et doivent être rendues ainsi parfaitement solidaires avec lui. Pour arriver à ce résultat, on les introduit sur la portée de calage — tournée avec un diamètre *un peu supérieur* à celui du moyeu [1], — au moyen de

[1] Les spécifications indiquent, pour le diamètre des moyeux et des portées de calage, le même nombre de millimètres, mais elles portent pour l'essieu la prescription de dépasser ce nombre d'une fraction de millimètre.

la presse hydraulique, et on les maintient à l'aide d'une ou de deux clavettes chassées à coups de masse à 90 degrés l'une de l'autre.

La pression pour le calage des roues ne doit pas être inférieure à 40 000 kilogrammes et s'élève quelquefois à 70 000 kilogrammes. Nous verrons plus loin (366) les dispositions qu'il faut prendre, lors du calage, pour donner aux roues montées sur un même essieu la distance qui convient à leur circulation sur la voie.

366. **Bandages.** — *Conditions générales.* — Le bandage est un cercle entourant la jante de la roue à laquelle il sert de surface de roulement et de guide sur la voie. Ces fonctions nécessitent l'emploi d'une matière présentant une grande ténacité en même temps qu'une grande dureté, si l'on veut éviter une mise au rebut trop prompte et des frais d'entretien trop considérables. Une autre condition essentielle à la conservation du bandage est d'obtenir un contact parfait entre celui-ci et la jante de la roue.

Pour satisfaire à la première de ces conditions, on n'emploie pour fabriquer les bandages que le fer aciéreux, l'acier ou le fer cémenté. On fait cependant usage quelquefois en Amérique de bandages en fonte.

Nous verrons plus loin par quel moyen on assure la solidarité du bandage avec le corps de la roue.

Forme. — Le profil des bandages dépend de celui des rails employés ; il varie par conséquent, comme ce dernier, d'une ligne à l'autre, quoique les différences soient cependant peu sensibles. La surface intérieure du bandage est cylindrique et parfaitement alésée pour pouvoir s'appliquer exactement sur la circonférence extérieure de la jante. A l'extérieur, la face du bandage est légèrement conique et terminée du côté de l'intérieur de la voie par un bourrelet saillant, *boudin* ou *mentonnet*, qui, en venant s'appuyer contre le champignon du rail

ce qui s'indique ainsi : Diamètre du trou du moyeu = $0^m,150$. — Diamètre de la portée de calage = $0^m,150$ *fort*.

dans le mouvement transversal du véhicule, le maintient sur la voie et l'empêche de dérailler.

Dans certaines machines à roues accouplées d'un grand empatement, on diminue l'épaisseur de ce mentonnet, et même on l'enlève totalement sur les roues intérieures, afin de faciliter le passage dans les courbes (347).

En général, l'épaisseur de ce mentonnet est de $0^m,035$ au sortir de l'atelier ; sa hauteur doit être comprise entre les limites extrêmes de $0^m,025$ à $0^m,035$, à partir de la face supérieure du rail.

La largeur du bandage, un peu supérieure à celle de la jante de la roue, varie de $0^m,127$ à $0^m,132$ [1], et son épaisseur moyenne de $0^m,050$ à $0^m,060$.

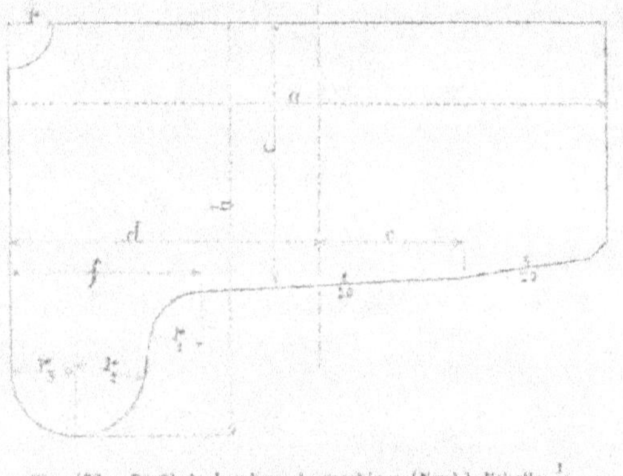

Fig. 452. Profil de bandage de machines (Nord.) Echelle $\frac{1}{2}$.

La figure 452 représente le profil des bandages roulant sous le plus grand nombre des machines du Nord. Voici ses dimensions principales :

$a = 0^m,135$ — $d = 0^m,070$ — $e = 0^m,0325$
$f = 0^m,044$ — $b = 0^m,090$ — $c = 0^m,058$
$r = 0^m,010$ — $r_1 = 0^m,012$ — $r_2 = 0^m,016$ — $r_3 = 0^m,0145$

[1] *Congrès de Dresde*, 1865

Le même profil s'applique aux bandages des roues de tenders.

Le profil du bandage doit être disposé pour faciliter le passage dans les courbes. Sur ces portions de ligne, en effet, les deux files de rails n'ont pas même longueur, et les roues circulant sur les rails extérieurs doivent parcourir un chemin plus considérable dans le même temps que les roues passant sur les rails intérieurs. Si le bandage était cylindrique, les roues étant fixes sur les essieux, il y aurait nécessairement un glissement des bandages sur les rails, qui produirait une résistance inutile et une usure préjudiciable. Mais supposons que, sans changer la vitesse angulaire, on fasse varier les vitesses à la circonférence des deux roues, en augmentant ou diminuant leurs rayons ; chacune d'elles pourra parcourir des chemins différents sans glisser. Ce résultat est obtenu par la *conicité* du bandage ; et la force centrifuge, qui agit dans les courbes sur le véhicule en tendant à le faire sortir de la voie, aura précisément pour effet de faire monter les roues extérieures sur les rails et de changer le rapport des rayons.

On est revenu dans ces derniers temps sur cette disposition et on a tenté de faire les bandages sans conicité et les champignons de rails plats, afin d'augmenter la surface d'adhérence (chemin de fer de Vienne à Salzbourg, Autriche); mais ce retour aux essais primitifs n'a pas donné des résultats favorables à l'entretien des bandages, et l'on est revenu aux bandages coniques et aux rails bombés et inclinés.

Avec la conicité et le champignon bombé, l'usure des bandages se porte principalement sur le milieu de leur largeur, creuse la surface en cet endroit et exige à chaque nouveau tournage l'enlèvement d'une portion de la partie extérieure ; dès lors, on a été conduit à terminer le profil de ce côté par un chanfrein, qui, d'ailleurs, ménage le champignon des rails dans le mouvement de lacet et dans le passage sur les changements et croisements de voie.

Dans le but d'alléger le poids du bandage, on creuse sa surface intérieure dans la partie *r* correspondant au boudin.

La figure 453 représente le profil des bandages sans boudin employés pour les roues intermédiaires. Sur le dessin, le profil

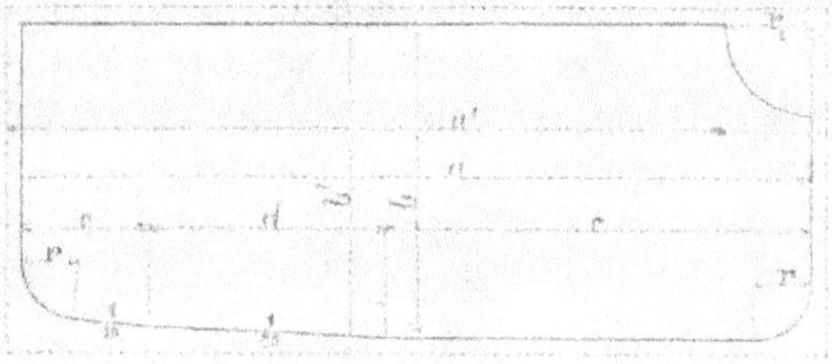

Fig. 453. Profil de bandage sans boudin. (Est.) Echelle $\frac{1}{2}$.

définitif est compris dans une ligne enveloppe, qui donne le profil du bandage brut livré par le laminage. Dimensions principales :

Bandage brut : $a' = 0^m,144$,
— $b' = 0^m,060$.
Bandage fini : $a = 0^m.139$,
— $b = 0^m,055$,
— $c = 0^m,075$,
— $d = 0^m,042$,
— $r = 0^m,010$.

Fabrication. — *Bandages en fer.* — Le fer employé doit être dur et aciéreux. On fabrique les bandages avec ou sans soudure.

Le premier mode consiste à laminer une bande de fer suivant le profil à obtenir, la cintrer au diamètre convenable et à souder ensemble les deux extrémités rapprochées, soit à l'aide de coins rapportés, soit en les engageant l'une dans l'autre après refoulement des extrémités. Le point de soudure du bandage présente généralement moins de résistance que les autres parties, surtout avec le deuxième procédé. Pour éviter cette cause de rupture, on préfère, sur certaines lignes, les bandages dits sans soudure, qui sont fabriqués de la manière suivante :

On enroule en hélice sur un mandrin une barre de fer à section un peu conique, de manière à former un cylindre de 0m,30 de diamètre sur autant de hauteur, que l'on soude au marteau après l'avoir suffisamment chauffé. On obtient ainsi un anneau que l'on agrandit au diamètre voulu au moyen d'un laminage.

Quelquefois on compose le bandage moitié en fer, moitié en acier[1]. Pour cela on introduit dans un moule une bague en fer, chauffée à la température convenable, et après l'avoir enduite de borax pour faciliter la soudure, on coule autour de la bague en fer l'acier fondu ; on termine ensuite l'opération par le laminage, comme dans le cas précédent.

Avant que l'emploi des bandages en acier ait pris l'extension qu'il atteint aujourd'hui, on faisait un grand usage de bandages en fer cémenté. On se servait, à cet effet, de bandages en fer dont l'épaisseur ne dépassait guère 0m,040 à 0m,050, obtenus par le procédé ordinaire de fabrication avec soudure, et que l'on introduisait ensuite dans un four à cémenter. Au sortir de ce four, le bandage présente une surface de roulement plus dure que celle des bandages en acier fondu ; aussi le rafraîchissage des bandages exige-t-il l'emploi du meulage, les outils du tour ordinaire ne pouvant pas attaquer le fer cémenté.

Bandages en acier. — La fabrication des bandages en acier fondu, qui a pris une grande extension dans ces dernières années, suit deux méthodes distinctes. Celle de M. Krupp consiste à forger des plaques d'acier fondu, dans lesquelles on découpe des barres rectangulaires d'un poids égal à celui d'un bandage. Celles-ci sont percées, et par l'introduction de coins de grandeur croissante, on élargit l'ouverture jusqu'à former un anneau agrandi au marteau et terminé au laminoir.

Certains fabricants d'Allemagne et d'Angleterre emploient

[1] Procédé Verdié et Ce.

un système différent dont les résultats ne sont pas aussi satisfaisants ; ils coulent tantôt un anneau correspondant à un seul bandage, dont le diamètre est de 0^{m},30 environ inférieur à celui du bandage fini, et que l'on élargit au laminoir ; tantôt un anneau d'une hauteur suffisante pour pouvoir y découper cinq ou six bandages terminés de la même manière.

Épreuves de réception. — Garantie. — Nous extrayons du cahier des charges du chemin de fer du Nord les conditions suivantes, relatives à la réception des bandages :

Lors de la livraison et avant la réception provisoire de chaque fourniture, il sera procédé à des essais sur un nombre de bandages qu'on déterminera en divisant par 25 le nombre de bandages composant la fourniture.....

Les essais consistent :

1° A chauffer le bandage d'épreuve, puis à le tremper à l'eau dans les mêmes conditions que pour l'embattage.

2° A placer le bandage refroidi sur un point d'appui non élastique et à l'ovaliser, en laissant tomber un mouton sur son sommet.....

Le bandage devra supporter le premier coup de mouton sans qu'il se manifeste aucune crique ou indice de rupture et sans que le diamètre intérieur vertical soit réduit de plus de 0^{m},12.

On cassera ensuite le bandage en divers morceaux, et toutes les cassures ainsi obtenues devront présenter une matière parfaitement régulière et exempte du moindre défaut de soudure.....

Une garantie, variable suivant le cas, doit également rendre le fournisseur responsable de tous les défauts de qualité et de fabrication qui se révéleraient pendant l'accomplissement du parcours qui sera stipulé.

Embattage. — Afin d'obtenir une adhérence complète entre le bandage et le corps de la roue, on tourne la surface extérieure de la jante et la surface intérieure du bandage, en donnant à ce dernier un diamètre un peu inférieur à celui du corps de la roue ; de cette façon, en le plaçant à chaud, il presse fortement la jante de la roue en se refroidissant, et comme celle-ci, malgré son élasticité, ne peut pas se comprimer au delà d'une certaine limite, le bandage reste en un état de tension permanent qui maintient le serrage.

L'écartement intérieur entre les deux bandages d'un même essieu doit être de $1^m,360$, avec un écart de 0,005 en dessus ou en dessous de cette dimension. Nous avons vu (1re partie, ch. VI, § 1) le rapport qui existe entre cette dimension et celle de la voie, et l'on comprend facilement que cet écartement doit être rigoureusement observé, sous peine d'exposer le véhicule à dérailler.

L'opération du montage des roues et bandages sur essieu se fait généralement de la manière suivante : chaque roue est calée sur l'essieu au moyen de la presse hydraulique, la clavette en acier chassée dans sa rainure de manière à la remplir très-exactement ; puis le bandage, chauffé à la température strictement nécessaire, est déposé dans une cuve. L'essieu, garni de ses roues, est descendu, au moyen d'une grue, dans la cuve, de manière à ce que la roue pénètre dans le bandage ; dès que la roue est arrivée à sa position, on refroidit le bandage à l'eau.

Les roues, ainsi garnies de leurs bandages, sont portées sur le tour pour être amenées *rigoureusement* au même diamètre. On dresse au tour les faces latérales des bandages et des roues. Après cette opération, on perce et on fraise les trous de rivets ou de boulons d'assemblage.

Enfin, on procède à la rivure des bandages. On emploie à cet effet une matière semblable à celle du bandage, en ayant soin de refroidir à l'eau l'extrémité de chaque rivet, afin que la fraisure soit exactement remplie par le rivet.

La différence des diamètres de la roue et du bandage à embattre varie selon les dimensions des roues, la section de la jante et du bandage, et enfin la nature du métal employé. Les bandages en fer supportent un serrage plus fort que ceux en acier; pour les premiers, la différence de diamètre varie de $0^m,0010$ à $0^m,0015$ par mètre, tandis que pour les seconds, il ne faut pas dépasser $0^m,001$ [1]. En donnant un serrage trop fort, on s'expose à dépasser le coefficient d'élasticité, tandis qu'il faut au contraire se tenir toujours au-dessous d'une quantité suffisante, pour que par la diminution de section due à l'usure ou par l'abaissement de la température dans les saisons froides, la tension du bandage par millimètre carré ne dépasse pas la limite de résistance du métal. (Voir page 281.)

L'attache du bandage à la roue s'effectue aussi avec des boulons ou des vis. La première disposition est la meilleure, mais elle donne lieu au reproche d'affaiblir le bandage. Afin d'éviter la difficulté, on a quelquefois adopté des profils de bandages à saillies intérieures engagées dans l'épaisseur de la jante; mais la complication de ces formes, qui augmente les frais de fabrication et de pose, restreint leur emploi à quelques cas particuliers.

Il faut avoir soin, lorsqu'on se sert de boulons pour fixer le bandage, d'employer à leur fabrication, comme avec les rivets, le même métal que pour ce dernier, afin qu'ils s'usent également.

Le manque d'élasticité de la roue produit souvent la rupture du bandage, et quelques ingénieurs ont cherché à remédier à cet inconvénient en adoptant un mode de calage particulier.

Dans ce but, M. Bridge place entre le bandage et la jante une lame d'acier faisant ressort. Ce système est à l'essai, depuis quelques années, sur le Saint-Helen et le North-London-Ry [2].

Sur la ligne de Boston-Providence (États-Unis), M. Grigys fixe les bandages des roues motrices de la manière suivante.

[1] M. Krupp indique 6/10 de millimètre par mètre comme la meilleure valeur de serrage pour les bandages en acier fondu provenant de sa fabrication.

[2] *Bulletin de la Société des ingénieurs civils*. — Mémoire de M. Morandière sur les chemins de fer anglais.

Les roues sont en fonte et portent à leur circonférence une rainure en forme de queue d'aronde, correspondant à une saillie dans le bandage dont le diamètre est un peu supérieur à celui de la jante. On cale, à l'aide de coins en bois fortement chassés dans l'intervalle, jusqu'à ce que la tension nécessaire en soit obtenue. Nous ne savons pas encore si ce mode d'attache des bandages présente plus d'avantages, au point de vue de la durée, que le procédé ordinaire.

Entretien des bandages. — Le roulement continuel du bandage sur le rail produit une usure qui ne tarde pas à creuser la surface extérieure du premier; une jauge, que l'on applique de temps en temps sur la surface de roulement, permet d'apprécier l'état d'avancement de l'usure, et cet examen doit être renouvelé fréquemment, afin que l'on puisse y remédier aussitôt qu'elle atteint une limite suffisante pour augmenter d'une quantité sensible la résistance du véhicule et, par suite, les frais de traction. La longueur du parcours que peut effectuer un bandage avant d'atteindre cette limite dépend absolument de la nature de la matière employée, de la charge des essieux, du tracé de la ligne; mais outre ces causes générales, il en existe d'autres qui ont pour effet d'amener une inégalité d'usure, soit dans les différents points d'un même bandage, soit entre les bandages des différentes espèces de roues, ou même entre ceux des roues motrices sur le même essieu; ce sont : les inégalités de la voie, l'inertie des pièces du mécanisme et l'action de la vapeur sur les pistons. On peut atténuer en partie les effets résultant de ces dernières actions par une répartition convenable de la charge sur les essieux et un équilibre satisfaisant des pièces en mouvement au moyen des contre-poids appliqués aux roues. La pression de la vapeur exerce surtout son influence sur les bandages des roues motrices, que l'on devra, par conséquent, alléger autant que possible aux dépens des autres. Pour remédier à l'usure inégale des bandages d'un même essieu provenant généralement du sens de courbure affecté par l'ensemble de la voie, il convient de retourner l'essieu bout pour bout, aussitôt que l'usure aura atteint la moitié de la limite qui doit nécessiter la réparation. Au moyen de ces diverses précautions, on parvient à obtenir, après quelques tâtonnements, une usure à peu près égale de tous les bandages d'une même machine ; cette condition est très-importante, car le rafraîchissage d'un seul bandage nécessite celui des bandages de toutes les roues accouplées, afin de conserver toujours une rigoureuse exactitude de diamètre nécessaire pour le bon fonctionnement des pièces en mouvement, et l'on voit que les frais d'entretien peuvent se trouver, par le seul fait de l'inégalité de l'usure des bandages, considérablement augmentés.

L'opération du rafraîchissage des bandages exige l'enlèvement de l'essieu avec ses roues que l'on porte sur le tour ; elle se fait généralement aussitôt que l'application de la jauge accuse un creux de $0^m,003$ à $0^m,004$. La diminution de diamètre, qui résulte tant de l'usure que du tournage, varie de $0^m,005$ à $0^m,010$, et quelquefois plus.

Le nombre d'opérations de ce genre que peut supporter un bandage avant d'être mis au rebut est de trois ou quatre. A la suite du dernier tournage, et après un nouveau parcours, l'épaisseur du bandage se trouve réduite d'au moins moitié ; la pièce est mise au rebut. La limite d'usure adoptée par le chemin de fer du Nord est de $0^m,035$ pour des bandages dont l'épaisseur s'élève à $0^m,058$ au moment de l'embattage. En Allemagne, la limite de l'épaisseur à laquelle on doit s'arrêter, pour les bandages en acier et en fer de locomotives et tenders, est fixée à $0^m,022$ [1].

Nous empruntons au Mémoire de M. Desgrange, publié dans le *Bulletin de la Société des ingénieurs civils*, 1865, quelques détails sur le parcours et l'entretien des bandages, pendant l'année 1864, sur la section du Semmering.

Les bandages avaient une épaisseur de $0^m,060$ pour un diamètre de roue de $1^m,055$. Leur poids était de 2 000 kilo-

[1] *Congrès des ingénieurs*, Dresde, 1865.

grammes pour les huit bandages d'une machine à quatre essieux accouplés.

Le parcours effectué jusqu'au		1er retournage a été de	26 000 kilom.	
—	—	2e —	42 500	—
—	—	3e —	55 000	—
—	—	usure complète.....	60 000	—

A ce moment, l'épaisseur était réduite à $0^m,025$ ou $0^m,027$, et le poids de la garniture complète à 984 kilogrammes.

Les frais de tournage avec remontage, etc., se sont montés à 143 francs pour les huit. La dépense totale, compris les prix d'achat — 3475 francs, — d'alésage, de pose, rivage, tour, — 90 francs, — et déduction faite de la valeur de la garniture usée, — 308 francs, — s'est élevée à 3400 francs, ce qui, pour le parcours susindiqué, représente une dépense par kilomètre de $0^f,0516$, le parcours effectué correspondant à

$$2\,143 \text{ kilomètres} = \frac{60.000}{54^{mm} - 26^{mm}}$$

pour un millimètre d'usure.

Pour les tenders, le résultat obtenu fut le suivant :

Le prix de la garniture de 4 bandages posés est de.	$1\,632^f,50$
Frais de 3 tournages........................	55 ,50
	$1\,688^f,00$
Déduction de la valeur des vieux bandages.......	$154^f,00$
Reste pour la dépense.......................	$1\,534^f,00$

Le parcours moyen a été de 120 000 kilomètres, d'où on déduit :

Parcours moyen pour $0^m,001$ d'usure $\frac{120\,000}{54-23}$ =....	3 871 kilom.
Dépense par kilomètre parcouru par le tender......	$0^f,0128$

Résumé pour 1 kilomètre de parcours :

Bandages de la machine	$0^f,0516$
— du tender..........................	0 ,0128
Total................	$0^f,0644$ [1].

[1] Sur les autres parties du réseau sud-autrichien, où le tracé de la voie affecte des pentes et des courbes moins fortes, la dépense n'est estimée, pendant le cours de la même année, qu'à $0^f,025$ par machine avec son

Lorsqu'on enraye, sous les wagons, les bandages en acier fondu ou en fonte, l'échauffement considérable occasionné par le frottement continu des sabots, immédiatement suivi d'un refroidissement subit provenant du contact des rails souvent humides, et de l'air ambiant, produit sur le bandage l'effet d'une véritable trempe, et le rend assez dur pour résister à l'action du burin ; il serait facile de remédier à cet excès de dureté en employant la meule pour opérer le rafraîchissage de la surface de roulement ; mais, ce qui est bien plus grave, cette trempe rend le bandage cassant, et le fait rompre sous l'action du frein. On pourrait éviter ce danger en se servant, pour les roues à frein, de bandages en acier fondu d'une qualité moins dure, mais s'usant beaucoup plus vite, et dès lors moins avantageux que les bandages en fer. Cet inconvénient n'existe pas pour les machines ou tenders dont les roues sont immédiatement serrées au calage.

Les bandages sont livrés par les maîtres de forges avec une garantie de parcours déterminé. Les bandages hors de service avant d'avoir effectué le parcours minimum sont rendus au fournisseur aux prix de facture, et pour le poids existant lors de la cessation du service. Ceux qui ont dépassé le minimum, sans atteindre le maximum, font l'objet d'une retenue sur le prix de facture, qui s'élève généralement au tiers de ce prix.

Voici les parcours garantis et les prix des différentes espèces de bandages employés en France :

Bandages en acier naturel. { de 50 000 à 70 000 kilom. p^r machines à voyageurs.
de 40 000 à 60 000 kilom. p^r machines à marchandises.

Bandages en acier fondu, 200,000 kilomètres.

Prix des bandages de tous diamètres jusqu'à 1^m,800 (intérieur).

En fer aciéreux..................	69 fr.	les 100 kilogrammes.
— acier puddlé................	75	—
— acier naturel, au bois........	85	—
— acier fondu..................	135	—

tender. Il en résulte que, pour le Semmering, avec des pentes de 0^m,025 (1/40), la dépense de bandages serait deux fois et demie plus forte.

367. **Freins.** — Nous avons vu que, pendant longtemps, les freins ne furent appliqués qu'aux roues du tender, mais qu'en présence de l'inclinaison et de la longueur toujours croissantes des pentes des voies nouvelles, de l'augmentation du poids des machines et de la charge des trains remorqués, on se trouva conduit, dans ces dernières années, à intéresser les machines elles-mêmes dans le système d'enrayage des trains.

Nous avons exposé également (342) les procédés nouveaux : freins à vapeur, à contre-vapeur, ou à compression d'air, et nous avons discuté les avantages relatifs que présentaient les divers modes de manœuvre des freins.

Il nous reste à étudier quelques détails pratiques sur les freins appliqués aux roues des tenders et des locomotives.

Les *sabots* des freins qui viennent s'appliquer sur le bandage de la roue pour produire le frottement nécessaire au ralentissement de son mouvement sont en bois ou en métal.

On emploie pour les premiers le bois tendre, en ayant soin de le choisir très-sec : un bois trop dur et susceptible de se polir par le frottement exigerait, au bout d'un certain temps d'usage, une pression trop énergique pour obtenir le serrage voulu. L'usure des sabots en bois se fait promptement, et, quoique, pour éviter un renouvellement trop fréquent, on leur donne toujours au moins $0^m,10$ à $0^m,12$ de plus que n'indique le tracé théorique, il n'en est pas moins vrai que leur emploi entraîne des réparations fréquentes et un entretien très-coûteux. Aussi les sabots en fer, qui résistent beaucoup plus longtemps, doivent-ils être préférés pour les freins des machines.

Les sabots sont fixés sur un support en fer, qui reçoit en son milieu l'action du levier de pression, et qui est tantôt relié au châssis, tantôt indépendant de ce dernier. Dans le premier cas, le sabot se trouve suspendu aux longerons par son extrémité, et participe aux oscillations verticales que les inégalités de la voie font subir au châssis. Dans le second, il peut glisser horizontalement sur une tringle fixée par ses deux extrémités aux boîtes à graisse, et sa position, par rapport au centre de la roue, ne varie plus, avantage qui n'a que peu d'importance pour les freins des tenders et des machines dont les ressorts doivent avoir peu de flexibilité ; aussi la simplicité du premier système lui assure-t-il la préférence dans ce cas ; il permet d'ailleurs de réaliser une condition *essentielle* dans l'établissement d'un système de freins, celle de presser chacune des roues par deux sabots diamétralement opposés ; on évite, par ce moyen, de fausser les fusées et de fatiguer les boîtes à graisse, inconvénient qui est la conséquence d'une pression exercée d'un côté seulement de la roue, à moins qu'elle ne soit verticale.

Un levier, une vis, ou une crémaillère avec pignon, sont les trois systèmes employés pour transmettre aux sabots du frein l'effort exercé par le mécanicien. La transmission à vis est souvent appliquée sur les tenders et les machines, mais elle exige beaucoup de temps pour amener les sabots en contact avec les roues ou les desserrer, désavantage que ne présente pas la crémaillère.

Un serrage prompt et énergique peut être obtenu par l'emploi du frein Stilmant appliqué aux roues du tender. Dans ce système, les supports de sabots suspendus aux longerons sont pressés par les faces opposées d'un coin qui descend entre les deux sabots. La pression dépend dans ce système de l'angle du coin, qui peut être calculé pour obtenir le degré de serrage désiré.

Il ne faut pas oublier que, pour les machines et tenders, l'action des sabots contre la roue doit non pas se borner à ralentir la vitesse de rotation de cette dernière, mais produire son arrêt complet — son calage, — ces freins ne devant être employés que pour obtenir l'arrêt instantané et non point le ralentissement sur les pentes.

On rencontre également sur quelques machines le frein à patin, qui vient prendre son point d'appui sur les rails, et évite ainsi l'usure des bandages. Nous avons dit (342) quels étaient ses inconvénients, et dans quelles limites son usage pouvait être recommandé.

368. **Enveloppes et peinture.** — Pour éviter la déperdition de chaleur, on entoure la chaudière d'une enveloppe, qui autrefois se composait généralement d'une garniture en gros

feutre recouverte de douves en bois, assemblées à rainure et maintenues par des cercles en fer. Aujourd'hui, on se contente de remplacer le feutre par une couche d'air, et l'on recouvre les douves en bois d'une feuille de tôle mince. Enfin, quelques constructeurs n'emploient plus qu'une simple enveloppe en laiton poli (355) appliquée sur des cercles en fer rivés sur la chaudière.

Les cylindres à vapeur reçoivent également une garniture analogue, lorsqu'ils ne sont pas logés dans la boîte à fumée.

Les enveloppes en laiton poli, plus coûteuses d'établissement que les enveloppes en tôle, ne reçoivent, par contre, aucune peinture. Celles en bois ou en tôle, ainsi que les parois du tender et de la boîte à fumée, qui ne sont recouvertes d'aucune enveloppe, réclament de fréquentes applications de couleur qui ne laissent pas d'être onéreuses.

La peinture de ces diverses parties doit être, en effet, exécutée avec le plus grand soin, et entretenue toujours en parfait état de conservation.

L'opération se compose de l'application de plusieurs couches de fond et définitives, entre lesquelles on fait plusieurs masticages et ponçages, puis de l'application d'un vernis avec polissage et d'un vernis hydrofuge. Comme exemple de la façon dont ce travail doit être divisé, nous extrayons d'un cahier des charges de la Compagnie du chemin de fer de l'Est l'article concernant la peinture d'un tender.

Art. ***. La peinture des tenders sera exécutée comme il suit :

Intérieur de la caisse à eau.

Deux couches au minium.

Parois extérieures de la caisse à eau, du châssis et des roues.

1° Une couche d'impression gris-perle (mélange de céruse et de noir de fumée) ;
2° Masticage au vernis (céruse et ocre jaune en poudre) ;
3° Ponçage ;

4° Une couche de gris-perle détrempé à l'essence ;
5° Nouveau masticage (vérification) ;
6° Une couche, vert-olive ;
7° Une seconde couche, vert-olive ;
8° Une couche de vernis ;
9° Polissage ;
10° Réchampis ;
11° Une couche de vernis anglais.

Ferrures.

1° Une couche en minium ;
2° Une première couche en noir ;
3° Une seconde couche en noir.

Les constructeurs américains emploient, pour les abris du personnel conducteur des machines, des bois polis et vernis, dont l'entretien est moins coûteux que la peinture.

369. **Outillage.** — Toutes les machines locomotives en service, autres que les machines de gare, doivent être munies d'une collection d'outils et d'agrès indiqués dans la liste suivante, enregistrés dans le livret de la machine, et affichés dans la boîte du tender :

1 Caisse à outils ;
1 Pique-feu ;
1 Lance ;
1 Griffe à mâchefer.
1 Pelle à coke avec manche ;
1 Chasse-tampon ;
6 Tampons en fer tournés ;
1 Seau en toile ;
1 Bidon à huile de 4 kilogrammes ;
1 Bidon à huile de 2 kilogrammes ;
1 Burette de 1 kilogramme ;
1 Burette de 1/2 kilogramme à queue de rat ;
1 Burette à petit bec ;

1 Seau à suif;
1 Lanterne de niveau d'eau avec son pied;
1 Bouteille en fer-blanc pour l'essence;
1 Boîte en fer-blanc pour le savon;
2 Vérins[1];
1 Rallonge de vérin;
1 Cliquet à chariot de vérin;
1 Grande pince à talon;
1 Petite pince à talon;
1 Chaîne longue et 2 chaînes à crochets à 5 mailles;
2 Plats-bords en chêne;
2 Cales en chêne pour roues;
2 Cales en fer pour roues;
1 Masse en fer avec manche;
1 Marteau à casser le coke;
1 Masse en cuivre;
1 Clef anglaise;
5 Clefs diverses à fourche;
1 Rivoir;
2 Clefs à garnitures;
1 Rallonge de clef;
2 Burins;
2 Bédanes;
2 Chasse-clavettes en fer;
2 Chasse-goupilles;
1 Tourne-vis;
1 Paire de tenailles;
1 Lime plate de une au paquet;

[1] Le vérin est un instrument destiné aux mêmes usages que le cric, mais qui diffère de ce dernier en ce que les crémaillères et son pignon sont remplacés par une vis à écrou fixe. Ce dernier est d'ailleurs porté sur un support mobile horizontalement et manœuvré par une vis de rappel fixée dans le pied de l'appareil. Ce double mouvement rend l'usage du vérin très-précieux dans le cas d'un déraillement; il devient possible avec cet instrument de replacer sur la voie un véhicule déraillé. Quelquefois, les deux vérins se placent sur l'avant de la machine, lorsque sa construction laisse au-dessus de la traverse un espace libre suffisant.

1 lime demi-ronde bâtarde ;
1 Lime queue-de-rat bâtarde ;
3 Manches de limes ;
6 Cadenas ;
1 Lanterne à trois feux ;
1 Drapeau rouge ;
1 Drapeau vert ;
1 Pied de drapeau ;
1 Fourreau double en cuir pour drapeau ;
1 Boîte à pétards garnie de 6 pétards ;
1 Boîte à draps ;
1 Livret d'outillage ;
1 Raclette.

L'outillage des machines affectées exclusivement au service des manœuvres de gare est composé de la manière suivante :

1 Caisse à outils ;
1 Pique-feu ;
1 Lance ;
1 Pelle à coke ;
1 Bidon à huile de 4 kilogrammes ;
1 Burette à huile de 1 kilogramme ;
1 Burette à huile de 1 kilogramme à long bec ;
1 Seau à suif ;
1 Lanterne à niveau d'eau avec son pied ;
1 Boîte à savon ;
2 Cales pour roues en bois ;
1 Marteau à casser le coke ;
3 Clefs diverses à fourche ;
1 Rivoir ;
1 Burin ;
2 Cadenas ;
1 Boîte à pétards.

Les mécaniciens étant responsables des outils qui leur sont confiés, chacun de ces outils porte un numéro d'ordre inscrit en regard de son nom sur un livret remis au conducteur de la machine, et portant sa signature ainsi que celle du chef de dépôt.

370. **Observation générale.** — Avant de terminer ce chapitre, nous croyons utile de présenter au lecteur, comme résumé et complément des questions que nous venons de traiter, quelques observations pratiques sur les conditions d'établissement et d'entretien des machines locomotives et tenders, dont nous empruntons les éléments aux principes posés par les ingénieurs allemands dans leur dernier congrès, tenu à Dresde en 1865, et aux divers ordres de service en vigueur sur les principales lignes françaises. Nous suivrons ici le même ordre que nous avons adopté pour l'étude des matières contenues dans ce paragraphe.

Foyer. — Fumivorité. — L'appareil fumivore du système Thierry appliqué sur les lignes de Lyon et de l'Est, dont il est question au n° 355, consiste en un tube en fer de $0^m,045$ de diamètre extérieur et $0^m,025$ intérieur, posé horizontalement contre la paroi intérieure du foyer tangentiellement à la courbe formée par le cadre de la porte. Ce tube reçoit en son milieu un tuyau en fer de $0^m,025$ de diamètre, qui le met en communication avec la chaudière. Dans son trajet, ce tuyau de prise de vapeur est muni d'un robinet de construction particulière, disposé de telle sorte que, lorsqu'on veut le manœuvrer pour introduire la vapeur dans le foyer, on rencontre toujours un orifice intermédiaire, par lequel se dégagent l'eau et les impuretés qui pourraient se trouver dans le tuyau de prise de vapeur. Le tube fumivore est percé dans sa longueur de six ou huit trous de $0^m,002$ à $0^m,0025$ de diamètre, dont la direction varie suivant la disposition et les dimensions des boîtes à feu ; elle doit être calculée de manière à ce que les jets qui s'élancent de ces trous forment une sorte de nappe continue au-dessus du combustible. C'est sur cette enveloppe que les gaz fuligineux provenant d'une combustion incomplète achèvent de brûler, à la faveur de l'air dont on règle l'introduction dans le foyer en ouvrant plus ou moins la porte.

Toutes les machines brûlant de la houille crue sont munies

de souffleurs, afin de pouvoir, au moyen d'un jet de vapeur lancé dans la cheminée, exciter un tirage artificiel suffisamment énergique.

Les mécaniciens doivent fréquemment visiter l'appareil fumivore et passer successivement en revue les robinets, les joints et assemblages de tuyaux; ils introduiront dans les trous du tube fumivore une aiguille en fer dont ils sont pourvus, afin de les dégager des dépôts qui pourraient les obstruer.

Lorsque l'appareil fumivore ne fonctionne pas, le robinet de prise de vapeur et celui de l'appareil fumivore doivent être fermés. Pour le faire fonctionner, on ouvre d'abord le robinet du souffleur, puis successivement ceux de prise de vapeur et de l'appareil fumivore; en manœuvrant ce dernier, on aura soin de le laisser pendant quelques instants en communication avec le tuyau purgeur.

Cendrier. — Pour éviter la projection des matières en ignition tombées de la grille, on conseille l'emploi d'un cendrier dont la partie inférieure doit s'élever à $0^m,130$ au moins du niveau supérieur des rails. On peut munir la paroi d'avant et la paroi d'arrière de portes à charnières, que manœuvre le mécanicien pour activer ou modérer son feu.

Boîte à feu. — L'emploi du cuivre, pour l'enveloppe intérieure de la boîte à feu, paraît nécessaire d'après ce que nous avons vu plus haut. Il est à espérer cependant que les perfectionnements constants apportés dans la fabrication de l'acier permettront un jour ou l'autre de le substituer au cuivre dans cette application. Les premiers essais entrepris dans ce but ont été faits en France à une époque où la fabrication de la tôle d'acier laissait à désirer; peut-être, aujourd'hui déjà, auraient-ils plus de chance de succès avec l'acier Bessemer. D'après l'expérience qu'ils en ont faite, les ingénieurs des chemins de l'Est attribuent la prompte détérioration des foyers en tôle d'acier à la roideur du métal, qui ne se prête pas bien aux mouvements qui se produisent dans le foyer, et à un défaut d'homogénéité provenant du mode de fabrication.

Les armatures du ciel de la boîte à feu doivent être suspendues en partie à l'enveloppe extérieure par des tirants.

On recommande spécialement le forage des entretoises, comme moyen de pouvoir reconnaître les fuites. On trouve d'ailleurs dans le commerce des barres rondes percées, dont le prix ne dépasse que de 40 francs les 100 kilogrammes celui des barres pleines employées à la fabrication des entretoises.

Chaque fois que la machine entre à l'atelier de réparation, il faut nettoyer et gratter à fond la boîte à feu avec des tringles en laiton.

Tubes. — Le nettoyage des tubes ne doit pas se faire seulement au moment de la rentrée de la machine, mais à tous les stationnements un peu prolongés ; on emploie pour cela des tringles en fer dont la longueur excède celle des tubes de $0^m,50$ environ, terminées à un bout par une boule sphérique, et présentant à l'autre un trou, dans lequel on passe une mèche de chanvre.

Il faut connaître aussi exactement que possible l'état de la tubulure de chaque machine, afin que, lors des changements à y opérer, les tubes avariés puissent être remplacés, — comme nous l'avons vu (356), — par d'autres de même épaisseur, et que, de cette manière, tous les tubes d'une machine arrivant à peu près en même temps à leur dernière limite d'usure, l'on ne soit pas exposé à rebuter des tubes neufs ou encore très-bons, quand on réforme la tubulure entière de la machine. Ce résultat s'obtient en établissant une statistique et en divisant les tubes en plusieurs catégories, suivant leur degré d'épaisseur.

Sur le chemin de fer de l'Est, la division est faite de la manière suivante :

La première catégorie comprend les tubes neufs et ceux qui, depuis leur mise en service, ont accompli un parcours inférieur à 60 000 kilomètres, et pèsent $2^k,700$ par mètre et au-dessus.

La deuxième comprend les tubes qui, ayant déjà fait 60 000 kilomètres, continuent leur service jusqu'à 120 000 kilomètres, et pèsent $2^k,250$ à $2^k,700$ par mètre.

La troisième se compose des tubes ayant parcouru 120 000 kilomètres au moins, et pèsent $1^k,850$ à $2^k,250$ par mètre.

Chaque fois qu'un tube est retiré pour passer à la réparation ou au nettoyage, on indique, à son entrée dans les ateliers, la catégorie à laquelle il appartient.

Dans chaque dépôt ou atelier se trouvent des feuilles sur lesquelles est figuré l'ensemble des tubes de chaque machine. Un numéro d'ordre spécial est affecté à chaque rangée horizontale, et chaque tube porte également un numéro dans la rangée à laquelle il appartient. Il est facile, au moyen de ce système, de se tenir au courant de l'état de la garniture en inscrivant au bas de la feuille, mois par mois, le parcours kilométrique de la machine, et affectant d'une marque spéciale les tubes au fur et à mesure de leur remplacement.

Une bascule d'une disposition particulière établie dans les ateliers du chemin de fer de l'Est sert à déterminer la catégorie à laquelle appartient chaque tube, au moyen d'une simple pesée qui donne, en même temps que le poids de la pièce, son épaisseur moyenne.

Aux chemins de fer du Midi, la mise au rebut des tubes est basée sur leur poids. Le tableau suivant indique la limite en dessous de laquelle sont mis au rebut les tubes en laiton appartenant aux divers types de machine employés sur la ligne :

Tubes des machines à voyageurs et des machines mixtes, 1er type.	8k,500
— — 2e — .	11 ,000
— — 3e — .	10 ,000
Tubes des machines à marchandises....................	9 à 13 ,000
Tubes des machines de garre........................	5 à 6 ,000

Les tubes retirés d'une machine sont soigneusement dépouillés des matières déposées par les eaux. Cette opération s'effectue, soit par un lavage dans un bain d'eau acidulée, ou mieux par l'agitation et le choc des tubes placés dans un grand cylindre animé d'un mouvement de rotation autour de son axe.

Chaudière. — On s'efforcera de rapprocher la chaudière autant que possible des rails. Le corps de la chaudière doit être cylindrique, et les tôles qui en forment les parois placées de telle sorte que le sens de leur laminage soit perpendiculaire à l'axe de la chaudière ; les rivures longitudinales seront doubles et reportées sur les flancs. On s'appliquera soigneusement à disposer les diverses parties de la machine pour ne pas gêner la libre dilatation de la chaudière.

Avant la mise en service, la chaudière doit être soumise à l'essai. Cette opération se répétera après un premier parcours de 10 milles allemands, soit 75 000 kilomètres, à chaque nouveau parcours de 60 000 kilomètres, ainsi qu'à chaque rentrée de la machine aux ateliers de réparation, afin de bien vérifier, — l'enveloppe de la chaudière enlevée, — tous les joints, le foyer, les rivures. Ces épreuves se font à l'aide de la presse hydraulique, à une pression double de la pression normale pour la première, et pour les suivantes sous une pression variant de une fois[1] à une fois et demie[2] la pression ordinaire. Ces essais doivent être mentionnés avec soin sur un registre spécial. Toute chaudière qui subirait par cette épreuve une déformation permanente ne doit plus rentrer en service.

Au bout de quatre ans au plus, — 125 000 kilom. — après la mise en service d'une chaudière, il faut procéder à un examen intérieur, que l'on doit répéter dans un même délai au maximum, soit à la suite d'un nouveau parcours de 125 000 kilomètres.

Chaque fois que la machine entre à l'atelier de réparation, il faut laver la chaudière, après avoir enlevé la rangée de tubes du bas, et déboucher avec le plus grand soin les tubulures de chapelle d'entrée d'eau et celles du niveau d'eau.

Avant de la remplir de nouveau, on y introduit, soit par les soupapes, soit par un réchauffeur, soit par une autoclave, une certaine quantité de liquide désincrustant, lorsque la nature de l'eau employée pour l'alimentation en exige l'usage.

La hauteur de la cheminée au-dessus du plan supérieur des rails ne doit pas dépasser $4^{m},575$, sur certains chemins $4^{m},200$.

Tous les tenders sont munis d'un puissant frein à main.

Caisses à eau. — Les caisses à eau du tender doivent être

[1] France, Chemin de fer du Nord.

[2] Allemagne, Congrès de Dresde, 1865, *Gundzüge*, etc., etc., § 121.

très-solidement réunies au châssis, afin qu'un choc violent ne puisse les en séparer.

La hauteur des caisses à eau au-dessus des rails peut s'élever jusqu'à 2^{m},75 ; leur largeur à 2^{m},745 et 2^{m},880, y compris les parties saillantes.

Annexes du générateur. — Toute chaudière de locomotive doit être pourvue :

1° De deux soupapes de sûreté, qui doivent pouvoir se soulever verticalement d'au moins 0^{m},003.

Les ingénieurs allemands considèrent comme indispensable de disposer l'une au moins des soupapes de manière à ce qu'on ne puisse pas surcharger les balances.

Le montage des balances doit être fait avec la plus grande précision, et l'on devra s'assurer :

a. Que le diamètre du trou du piston de balance est plus grand que celui du boulon d'attache ;

b. Que l'index n'exerce aucun effort latéral contre la coulisse ;

c. Que chaque balance porte une rondelle de réglementation sur laquelle est poinçonnée sa longueur exprimée en millimètres.

La charge des balances doit être vérifiée chaque fois que la machine rentre aux ateliers de réparation, de la même manière que nous avons exposée plus haut.

Chaque grand atelier doit être pourvu d'un manomètre à air libre disposé pour pouvoir être mis en rapport avec une chaudière en vapeur et servir de contrôle au manomètre métallique de la locomotive.

2° D'un manomètre donnant des indications suffisamment exactes ;

3° D'un tube à niveau et trois robinets d'essai, dont l'inférieur doit se trouver à 0^{m},100 au-dessus du ciel du foyer ;

Le manomètre et le tube à niveau doivent être placés à la vue du mécanicien, afin que celui-ci puisse connaître à chaque instant la pression de la vapeur et la position du niveau sans avoir recours à aucune manœuvre ;

4° D'un bouchon fusible placé dans le ciel de la boîte à feu ;

On s'expose, en négligeant cette précaution, à avoir fréquemment des foyers brûlés par la négligence des conducteurs de la machine.

5° D'un puissant sifflet ayant un son différent pour chaque type de service, et qui devra pouvoir être manœuvré indifféremment par le mécanicien ou le chef de train. Dans le cas où cette disposition ne serait pas adoptée, on devra munir le tender d'une cloche. Ce dernier mode de communication entre le mécanicien et le chef de train est celui qui est généralement employé en France.

Toutes les fois que la nature du combustible l'exigera, on devra munir la cheminée d'un appareil à arrêter les flammèches.

Chaque machine doit être munie d'un réservoir destiné à contenir une certaine quantité de sable, qu'on laisse tomber sur les rails, lorsque par suite de l'humidité et de la gelée les roues motrices viennent à patiner. Le sable employé doit être aussi fin que possible, parfaitement tamisé et exempt d'éléments argileux. Pour le conserver toujours dans un état de siccité suffisant, il convient de placer le réservoir à sable, composé d'une boîte en fonte, sur le corps cylindrique. Le fond de cette boîte est muni d'une soupape manœuvrée au moyen d'une tringle par le mécanicien depuis la plate-forme, et qui donne issue au sable qu'un tuyau en cuivre conduit jusque sous la roue motrice.

Alimentation. — Chaque machine est munie d'au moins deux appareils d'alimentation ; chacun étant en état de suffire au besoin, et l'un d'eux pouvant fonctionner indépendamment de la marche de la machine, afin d'alimenter la chaudière pendant le stationnement.

On ne doit pas oublier de vérifier de temps en temps les soupapes d'aspiration et de refoulement.

On dispose également un tuyau de prise de vapeur permettant au besoin de chauffer l'eau d'alimentation.

Cylindres et pistons. — Mécanisme. — On devra régler le montage des plateaux des cylindres avec le plus grand soin, de manière qu'il y ait à l'origine, c'est-à-dire quand les coussinets des grosses têtes de bielles sont neufs, un jeu de $0^m,004$ à $0^m,006$

dans un sens, et de $0^m,008$ à $0^m,015$ dans le sens opposé, aux deux fins de course des pistons.

Le maintien de cette condition de montage se vérifiera lors de la rentrée de la machine aux ateliers de réparation, par l'inspection du double repérage, fait sur les glissières, des fonds de cylindres et des fins de course. Pour établir le tracé dans le cas où il n'existerait pas, on prend le centre des tourillons des têtes de pistons, comme point de départ ; les fins de course de pistons sont indiquées par un *fort trait* gravé, et les fonds de cylindres par un trait plus léger.

On devra s'assurer également, à chaque réparation nouvelle, que l'axe des cylindres passe bien par le milieu des tourillons des manivelles, *aux deux points morts opposés*, et vérifier, au moyen de l'équerre mobile, les lignes de montage des cylindres et glissières, s'assurant que ces lignes sont parfaitement perpendiculaires aux axes des essieux.

Les parties du mécanisme qui exigent l'entretien le plus suivi sont les pistons et les tiroirs.

Voici quelques extraits du règlement concernant l'emploi des pistons suédois, dans les machines des chemins de fer de l'Ouest.

Les corps des pistons sont rarement en fonte, plus souvent en fer forgé, suivant le type des machines.

La fonte employée doit être grise à grains fins et serrés, parfaitement saine, homogène et dure, exempte de soufflures, piqûres, gouttes froides, et autres défauts. Les corps des pistons en fonte (fig. 454) sont creux à l'intérieur et munis d'entretoises et de nervures reliant les faces planes à la couronne et au moyeu. Ils présentent au pourtour des deux faces planes un fort chanfrein destiné à faciliter l'introduction de la vapeur quand le piston est à fond de course.

Les pistons en fer se composent d'un moyeu et d'une couronne reliés par un seul plateau placé au milieu de la hauteur ou à l'une des extrémités du moyeu (fig. 455 et 456).

Les tiges sont en fer à grains fins et serrés, présentant à la fois une grande ténacité et une dureté convenable pour prendre un beau poli par le frottement.

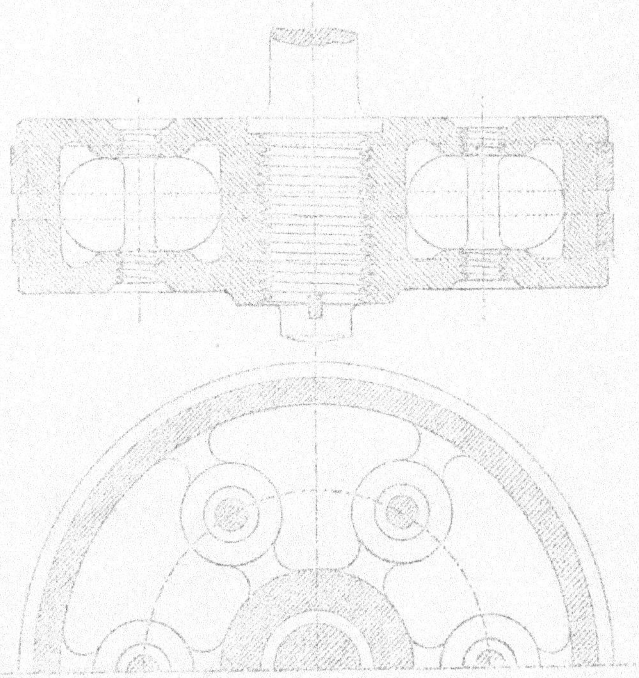

Fig. 454. Piston en fonte. Echelle de $\frac{1}{5}$.

Fig. 455. Piston en fer. Echelle de $\frac{1}{5}$.

L'emmanchement des tiges de pistons dans les corps est fait par une partie filetée cylindrique, dont les filets sont arrondis. Sur d'autres lignes, les tiges portent un emmanchement conique à l'exclusion de tout autre.

Le montage se fait de la manière suivante, l'ajustage étant complétement achevé :

1° Monter la tige du piston à emmancher dans deux supports placés sur un banc de tour, et disposés de manière à l'empêcher de tourner, tout en lui permettant de se mouvoir longitudinalement. — Pour placer la tige à emmancher dans les supports,

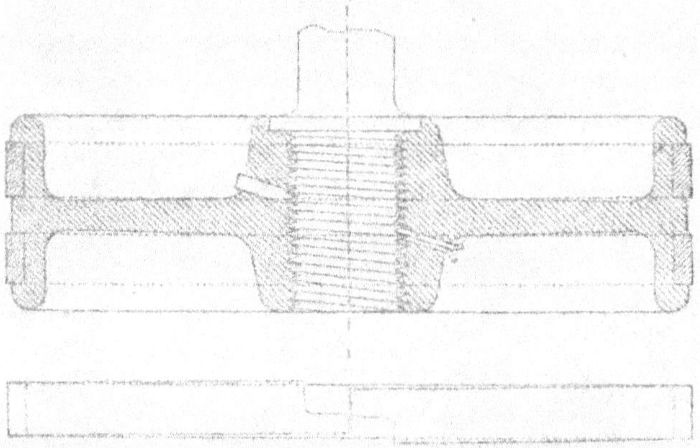

Fig. 436. Piston en fer et segment. Échelle de $\frac{1}{4}$.

on doit la monter préalablement sur pointes avant de régler la position des coussinets qui la fixent, afin d'être sûr qu'elle est bien centrée.

2° Fixer le corps du piston par des tocs sur le plateau du tour.

3° Faire tourner le plateau par l'intermédiaire de la courroie du tour, pour produire l'emmanchement. — Veiller à ce que la tension de la courroie ne soit ni trop forte ni trop faible. — Arrêter l'opération quand l'embase porte à fond. — Araser le renflement formant l'emmanchement avec les deux faces planes du corps de piston.

Les diamètres primitifs adoptés pour la construction des

cylindres neufs sont au nombre de six, savoir : $0^m,380$, $0^m,400$, $0^m,420$, $0^m,440$, $0^m,443$, $0^m,460$.

L'épaisseur primitive des cylindres doit être de $0^m,025$ au moins pour toutes les machines.

Les cylindres peuvent être alésés jusqu'à ce que leur épaisseur soit réduite à $0^m,015$ dans les parties autres que les cloisons qui séparent les lumières de la surface intérieure.

Ils restent en service jusqu'à ce que l'épaisseur soit réduite à $0^m,012$; à ce moment, ils sont considérés comme usés et doivent être remplacés[1].

D'après cela, il peut exister entre les diamètres des cylindres neufs et de ceux arrivant à la limite d'usure dans la même série de machines une différence de $0^m,026$. Pour chaque série de machines, il existe alors plusieurs types de pistons présentant des différences de diamètre de $0^m,007$. Le tableau suivant résume les dimensions des types employés par la Compagnie de l'Ouest.

NUMÉROS des types de pistons	DIAMÈTRE DES CYLINDRES.		DIAMÈTRE		SEGMENTS.			TIGES DES PISTONS.	
	Minimum.	Maximum.	extér. des pistons.	intér. des gorges.	Diamèt. extér.	Diamèt. intér.	Largeur.	Diamèt.	Longueur.
I	0 380	0,386	0 377	0 356	0,395	0,365	0,034	0,055	0,882 0,964 0,943
I bis	0,387	0,393	0,384	0,363	0,402	0,372			
II	0,400	0,406	0,397	0,376	0,415	0,385	0,034	0,060	0,968 1,170 0,998
II bis	S.467	0,413	0,404	0,383	0,422	0,392			
III	0,420	0,426	0,417	0,396	0,435	0,405	0,034	0,062	1,068 1,113 0,950 1,235 1,020
III bis (*)	0,427	0,433	0,424	0,403	0,442	0,412			
IV	0,420	0,426	0,417	0,396	0,435	0,405	0,034	0,062	1,272
IV bis (*)	0,427	0 433	0,424	0,403	0,442	0,412			
V	0,440	0,446	0,437	0,416	0,455	0,425	0,034	0,064	1,051
V bis	0,447	0,453	0,444	0,423	0,462	0,432			
VI	0,443	0,449	0,440	0,419	0,458	0,428	0,034	0,064	1,050
VI bis	0,450	0,456	0,447	0,426	0,465	0,435			
VII	0,460	0,466	0,457	0.436	0,475	0 445	0,040	0,070	1,165
VII bis	0,467	0,473	0,464	0,443	0,482	0,452			

(*) Les emmanchements dans les crosses forment un renflement.

[1] Les cylindres remplaçants doivent être ramenés au diamètre primitif de la série à laquelle ils appartiennent.

L'épaisseur des corps des pistons est de :

0^{m},120 pour les types 1 à 4 *bis ;*

0^{m},132 pour les types 5, 6 et 6 *bis ;*

0^{m},140 pour les types 7 et 7 *bis.*

Le jeu ménagé à l'origine entre le piston et les fonds du cylindre se trouve modifié en sens inverse, quand, par suite de l'usure des coussinets, il devient nécessaire, pour régler la longueur des bielles, de rapporter des cales ou de changer celles qui existent. Les tiges neuves sont préparées à la plus grande longueur fixée par le dessin, mais les crosses des tiges de piston ne sont terminées qu'au moment de l'emploi.

L'épaisseur des segments est de 0^{m},012 pour les plus petits diamètres de cylindres correspondant à chaque type de piston, et de 0^{m},015 pour les plus grands; leur largeur, de 0^{m},034 à 0^{m},040.

Les rainures destinées à recevoir les segments sont tournées concentriquement à la tige. Le corps extérieur du piston doit être excentré d'un demi-millimètre, afin que la saillie des segments soit de 0^{m},001 plus forte à la partie inférieure qu'à la partie supérieure, et que le frottement se fasse toujours sur ces segments et jamais sur le corps. En conséquence, la saillie des segments doit être de 0^{m},001 à la partie supérieure et de 0^{m},002 à la partie inférieure pour les plus petits diamètres de cylindres correspondant à chaque type de piston. Elle doit être de 0^{m},0045 à la partie supérieure et de 0^{m},0055 à la partie inférieure pour les plus grands diamètres.

On doit remplacer les segments lorsque les pistons sont sur le point de frotter dans le bas des cylindres.

Le diamètre extérieur des corps de piston est égal au diamètre minimum d'une même série diminué de 0^{m},003. Le diamètre intérieur des gorges est égal au diamètre extérieur du piston diminué de 0^{m},021.

La tension des segments doit être très-faible, afin que le frottement soit très-doux; c'est là une des conditions essentielles de ce système de pistons. Elle est déterminée à son maximum par une croisure des tenons de $0^m,026$ de largeur laissant un jeu de $0^m,002$ entre l'extrémité des tenons et le fond des entailles, au moment de la mise en place les tenons ayant eux-mêmes $0^m,028$.

Pour que les extrémités des segments ne rayent pas les cylindres, on les bat au marteau, et l'on dresse la partie martelée à la lime douce. On doit également adoucir tous les angles du piston.

Les segments de rechange doivent être découpés en anneaux alésés à un diamètre intérieur égal à celui de la gorge, augmenté de $0^m,009$ pour la croisure, et extérieurement tournés au plus grand diamètre de la série à laquelle ils appartiennent. Au moment de l'emploi, on les tournera au diamètre du cylindre auquel on les appliquera, augmenté de $0^m,009$, et on les coupera pour former les croisures.

Châssis. — Suspension et traction. — La traverse d'avant de la machine doit être munie de deux tampons à ressort — — acier ou caoutchouc — et d'un crochet d'attelage, dont la position doit correspondre à celle de ces mêmes organes sur les wagons.

La hauteur du centre des tampons au-dessus des rails est de $1^m,042$ (Dresde, 1865) avec une latitude de $0^m,100$ pour tenir compte du jeu des ressorts des voitures. (Est : $0^m,990$.)

L'écartement d'axe en axe des deux tampons doit être de $1^m,754$ (Est : $1^m,710$), et le diamètre des têtes de $0^m,350$ au moins.

Lorsque le tampon est poussé à fond, il doit dépasser la traverse du châssis de $0^m,370$. A l'état de repos, le point d'attache du crochet d'attelage doit se trouver à $0^m,370$ en arrière du plan vertical tangent aux têtes des deux tampons.

L'attelage de la locomotive et du tender doit toujours se composer d'une barre et de deux chaînes de sûreté.

La traverse d'arrière du tender porte un système de tampons et crochet, analogue à celui que nous venons de décrire pour la machine.

Devant les roues d'avant, on placera toujours deux chasse-pierres descendant à l'aplomb des rails jusqu'à $0^m,050$ ou $0^m,060$ de leur surface supérieure[1].

A l'avant de la machine et à l'arrière du tender, il faut ménager des points d'attache pour y placer trois lanternes au moins.

La plate-forme du mécanicien doit être recouverte d'un abri.

La plus grande largeur de la machine, qui est généralement celle du bâti et de ses accessoires, ne doit pas dépasser $3^m,05$; celle du tender $2^m,745$ (y compris l'escalier) jusqu'à une hauteur de $1^m,372$ au-dessus du niveau des rails.

Chaque fois que la machine rentre aux ateliers de réparation, il faut vérifier, à la jauge, la hauteur des tabliers de la machine et du tender.

On vérifiera également les lignes de montage des glissières des plaques de garde, par rapport à l'axe de la machine et aux centres des cylindres, et, à l'aide de l'équerre mobile (supposée vérifiée elle-même), la rectangulation de ces glissières.

Ressorts. — La section transversale des feuilles de ressorts a généralement en épaisseur $0^m,010$ à $0^m,015$, et en largeur $0^m,075$ à $0^m,090$, selon la charge que ces organes ont à porter.

L'acier employé à la fabrication des ressorts, quelle que soit son espèce, doit être toujours dur et nerveux. Dans l'acier fondu, on reconnaît le nerf à une petite pellicule fibreuse que l'on remarque au côté opposé à l'entaille. Il en est de même pour les aciers puddlés bruts. Quant aux aciers corroyés, on les compose de mises d'acier de *dureté* moyenne, ou, si les aciers dont on dispose sont très-durs, on met à l'extérieur une lame d'acier un peu doux; après le premier soudage, on entaille à chaud le paquet du côté de la mise d'acier doux, on le plie et on le corroie de nouveau. L'acier doux se trouve ainsi des deux côtés en couche très-mince, après le laminage; aussi retrouve-t-on à la casse la même fibre, mais bien plus prononcée, car elle est ferreuse par

[1] Sur le chemin de fer du Nord, la hauteur réglementaire est $0^m,060$.

suite des chaudes successives que l'acier a subies et qui ont décarburé tant soit peu la partie extérieure des paquets. Cette partie fibreuse, très-tenace, donne de la raideur au ressort et empêche la casse des feuilles.

Avant la trempe, les feuilles doivent être chauffées au rouge-blanc naissant. On met la feuille horizontalement dans l'eau froide, et on l'en retire encore assez chaude pour que l'eau qui la recouvre s'évapore presque instantanément. Les rouleaux conservent encore des parties rouges; les parties effilées sont assez froides pour rester recouvertes d'eau pendant quelques secondes.

On recuit ensuite au bois fumant ou étincelant, suivant la dureté des aciers. On ajuste les feuilles immédiatement après recuit, par conséquent lorsqu'elles sont encore chaudes [1].

Rappelons ici que, pour obtenir de la machine une marche régulière et éviter la fatigue des ressorts, il faut, chaque fois au moins que la machine rentre aux ateliers, faire une vérification de la répartition de la charge.

Dans les *Technische Vereinbarungen*, § 110 (1865), les ingénieurs allemands recommandent la suspension des machines sur trois points par l'emploi des balanciers.

Essieux. — Roues. — Bandages. — Répartition du poids. — L'écartement des points de contact des roues extrêmes sur les rails doit être aussi grand que possible, mais dépendant néanmoins de la courbure de la voie.

Pour les chemins de fer présentant en pleine voie de nombreuses courbes, dont les rayons sont compris dans les limites suivantes, l'écartement maximum des essieux extrêmes ne dépassera pas les valeurs indiquées ci-dessous. Si l'on doit rencontrer en pleine voie des courbes d'un rayon inférieur à 240 mètres, il devient nécessaire de placer la machine sur un avant-train mobile ou sur des essieux pouvant se déplacer latéralement.

[1] Extrait d'une note communiquée par M. A. Gouvy, ancien élève de l'École centrale des arts et manufactures, maître de forges, etc.

Limite des rayons des courbes.	Entr'axe maximum des essieux extrêmes.
240m à 300m	3m,000
300 à 360	3 ,800
360 à 460	4 ,300
au delà de 460	4 ,900

L'entr'axe des essieux doit être vérifié de temps en temps au moyen de jauges, tant sur les glissières des boîtes à graisse que sur ces dernières elles-mêmes.

Il est convenable de ne jamais faire porter aux bandages d'une paire de roues plus de 13 000 kilogrammes y compris son propre poids.

On s'attachera principalement à charger d'une manière convenable l'essieu d'avant — qui, dans les machines à voyageurs à trois essieux, devra porter au moins le quart du poids total. — Dans le cas où l'essieu d'arrière d'une machine à six roues est un essieu porteur, il faut lui faire porter au moins le cinquième de la charge totale. La répartition du poids sur les essieux accouplés doit se faire de manière à les charger tous également.

Le remplacement des essieux se fait dès que le diamètre des fusées se trouve réduit d'une certaine quantité. Cette limite d'usure est fixée à 0m,010 de réduction sur le diamètre de la fusée pour les essieux de locomotives et tenders. — (Chemin de fer du Nord.)

Le fer forgé de première qualité et l'acier fondu sont seuls employés pour la fabrication des roues de locomotives. L'emploi des moyeux en fonte est admis en Allemagne, mais il tend à disparaître.

Le boudin des roues doit avoir au moins 0m,025 de saillie à partir du sommet du rail, sans dépasser 0m,035 lorsque l'usure est à son maximum. On laisse un jeu de 0m,010 au moins entre le boudin et le rail, mais ce jeu ne doit, en aucun cas, arriver à dépasser 0m,025, sauf pour les roues du milieu des machines à trois essieux, où on peut le porter jusqu'à 0m,038.

L'écartement des roues d'un même essieu, mesuré entre les

faces intérieures des bandages, doit être de $1^m,360$, avec une tolérance de $0^m,003$ en dessus ou en dessous.

La largeur des bandages doit être comprise entre $0^m,127$ et $0^m,152$.

Le diamètre minimum que l'on donne aux roues motrices de locomotives est de $1^m,07$ pour des vitesses inférieures à 30 kilomètres par heure ; de $1^m,37$ pour des vitesses de 30 à 45 kilomètres par heure ; de $1^m,52$ pour des vitesses supérieures à 45 kilomètres par heure.

Le diamètre des roues de tender doit être de $0^m,900$ au minimum.

L'écartement des roues, leur diamètre et l'épaisseur des bandages doivent être exactement vérifiés à la jauge, avant de les passer sous la machine.

Les roues couplées doivent être rigoureusement de même diamètre, la tolérance maxima d'une paire de roues à l'autre ne dépassant jamais $0^m,001$.

L'épaisseur des bandages, et l'état d'avancement de leur usure, sont également vérifiés avec le plus grand soin, toutes les fois que la machine rentre aux ateliers.

La limite d'épaisseur minima, adoptée en Allemagne pour les bandages de locomotives ou tenders en fer et en acier, est $0^m,022$; à partir de cette dimension, le bandage ne présente plus de garanties suffisantes de sécurité et doit être mis au rebut.

Sur le chemin de fer du Nord, la limite d'épaisseur des bandages est fixée, en ce qui concerne les roues de machines, à $0^m,035$ pour les bandages en fer, et $0^m,025$ pour ceux en acier, et pour les tenders à $0^m,025$ ou $0^m,020$ suivant qu'ils sont en fer ou en acier. Cette mesure, un peu rigoureuse au point de vue de l'économie, est nécessitée par la vitesse des trains, généralement plus grande sur cette ligne que sur les autres lignes du continent.

Nous verrons plus loin, — chap. III, — que l'on peut lever les machines et visiter les essieux en employant le treuil-chariot et la pose sur tréteaux, méthode plus expéditive que celle indiquée au n° 364.

CHAPITRE II.

MATÉRIEL DE TRANSPORT.

---

§ I.

CLASSIFICATION DES VÉHICULES.

371. Conditions générales. — Dans les différents sujets que nous avons passés en revue jusqu'ici, la question technique se présentait au premier rang avec une importance qui réclamait toute l'attention de l'ingénieur chargé de la construction et de l'entretien. Il s'agissait avant tout de satisfaire aux trois conditions de *sécurité*, de *convenance* et d'*économie*, qui dominent le problème de la locomotion :

Chemin et voie bien construits et convenablement entretenus; surveillance et police de la ligne exercées avec vigilance; enfin, locomotives solidement construites et maintenues en bon état.

Ce résultat obtenu, l'administration du chemin de fer pouvait considérer ses intérêts d'entrepreneur de transports comme parfaitement sauvegardés.

Mais, dans l'étude que nous abordons, nous rencontrons une quatrième condition : l'administration se trouve ici directement en contact avec le public, qui a ses exigences, généralement très-légitimes, et dont il faut nécessairement tenir compte. Cette situation, qui découle de la nature de ses rapports avec le public, introduit dans la question un nouvel élément que l'administration ne peut négliger sans compromettre gravement ses intérêts. Dès lors, la tâche de l'ingénieur devient plus compliquée; car l'étude des véhicules et de leurs différents éléments comprendra non-seulement le point de vue technique et économique, mais encore la nécessité de répondre, dans la mesure du possible, aux besoins réels du public qui demande, en retour du monopole concédé et du prix de transport généralement très-rémunérateur, des garanties de sécurité et de confort en rapport avec les progrès réalisés par l'industrie dans tous ses développements.

Une des principales préoccupations de l'ingénieur du matériel des transports, c'est le choix des types de véhicules.

Après une longue et coûteuse expérience, on reconnaît qu'il faut réduire le nombre des types différents au minimum, tant au point de vue de l'économie des frais de construction et d'entretien que pour la facilité des relations existant entre les différentes lignes, relations qui tendent à se multiplier de plus en plus, et qui ne peuvent donner lieu à un trafic avantageux qu'à la condition de s'effectuer au moyen de véhicules n'exigeant aucune disposition spéciale à leur passage d'une ligne à une autre.

Aussi la tendance des administrations de chemins de fer est-elle de réduire leurs véhicules à un petit nombre d'espèces, dont l'emploi se prête à des transports variés, pouvant circuler dans tous les trains et sur toutes les lignes. C'est là, en effet, que gît, quelquefois en grande partie, la question de l'économie de transports; dans ce but, l'ingénieur devra donc, en premier lieu, tenir compte des conditions essentielles du trafic local à desservir, de la nature des marchandises à transporter, des habitudes et des exigences de la population appelée à parcourir la voie de circulation, tout en prenant cependant en considération la situation topographique de sa ligne, et les relations que l'avenir peut créer avec d'autres chemins déjà en exploitation.

En homme prudent et soucieux des intérêts qui lui sont confiés, il s'efforcera de se rapprocher autant que possible des types qui lui paraîtront les meilleurs, tout en cherchant à y apporter les améliorations que l'expérience aura indiquées comme durables, et qui n'introduiront pas de modifications trop sensibles dans l'ensemble du matériel.

Enfin, l'ingénieur n'oubliera pas, dans ses études, qu'il importe de réduire, autant que possible, le poids du véhicule, par rapport à celui des matériaux que ce véhicule peut transporter, ou au nombre des voyageurs dont il est capable, sans pour cela en compromettre la solidité, et dans le cas particulier des voitures, sans altérer les conditions de commodité et d'élégance que le voyageur aime à y rencontrer.

372. **Classification des véhicules de transport.** — Nous diviserons d'abord les véhicules, d'après leur destination, en deux grandes catégories. Dans la première, nous comprendrons les *voitures à voyageurs*, et dans la deuxième, les *wagons à marchandises*. Puis, dans chacune de ces catégories, nous étudierons séparément les véhicules des différentes classes qui la composent.

A. *Voitures.* — Une longue expérience a permis de poser en principe que le public voyageur, en Europe, peut être divisé en trois classes auxquelles répondent trois types de voitures, que l'on désigne sous le nom de *voitures de première*, *de deuxième et de troisième classe.* Elles peuvent, d'ailleurs, appartenir à deux systèmes différents : le *système anglais*, employé en Angleterre, en France, en Belgique, en Italie, et dans plusieurs parties de l'Allemagne et de la Suisse ; et le *système américain*, que l'on rencontre aux États-Unis d'Amérique, et, en Europe, dans une partie de l'Allemagne et de la Suisse ; chacun d'eux présente ses avantages et ses inconvénients.

Les wagons anglais, reposant généralement sur quatre roues, sont divisés par des parois transversales en trois ou quatre caisses, coupés, ou compartiments à quatre, huit ou dix places chacun, indépendants les uns des autres, et communiquant avec l'extérieur par deux portes latérales.

Dans les wagons américains, beaucoup plus grands que les premiers, et roulant sur huit roues réunies quatre à quatre en deux trains articulés pour faciliter le passage dans les courbes, l'entrée et la sortie ont lieu aux deux extrémités du véhicule, traversé d'un bout à l'autre par un couloir longitudinal permettant une libre circulation du personnel de l'administration et des voyageurs.

Dans les premiers, le voyageur, une fois assis à sa place, peut achever tranquillement son voyage sans être fatigué par un va-et-vient continuel, et cette condition prend surtout de l'importance pour les trajets d'une certaine longueur, durant lesquels se présente la nécessité de passer la nuit en voiture. Mais la difficulté d'entrée et de sortie aux stationnements, l'impossibilité, pendant toute la durée de la marche, de se livrer à aucun mouvement, ou de passer d'un compartiment dans un autre, de pouvoir communiquer au besoin avec les agents du train, sont de graves inconvénients inhérents à ce système de fractionnement des voitures, auxquels on peut encore ajouter la disposition vicieuse des marchepieds, qui en rend l'accès difficile, dangereux quelquefois, même pour des gens ingambes, et enfin l'inconvénient des portes latérales pratiquées sur les faces parallèles à la voie et pouvant donner lieu à des accidents, si, par suite de quelque négligence, elles viennent à s'ouvrir pendant la marche du train.

Au point de vue de la composition des trains, ce système de voitures, dont les dimensions et le poids sont relativement assez faibles, offre, d'un autre côté, de grands avantages, surtout quand il s'agit, dans une station de passage, d'ajouter quelques places à un train.

Mais l'absence de communication entre les compartiments et les différents wagons rend le service du contrôle et la communication entre les divers agents pendant la marche, difficile et le plus souvent impossible. Ce n'est que lorsque la largeur des ouvrages d'art le permet, en prolongeant suffisamment les marchepieds à chaque extrémité du wagon, que l'on peut obtenir une circulation à l'extérieur [1]. Mais quand bien même

[1] 1re Part., chap. II, § 1, 54. *Enquête* (ouvrage cité), 1863.

cette disposition pourrait être adoptée sur toutes les lignes, elle expose à un danger constant le personnel chargé de ce service.

Les administrations de chemins de fer désirant mettre leurs agents à l'abri des accidents, répondre aux vives sollicitations du public, et calmer les appréhensions causées par des événements de diverse nature survenus dans ces dernières années, et attribués à l'impossibilité de communication du public avec le personnel du train, ont essayé, depuis quelque temps, plusieurs systèmes de communication sur lesquels nous reviendrons plus loin; nous pouvons dire dès à présent que la question n'a pas été résolue d'une manière complétement satisfaisante, et que l'objection qui en résulte contre l'emploi du système anglais subsiste encore aujourd'hui dans toute son importance.

La difficulté d'établir en hiver un procédé de chauffage économique constitue un autre inconvénient inhérent à ce système. Jusqu'ici, les administrations, surtout en France, ont restreint l'application du chauffage aux voitures de première classe, tandis qu'il serait certainement d'une plus grande utilité pour les voitures de deuxième et surtout de troisième, dans lesquelles, par suite de la simplicité de la construction, le voyageur, généralement moins bien prémuni contre le froid, est beaucoup plus exposé à ressentir les rigueurs de la saison.

On a construit également dans le système anglais des voitures à six roues plus grandes que les voitures ordinaires. On pensait assurer la stabilité du véhicule par l'emploi de trois essieux et éviter un accident dans le cas de rupture de l'un d'eux. L'expérience a prouvé que cette disposition multiplie les chances de rupture des essieux, en produisant des réactions beaucoup plus fortes au passage des courbes. L'augmentation de dimensions n'étant pas d'ailleurs un avantage sous beaucoup de rapports, cette disposition, que l'on rencontre encore sur plusieurs railways, ne doit pas être imitée.

En Allemagne, où ce système de voitures prit tout d'abord une grande extension, les différentes lignes qui l'avaient employé commencent à revenir aux voitures à quatre roues, et motivent ce retour par la raison que ces dernières présentent sur les voitures à trois essieux les avantages suivants :

1° Poids moindre, et par suite facilité plus grande de manœuvres de gare, et d'addition aux trains de voitures supplémentaires dans les stations de passage ;

2° Diminution des dimensions des plaques tournantes, chariots roulants, et remises de voitures ;

3° Sécurité plus grande, provenant de l'augmentation de la charge et de sa meilleure répartition sur les essieux ;

4° Diminution de résistance et augmentation de sécurité dans le passage des courbes, et des changements de voies dans les gares ;

5° Diminution des réparations par suite du nombre moindre d'essieux, boîtes à graisse, ressorts de suspension ;

6° Meilleur emploi des places offertes dans le cas d'une faible circulation, ou lorsque, pour quelques voyageurs seulement, il devient nécessaire d'ajouter une voiture ;

7° Facilité plus grande d'avoir, même dans des trains de faible longueur, des compartiments réservés pour dames et pour fumeurs.

On a fait aux voitures à quatre roues le reproche de n'avoir pas, dans les trains à grande vitesse, une marche aussi régulière que celles portées par un plus grand nombre d'essieux. Pour éviter cet inconvénient, il suffit de donner aux essieux un entr'axe suffisant. Cet écartement peut atteindre 4 à 5 mètres sans gêner le passage de la voiture dans des courbes de 300 mètres, et, en ralentissant la vitesse, on peut lui faire franchir sans danger des courbes de 135 mètres de rayon. Mais ces dimensions sont rarement employées et généralement on ne dépasse pas 4 mètres [1].

Si nous considérons maintenant les wagons du système amé-

[1] M. Krauss, ancien chef du service des machines à Zurich, dit, à cet effet, qu'il doit exister entre cette dimension et la longueur du châssis un rapport de 1 à 1,75, pour qu'à des vitesses de 50 kilomètres à l'heure, le mouvement du véhicule ait lieu d'une manière régulière.

ricain, nous voyons qu'ils offrent d'abord une grande facilité d'accès par les deux escaliers qui les terminent en descendant très-près des rails; qu'une fois le train en marche, le voyageur circule librement dans toute l'étendue de la voiture, au moyen du couloir longitudinal; le contrôle peut être fait sans difficulté par les agents de la Compagnie passant d'une voiture à l'autre, et ceux-ci se mettent en communication les uns avec les autres, lorsque les besoins du service le demandent. D'autre part, la possibilité d'établir en hiver un poêle dans les voitures ainsi disposées, rend le chauffage facile et permet de l'appliquer, sans beaucoup de frais, aux voitures des différentes classes. Enfin, la position des portes ouvrant sur les passerelles et hors de la portée des voyageurs assis évite le danger que nous avons signalé dans le premier système. Mais il résulte, par suite du petit nombre des portes, un encombrement des voyageurs, à l'entrée et à la sortie, qui augmente quelque peu le temps de stationnement dans les gares.

Le poids mort est également moins bien utilisé dans les voitures américaines, lorsque celles-ci sont incomplétement occupées, le couloir et les plates-formes absorbant d'ailleurs environ 25 pour 100 de l'espace total. Cette augmentation des frais de premier établissement est cependant compensée par la suppression des cloisons et des nombreuses portes latérales qui caractérisent le premier système.

Les grandes dimensions des voitures américaines rendent la composition des trains plus difficile avec ces véhicules qu'avec les précédents, et occasionnent une augmentation considérable des frais de traction, lorsque pour placer quelques voyageurs, on se trouve obligé d'ajouter au train une de ces immenses voitures à huit roues qui contiennent jusqu'à soixante-douze places.

Le système d'accouplement rigide et l'absence de tampons de choc qui distinguent le type primitif des voitures américaines est également défectueux. Au moment de la mise en marche, l'effort nécessaire pour vaincre l'inertie du train est bien plus grand qu'avec le mode d'attache à crochets et tendeur, généralement employé aujourd'hui. Dans le passage des courbes, il se produit, en raison de la rigidité de l'attelage, des efforts obliques qui se traduisent par une usure considérable des boudins des roues, et quelquefois par des déraillements, malgré l'indépendance des essieux. C'est surtout lors d'un déraillement qu'apparaissent les défauts de l'accouplement rigide, par suite des obstacles souvent considérables qu'il présente quand il s'agit de séparer les véhicules et de les replacer sur la voie.

Dans les manœuvres de gare, l'absence de tampons de choc exige de la part du personnel chargé de ce service une attention toute particulière, nécessaire pour éviter les avaries qui résulteraient des chocs, mais qui augmentent considérablement la durée des manœuvres.

On peut faire disparaître une grande partie de ces inconvénients en réduisant la longueur des voitures du système américain, et en les munissant d'appareils de choc et traction analogues à ceux des voitures anglaises. L'emploi du train articulé, qui avait pour but de faciliter le passage dans les courbes et se trouvait motivé par la grande longueur des véhicules, — 13, 14 et quelquefois 18 mètres, — devient alors inutile, et on le remplace avec avantage par quatre roues montées sur essieux fixes parallèles.

Avec cette modification adoptée pour les voitures du Nord-Est suisse, la voiture américaine semble présenter des avantages assez sensibles; mais l'application en étant toute récente, il est bon que l'expérience vienne les confirmer.

Résumons la comparaison précédente en quelques lignes que nous empruntons à M. Krauss, ancien ingénieur en chef des machines à Zurich.

Avantages du système anglais :

1. Commodité présentée par la division en compartiments, — tant que, par suite de certaines circonstances, cette division même ne devient pas un inconvénient; — commodité pour le voyage de nuit;

2. Facilité de composition des trains ;
3. Facilité de manœuvre dans les gares ;
4. Rapidité d'entrée et de sortie des voyageurs.

Avantages du système américain :

1. Montée et descente sans danger pour les voyageurs ;
2. Facilité de contrôle, de communication des voyageurs entre eux et avec les agents du train, facilité d'installation dans le train de lieux d'aisances à la portée du public ;
3. Facilité de chauffage des voitures ;
4. Ventilation facile pendant les saisons chaudes ;
5. Sécurité des voyageurs contre le vol, le meurtre, et les chutes de voiture ;
6. Facilité de circulation dans les gares, par suite de la possibilité de franchir chaque voiture au moyen des escaliers.

Inconvénients de chacun des systèmes :

Pour le système anglais :

1. Montée et descente des voitures dangereuses pour les voyageurs ;
2. Incommodité des places du milieu ;
3. Désagrément des compartiments pendant la saison chaude. Impossibilité de communiquer avec les voyageurs des autres compartiments et les agents du train ; difficulté de changer de place ;
4. Danger des portes latérales ;
5. Grande longueur des trains.

Pour le système américain :

1. Incommodité des grands locaux au point de vue de la tranquillité des voyageurs, surtout pendant la nuit ;
2. Danger de déraillement par suite de soulagement des essieux, en cas de charge inégalement répartie ;
3. Difficulté de manœuvre dans les gares.

De nouvelles voitures, réunissant jusqu'à un certain point les avantages des deux systèmes, ont été proposées par MM. Bournique et Vidard et adoptées dans ces derniers temps par quelques lignes françaises, sur lesquelles elles commencent à entrer en circulation. Ces voitures sont à deux étages, la partie inférieure étant disposée suivant le système anglais, et la partie supérieure présentant, d'après le mode des voitures américaines, un couloir longitudinal. La surélévation due à cette superposition a nécessité l'abaissement de l'étage inférieur jusqu'au niveau des quais, ce qui a permis de supprimer les marchepieds incommodes des voitures anglaises, tandis qu'un escalier placé aux deux bouts offre un accès facile à l'étage supérieur. Cette disposition présente aussi l'avantage de réduire les frais de traction, l'augmentation du rapport du poids utile au poids mort étant de 30 pour 100.

B. *Wagons*. — C'est surtout en considérant les wagons affectés au transport d'une si prodigieuse variété de marchandises différentes que l'on sent l'utilité d'établir une classification raisonnée permettant de réduire autant que possible le nombre des types employés. Nous rappellerons donc ici à l'ingénieur chargé du matériel roulant que le but vers lequel il doit diriger tous ses efforts, c'est d'arriver à restreindre au plus petit nombre possible celui des types différents dont il aura fait choix, et de les disposer de telle sorte qu'au moyen de légères modifications prises à l'avance et n'entraînant pas de frais considérables, il puisse répondre à toutes les exigences que présentera le transport des diverses matières en circulation sur la ligne.

Dans cet ordre d'idées, nous pensons que le matériel actuellement employé sur les différentes lignes en général peut se réduire à trois types principaux, en mettant en dehors de cette classification les différences de détail qui résultent de l'application d'une guérite de garde, d'un système de frein quelconque, ou d'autres accessoires qui ne changent pas le principe de construction du véhicule et sa destination. Ces trois types seront les suivants :

1° Les wagons fermés et couverts, servant de fourgons à bagages dans les trains de voyageurs, munis d'une large porte à coulisse sur le côté qui permet un chargement et un déchargement faciles. Ces véhicules peuvent servir sans modification au transport des matières variées qui, craignant le contact de l'humidité, ne peuvent être placées sur des wagons découverts.

Une petite modification, appropriée aux différents cas, permettra de les appliquer au transport des chevaux, bœufs, vaches, etc.

2° Les wagons découverts, à hauts bords, destinés au transport des matières brutes, telles que la houille, ou qui, comme le blé ou la chaux, peuvent voyager, lorsqu'on les recouvre simplement d'une bâche pendant le transport.

3° Enfin, les wagons plats, également découverts, dont les rebords, de très-faible hauteur, peuvent être rabattus ou enlevés si le service l'exige, et sur lesquels on transporte toute espèce de matière lourde en la recouvrant ou non d'une bâche, suivant les cas.

En dehors de ces trois types principaux, on rencontre sur toutes les lignes de chemins de fer des wagons appropriés à des transports spéciaux, et dont la forme varie, par conséquent, avec la localité. C'est ainsi qu'aux environs des grandes agglomérations, on voit des wagons spécialement affectés au transport du lait, des moutons (wagons-bergeries), des cochons, et dont la forme caractéristique semble au premier abord les mettre en dehors de la classification précédente, mais dans laquelle on peut facilement les faire rentrer en les examinant de plus près.

La réduction du poids mort du véhicule par rapport à la charge qu'il peut porter est une question importante pour l'ingénieur qui s'occupe du matériel affecté au transport des marchandises; la construction de ces véhicules ne présentant pas les mêmes exigences que celle des voitures à voyageurs, il a toute latitude pour diminuer ce rapport jusqu'à la limite qu'il jugera nécessaire afin d'assurer la solidité de l'appareil, et il ne doit pas négliger d'étudier ce côté de la question, qui présente un grand intérêt au point de vue des frais de traction.

373. **Description des voitures à voyageurs.** — Un véhicule,

à quelque catégorie qu'il appartienne, se compose d'une *caisse* et d'un *train*.

La caisse, destinée à renfermer les voyageurs ou les marchandises à transporter, doit être convenablement appropriée au service qu'elle doit faire, et varier de disposition suivant les cas.

Le train et la caisse, dans les voitures à voyageurs, doivent être, autant que possible, indépendants l'un de l'autre, afin que la substitution de l'une des deux parties puisse se faire promptement et sans occasionner beaucoup de frais de main-d'œuvre.

Caisse. — La disposition de la caisse est différente, comme nous l'avons déjà vu, dans le système anglais et dans le système américain.

Caisse du système anglais. — Dans le premier, la caisse est divisée, par des cloisons transversales, en compartiments communiquant chacun avec l'extérieur au moyen de deux portes latérales.

Les parois de la caisse sont formées d'une carcasse en bois garnie de panneaux en tôle. Le toit, également en bois, est garni d'une couverture en zinc. Une peinture à l'huile, de couleur différente, suivant la classe du véhicule, recouvre les parois à l'extérieur. Des essais ont été faits pour substituer à ce mode de construction l'emploi du fer et de la tôle, et une voiture de cette espèce avait été mise en circulation, il y a quelques années, sur le chemin de fer de l'Est. Indépendamment des inconvénients présentés par la disposition intérieure particulière de cette voiture[1], le bruit résultant des vibrations de tout l'ensemble de cette charpente en fer en rendait le séjour assez désagréable; la Compagnie ne jugea pas convenable de poursuivre ses essais dans cette voie.

Les dimensions des compartiments intérieurs et leur nombre

[1] Le constructeur avait eu pour objet, en diminuant l'épaisseur des parois par l'emploi du fer et leur donnant un bombement extérieur assez considérable, de se réserver à l'intérieur, sans diminuer le nombre des places, un couloir longitudinal. L'espace accordé à chaque voyageur n'en était pas moins assez restreint, et la forte inclinaison des parois était gênante pour ceux d'entre eux qui occupaient les extrémités du compartiment.

dépendent généralement de la classe à laquelle appartient la voiture, la place réservée à chaque voyageur n'étant pas la même pour chacune d'elles; cette place est d'ailleurs excessivement restreinte, surtout pour les voitures des deuxième et troisième classes, dans lesquelles on ne dépasse guère les dimensions minima imposées par l'administration[1]. Cependant il se manifeste en ce moment une tendance générale des Compagnies à accorder à cette place une certaine augmentation, qui se fait sentir dans les proportions générales du véhicule (voir les types de l'Est).

Les voitures de première classe, à deux et trois essieux, contiennent trois ou quatre compartiments, divisés chacun en six ou huit places. L'emploi des voitures à deux essieux à quatre compartiments tend à se généraliser; l'augmentation de dimension qui en résulte sur la voiture à trois compartiments seulement, en rend la marche plus régulière. Les compartiments extrêmes sont quelquefois de simples coupés à quatre places, de telle sorte que la voiture ne présente plus que deux ou trois compartiments entiers, et un ou deux demis.

Le nombre de voyageurs contenus dans une voiture de première classe varie donc de vingt-quatre à trente-deux. Il existe également des voitures de première classe ne portant qu'une ou point de divisions intérieures, auxquelles on donne le nom de *voitures-salons;* elles peuvent contenir généralement de vingt à vingt-quatre personnes.

Des voitures de cette espèce, dont un spécimen figurait à l'Exposition de Londres en 1862, ont circulé pendant plusieurs années sur le chemin de Namur à Liége. Elles se composent de deux salons reliés par une plate-forme à garde-corps en fer ou en fonte. Leur longueur totale est de $9^m,25$ sur $2^m,60$ de largeur, et le nombre de voyageurs de vingt-quatre pour les deux salons. Le poids total du véhicule est de 10 000 kilogrammes, soit 416 kilogrammes par voyageur.

[1] Les dimensions de la place affectée à chaque voyageur devront être d'au moins $0^m,45$ en largeur, $0^m,65$ en profondeur et $1^m,45$ en hauteur. Art. 12, Ordonn. du 15 nov. 1846.)

On remarquait à la même Exposition une voiture-salon construite par M. Ashbury, de Manchester, montée sur deux paires de roues, d'un poids égal à celui de la précédente, mais ne pouvant contenir que dix-sept ou dix-huit voyageurs. Deux compartiments de quatre ou cinq places en occupaient les extrémités; le milieu était réservé pour un salon, et des water-closets étaient ménagés entre les trois compartiments.

Les voitures de deuxième classe se divisent habituellement en quatre compartiments de dix places, représentant un total de quarante voyageurs. On rencontre cependant sur les lignes de banlieue des environs de Paris des voitures de seconde classe à impériale (il n'y a pas de troisième classe), contenant soixante-quatre places. Cette disposition permet de diminuer considérablement le poids mort du véhicule, mais à condition que le nombre de voyageurs par wagon soit suffisant, ce qui n'a pas lieu en hiver, où l'abaissement de température ne rend pas supportable le séjour des places d'impériale; pendant l'été, au contraire, l'avantage que présentent ces voitures au point de vue des frais de traction est incontestable. Pour arriver à cet étage supérieur, on avait primitivement placé de distance en distance, sur la hauteur des parois de la caisse, de simples échelons, que l'on a, depuis quelques années, avantageusement remplacés par de doubles escaliers situés aux deux extrémités du véhicule; toutefois, le moyen d'accéder aux divers compartiments consistant en un passage très-étroit réservé au pourtour de l'impériale n'est pas sans danger, et il y aurait certainement lieu de chercher à améliorer cette vicieuse disposition.

Les voitures de troisième classe contiennent quarante à cinquante places divisées en compartiments de dix, par des cloisons transversales qui n'ont pas toujours la hauteur de la voiture, mais s'arrêtent souvent au-dessus de la tête du voyageur assis. Chaque caisse conserve néanmoins ses deux portes de sortie.

Dans les première et deuxième classes, l'intérieur des compartiments reçoit le jour, non-seulement par la partie supérieure des portes, mais par quatre fenêtres placées dans l'alignement des banquettes. Dans la troisième classe, ces jours

Pl. XX.

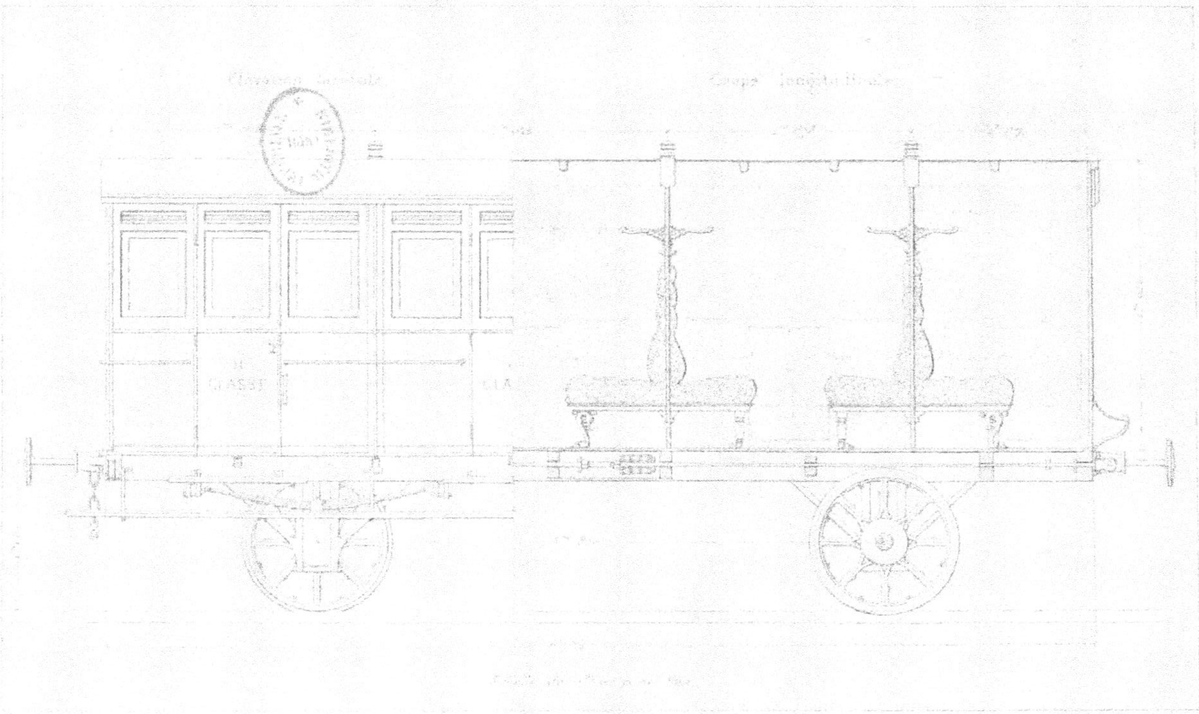

VAGGON MIXTE À VOYAGEURS

sont supprimés sur quelques lignes, au Nord français principalement, suppression regrettable et trop servilement imitée du mercantilisme à outrance des Anglais.

En outre de ces voitures affectées à une seule classe, il existe, particulièrement pour le service des lignes secondaires, des voitures mixtes renfermant un certain nombre de compartiments de première et deuxième, ou deuxième et troisième classes. La Planche XX, fig. 457, donne la coupe longitudinale d'une voiture mixte première et deuxième classes du chemin de fer de l'Est bavarois. — Ce type se recommande par le confortable réservé aux voyageurs de chaque classe et le goût qui a présidé dans ses aménagements. Nous lui ferons cependant un reproche : La saillie de la paroi de tête du côté du coupé de première classe, ménagée pour loger les pieds des voyageurs, est très-dangereuse pour le service dans les gares. (Page 309.)

Comme type de voitures mixtes, que l'on nous permette de citer celle qui a figuré à l'Exposition de Londres en 1862, et au sujet de laquelle M. Perdonnet, dans son rapport sur le matériel roulant de cette Exposition, s'exprime ainsi :

« La voiture mixte provenant des ateliers dirigés par M. Goschler unit à l'avantage de la légèreté celui du bon marché[1]. Comprenant dans un même véhicule des compartiments de toute classe, et même un compartiment à bagages avec vigie pour garde-frein, elle permettrait de diminuer notablement les frais sur des embranchements de peu d'étendue et d'un trafic restreint. »

Les voitures à deux étages, dont nous avons parlé précédemment, rentrent également dans cette catégorie, et peuvent renfermer à la fois les trois classes différentes; la première étant représentée par les compartiments coupés des deux extrémités; la deuxième par ceux du milieu, et la troisième par l'étage supérieur. La figure 458 représente en coupe et en vue de bout une des nouvelles voitures construites sur ce type par la Compagnie de l'Est en France. (Page 294.)

[1] Poids mort par voyageur, 197 kilogrammes; prix par voyageur, 230 fr.

Sur les chemins russes et prussiens circulent des voitures à compartiments dont les parois, percées d'une porte, permettent

Fig. 458. Voiture à deux étages, coupe et vue de bout (Est). Échelle $\frac{1}{30}$.

d'établir une communication entre les voyageurs d'un même

wagon; les portes latérales n'en sont pas moins conservées pour l'entrée et la sortie, disposition très-commode et à imiter.

Pour terminer cette nomenclature, nous citerons encore les voitures affectées au service de la poste, qui accompagnent quelques-uns des trains de voyageurs. La caisse, divisée en deux ou trois compartiments, renferme toute l'installation nécessaire au service d'un bureau de poste.

Sur quelques lignes de peu d'importance, l'emplacement réservé au bureau de la poste n'occupe qu'une partie seulement de la voiture, le reste se trouvant réservé aux voyageurs de première ou deuxième classe.

Depuis quelques années, on cherche à satisfaire aux besoins toujours croissants des relations postales, sans augmenter le nombre des points d'arrêt des trains rapides.

Ce résultat s'obtient en armant les voitures de la poste d'appareils mobiles, qui permettent d'enlever, pendant la marche des trains, les paquets suspendus à des crochets posés à côté de la voie, ou, par une manœuvre inverse, de déposer dans des filets fixés près de la station à desservir, les paquets de la poste suspendus à l'extérieur du wagon.

Les dispositions de ce genre, adoptées par le London and North-Western Railway et par le chemin de l'Est prussien, nous paraissent résoudre la question, aussi complétement que possible.

Comparaison des compartiment des différentes classes. — Les classes diffèrent entre elles par les dimensions des compartiments, l'arrangement des siéges et des parois au point de vue du confort.

En France, la première classe, disposée pour recevoir quatre voyageurs par banquette, renferme des coussins rembourrés et capitonnés ainsi que les parois jusqu'à la hauteur de la tête. Le plus souvent également, une séparation divise chaque banquette en deux parties égales, et offre un appui aux voyageurs placés au milieu. Des filets ménagés au voisinage du plafond pour recevoir les menus bagages à la main; des tentures et passementeries cachant les châssis des baies, le dessous des banquettes et couvrant les parois ; le plafond en marqueterie ou recouvert d'étoffe, des rideaux devant les fenêtres, un tapis étendu sur le plancher, complètent l'ameublement qui offre au voyageur un confort assez satisfaisant.

Les dimensions des compartiments de première classe varient, sur les lignes françaises, de 2^{m},00 à 2^{m},10 en longueur dans le sens de l'axe de la voiture, 2^{m},40 à 2^{m},60 en largeur, mesurée perpendiculairement à l'axe de la voie, et 1^{m},68 à 1^{m},75 en hauteur [1], cette dernière dimension étant celle prise à l'aplomb de la portière. La hauteur est généralement trop faible, car elle permet rarement au voyageur de se tenir debout avec une coiffure sur la tête. (Voir le tableau, p. 320.)

Sur quelques lignes circulent des compartiments à coupés-lits, qui, par une disposition particulière, offrent aux voyageurs la faculté de se reposer et de dormir plus ou moins commodément pendant le trajet. Dans les premiers coupés de ce genre, construits par le chemin de l'Est en France, la banquette, mobile horizontalement, peut s'éloigner du dossier de quelques centimètres, et une planchette logée dans la paroi vitrée et légèrement rembourrée vient se rabattre horizontalement et se fixer au bout de la banquette, de manière à en former le prolongement jusqu'à la cloison antérieure.

Ce système a été remplacé par le suivant, dans les nouvelles voitures construites par la Compagnie, dont l'une figure à l'Exposition de 1867. Chacun des siéges, indépendant, est monté sur une fausse cloison pouvant basculer autour d'un axe et prendre une position horizontale en présentant sa face postérieure garnie d'un matelas et d'un oreiller.

Le chemin de Paris à Lyon et à la Méditerranée met à la disposition du public des coupés-lits composés d'une espèce de sofa, à l'extrémité duquel se trouve un siége de water-closet

[1] Les dimensions des compartiments dans les voitures du Nord français sont :

	Première classe.	Deuxième classe.	Troisième classe.
Longueur.....	1^{m},95	1^{m},55	1^{m},35
Largeur.......	2 ,44	2 ,44	2 ,44
Hauteur.......	1 ,77	1 ,75	1 ,74

recouvert d'un coussin. Ce compartiment, spécialement destiné aux personnes malades, ne convient donc qu'à deux voyageurs unis par un très-grand degré d'intimité.

Les compartiments de première classe, en Angleterre, sont moins spacieux qu'en France et surtout qu'en Allemagne ; ils présentent une longueur de 1^m,83. Mais, comme sur certaines lignes allemandes, ils ne renferment que six places au lieu de huit, soit trois stalles dans la largeur.

Sur le chemin de l'Est, en Prusse, les siéges des voitures de première classe ont une largeur de 0^m,73, et peuvent s'allonger de manière à ce que les deux banquettes opposées se mettent presque en contact, disposition commode pour les voyages de nuit, lorsque le compartiment est incomplétement occupé.

Les compartiments de deuxième classe, dont les dimensions sont comprises entre 1^m,50 à 1^m,84 en longueur, 2^m,40 à 2^m,60 en largeur, 1^m,75 à 1^m,78 en hauteur, sont également garnis de coussins légèrement rembourrés, de rideaux et de filets ou patères ; mais on supprime généralement les tentures et les tapis, ainsi que la séparation du milieu des banquettes.

En Allemagne, la disposition intérieure des deuxièmes classes diffère fort peu de celle des premières classes en France. Aux chemins de l'Est bavarois, leur longueur est de 1^m,687, et leur largeur de 2^m,430 sur une hauteur de 1^m,800. L'écartement des banquettes est de 0^m,55. Sur plusieurs lignes, le plancher, en hiver, est recouvert d'un tapis ou d'une natte.

Ces compartiments, en Angleterre, ont une longueur maxima de 1^m,70 et sont dépourvus de tout confortable ; la garniture s'élève à peine au milieu du dos ; dans les nouvelles voitures, le siége n'est qu'en partie rembourré et laisse un creux où se logent les cannes, parapluies, etc. ; il n'y a jamais ni filets, ni patères, ni rideaux. Sur quelques chemins, le Great-Western, entre autres, les deuxièmes classes ne sont pas du tout rembourrées[1].

[1] *Mémoires et compte rendu de la Société des ingénieurs civils*, 1866. Mémoire de M. Morandière sur les chemins de fer anglais.

Les compartiments de troisième classe, auxquels l'espace est trop parcimonieusement mesuré, présentent généralement, en France, une longueur de $1^m,32$ à $1^m,50$ sur $2^m,40$ à $2^m,60$ de large et $1^m,70$ à $1^m,78$ de hauteur, et ne reçoivent aucune espèce de garniture ; partout le bois se trouve à découvert. Les

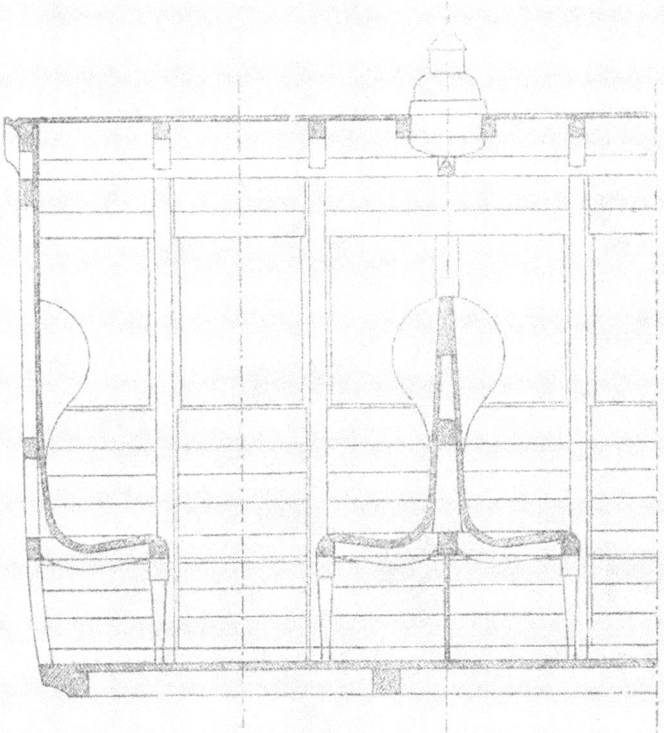

Fig. 459. Voiture de troisième classe (Est). Coupe longitudinale. Echelle $\frac{1}{25}$.

banquettes, en général étroites et horizontales, prennent, dans les nouvelles voitures de l'Est, une forme courbe moins fatigante pour le voyage. Les figures 459 et 460 montrent en coupe cette disposition ainsi que celle des dossiers, qui étaient autrefois verticaux et s'arrêtaient même souvent à la hauteur des épaules des voyageurs. Sans méconnaître l'importance de ces modifications, il n'en est pas moins vrai que la situation du voyageur obligé de faire un parcours de cent à deux cents lieues dans un compartiment de cette espèce mérite une sérieuse attention, et qu'il est du devoir des Compagnies d'y apporter une amélioration. Déjà, à ce sujet, en 1863, la Commission d'enquête sur les chemins de fer s'exprimait ainsi dans son rapport : « Il faudrait que partout on rencontrât, dans la limite du possible, le bien-être, la commodité, et, à plus forte raison, la salubrité. Tout voyageur doit être assis commodément et trouver, par exemple, un dossier disposé de telle façon qu'il y puisse reposer la tête et dormir. La ventilation doit être assurée partout indistinctement ; partout on doit avoir le moyen de se garantir, pendant l'été, contre les rayons d'un soleil ardent, et lorsque aura été résolu le problème d'un chauffage général qui ne soit pas trop dispendieux et ne détermine pas une grande perte de temps, l'application devra en être formellement prescrite. » Malgré l'expression de cet avis, les progrès réalisés depuis ce temps dans cette voie n'ont pas été bien considérables, et les fenêtres des compartiments des troisièmes classes, quand il y

Fig. 460. Voitures de troisième classe (Est). Coupe transversale.

Échelle $\frac{1}{25}$.

en a, sont, à quelques exceptions près, dépourvues de rideaux.

Nous devons cependant signaler comme présentant des améliorations réelles les voitures de cette classe dernièrement construites pour la Compagnie de l'Est français, et qui se trouvent rappelées dans les figures 457 et 458. Mais pourquoi refuser aux malheureux voyageurs de cette catégorie le moindre coussin rembourré?

La longueur des banquettes est, en Allemagne, de $1^m,900$ sur une largeur de $0^m,525$; elles sont espacées de $0^m,470$. Les dossiers ne s'élèvent le plus souvent qu'à la hauteur des épaules. Sur le chemin de la Silésie supérieure, dans les caisses des wagons de troisième classe la cloison du milieu s'élève jusqu'au sommet ; les deux autres s'arrêtent à la hauteur ordinaire. La longueur de chacun des compartiments est de $1^m,745$, et l'intervalle mesure entre les bancs $0^m,627$; la hauteur du dossier est de $0^m,510$.

En France, et sur l'invitation du ministre des travaux publics, on a installé dans chaque train un compartiment *fermé*, à l'usage des femmes voyageant seules.

Chauffage des voitures. — Le chauffage des caisses du système anglais présente une grande difficulté, et le seul moyen adopté généralement jusqu'ici consiste dans l'emploi de récipients remplis d'eau chaude, que l'on introduit sous les pieds des voyageurs, et que l'on renouvelle de temps en temps, lorsque la durée du voyage rend cette précaution nécessaire.

Les appareils à eau chaude présentent de grands inconvénients à divers points de vue. Au bout d'une ou deux heures, ils ont perdu complétement leur chaleur, et le remplacement auquel on est obligé de procéder gêne les voyageurs, nécessite l'ouverture prolongée des portes, et, par suite, l'introduction de l'air froid dans le compartiment. Il arrive souvent d'ailleurs que, par suite d'une fuite du récipient, le liquide se répand sur le plancher et se congèle lorsque la température s'abaisse suffisamment. Pour éviter ces inconvénients, on emploie sur les Niederschlesisch-Märckischen et Preusischen Ostbahn, pour le chauffage des voitures, du sable ou du gravier fin chauffé dans des fours convenablement disposés et contenu dans des récipients en tôle que l'on introduit sous les banquettes à l'aide de petites ouvertures ménagées dans les parois latérales. La chaleur de ces appareils se maintient pendant quatre heures environ.

Ces divers systèmes entraîneraient des dépenses considérables de main-d'œuvre et d'entretien, s'il s'agissait de les appliquer à toutes les voitures d'un train ordinaire, et cet inconvénient a pour résultat d'en limiter l'emploi aux seules voitures de première et quelquefois de deuxième classe, comme sur plusieurs lignes de l'Allemagne.

On trouve également sur la ligne de l'Est, en Prusse, le chauffage à l'aide de poêles appliqués aux voitures-salons, ainsi qu'aux voitures de troisième classe à cloisonnement incomplet. L'appareil employé est une colonne en fonte s'élevant du sol du wagon jusqu'au dessus du toit. Un tube intérieur en tôle sert de récipient au combustible, — le charbon de bois. Le mouvement de la voiture force ce dernier à descendre à mesure que les parties inférieures brûlent sur la grille, de telle sorte que l'alimentation s'effectue automatiquement. Les produits de la combustion s'échappent par l'espace annulaire compris entre les deux enveloppes.

De nombreux essais ont été faits sur les divers chemins allemands pour appliquer aux compartiments de première et de deuxième classe un chauffage régulier à l'aide d'un appareil unique placé à l'une des extrémités du wagon.

Sur le chemin de l'Est prussien, on a eu l'idée de rendre mobile la partie supérieure des cloisons de compartiments, de manière à pouvoir, en les faisant descendre entre les banquettes, établir une communication entre les divers compartiments à la partie supérieure, et effectuer le chauffage par un seul poêle placé dans l'un d'eux, comme nous l'avons dit pour les voitures de troisième classe.

Un chauffage par circulation d'air chaud ou d'eau chaude a été également mis à l'essai sur le chemin du Rhin. Ce dernier système est aussi employé sur le chemin de l'État en Bavière.

Enfin, les chemins de l'Est et de la Silésie supérieure (Prusse) ont tenté l'emploi de la circulation de vapeur pour le chauffage du train entier. La prise de vapeur a lieu soit sur l'échappement des cylindres — ce qui a l'inconvénient de produire une contre-pression — soit directement sur la chaudière, ou enfin sur une petite chaudière spéciale placée dans le fourgon à bagages.

L'expérience seule décidera de la valeur de ces différents moyens. Il est à désirer toutefois que cet exemple soit suivi par les autres Compagnies, et que des recherches actives soient faites dans ce sens par chacune d'elles pour arriver à trouver une solution économique de la question permettant de procurer à tous les voyageurs indistinctement la possibilité de braver les rigueurs de l'hiver.

Éclairage. — L'éclairage des voitures de voyageurs est une des parties les plus défectueuses du service du matériel. Il consiste généralement, en France, dans l'emploi de lampes à huile placées dans le plafond des voitures soit au milieu des compartiments — première classe, — soit à cheval sur les parois — deuxième classe, — et dont le service est fait de l'extérieur par des agents spéciaux circulant sur le toit des véhicules. Il résulte de cette disposition un danger pour le personnel chargé du service, qui se trouve exposé à des chutes dangereuses ; d'un autre côté, l'éclairage est très-imparfait pour les voyageurs, la lumière se trouvant inégalement répandue, et sa clarté tout à fait insuffisante pour leur permettre de lire. Il serait de beaucoup préférable d'appliquer à toutes les voitures un éclairage latéral analogue à celui qui a été installé par MM. Vidard et Bournique dans leur nouvelle voiture. Au moyen de quatre lampes munies de réflecteurs suffisants, et placées aux angles dans des échancrures faites à la cloison, on pourrait arriver à éclairer ainsi d'une façon très-satisfaisante une voiture de toute classe.

L'éclairage à l'aide de bougies est appliqué sur plusieurs chemins allemands et sur les lignes de la Russie, la basse température de l'hiver rendant difficile l'emploi de l'huile ordinaire.

En Angleterre, on commence à employer l'éclairage au gaz, dont on fit d'abord l'essai sur le Metropolitan-railway, et qui s'est depuis répandu dans quelques autres lignes.

Sur le premier, le gaz est contenu dans deux ou trois réservoirs placés sur le ciel de chaque wagon ; la toile en constitue les parois, de telle sorte que la seule pression due au poids du couvercle tend à faire écouler le gaz. Deux becs sont placés dans chaque compartiment, hors de la portée des voyageurs.

Sur le Lancashire-Yorkshire Railway, le bec est commun à deux compartiments ; le réservoir du gaz se trouve, comme dans le premier, particulier à chaque wagon et placé sur son toit, ou consiste en un réservoir unique établi dans le fourgon, la transmission d'un wagon à l'autre se faisant alors à l'aide de tuyaux en caoutchouc. La dernière disposition est également appliquée sur le Great-Northern pour les trains du Metropolitan et de la banlieue de Londres[1]. Des applications de ce mode d'éclairage ont été également faites sur quelques voitures par plusieurs lignes de l'Allemagne. Sur le chemin de Hanovre, les résultats obtenus ont été satisfaisants. Les frais d'éclairage ont été réduits de moitié, mais la dépense de première installation est relativement considérable.

Caisse du système américain. — Les premières voitures de ce système, que l'on rencontre encore aujourd'hui sur les différentes lignes des États-Unis, se distinguent par leur grande longueur, s'élevant quelquefois jusqu'à 18 mètres. Leur largeur est de 2^m,70 pour les chemins à voie de 1^m,50, et de 3 mètres sur la ligne du New-York and Erie Railway, dont la largeur de voie est plus considérable. Quant à la hauteur, elle varie de 1^m,80 à 2^m,25.

A chaque extrémité de la caisse se trouve une plate-forme à laquelle le prolongement du toit de la voiture sert d'abri. Un double escalier, muni d'une rampe et descendant jusqu'au

[1] *Mémoires et compte rendu de la Société des ingénieurs civils*, 1866. Mémoire de M. A. Morandière sur les chemins de fer anglais.

niveau des rails, permet d'arriver sans difficulté et sans danger jusqu'à ce palier, sur lequel s'ouvrent les portes de la caisse. Dans l'intérieur on trouve deux séries de siéges placés en rangées parallèles transversalement à l'axe de la voiture séparées par un couloir longitudinal. Les siéges, indépendants les uns des autres, contiennent deux places, et leur dossier mobile permet aux voyageurs de se placer dans le sens qui leur convient. Le nombre de places contenues dans un wagon de 12 mètres de long est de soixante; ceux de 18 mètres, du New-York and Erie Railway, contiennent quatre-vingts personnes.

On rencontre également sur les diverses lignes des États-Unis des voitures renfermant des lits pour les voyages de nuit, ainsi que des toilettes et lieux d'aisances à l'usage des voyageurs.

Les caisses sont éclairées par le côté au moyen d'une série de fenêtres correspondant à chaque rangée de banquettes.

En Amérique, la ventilation s'opère au moyen d'une prise d'air établie à l'avant : l'air introduit passe dans un récipient rempli d'eau, où il se dépouille de sa poussière avant d'entrer dans l'intérieur de la caisse.

Voitures allemandes. — La voiture américaine fut d'abord adoptée en Allemagne et en Suisse, sans que les lignes de chemin de fer qui l'appliquaient à leur usage y aient apporté de modifications sensibles. Les voitures de ce genre que l'on y rencontre ont de 11 à 12 mètres de long, pouvant contenir jusqu'à soixante-douze personnes.

Les siéges y sont aussi adossés deux à deux, et leur plus ou moins grande commodité établit la distinction des classes. Dans les premières classes, chaque place est généralement isolée et formée d'un fauteuil convenablement rembourré, tandis que, dans les deuxième et troisième, chaque siége comprend deux ou trois places sans séparation. Sur le Nord-Est suisse, les siéges de seconde classe à deux places ont une largeur de 1 mètre et une profondeur de $0^m,50$ environ. Leur dossier, garni d'étoffe et rembourré, s'élève à $0^m,80$; la distance comprise entre les bords des deux siéges placés vis-à-vis l'un de l'autre est de $0^m,42$, et la largeur du couloir de $0^m,49$ au niveau des siéges et $0^m,44$ à la hauteur des bras.

Sur les lignes d'Allemagne et de Suisse, le public voyage principalement en troisième et en deuxième classe, tandis que les compartiments de première sont comparativement peu fréquentés. De là, convenance pour les Compagnies qui ont adopté le système américain d'employer des voitures mixtes pour les première et deuxième classes, tandis que les autres sont entièrement affectées en général à la troisième classe.

Nouvelles voitures du chemin du Nord-Est suisse. — On a fait dans ces dernières années des essais pour réduire les dimensions des voitures américaines et masquer par quelques améliorations convenablement ménagées, ainsi que nous l'avons dit plus haut, une partie des inconvénients inhérents à leur principe.

C'est dans ce but qu'a été contruite d'après ce système la voiture mixte (1re et 2e classe) du chemin du Nord-Est suisse, dont la figure 461 représente la coupe longitudinale et le plan.

Une paroi transversale divise la caisse en deux compartiments de longueurs inégales, le plus grand étant affecté aux voyageurs de deuxième classe, tandis que l'autre est réservé à ceux de première. Les siéges sont disposés de chaque côté du couloir longitudinal, adossés deux à deux ; le nombre total des places est de trente-deux pour le compartiment de deuxième, et de six pour celui de première. Celles-ci se composent chacune d'un fauteuil séparé, tandis que les siéges du premier compartiment contiennent tous deux places, sauf un seul qui, ainsi que le fauteuil de première auquel il est adossé, disparait en hiver pour faire place à un poêle disposé pour chauffer à la fois les deux compartiments. Ce système de chauffage est appliqué dans toutes les voitures du type américain, tant en Europe que dans le nouveau continent, et la facilité de son application constitue, comme nous l'avons vu, un des avantages de ce genre de véhicule.

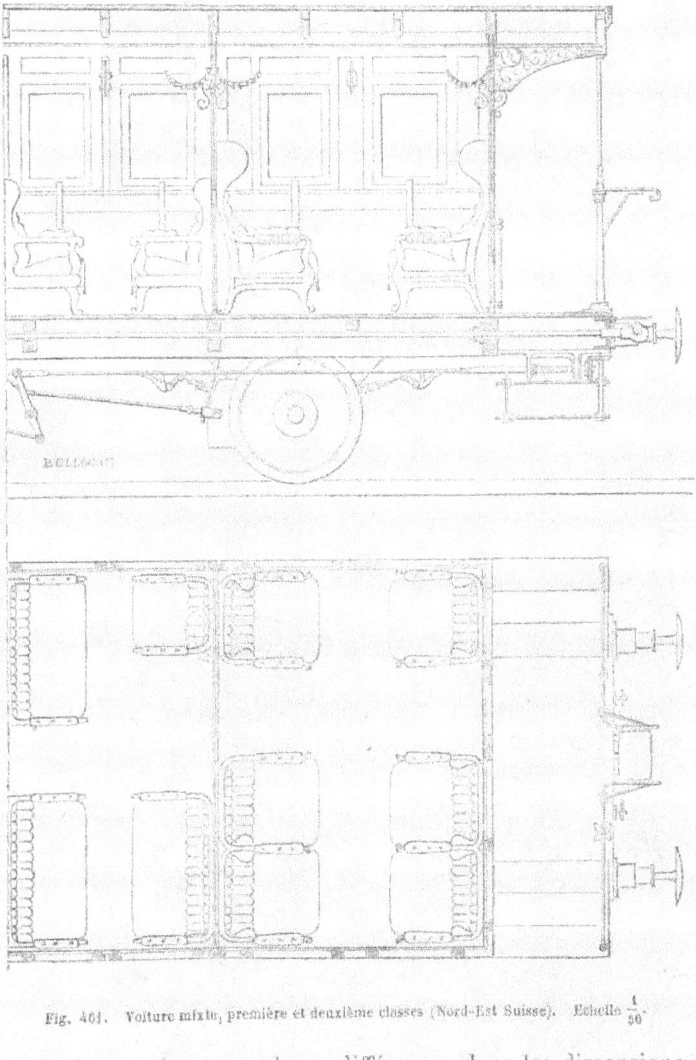

Fig. 461. Voiture mixte, première et deuxième classes (Nord-Est Suisse). Echelle $\frac{1}{50}$.

Trains. — A part quelques différences dans les dimensions

qui affectent principalement le châssis, les trains sont identiques pour toute la série des voitures à voyageurs employées sur une même ligne.

Nous trouvons tout d'abord dans leur composition les mêmes éléments que dans l'appareil de support d'une locomotive ou d'un tender. Cette analogie en simplifiera l'étude et nous permettra, en renvoyant le lecteur pour les questions communes aux articles dans lesquels nous les avons déjà examinées, de consacrer l'espace qui nous reste, aux questions qui intéressent plus particulièrement la construction des voitures et wagons.

Le train comprend : le *châssis*, les *appareils de suspension et traction*, et les *essieux* avec leurs roues montées.

Châssis. — Le châssis sur lequel repose la caisse est formé de longerons réunis et consolidés par des pièces transversales et diagonales, de manière à former un cadre aussi *parfaitement rigide* que possible ; cette condition est essentielle pour qu'il puisse résister aux efforts de compression et de flexion auxquels il est exposé. Dans les voitures américaines à train articulé, le châssis principal qui porte la caisse repose lui-même, au moyen de pivots, sur deux petits châssis auxiliaires. Chacun de ces trois châssis est formé d'une paire de longerons réunis par des traverses en bois ou en fer placées de distance en distance.

Le bois a été, jusqu'à ces derniers temps, la matière constitutive du châssis ; mais, la difficulté d'approvisionner des pièces assez longues et à un degré de siccité convenable allant sans cesse en croissant, les ingénieurs sont entrés dans la voie de la construction du châssis en fer, qui ne se déforme pas comme le bois et offre par cela même plus de sécurité contre les déraillements, plus d'économie dans les frais d'entretien, sans pour cela augmenter d'une manière notable le poids mort des véhicules. Aussi l'emploi du fer dans la construction des châssis des nouvelles voitures prend-il une extension de plus en plus grande, et le moment est venu où ce métal doit remplacer complétement le bois dans cette application.

Sur les longerons du châssis sont fixés des appendices en fer forgé, ou *plaques de garde*, dont les fonctions sont identiques avec celles des plaques de garde des locomotives et tenders.

La position des plaques de garde est symétrique par rapport aux extrémités du châssis, et leur écartement, qui fixe celui des essieux, varie naturellement avec la courbure limite imposée au tracé de la ligne. (1re partie, chap. V, § IV, 154.)

En Allemagne, cet écartement a été fixé de la manière suivante[1] :

Pour des lignes présentant en pleine voie des courbes aux rayons de :	l'écartement d'axe en axe des essieux extrêmes ne doit pas dépasser :
240 à 300 mètres	3m,66
300 à 360 —	4 ,57
360 à 460 —	5 ,03
460 à 600 —	5 ,50
Au-dessus de 600 —	7 ,32

Dans le cas où l'on aurait à construire un matériel pour une voie déjà existante, il ne faut pas oublier que la saillie des boudins sur la surface de roulement des bandages augmente la longueur du rectangle inscrit entre les rails de 0m,070 environ. Cette question est surtout importante pour le service des plaques tournantes.

Suspension et traction. — Les ressorts de suspension interposés entre le châssis et les essieux qui le portent sont destinés à amortir les chocs provenant des inégalités de la voie. La douceur de la suspension est importante non-seulement pour la commodité du voyageur, mais encore pour la conservation du matériel ; et, comme ici nous ne rencontrons pas les mêmes obstacles que dans la suspension des locomotives, on devra donner aux mouvements des ressorts une plus grande amplitude.

Les ressorts de suspension des voitures sont presque tou-

[1] *Congrès des ingénieurs des chemins de fer allemands.* Dresde, 1865.

jours placés au-dessous du châssis et s'appuient directement sur les boîtes à graisse, auxquelles ils sont fixés à l'aide de boulons.

Comme nous l'avons déjà dit, le système d'attelage généralement employé aujourd'hui est l'attelage avec tendeur à vis. L'attelage à barre rigide, dont nous avons énuméré tous les inconvénients, doit être proscrit, quel que soit le type du véhicule considéré.

Il en est de même de l'attelage par chaînes simples, qui a succédé à ce premier dans les véhicules du système anglais. La réunion des voitures d'un même train doit être faite de telle sorte qu'au moment de la mise en marche ou du ralentissement du convoi, il n'en résulte aucun choc trop marqué qui exposerait les voyageurs à des secousses violentes et le train à des ruptures d'attelage. Cette condition essentielle est remplie par le mode d'accouplement presque universellement employé aujourd'hui, et qui se compose d'un double système de traction et de choc. Il consiste à munir chaque extrémité des véhicules d'une tige de traction terminée d'un côté par un crochet et fixée de l'autre à un ressort en acier ou en caoutchouc. Un tendeur à vis réunit les crochets d'attelage de deux voitures successives, et deux chaînes de sûreté, placées de chaque côté, complètent le système de traction. Le but de ces deux chaînes étant de suppléer au tendeur ou à la tige de traction lorsqu'ils se rompent, il faut leur donner de fortes dimensions pour les empêcher de se briser par suite du choc résultant de la rupture de l'attelage. A cet effet, on doit, entre leur point d'attache et la traverse, interposer des rondelles en caoutchouc, ou les fixer à des ressorts en acier.

L'appareil de choc comprend pour chaque voiture quatre tampons ou plateaux reportant les pressions qu'ils reçoivent sur des ressorts d'acier (à lames en spirale ou rondelles bombées), ou bien de caoutchouc. Au moment d'un arrêt ou d'un ralentissement, les tampons des diverses voitures se mettent brusquement en contact et le travail qui produit la compression des ressorts absorbe celui de la puissance vive des véhicules.

On réunit quelquefois les ressorts des deux tiges de traction d'un même véhicule, de manière à diminuer les chances de rupture, dans le cas où une tension trop forte viendrait à agir sur l'une d'elles, en y intéressant la seconde.

Sur la plupart des voitures françaises, on rend, en outre, les deux systèmes de choc et de traction solidaires, en employant pour tous les deux le même ressort (en acier à lames), auquel on donne alors des dimensions plus considérables qui lui permettent de recevoir en son milieu la barre de traction et de s'appuyer par ses deux extrémités sur les tiges prolongées des tampons de choc.

Les centres des tampons de choc, du crochet d'attelage et les points d'attache des chaînes de sûreté, doivent se trouver sur un même plan horizontal.

Voici les dimensions arrêtées dans la conférence de Dresde par les ingénieurs allemands pour le matériel destiné à circuler sur les diverses lignes de l'Union :

La hauteur normale du centre des tampons au-dessus des rails est de $1^m,042$, avec un jeu de $0^m,025$ au-dessus dans le cas de voitures à vide, et de $0^m,100$ en dessous pour les voitures pleines ;

Écartement des tampons, d'axe en axe, $1^m,754$;

Distance de la surface extérieure du disque à la traverse extrême du châssis, $0^m,370$ au minimum, lorsque le ressort est comprimé à fond de course ;

Distance du point d'attache du crochet d'attelage détendu, au plan tangent aux plateaux des tampons, $0^m,370$.

Les dispositions qui précèdent sont prises pour qu'un manœuvre chargé d'opérer l'accouplement de deux véhicules puisse y procéder sans courir le danger d'être écrasé par les traverses ou les crochets.

La longueur des chaînes de sûreté doit être telle que, tendues horizontalement, le point d'attache du crochet dépasse de $0^m,305$ le plan des tampons, et que, tombant verticalement, leur extrémité se trouve à $0^m,500$ des rails[1]; leur distance d'axe en axe est arrêtée à $1^m,067$.

En France, la saillie des tampons sur la traverse est de $0^m,500$ à $0^m,550$, le ressort étant au repos, et de $0^m,325$ à $0^m,330$, quand le tampon est enfoncé au maximum. — Ces dimensions sont insuffisantes, surtout lorsque la caisse a une saillie sur la traverse. — La hauteur de l'axe des tampons est de $0^m,99$. (Est.)

Leur écartement est de $1^m,710$ (Est) à $1^m,727$ (Nord), et $1^m,730$ (Ouest) ; celui des chaînes de sûreté est de $0^m,640$ (Est) à $1^m,190$ (Nord). — Ce dernier écartement des chaînes de sûreté nous paraît exagéré, surtout pour des lignes à courbes raides et à inclinaisons prononcées, là où les ruptures d'attelage sont le plus fréquentes.

Les agents chargés de réunir entre eux les divers véhicules sont, comme nous l'avons dit à la page précédente, exposés à de graves dangers lorsqu'ils doivent effectuer cette opération. Les accidents provenant de cette cause se répètent fréquemment et les conséquences souvent déplorables qui en résultent ont appelé l'attention des ingénieurs sur la recherche des moyens à employer pour les éviter. Il suffirait, sans changer le mode d'attelage, qui présente, comme nous l'avons dit, des avantages signalés, d'introduire une modification qui, en permettant d'opérer la manœuvre de l'extérieur, ferait disparaître le danger qu'elle présente aujourd'hui. Le rapprochement des tampons vers l'axe du véhicule résoudrait peut-être la question ; mais le grand écartement qu'on leur donne aujourd'hui est nécessité par d'autres considérations que l'on ne saurait négliger, et l'on peut dire qu'actuellement la question n'est pas encore résolue[2].

[1] *Technische Vereinbarung des Vereins Deutscher Eisenbahn Verwaltungen*, Dresde, 1865.

[2] L'administration du chemin de fer rhénan conseille l'emploi d'un double escalier qui, placé sur les tampons, permettrait à l'employé de se tenir à cheval sur ces derniers. Sur le chemin du Sud de l'Autriche et la ligne de Graz à Kofflach, on se sert, pour accrocher et décrocher les wagons, de la tige du drapeau-signal, convenablement prolongée et terminée par un crochet en fer.

Elle se présente donc dans toute son importance à l'ingénieur chargé de l'étude du matériel.

Plaques de garde. — Les plaques de garde des voitures, avons-nous dit plus haut, ne font point partie des longerons comme dans les châssis des locomotives ou des tenders. On se contente de rapporter ces organes sur les longerons, en les rivant si ces derniers sont en fer, ou en les boulonnant si les longerons sont en bois. On rencontre actuellement des plaques de garde de deux systèmes différents : les premières, découpées dans une plaque de tôle, présentent à la partie supérieure une large surface qui sert à les fixer sur les longerons au moyen de quatre ou cinq attaches, et se terminent par deux branches dont les extrémités inférieures sont réunies au moyen d'une entretoise horizontale en fer. Le second système de construction permet de substituer à la tôle le fer laminé, et de réduire ainsi le poids et le prix de ces pièces ; ces avantages lui assurent aujourd'hui la préférence sur le premier système. Quel que soit d'ailleurs le modèle employé, plusieurs ingénieurs pensent encore aujourd'hui qu'il est important de réunir, ainsi qu'on le faisait dans les premiers temps, les plaques de garde d'un même côté par des tirants horizontaux qui maintiennent leur écartement et conservent le parallélisme des essieux. En faisant venir de forge aux deux extrémités de ces tirants les entretoises qui consolident les deux branches de chaque plaque à leur partie inférieure, on arrive à obtenir un tout parfaitement solidaire et susceptible de donner un très-bon service. Cependant, avec les longerons d'une hauteur suffisante, cette précaution est inutile, et, en supprimant la barre, on diminue les frais de construction, d'entretien, et le poids mort du véhicule. Les faces intérieures des deux branches servent de guides aux boîtes à graisse, et sont, à cet effet, parfaitement dressées sur une partie de leur hauteur.

Boîtes à graisse. — Les fusées des essieux tournent sous des coussinets en métal maintenus dans des boîtes en fonte disposées pour lubrifier les parties frottantes.

Le graissage peut se faire soit par le dessus, soit par le dessous de la fusée. Dans le premier cas, la partie supérieure de la boîte forme un réservoir pour contenir la matière lubrifiante, qui s'écoule sur la fusée à travers deux ou trois petits trous percés dans l'épaisseur du coussinet, et prolongés à sa partie inférieure par des pattes d'araignée. Nous avons déjà dit, en parlant du graissage des essieux de locomotives, l'inconvénient que présentait cette disposition : le couvercle de la boîte s'ouvre pendant la marche ; les trous de communication s'obstruent assez facilement, et, l'écoulement de la matière venant à cesser, la fusée ne tarde pas à s'échauffer, à gripper, et souvent même à se rompre. — Quelquefois, la pression qui s'exerce à la surface de la fusée empêche la substance lubrifiante de s'interposer entre les parties frottantes, et, comme dans le cas précédent, l'arrêt du graissage amène les plus fâcheuses conséquences. — Ces inconvénients sont moins à craindre avec la seconde disposition, qui prend de plus en plus d'extension depuis que l'emploi de l'huile tend à remplacer, pour cet usage, celui de la graisse dure, sur la presque totalité des chemins de fer. L'huile, placée dans la partie inférieure de la boîte disposée en forme de cuvette, est amenée à la surface de la fusée au moyen d'une mèche, d'un rouleau, ou d'une brosse maintenue en contact avec elle à l'aide d'un ressort. Afin de prévenir un accident dans le cas où, pour une cause quelconque, cet appareil viendrait à cesser de fonctionner, plusieurs constructeurs se ménagent les moyens d'effectuer le graissage par la partie supérieure, en adoptant une disposition mixte résultant de la combinaison des deux précédentes, et présentant de grands avantages au point de vue de la sécurité du graissage. — Nous examinerons plus loin (382) en détail quelques-unes des principales dispositions actuellement employées. — Nous ajouterons seulement ici encore quelques considérations générales sur la construction et l'entretien des boîtes à graisse.

L'huile qui a lubrifié la fusée retombe aux deux extrémités, et doit nécessairement être recueillie pour servir de nouveau ; mais elle se trouve alors chargée d'une notable proportion de limaille, d'impuretés dont il faut la débarrasser, sous peine de laisser obstruer les pores de l'appareil lubrificateur, et de voir s'user les fusées très-rapidement. Pour cela, on devra la recevoir dans une capacité particulière séparée du réservoir central, ou épurer le liquide avant son retour au réservoir.

Le surhaussement des rails dans les courbes et les chocs transversaux que subissent les essieux peuvent avoir pour effet de faire sortir une partie de la fusée en dehors de la boîte à graisse. Aussi le niveau du liquide se tient-il aussi bas que possible, afin d'empêcher que dans aucun de ces cas il ne puisse s'épancher au dehors.

L'huile contenue dans le réservoir doit être renouvelée de temps en temps ; en raison des accidents graves qui peuvent être la conséquence d'un mauvais graissage des fusées, il importe de pouvoir examiner ces appareils avec soin et le plus souvent possible. Pour faciliter ce travail et réduire les frais d'entretien, on donnera aux boîtes à graisse une position telle, qu'on puisse y accéder sans peine, et une construction aussi simple que possible. Dans le même but, on devra ménager au réservoir une grande capacité, afin de n'avoir pas à le remplir trop souvent, et de réduire le personnel chargé de ce service.

L'ajustage des boîtes à graisse dans les plaques de garde était fait autrefois aussi exactement que possible. Mais on laisse maintenant généralement un certain jeu entre les deux joues, afin de faciliter le passage du véhicule dans les courbes.

Essieux. — Roues. — Bandages. — Les essieux sont de forme analogue à ceux des tenders, et toujours à fusées extérieures. Dans les voitures à trois essieux, on donne généralement à celui du milieu un certain jeu latéral qui facilite le passage dans les courbes. La répartition de la charge du véhicule doit se faire autant que possible également sur chacun de ses essieux, de manière à pouvoir leur donner à tous les mêmes dimensions, et n'avoir qu'un seul type applicable à toutes les voitures.

Le poids généralement supporté par essieu dans les voitures à voyageurs varie de 3 500 à 4 000 kilogrammes.

Les conditions auxquelles doivent satisfaire les roues des voitures sont à peu près les mêmes que celles que nous avons énoncées plus haut pour les roues des tenders et locomotives. Leur diamètre ne doit pas être inférieur à $0^m.900$, et ce diamètre, une fois fixé, doit être le même pour tous les véhicules d'une même exploitation, afin de ne pas multiplier le nombre des types à entretenir.

Les roues sont calées sur les portées de l'essieu, et l'écartement des surfaces intérieures des bandages ne doit dépasser en aucun cas, comme nous l'avons déjà dit, $1^m,360$.

On rencontre, sur les diverses lignes, des roues de voitures de quatre catégories différentes :

1° Les roues à moyeu en fonte, rais et jantes en fer ;

2° Les roues à moyeu, rais et jantes en fer ;

3° Les roues pleines en fonte, acier ou fer ;

4° Les roues à disque plein en bois, moyeu en fonte et jantes en fer.

Les deux premières dispositions comportent l'emploi de bandages en fer ou en acier. Dans les roues de la troisième catégorie, la surface de roulement adhère le plus souvent au corps de la roue. Nous discuterons plus loin (383), en parlant de leur construction, les avantages de chacun de ces systèmes.

Nous avons réuni dans les deux tableaux suivants les principales conditions d'établissement de quelques voitures choisies parmi les meilleurs types employés sur les divers chemins de fer de France et des pays étrangers. Dans l'une des colonnes du premier tableau, spécialement destiné aux voitures à compartiments séparés, suivant le système anglais, nous avons également réuni les dimensions adoptées par les ingénieurs allemands dans leur dernier congrès [1].

Nous appellerons l'attention des ingénieurs sur le nouveau modèle des trois classes adopté par l'Est en France, qui présente, comme nous l'avons déjà dit, de notables améliorations sous le rapport de l'espace et du confortable.

Le second tableau renferme les dimensions de quelques voitures du système américain, appliqué dans certaines parties de l'Allemagne et de la Suisse.

[1] *Technische Vereinbarungen*, etc. Dresde, 1865.

Exposition universelle de 1867. — Voitures & wagons.

TABLEAU DES VOITURES.

DÉSIGNATION DE LA VOITURE de la ligne sur laquelle elle circule et de l'atelier de construction.	MIDI. — Ateliers de la Cie — Mixte 1re cl. / 2e cl.	CHEMINS DÉPARTEMENTAUX — Mixte à 2 étages. 1re cl. / 2e cl. / 3e cl.	EST. — Bonnefond et Cie — Mixte à 2 étages 1re cl. / 2e cl. / 3e cl.	EST. 2e classe.	EST. — Ateliers de la Cie à la Villette — 1re classe (1)	EST. 1re classe.	NORD. 1re classe.	OUEST. 2e classe.	LYON — Chevalier Cheilus — 1re classe (2)	ORLÉANS — Ateliers de la Compagnie — 1re classe.	ORLÉANS 2e classe.	RUSSIE — Mixte. 1re cl. / 2e cl.	Perrusset à Clermont. — Mixte.	HALLE-CASSEL	BERLIN-STETTIN	HALLE-CASSEL — Ludwig — Mixte. 1re classe / 2e cl.	BELGIQUE — Mixte. 1re classe / 2e cl.	SUISSE — Mixte. 1re cl. / 2e cl.	Mt CENIS — Fell (7)
Longueur du châssis .... mèt.	7,60	9,35	8,10	7,60	6,58	7,60	6,92	6,70	7,25	6,66	6,66	7,35	8,80	8,22	7,93	7,65	8,95	8,93	4,45
Longueur de la caisse à la ceinture	7,10	au 1er étage, 7,50 / au 2e étage, 7,42	7,49 / 7,32	7,15	6,55	7,30	6,10	6,80	7,05	6,36	6,85	7,40	8,68	8,1[illegible]	6,98	7,80	7,56	7,19	4,49
Largeur de la caisse à la ceinture	2,54	au 1er étage, 2,50 / au 2e étage, 1,90	2,53 / 2,35	2,30	2,60	2,60	2,50	2,60	2,65	2,60	2,52	2,75	2,67	2,60	2,75	2,55	2,72	2,58	1,56
Hauteur intérieure .... mèt.	1,80	au 1er étage, 1,65 / au 2e étage, 1,97	1,65 / 1,65	1,85	1,93	1,80	1,74	1,98	1,82	1,87	1,76	1,86	1,95	2,00	2,02	2,00	2,00	2,12	2,09
Nombre de compartiments	2 / 2	3 / 1 / 1, au 2e étage 1	1 / 2 / 1, 1	4	3 1/2	3	3	4	3 1/2	3	3	2 / 2	1 / 3	1 / 2	1 / 1	2 / 2	2 / 1	1 / 1	1
Nombre de places par compartiment	8 / 16	4 / 10 / 10, au 2e étage 32	8 / 18 / 14, 50	40	8 et 3	10	8	10	8 ou 5	8	40	8 / 16	4 / 18	7 / 12	6 / 16	6 et 8 / 8	4 et 6 / 16	16 / 20	12
Nombre d'essieux	2	2	3	3	2	3	2	2	3	2	2	3	3	2	2	2	2	2	2
Écartement d'axe en axe ..... mèt.	4,08	3,90	3,59	5,08	3,50	5,50	4,49	3,74	4,10	4,26	3,55	5,60	4,78	4,55	4,10	4,85	3,60	4,16	1,80
Poids du véhicule .... kil.	5 650	6 005	7 562	8 812	7 520	6 010	—	—	—	—	—	10 235	—	6 025	—	—	—	—	3 600
Poids mort par voyageur ..... kil.	120	115	67	165	395	411	—	—	—	—	—	284	—	152	—	—	—	—	300

TABLEAU DES WAGONS.

DÉSIGNATION DU TYPE DE WAGON DE LA LIGNE sur laquelle il circule et de l'atelier de construction.	EST. — Fourgon à bagages (1)	EST. — Fourgon à bagages (1)	LYON — Fourgon à bagages (1)	OUEST. — Chevalier Cheilus — Wagon à [illegible]	Compagnie belge. — Wagon à [illegible]	Suède — Wagon à marchandises	LYON — Wagon ouvert.	Gail Meyer — Wagon ouvert	[illegible] Pilsen. — [illegible] — Wagon [illegible]	Schmidt et C. Berlin — Wagon couvert (7)	OUEST — [illegible] — Wagon à [illegible] (8)	OUEST — Chevalier Cheilus — Voiture de poste	[illegible] de Berlin — Voiture de poste
Longueur du châssis .... mèt.	5,50	5,85	6,74	6,52	6,40	6,22	5,50	4,05	5,04	5,77	7,45	6,66	7,50
Longueur de la caisse à la ceinture .. mèt.	5,66	5,85	6,75	6,05	6,50	5,24	5,20	4,88	5,16	5,79	6,60	6,90	7,27
Largeur de la caisse à la ceinture .. mèt.	2,60	2,55	2,40	2,45	2,50	2,33	2,52	2,45	2,28	2,55	3,06	2,60	2,60
Hauteur intérieure .... mèt.	2,05	2,06	1,95	1,95	2,25	2,04	0,76	0,70	1,90	0,85	»	2,12	2,09
Nombre d'essieux	2	2	2	2	2	2	2	2	2	2	2	2	2
Écartement d'axe en axe ..... mèt.	2,85	3,00	4,00	3,15	3,85	3,75	2,50	2,64	2,98	3,67	3,45	3,70	4,65
Poids du wagon .... kil.	5 865	5 859	7 000	9 050	4 980	—	3 980	—	5 225	7 000	—	—	5 450
Charge .... kil.	—	—	—	15 500	10 000	—	10 000	10 000	10 000	10 500	15 000	—	—

(1) Voiture à frein.

(2) Voiture à coupé lit (page 150).

(3) Voiture à coupé lit (page 408).

(4) Voiture avec cabinets de toilette et lieux d'aisances.

(5) Voiture avec cabinets de toilette et lieux d'aisances, avec plate-forme et portique latéraux.

(6) Voitures système américain (page [illegible]).

(7) Wagon en fer.

(8) Wagon avec grands [illegible] pour chemins à rail [illegible] (page 165).

(9) Wagon à [illegible] (page 431).

Paris. — Typ. Hennuyer et fils.

Tableau des dimensions principales de quelques voitures du système anglais.

[illegible]

Tableau des dimensions principales de quelques voitures du système américain.

DÉSIGNATION de LA CLASSE ET DE LA LIGNE sur laquelle circule la voiture.	NORD-EST SUISSE				WURTEMBERG	CHEMIN DE FER CENTRAL SUISSE		
	à 8 roues et à trains mobiles.			à 4 roues (²).	à 8 roues.	à 4 roues.	à 8 roues.	
	Mixte. 1re et 2e cl.	2e cl.	3e cl.	Mixte. 1re et 2e cl.	Mixte 1re et 2e cl.	1re cl.	3e cl.	Mixte. 1re et 2e cl.
Caisse.								
Largeur des parties les plus saillantes......	—	—	—	2,800	2,843	—	2,820	—
Hauteur maximum au-dessus des rails....	—	—	—	3,400	2,490	3,400	3,430	3,430
Nombre de compartiments...........	2	1	1	2	2	1	1	2
Nombre de voyageurs.	1re 8 + 2e 44 = 52	50	72	1re 6 + 2e 23 = 29	1re 12 + 2e 40 = 52	16	72	1re 8 + 2e 48 = 56
Longueur intérieure de la caisse.........	11,200	11,200	11,200	1,91 + 4,45	3,37 + 5,66	4,842	11,430	11,430
Largeur intérieure de la caisse	2,700	2,700	2,700	2,630	2,580	2,520	2,520	2,520
Hauteur intérieure de la caisse..........	1,920(¹)	1,920	1,920	1,960	2,080	2,000	2,000	2,000
Volume par voyageur.								
Longueur des plates-formes...........	0,960	0,960	0,960	0,830	0,800	0,915	0,915	0,915
Largeur des plates-formes............	1,440	1,440	1,440	1,140	—	1,400	1,400	1,400
Châssis.								
Long. totale du châssis	13,320	13,320	13,320	8,235	13,30	6,685	13,440	13,440
Longueur totale entre tampons..........	—	—	—	9,370	—	—	—	—
Écartement des tampons..............	—	—	—	1,612	—	—	—	—
Hauteur des tampons au-dessus des rails.	—	—	—	0,967	—	—	—	—
Hauteur de la barre d'attelage au-dessus.	0,960	0,960	0,960	—	1,100	0,920	0,920	0,920
Écartement des chaînes de sûreté..........	1,080	1,080	1,080	—	—	—	—	—
Roues et Essieux.								
Nombre d'essieux....	4	4	4	2	4	2	4	4
Écartement extrême..	—	—	—	3,757	8,818	2,700	9,300	9,300
Diamètre des essieux milieu............	0,161	0,161	0,161	—	—	0,100	0,100	0,100
Diamètre au calage...	0,114	0,114	0,114	—	—	0,120	0,120	0,120
Diamètre à la fusée..	0,076	0,076	0,076	—	—	—	—	—
Longueur de la fusée.	0,152	0,152	0,152	—	—	—	—	—
Diamètre des roues...	0,884	0,884	0,884	0,900	0,900	0,840	0,840	0,840
Poids de la voiture...	—	—	—	—	10000 à 12000 k.	—	—	—
Poids par voyageur...	—	—	—	—	—	—	—	—

(¹) Au bord, au milieu, 2m,910. — (²) Nouveau modèle.

374. **Description des wagons à marchandises.** — *Caisse.* — La caisse des wagons à marchandises affecte des formes différentes, suivant la destination du véhicule, et nous savons déjà que, sous ce rapport, nous pourrons classer l'un quelconque d'entre eux dans l'une des trois grandes catégories que nous avons établies précédemment. Étudions successivement la disposition affectée par la caisse dans chacun de ces trois cas, et les subdivisions principales qu'ils comportent.

Avant d'entrer dans la comparaison de ces divers types, nous ferons observer d'une manière générale que, contrairement au principe établi pour les voitures à voyageurs, les ingénieurs cherchent à établir, dans les wagons à marchandises, la solidarité la plus complète entre la caisse et le train. Nous signalerons également une tendance très-marquée, dans la construction des nouveaux wagons, à remplacer le bois par le fer, principalement en ce qui touche la constitution de la carcasse. Dans les wagons en bois, en effet, l'entretien le plus coûteux est celui des montants, dont les assemblages avec le châssis se trouvent très-promptement détruits par l'eau et les chocs. L'emploi du fer amène, dans ce cas, une réduction des frais d'entretien et de réparation, qui élève d'autant les bénéfices du trafic et les garanties de sécurité de l'exploitation. Grâce à ces avantages, ce nouveau système de construction prend tous les jours une importance plus grande. En rappelant l'observation que nous avons mentionnée au sujet de la construction des châssis des voitures et qui trouve également son application pour ceux des wagons, ainsi que nous le verrons plus loin, nous remarquerons que le fer devra concourir désormais, dans une forte proportion, à leur construction et constituer à lui seul le bâti complet du véhicule.

Quelques constructeurs, allant plus loin, ont supprimé en principe l'emploi du bois, même pour les panneaux de remplissage. A l'appui de cette remarque, nous citerons la Compagnie prussienne du chemin de fer de la Silésie supérieure, qui, depuis six ans, a fait construire complétement en fer douze cents wagons à marchandises ouverts et fermés. La Compagnie du chemin de Lubeck à Büchen, après un essai de quatre ans, a adopté un système de construction analogue pour tous ses nouveaux wagons. Toutefois, nous ne croyons pas pouvoir approuver absolument ce mode de construction, principalement en ce qui touche les wagons couverts ; car l'emploi des panneaux en bois présente une grande facilité au point de vue de l'entretien. Cette opinion paraît être celle de la plupart des autres administrations allemandes, qui, au système du chemin de fer de Silésie, préfèrent la construction mixte en bois et en fer. Elles reprochent aux parois en tôle de se déformer trop facilement sous les chocs qu'elles subissent nécessairement pendant le chargement, le transport et le déchargement ; le résultat de cette déformation est de faire tomber la peinture qui recouvre le métal, et par là de l'exposer à une prompte oxydation, nécessitant bientôt de coûteuses réparations. Enfin, l'emploi de la tôle a l'inconvénient de maintenir à l'intérieur des wagons, pendant l'été, une grande élévation, en hiver, un grand abaissement de température qui peuvent être nuisibles à la conservation des objets à transporter, et rendre les véhicules impropres, dans cette dernière saison, au transport des troupes et des animaux.

Le troisième système de garnissage, consistant en un remplissage en bois recouvert d'une enveloppe en tôle, ne paraît pas être beaucoup plus en faveur auprès de ces administrations. Ce dernier système a cependant l'avantage de prolonger la durée de la garniture en bois quand l'enveloppe en tôle est disposée de manière à empêcher l'introduction de l'eau dans les joints.

I. *Wagons couverts.* — Dans cette catégorie, nous comprendrons :

A. Les *wagons à bagages* accompagnant les trains de voyageurs.

B. Les *wagons à marchandises*, destinés au transport des matières délicates, et pouvant servir également au transport des troupes, des bestiaux et des chevaux communs.

C. Les *wagons-écuries*, pour le transport des chevaux de luxe.

D. Les *wagons-bergeries*, destinés au transport des moutons, et ceux de construction analogue, réservés aux cochons et aux volailles de toute espèce.

A. — Le wagon à bagages (fig. 462) est généralement muni d'un frein manœuvré de l'intérieur, et d'une vigie à la partie supérieure, permettant au garde-frein d'apercevoir les signaux des agents du train ou de la voie. Dans les wagons belges et hanovriens, un double escalier extérieur, conduisant à un palier

Fig. 462. Fourgon à bagages. (Est.) Echelle. $\frac{1}{50}$

intermédiaire, établit, au moyen d'une porte pratiquée dans la paroi du fond, une communication entre le dehors et le siége du garde-frein. Dans l'intérieur, ce même siége occupe le haut d'un escalier de quelques marches, au-dessous duquel se trouve placée l'armoire destinée à renfermer les objets d'une certaine valeur. La manivelle du frein est située vis-à-vis du siége et à même hauteur. L'ensemble de cette disposition est d'une grande commodité pour le service, et présente également l'avantage d'offrir aux agents de la Compagnie un passage facile pour franchir le train dans les gares ; à ce double point de vue, elle mérite d'être recommandée, surtout pour les lignes à une voie, où les quais peuvent se trouver tantôt à droite, tantôt à gauche du train.

Le plus souvent, les wagons à bagages sont desservis par deux portes latérales à coulisse, offrant une large ouverture, nécessaire pour faciliter le service qui ne peut se faire qu'à la main. Une ou deux fenêtres éclairent l'intérieur, qui doit renfermer une tablette pour la manipulation des feuilles de route et papiers de service.

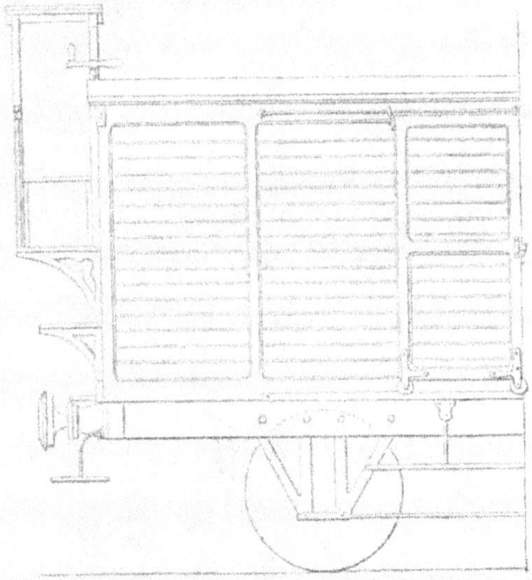

Fig. 463. Wagon couvert à marchandises, avec guérite de garde-frein. (Est.) Échelle $\frac{1}{50}$.

On place également dans ces véhicules, et généralement aux extrémités, une ou deux caisses à chiens, doublées en tôle et terminées, sur le côté, par des ouvertures grillagées.

B. — Le wagon à marchandises peut avoir la même forme que le wagon à bagages (fig. 463), mais il est préférable d'adopter une disposition particulière permettant de l'approprier sans difficulté à plusieurs usages différents. On arrive à ce résultat en rendant mobile la partie supérieure des panneaux latéraux, ou même en la faisant disparaître complétement et en la remplaçant par des rideaux. Le wagon est fermé latéralement par deux portes à coulisse ou à deux battants et à charnières, fixées à l'aide d'un verrou. Destiné au transport des matières qu'il importe de préserver contre les intempéries de l'atmosphère, le wagon couvert est d'un chargement difficile, qui ne peut se faire qu'à bras d'homme, sans le secours de la grue, et, par conséquent, dans de mauvaises conditions économiques.

Avec les panneaux mobiles ou les rideaux, ce wagon se prête au transport des bestiaux et chevaux de race commune. Enfin, dans certains cas, on peut le faire servir au transport des troupes, en y installant des bancs.

Le tableau suivant donne les dimensions adoptées pour ces wagons à destination multiple par quelques lignes de l'Allemagne :

Chemins	Long. intér.	Larg. intér.	Hauteur.	Porte.
Berlin-Anhalt	$5^m,862$	$2^m,408$	$2^m,042$	$1^m,492$ à $1^m,570$
Saarbruck-Trier	6 ,280	2 ,408	2 ,060 moyenne.	
Hannover	6 ,400	2 ,489	2 ,135	
Oppeln-Tarnowicz	6 ,280 à 6 ,599	2 ,382 à 2 ,434	2 ,146 à 2 ,198	1 ,884
Neisse-Brieg	6 ,280	2 ,434	2 ,198	1 ,885
Magdebourg-Cothen, etc.	6 ,071	2 ,233	2 ,000 moyenne.	
Berlin, Potsdam, Magdebourg	6 ,335	2 ,382	1 ,884	

Ces wagons peuvent contenir cinq ou six chevaux ou bêtes à cornes.

En Belgique, on fait usage, pour le transport des chevaux de cavalerie, de wagons munis de portes aux deux bouts, que l'on fait communiquer les uns avec les autres par de petits ponts mobiles. Les chevaux sont alors introduits par l'une des extrémités du train, et installés successivement dans chaque wagon jusqu'au dernier.

C. — Mais pour le transport des chevaux de luxe, il est nécessaire de prendre, en vue de leur bonne conservation, certaines précautions qui nécessitent la construction de wagons spéciaux dits *wagons-écuries*. Ces derniers sont divisés transversalement en stalles par des parois mobiles, afin de faciliter l'introduction des chevaux qui se fait par le milieu des longs côtés. Pendant longtemps, on avait pensé que le cheval devait se trouver placé suivant la longueur du véhicule pour être moins exposé aux secousses résultant du mouvement du wagon; mais plusieurs administrations pensent que la position perpendiculaire lui est préférable. Quelle que soit d'ailleurs la disposition adoptée, il est nécessaire de munir les parois des stalles de garnitures rembourrées, destinées à empêcher le cheval de se blesser dans les mouvements auxquels il se livre. Les stalles n'occupent pas toute la longueur du wagon, et laissent un passage entre leurs extrémités et les parois, pour permettre aux gardiens de s'approcher de la tête de chaque cheval.

Le nombre des stalles de chaque wagon est de cinq ou six généralement. Cependant, quelques chemins de fer, celui de l'Est entre autres, possèdent des wagons à trois stalles seulement, destinés au transport des chevaux de grand prix. L'écartement des parois des stalles est d'axe en axe de $0^m,90$ environ.

D. — Le transport du petit bétail, — moutons, cochons, etc., — et des oiseaux de basse-cour exige également la construction de wagons spéciaux divisés en deux ou trois étages par des planchers, de manière à pouvoir introduire une charge suffisante. Les parois de ces wagons sont à claire-voie ou simplement percées d'ouvertures larges et basses, les portes se rabattant autour d'une charnière horizontale, de manière à former un plan incliné qui sert à faire entrer le bétail. Les planchers à claire-voie doivent être doublés de zinc et munis sur tout leur parcours d'une rigole qui rejette les urines au dehors.

Il serait bon de munir tous les wagons destinés au transport du bétail, d'auges pouvant servir dans les stationnements à abreuver les animaux.

II. *Wagons découverts*. — Ce genre de wagons se prête, par son système de construction, aux usages les plus variés, et peut être considéré comme donnant le meilleur service. La figure 464 représente en élévation et en bout un wagon découvert du chemin de Hanovre, muni d'une guérite pour le garde-frein. L'absence de toit à la partie supérieure permet d'employer le char-

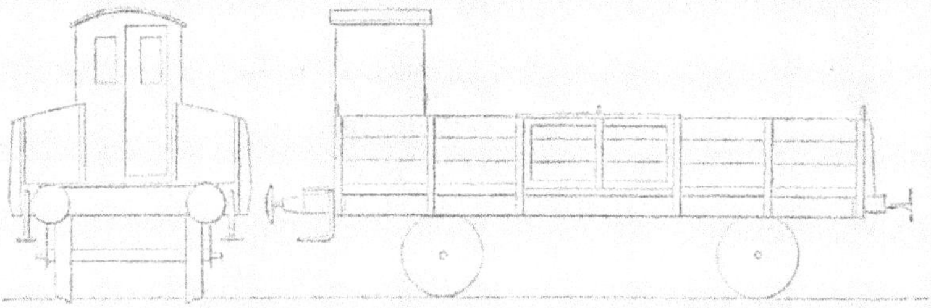

Fig. 464. Wagon découvert — 10 tonnes de chargement. (Hanovre.) Echelle $\frac{1}{100}$.

gement à la grue, beaucoup plus rapide et plus économique que celui à bras d'homme. En recouvrant d'une bâche les matières qu'il contient, on arrive à les soustraire au contact de l'humidité d'une manière suffisante pour qu'on puisse appliquer ce

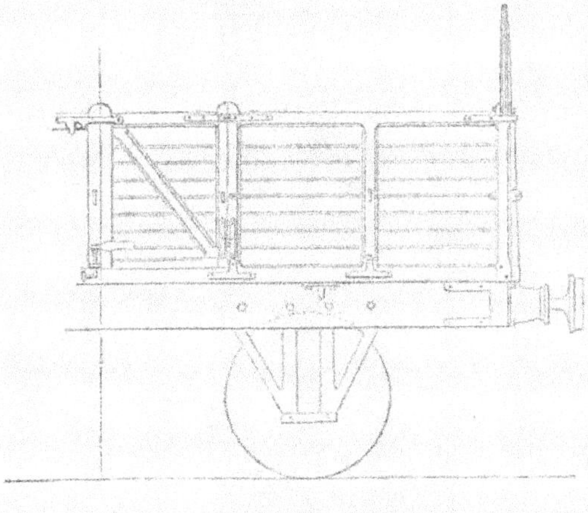

Fig. 465. Wagon découvert. (Est.) Échelle $\frac{1}{50}$.

wagon au transport du blé, de la chaux et de la plus grande partie des substances usuelles.

Les parois latérales de ces wagons ont généralement environ 1 mètre de hauteur; les deux faces extrêmes sont arrêtées à cette même hauteur, ou s'élèvent au-dessus en forme de pignons, dont les sommets portent quelquefois une traverse qui sert à maintenir leur écartement. Cette disposition, moins la traverse, est représentée sur la figure 465. (Est, — houille; Nassau, — minerais.)

Les portes placées sur les côtés sont composées de deux battants à charnières verticales et se ferment à l'aide de verrous. Ce système de portes est sujet à de fréquentes détériorations; souvent même il arrive que les trépidations du wagon faisant glisser les verrous, les battants viennent à s'ouvrir, et la matière renfermée dans la caisse tombe en partie sur la voie. Pour éviter cet inconvénient, on emploie, sur les lignes badoises, des portes à coulisse, qu'on place et qu'on enlève à la main à chaque manipulation.

Certains wagons, affectés au transport particulier de la houille ou des minerais, portent dans leur fond deux trappes à verrou qui servent à opérer, sans main-d'œuvre pour ainsi dire, le déchargement du wagon. Ce système ne peut convenir que dans le cas où le déchargement doit avoir lieu sur une estacade (Ire part., chap. VIII, § II, 286); mais, sans estacade, il ne présente plus aucun avantage. Les parois des wagons à coke sont à claire-voie et s'élèvent généralement plus haut que celles des autres wagons ouverts.

On construit actuellement, en Allemagne, une assez grande quantité de wagons découverts en tôle; dans quelques-uns même, on a supprimé complétement le châssis. Les appareils de support, de choc et de traction sont directement fixés sur la caisse. Cette disposition nous paraît défectueuse en ce qu'elle fait supporter à la caisse des efforts auxquels elle ne peut pas résister aussi avantageusement que le fait le châssis, et qui doivent occasionner de fréquentes et coûteuses réparations.

III. *Wagons plats.* — La caisse des wagons plats se réduit à un simple plancher limité par des parois verticales de $0^m,20$

à 0m,30, munies dans certains cas de charnières horizontales pour pouvoir être rabattues au besoin. Ces wagons (fig. 466) sont principalement affectés au transport des matériaux de construction, — pierres de taille, moellons, sable, ballast, fers laminés et forgés, tôles, rails et coussinets, pièces de fonte ou de chaudronnerie de fortes dimensions, pièces de bois de charpente et autres, etc. — Le transport des voitures se fait également sur des wagons de ce système.

Pour le transport des bois de construction et autres pièces

Fig. 466. Wagon plat. (Est.) Echelle $\frac{1}{50}$.

de grande longueur, on se sert généralement de wagons plats portant des traverses à pivot sur lesquelles se placent les longues pièces qui, par ce moyen, ne gênent pas le passage dans les courbes. Sur quelques lignes, on réunit les deux wagons par une tige d'attelage en bois ferrée et de longueur appropriée à l'objet à transporter. (Paris-Méditerranée.)

Les parois de ces wagons portent, comme les précédents, des anneaux pour servir de points d'attache aux bâches dont on couvre quelquefois les matières à transporter. Les bâches roulées se suspendent à l'un des longerons au moyen de courroies bouclées.

Train. — Le train des wagons à marchandises ne diffère pas essentiellement de celui des voitures.

Le châssis, construit sur le même principe en bois ou en fer, doit être calculé pour porter un chargement s'élevant généralement à 10 tonnes au minimum.

Les appareils de suspension, de choc et traction qui, dans les premiers temps, étaient souvent négligés, sont nécessaires au point de vue de la conservation du matériel, et doivent être appliqués, par conséquent, à tous les wagons indistinctement.

Le nombre des essieux s'élève quelquefois, mais rarement, à trois, et plus généralement se maintient à deux. La charge qu'ils supportent est de 5 tonnes d'après ce que nous venons de dire au sujet du châssis, et leurs dimensions s'augmentent en conséquence relativement à celles des essieux des voitures. Cette différence amène également une augmentation dans les dimensions des boîtes à graisse, sans toutefois changer leur disposition.

Quant aux roues, elles sont, autant que possible, du même modèle que celles des voitures.

Châssis brisé. — MM. Bournique et Vidard ont construit et exposé en 1867, pour porter une caisse de 8 mètres pouvant charger 16 tonnes, un train articulé, formé de deux châssis montés chacun sur un essieu, et réunis par une cheville ouvrière autour de laquelle chaque partie du train peut osciller horizontalement en passant dans les courbes, ce qui laisse aux essieux la faculté de converger. En ligne droite, les deux essieux sont ramenés au parallélisme par des tampons élastiques fixés contre les traverses intérieures des châssis, de chaque côté de la cheville ouvrière et dans le prolongement des brancards.

Hauteur des planchers de wagons. — En parlant des quais à marchandises, — Ire partie, chap. VIII, 284, — nous avons fait ressortir les différences qui existent entre les hauteurs des quais à marchandises des divers chemins de fer, relativement à celle des planchers du matériel roulant. Cette hauteur, variant pour les wagons vides de $0^m,850$ à $1^m,350$, donne un écart de $0^m,500$ qui devient très-gênant pour les relations du trafic entre administrations différentes, et doit, par conséquent, disparaître. En adoptant la hauteur uniforme de $1^m,20$ à vide, au-dessus du rail, on satisfait parfaitement à la question[1].

Le tableau suivant donne les conditions d'établissement des principaux types que nous venons de passer en revue.

[1] Les ingénieurs allemands recommandent pour hauteur moyenne $1^m,220$. (Dresde, Grundzüge, 1865.)

Tableau des dimensions principales de quelques wagons.

DÉSIGNATION DU TYPE DU WAGON ET DE LA LIGNE sur laquelle il circule.	WAGONS COUVERTS. Wagon à bagages. Nord.		Wagon-écurie. Ouest.		Wagon couvert, Orléans (¹).	Wagon-bergerie, Nord.	W. à cavalerie, Belgique.	WAGONS OUVERTS. Wagon à bords de 1 mètre. — Est.	W. à houille en fer, Silésie supér. (²).	Wagon à pierres, Lyon Genève.
Caisse.										
Largeur des parties les plus saillantes.... mèt.	3,000		2,950		2,750	2,820	2,800	2,700	2,742	2,710
Hauteur maxim. au-dessus des rails...... mèt.	3,400				4,150	3,285	3,400	2,775	2,825	1,322
	bag.	chiens	gard.	chev.						
Nombre de compartiments	1	2	1	6	1	2	1	1	1	1
Longueur intérieure d'un compartiment...... mèt.	5,350	2,300	0,835	0,795	moy. 5,935	4,380	4,500	4,750	5,460	5,200
Largeur intérieure d'un compartiment. .... mèt.	2,300	0,700	2,729		moy 2,495	2,500	2,500	2,460	2,562	2,580
Hauteur intérieure d'un compartiment..... mèt.	1,753	0,450	2,210		1,840	0,900	2,090	0,850	1,007	—
Volume d'un compartiment. ...... mèt. cube.	20	0,770				9,855	0			
Nombre de places.......						50	6			
Châssis.										
Longueur du châssis... m.	5,450		5,700		6,000	4,500	5,450	4,800	5,180	5,200
Longueur entre tampons.	6,470		6,860		7,000	5,300	5,450	5,700	6,300	6,140
Hauteur au-dessus des rails des tampons.. m.	1,020		1,020		1,050	0,055	—	1,000	1,066	0,940
Ecartement d'axe en axe des tampons...... mèt.	1,727		1,730		1,740	1,757	—	1,710	1,752	1,720
Ecartement d'axe en axe des chaînes de sûreté..	1,190		1,185		1,100	1,190	—	0,640	1,066	1,200
Suspension.										
Nombre des feuilles de ressorts	11		—		8	9	—	8	9	8
Largeur des feuilles de ressorts. .... mèt.	0,075		—		0,075	0,075	—	0,075	0,092	0,075
Epaisseur des feuilles de ressorts.......... mèt.	0,010		—		0,011	0,010	—	0,010	0,013	0,010
Essieux et Roues.										
Nombre d'essieux.......	2		2		2	2	2	2	2	2
Ecartement extrême des essieux........... mèt.	3,250		3,000		2,700	2,500	2,300	2,400	2,980	2,700
Diamètre au milieu......	0,110		0,115		0,095	0,090	—	—	0,111	0,900
Diamètre au calage......	0,120		0,115		0,115	0,105	—	—	0,124	0,110
Diamètre à la fusée......	0,080		0,075		0,080	0,080	—	—	0,082	0,075
Longueur de la fusée....	0,170		0,160		0,155	0,127	—	—	0,157	0,160
Diamètre des roues......	0,940		1,030		1,032	0,940	0,950	1,025	0,961	0,900
Poids du wagon vide..kil.	7300 (³)		—		5880	3920	—	3500	5650	—
Charge................	2000		—		8000	6000	—			—
Rapport du poids à la charge................	3,65		—		0,67	0,65	—			—

(¹) A frein. — (²) Exposé à l'Exposition universelle de 1867. — (³) Lesté à 2100 kil.

375. **Description des chasse-neige.** — Nous avons énuméré (Ire part., chap. V, 167) les diverses précautions à prendre pour frayer un passage au travers de la neige lorsque, dans les tranchées principalement, elle occupe une grande hauteur. Nous avons vu que l'on employait, suivant les cas, divers appareils — *charrues* et *chasse-neige*, — dont nous allons donner ici la description.

Les charrues en tôle, de différentes hauteurs suivant l'importance de la couche de neige, se fixent à l'avant de wagons spéciaux qui doivent être suffisamment lestés pour ne pas dérailler sous la pression exercée par les amas de neige. En Wurtemberg, lorsque la couche de neige n'atteint pas 2 pieds, on emploie des charrues de 4 pieds de hauteur, de 10 pieds de longueur minima à la partie supérieure.

On emploie, en Bavière, également des charrues montées sur des trucs particuliers ; ces appareils, moins longs que les précédents, se composent de deux surfaces inclinées se rencontrant à angle droit, et formées d'un revêtement en forte tôle reposant sur un bâti en charpente.

Lorsque la hauteur de neige atteint des proportions plus considérables, on a recours à des chasse-neige montés sur roues et poussés par la locomotive en avant du train.

En Bavière, ces appareils se composent d'une forte charpente montée sur un train à six roues et revêtue d'une enveloppe en tôle ayant la forme d'un coin à faces concaves qui s'élève à $2^m,50$ de hauteur totale au-dessus des rails.

Des chasse-neige analogues fonctionnaient autrefois sur les lignes de la Compagnie autrichienne des chemins de fer de l'État ; mais on reconnut qu'en raison de leur forme ces appareils tendaient à refouler la neige sur les côtés et à la comprimer également en avant, ce qui augmentait la résistance de manière à la rendre quelquefois insurmontable si la couche atteignait de fortes proportions. On fut par là conduit à étudier une forme plus convenable en se basant sur les considérations suivantes que nous extrayons des documents présentés par la Compagnie à l'Exposition universelle de 1862[1] et qui résument d'une manière assez complète les données du problème.

Un bon chasse-neige doit satisfaire aux conditions ci-après :

1° Ne pas simplement refouler la neige, mais surtout la soulever, et, par déplacements successifs, la rejeter au dehors de la largeur du passage nécessaire pour le matériel roulant en service ;

2° Offrir par son poids et celui de la neige qu'il porte une résistance telle, que les inégalités des pressions latérales exercées par la neige ne puissent pas le jeter hors des rails ;

3° Présenter des formes étudiées de manière à produire le déplacement de la neige par un mouvement continu et aussi bien ménagé que possible : plus on réduit ainsi la résistance et plus grande est la hauteur d'encombrement qu'une locomotive de puissance donnée peut attaquer avec succès ;

4° Déplacer et rejeter la neige enlevée de la voie pour ouvrir le passage de telle sorte, et comprimer les parois de la tranchée à un degré tel, que la neige ne puisse pas retomber sur la voie derrière le chasse-neige et y former un nouvel obstacle ;

5° Rendre, autant que possible, compactes les neiges qu'il déplace, et les déposer, dans cet état, sur les côtés, de manière à éviter que la neige ne vienne à flotter dans l'air autour du chasse-neige et de la locomotive, ce qui rend impossible, ou du moins très-difficile, l'appréciation de l'état de la voie et la vue des signaux ;

6° L'arrière du chasse-neige doit être construit de manière à permettre une marche rétrograde quand les neiges ont peu de hauteur.

Les dispositions du chasse-neige étudié par la Société autrichienne d'après ces principes sont représentées en élévation par la figure 467.

La surface se compose de chaque côté de quatre parties distinctes :

1° Une paroi latérale BD plane et légèrement inclinée en

[1] *Notices sur les objets envoyés à l'Exposition de Londres de l'année 1862, par la Société autrichienne I. R. P. des chemins de fer de l'État.*

dehors de bas en haut, qui sert à comprimer la neige rejetée hors de la voie et détermine la largeur de la tranchée à ouvrir.

2° Une surface gauche A, dont la génératrice, parallèle à un plan perpendiculaire à l'axe de la voie, horizontale à l'avant, se relève progressivement vers l'arrière jusqu'à prendre l'inclinaison de la face BD, avec laquelle la surface se raccorde. Sa fonction consiste à enlever la neige et à la rejeter hors du profil de la tranchée à ouvrir.

3° La surface gauche C, qui rencontre la première de manière à couper toutes ses génératrices à une longueur égale de l'arête

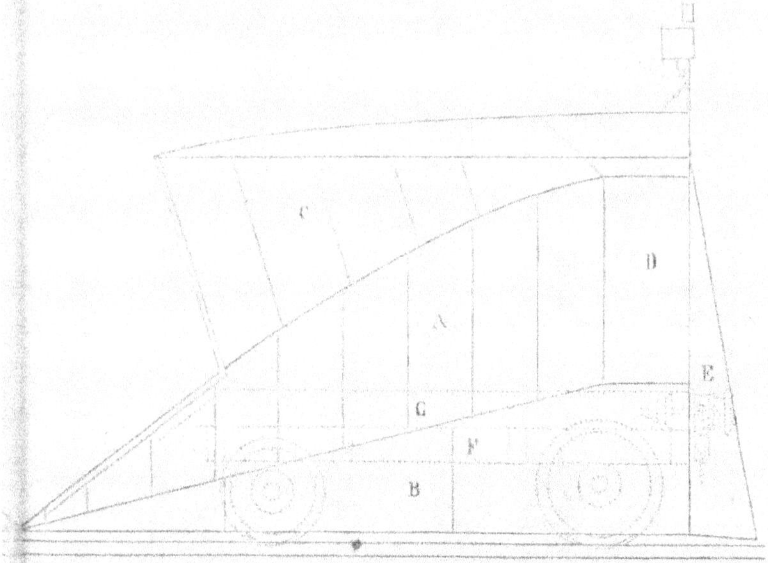

Fig. 467. Chariot chasse-neige autrichien.

latérale. La génératrice de la surface C, s'appuyant sur cette courbe d'intersection et restant constamment parallèle à un plan incliné à 30 degrés sur le plan de la voie, fait avec le plan médian un angle qui varie de zéro à 30 degrés de l'avant à l'arrière.

4° La surface E, qui forme volet incliné, placée à l'arrière pour éloigner le peu de neige qui pourrait faire obstacle à la marche rétrograde du chasse-neige.

Ces diverses surfaces sont formées de planches de $0^m,040$ d'épaisseur, assemblées à languettes et rainures, recouvrant la charpente du véhicule et garnies elles-mêmes de tôles de $0^m,0033$ d'épaisseur. Les volets d'arrière sont en tôle plus forte de $0^m,0055$ et supportés par un châssis sans planches.

La charpente en chêne est munie à l'arrière de deux tampons de choc et d'un ressort de traction, à l'avant d'un simple crochet d'attelage. Elle repose sur un cadre en fer F supporté par deux paires de roues montées sur essieux à fusées extérieures.

Les dimensions principales de ces chasse-neige sont les suivantes :

Longueur, non compris les volets inclinés d'arrière		$5^m,680$
Largeur au bas		2 ,924
Largeur maxima en haut		3 ,319
Hauteur totale		3 ,477
Élévation de l'arête inférieure du soc au-dessus des rails		0 ,080
Diamètre des roues	d'avant	0 ,790
	d'arrière	0 ,948
Distance de l'essieu d'avant à l'arête d'avant du soc		2 ,213
Distance entre les deux essieux		2 ,766

Ces appareils deviennent inapplicables quand le chemin présente de nombreuses courbes de petit rayon. Le fait s'est présenté pour la ligne de Steierdorf[1] exploité par la même Compagnie, qui, après avoir fait l'essai et reconnu dans ce cas les désavantages de ces appareils, leur substitua de simples socs de charrue appliqués à l'avant de la locomotive dans l'axe des cylindres et inclinés à 45 degrés sur la voie. Lorsque la neige atteint une épaisseur de $0^m,20$ à $0^m,40$, on ajoute à ces socs un

[1] Notice déjà citée, Ire part., chap. V, § V, 134.

bec portatif. Cet appareil ainsi disposé a rendu de grands services en permettant de remorquer le train normal pesant 110 tonnes malgré une épaisseur de $0^m,40$. En présence de ces résultats, la Société s'est empressée d'adapter l'appareil aux locomotives ordinaires sur les lignes principales.

Une disposition semblable est appliquée sur les chemins badois.

376. **Des freins appliqués aux voitures et wagons.** — *Conditions générales.* — Nous avons déjà exposé (342) la nécessité d'employer dans certaines circonstances, pour modérer la vitesse d'un train, des appareils d'enrayage, que nous avons plus particulièrement examinés déjà dans leur application aux locomotives et tenders. Il nous reste à les considérer au point de vue des voitures et wagons. Quelques véhicules seulement parmi ceux qui composent un train sont munis d'un frein. On comprend, en effet, que la nécessité de ramener au minimum les frais de construction et d'entretien des voitures et le nombre du personnel des trains, ait engagé les Compagnies à réduire, autant que possible, l'application de ces appareils. Une décision ministérielle du 16 avril 1849, prise en exécution de l'article 18 de l'ordonnance du 15 novembre 1846 [1], a fixé de la manière suivante le nombre minimum de freins à comprendre dans les trains de voyageurs (non compris le frein du tender) : « Un frein dans un train de voyageurs de sept voitures et au-dessous ; deux freins dans un train de quinze voitures et au-dessous jusqu'à sept ; trois freins dans un train de plus de quinze voitures. »

Ces prescriptions s'appliquent à ce que l'on peut appeler un *train-moyen*, c'est-à-dire marchant dans des conditions de

[1] « Chaque train de voyageurs devra être accompagné :

« Du nombre de conducteurs gardes-freins, qui sera déterminé pour chaque chemin, suivant les pentes et suivant le nombre de voitures, par le ministre des travaux publics, sur la proposition de la Compagnie. Sur la dernière voiture de chaque convoi, ou sur l'une des voitures placées à l'arrière, il y aura toujours un frein, et un conducteur chargé de le manœuvrer. »

vitesse moyenne, comme le font les trains omnibus à voyageurs, et sur des voies dont les pentes et rampes ne dépassent pas 0,005 à 0,006. » (*Enq. sur l'expl.*)

Pour le cas où la voie présente des pentes plus fortes, on suit généralement, en France, la réglementation suivante[1] :

Vitesses.	Inclinaisons.	Rapport du nombre de véhicules à freins au nombre total des véhicules.	Observations.
50 kil.	10 à 16mm	1 : 5	Trains de voyageurs.
40	10 à 16	1 : 7	— —
35	16 à 20	1 : 3	— —
30	10 à 16	1 : 9	— de marchandises.
20	16 à 20	1 : 5	— —
20	au-dessus de 20mm	1 : 2	— de voyageurs.
		1 : 3	— de marchandises.

En Allemagne, la règle suivante a été établie par les administrations de chemins de fer[2] concernant le nombre de freins dans les différents cas qui peuvent se présenter.

Inclinaison. — Proportion des essieux enrayés et des essieux libres.

	Trains de voyageurs.	Trains de marchandises.
$\frac{1}{500}$	1 : 8	1 : 12
$\frac{1}{300}$	1 : 6	1 : 10
$\frac{1}{200}$	1 : 5	1 : 8
$\frac{1}{100}$	1 : 4	1 : 7
$\frac{1}{60}$	1 : 3	1 : 5
$\frac{1}{40}$	1 : 2	1 : 4

Sur le chemin du Semmering, le règlement porte à un sur deux, pour les trains de voyageurs, et à un sur quatre pour ceux de marchandises, le nombre de paires de roues qui doivent être munies de freins, conformément au tableau ci-dessus.

Description des freins. — Les freins employés sur les voies ferrées ordinaires sont de deux sortes. La première catégorie,

[1] Palaa, *Dictionnaire des chemins de fer.*
[2] *Congrès de Dresde*, 1865.

de beaucoup la plus nombreuse, comprend les freins à sabots, dont les diverses modifications ne diffèrent que par le mode de transmission du mouvement, dont nous examinerons plus loin les principales dispositions.

Les sabots des freins de wagons sont en bois blanc ou en bois de chêne vert; en général, on ne doit pas employer des essences susceptibles d'acquérir par le frottement un certain poli, cette propriété ayant pour résultat d'augmenter considérablement l'effort nécessaire pour obtenir l'enrayage. Les sabots sont fixés sur des supports en fer, qui, ainsi que nous l'avons déjà expliqué en parlant du tender (367), peuvent être suspendus aux châssis ou supportés par une tige horizontale réunie aux boîtes à graisse. La première disposition, beaucoup plus simple, permet d'appliquer deux sabots à chacune des roues, qui se trouve ainsi pressée des deux côtés à la fois; condition que l'on ne peut réaliser dans le second système, où la pression, ne s'exerçant sur la roue que dans un sens, tend à fausser la fusée. Mais la réunion des sabots aux longerons en les faisant participer aux oscillations du châssis pendant la marche, et à ses variations de hauteur suivant l'état de charge du véhicule, a pour inconvénient de rendre variable leur position par rapport au centre des roues, inconvénient qui a surtout de l'importance pour les voitures à voyageurs, dont les ressorts, très-flexibles, rendent possibles des différences de niveau assez sensibles.

La transmission du mouvement aux sabots doit se faire de telle sorte qu'ils arrivent très-promptement au contact des roues.

La pression exercée sur les bandages ne doit pas être assez forte pour arrêter immédiatement le mouvement des essieux, — ce qui causerait une usure inégale des surfaces de roulement, — mais suffisante pour produire un simple ralentissement. Dans le cas de freins manœuvrés à la main, ce résultat doit pouvoir être atteint sans exiger un effort trop considérable de la part de l'agent chargé de la manœuvre.

Ces questions acquièrent une grande importance, surtout lorsqu'il s'agit de lignes à fortes pentes, telles, par exemple, que celles du Semmering. M. Desgrange fait observer à ce sujet[1] que la manœuvre des freins exige de la part du personnel une grande habileté ; car si, d'une part, on ne doit pas enrayer complétement les roues pour éviter les inconvénients que nous venons de signaler, on doit aussi se garder de laisser les sabots serrés trop longtemps sur le même point et sur les mêmes roues, pour prévenir un trop grand échauffement, qui aurait le triple inconvénient de faire de trop grandes facettes, d'ébranler les bandages et de brûler les sabots. Enfin, la sécurité exige que la manœuvre des freins se fasse avec la plus grande prudence, car si la vitesse s'accroît au delà de celle fixée, on éprouve sur les pentes de $0^m,025$ des difficultés pour la ramener à celle normale, et il faut, dans ce cas, que le mécanicien vienne en aide aux gardes-freins, en faisant contre-vapeur. — Voir IIe part., ch. Ier, 342.

Telles sont les conditions que doit réaliser une transmission de mouvement convenablement établie et auxquelles les dispositions suivantes, actuellement en usage, satisfont plus ou moins.

Il existe cinq manières différentes, au moins, de transmettre la pression aux sabots des freins :

1° Au moyen d'un simple levier sur lequel agit directement le garde-frein. Cette disposition, remarquable par sa simplicité, a l'inconvénient de ne donner qu'une faible pression. Sur le chemin du Midi, on rencontre une application de ce frein avec une modification introduite par M. Tabuteau dans le but d'augmenter sa puissance, et consistant dans l'interposition d'une série de leviers articulés dans le système du genou entre la tige de commande des sabots et le levier à main sur lequel agit le garde-frein. La course de ce levier est encore très-longue et sa manipulation doit être assez fatigante, mais l'appareil a une grande énergie.

2° Au moyen d'une vis ou d'une crémaillère mise en mouvement par un écrou ou un pignon manœuvré par le garde-

[1] *Bulletin de la Société des ingénieurs civils*, 1862. Mémoire sur l'exploitation du Semmering, par M. Desgrange.

frein. On obtient ainsi une pression énergique, mais le frein est lent à agir, surtout avec la vis. Ce dernier mode de transmission est cependant un des meilleurs et des plus répandus. Pour éviter l'inconvénient que nous venons de signaler, on a imaginé plusieurs dispositions tendant à établir d'abord le contact entre le frein et la roue au moyen de l'action d'un contrepoids, en réservant celle de la vis pour obtenir le serrage seulement (§ II. *Construction et entretien des voitures* (377).

3° Au moyen d'un coin venant presser la surface extérieure des sabots. Cette disposition permet d'obtenir à la fois une action très-prompte et un serrage très-énergique.

4° Au moyen d'un embrayage automatique, dont l'action se fait sentir aussitôt que la vitesse du train atteint une certaine limite. Tel est le frein automatique de M. Guérin, que nous décrirons plus loin (384).

5° Au moyen d'un embrayage électrique, disposition mise en pratique dans ces dernières années par M. Achard, et appliquée sur quelques véhicules du chemin de fer de l'Est.

La transmission de mouvement à main exige un nombreux personnel, et une attention soutenue de la part des agents chargés de la manœuvre; et lors même que ces conditions se trouvent réalisées, il en résulte toujours une certaine lenteur dans le serrage, qui peut rendre quelquefois l'action du frein impuissante contre un accident. L'emploi des freins automoteurs semblerait devoir prévenir ces inconvénients : telle est du moins la cause de la faveur dont a joui cette disposition pendant un certain nombre d'années, et qui, en appelant sur la solution du problème l'attention des hommes spéciaux, a eu pour résultat la découverte des solutions ingénieuses dont nous venons de parler.

Quels que soient, toutefois, les résultats obtenus par l'emploi des freins automoteurs et les services très-efficaces qu'ils peuvent rendre dans des circonstances déterminées, il n'en est pas moins vrai que le principe de leur application est aujourd'hui, et avec raison, très-contesté par la plupart des hommes du métier. Et, en effet, le mérite du frein automatique consistant dans l'indépendance de son action devient précisément aussi la cause de son inefficacité en certains cas. Il arrive souvent que, dans les circonstances anormales où son secours attendu est non-seulement utile mais nécessaire pour éviter un accident, il se dérange et devient incapable de fonctionner; de là la nécessité de ne pas se reposer entièrement sur lui et de tenir en réserve un moyen d'action dépendant de la volonté de l'homme, qui puisse au besoin le suppléer. La disposition du frein automoteur dépend d'ailleurs des conditions particulières dans lesquelles il doit fonctionner, et cette raison s'oppose à la réalisation de l'unité de système nécessaire dans la construction des différentes parties des véhicules pour répondre à l'extension toujours croissante des relations des diverses entreprises de chemin de fer d'un même pays entre elles et avec celles des pays étrangers.

Le frein à main présente, au contraire, une beaucoup plus grande sûreté d'action; sa simplicité de construction le rend applicable dans tous les cas et lui permet de se prêter aux circonstances les plus diverses. Toutefois, parmi les divers systèmes mentionnés, on ne choisira pas indifféremment, et il faudra tenir compte de certaines considérations pour donner à l'un d'eux la préférence.

A part l'application que nous avons signalée sur les voitures du chemin du Midi, la transmission à levier n'est guère employée, en France, pour l'enrayage des trains que sur les wagons de terrassement et quelques anciens wagons à marchandises.

En Bavière, nous en rencontrons, au contraire, une application très-étendue et fort intéressante. Afin de diminuer l'importance du personnel, un seul agent est chargé de la manœuvre de plusieurs freins, — quatre environ; — chaque voiture est munie d'un de ces appareils, — ce qui permet d'exercer avec chacun d'eux une pression moins forte, — et les leviers s'élèvent à l'un des bouts du véhicule jusqu'au-dessus du toit, où leurs extrémités sont reliées à l'aide d'un câble qui s'enroule sur un treuil mis à la portée du garde-frein. Cette disposition s'applique également aux trains à voyageurs et aux trains à marchandises.

La vis et la crémaillère sont les moyens de transmission jusqu'ici les plus répandus. La crémaillère permet d'enrayer très-vite et de desserrer plus promptement qu'avec tout autre mode de transmission, faculté inappréciable dans les manœuvres. Le frein Stilmant — ou à coin — présente aussi l'avantage de la rapidité d'action unie à une grande puissance de pression, et une construction qui n'exige aucun organe délicat susceptible de se détériorer ou nécessitant un entretien coûteux. Il semble donc appelé à rendre service sur les voies ferrées, s'il devient moins lourd, moins dispendieux, et si les applications ultérieures confirment les résultats avantageux que les premiers essais ont permis de constater.

Nous avons vu que le nombre des véhicules munis de freins placés dans un même train peut devenir, dans certains cas, assez considérable et exiger l'emploi d'un nombreux personnel, qu'il est de l'intérêt des Compagnies de chercher à diminuer autant que possible. La disposition adoptée en Bavière est une solution intéressante de cette question dans le cas de freins à levier.

Pour les freins à vis et à crémaillère, nous mentionnerons la disposition adoptée dans le même but en Autriche, en Prusse et sur les chemins suisses, consistant à fixer les appareils de manœuvre sur de petites plates-formes situées à l'une des extrémités de la voiture ou du wagon. En plaçant en regard les plates-formes de deux véhicules à freins consécutifs, on peut ainsi faire manœuvrer les deux appareils par un seul agent. Cette disposition trouve également une application facile dans le cas des voitures du type américain.

Enfin, rappelons encore les dispositions de M. Newall et celle du North-London Railway.

La première, appliquée sur le chemin du Nord français et sur le Lancashire-Yorkshire Railway, permet à un seul garde de manœuvrer les freins de plusieurs voitures à la fois, au moyen d'un mouvement circulaire imprimé à un arbre horizontal suspendu sous chaque voiture, mouvement qui se communique d'une voiture à une autre par un joint universel (384).

Par la seconde disposition, le serrage des freins est obtenu au moyen d'une chaîne, qui, passant sur un système de trois poulies maintenues en triangle par des barres rigides, conserve une longueur constante quelle que soit l'écartement des véhicules. Cependant l'élasticité de la chaîne rend la manœuvre irrégulière[1].

Le second système de freins est celui des freins à patins, dont nous avons déjà discuté les avantages et les inconvénients, au sujet de leur application aux locomotives et tenders (342).

Il existe, enfin, pour quelques applications particulières où l'action des freins ordinaires deviendrait insuffisante, des freins spéciaux : tel est celui que MM. Molinos et Pronnier ont appliqué au plan incliné de Lyon à la Croix-Rousse, dont nous avons déjà indiqué le principe. (IIe part., chap. I, § III, 350.)

Abris pour les agents chargés de la manœuvre des freins. — Les mêmes raisons sur lesquelles se sont appuyées des Compagnies de chemins de fer pour laisser à découvert la plate-forme des machines, ont également conduit plusieurs d'entre elles à ne pas donner d'abris aux siéges des gardes-freins. On rencontre cependant aujourd'hui, sur le plus grand nombre des wagons et voitures munis de freins, des guérites dont quelques-unes en porte-à-faux desservies par des escaliers ou des marches isolées, et destinées à abriter les agents chargés de la manœuvre (fig. 463, p. 325).

Cette disposition des guérites de garde en porte-à-faux nous paraît vicieuse en général et dangereuse en cas de collision, — mais, à tout prendre, mieux vaut l'adopter que laisser le garde-frein à découvert.

Indépendamment de la question d'humanité, l'intérêt des

[1] *Mémoires et compte rendu de la Société des ingénieurs civils.* — Mémoire de M. Jules Morandière, 1866.

administrations devrait les engager à prendre une des dispositions que nous venons d'indiquer, car l'agent placé à couvert sera évidemment plus dévoué à son service, et pourra voir plus facilement les signaux, que si, placé sur un siége ouvert de tous côtés, il est exposé à la fumée ou à la poussière que le vent lui chasse dans les yeux, et enfin à toutes les intempéries, à toutes les variations atmosphériques.

§ II.

CONSTRUCTION ET ENTRETIEN DES VOITURES.

377. **Conditions générales.** — Les services que peut rendre le matériel destiné aux transports dépendent, comme ceux des machines (354), de la *disposition*, de l'*exécution* et de l'*entretien* des véhicules. En raison des chances nombreuses de détérioration auxquelles ceux-ci se trouvent sans cesse exposés, il importe donc, en chacun de ces trois points, d'approcher autant que possible d'une perfection relative, sous peine de rendre le trafic onéreux en augmentant outre mesure les frais de réparation. Ce but ne saurait être atteint qu'en satisfaisant à certaines conditions sur lesquelles nous sollicitons l'attention de l'ingénieur chargé de l'étude du matériel roulant.

Le *choix du type* se présente en premier lieu ; nous avons examiné, en commençant ce chapitre, les différents systèmes entre lesquels se partage la faveur des diverses lignes de chemin de fer ; nous avons discuté leurs avantages et leurs inconvénients, énuméré les différentes conditions auxquelles devait satisfaire le type choisi par une nouvelle exploitation pour répondre au service imposé. Rappelons ici au lecteur que la simplicité de construction est la condition dominante d'un entretien facile et économique, et que, sans négliger toutes les précautions relatives à la sécurité et au bien-être des voyageurs, l'on doit chercher à réduire à son minimum le poids mort du véhicule.

Une autre question sur laquelle nous appellerons l'attention de l'ingénieur chargé de cette étude, est la réduction du nombre des types différents pour toutes les parties de même espèce qui composent les véhicules. Il faut, par exemple, qu'à un moment donné, et aussitôt que le service l'exige, on puisse substituer sans difficulté sur un même châssis, à la caisse qu'il supportait, celle d'un autre véhicule; semblable facilité de substitution est également nécessaire pour toute fraction d'un wagon dans une même série.

Le *choix des matériaux* et le *soin de la construction* occupent encore une large place dans les conditions de durée d'un véhicule. Les matériaux employés seront donc de première qualité; les bois qui constituent la plus grande partie de la caisse seront surtout l'objet d'un examen des plus sérieux; leur état de siccité sera aussi parfait que possible, car en employant des bois humides on s'exposerait à voir la charpente de la caisse se déformer et même se détériorer après un court laps de temps, et la solidité de la voiture ne tarderait pas à être sérieusement compromise.

Les métaux, qui servent à la fabrication des roues, essieux, plaques de garde, ressorts de suspension et traction, et quelquefois même à la construction du châssis tout entier, doivent également présenter toutes les marques d'une qualité supérieure.

Que l'ingénieur enfin apporte le même soin dans l'exécution, qui ne peut être satisfaisante sans le concours d'ouvriers intelligents, et s'il n'exerce une surveillance active et continuelle, au prix de laquelle seulement on obtient la précision d'exécution nécessaire au bon service du véhicule. Toute voiture dans laquelle les différents éléments sont mal assemblés ne tarde pas à nécessiter des réparations, un chômage, et à donner une fois de plus la preuve que les frais de réparation du matériel compensent bien largement l'économie que l'on aura voulu faire sur les frais de construction.

378. **Caisse.** — Considérée dans son ensemble, une caisse de voiture se compose d'une charpente formant les quatre parois extérieures, reliée dans certains cas par des cloisons intérieures

qui la divisent en compartiments séparés. La forme des parois extérieures de la caisse n'est pas le plus souvent celle d'un parallélipipède rectangle; généralement, au contraire, afin de donner plus d'ampleur aux compartiments, tout en laissant aux marchepieds une saillie suffisante, on augmente la dimension transversale des caisses à partir du plancher, en donnant à la charpente un bombement de 0^m,050 à 0^m,120. La même disposition est adoptée pour les faces des deux bouts.

Les diverses pièces de la charpente doivent être disposées de manière à former un tout parfaitement solidaire, tout en s'arrangeant aussi pour pouvoir enlever séparément chaque pièce avec facilité, sans que l'on soit obligé pour remplacer l'une d'elles de démonter un trop grand nombre de celles qui l'environnent. Cette condition est très-importante pour diminuer autant que possible les frais de réparation.

Les vides existant entre les diverses pièces de la charpente se trouvent remplis, à l'exception des ouvertures ménagées pour les baies, par un double garnissage, en bois à l'intérieur et en tôle sur la face externe.

Une toiture, un plancher, divers accessoires, tels que les garnitures en étoffe, les châssis à glaces, les appareils d'éclairage, etc., complètent l'ensemble de cette partie de la voiture, que nous allons examiner avec quelques détails dans chacune de ses subdivisions.

Charpente. — Nous avons déjà vu que malgré les quelques essais tentés pour remplacer le bois par le fer dans la construction de la charpente des caisses de voitures, le premier système avait jusqu'ici prévalu.

La charpente des caisses se compose de deux cadres : l'un inférieur, formé de deux longs brancards et deux traverses extrêmes assemblés à doubles tenons avec harpons et équerres ; l'autre, — le *pavillon*, — de construction analogue, occupant la partie supérieure de la caisse ; les pièces longitudinales de ce dernier cadre s'appellent *battants*, et les pièces transversales coupées à leur partie supérieure suivant la courbure de la toiture — les *courbes extrêmes* de pavillon.

Entre les traverses et les courbes extrêmes, on dispose une série de traverses espacées de 0m,90 environ, et de courbes intermédiaires distantes de 0m,35 à 0m,40 d'axe en axe, reliées entre elles par les deux brancards ou les deux battants de pavillon.

Quatre poteaux verticaux, appelés *pieds corniers* ou *pieds d'angle*, formant les quatre angles de la caisse, réunissent entre eux les deux cadres inférieur et supérieur, avec lesquels ils sont assemblés à tenons et mortaises ; les assemblages sont consolidés par des harpons à écrous noyés. Entre ces quatre pièces principales, les deux cadres sont encore entretoisés par une série de pièces verticales formant l'ossature des parois extrêmes et latérales de la caisse :

1° Sur les faces extrêmes, par plusieurs *pieds de bout* assemblés à tenons et mortaises avec les courbes et traverses extrêmes. L'assemblage dans les traverses est consolidé par des harpons. Ces pieds de bout reçoivent également à tenons et mortaises deux ou trois cours de traverses qui maintiennent leur écartement et servent de support aux panneaux de revêtement ;

2° Sur les longs côtés, par un certain nombre de pièces verticales qui peuvent se diviser en trois catégories, à savoir :

a. Les *pieds intermédiaires* ou *pieds extrêmes* des cloisons ;

b. Les *pieds d'entrée*, écartés de 0m,40 à 0m,60, formant la baie des portières, assemblés à tenons et mortaises dans les battants et les brancards, et réunis à ces derniers par des harpons ;

c. Les *pieds à feuillures*, servant spécialement de coulisses aux châssis de custode, qui tantôt s'assemblent à la fois dans les brancards et les battants, — voitures de première classe, — tantôt, — deuxième et troisième classes, — s'arrêtent à une certaine hauteur au-dessus des premiers, et portent alors le nom de *faux-pieds*. L'écartement des pieds d'entrée et des faux pieds qui mesure la largeur des baies de custode est généralement de 0m,350 à 0m,360.

Diverses pièces horizontales réunissent entre elles les précédentes. Ce sont, en partant du cadre inférieur :

1° Les *traverses d'arrêt de glace*, assemblées à tenons et mortaises dans les pieds d'entrée et dans les pieds à feuillures de custodes : lorsque ceux-ci sont des faux pieds, ils reposent, au contraire, à tenon et embrèvement sur les traverses d'arrêt qui se prolongent jusqu'aux pieds corniers ou intermédiaires avec lesquels elles viennent s'assembler à tenons et mortaises. Les traverses d'arrêt de glace sont évidées de manière à laisser passer les débris de glace ;

2° Les *traverses de ceinture*, servant à soutenir les panneaux du revêtement extérieur et assemblées à tenons et mortaises dans les pieds corniers intermédiaires et d'entrée, et à mi-bois sur les pieds ou faux pieds à coulisse de custodes ;

3° Les *traverses de repos de glace*, qui s'assemblent dans les pieds d'entrée et les pieds à coulisse, sont garnies sur leur face supérieure d'un repos de glace en tôle auquel on donne une légère inclinaison vers la portière pour faciliter l'écoulement de l'eau ;

4° Les *traverses supérieures de baies*, situées à 0^{m},55 ou 0^{m},60 des précédentes et assemblées comme elles dans les pieds d'entrée et les pieds à feuillures ;

5° Les *traverses de remplissage*, formant suite aux traverses supérieures de baies entre les pieds à coulisse et les pieds corniers ou intermédiaires, et d'autres placées vers le milieu de la hauteur des baies, entre les mêmes pièces verticales, lorsqu'il existe entre elles un intervalle suffisant, ainsi que cela se rencontre dans les compartiments de première classe. Ces traverses de remplissage ont pour but de maintenir l'écartement des poteaux et de soutenir les panneaux en tôle qui forment le revêtement extérieur de la caisse.

Enfin, les côtés extrêmes se trouvent consolidés par des contrefiches assemblées à tenons et mortaises dans les pieds corniers et les traverses extrêmes ; sur les longs côtés, on place également, pour chaque compartiment, quatre contrefiches assemblées par leurs extrémités à tenons et mortaises, d'une part avec les pieds corniers ou intermédiaires et les traverses de ceinture, d'autre part avec les pieds d'entrée et les brancards, et qui, sur leur longueur, s'assemblent à mi-bois avec les pieds à coulisse et les traverses d'arrêt de glace.

Dans les voitures de première classe, les baies de custode sont généralement cintrées à la partie inférieure. Elles reçoivent, à cet effet, des encadrements cintrés vissés sur les traverses de repos de glace et les pieds intermédiaires.

Portières. — Chaque portière est formée de deux montants à rainures réunis par cinq traverses :

Une traverse inférieure entaillée sur sa face intérieure pour laisser passer les débris de glace ;

Une traverse d'arrêt de glace fixée aux montants par des pointes, portant à sa partie supérieure deux coussins élastiques de $0^m,025$ de hauteur, $0^m,050$ de large, destinés à amortir le choc des châssis tombants : ces coussins sont placés de manière que leur milieu corresponde à l'aplomb des montants du châssis de glace ;

Une traverse de ceinture ;

Une traverse de repos de glace ;

Enfin, une traverse supérieure de baie. Cette dernière porte une entaille longitudinale de $0^m,025$ destinée à faciliter l'entrée du châssis de glace. Un faux pied, entaillé à mi-bois sur les traverses d'arrêt de glace et de ceinture, s'assemble à tenons et mortaises dans la traverse inférieure et celle du repos de glace. Le tout est consolidé par une contre-fiche traversant en diagonale le panneau inférieur et assemblée à mi-bois sur le faux pied, la traverse de ceinture et celle d'arrêt de glace. Le montant opposé aux charnières est armé d'une plate-bande en fer sur toute sa hauteur et muni d'une serrure à loquet avec poignée en cuivre.

Afin d'amortir les vibrations des châssis quand ils sont montés, l'intérieur des feuillures des montants est garni d'un ressort.

Le seuil des portes est formé par la face supérieure du brancard entaillé sur une partie de sa largeur et garni d'une bande de fer plat ou de cuivre fixée par des vis à tête noyée.

En résumé, la charpente constituant l'ossature des caisses doit présenter, dans toutes ses parties, des dispositions propres à en assurer la durée, à en empêcher la déformation. Aussi tous les assemblages exigent une consolidation en fer bien étudiée qui empêche les éléments de la caisse de se disjoindre, de se séparer. C'est ainsi qu'entre le toit et les faces latérales, on assurera la liaison autant que possible, afin d'éviter l'arrachement de la couverture en cas de choc violent, et que l'on armera fortement les deux faces extrêmes pour en prévenir la déformation par suite de collisions.

Cloisons. — Les cloisons intérieures des voitures de première classe consistent ordinairement en cadres formés par des montants verticaux et des traverses horizontales portant un remplissage en planches[1]. Leurs fonctions ne consistent pas seulement à séparer les divers compartiments, mais à entretoiser les parois longitudinales de la caisse, et leur mode de construction doit être établi en vue d'obtenir ce résultat :

Ordinairement, ces cloisons se composent :

1° D'une traverse supérieure assemblée à tenons et mortaises dans les battants de pavillon, et consolidée par deux harpons à écrous noyés ;

2° D'un ou de deux pieds milieux assemblés à tenons et mortaises dans la traverse supérieure et à embrèvement dans un tasseau fixé lui-même au plancher par des vis ;

3° De trois ou quatre traverses intermédiaires assemblées à tenons et mortaises dans le pied milieu et les pieds intermédiaires de la caisse.

[1] Sur le chemin de Bade et de l'Est de Bavière, les voitures de deuxième classe à quatre compartiments ont une seule cloison et deux fausses cloisons arrêtées à 1m,30 du plancher, et surmontées d'un châssis à jour en fer soutenant les filets.

Sur quelques lignes, on trouve en outre dans la cloison une croix de Saint-André formée par quatre écharpes fixées à embrèvement et par des vis à la partie supérieure dans la courbe du pavillon ; au centre, dans le pied milieu et la traverse ; à la partie inférieure, dans des tasseaux. Des plaques en tôle consolident les assemblages à la partie supérieure et au milieu.

Dans les voitures du chemin de fer d'Alsace, chaque cloison se composait d'une traverse supérieure assemblée dans les pieds intermédiaires de la caisse, de cinq pieds de bout assemblés à embrèvement dans la traverse supérieure, d'une traverse inférieure assemblée à tenons et mortaises dans les deux pieds extrêmes et à embrèvement dans les trois pieds du milieu, de huit traverses intermédiaires et d'une croix de Saint-André en fer plat de $0^m,010$ d'épaisseur.

Nous considérons comme superflues ces mesures de précaution contre la déformation latérale, car les doublures forment un contreventement suffisant.

Dans les divers compartiments, on dispose aujourd'hui, à la séparation des places sur une même banquette, une planche découpée suivant un certain profil, et fixée perpendiculairement à la cloison par des liteaux, et quelquefois par des coins de remplissage et par des queues en fer.

Les accoudoirs, qui font également partie des accessoires des compartiments de première et deuxième classe, sont fixés chacun aux doublures de custodes et aux cloisons des stalles par quatre équerres, dont deux en dessus et deux en dessous.

Pour rendre plus confortables les voyages de nuit, sur certains chemins on dispose l'accoudoir du milieu de manière à pouvoir être relevé en l'attachant au moyen d'une charnière ménagée sous la garniture.

Dans les compartiments de troisième classe, les cloisons intermédiaires n'existent pas, en général, et la caisse n'est entretoisée que par les dossiers des banquettes. Il en est de même dans les wagons du système américain. On doit alors donner à un certain nombre de courbes de pavillon des dimensions plus fortes pour compléter la liaison entre les deux parois extérieures.

En Allemagne, et sur le chemin de l'Est français, les cloisons sont doubles, pour former des dossiers renversés moins incommodes que les dossiers droits généralement infligés à la troisième classe.

Les cloisons, dont on munit quelquefois les compartiments de troisième classe réservés aux dames, sont formées de simples planches fixées par leurs extrémités aux parois latérales.

Doublures. — La garniture de la charpente se fait à l'intérieur, à l'aide de planches en sapin placées horizontalement, de $0^m,010$ d'épaisseur, appelées *doublures*, assemblées entre elles à rainures et languettes, et fixées par des pointes ou des vis dans des feuillures pratiquées sur les pieds et les traverses de la charpente des parois et des cloisons. Sur les côtés, les doublures s'arrêtent généralement au niveau des parcloses. La partie qui forme doublure de la traverse de repos de glace, qu'elle dépasse de $0^m,020$, se fait en chêne. Il en est de même des parties de doublures de custodes supérieures aux baies, qui forment des *clefs mobiles* pour faciliter l'entrée des châssis. Dans les compartiments de première classe, ces clefs, ayant une assez grande dimension, peuvent tourner autour d'une charnière horizontale. Dans les deuxièmes classes, elles se composent de simples lattes en chêne, de $0^m,015$ d'épaisseur, fixées par des vis. Des lattes mobiles semblables, servant de même à l'introduction du châssis des baies, sont également maintenues par des vis contre la face intérieure des pieds d'entrée.

On revêt l'intérieur des portières d'une doublure analogue en sapin, terminée à la hauteur de la baie par une pièce en chêne. Lorsque les doublures doivent rester apparentes, ainsi que cela a lieu dans la partie supérieure des compartiments de deuxième classe et dans ceux de troisième, on indique les joints à l'aide d'une moulure; on leur donne alors le nom de *frises*.

Châssis de glaces. — Les châssis des glaces se composent de deux montants réunis par deux traverses; dans les voitures de première classe, on emploie généralement pour leur construction l'acajou; dans les deuxième et troisième classes, on les fait en noyer vernis ou en teck.

Les châssis sont munis de glaces ou de verre le plus ordinairement.

Le mouvement de la voiture produit des vibrations qui ne tardent pas à détériorer le châssis et dont le bruit est fort désagréable pour les voyageurs. Le ressort qui tend à l'appuyer constamment contre la face intérieure de la feuillure ne s'y oppose pas toujours complétement, et plusieurs dispositions ont été mises à l'essai, en Allemagne, pour remédier à cet inconvénient. La plus simple consiste à fixer sur son contour un cadre en caoutchouc un peu plus épais que le châssis et qui amortit les chocs.

Afin de permettre aux châssis de rester en place dans toutes les positions, on a songé à les équilibrer au moyen de contrepoids. Cette disposition est employée en Allemagne, sur le Nord-Est Suisse, au Nord Français, sur les chemins de fer Romains et Nord-Espagne, mais elle n'est pas toujours irréprochable.

En général, on se contente de percer de distance en distance, dans les tirants de manœuvre, des trous qui permettent d'arrêter le châssis à deux ou trois hauteurs différentes.

Il existe quelquefois double châssis pour chaque baie, l'un étant formé d'un panneau plein, l'autre portant une glace. (Chemins de fer Romains.)

Parcloses. — Les *parcloses* sont l'assise des siéges destinés aux voyageurs. Dans les voitures des première et deuxième classes de certains chemins, les parcloses sont formées de voliges en sapin, qui s'appuient par leurs extrémités sur des cadres fixés aux doublures de custodes, et, par leur milieu, sur un chevalet dont la traverse inférieure est reliée au plancher par des vis. La hauteur des parcloses au-dessus du plancher varie généralement de $0^m,350$ à $0^m,400$. On remplace avec avantage ces planches dans les voitures de première classe par des cadres garnis d'un treillage en canne, ou par des espèces de sommiers, qui, en augmentant l'élasticité du siége, empêchent les coussins de s'aplatir au bout d'un certain temps de service. Les parcloses en canne s'emploient aussi sans coussins.

Dans les voitures de troisième classe, les parcloses tiennent lieu elles-mêmes de dessus de banquettes. On leur donne alors ordinairement une double inclinaison, que l'on remplace maintenant sur quelques lignes par une paroi courbe, ainsi que nous l'avons déjà indiqué (Est-378).

Toiture. — Les toitures des voitures sont bombées pour faciliter l'écoulement de l'eau.

La courbe de bombement est un arc de cercle décrit avec un rayon de 7 à 8 mètres.

Sur tous les bords de la toiture règne une corniche à gorge en sapin, garnie supérieurement d'une gouttière en zinc ou en cuivre s'engageant de $0^m,150$ au moins sous la couverture.

La couverture se compose de voliges en sapin de $0^m,010$ d'épaisseur, assemblées entre elles à rainure et languette et à joints indiqués, sur lesquelles on dispose des feuilles de zinc n° 14. Ces feuilles sont placées transversalement à la longueur de la voiture, et assemblées à coulisseaux, afin de faciliter leur libre dilatation.

On a également employé des couvertures en toile goudronnée et saupoudrée de sable, mais ce système, généralement adopté pour les wagons à marchandises, n'est pas aussi satisfaisant que le premier.

La gorge de la corniche a une double pente sur la longueur, et déverse les eaux au moyen de tuyaux soudés aux quatre angles du pavillon.

Sur quelques lignes de chemins de fer où l'on veut se prémunir des températures extrêmes, dans les Indes, en Egypte, en Espagne et en Russie, par exemple, on compose la toiture de la voiture d'une double paroi. La première de ces deux enveloppes est formée par une rangée de voliges fixées à l'intrados des cintres, tandis que la seconde se place à l'extrados. Les diverses courbes, auxquelles on donne un équarrissage un peu plus fort, sont entaillées de distance en distance à leur partie inférieure, de manière à établir une circulation d'air entre les deux parois sur toute la longueur du véhicule. Le double plafond, qui prévient une trop grande élévation de température pendant l'été et une déperdition de chaleur en hiver, mérite toute l'attention des ingénieurs de chemins de fer et trouverait une utile application sur toutes les lignes.

Ventilateurs. — On dispose quelquefois au-dessus des baies de custode des ouvertures rectangulaires, de $0^m,35$ sur $0^m,15$ environ, garnies de deux ou trois lames de persiennes, et destinées à faciliter la ventilation dans l'intérieur du compartiment. Une planchette mobile entre deux lattes horizontales, fixées contre la doublure de custode, permet de fermer ces ouvertures à volonté.

Plancher. — Le plancher des voitures est construit en sapin et fixé par des pointes sur les traverses intermédiaires et dans une feuillure pratiquée au pourtour des cadres.

Les planches, de $0^m,025$ d'épaisseur, sont assemblées entre elles à rainures et languettes, et placées dans le sens longitudinal. En Russie, les planchers comme la toiture se composent d'un double voligeage fixé dans les rainures des traverses par des vis à tête noyée.

Panneaux. — Le revêtement extérieur de la caisse se fait généralement en tôle et recouvre toutes les parois extérieures à l'exception des parties saillantes, telles que la corniche et les moulures d'encadrement des baies.

On emploie également, pour la construction des panneaux extérieurs, le bois de teck [1], qui est susceptible de recevoir un très-beau poli et se conserve parfaitement bien. La tôle est

[1] Voitures du chemin du Midi, anciennes voitures du chemin de l'Ouest, (banlieue); en Angleterre, sur le Great-Western, le Great-Northern, le Lancashire et plusieurs autres.

néanmoins préférable. Elle a généralement $1^{mm},5$ d'épaisseur et pèse 10 kilogrammes le mètre carré. Les différentes feuilles qui composent une garniture sont *planées* ou dressées avec le plus grand soin avant la pose, afin de présenter une surface parfaitement unie, et leurs bords, également dressés, ne doivent laisser entre eux aucun vide. Ces tôles sont fixées sur les pieds et les traverses par des clous dont l'écartement est de $0^m,030$ au plus. Tous les joints sont recouverts par des baguettes en bois ou en métal, le recouvrement ayant au moins $0^m,010$ de largeur.

Avant leur mise en place, toutes les feuilles reçoivent sur les deux faces une couche de peinture au minium.

Accessoires de la caisse. — Toutes les caisses sont munies de quatre et mieux de huit boulons d'attache de $0^m,020$ de diamètre, dont les têtes sont noyées dans le plancher, et qui relient deux ou quatre traverses intermédiaires de la caisse à deux ou quatre plates-bandes en fer faisant corps avec le châssis.

La position de ces boulons doit être *rigoureusement* la même dans toutes les caisses d'une même classe, afin que chacune d'elles indistinctement puisse se monter sur le même châssis. On doit donc établir ce mode d'attache suivant un gabarit indéformable.

On dispose, en outre, sur les brancards, quatre crochets de levage retenus chacun par quatre boulons fraisés, dont la tête est entaillée dans le plancher.

Les quatre angles de la caisse reçoivent chacun un porte-lanterne.

A la caisse s'attachent à l'extérieur et de chaque côté :

1° Pour chaque compartiment, une poignée en cuivre fixée le long du pied d'entrée qui reçoit la serrure, et destinée à faciliter l'accès dans l'intérieur du compartiment ;

2° Une main courante en cuivre, régnant le long de la paroi longitudinale entre les ouvertures des portes ;

3° Des poignées fixées aux quatre pieds corniers de la caisse, pour faciliter aux agents du train la circulation à l'extérieur et le passage d'une voiture à la suivante. A cet effet, les palettes de marchepieds sont prolongées jusqu'à la hauteur des guides de tampons.

Peinture. — Tous les assemblages, tenons, entailles, embrèvements, mortaises, trous de boulons, etc., les surfaces de la charpente recouvertes par les panneaux, les pièces de ferrure et de quincaillerie, ainsi que le dessous de ces pièces, doivent recevoir avant le montage une couche d'impression de couleur à l'huile.

La peinture de la caisse est généralement faite conformément au détail suivant[1] :

1. Une couche en gris blanc (générale) ;
2. Masticage à l'huile ;
3. Six couches d'apprêt ,
4. Un ponçage d'apprêt ;
5. Un déguisage en gris ;
6. Un masticage au vernis ;
7. Un ponçage au vernis ;
8. Une fausse teinte (générale) ;
9. Une visite de mastic au vernis ;
10. Un dressage général à la ponce en poudre ;
11. Deux couches de teinte définitive pour les panneaux ;
12. Deux couches de noir d'ivoire pour les moulures ;
13. Deux couches de vernis ;
14. Un polissage à la ponce en poudre ;
15. Une couche de vernis n° 1 ;
16. Un polissage à la ponce broyée ;
17. Rechampissages, dorures, lettres et filages ;
18. Un vernissage au vernis anglais.

Le dessous du pavillon, les hauts de dossiers, les portières et en général toutes les parties non recouvertes à l'intérieur reçoivent trois couches de peinture.

[1] Cahier des charges du chemin de fer de Strasbourg à Bâle. Spécification pour la construction de voitures mixtes, première et deuxième classes.

Observation générale. — Le chêne seul est employé pour toutes les pièces de la charpente, à l'exception des courbes de pavillon, qui se font généralement en frêne. On remplace quelquefois le chêne par le bois de teck, dont le prix est plus élevé, mais qui donne des résultats excellents au point de vue de sa conservation ; l'emploi en est donc avantageux.

Les bois employés à la construction de la caisse, quelle que soit leur essence, doivent être de premier choix, parfaitement secs et exempts de nœuds vicieux, roulures, malandres, aubier, fils tranchés et autres défauts ; on les tire, autant que possible, des pièces de fort équarrissage ayant au moins trois ans de coupe, dont une de débit en plateaux. Dans le cas où, malgré ces précautions, les bois ne seraient pas suffisamments secs, on devra exiger du constructeur qu'il les dessèche à l'étuve ou qu'il les laisse séjourner dans l'eau chaude pendant un certain temps.

Lorsqu'on fait usage du bois de teck, après avoir débité les pièces, on les range à l'abri de l'humidité, et on les laisse pendant quinze jours avant leur premier emploi, empilées de manière à ce qu'elles reçoivent des courants d'air de tous côtés.

Les pièces de la charpente doivent être équarries à vive arête, dressées avec soin et corroyées sur toutes les faces.

Comme détails de construction, l'ingénieur aura soin de tenir la main aux précautions suivantes :

— Faire tous les assemblages des pièces à tenons et mortaises, avec un congé de $0^m,010$ de rayon à l'épaulement des tenons.

— Afin de soulager ces derniers, appliquer, autant que possible, les embrèvements.

— Formellement interdire l'emploi des pointes et des clous pour la consolidation des assemblages.

— Tenir les tenons de manière à les faire entrer à frottement dur dans les mortaises, et à rendre inutile le secours des cales ou des remplissages, qu'on ne doit tolérer en aucune façon ; les assemblages sont ensuite maintenus à l'aide de chevilles en bois de chêne, de $0^m,008$ de diamètre au plus.

Le serrage des écrous sur le bois exige l'intermédiaire indispensable d'une rondelle en tôle pour éviter l'écrasement des fibres du bois. Les trous seront forés à la mèche et non brûlés.

Les têtes des boulons doivent être refoulées sans soudure, les écrous faits à l'emporte-pièce et forgés avant le taraudage. Cette dernière opération exige un soin tout particulier, afin qu'un écrou quelconque puisse servir indistinctement à tous les boulons de même diamètre. Tous les filetages devront être faits, par conséquent, d'après une même série adoptée une fois pour toutes.

Les ferrures de toute sorte et les équerres doivent avoir leurs congés forgés avec soin et les chanfreins faits à la lime.

Toutes les différentes pièces de la charpente et des ferrures doivent être travaillées d'après des gabarits établis suivant les calibres adoptés par l'ingénieur, de manière à ce que les dimensions des pièces similaires soient exactement les mêmes dans toutes les voitures et puissent se substituer au besoin les unes aux autres.

C'est à ces conditions seules que l'on obtient une solidarité complète et durable dans les diverses parties de la charpente.

Lorsque la construction des voitures n'a pas lieu dans les ateliers de l'administration, celle-ci devra charger un de ses agents de vérifier cette exactitude sur chacune des pièces fabriquées par le constructeur, et de les poinçonner avant leur montage.

379. **Garniture intérieure.** — *Compartiments de première classe.* — La garniture intérieure des compartiments de première classe, en France, se fait généralement en drap de couleur claire.

Les coussins, placés sur des parcloses pleines, à jour ou sur des sommiers élastiques, sont rembourrés de crin et capitonnés. Les accoudoirs sont également rembourrés et capitonnés, ainsi que les dossiers, qui s'appliquent sur des sangles fortement tendues, et clouées verticalement sur deux traverses vissées, celle du haut, sur la doublure de la cloison, et celle du bas, sur le cadre portant les parcloses. Le rembourrage complet de la garniture exige 63 kilogrammes de crin environ. Le drap des parties rembourrées doit être doublé de toile pour empêcher le crin de sortir.

La face supérieure des cloisons au-dessus des dossiers, les parois de custode et quelquefois le dessous du pavillon, sont également tendus de la même étoffe.

Le plancher est recouvert d'une toile cirée, par-dessus laquelle on cloue un tapis de moquette, que l'on remplace en hiver par des peaux de mouton.

Sur quelques chemins de fer, la garniture des voitures de première classe est en maroquin. Cette garniture, adoptée quelquefois pour les compartiments destinés aux fumeurs, a l'inconvénient de donner une assiette glissante, instable, fatigante pour les voyageurs.

Les plafonds sont recouverts, tantôt en panneaux d'ébénisterie claire avec filets en bois de couleur plus foncée, tantôt en drap de même couleur que la garniture, tantôt, enfin, en toile cirée plus ou moins ornée.

Les accoudoirs et le dessous des cordons de glace et des cordons de pilastres sont doublés en peau de chèvre, comme les coussins des parcloses.

Dans les voitures des chemins de fer allemands, le velours remplace souvent le drap pour les compartiments de première classe, et les coussins reposent généralement sur des sommiers à ressort. Quelquefois même les parcloses sont complétement supprimées, et les banquettes à stalles remplacées par des sofas élastiques, qui occupent toute la largeur du compartiment. Il en est de même dans les voitures du système américain du Nord-Est suisse, mais il y a deux sofas sur la largeur, chacun d'eux recevant deux voyageurs.

La garniture de ces sofas est en peluche rouge foncé, et le rembourrage de chacun d'eux comprend 7k,50 de crin. Ils renferment, en outre, quinze ressorts en acier recouverts d'un treillis métallique, qui répartit la pression également sur chacun d'eux. Sur ce treillis repose une garniture en laine de sapin (*Waldwollen*) de 0m,030 d'épaisseur.

La face intérieure des portières est revêtue d'une garniture en étoffe légèrement rembourrée à la hauteur des siéges, et analogue à celle du reste du compartiment.

Les contours intérieurs des baies de custode, les montants des portières et l'encadrement des baies, sont généralement indiqués par un galon.

Quelques voyageurs engagent imprudemment la main dans l'embrasure des portières ouvertes, et n'ont pas le soin ni le temps de retirer les doigts quand les gardes-train se hâtent de fermer les compartiments au départ. — Il en résulte de graves

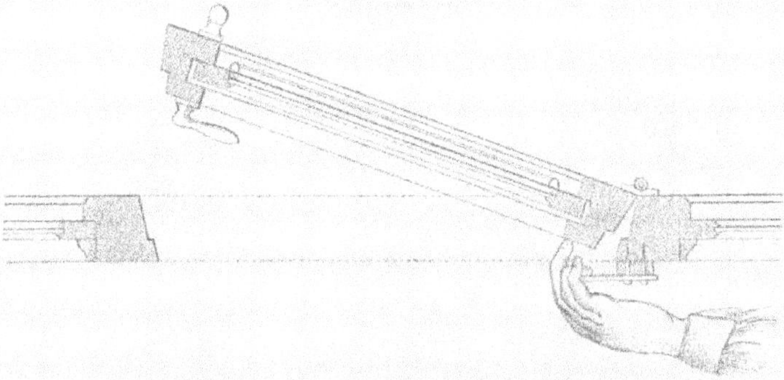

Fig. 468. Garniture de portières. Echelle $\frac{1}{10}$.

accidents que l'on a cherché à prévenir, en Allemagne, par plusieurs dispositions ingénieuses. La plus simple est représentée figure 468, et se compose d'une bande de cuir de forte épaisseur fixée au moyen de vis à une tringle en bois placée le long du pied d'entrée [1]. On voit, par l'inspection du croquis ci-joint, que l'emploi de ce moyen, dont l'usage mérite d'être répandu, écarte en partie les chances d'accident du genre de ceux que nous avons signalés [2].

[1] *Organ fur die fortschritte der Eisenbahnwesens*, 1866.

[2] La solution du problème n'est cependant pas complète, et le meilleur préservatif serait une punition sévère infligée à tout employé du chemin

Les baies de custode sont munies de rideaux glissant sur des tringles en cuivre, et les baies des portières, de stores à rouleaux, le plus souvent en soie. Ces stores sont habituellement guidés par des cordons tendus verticalement le long des montants, et qui ont l'inconvénient de s'arracher assez facilement. Pour éviter cet inconvénient, on les a remplacés, sur le chemin de l'Etat en Bavière, par des tringles en cuivre fixées à l'aide de vis.

Sur le chemin de l'Est prussien, on se contente maintenant de placer, de chaque côté, deux rideaux à tringle de 1 mètre de long sur 1 mètre de large environ, fixés par l'une de leurs extrémités à la garniture intérieure, et pouvant venir couvrir à la fois la baie de custode et la baie de la porte, au delà de laquelle on peut les fixer sur un bouton. Leur partie inférieure est munie d'une frange et de petites boules de plomb placées de $0^m,10$ en $0^m,10$, qui les empêchent d'être soulevés par le vent.

Les châssis de glace des portières se manœuvrent à l'aide de cordons plats généralement galonnés sur leur face extérieure, et terminés par une poignée. Ils sont fixés à la partie inférieure du châssis au moyen d'une plaque de cuivre maintenue par des vis, et peuvent glisser sur un rouleau en ivoire placé au niveau de la traverse de repos de glace. Des cordons de même nature sont fixés aux pieds d'entrée, et servent de points d'appui aux voyageurs qui occupent les quatre angles du compartiment.

Le châssis des baies de custode ne portent pas généralement de cordons, mais une simple poignée en ivoire à la partie inférieure, et des mains en galon à poignées passementées sur leur traverse supérieure.

Pour recevoir les menus bagages des voyageurs, on dispose, à $1^m,60$ environ du niveau du plancher, un filet tendu sur un cadre en fer recouvert de galons, fixé aux doublures et aux stalles, au moyen de consoles en fer.

Éclairage. — L'éclairage des voitures de première classe se

de fer qui aurait fermé une portière sans prévenir les voyageurs à l'intérieur du compartiment.

fait, en France, au moyen de lampes à huile suspendues au plafond et au milieu de chaque compartiment. A cet effet, le pavillon est percé d'une ouverture circulaire limitée à l'intérieur par un cercle en ébénisterie et fermé par un verre opaque hémisphérique. Un rideau en soie, que l'on peut, à volonté, étendre au devant de ce globe, permet aux voyageurs de se soustraire à la lumière de la lampe, qui se trouve d'ailleurs fermée du côté du compartiment, et ne peut être manœuvrée que de l'extérieur. L'appareil est recouvert par un capuchon mobile autour d'une charnière horizontale faisant saillie de $0^m,25$ à $0^m,30$ au-dessus de la toiture de la voiture, et percé d'ouvertures dirigées vers le bas, de manière à garantir la flamme autant que possible de l'action des courants d'air trop vifs.

Sur plusieurs chemins de fer d'Allemagne, on substitue à ces dernières des lampes à huile minérale. Le prix beaucoup moins élevé de la matière et la supériorité de son pouvoir éclairant permettent de réaliser, par leur emploi, une économie très-notable.

La ligne de l'Empereur Ferdinand, en Autriche, notamment, a fait, depuis plusieurs années, une application très-étendue de ce mode d'éclairage, qui lui a donné des résultats satisfaisants. La consommation d'huile minérale, qui, dans la première année (1851), fut de 3 500 kilogrammes environ, atteignit en 1864 le chiffre de 74 760 kilogrammes, et la Compagnie estime à 336 000 florins (840 000 francs) l'économie réalisée, pendant cette période de quatorze ans, par la seule substitution de l'huile minérale à l'huile végétale primitivement employée.

Cependant, la difficulté d'obtenir une combustion parfaite et par suite sans odeur, dans les appareils employés, et la crainte plus ou moins fondée du danger qui peut résulter de l'emploi des huiles de schiste et de pétrole, en ont jusqu'ici restreint l'usage à quelques cas particuliers.

Un des graves inconvénients de l'huile végétale, pour les contrées où la température s'abaisse sensiblement en hiver, est sa facilité à se congeler qui en rend l'utilisation presque impossible sur les lignes du Nord de l'Europe. De là, l'emploi sur plusieurs chemins de fer, notamment en Russie et en Prusse, de bougies stéariques pour l'éclairage des voitures. Les supports de ces bougies sont renfermés dans des cages en verre, qui les mettent hors de la portée des voyageurs ; leur service, comme celui des lampes, se fait par la partie supérieure.

Sur le chemin de l'Est prussien, chaque compartiment de première classe est muni de deux lanternes à bougies placées au milieu contre les parois. Il résulte des expériences faites sur cette ligne que l'éclairage, au moyen de $0^k,500$ d'huile, correspond à celui que produisent cinq bougies ; le prix de ces dernières étant de $0^f,885$, celui des $0^k,500$ d'huile de $0^f,515$, il y a donc économie de $0^f,37$, soit 40 pour 100 environ en faveur du mode d'éclairage à l'huile. Néanmoins, quoique l'on ait déjà une fois abandonné l'emploi des bougies, on a été obligé d'y revenir et de renoncer à l'usage de l'huile, en raison de l'inconvénient que nous avons signalé plus haut

Sur le chemin de Brunswick, on fait usage de bougies de paraffine ; d'après les essais photométriques exécutés par l'administration, il résulte que cinq de ces bougies produisent une lumière équivalente à celle d'une lampe du système Argand, et que sept bougies de cire correspondent à une lampe de wagon ordinaire sans réflecteur. (*Organ* — 1er Supplément, 1866 — p. 162.)

Enfin, nous citerons l'éclairage au gaz employé sur quelques lignes d'Angleterre, et qui nous paraît appelé à se répandre bientôt sur les lignes du continent, lorsque des perfectionnements suffisants auront été apportés à son mode d'installation. Les becs de gaz sont au nombre de deux par compartiment, renfermés dans des espèces de cylindres percés de trous vers la partie supérieure pour laisser échapper les produits de la combustion, et terminés à l'intérieur du wagon par un cul-de-lampe en verre. Les robinets placés à l'extérieur ne peuvent être manœuvrés que par les agents chargés de ce service. Sur le Metropolitan-Railway, chaque compartiment porte son réservoir à gaz. Celui-ci, placé sur la toiture entre les deux becs qu'il doit alimenter, est un cylindre en toile terminé par deux fonds en tôle. Le poids du fond supérieur suffit pour écouler le gaz avec la pression nécessaire, et une aiguille mise en mouvement par l'abaissement de ce fond, indique le degré de remplissage du réservoir. Les réservoirs d'une même voiture communiquent entre eux par un petit conduit horizontal, mais généralement on n'établit pas de communication entre les réservoirs des diverses voitures. La quantité de gaz emportée par chaque voiture est de 150 pieds cubes ($4^m,240$) et suffit à l'éclairage pendant deux heures et demie. Le remplissage se fait alors au moyen d'une prise spéciale pour chacune d'elles, manœuvre qui peut s'exécuter facilement dans les gares principales où l'on a eu soin de ménager, sur le tuyau de conduite qui règne parallèlement au quai, des tubulures espacées de la longueur d'une voiture.

Cette opération se fait très-promptement ; deux minutes suffisent pour approvisionner cinq voitures.

Avant d'entrer dans les réservoirs, le gaz passe au travers d'un petit appareil épurateur fixé à l'une des extrémités de la voiture.

Sur d'autres lignes, un seul réservoir placé dans le fourgon à bagages contient le gaz qui doit servir à l'éclairage de toutes les voitures, et celles-ci communiquent alors au moyen d'un tuyau en caoutchouc vissé par ses deux bouts aux extrémités des tuyaux attachés à chacune d'elles.

Cet éclairage demande certaines précautions d'installation, notamment celle d'un régulateur de la pression du gaz pour produire une lumière d'intensité constante.

Chauffage. — Nous avons vu que le chauffage intérieur des compartiments de première classe se fait au moyen de réservoirs d'eau chaude que l'on remplace au fur et à mesure de leur refroidissement. Ces réservoirs prirent d'abord la forme de cylindres à base circulaire recouverts d'étoffe de même nature que celle du tapis ; on leur donna plus tard une section aplatie, et l'on finit par supprimer la garniture. Le trou du remplissage est fermé par un bouchon à vis en cuivre. Ces appareils donnent fréquemment lieu à quelques fuites d'eau, très-fâcheuses pour le voyageur et pour le service chargé de l'entretien. Leur introduction est d'ailleurs, comme nous l'avons déjà dit, gênante pour les voyageurs; elle devient d'autant plus désagréable qu'elle est plus fréquente, et le renouvellement de l'eau d'autant plus nécessaire que la température extérieure est plus basse; ce renouvellement a lieu toutes les trois heures au plus.

La disposition adoptée sur les chemins de fer prussiens semble devoir mieux répondre au programme. Les réservoirs, formés de caisses en tôle, de $1^m,120$ de long environ sur $0^m,010$ à $0^m,013$ de large et de haut, sont introduits à l'aide d'ouvertures ménagées dans les parois de custodes, au-dessous des banquettes, dans une espèce de conduit rectangulaire isolé en tôle. L'eau est généralement remplacée par le sable, qui, chauffé à une très-haute température, n'exige pas un remplacement aussi fréquent; cette opération ne se répète guère que toutes les quatre heures. Il résulte de cette haute température la nécessité de garantir de la réverbération directe, au moyen d'un écran en tôle, la face inférieure de la parclose ou du sommier qui la remplace. Ce système de chauffage a certainement plusieurs avantages sur le premier, mais nous pensons qu'il y aurait lieu d'étudier une combinaison permettant de réunir, dans un système mixte, les avantages des deux précédents. Il suffirait peut-être pour cela de placer sous le plancher une caisse de section rectangulaire en tôle, terminée à sa partie supérieure par une grille en fonte. Des chaufferettes analogues à celles des voitures prussiennes seraient introduites de la même façon, et sans gêne pour les voyageurs, dans ce conduit fermé à ses deux extrémités par des portes en dessous des portières. Les voyageurs profiteraient ainsi du rayonnement direct de la chaleur, et des prises d'air pourraient encore être ménagées de manière à chauffer par circulation l'air du compartiment tout entier. Il serait facile d'ailleurs de conserver aux voyageurs le bénéfice de la peau de mouton en la partageant en deux parties clouées par leurs bords des deux côtés de la grille en fonte.

Un essai de disposition analogue, mais avec eau chaude, avait été appliqué au chemin de fer d'Alsace, sur la ligne de Strasbourg à Bâle ; diverses circonstances en ont empêché la continuation.

Compartiments de deuxième classe. — La garniture intérieure des compartiments de deuxième classe est moins complète, en général, que celle des précédents. Nous en excepterons toutefois les voitures de plusieurs chemins allemands, sur lesquels la différence ne provient guère que du nombre de places contenues dans chacun d'eux, et de la nature de l'étoffe qui en tapisse l'intérieur.

La garniture des cloisons s'arrête généralement au-dessus de la tête des voyageurs assis, quelquefois même au-dessous, et n'existe pas, la plupart du temps, sur la paroi intérieure des portières et du pavillon. Les coussins rembourrés et capitonnés, mais avec moins de soin que ceux des premières, contiennent 10 kilogrammes de crin chacun, et les dossiers, renfermant environ 5 kilogrammes de varech, ne sont pas généralement tendus sur sangles, mais reposent le plus souvent sur des planches inclinées, fixées par la partie supérieure aux doublures, et par le bas aux parcloses. Au-dessus des garnitures, les frises, le plus souvent apparentes, sont recouvertes d'une couche de peinture imitant le poli du chêne ou de l'érable. Quelquefois, cependant, on les revêt d'une garniture en toile cirée.

Les tirants des portières et les cordons des châssis se font le plus souvent en cuir jaune ; chaque baie est garnie d'un rideau ou d'un store en coutil ou en mérinos.

Le plancher est simplement garni d'une toile cirée, pour empêcher l'introduction de l'air et de la poussière.

Les filets, avec cadres en fer, sont souvent remplacés dans les compartiments de deuxième classe par des courroies en cuir tendues parallèlement aux cloisons.

En Angleterre, avons-nous dit, la garniture des compartiments de deuxième classe est à peine indiquée, et, dans les voitures nouvelles, le siége sordidement rembourré laisse en arrière un creux où le voyageur place ses petits objets à la main. Il n'y a jamais ni filets ni rideaux, et sur quelques chemins, le Great-Western, entre autres, les deuxièmes classes ne sont pas du tout rembourrées[1].

Sur d'autres chemins, les dossiers sont représentés par de simples bandes de cuir, de $0^m,250$ à $0^m,300$, placées à la hauteur des épaules.

L'éclairage des compartiments de deuxième classe se fait par les mêmes procédés que pour les premières; toutefois, le nombre des appareils est généralement moindre.

En France, on éclaire deux compartiments de deuxième classe avec une seule lampe placée dans une échancrure de la cloison. Sur le chemin de l'Est prussien, deux compartiments sont éclairés par une seule bougie.

Le chauffage est, en général, supprimé dans la seconde classe, à l'exception de quelques lignes d'Allemagne, sur lesquelles on *accorde* aux secondes classes les mêmes appareils qu'aux premières.

Compartiments de troisième classe. — Ces compartiments se distinguent par l'absence complète de toute espèce de garniture intérieure. Partout les frises sont apparentes et simplement peintes à l'huile et vernies.

Les parcloses ne portent aucun coussin, et les dossiers, en général, sont formés par de simples planches peu ou point inclinées, fixées à leur partie supérieure sur une forte traverse occupant toute la largeur du compartiment.

Les cordons des châssis de glace sont en cuir.

Malgré l'invitation qui en a été faite à plusieurs reprises aux Compagnies, on rencontre des voitures à voyageurs sans autres ouvertures que celles des portières, et encore ces baies sont le plus souvent dépourvues de rideaux.

Les compartiments de troisième classe de l'Est français sont cependant en progrès (fig. 469) : rideaux, banquettes cintrées, dossiers inclinés et planche-appuie-tête pour chaque voyageur.

[1] *Mémoires et compte rendu de la Société des ingénieurs civils*, 1866. Mémoire de M. J. Morandière.

L'éclairage des voitures de troisième classe se fait au moyen de deux lampes seulement, réparties à égale distance sur toute la longueur.

Le chauffage des compartiments de troisième classe n'existe pas en France. En Allemagne et sur les lignes étrangères où

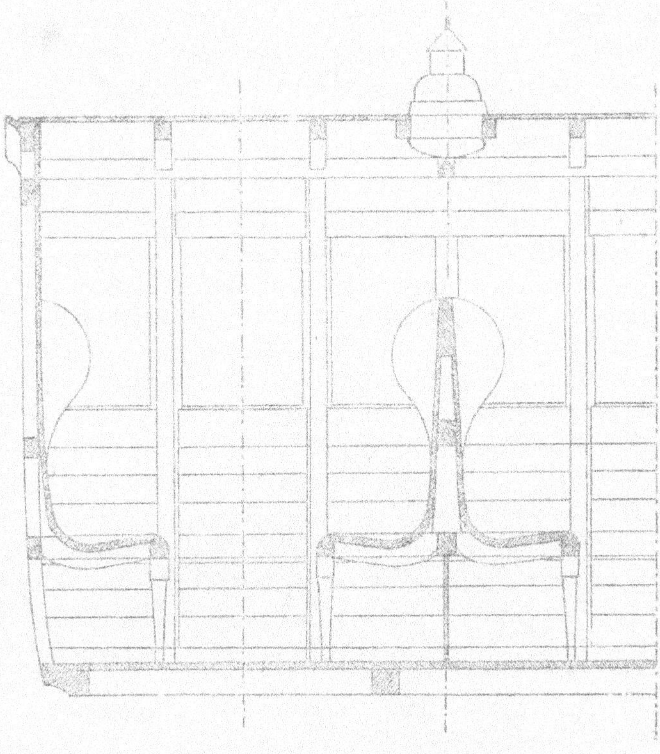

Fig. 469. Voiture de troisième classe (Est). Coupe longitudinale. Echelle $\frac{1}{25}$.

le système américain est employé, on opère le chauffage, comme nous l'avons vu (373), au moyen de poêles placés à l'une des extrémités de la voiture.

Cette absence de confort dans les voitures de troisième classe du système anglais et français est des plus regrettables.

380. **Châssis.** — *Considérations générales.* — On a vu précédemment que la construction des châssis de voitures comportait deux procédés différents, ayant pour base l'emploi respectif du bois ou du fer. Nous avons également exposé les considérations qui ont motivé dans ces dernières années l'extension de ce dernier mode de construction (373 — p. 311).

Nous ajouterons que, si, au point de vue des frais de réparation dans certains cas particuliers, le châssis en fer présente quelques inconvénients, il résulte de sa rigidité et de sa résistance beaucoup plus considérable que celles du châssis en bois, qu'on y trouvera, dans le cas de collision ou de chocs violents, moins de danger de rupture et, par conséquent, plus de sécurité pour les voyageurs [1]. D'autre part, on ne doit pas se dissimuler que cette rigidité même aura pour inconvénient de donner de la dureté au mouvement de la voiture. Le châssis en bois, qui présente par lui-même une élasticité beaucoup plus grande, vient en aide aux ressorts et amortit en partie les chocs provenant des inégalités de la voie ou de l'allure de la machine. Il serait donc utile, pour compenser le manque d'élasticité du châssis en fer, d'interposer entre celui-ci et la caisse des rondelles de matière élastique, telle que du feutre, du liége ou du caoutchouc, ou même des ressorts en acier.

Cette addition se rencontre depuis quelque temps sous les voitures de quelques lignes françaises, le Nord, le Midi, l'Orléans et au chemin de l'Etat en Wurtemberg.

1° *Châssis en bois.* — La charpente d'un châssis de voiture en bois se compose d'un cadre formé par deux brancards, pénétrant par doubles tenons dans les mortaises de deux traverses. Les assemblages sont consolidés par des harpons. — Trois traverses intermédiaires relient les deux brancards avec lesquels elles sont assemblées à doubles tenons et mortaises. Le tout est consolidé par une croix de Saint-André qui s'entaille de toute

[1] Voir, à l'appui de cette assertion, le fait rapporté par M. W. Clauss, ingénieur à Braunschweig, dans la *Zeitung des Vereins deutsch Eisenbahn-Verwaltungen*, 1867, n° 4.

sa hauteur dans deux des traverses intermédiaires, et dont les deux branches, entaillées entre elles à mi-bois, s'assemblent également à tenons et mortaises et à embrèvement dans les traverses extrêmes, à l'affleurement des brancards.

Les assemblages des traverses intermédiaires avec les brancards sont consolidés par des équerres, et l'écartement est maintenu par deux boulons transversaux.

Les dimensions adoptées pour l'équarrissage des diverses pièces de cette charpente sont à peu près partout les mêmes. Dans les châssis des voitures de première classe du chemin de fer de l'Ouest, ces dimensions sont les suivantes :

	Longueur.
Brancards	0m,250 sur 0m,100
Traverses extrêmes	0 ,250 sur 0 ,100
— intermédiaires, 2 de	0 ,250 sur 0 ,090
— — et 2 de	0 ,140 sur 0 ,090
— du milieu	0 ,110 sur 0 ,110
Croix de Saint-André	0 ,070 sur 0 ,130

Sur le chemin de Strasbourg à Bâle et sur l'ancien chemin d'Orléans, on a fait l'essai de châssis avec brancards moisés.— Cette disposition avait l'avantage d'employer des bois de faible équarrissage plus secs que les gros brancards, de faciliter le mode d'exécution, et d'obtenir enfin une plus grande rigidité, mais aussi l'inconvénient de multiplier les assemblages, les surfaces exposées aux variations atmosphériques, etc.; on y a renoncé.

Une troisième disposition se rencontre sur la plupart des voitures allemandes. Le nombre des traverses est de quatre ou de six; deux d'entre elles, placées symétriquement par rapport au milieu du châssis, sont maintenues à une distance de 0m,70 environ par deux pièces longitudinales, assemblées à tenons et mortaises et consolidées par des équerres. Sur la face opposée de ces mêmes traverses, viennent s'assembler de même les extrémités des pièces diagonales représentant la croix de Saint-André, et qui vont buter d'autre part contre les traverses extrêmes ou contre deux traverses intermédiaires. A l'aplomb de ces derniers assemblages, on relie les traverses entre elles dans le sens longitudinal, par deux entretoises parallèles aux brancards. Cette combinaison exige des bois moins longs, ménage plus les traverses intermédiaires que celles des croix de Saint-André ; mais elle offre moins de raideur contre la déformation.

Sur les voitures du chemin de l'Etat, en Saxe, le châssis est formé de deux brancards, réunis par deux traverses extrêmes et trois intermédiaires. Deux entretoises longitudinales partagent le châssis en trois parties ; celle du milieu, très-étroite, renferme les appareils de traction ; les deux autres sont consolidées par des contre-fiches appuyées sur la traverse du milieu et les traverses extrêmes, et par une entretoise longitudinale reliant les trois traverses intermédiaires.

Ces deux dernières dispositions sont moins économiques et moins rationnelles que la première ; mais elles se trouvent expliquées en partie par la disposition de l'appareil de traction employé sur ces mêmes voitures et dont nous nous occuperons plus loin (381).

Comme accessoires directs du châssis, nous avons à mentionner les deux entretoises en fer à talon, percées d'un trou à chacune de leurs extrémités et destinées à servir de points d'attache à la caisse. La position de ces entretoises doit être rigoureusement observée, afin de pouvoir monter sur le même châssis une autre caisse de la même classe ou d'une classe quelconque, dans le cas où le matériel a été disposé dans ce but.

Sur le châssis des voitures de première classe de l'Ouest, dont nous avons donné plus haut les dimensions principales, l'écartement des trous des boulons d'attache est de $4^m,400$ dans le sens longitudinal, et $2^m,40$ dans le sens transversal.

Chaque brancard reçoit en outre deux marchepieds en sapin ou en grisard, suspendus à l'aide de ferrures fixées par des boulons. Le marchepied inférieur dépasse généralement les deux extrémités de la caisse de $0^m,260$ pour faciliter le passage d'une voiture à l'autre. Le marchepied supérieur ne règne pas sur toute la longueur et se compose de palettes indépendantes correspondant à chaque portière.

Dans les voitures du système américain, le châssis se compose généralement de deux brancards réunis par plusieurs traverses ; les plates-formes sont soutenues par des faux brancards assemblés sur les traverses extrêmes et une des traverses intermédiaires, et qui s'appuient contre une traverse posée à plat, destinée à présenter une grande résistance dans son sens transversal, résistance qui lui est très-nécessaire, puisque cette pièce devra supporter les chocs qui agiront sur le châssis dans le sens du mouvement du véhicule. A leur extrémité libre, les deux faux brancards sont réunis par une forte traverse, dont la face verticale extérieure est découpée suivant un cylindre, pour éviter les chocs des véhicules les uns contre les autres dans le passage des courbes. Lorsque la voiture est, en outre, montée sur des trains articulés, chacun de ces derniers se compose de deux brancards réunis par deux ou trois traverses en bois ou en fer. La traverse du milieu porte une douille dans laquelle vient s'engager un fort boulon d'articulation fixé au châssis principal ; ses deux extrémités sont, en outre, munies de galets coniques, sur lesquels appuient des secteurs en fonte fixés aux brancards du châssis principal, et destinés à faciliter le mouvement des trains mobiles autour de leur centre d'oscillation.

Les mêmes précautions que nous avons déjà signalées en parlant de la construction de la caisse devront être suivies dans le choix des bois et l'exécution des différentes pièces du châssis.

Dans ces divers systèmes, d'ailleurs, tous les assemblages sans exception doivent être soigneusement exécutés et renforcés par des armatures en très-bon fer, telles que : équerres simples et doubles, harpons, boulons, tirants, etc., etc. [1].

2° *Châssis en fer.* — La disposition d'ensemble du châssis ne change pas par la substitution du fer au bois ; nous y trouvons toujours deux brancards reliés par deux traverses extrêmes

[1] Construction des boulons, etc., par M. Benoît-Duportail. — *Technologiste*, t. XII et XVIII.

et plusieurs traverses intermédiaires; le tout consolidé par une croix de Saint-André ou des contre-fiches indépendantes.

Comme exemple de châssis en fer, nous citerons ceux des voitures de troisième classe des chemins de fer de la haute Silésie. Les brancards et les traverses sont formés de fers en **[**, de 0m,235 de hauteur, assemblés à l'aide de cornières rivées. Les traverses intermédiaires et la croix de Saint-André sont formées par des fers à **T**, de 0m,090 de hauteur, tournés en sens inverse, de manière à reposer les unes sur les autres par leur base. Les assemblages de ces pièces avec les brancards et les traverses extrêmes ont également lieu à l'aide de cornières rivées. Les fers en **[** pourraient être remplacés sans inconvénient par des fers à double **T** de même force, mais l'assemblage avec les traverses est plus facile en employant les premiers.

3° *Châssis mixtes.* — On adopte assez fréquemment aujourd'hui une construction mixte, réalisée par l'emploi simultané du bois et du fer. Ce dernier est réservé pour les brancards et quelquefois les traverses intermédiaires, les traverses extrêmes et la croix de Saint-André continuant à se faire en bois. Ce genre de construction est surtout employé en France et sur les chemins de l'Allemagne du Nord, ainsi que l'ont montré les différents types envoyés à l'Exposition universelle de 1867 [1].

La disposition générale de ces châssis appartient au troisième système, que nous avons décrit dans les châssis en bois, et n'en diffère que par la substitution du fer au bois pour les brancards et les deux entretoises des traverses du milieu. Les premières sont des fers à double **T**, de 0m,180 de hauteur; les deuxièmes, des barres de fer rond. L'assemblage des traverses en bois sur les brancards se fait à l'aide de fortes cornières rivées sur les brancards et boulonnées sur les traverses.

Ce système mixte de châssis est également celui qui a été adopté par MM. Vidard et Bournique dans leurs voitures à deux

[1] Voitures mixtes du chemin de Magdebourg-Leipzig. — Voitures de première et de deuxième classe du chemin de Hesse-Cassel. —Voitures de la poste royale prussienne.

l'encoche se font à la fois au moyen d'une presse à excentrique munie de deux poinçons, et dans laquelle on introduit l'extrémité de la feuille chauffée au rouge. Le trou du boulon qui réunit entre elles les diverses feuilles est fait à froid sous la machine à percer.

Le système des étoquiaux et des fentes présente quelques difficultés au point de vue d'une exécution parfaitement régulière des étagements des étoquiaux, parce que les feuilles, ne pouvant pas être chauffées toutes à la même température ni sur une même longueur, se dilatent plus ou moins. Il s'ensuit que, quoique les feuilles d'une même longueur soient toutes percées à chaud à la même distance du trou de boulon, ces distances varient souvent de $0^m,003$ à $0^m,004$ au moins quand les feuilles sont froides. C'est là un grave inconvénient, *quand les fentes ne sont pas longues*, et lorsque de plus on prescrit que l'étoquiau doit se trouver au milieu de la fente quand le ressort n'est pas chargé; car il arrive souvent alors que, lorsque le ressort est chargé, l'étoquiau est poussé au fond de la fente et occasionne la rupture de la feuille qui ne peut plus jouer. Un autre inconvénient des fentes trop courtes, c'est que pour cintrer les feuilles, on les chauffe entièrement; on les allonge donc proportionnellement à leur longueur; or, comme on les cintre sur la feuille correspondante inférieure, qui est froide et munie de ses étoquiaux, ces derniers ne peuvent plus entrer dans les fentes de la feuille à cintrer. La longueur des fentes devrait donc toujours être déterminée d'après la longueur des ressorts et leur flèche, c'est-à-dire d'après le jeu des feuilles et les variations inévitables de température sous lesquelles les feuilles sont laminées.

Le système des ressorts à côtes, employé maintenant en Allemagne sur la plus grande partie des lignes, obvie à ces inconvénients.

Plusieurs essais ont été faits pour remplacer les ressorts à lames par des ressorts en spirale ou en caoutchouc, dont le prix est beaucoup moins élevé; mais aucun d'eux n'ayant donné jusqu'ici de résultats satisfaisants, nous n'en parlerons qu'au sujet des ressorts de choc et de traction.

Les frais de fabrication d'un ressort à lames peuvent se résumer ainsi :

Matières.

Houille.	1f,00	
Prix d'achat des 100 kilogr. d'acier en barres.	65 ,00	
Déchets et rebuts (5 pour 100).	3 ,25	
Dépenses de matières	69f,25	69f,25
Intérêts du matériel (pour une fabrication supposée de 50 000 ressorts par an)		0 ,20

Main-d'œuvre pour 100 kilogrammes.

Coupe, perçage, laminage	2f,00	
Meulage.	1 ,00	
Cintrage et trempe	2 ,00	
Ajustage	2 ,25	
Salaire d'un forgeron et d'un frappeur pour refouler les bouts des feuilles	0 ,40	
Dépenses de main-d'œuvre	7f,65	7 ,65
Total pour 100 kilogrammes		77f,10

En comptant le poids du ressort à 50 kilogrammes, et y ajoutant le prix des accessoires, nous arriverons, pour le prix d'un appareil complet de suspension, aux chiffres suivants :

Prix du ressort (à 50 kilogrammes)	38f,55
1 étrier avec contre-plaque et écrous	4 ,35
2 menottes à 2f,50	5 ,00
Total	47f,90

Ressorts de choc et de traction.— Les ressorts à lames furent les premiers et les seuls employés pendant longtemps pour cet usage. Mais leur prix élevé et leur poids firent bientôt naître le désir de les remplacer par des appareils plus économiques.

Aujourd'hui, on rencontre presque toujours l'une des quatre espèces de ressorts suivantes :

Ressorts à lames d'acier ;

Ressorts en spirale d'acier ;

Ressorts à disques d'acier ;

Ressorts en caoutchouc.

Ressorts à lames. — Ces ressorts diffèrent peu de ceux que nous avons décrits pour la suspension. Il est à remarquer, toutefois, qu'ils n'exigent pas une flexibilité aussi grande, et qu'ils doivent être plus forts que ces derniers. Appliqués à la traction, ces ressorts sont placés horizontalement sous le châssis, généralement accouplés et maintenus en leur milieu par un étrier en fer muni d'une douille dans laquelle vient s'engager l'extrémité de la tige de traction. Les deux maîtresses feuilles ne portent point de rouleaux ; elles s'appuient simplement sur des tasseaux en fonte fixés au châssis ou à l'extrémité des tiges des tampons de choc.

Dans cette dernière disposition, que l'on trouve sur la plupart des chemins français, les ressorts de traction servent en même temps de ressorts de choc.

Une feuille supplémentaire moins longue est superposée à la maîtresse feuille, et porte à ses extrémités des rouleaux réunis à l'aide de boulons à des tiges horizontales qui relient les deux ressorts d'un même châssis, établissant ainsi entre eux une solidarité complète. Sur certaines lignes, on avait d'abord placé les ressorts de traction aux extrémités du châssis, à peu de distance des traverses extrêmes, et, par conséquent, en porte-à-faux sur les essieux. Cette disposition avait l'inconvénient de surcharger inutilement les extrémités du châssis et de donner lieu à des déformations, par suite des efforts obliques qui se produisaient au passage des courbes. On y a depuis renoncé, en plaçant généralement les deux ressorts près du centre de figure du châssis.

Le poids d'un ressort de choc et de traction ordinaire à lames, pour voiture, est d'environ 65 à 75 kilogrammes.

L'acier corroyé est employé avec avantage concurremment avec l'acier fondu pour la fabrication de ces ressorts.

Ressorts en spirale. — Ce genre de ressorts est formé par une lame d'acier contournée en spires concentriques faisant saillie les unes au-dessus des autres, de manière à présenter, de la circonférence au centre, un étagement régulier.

La section de la lame est tantôt rectangulaire très-aplatie, tantôt légèrement curviligne, pour faciliter le mouvement des spires les unes dans les autres.

Ces ressorts ont l'inconvénient de se briser assez fréquemment en service; inconvénient qu'il faut sans doute attribuer à ce que, sous cette forme, le métal travaille trop près de sa limite d'élasticité. Toutefois, ils peuvent, dans certains cas, en raison de leur forme condensée, trouver de très-avantageuses applications, par exemple lorsqu'il s'agit de répartir la pression d'un véhicule sur plusieurs points d'un même essieu. Comparés aux précédents, ils offrent, en effet, une réduction de poids de moitié environ, ce qui diminue d'autant leur prix de revient, indépendamment de l'économie résultant de leur plus grande simplicité de construction. Un ressort en spirale pouvant supporter 2000 à 3000 kilogrammes ne pèse guère que 20 à 25 kilogrammes; le rapport entre le poids et la charge maximum peut être évalué en moyenne à 1/112. Quelques fabricants le font descendre jusqu'à 1/225, mais il n'est pas prudent d'atteindre cette dernière limite.

L'installation de ces ressorts pour la traction présente d'ailleurs une grande simplicité. Un seul d'entre eux peut servir à la fois aux deux tiges de traction d'un même châssis. Il suffit pour cela de terminer l'une des tiges par un étrier venant embrasser le ressort et s'appuyer sur sa base par l'intermédiaire d'une rondelle percée d'un trou central par lequel passe l'autre tige, qui traverse le ressort et se fixe contre l'extrémité opposée. On remplace souvent cette disposition par une autre, qui a l'avantage de fatiguer moins le ressort au moment de la mise en marche. Pour cela, on place à chacune de ses extrémités une rondelle s'appuyant sur une traverse du châssis et pouvant être alternativement pressées par deux douilles clavetées sur la tige de traction qui règne sans interruption sur toute la longueur du châssis. Toutefois, l'emploi d'une tige unique nécessite la simultanéité de démarrage de toutes les voitures du train, et rétablit, au point de vue du service de la traction, un des inconvénients que nous avons signalés dans l'usage des accouplements à barres rigides.

Appliqué comme ressort de choc, le ressort en spirale se loge dans un boisseau en fonte ou en fer, sa base étant tournée vers le châssis; il reçoit sur son sommet l'action de la tige du tampon. Il peut aussi se placer à découvert contre la seconde traverse, la première portant le guide de la tige.

Parmi les ressorts à spirale, nous devons mentionner également les ressorts du système Myers, dont nous avons donné la description au sujet des heurtoirs (1re part., chap. VII, p. 252). Ces ressorts furent employés pendant un certain temps pour tampons de choc sur le chemin de fer du Nord, puis abandonnés comme trop cassants, par suite de la difficulté de trouver des aciers de qualité ordinaire pouvant supporter le travail auquel ils sont soumis dans ces appareils.

Ressorts Belleville[1]. — Le ressort Belleville est composé de rondelles ou disques en acier trempé, affectant la forme d'une calotte très-légèrement conique, percée d'un trou circulaire au centre. Deux rondelles se présentent mutuellement leur concavité ou leur convexité, formant ainsi une série de couples réunis par une tige passant dans le trou central et servant de guide aux diverses rondelles.

La flèche ou le degré de conicité des disques doit être telle, qu'ils fassent ressort jusqu'à ce qu'ils soient comprimés à fond, de manière à ne pas dépasser la limite d'élasticité et que le ressort ne se rompe point sous l'action d'un choc.

[1] Les détails suivants sont extraits du rapport de M. J. Morandière sur les ressorts du système Belleville. *Bulletin de la Société des ingénieurs civils*, 1866, 4e trimestre.

Ce résultat ne saurait être obtenu qu'en adoptant, pour les dimensions des rondelles, certains rapports déterminés par l'expérience et qui peuvent se résumer dans les expressions suivantes :

1° $$D = 0{,}08 + 0{,}01\,N\,;$$

D, — diamètre extérieur de la rondelle ; N, — nombre total de tonnes à supporter par le ressort ;

2° $$r = \frac{1}{2{,}75}\,D\,;$$

r représente le *rayon matière*, c'est-à-dire la différence entre le rayon extérieur et le rayon du trou ;

3° $$e = 1/6 \text{ à } 1/8\,r\,;$$

e, — l'épaisseur de la rondelle ;

Et enfin 4° $$F = 1/10 \text{ à } 1/14\,r\,;$$

F, — la flèche de la rondelle.

Ces dimensions seront applicables dans le cas où le trou ne dépassera pas trois fois le rayon matière. Dans le cas contraire, les rapports 1°, 2° et 3° ne changeront pas, mais on pourra augmenter la valeur de F jusqu'à 1/8 r.

La valeur du diamètre extérieur D dépend uniquement des circonstances particulières de la construction. Le tableau suivant donne les rapports entre les charges et les diamètres de quelques ressorts établis avec les proportions convenables.

Charge maxima ou d'aplatissement du ressort.	Diamètre extérieur donné à la rondelle.
3,000 kilogrammes.	0m,102
4,000 —	0 ,120
5,000 —	0 ,130
6,000 —	0 ,140
13,000 —	0 ,204

D'après ce que nous avons déjà dit, le ressort Belleville présente toutes les garanties possibles de sécurité. En admettant d'ailleurs qu'une rupture vienne à se produire, elle n'intéressera très-probablement qu'une seule rondelle et n'empêchera pas le ressort de continuer à fonctionner, tout au moins partiellement. Il présente donc un avantage sensible sur le ressort à spirale; son installation, tant pour la traction que pour le choc, peut d'ailleurs se faire aussi facilement et d'une manière identique à celles que nous avons décrites pour le cas précédent; sa flexibilité est sensiblement constante, ce qui n'a pas lieu pour le ressort en spirale; le seul désavantage qu'il présente sur ce dernier est une légère augmentation de prix, tout en restant cependant beaucoup au-dessous de la valeur des ressorts à lames.

Ressorts en caoutchouc. — Le caoutchouc s'emploie sous forme de rondelles superposées et séparées les unes des autres par des plaques de tôle. Un trou central est pratiqué dans l'intérieur des rondelles et des plaques qui se montent comme les ressorts en spirale et à disques. On trouve ces ressorts appliqués sur la plupart des chemins de fer en France et en Allemagne, mais avec de notables variantes dans l'arrangement.

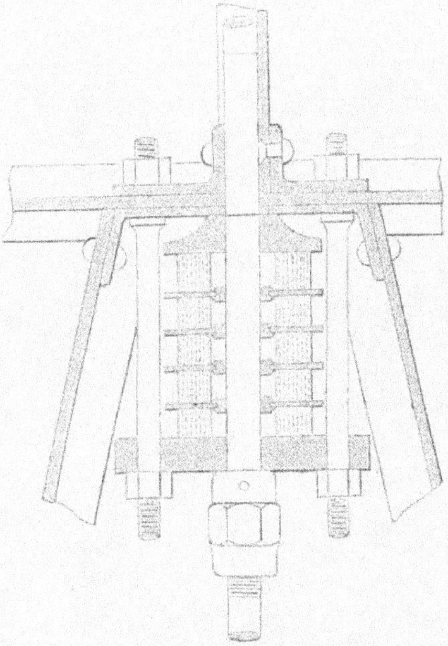

Fig. 470. Ressort de traction en caoutchouc. (Hanovre)

La figure 470 montre une bonne disposition de ressort de traction en caoutchouc employée sur le chemin de fer du Hanovre.

Les dimensions des rondelles de caoutchouc ne sont point

prises arbitrairement, leur résistance dépendant dans une certaine proportion de leur forme. Toutefois, la pratique seule peut guider ici le constructeur ; nous indiquerons donc les dimensions en usage sur quelques-unes des lignes qui emploient ce genre de ressorts, principalement pour tampons de choc.

	Diamètre extérieur.	Diamètre intérieur.	Epaisseur.
	mm	mm	mm
Chemin rhénan	207	65	39
— du Nord (France)	178	54	35
— de l'Ouest (France)	134	80	36
— d'Orléans et Méditerranée.	130	75	36
— du Midi (France)	130	75	36
— de l'Est (Bavière)	123	57	36
— de l'Ouest (Saxe)	130	52	37
— du Hanovre (traction)	126	55	37
— de l'Est (Saxe)	120	58	35
— du Central Suisse	117	52	33
— de Berlin-Stettin	113	65	23
— de Silésie-Saxe	103	46	25

Les rondelles en tôle qui séparent les rondelles de caoutchouc doivent avoir également une forme bien étudiée, car leurs mauvaises dimensions peuvent hâter la destruction du caoutchouc. On a reconnu que l'épaisseur de $0^m,003$ est convenable et qu'il est bon d'adopter un diamètre de $0^m,02$ supérieur à celui des rondelles en caoutchouc. Il convient de munir l'intérieur des rondelles en tôle d'un rebord qui empêche le caoutchouc de s'appliquer contre la tige centrale lorsqu'il se trouve comprimé par le tampon. Ce rebord est généralement rapporté et formé d'un alliage à base de zinc. Le soufre contenu dans le caoutchouc ne tarde pas à altérer les rondelles en tôle, si l'on n'a soin de garantir ces dernières de son action destructive en les étamant ou les recouvrant d'une couche de peinture qui demande à être soigneusement entretenue.

Les ressorts en caoutchouc présentent une grande légèreté, et un prix d'établissement relativement peu élevé. (1re part., ch. VII, p. 251.)

Leur flexibilité, loin d'être constante comme celle des ressorts à lames d'acier, diminue au contraire dans des proportions considérables à mesure que la charge augmente ; il en résulte un manque d'élasticité dans les chocs violents qui est un inconvénient sérieux au point de vue de leur application aux voitures.

Ils peuvent supporter des charges considérables sans que leur limite d'élasticité se trouve dépassée ; mais, sous l'action de la tension permanente ou des chocs incessants auxquels les ressorts de traction se trouvent soumis, la nature du caoutchouc vulcanisé ne tarde pas à s'altérer, les rondelles se déchirent en morceaux et finissent par se réduire en poussière. Leur durée est toutefois subordonnée à la qualité de la matière. Ainsi, des rondelles en caoutchouc de mauvaise nature ne durent guère plus d'une année, tandis que, d'après l'expérience des principales lignes d'Allemagne, leur durée peut, dans de bonnes conditions, surpasser celle des ressorts en acier.

Il faudra donc apporter un soin tout particulier à leur réception : on devra spécialement refuser toute rondelle fendue, car dans ces conditions, elles ne tardent pas à se détruire.

Sur le chemin du Midi, les spécifications fixent la densité du caoutchouc à 1,22, avec une tolérance de 2 1/2 pour 100 au maximum, et l'on exige que la proportion de caoutchouc pur atteigne au moins 66 pour 100. La densité admise par le chemin de fer de l'Est ne dépasse pas 1,10. Ces précautions ne sont pas superflues, en présence de la tendance des fabricants à augmenter la proportion du soufre nécessaire pour la vulcanisation et à livrer des produits dont la durée est ainsi considérablement réduite.

Sur le chemin de la Theiss (Autriche), on fait usage depuis 1857 de ressorts en caoutchouc du système G. Spencer de Londres. Ces ressorts sont composés d'éléments tronc-coniques, soit isolés, soit accolés deux à deux. Un double cône et deux cônes indépendants constituent le ressort de traction d'une voiture. Les divers éléments, séparés par des rondelles en tôle, sont limités dans leur extension, au milieu par un anneau en fer et aux extrémités par les rebords de deux douilles en fonte clavetées sur la tige de traction. Celle-ci règne sans interruption, d'un bout à l'autre du châssis qu'elle entraîne par l'intermé-

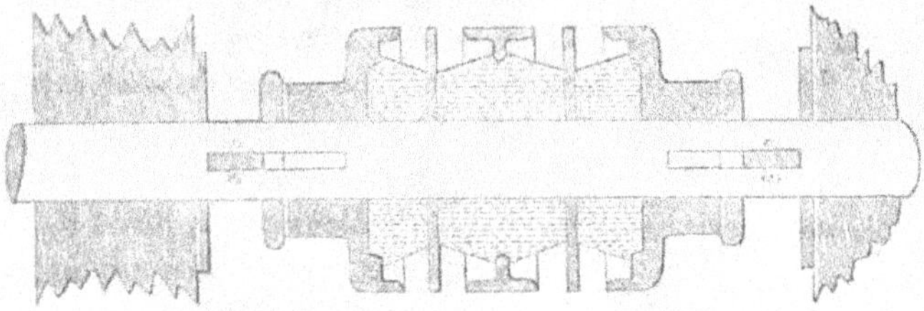

Fig. 471. Ressort de traction. Système Spencer. (Chemin de la Theiss.)

diaire du ressort appuyant alternativement sur les traverses centrales. La figure 471 montre la disposition de ce système de

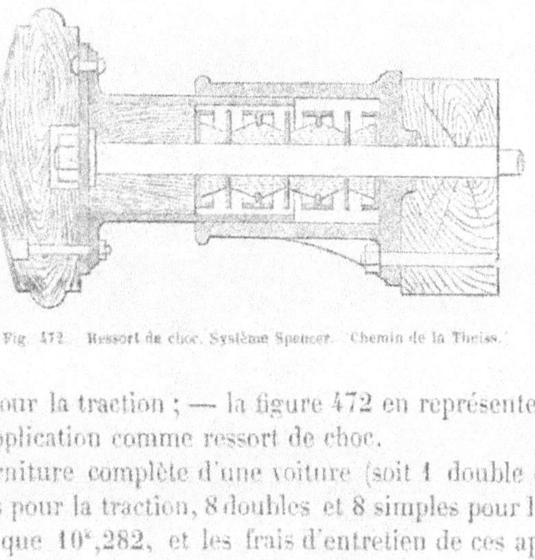

Fig. 472. Ressort de choc. Système Spencer. (Chemin de la Theiss.)

ressort pour la traction ; — la figure 472 en représente également l'application comme ressort de choc.

La garniture complète d'une voiture (soit 1 double cône et 2 simples pour la traction, 8 doubles et 8 simples pour le choc) ne pèse que $10^k,282$, et les frais d'entretien de ces appareils sur le chemin en question n'ont pas dépassé en moyenne, depuis sept ans, $0^f,367$ par voiture et par an [1].

[1] *Organ für die Fortschritte des Eisenbahnwesens.* 1er supplément, 1866, p. 153.

Tampons de choc. — Les tampons de choc sont des disques en fer de $0^m,35$ à $0^m,40$ de diamètre venus de forge à l'extrémité d'une tige. Leur face extérieure, tantôt plane, tantôt bombée, était autrefois recouverte d'un disque en bois fixé au moyen de vis, mais on laisse aujourd'hui le fer à découvert.

La tige passe au travers d'un *boisseau* ou *faux tampon* en fonte et se prolonge au delà, d'une quantité plus ou moins grande suivant le cas. Lorsque les ressorts de traction doivent également servir pour le choc, le prolongement de la tige du tampon prend une section carrée, passe dans des guides fixés aux traverses du châssis, et se termine par une main de choc en fonte fixée au moyen d'une clavette. Dans le cas d'un ressort de choc spécial renfermé dans le boisseau, la tige du tampon ne se prolonge au contraire que de la quantité nécessaire pour faciliter le guidage et agit sur le ressort au moyen d'un disque ou d'une simple clavette.

Le forgeage des rondelles et tiges de tampons est une opération qui demande un soin tout particulier. Voici le procédé que nous avons employé pour la fabrication des tampons avec du fer de ferraille. Elle se divise en deux parties :

1° La préparation du fer ou l'ébauchage du fagot ;

2° L'enlevage complet du champignon et de la tige du tampon.

Nous employons cinq chaudes pour effectuer cette double opération. En voici le détail et l'indication des déchets successifs.

Première opération.

1re chaude servant à souder et relier le paquet donnant, avec de la ferraille de dernière qualité, un déchet de...	12 p. 100
2e chaude ayant pour but de préparer le massiau et couper le tampon ; déchet d'environ....................	6 —

Deuxième opération.

3e chaude pour enlever la tige du tampon................	6 —
4e chaude pour enlever et rabattre le champignon.......	—
5e chaude pour terminer le champignon dans la matrice..	8 —
Déchet total..............................	32 p. 100

Une fois le tampon enlevé au pilon, les tiges ne sont pas toutes d'une longueur régulière, il faut les souder, il y a presque toujours du déchet ; de plus, les champignons laissent à leur pourtour une bavure qu'il faut enlever à la cisaille ; bien que la majeure partie de ces déchets soient utilisables, on peut porter à 33 pour 100 le chiffre total des déchets.

Le prix de revient d'un tampon peut d'après cela se résumer ainsi :

Matières.	
Ferraille nécessaire pour un tampon de $33^k,33$ à 9 fr. les 100 kilogrammes	$3^f,00$
Déchet, 33 pour 100	1 ,00
Charbon nécessaire pour marteler, 84 kilogr. à 24 fr. les 100 kilogrammes	2 ,11
Une tige ronde de $0^m,043$ de diamètre sur $0^m,680$, $7^k,70$ à 24 fr. les 100 kilogrammes	1 ,85
Charbon pour souder la tige	0 ,20
Main-d'œuvre.	
Pour marteler $33^k,33$ de fer et façonner le champignon, à $0^f,50$ les 100 kilogrammes, pour 30 kilogrammes	1 ,95
Souder la tige	1 ,00
Cisailler le pourtour du champignon	0 ,05
Soit	$11^f,16$
Auxquels il faut ajouter pour frais généraux comptés à 75 pour 100 de la main-d'œuvre	2 ,25
Ce qui donne pour un poids de $37^k,50$ un total de	$13^f,41$

Soit $35^f,75$ pour 100 kilogrammes.

Quelquefois on fait venir de forge à la tige du tampon un bourrelet (Est) destiné à buter contre le faux tampon et à limiter ainsi la course du premier. Cette saillie s'obtient en refoulant dans une étampe fendue la queue du tampon chauffée au rouge blanc, avant de la souder à la barre qui forme le prolongement de la tige.

Le tampon est guidé soit par une douille à trois pattes en fer, soit par le *faux tampon* en fonte, qui porte à sa partie postérieure, généralement ouverte, trois ou quatre pattes venues de fonte et servant à le fixer au châssis à l'aide de boulons. La partie antérieure est disposée de manière à ne présenter qu'une ouverture suffisante pour le passage de la tige et lui servir de guide.

Lorsque le faux tampon ainsi disposé doit recevoir un ressort en acier ou en caoutchouc, on interpose entre ce dernier et la traverse du châssis une rondelle en bois.

La figure 472, page 387, indique une disposition différente, dans laquelle le boisseau est au contraire ouvert à la partie antérieure, ce qui permet de réparer le ressort sans avoir besoin de démonter tout l'appareil. On remarquera, en outre, que le tampon lui-même est rapporté sur sa tige et formé d'un disque de tôle maintenu par un bloc de bois. Le guidage se fait au moyen d'une gaîne en tôle de même diamètre que l'intérieur du boisseau. En résumé, l'ensemble de cette disposition offre une grande facilité de construction et de réparation. On emploie également avec le même boisseau un tampon dont la tige, de moindre diamètre que ce dernier, forme plongeur, et qui, appuyant sur le ressort par une large surface, présente l'avantage de mieux répartir la pression sur ce dernier. Ce plongeur est généralement en fonte, et le tampon fait corps avec lui ou est simplement rapporté à l'aide de boulons ou rivets, auquel cas on le fait généralement en bois ou en tôle. La figure 450, page 215, représente cette disposition appliquée à un ressort de choc en caoutchouc. Elle sert également dans le cas des ressorts Brown. Voici le prix de revient d'une garniture complète de ce dernier système :

Boisseau	7f,50
Plongeur	4 ,40
Tôle du champignon	3 ,40
Rondelle en tôle	0 ,20
Boulon	1 ,00
Ressort Brown	14 ,50
Rivets	0 ,15
Rondelles en bois	0 ,45
Montage	0 ,40
Total	32f,00

Tiges de traction. — Les tiges de traction sont en fer forgé, terminées à l'une de leurs extrémités par un crochet d'attelage. Ce crochet est représenté figure 473. Sa forme doit être

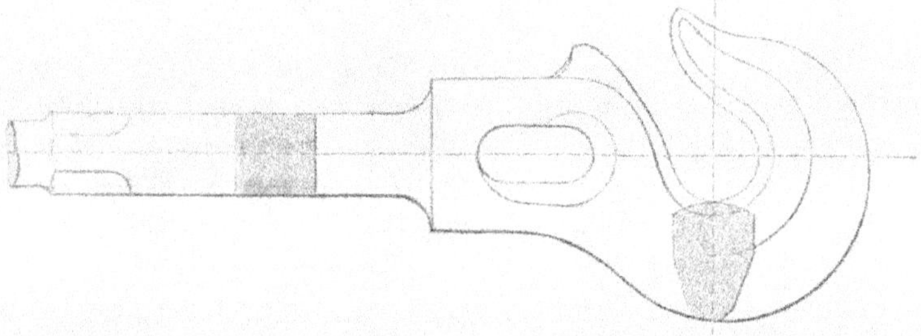

Fig. 473. Crochet de traction. Echelle $\frac{1}{5}$.

étudiée de telle sorte que le point d'attache de l'anneau du tendeur ou de la chaîne d'attelage soit exactement situé sur le prolongement de l'axe de la tige; sa section en ce point doit être au moins égale à la section minimum de la tige, et son extrémité ne doit être recourbée que de la quantité nécessaire pour recouvrir l'anneau après sa mise en place, afin que l'attelage puisse se faire sans rapprocher inutilement deux véhicules. La base du crochet est percée d'une ouverture oblongue qui reçoit l'un des anneaux du tendeur.

Chaînes de sûreté. — Les chaînes de sûreté sont composées

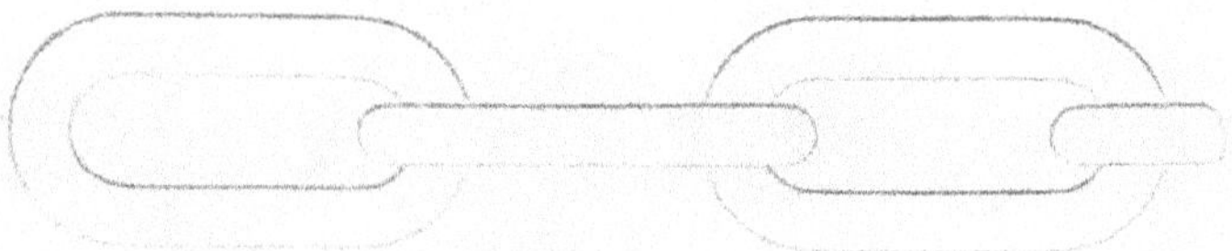

Fig. 474. Chaîne de sûreté. Echelle $\frac{1}{5}$.

d'anneaux soudés suivant la forme indiquée sur la figure 474 et se terminent par un crochet (fig. 475), dont l'extrémité doit être plus recourbée que celle du crochet d'attelage, les chaînes étant toujours animées d'un mouvement d'oscillation qui pourrait sans cela faire dégager l'anneau du crochet. Les chaînes de sûreté sont attachées aux anneaux de deux boulons représentés par la figure 476 ; ceux-ci sont fixés sur l'une des traverses intermédiaires, afin de reporter l'effort de traction vers le milieu du châssis. Nous rappellerons qu'il est nécessaire, ainsi que nous l'avons déjà dit page 313, d'interposer entre l'écrou de ce boulon et la traverse une ou plusieurs rondelles de caoutchouc, afin d'amortir la violence du choc qui se produit lorsque le tendeur vient à se rompre ; sans cette précaution, le choc pourrait briser également les chaînes appelées à suppléer le tendeur.

Fig. 475. Crochet de chaînes de sûreté. Ec. $\frac{1}{5}$.

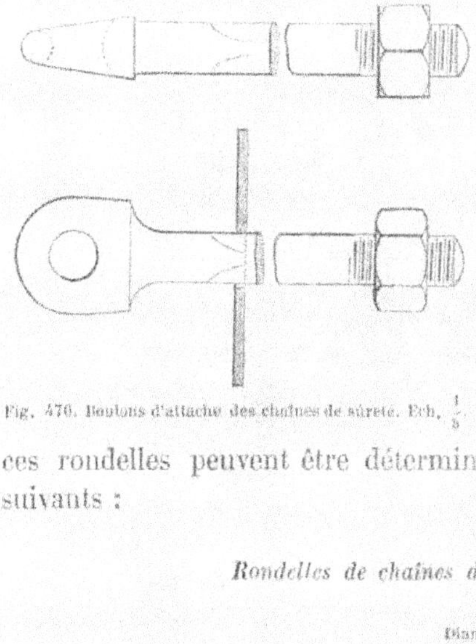

Fig. 476. Boulons d'attache des chaînes de sûreté. Ech. $\frac{1}{5}$.

Les dimensions de ces rondelles peuvent être déterminées d'après les exemples suivants :

Rondelles de chaînes de sûreté.

	Diamètre extérieur.	Diamètre intérieur.	Épaisseur.
	mm	mm	mm
Chemin de Wurtemberg.......	120	48	39
— de Hanovre..........	106	37	53
— de Bavière (Est).......	87	32	72
— de Cologne à Minden..	84	29	65
— du Rhin............	77	28	39

Tendeur à vis. — Le tendeur à vis que nous avons déjà décrit (373) est représenté figure 477. La construction de la vis,

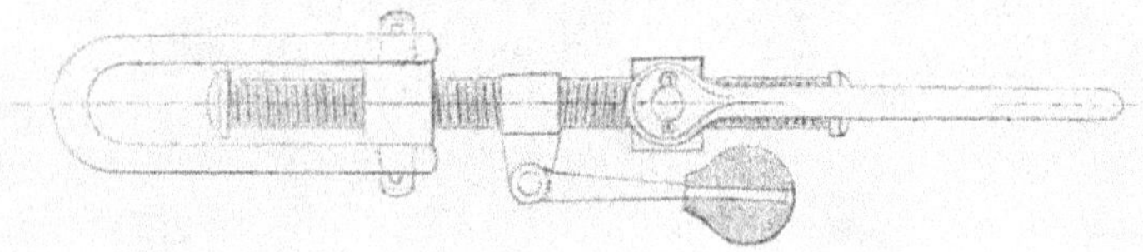

Fig. 477. Tendeur à vis. Echelle $\frac{1}{10}$.

dont les filets sont arrondis, réclame un soin particulier, parce qu'elle doit supporter seule tout l'effort de traction.

Afin de pouvoir détacher une voiture d'un train en marche, le chemin de South-Eastern a disposé un système d'attelage qui réalise convenablement le but proposé.

L'un des anneaux de ce tendeur spécial affecte la forme d'un long crochet, dont l'une des branches peut osciller autour de son extrémité, quand l'autre extrémité est dégagée de l'action d'un levier qui la maintient en place pendant la marche. Lorsqu'il s'agit de détacher le wagon, le garde-frein qui l'accompagne, en approchant de la station, tire à lui le levier au moyen d'une corde, le crochet se dégage et le wagon s'arrête sous l'action mesurée du frein.

Observation. — Nous croyons devoir appeller tout spécialement l'attention de l'ingénieur chargé de la construction de cette partie du matériel, sur la nécessité d'employer pour la fabrication de ces diverses pièces, tiges, chaînes, crochets, tendeurs, des matières de qualité supérieure ; de ne les soumettre qu'à des efforts très-inférieurs à la limite d'élasticité du métal ; d'apporter un soin tout particulier à leur exécution qui, en raison du travail auquel ces pièces doivent être soumises pendant le service, demande à être irréprochable. Ces conditions sont indispensables pour diminuer autant que possible les chances de rupture de ces organes, accidents qui ont pour conséquence, surtout sur les lignes à déclivité prononcée, de compromettre gravement la sécurité des voyageurs et du personnel de l'exploitation, indépendamment des avaries qui peuvent en résulter pour le matériel lui-même.

Nous pouvons à ce propos signaler aux ingénieurs un progrès marqué dans la fabrication des ferrures de wagons : on a remarqué, dans la section française des chemins de fer de l'Exposition universelle de 1867, des pièces de toutes formes et de toutes destinations obtenues par le laminage à un état d'ébauches tellement avancé que leur achèvement ne réclame plus qu'un travail très-restreint et par conséquent peu compromettant pour la qualité des produits.

382. **Boites à graisse.** — *Conditions générales.* — Nous avons développé (373) les raisons qui devaient faire adopter une disposition permettant d'effectuer le graissage de la fusée par-dessous dans les conditions normales, et au besoin par-dessus. L'emploi de l'huile donne seul ce résultat; mais nous savons aussi qu'il faut que la substance lubrifiante se conserve parfaitement exempte de matières étrangères, que le réservoir d'huile soit aussi grand que possible et le niveau maintenu toujours assez bas pour que les oscillations et les chocs provenant des inégalités de la voie ne fassent pas épancher le liquide au dehors. On devra également faire en sorte que la pression du poids du véhicule s'exerce toujours au milieu de la fusée, en donnant aux coussinets et aux ressorts un certain jeu qui facilite leur mouvement respectif dans le passage des courbes. L'emploi des menottes pour attache des ressorts aux brancards procure cet avantage. Cela posé, examinons, parmi les très-nombreuses dispositions en usage aujourd'hui, les nouvelles boîtes qui nous semblent le mieux répondre à ces conditions, sans compter la boîte *Delannoy*, trop connue pour demander ici une description détaillée.

Boîte de Hanovre. — Les deux parties de la boîte en fonte sont réunies non point par des boulons, mais par un étrier en fer, articulé à la partie supérieure du dessus de la boîte et muni à sa partie inférieure d'une vis de pression agissant en dessous de la boîte, de bas en haut. La figure 478, qui est une coupe verticale de cet appareil suivant l'axe de l'essieu, montre la disposition intérieure. — On remarquera que le graissage se fait à la partie inférieure au moyen d'une brosse puisant l'huile dans le réservoir à l'aide de mèches en coton et elle-même maintenue constamment en contact avec la fusée, par un petit ressort à boudin. Un réservoir supplémentaire, placé à la partie supérieure, permet, en cas de besoin, d'effectuer le graissage de la fusée par le haut. Du côté de la roue, une garniture en feutre qui s'applique contre l'essieu ferme l'entrée à la poussière, et un petit godet, placé à l'arrière du réservoir, retient l'huile déversée au dehors ou retombant de la fusée.

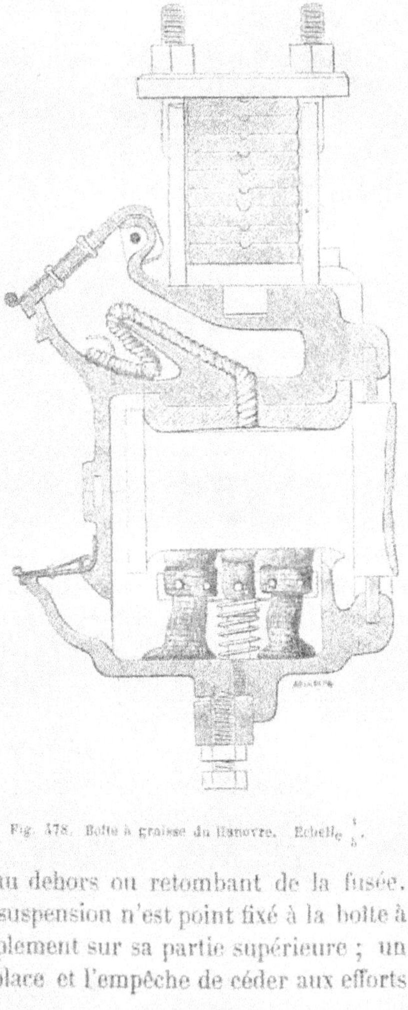

Fig. 478. Boîte à graisse du Hanovre. Echelle $\frac{1}{5}$.

L'étrier du ressort de suspension n'est point fixé à la boîte à graisse, mais repose simplement sur sa partie supérieure ; un tenon le maintient en place et l'empêche de céder aux efforts transversaux.

Boîte du chemin de fer rhénan. — Cette boîte, représentée

figure 479 en coupe longitudinale, est une modification de la boîte américaine. Le changement consiste principalement dans l'addition à la partie inférieure d'une tubulure latérale qui n'a pu être figurée ici. La lubrification de la fusée a lieu par l'intermédiaire d'une garniture composée d'un noyau central formé d'un paquet de mèches solidement serrées et entouré de laine ; cette garniture repose sur une lame de tôle ondulée, percée de trous, destinée à empêcher l'obstruction du canal de la tubulure. La capacité située sous la plaque de tôle est maintenue constamment pleine d'huile.

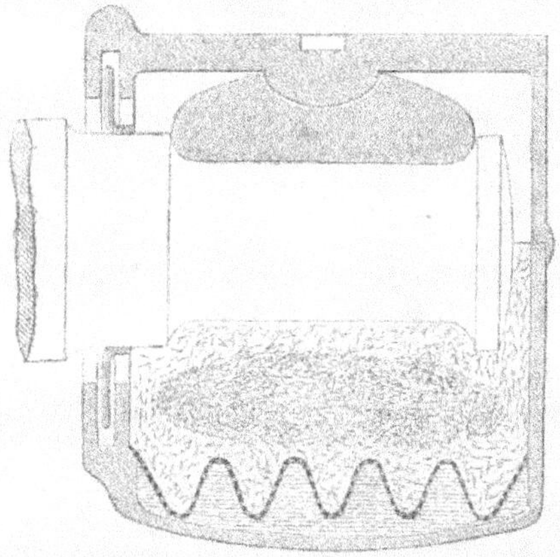

Fig. 479. Boîte à huile américaine des chemins rhénans. Echelle $\frac{1}{5}$.

Le contact entre le coussinet et la boîte n'a lieu que suivant une surface courbe dans les deux sens, ce qui facilite le mouvement relatif des deux pièces et, par suite, le passage dans les courbes.

Un anneau de cuir embouti, embrassant la fusée, ferme la boîte du côté de l'intérieur.

La boîte que nous venons de décrire présente à plusieurs égards des inconvénients dont les principaux sont l'absence du graissage par la partie supérieure et la difficulté de visite pendant la marche du train. Toutefois, elle est remarquable par sa simplicité d'installation et peut rendre sous ce rapport de grands services sur les lignes secondaires. La disposition moins perfectionnée qui lui a servi de modèle est d'ailleurs employée avec avantage sur les chemins de fer des Etats-Unis.

Boîte de M. Basson. — Cette boîte, également employée sur les chemins rhénans, est due à M. Basson, ingénieur du service des machines à Cologne, et se trouve représentée figures 480 et 481. La réunion des deux parties de la boîte se fait, comme dans celle du Hanovre, à l'aide d'un étrier. La boîte supérieure a très-peu de hauteur, de manière à laisser à découvert la plus

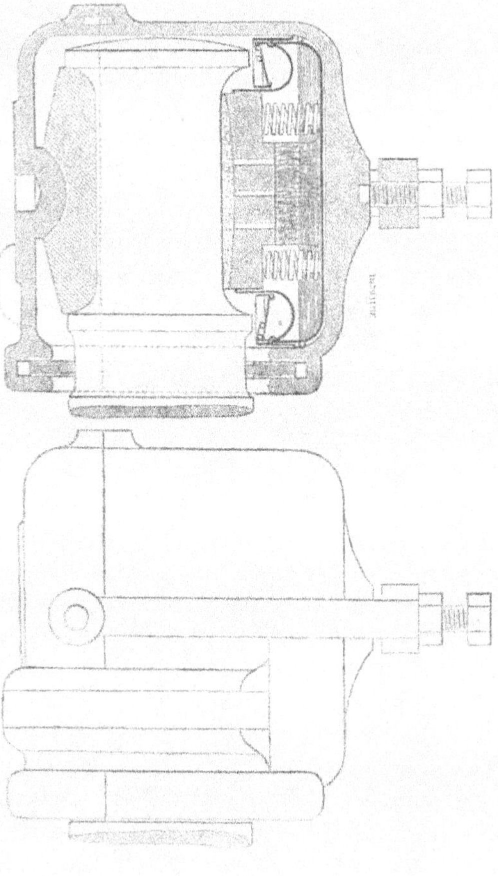

Fig. 480. Fig. 481.
Boîte à huile du chemin de fer rhénan. Système Bosson. Echelle $\frac{1}{5}$.

grande partie de la fusée, lorsque le dessous de boîte est enlevé. Le contact entre le couvercle et le coussinet a lieu, comme dans l'appareil précédent, suivant une surface courbe présentant les avantages que nous avons déjà signalés.

Le fond de la boîte porte une cuvette en tôle galvanisée servant de réservoir d'huile. Deux ressorts à boudins appliquent contre la fusée une brosse formée de deux paquets de mèches séparés par un morceau de bois et maintenus de chaque côté par une planchette. Une lame de cuir, faisant rigole, réunit la brosse au réservoir ; elle est recouverte d'une lame de tôle également fixée aux parois de ce dernier, percée de trous et inclinée légèrement vers l'intérieur. Des trous percés dans la pièce de bois du milieu permettent à l'excédant d'huile de tomber directement dans le réservoir, tandis que le liquide qui a lubrifié la fusée retombe par les deux extrémités sur la lame métallique d'abord, dont la surface retient une partie de ses impuretés, et, de là, sur la rigole en cuir, au travers de laquelle il se filtre et descend goutte à goutte dans le réservoir. La fermeture de la boîte vers l'intérieur est obtenue par une garniture en bois et en feutre.

On peut se rendre compte, par la description qui précède, des avantages que présente cette disposition, dans laquelle se trouvent résolues une grande partie des conditions que nous avons posées plus haut. Il est à remarquer toutefois que le graissage ne peut pas s'effectuer par le haut et que, sous ce rapport, la boîte en question présente une infériorité. Mais l'absence d'ouvertures fermées par les couvercles ordinaires qui ne sont jamais étanches et souvent même se trouvent soulevés par les trépidations du véhicule pendant la marche, est un avantage considérable dont il faut tenir compte ; la capacité du réservoir permet de le remplir d'une quantité d'huile suffisante à un parcours de 200 kilomètres au moins ; la visite des boîtes ne devient nécessaire que dans les gares principales.

Boîte du chemin de fer d'Orléans. — Cette boîte est disposée de manière à pouvoir effectuer le graissage à la fois par-dessus et par-dessous.

Les deux parties de la boîte sont réunies à l'aide de boulons.

Le graissage de la fusée à la partie inférieure se fait à l'aide d'un tissu de coton maintenu sur un cadre en bois pressé par deux ressorts à boudins.

La fermeture de la boîte vers la partie intérieure a lieu à l'aide d'une lame de feutre.

Un double mouvement est ménagé au ressort, de manière à ce que, dans toutes les positions, la pression s'exerce toujours normalement sur le milieu de la fusée ; disposition que l'on retrouve également établie d'une manière ingénieuse sur les boîtes du Nord.

Boîtes diverses.—Nous citerons enfin la boîte Dietz, employée sur le réseau de l'Est ; — ici la fusée plonge en partie dans le réservoir d'huile ; le réservoir est limité vers l'intérieur par un collier en bronze pressé par un ressort à boudin contre la fusée ; l'huile, après avoir lubrifié celle-ci, retombe à son extrémité de l'autre côté du collier, et se recueille dans un deuxième réservoir, d'où une bague en fer calée sur l'essieu la fait remonter à la partie supérieure. Un ramasseur en acier, frottant contre cette bague, force l'huile à tomber sur un plan incliné ménagé au-dessus du coussinet dans l'épaisseur du dessus de boîte et à revenir ainsi au réservoir principal.

Il existe encore d'autres combinaisons basées sur l'emploi d'un rouleau graisseur flottant dans le réservoir d'huile et tangent à la fusée, qui lui imprime en tournant un mouvement de rotation (boîte Seguin, boîte Wynans de Baltimore, boîte du chemin de Cologne à Minden, boîte du Wurtemberg). Enfin, une dernière méthode consiste à substituer aux ressorts ordinairement employés pour presser les appareils lubrificateurs contre la fusée, des contre-poids (chemin de Tours à Nantes, ancienne boîte badoise, etc.)[1].

Voici le prix de revient approximatif d'une boîte du système décrit plus haut.

[1] Consulter sur cette question l'intéressant ouvrage de M. Heusinger, von Waldegg : *Die Schmiervorrichtungen und Schmiermittel der Eisenbahnwagen* — *Wiesbaden*.

Devis d'une boîte à graisse.

Quantités	DÉSIGNATION.	POIDS.	PRIX.	SOMMES PARTIELLES	TOTAUX.
		kil.	fr.	fr.	fr.
	Matières.				
	FONTE.				
1	Dessus de boîte à graisse..............				
1	Dessous de boîte à graisse..............	28	25 p. 100 kil.	7 »	
1	Couvercle de graisseur..............				
	BRONZE.				
1	Demi-coussinet....................	3,600	250 —	9 »	
1	Collier de barrage....................				
	FER.				
4	Boulons de 12/70..................	0,450	30 —	» 14	
	FIL DE FER.				
4	Goupilles pour boulons ci-dessus.......				
1	Axe du graisseur..................	0,060	100 —	» 06	
1	Axe du ramasseur..................				
	ACIER.				
1	Ressort à boudin..................	0,070	380 —	» 27	
1	Ramasseur......................	0,175	100 —	» 175	
1	Ressort du couvercle graisseur.......				
	DIVERS.				
4	Rivets du couvercle graisseur.........	Ensemble.	—	» 05	
1	Platine en tôle du couvercle graisseur.	0,010	45 —	» 005	
1	Platine en cuir du couvercle graisseur.	Environ.	—	» 01	
1	Vis pour ressort du couvercle graisseur.	—	—	» 01	
	Charbon, environ..................	—	—	» 10	
	TOTAL POUR LES MATIÈRES...	....	....	....	16 82
	Main-d'œuvre.				
	Dessus, dessous et couvercle de boîte. Traçage........	—	» 50		
	Rabotage........	—	2 50		
	Ajustage........	—	» 50		
	Perçage........	—	» 50	4 »	
	Demi-coussinet et collier de barrage. Rabotage........	—	» 30		
	Tour et alésage.	—	» 70	1 »	
	4 boulons de 12/70 reliant le dessus au dessous........ Forge........	—	» 20		
	Taraudage........	—	» 05		
	Perçage........	—	» 05		
	Tour........	—	» 30	» 60	
	Ramasseur en acier Forge........	—	» 17		
	Perçage........	—	» 03	» 20	
	Rouler, tremper et régler le ressort à boudin..................	—	—	» 20	
	Ressort du couvercle du graisseur.... Forge........	—	» 20		
	Perçage........	—	» 02	» 22	
	Platine du graisseur, perçage........	—	—	» 01	
	Montage de la boîte..................	—	—	1 »	
	TOTAL POUR MAIN-D'ŒUVRE.	....	....	....	7 23
	Prix de revient de la boîte............				24 05

A cette valeur ajoutons celle de la rondelle en cuir fermant la boîte à l'intérieur et de la bague fixée sur l'essieu ; cette dernière valeur se décompose ainsi qu'il suit :

Matières.

Fer pour la bague, 1k,500 à 25 fr........	0f,37	
Cuir pour la rondelle, 0k,100 à 5 fr......	0 ,50	
Charbon..............................	0 ,10	
	0f,97	0f,97

Main-d'œuvre.

Forge................................	0f,50	
Tour et alésage.......................	0 ,75	
Faire la rainure de la bague.............	0 ,30	
Percer et découper la rondelle en cuir....	0 ,30	
	1f,85	1 ,85
Total..................		2f,82
A ajouter pour la boîte........................		24 ,05
Prix total, compris la bague et la rondelle, sans frais généraux ni bénéfices........................		26f,87

Observations. — La boîte se coule en fonte de première ou de deuxième fusion. Les deux parties doivent avoir leurs bords rigoureusement dressés afin d'obtenir une fermeture étanche ; dans ce même but, on fait le plus souvent venir de fonte une rainure sur le bord saillant, et l'on interpose quelquefois dans le joint une bande de cuir ou de caoutchouc.

Lorsque la boîte est munie d'ouvertures pour la visite ou le remplissage, les obturateurs ont les faces de contact soigneusement ajustées, et sont munis d'un ressort en acier qui tend à les maintenir aussi hermétiquement fermés que possible.

De chaque côté de la boîte, viennent de fonte deux portées saillantes, munies de rainures verticales, destinées à guider la boîte dans la plaque de garde. Ces rainures doivent être dressées avec le plus grand soin et parfaitement parallèles entre elles.

Les coussinets doivent avoir les bords légèrement évasés, de manière à ne reposer que sur le sixième environ de la surface de la fusée, et leurs extrémités arrondies, afin de ne pas se heurter dans les courbes contre les saillies qui terminent la fusée.

On emploie aujourd'hui à la fabrication des coussinets le bronze ou des alliages en proportions diverses, d'un prix moins élevé et donnant un frottement plus doux. La composition de bronze généralement employée est de :

80 à 82 pour 100 de cuivre.
et 20 à 18 — d'étain.

Le métal blanc, — anti-friction, — pour les coussinets de voiture, est employé en Allemagne sur une assez grande échelle. Voici quelques-uns des alliages en usage sur différentes lignes de ce pays :

Chemins.	Cuivre.	Étain.	Antimoine.	Plomb.	Total.
Hanovre	8,7	86,3	5	»	100
Rhénan	4	60	8	»	72 [1]
—	»	85	15	»	100
Silésie supérieure...	1	15	2	»	18 [2]
Berlin-Stettin......	»	42,5	15	42,50	100

Les ruptures de coussinets, accidents assez fréquents, résultent en grande partie des ébranlements produits par les inégalités de la voie, surtout celles des coussinets portant des trous pour le graissage à la partie supérieure de la fusée, et qui, par cela même, se trouvent affaiblis. Une mauvaise construction peut également avoir le même inconvénient. Quoi

[1] Cet alliage sert principalement à garnir les coussinets formés avec le bronze suivant : cuivre 30 + étain 7 = 37, lorsqu'ils sont usés.

[2] On commence par fondre un alliage composé de 1 partie de cuivre, 2 parties d'antimoine, et 6 parties d'étain. On lamine les lingots en plaques de $\frac{1}{2}$ pouce d'épaisseur, et, au moment du coulage du coussinet, on ajoute 100 pour 100 d'étain.

qu'il en soit, on diminue relativement les chances de rupture en coulant directement le coussinet dans l'intérieur de la boîte, opération qui ne présente pas de difficulté avec l'emploi des alliages blancs, tels que ceux que nous venons d'indiquer. Indépendamment de ces cas particuliers de rupture, le remplacement des coussinets devient nécessaire au bout d'un certain temps de service normal, lorsque la diminution d'épaisseur peut en rendre l'usage incommode ou dangereux. On devra donc avoir toujours en réserve un nombre suffisant de coussinets de rechange (dans le cas où l'on emploie le bronze), ou, s'il s'agit de métal blanc, une provision suffisante d'alliage en lingots. Il faut aussi prendre la précaution de faire préparer à l'avance une assez grande quantité d'alliage, afin d'obtenir une composition homogène, et veiller avec soin à ce que la proportion du mélange, une fois adoptée, soit rigoureusement conservée.

S'agit-il maintenant de renouveler la garniture d'une boîte à graisse? on fixera, à l'aide de boulons, sur le dessus de boîte, un moule en fer dont la forme représente la surface de frottement du coussinet, et portant un ajutage évasé. Après avoir bouché les solutions de continuité à l'aide de terre réfractaire, on place l'appareil dans une position inclinée et on verse avec précaution l'alliage fondu, en ayant soin de remplir complétement le moule et l'entonnoir de coulée, de manière à former une masselotte suffisante pour assurer l'homogénéité du métal. Après quelques minutes de refroidissement, on peut enlever la forme et la reporter sur une autre boîte. L'ajustage du coussinet s'effectue ensuite à la manière ordinaire.

Les appareils graisseurs (rouleaux, mèches, brosses, etc.), donnant également lieu à un entretien très-coûteux dans les boîtes à graissage inférieur, méritent, par cela même, d'attirer l'attention de l'ingénieur. Les dispositions les plus simples seront donc, à certains égards, les meilleures; cependant il ne faut pas exclure pour cela de la pratique des dispositions ingénieuses, telles par exemple que celles de M. Basson qui, tout en présentant une certaine complication, peuvent, si elles sont bien construites, rendre de véritables services sous le rapport de l'économie du graissage et des frais de traction. A un point de vue général, l'emploi des mèches liées en faisceau paraît préférable à celui des brosses ou coussins, dont les supports en bois ne tardent pas à se ramollir sous l'action de l'huile et qui finissent bientôt par se détruire complétement.

Le nettoyage des boîtes à graisse constitue également une partie importante de l'entretien. Nous renverrons le lecteur, pour cette question, au chapitre Ier, § IV (363), où nous l'avons déjà traitée en parlant de l'entretien des boîtes à graisse des locomotives.

382 *bis*. **Plaques de garde.** — Les plaques de garde en tôle

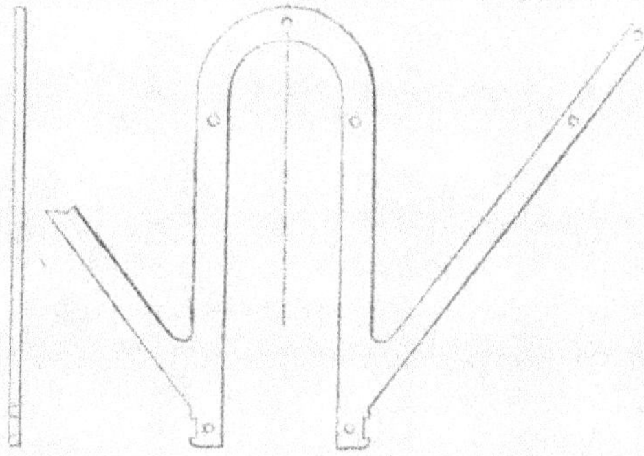

Fig. 482. Plaque de garde en fer laminé. Echelle $\frac{1}{20}$.

découpée sont plus rarement employées que celles en fer, forgées conformément au dessin de la figure 482.

Les fabricants suivent deux procédés pour exécuter les plaques de garde de cette dernière forme. — Les jambes de force formant V peuvent, en effet, être *enlevées* dans la masse de la barre qui constitue le fer à cheval, ou simplement *encolées*, deux opérations différentes par la qualité du fer employé et par la main-d'œuvre, ainsi qu'il résulte des deux prix de revient suivants :

PROCÉDÉ PAR ENLEVAGE.

Matières.

Fer n° 2 pour enlever les V, 10^k,175 à 29 fr. les 100 kil.	2^f,95	
Fer n° 3 pour les branches, 20 kil. à 24 fr. les 100 kil.	4 ,80	
Déchet, 10 pour 100	0 ,78	
Charbon	1 ,00	9^f,53

Main-d'œuvre.

Forgeage	6^f,00	
Ajustage	0 ,35	
Traçage	0 ,06	
Perçage	0 ,25	6 ,66
Frais généraux		5 ,00
Prix de revient total		21^f,19

PROCÉDÉ PAR ENCOLAGE.

Matières.

Fer n° 3, 30^k,175 à 24 fr. les 100 kilogrammes	7^f,24	
Déchet, 10 pour 100	0 ,72	
Charbon	1 ,00	8^f,96

Main-d'œuvre.

Forgeage	4^f,50	
Ajustage, traçage et perçage (comme ci-dessus)	0 ,66	5 ,16
Frais généraux		3 ,87
Prix de revient		17^f,99

Il y a ainsi entre les deux procédés une différence de 3 fr. 20 par plaque — et l'usage n'a pas fait reconnaître une différence bien tranchée de l'un à l'autre. En tout cas, pour les wagons à marchandises, les plaques de garde obtenues par le deuxième procédé sont suffisantes.

383. **Roues et essieux.** — *Conditions générales.* — Rappelons en quelques mots les principales conditions auxquelles doivent satisfaire les roues et les essieux des véhicules de chemin de fer.

Pour les roues, ces conditions se résument ainsi :

1° Présenter une résistance suffisante :

a. Aux efforts dirigés suivant l'axe de la voie ;

b. Aux efforts transversaux ;

2° Offrir dans ces deux sens une élasticité convenable ;

3° Présenter une résistance aussi uniforme que possible, sur tous les points de la surface de roulement ;

4° Réunir la légèreté à la solidité ;

5° Communiquer à l'air ambiant le minimum de mouvement ;

6° Employer des matériaux fournissant un long service ;

7° Réunir à ces diverses conditions celle de la plus grande économie possible dans les frais de construction.

Dans les essieux, on recherche les qualités suivantes :

1° Résistance suffisante aux efforts de flexion provenant du poids du véhicule et de la réaction des boudins des roues contre les rails ;

2° Elasticité suffisante pour ne pas se déformer sous l'influence de ces efforts combinés et des chocs accidentels auxquels ils se trouvent sans cesse exposés ;

3° Dureté suffisante pour que les fusées n'éprouvent pas une déperdition de diamètre trop rapide sous l'influence du frottement dans les boîtes à graisse.

Forme et dimensions des essieux. — La forme des essieux de voiture ne diffère en rien des essieux droits des locomotives et tenders à fusées extérieures (364). La figure 483 représente le type employé par le chemin d'Orléans, pour tous les essieux de voiture de la Compagnie et dont les dimensions sont les suivantes :

Longueur totale............	2m,094	
— du corps de l'essieu.	0 ,650	(Non compris les saillies.)
— des portées de calage.	0 ,215	
— des fusées.........	0 ,150	(Non compris le rebord.)
Diamètre au milieu.........	0 ,095	
— des portées.........	0 ,110	
— des fusées.........	0 ,072	

On voit que le diamètre du corps de l'essieu diminue à partir de la portée, jusqu'au milieu. Cette disposition réduit le poids de l'essieu sans compromettre sa résistance. Elle se rencontre sur la plupart des lignes exploitées. La réduction est ici de $0^m,015$; sur la ligne de Cologne à Minden, elle n'est que de $0^m,0125$; les essieux du chemin de Berlin-Anhalt n'ont que $0^m,006$ à $0^m,010$ de diminution de diamètre au milieu. — Nous rappellerons ici la nécessité de proscrire les changements brusques de dimensions, en raccordant entre elles, à l'aide de congés, les parties de diamètres différents. Le rayon de ces surfaces de raccordement est généralement de $0^m,012$. En Hanovre, il est de $0^m,016$, et sur la ligne d'Oppeln-Tarnowitz, il atteint $0^m,026$.

Fig. 183. Essieu de voiture. Chemin de fer d'Orléans. Echelle $\frac{1}{15}$.

On doit avoir également soin d'arrondir les arêtes des rebords qui terminent la fusée ; sans cette précaution, ces saillies viennent entamer le métal du coussinet, lorsque, en passant dans les courbes, cette pièce se porte contre les rebords.

Par la nature des fonctions qu'ils remplissent, les essieux, même de fortes dimensions, sont exposés à se rompre après un service de quelques années. Jusqu'à ce jour, l'expérience n'a pas indiqué le moyen de s'assurer de la durée du temps pendant lequel un essieu peut être employé sans danger. Quelques remarques faites à cet égard par l'administration des chemins de fer de Hanovre trouveront ici leur place. Les essieux qui ont donné lieu au plus grand nombre de ruptures sur ces lignes sont les essieux en fer, soumis à une charge maxima de 4 000 kilogrammes. La durée de ces essieux, ayant $0^m,108$ de diamètre au calage, a généralement varié de dix à vingt ans. Les essieux actuellement employés sous les wagons de marchandises et supportant une charge de 6 700 à 7 000 kilogrammes ont un diamètre de $114^{mm},3$ au calage, et comme, à conditions égales, les charges sont entre elles dans le même rapport que les cubes des rayons, on voit que ces derniers essieux sont comparativement moins chargés que les premiers, et fourniront sans doute un plus long service. Dans une étude théorique[1] sur les dimensions à donner aux fusées d'essieu, M. Büte, directeur du service des machines, à Brême, est arrivé à établir les rapports suivants entre les diamètres du milieu du corps de l'essieu, des portées de calage et des fusées, ces deux dernières parties étant supposées reliées par un congé de $0^m,015$ de rayon :

Diamètre du milieu du corps de l'essieu.	Diamètre de la portée de calage.	Diamètre de la fusée.
105^{mm}	$121^{mm},5$	79^{mm}
94 ,5	109 ,3	69 ,6
84 ,1	97 ,2	60 ,7

Ces résultats concordent avec les observations faites sur les chemins du Hanovre, à l'occasion des nombreuses ruptures qui se sont produites à une certaine époque[2], et répondent à une condition essentielle, celle de l'égale résistance de l'essieu en tous ses points.

La longueur de la fusée, — un élément également important de la question, — doit se déterminer d'après la condition de réduire au minimum l'usure des deux surfaces frottantes, et de ne pas laisser s'élever la pression par unité de surface jusqu'à rendre impossible l'interposition entre elles de la matière lubrifiante. La longueur adoptée d'après cela par l'administration des lignes du Hanovre est de $0^m,14$. Les autres dimensions de leurs essieux sont les suivantes :

[1] *Eisenbahn Zeitung*, 1854, n° 28.

[2] Voir l'*Organ für die Fortschritte des Eisenbahnwesens*, 1864, 5e cahier.

Diamètre de la portée	114mm,3	pour une charge
— du milieu.........	108 ,0	de
— de la fusée........	76 ,2	2 500 kilogrammes.
Diamètre de la portée.......	127mm,0	pour une charge
— du milieu.........	114 ,3	de
— de la fusée........	88 ,9	5 000 kilogrammes.

Ces dimensions sont indifféremment appliquées au fer ou à l'acier. — Sur d'autres lignes d'Allemagne, au contraire, on réduit généralement les diamètres dans ce dernier cas ; sur celle de Berlin-Anhalt, par exemple, cette réduction est d'un tiers du diamètre. Le chemin de la haute Silésie tient compte également de la nature du métal dans la détermination des dimensions de ses essieux, comme on peut le voir sur le tableau suivant :

Pour une charge par essieu de....	kil. 4700	kil. 5100	kil. 5500	kil. 6250	kil. 6500	kil. 7000	kil. 7250	kil. 8750
	mm.	mm.	mm.	mm.	mm.	mm.	mm.	mm.
Diamètre à la portée de calage des essieux... en fer...	111	114	117	124	»	151	»	»
Diamètre à la portée de calage des essieux... en acier.	»	»	108	111	114	»	117	124

L'administration du chemin de Mecklembourg a adopté la formule suivante pour la détermination des dimensions à donner aux essieux de voitures en fer.

$$\text{Diamètre au calage} = \sqrt[3]{\frac{T + G - A}{1.25 . n}} = d.$$

n étant le nombre d'essieux du véhicule ;
A, le poids des essieux avec leurs roues ;
G, le poids du véhicule complet ;
T, la charge ;
(A, G et T en centners de 50 kilogrammes.)

Le diamètre δ et la longueur des fusées λ sont donnés ensuite par les relations :

$$\delta = 0,67\ d, \qquad \lambda = 1,33\ d.$$

Choix de la matière. — Certains faits d'expérience relevés par le chemin de fer du Nord[1] auraient amené à la conclusion

[1] Mémoire de M. Nozo, *Bulletin de la Société des ingénieurs civils*, 1862.

que le fer présente une supériorité marquée sur l'acier au point de vue de la construction des essieux, en raison d'une plus grande résistance à l'action réitérée des chocs [1].

Sur le chemin de Cologne à Minden, l'emploi de l'acier a donné jusqu'ici, d'après l'opinion de M. Hesekiel, les résultats les plus satisfaisants, quoique sa qualité soit devenue quelque peu inférieure dans ces derniers temps. Il résulterait de nombreuses expériences que la rupture des essieux en fer de $0^m,105$ de diamètre au calage, et supportant une charge de 2 500 kilogrammes, est beaucoup plus fréquente que celle des essieux en acier de mêmes dimensions soumis à une charge double.

Ces derniers, de $0^m,105$ de diamètre, ont fourni jusqu'à 450 et 600 000 kilomètres ; mais il s'est cependant présenté de fréquents cas de rupture après un parcours de 35 à 40 000 kilomètres. Cette inégalité de durée peut être attribuée en partie aux chocs nombreux produits dans les manœuvres de gare, par suite de la grande augmentation du trafic survenue dans ces derniers temps sur le chemin de Cologne à Minden ; toutefois le faible diamètre des essieux ($0^m,105$) n'a pas dû être sans influence sur ce fait, et on a depuis porté à $0^m,118$ le diamètre des nouveaux essieux en acier ; dans ces conditions, leur prix ne dépasse pas de plus de 30 à 40 francs celui des essieux en fer susceptibles de porter la même charge. On y a supprimé la saillie qui séparait la portée du corps de l'essieu (cette saillie est réduite sur presque tous les chemins français à un demi-millimètre).

Sur le chemin de Brunswick, aux essieux en fer à grain fin d'abord employés, on substitue les essieux en acier fondu, qui donnent jusqu'ici les meilleurs résultats.

Le tableau suivant résume les dimensions adoptées sur les

[1] Cette opinion, appuyée de considérations théoriques présentées par M. Tresca sur la résistance comparative du fer et de l'acier, a été discutée par M. Brull dans un mémoire très-complet et très-intéressant inséré au *Bulletin de la Société des ingénieurs civils*, 1863, et auquel nous renvoyons le lecteur désireux de se mettre au courant de la question.

principales lignes de France et d'Allemagne, pour les essieux de voiture en fer et en acier.

Dimensions principales des essieux de voiture.

DÉSIGNATION des LIGNES.	DIAMÈTRE au milieu.	DIAMÈTRE au calage.	DIAMÈTRE à la fusée.	Longueur de la fusée.	Nature du métal.	OBSERVATIONS.
FRANCE.	mm.	mm.	mm.	mm.		
Ligne du Nord........	110	120	80	170		
— Ouest........	115	115	80	160		
— Est........	110	120	80	160		
— Orléans.....	95	110	72	150		
— Midi........	100	120	80	170		
ITALIE.						
Chemins Romains....	105	120	80	170		
RUSSIE.						
Grande Compagnie des chem. de fer russes.	120 1/2	130,4	85,7	158,7		
SUISSE.						
Nord-Est...........	101 1/2	114	76	152		
ALLEMAGNE.						
Ligne du Brunswick..	112	118	77	153	Acier f.	Dimensions minima.
	121	127	89	153	d°	Dimensions maxima.
Berlin Anhalt.......	102	111	78 1/2	157	d°	
Cologne à Minden....	105	118	78 1/2	144	d°	Pour une charge de 5000 k. net.
Magdebourg-Leipzig..	—	131	89	153	Fer.	Ces deux types servent également aux voitures et aux wagons.
Magdebourg-Leipzig..	—	124	89	153	Acier f.	
Saarbruck-Trier......	—	—	72	—	—	Charge de 4000 kilogr.
			78 1/2	—	—	— de 5500 —
			86	—	—	— de 7000 —
						Depuis 12 ans ces essieux fonctionnent sous 2673 voitures et n'ont donné lieu qu'à une seule rupture de fusée.
Saxo-Silésien........	104,7	120 1/2	76	152		Charge de 9600 kilogr.
Bavière-Est..........	120	120	85	160		
Hanovre..............	108	114,3	76,2	139,7	Fer ou acier.	Charge de 2500 kilogr. (⁴).
	114,3	127	88,3			— de 5000 —
Autriche-Sud.........	110	120	80	160		
Dimensions proposées par la réunion des ingénieurs des chemins de fer allemands à Dresde en 1865 (¹).		101	67 (²)	1,75 à 2,25 fois le diam.		Charge de 3750 k. pour essieux en fer.
		114 (³)	76			Charge de 5000 k. pour essieux en fer.
		137	82			Charge de 7500 k. pour essieux en fer (⁵).

(¹) *Technische Vereinbarungen*, etc. — (²) Ce diamètre doit être considéré comme minimum pour les voitures. — (³) Ces diamètres doivent être considérés comme des minima au-dessous desquels l'essieu doit être rebuté. — (⁴) Ces essieux servent à la fois aux voitures à quatre roues et aux wagons à marchandises de 10 tonnes de charge. Deux ruptures seulement se sont produites sur les 10 000 essieux en fonction depuis cinq ans sur les lignes de la Compagnie, qui présentent de nombreuses courbes à petit rayon. — (⁵) Avec l'emploi de l'acier, la charge peut être augmentée de 30 pour 100.

La commission chargée de l'examen des renseignements fournis par les diverses compagnies de chemins de fer allemands à leur dernière réunion[1], arrive à la conclusion que l'emploi de l'acier fondu (non trempé) peut être considéré comme la meilleure matière à employer pour la fabrication des essieux. Parmi les propriétés de ce métal qui le rendent propre à cet usage, il faut surtout distinguer sa résistance et son homogénéité, supérieures à celles du fer. La différence de prix joue encore, il est vrai, un rôle influent dans la détermination du choix, quoique cependant, en présence de la concurrence active qui se développe depuis quelques années, il soit permis d'espérer qu'elle perdra bientôt une grande partie de son importance. D'ailleurs, il ne faut pas oublier que la sécurité de l'exploitation est intimement liée à la durée en service des essieux, et que cette durée plus ou moins prolongée constitue un des éléments importants de la question. Mais pour arriver, avec l'emploi des essieux en acier fondu, à un résultat satisfaisant à ce point de vue, on devra tenir compte des observations suivantes :

1° Il ne faut pas, en raison de la supériorité du métal, réduire par trop les dimensions de l'essieu, et compromettre ainsi sa durée sous le prétexte de réaliser une économie.

2° L'acier ayant, plus que tout autre métal, la propriété de résister mal lorsqu'on lui donne des formes saillantes et anguleuses, il faudra, autant que possible, éviter les changements brusques de dimensions, et arrondir par des congés les angles des saillies, qui ne devront jamais être trop prononcées.

En observant ces précautions dans la détermination de la forme, en employant des matières de bonne qualité et en conduisant l'opération en vue d'obtenir un produit aussi homogène que possible, on fabriquera des essieux présentant les meilleures conditions de durée et de prix de revient, permettant par une certaine diminution de poids de lutter avec avantage avec les meilleurs essieux en fer.

[1] *Organ für die Fortschritte des Eisenbahnwesens*, Erster Supplement-Band, p. 149.

Fabrication des essieux. — Nous reportant aux détails donnés chap. Ier, § IV, 364, rappelons, pour ce qui regarde les essieux en fer, que le succès de la fabrication exige une grande rapidité dans les diverses opérations, surtout pendant le réchauffage, qui, demandant une température très-élevée pour obtenir le soudage des mises, doit être assez prompt pour éviter un changement de nature dans la texture du métal.

Les dimensions des paquets destinés à la fabrication des essieux de voiture étant inférieures à celles des essieux de locomotive, ils peuvent être travaillés avec plus de facilité. Le paquet pèse environ 240 kilogrammes et mesure en section transversale 0m,220 sur 0m,220; les barres de fer plat qui les composent ont, les unes, 80/20mm, et, les autres, 60/20mm, disposées par mises horizontales en prenant soin de croiser les joints. Le paquet réchauffé et cinglé deux fois sous un marteau de 3 000 kilogrammes donne une ébauche à huit pans du poids de 185 kilogrammes, avec une perte de 55 kilogrammes. A partir de cette première opération, le prix de revient de la fabrication d'un essieu peut se décomposer ainsi :

DÉSIGNATION.	POIDS.	PRIX.	SOMMES PARTIELLES.	SOMMES TOTALES.
Matières.	kil.	fr. c.	fr. c.	fr. c.
Fer-ébauche à huit pans	185	30 »	55 50	
Charbon pour forger un essieu	—	—	3 50	
TOTAL DES MATIÈRES	......	......	......	59 »
Main-d'œuvre.				
Forgeage	—	4 »	—	
Dressage	—	» 25	—	
Tournage	—	3 75	—	
Cannelage	—	» 25	8 25	
TOTAL DE LA MAIN-D'ŒUVRE	......	......	......	8 25
Frais généraux				6 75
Prix de revient d'un essieu fini de forge pesant 170 kilogrammes				74 »
Soit par 100 kilogrammes, 43 à 44 francs.				

Le déchet provenant de cette seconde partie de l'opération

varie généralement de 3 à 8 pour 100 du poids de l'essieu brut. La perte du poids s'élèvera donc au plus, dans le cas dont il s'agit, à 14 ou 15 kilogrammes, ce qui donne, pour le poids de l'essieu fini, 170 kilogrammes environ.

Malgré tous les soins apportés dans la fabrication des paquets, l'essieu obtenu par mises superposées conserve toujours quelques dispositions à la dessoudure. Les ingénieurs des chemins de fer feront bien d'encourager les tendances de quelques métallurgistes à fabriquer les essieux au moyen d'une loupe unique, analogue à celles que M. Borsig (section prussienne) avait envoyées à l'Exposition universelle de 1867.

Le prix des essieux finis de forge en fer à grain fin, pour wagons, livrés par les forges de France les plus recommandables, varie de 50 à 60 francs les 100 kilogrammes. Le prix de revient de l'essieu tourné et cannelé s'établit ainsi (à Paris) :

Matières.		
Essieu brut, 170 kilogrammes à 55 francs.	93f,50	
2 clavettes en acier, 3 kilogr. à 50 francs..	1 ,50	
	95f,00	95f,00
Main-d'œuvre.		
Dressage................................	0f,50	
Tournage................................	3 ,50	
Cannelage..............................	0 ,25	4 ,25
Frais généraux.........		3 ,00
Total..........		102f,25

Pour un essieu fini, prêt pour le service, pesant 160 kilogrammes, soit 70 francs les 100 kilogrammes.

Le prix des essieux de wagon en acier fondu, finis et tournés, est aujourd'hui de 90 à 97 fr. 50 les 100 kilogrammes.

Forme et dimensions des roues de voiture. — Nous avons vu plus haut, § I (373), que les roues employées sous les véhicules de chemin de fer pouvaient être classées, d'après leur mode de construction, en deux catégories comportant chacune plusieurs subdivisions :

1° *Roues à rais.*

A. Roues en fer laminé avec moyeu en fonte ;
— — — en fer forgé ;

B. Roues en fer forgé ;

C. Roues en fonte.

2° *Roues pleines.*

D. Roues en fonte ;

E. Roues en acier ;

F. Roues en fer ;

G. Roues avec disques en bois.

Si, nous reportant aux conditions précédemment énoncées, nous recherchons, parmi ces différentes dispositions, celles qui y répondent le mieux, nous accorderons dès l'abord, et sans hésiter, la préférence aux roues à disque plein.

Dans les premières, en effet, au bout d'un temps de service plus ou moins prolongé, la circonférence se déforme dans l'intervalle des rais et amène une usure inégale des bandages. Le seul moyen d'éviter cet inconvénient serait d'augmenter considérablement l'épaisseur de la jante et d'enlever ainsi à la roue à rais une grande partie de ses avantages, l'élasticité et la légèreté. L'égalité de réaction au pourtour de la roue s'obtient beaucoup plus facilement avec la roue pleine, qui présente aussi l'avantage d'offrir peu de résistance à l'air dans le sens de la marche du convoi et de ne pas soulever la poussière autant que les roues à disque évidé.

D'après M. Bochet, ingénieur des mines[1], à la vitesse de quatre cents tours par minute, la résistance de l'air sur les roues pleines n'est que la moitié seulement de ce qu'elle est sur les mêmes roues vides.

Mais cette supériorité incontestable de la roue pleine sur la

[1] *Annales des Mines*, 2ᵉ livraison, 1858.

roue à rais ne peut être effective qu'en introduisant dans sa construction une matière présentant par elle-même une résistance suffisante et une certaine élasticité. En un mot, si la roue pleine en fer forgé ou en acier fondu présente des avantages sur les roues à rais en fer laminé ou forgé, il ne peut en être de même, dans certains cas, de la roue pleine en fonte, qui, par la nature du métal qui la compose, ne saurait être applicable à toutes les circonstances du trafic. Enfin, indépendamment de la nature, nous devons encore tenir compte de la qualité du métal, qui influe considérablement sur la durée de la roue. Cette dernière considération nous explique, en partie, la profonde divergence d'opinions qui partage encore, sur ce sujet, les différentes administrations de chemin de fer et amène la grande variété de types que nous rencontrons aujourd'hui dans les roues des véhicules des diverses voies ferrées.

L'étude que nous allons faire de chacune de ces dispositions principales, en analysant rapidement leur forme, leur mode de fabrication et les résultats d'expériences qu'elles ont fournis, nous permettra d'apprécier d'une manière plus complète les

Fig. 484. Roue à rais en fer laminé (Est-[France]-Saxe). Echelle $\frac{1}{10}$.

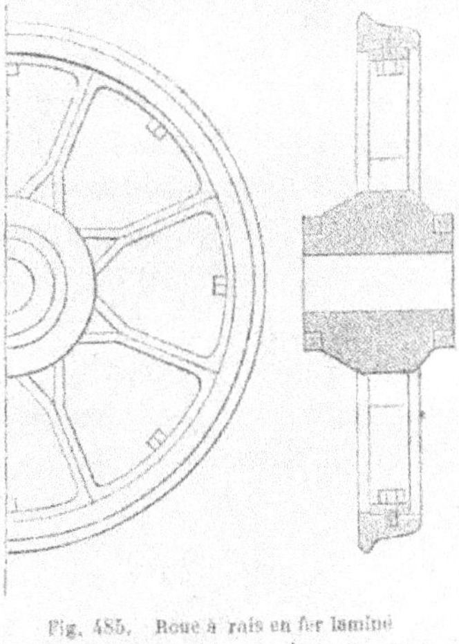

Fig. 485. Roue à rais en fer laminé (Bavière). Echelle $\frac{1}{10}$.

avantages et les inconvénients de chacune, et de nous rendre compte des circonstances où elles peuvent trouver une application.

Roues à rais. — A. *Roues en fer laminé.* — Ces roues sont composées de secteurs formés chacun d'une barre de fer laminé, plat ou à nervures, dont les deux extrémités recourbées représentent chacune un rayon, tandis que la partie médiane appartient à la jante. Les deux barres voisines de deux secteurs contigus sont tantôt réunies sur une partie de leur longueur, à l'aide de rivets, tantôt s'écartent l'une de l'autre à partir de la circonférence ; dans les deux cas, leurs extrémités viennent s'engager séparément dans l'épaisseur du moyeu en fonte ou en fer qui complète l'ensemble du centre de la roue. Le plus souvent, le bandage s'applique directement sur la circonférence formée par les différents secteurs, fig. 484 (Est [France] Saxe) et fig. 485 (Bavière).

D'autres fois, fig. 486 (Lyon, chemins romains), la forme spéciale des bras disposés pour rendre la jante plus uniformément élastique exige l'emploi d'une bande rapportée à laquelle on donne le nom de faux cercle. Cette dernière construction permet de pousser plus loin l'usure du bandage ; mais elle a l'inconvénient d'augmenter le poids de la roue.

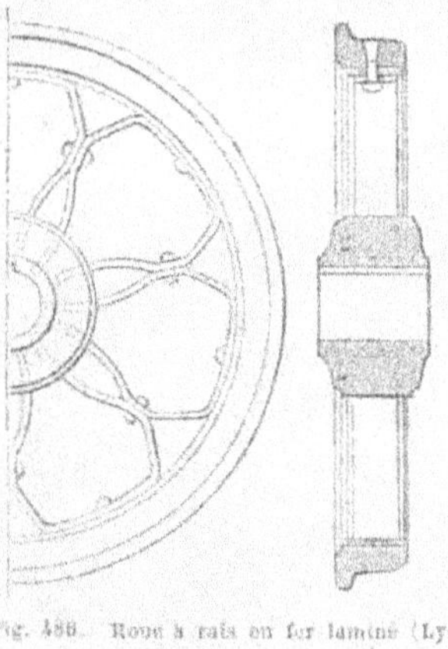

Fig. 486. Roue à rais en fer laminé (Lyon, chemins romains). Echelle $\frac{1}{10}$.

Les roues à rais en fer, moyeu en fonte, se fabriquent par différents procédés. Nous avons employé avec avantage la méthode suivante :

Les bandes de fer plat ($80/14^{mm}$) sont coupées de longueur, percées et entaillées aux extrémités, puis cintrées suivant le profil voulu, au moyen de l'outil représenté par la figure 487 ; celui-ci se compose d'un gabarit en fonte sur lequel on applique la barre de fer chauffée au rouge. On se sert pour le cintrage d'un double levier coudé, ordinairement manœuvré à la main, mais que l'on pourrait faire mouvoir avantageusement par machine, dans le cas où il s'agirait d'une fabrication courante. Les bandes étant cintrées sous forme de secteurs, on les introduit dans un moule représenté figure 488. Les divers secteurs portent sur une couronne en fonte qui s'oppose à la déformation du système par le rebord saillant qui la termine. A leurs extrémités vers le centre, les rayons sont maintenus dans un anneau

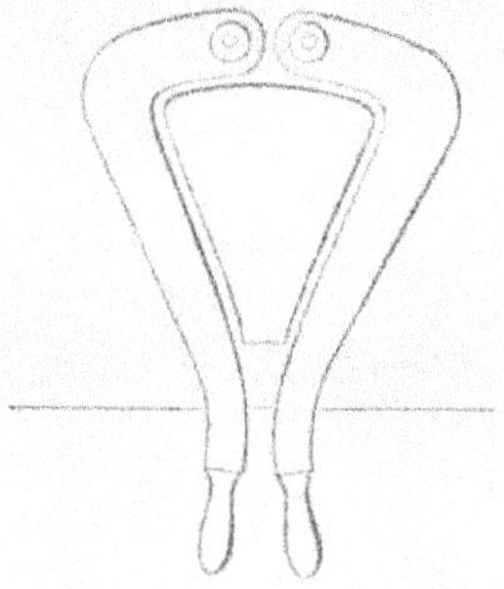

Fig. 487. Outil à cintrer les rais. Echelle $\frac{1}{15}$.

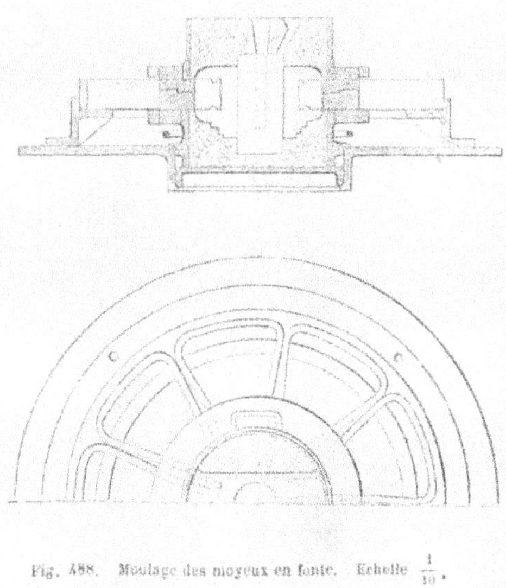

Fig. 488. Moulage des moyeux en fonte. Echelle $\frac{1}{10}$.

formé de deux portions de cylindre superposées et munies d'ouvertures rectangulaires par lesquelles passent à l'intérieur du moule les saillies entaillées que la fonte doit emprisonner de toutes parts.

Le moule proprement dit, enveloppé d'un double cylindre en fonte, se fait en sable; il porte en son milieu un noyau creux dont l'axe est disposé pour servir de trou de coulée, tandis qu'un évent placé latéralement donne issue aux gaz.

La fonte employée est généralement un mélange de deuxième fusion, grise, douce à la lime et au burin. Telles sont les conditions ordinairement imposées par les Compagnies aux fabricants, relativement à cette question. Il est ajouté, en général, dans les cahiers des charges, que l'on devra faire passer dans les moules une quantité de métal en fusion au moins double de celle nécessaire, de manière à élever suffisamment la température des extrémités des rais et faciliter leur soudure avec le moyeu. Cette condition ne nous paraît pas nécessaire, mais nous recommandons particulièrement de ne couler la fonte dans le moule qu'après avoir laissé reposer la poche jusqu'à ce qu'une légère pellicule se montre à la surface du métal en fusion. A l'aide de cette précaution, dont nous avons pu vérifier l'efficacité, on sera presque toujours certain d'obtenir un résultat satisfaisant. (Chap. III, § II, 398.)

Quand on a démonté et ébarbé le moyeu, on met la roue sur le tour pour aléser le trou de calage et dresser une des faces du moyeu. Les ouvriers s'assurent par là du bon état de la fonte, de l'absence de soufflures, etc., etc., et se servent des surfaces fixées par cette double opération pour dégauchir les bras avant d'effectuer les travaux qui suivent.

Après avoir dressé les rais et la jante, on soude des coins en fer entre les divers segments, de manière à obtenir une circonférence continue que l'on dresse au tour, et sur laquelle ensuite s'applique le bandage.

Lorsque la disposition des rais demande l'addition d'un faux cercle, celui-ci est rivé sur les portions de circonférences adhérentes aux bras, au moyen de rivets à tête fraisée. L'emploi de ce faux cercle remplace les coins soudés du premier système ;

on voit, par l'inspection de la figure 486, que la jante est plus uniformément soutenue que dans le premier cas, mais elle est aussi beaucoup plus lourde, plus sujette au ferraillement, moins sensible à l'action des freins, étant animée d'une puissance vive plus considérable, elle donne enfin des chocs plus violents qui se transmettent intégralement aux véhicules.

Prix de revient d'un centre de roue avec moyeu en fonte, rais en fer plat et sans faux cercle (modèle de l'Est).

Quantités	DÉSIGNATION.	POIDS.	PRIX.	SOMMES PARTIELLES	SOMMES TOTALES.
	Matières.	kil.	fr. c.	fr. c.	fr. c.
1	Moyeu en fonte	66	27 p. 100 kil	17 82	
9	Rayons	86	24 —	19 20	
9	Mises	3,50	26 —	» 91	
	Charbon	—	—	1 50	
	Coke pour souder les mises	—	—	1 50	
	TOTAL DES MATIÈRES	....	....	....	40 93
	Main-d'œuvre.				
9	RAYONS.				
	Poinçonner les bouts, dix-huit trous à	—	» 09	1 54	
	50 centimes le 100	—	» 90	—	
	Cintrer neuf rayons à 10 francs pour 100 rayons	—	» 10	—	
	Tracer				
	Tourner la jante	—	» 45	—	
1	MOYEU.				
	Aléser le moyeu	—	» 75	—	
	Faire la cannelure	—	» 15	» 90	
9	COINS POUR MISES.				
	Forger neuf coins de mises	—	» 75	—	
	Souder les coins de mises sur roue	—	4 »	4 75	
	TOTAL DE LA MAIN-D'ŒUVRE	....	....	....	7 19
	Frais généraux				5 08
	Prix de revient total d'un centre de 0m,910 de diamètre				53 20

En allongeant le moyeu en fonte dans le sens de l'axe, on se ménage la possibilité d'appliquer des frettes en fer qui, posées à chaud, préviennent ou arrêtent les effets des fentes du moyeu.

Prix de revient d'un centre de roue avec moyeu en fonte, rais cintrés et faux cercle en fer plat laminé (Midi).

Quantités	DÉSIGNATION.	POIDS.	PRIX.	SOMMES PARTIELLES.	SOMMES TOTALES.
	Matières.	kil.	fr. c.	fr. c.	fr. c.
1	Moyeu en fonte.	63	27 p. 100 k.	17 01	
7	Rayons en fer méplat de 80 × 14.	52,500	24 —	12 60	
1	Faux cercle de 105 × 19	40	24 —	9 60	
3	Rivets de 18 × 50	0,500	46 —	» 23	
7	Rivets de 15 × 50	0,700	48 —	» 34	
	Charbon (environ)	—	—	1 »	
	TOTAL DES MATIÈRES.				40 78
	Main-d'œuvre.				
1	FAUX CERCLE.				
	Cintrer, souder, amorcer		» 80		
	Embattre		» 15		
	Tourner		» 30		
	Tracer		» 10		
	Percer et faire les fraisures		» 15	1 50	
7	RAYONS.				
	Cintrer et présenter dans la cuve, à 10 francs le 100		» 70		
	River trois rivets fraisés		» 15		
	Poinçonner les bouts à 50 centimes le 100		» 035		
	Percer quatorze trous à la machine		» 30		
	River sept rivets		» 35	1 535	
	MOYEU.				
	Aléser le moyeu		» 75		
	Faire la cannelure		» 20	» 90	
	TOTAL DE LA MAIN-D'ŒUVRE.				3 935
	Frais généraux				3 »
	Prix de revient total d'un centre de $0^m,828$ de diamètre				47 715

B. *Roues en fer forgé.* — Ces roues, analogues à celles dont nous avons donné la description au sujet des locomotives (chap. I, § IV, 368), sont représentées sur la figure 489. Le procédé employé par M. Arbel pour la fabrication de ces roues a été également décrit à ce moment.

C. *Roues en fonte.* — Les roues à rais en fonte ne se rencontrent guère que sur quelques chemins de fer allemands, anglais ou américains et suisses ; l'usage en est généralement restreint aux wagons à marchandises. Les rais et la jante de ces roues sont creux ; le moyeu, divisé en plusieurs secteurs afin de faciliter le retrait du métal après la fusion, est consolidé par des frettes en fer. Quelquefois, le constructeur a soin de noyer dans l'épaisseur du bandage, à la coulée, un cercle en fer pour consolider la roue et empêcher la projection des débris, si la roue vient à rompre. On a quelques exemples d'organes de ce genre ayant fourni un service convenable ; mais ce résultat était dû en grande partie à la qualité exceptionnelle du métal employé. En principe, ce mode de construction nous paraît vicieux et nous pensons que ces roues ne sauraient être appliquées avec avantage aux longs parcours.

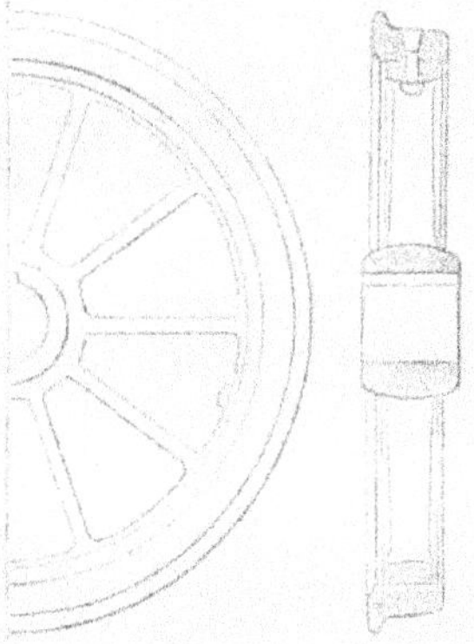

Fig. 489. Roue à rais en fer forgé (système Arbel). Échelle $\frac{1}{10}$.

C'est d'ailleurs une question de mesure, et ces mêmes roues, appliquées aux wagons de terrassement ou de ballastage, peuvent rendre de très-bons services en raison de leur faible prix de revient.

Roues pleines. — D. *En fonte.* — L'application de la fonte à la fabrication des roues n'a, jusqu'ici, donné de bons résultats qu'aux conditions suivantes :

1° Faire usage d'une qualité de fonte présentant à la fois une grande dureté et une grande cohésion ;

2° Employer le procédé de coulage en coquille, afin de donner à la surface de roulement, par l'effet de la trempe, une résistance suffisante à l'usure résultant du frottement sur les rails ;

3° Étudier la forme de la roue, de manière à ce que, pendant le refroidissement, la couronne puisse se contracter après que le corps de la roue a déjà pris consistance, et, de plus, que la roue puisse présenter en service assez d'élasticité pour ne pas se briser sous les chocs nombreux provenant des inégalités de la voie.

La forme des roues américaines, en usage sur les divers chemins des Etats-Unis, est celle d'un disque dont la paroi, simple vers le bandage, se dédouble en approchant du moyeu, les deux parois laissant entre elles un vide annulaire qui va en s'élargissant de la circonférence au centre de la roue.

La figure 490 représente la forme la plus répandue en Allemagne, et qui, mise à exécution pour la première fois par M. Ganz, d'Ofen, a été imitée depuis par M. Gruson et d'autres constructeurs.

Fig. 490. Roue pleine en fonte (système Ganz). Echelle $\frac{1}{10}$.

Si l'élasticité de la roue américaine doit être supérieure à celle de la roue allemande, il faut reconnaître que cette dernière présente plus de garantie de résistance et plus de facilité d'exécution.

En dehors de ces deux formes principales, la roue pleine en fonte affecte encore quelquefois celle d'un simple disque, ondulé tantôt parallèlement, tantôt perpendiculairement à ses rayons, et présentant dans ce dernier sens des nervures plus ou moins rapprochées pour consolider la saillie du bandage.

On trouve, en Suisse, des roues en fonte dans lesquelles la réunion du bandage au moyeu est opérée par un disque ondulé, les parties saillantes dirigées suivant les rayons étant découpées par des fentes rayonnantes venues à la coulée, et qui divisent ainsi le disque de remplissage en une série de secteurs ayant une forme quasi triangulaire.

Cette dernière forme ne nous semble pas propre à répondre à la troisième des conditions que nous avons précédemment énoncées.

La fabrication des roues en fonte demande un soin tout particulier; nous indiquerons à ce sujet le mode de coulée usité en Amérique.

Les fontes employées sont des fontes au bois fabriquées à l'air froid. Les moules employés sont maintenus au moment de la coulée à une température de 200 degrés (Fahrenheit) au moyen d'un tuyau de vapeur. Cette élévation de température, loin de nuire à la dureté de la trempe, a pour principal avantage d'assurer la siccité du moule et d'éviter la production des soufflures ou des gouttes froides, qui rendraient la pièce impropre au service. Aussitôt que la fonte a fait prise, on retire la roue du moule et on la porte dans un four chauffé à une haute température, où son refroidissement s'opère lentement. Les plus grandes précautions sont observées pour qu'aucun courant d'air ne pénètre dans l'intérieur du four pendant le séjour de la pièce, qui dure de trois à quatre jours, et pour cela on a soin de luter hermétiquement les portes.

En observant ces différentes précautions, on obtient des roues qui sont considérées par les ingénieurs américains comme supérieures aux roues en fer. Malgré l'intensité du froid qui règne en hiver dans les contrées septentrionales de l'Amérique, ces roues cassent rarement, et c'est là une des meilleures preuves de la perfection apportée dans leur fabrication.

Les applications de roues en fonte sur les chemins européens sont assez restreintes aujourd'hui et les services qu'elles peuvent rendre dans des circonstances données très-limités. La dureté de la surface de roulement leur assure une certaine durée, la construction simple en rend l'entretien facile; mais le prix de revient de ces roues est relativement assez élevé (voir — 386 — *Roues et essieux*, Sayn).

En outre, elles ont une faible résistance transversale et ne supportent pas l'action des freins. Aussi leur emploi aux trains à voyageurs et à grande vitesse ne saurait être admis, les réactions violentes qui agissent sur les roues soumettant la fonte, cassante de sa nature, à des épreuves qui certainement tendraient à la faire travailler au-dessus de son coefficient d'élasticité.

E. *Roues en acier*. — Les roues pleines en acier, dont l'application ne date que de quelques années, commencent à se répandre en quantités considérables sur les lignes d'Allemagne et d'Angleterre, si bien que leur fabrication est devenue dans ces derniers temps une des branches importantes de l'industrie de l'acier fondu.

La forme donnée aux roues en acier fondu est celle d'un disque plein, plat ou ondulé suivant un cercle concentrique à la circonférence de roulement, ainsi qu'on peut le voir sur la figure 491. Le poids de ces dernières est de 287 à 315 kilogrammes.

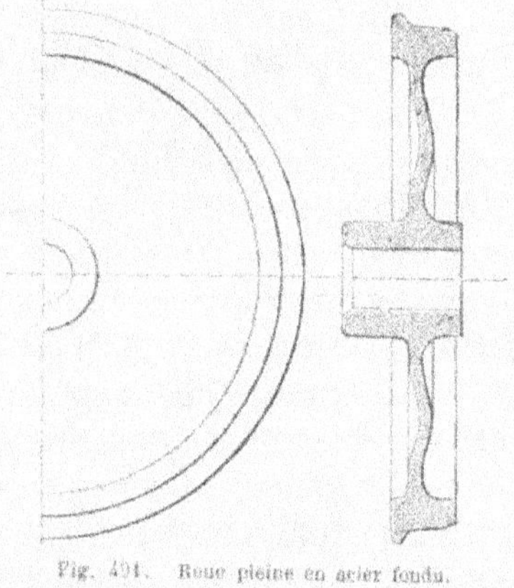

Fig. 491. Roue pleine en acier fondu. Echelle $\frac{1}{10}$.

La fabrication des roues en acier fondu ne comporte que deux opérations, la fonte et la coulée du métal dans un moule à coquille, de manière à obtenir une trempe de la circonférence suffisante pour résister au frottement sur les rails. L'ajustage de la roue ne comprend guère en général que l'alésage du moyeu et le tournage de la partie formant bandage, le corps de la roue étant conservé simplement brut de fonte et recouvert d'une couche de peinture qui le garantit de l'oxydation.

Les moules sont disposés souvent pour contenir à la fois cinq, six et même dix pièces, de telle sorte que l'on obtient un chapelet de roues de composition homogène, adhérant entre elles par le moyeu, et que l'on sépare ensuite mécaniquement.

Aux avantages que présentent les roues pleines en général, les roues en acier fondu ajoutent celui d'une résistance particulière résultant de la nature même du métal employé, mais leur élasticité laisse encore à désirer.

En 1865, il y avait sur la ligne de Cologne à Minden quinze cent soixante-six roues de ce système en circulation, provenant des aciéries de Bochum. Leur parcours, entre deux tournages successifs, a été en moyenne de 90 000 kilomètres, en tenant compte de roues placées sous les freins, et l'usure correspondante est de $0^m,003$ à $0^m,004$. Il suit de là qu'elles peuvent subir sept ou huit tournages avant la complète usure de la couronne de roulement et que leur durée, en supposant un parcours annuel de 45 000 kilomètres, sera de quatorze à seize années[1], terme au bout duquel le centre de la roue pourra encore être utilisé par l'enlèvement du boudin saillant et l'embattage d'un bandage. Dans une période de sept années, le nombre des ruptures de roues ne s'est élevé qu'à huit, ce qui donne par rapport au nombre total de quinze cent soixante-six en service, la proportion de 0,073 pour 100 par an, tandis que l'emploi des roues à rais ordinaires avait donné jusque-là une moyenne de ruptures de 4 pour 100. Il y a, de plus, à remarquer que sur les huit cas mentionnés plus haut, trois sont dus à l'action des freins. Il se produit, en effet, avec ces roues et celles en fonte, sous l'action des freins, le même phénomène que nous avons précédemment mentionné en parlant des bandages en acier fondu (366). Le frottement du sabot sur la couronne en acier ou en fonte l'échauffe promptement, et si la température extérieure est froide et humide, le contact de l'air et du rail occasionnent un retrait brusque du métal de la roue, et par suite des ruptures. *Aussi l'emploi des roues en acier fondu doit-il être proscrit des voitures circulant sur des lignes qui nécessitent l'action* PROLONGÉE *des freins.*

Le prix des roues en acier fondu est aujourd'hui de 90 francs par 100 kilogrammes à l'usine de production, ce qui, pour des roues de 287 à 315 kilogrammes, représente un prix d'achat de $258^f,30$ à $283^f,50$.

[1] Hezekiel, Vorstand à Dortmund. — *Erbkam's Zeitschr.*, 1865.

F. *Roues en fer forgé.* — Les roues pleines en fer laminé affectent la forme de disques plats ou ondulés, sur lesquels on peut rapporter un bandage ordinaire, ainsi qu'il est indiqué sur la figure 492, représentant une roue de la première disposition. Ces roues sont fabriquées en France par la Société des forges de la Providence, et employées avec succès sur plusieurs chemins, celui d'Orléans en particulier.

Fig. 492. Roue pleine en fer. Échelle $\frac{1}{15}$.

Le centre de roue est formé d'une seule pièce, et se présente tout d'abord sous la forme d'un paquet octogonal soudé à l'aide d'un marteau-pilon, façonné dans une étampe de manière à présenter un profil qui rappelle à peu près celui de la roue. La forme définitive lui est donnée par un laminoir de construction spéciale, dont le principe est le suivant : Le disque, ébauché ainsi que nous venons de le dire, est introduit entre deux séries de cônes convergents, en acier, animés d'un mouvement rapide de rotation qu'ils communiquent à la roue en laminant ses faces, et en refoulant la matière à la fois vers le milieu pour former le renflement du moyeu et à la circonférence, où une série de galets disposés circulairement limitent la jante suivant une surface plane ou suivant le profil adopté pour le bandage, si ce dernier doit faire corps avec la roue.

Des dispositions spéciales sont adoptées pour permettre aux cônes et aux galets de se déplacer à mesure que la roue augmente de diamètre par suite du laminage.

La durée de l'opération est de huit minutes en moyenne.

Le perçage du moyeu se fait à froid.

Une usine de Prusse fabrique également des roues pleines en fer forgé, mais par un autre procédé dont les résultats sont loin d'être aussi satisfaisants. On reproche, en effet, à ces roues, formées d'un disque circulaire sur lequel on vient rapporter et souder, au centre, deux masses formant la saillie du moyeu, et sur les bords une couronne représentant la jante, de se dessouder au bout d'un certain temps de service[1].

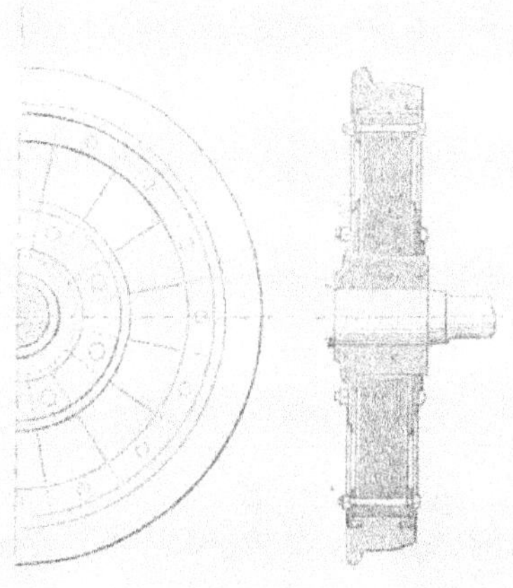

Fig. 493. Roue à disque en bois. Échelle $\frac{1}{10}$.

G. *Roues à disques en bois.* — Ces roues, figure 493, se composent d'un moyeu en fonte, d'une couronne en bois et d'un bandage en fer ou en acier, maintenu à l'aide de deux contre-plaques circulaires en fer boulonnées sur le corps de la roue. La couronne est formée d'une série de secteurs pour lesquels on emploie généralement le bois de teck qui reçoit facilement un très-beau poli et se conserve pour ainsi dire indéfiniment. L'élasticité résultant de l'emploi du bois laisse toute liberté au bandage de se contracter, et rend impossible sa rupture sous l'influence du froid; aussi l'emploi de ces roues peut-il rendre de grands services dans les pays où l'hiver est rigoureux, ce qui explique l'usage que l'on en fait sur quelques lignes de l'Angleterre[2] et dans les contrées du

[1] Des expériences comparatives ont été faites à Bochum sur la résistance de ces roues et de celles en acier fondu, d'après lesquelles ces dernières ont accusé une résistance plus considérable, une roue en fonte soumise également aux mêmes essais donna des résultats de beaucoup inférieurs à ceux des roues des deux premiers systèmes; elle supporta à peine quatre coups d'un poids de 310 kilogrammes tombant d'une hauteur de six pieds, et se brisa sous le choc, tandis que la roue en acier et celle en fer forgé résistèrent à la même épreuve.

[2] Leur grande élasticité les fait appliquer principalement aux trains

nord de l'Europe. L'embattage doit être fait à une température telle, que le bandage acquière par le refroidissement une certaine tension, mais pas assez élevée cependant pour exercer une influence quelconque sur les fibres du bois. Ce dernier d'ailleurs est choisi avec le plus grand soin et surtout parfaitement desséché, condition essentielle à la conservation de la roue; les divers secteurs doivent être travaillés et rigoureusement dressés, afin que le contact entre eux soit parfait et qu'il n'existe entre les assemblages aucun jeu qui faciliterait le séjour de l'eau et nuirait à la durée de la roue.

Bandages. — Les fonctions et la forme des bandages de roues de voiture ne diffèrent pas de celles des locomotives. Dureté et élasticité seront donc les deux conditions essentielles

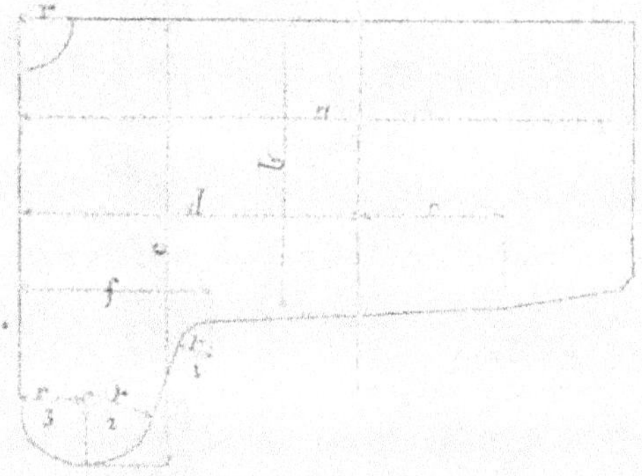

Fig. 494. Profil de bandages pour roues de voiture (Nord). Echelle $\frac{1}{2}$.

auxquelles ils devront satisfaire pour résister d'une part au frottement et de l'autre à l'effort de tension considérable résultant du serrage donné au moment de l'embattage.

Les figures 494 et 495 donnent les profils de bandages em-

express. D'ailleurs, leur prix de revient élevé ne permettrait pas de les faire servir aux wagons.

ployés sur le chemin de fer du Nord (France) et de l'Est (Bavière).

Pour le premier, les dimensions indiquées par des lettres sur la figure 494 sont les suivantes :

La largeur $a = 0^m,125$;

L'épaisseur b est de $0^m,058$, à une distance d de la face intérieure égale à $0^m,069$.

A partir de l'extérieur, l'inclinaison de la surface de roulement est de 3/20 jusqu'à la distance $a + c = 0^m,099$, d'où elle n'est plus que de 1/20.

Pour les autres dimensions, nous aurons :

$f = 0^m,038$;
$r = 0^m,010$;
$r_1 = 0^m,007$;
$r_2 = 0^m,0145$;
$r_3 = 0^m,013$.

La hauteur totale f, compris le boudin, est de $0^m,088$, ce qui donne, pour la saillie du boudin au-dessus du milieu du rail, $0^m,030$.

Les dimensions du bandage de Bavière ont :

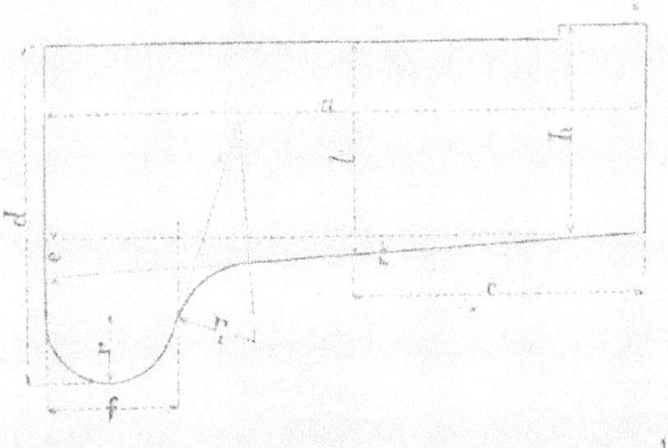

Fig. 495. Profil de bandages pour roues de voiture. Est (Bavière). Échelle $\frac{1}{2}$.

Largeur totale, $a = 0^m,1274$.

Epaisseur b, $0^m,045$ à la distance $c = 0^m,063$ de la face extérieure (— trop faible pour bandage en fer —).

La hauteur totale d compris le boudin est de $0^m,071$, ce qui donne, pour la saillie du boudin au-dessus du milieu des rails, $0^m,026$.

Les autres dimensions sont :

$h = 0^m,044$;
$f = 0^m,028$;
$e = 0^m,008$, ce qui correspond à une inclinaison de 1/16 ;
$r = 0^m,014$;
$r_1 = 0^m,0165$.

Le congrès des ingénieurs allemands a fixé les dimensions des bandages de la manière suivante :

Largeur maxima.......	$0^m,132$	
Largeur minima.......	0 ,127	
Epaisseur minima après usure complète......	0 ,019	pour bandages en fer ;
— — ...	0 ,015	pour bandages en acier.

(Cette épaisseur étant mesurée à la circonférence de contact avec le rail.)

La saillie du boudin au-dessus de la face supérieure des rails ne doit pas dépasser, au moment où l'usure est à son maximum, $0^m,035$, ni jamais descendre au-dessous de $0^m,025$ [1].

Fabrication. — Le fer à grain fin ou cémenté et l'acier puddlé ou fondu sont également employés à la fabrication des bandages de voiture, fabrication qui ne diffère en rien de celle des bandages pour locomotives et tenders, à laquelle nous renvoyons le lecteur. (Chap. I, § IV, 366.)

Montage. — Les bandages des roues de voiture ne sont généralement pas tournés intérieurement ; et on les embat bruts de laminage sur la roue, dont la jante est tournée.

La circonférence extérieure du bandage formant le boudin

[1] *Technische Vereinbarungen*, etc. Dresde, 1865.

et la surface de roulement ainsi que les deux faces latérales sont ensuite achevées au tour, après le montage, de manière à ce qu'elles soient parfaitement centrées par rapport à l'axe de l'essieu, que les deux roues aient exactement le même diamètre à la circonférence de roulement, et que les bandages se trouvent distants l'un de l'autre à l'écartement de calage réglementaire, condition que l'on vérifie à l'aide de la jauge représentée sur la figure 496.

Fig. 496. Jauge à vérifier le montage des roues et bandages.

a. Écartement des faces intérieures des bandages montés ;
b. Distance de la face intérieure d'un bandage à la naissance des boudins sur le bandage opposé ;
c. Écartement des boudins pris à l'extérieur ;
d. Distance de l'extérieur d'un boudin à la face extérieure du bandage opposé.

Une plaque mobile, que l'on peut fixer à l'aide d'une vis de pression dans une position déterminée, permet d'appliquer le même instrument à la vérification de bandages de différentes largeurs.

Nous avons dit que les bandages en fer se fabriquent suivant deux procédés au moins, présentant des différences essentielles : — par enroulement d'une lame de fer sur elle-même, qui constitue le bandage sans soudure ; — par approche et soudure des deux extrémités d'une barre laminée au profil définitif et mandrinée au diamètre voulu.

L'efficacité du premier n'est pas admise par tous les praticiens ; il n'y a donc pas lieu d'en examiner les détails de fabrication. Le second, au contraire, peut former l'objet d'une étude intéressante pour l'ingénieur. (Chap. III, § II, 410). C'est à ce titre que nous donnons ici le sous-détail de la préparation d'un bandage tiré d'une barre droite fabriquée par le même procédé que les essieux en fer (page 413).

PRIX DE FABRICATION D'UN BANDAGE A SOUDURE.

Matières.

Fer laminé et profilé (poids approximatif, 180k), à 0f,40 les 100k.		72f,00
Charbon pour cintrer le bandage		0 ,60
Id. pour mandriner le bandage		0 ,60
Id. pour embattre le bandage		0 ,50
Coke pour souder le bandage		1 ,00
		74f,70

Main-d'œuvre.

Pour cintrer le bandage	0f,25	
Pour souder le bandage	2 ,50	
Pour mandriner le bandage	0 ,25	
	3f,00	3 ,00
Frais généraux		3 ,00
Prix de revient du bandage brut (diam. intér., 0m,910)		80f,70

L'ajustage et le montage donnent lieu aux dépenses suivantes :

Matières.

Bandage brut, 160 kilogrammes	80f,70	
4 rivets, 1k,300 à 60 fr. les 100 kilogrammes	0 ,80	
Charbon	0 ,60	
	82f,10	82f,10

Main-d'œuvre.

Tourner entièrement le bandage	1f,00	
Embattre	1 ,00	
Tracer	0 ,30	
Percer quatre trous	0 ,40	
River	0 ,30	
Coltinage aux machines, 10 p. 100 sur main-d'œuvre.	0 ,30	
Frais généraux	2 ,23	
	5f,53	5 ,53
Prix de revient du bandage monté pesant 150 kilogrammes		87f,63

soit par 100 kilogrammes, 51 francs.

Le prix des bandages en acier fondu, de première qualité, pour voitures est descendu actuellement à 67f,50 les 100 kilogrammes, pris à l'usine de production.

Comparaison entre le prix de divers systèmes de roues montées sur essieux. — En combinant les éléments dont les prix partiels sont indiqués plus haut, on se rendra compte du coût des roues montées sur essieu, variable selon la nature des matériaux et le mode de construction employés. — En voici un aperçu :

Roues de 1 mètre de diamètre.	Poids.	Prix.
Essieu en fer, centre en fonte et fer, bandages en fer cémenté	725 kil.	525 fr.
Essieu en fer, centre en fer (Arbel), bandages mixtes (Verdié)	650	525
Essieu et roues pleines en acier fondu	700	600
Essieu en acier fondu et roues pleines en fonte	725	475

Mais on commettrait une grave erreur en se laissant séduire par la modicité du prix de premier établissement. Les opérations d'entretien sont un élément considérable de la question. Tel système de roues montées pourra circuler sans réparations pendant deux ou trois fois plus de temps que tel autre système, et, tout compte fait, reviendra à meilleur marché au bout d'un certain nombre d'années, bien qu'il ait coûté plus cher d'établissement que le second [1].

Entretien. — Cette partie importante du service du matériel roulant comprend : redressage des essieux faussés, — tournage des fusées rayées ou coniques, — remplacement des rivets détachés, — changement d'essieux aux roues dont les moyeux ont pris du jeu, — enlèvement des bandages allongés, — rétreinte des bandages (410), — garnissage des jantes avec des *épaisseurs* pour regagner le serrage, — tournage des jantes non cylin-

[1] C'est ainsi que le chemin de fer de Cologne-Minden a pu réduire de plus de moitié sa consommation annuelle de bandages, depuis l'introduction des roues pleines en acier fondu sous les voitures à voyageurs.

driques, — rafraîchissage des bandages *creux*, et enfin — remplacement des bandages usés.

En général, on arrête la circulation d'un bandage accusant un creux maximum de $0^m,004$ à $0^m,005$. Cette pièce rafraîchie reprend le service avec une diminution d'épaisseur de $0^m,006$ environ, y compris le déchet du tournage, qui peut être réduit par la substitution du meulage au tournage ordinaire (410).

Le parcours d'un bandage entre deux tournages dépend de la nature du métal, de l'état de la voie, du diamètre de la roue et de la charge appliquée. Un bon bandage en fer sous voiture perd en moyenne $0^m,001$ pour 7 à 8 000 kilomètres. Rafraîchi six fois environ, il peut, selon son épaisseur, fournir un parcours total variant de 200 000 à 280 000 kilomètres, soit une durée de onze à douze années en moyenne pour une circulation annuelle de 25 000 kilomètres [1].

Un bandage en acier fondu perd $0^m,001$ d'épaisseur pour 18 000 à 20 000 kilomètres. Porté sept fois sur le tour, il peut ainsi fournir 550 000 à 630 000 kilomètres, ce qui donne en parcours entre deux tournages, plus de 72 000 kilomètres, et en durée vingt années en moyenne.

Enfin, on estime, en Allemagne, à huit tournages et 720 000 kilomètres le parcours d'une roue en acier fondu, avant que sa couronne usée demande l'application du premier bandage [2].

Il y a donc grand intérêt pour une administration à vérifier ce fait, et, s'il se réalise, à placer, sous ses voitures surtout, des roues en acier fondu qui, bien calées, ne réclament d'autre réparation qu'une mise sur le tour tous les deux à trois ans, et un chômage insignifiant entre deux parcours de 75 à 90 000 kilomètres.

384. **Freins**. — *Considérations générales*. — Nous avons vu

[1] Usure annuelle, $0^m,0025$ à $0^m,003$; épaisseur primitive, $0^m,058$; épaisseur limite, $0^m,026$; usure totale, $0^m,032$; durée, $\frac{32}{3}$ à $\frac{32}{2,5} = 11$ à 13 années. (Est, 1866.)

[2] Cologne-Minden, 1865.

que l'on fait usage sur les voies ferrées de trois différents systèmes de freins :

1° Les freins à sabots, exerçant une pression plus ou moins forte à la surface des bandages ;

2° Les freins à patins, qui agissent directement par leur frottement sur les rails ;

3° Les freins de construction particulière, tels que le frein Molinos et Pronnier, établis en vue de satisfaire à des conditions exceptionnelles et dans lesquelles l'action des freins ordinaires serait tout à fait insuffisante.

De ces trois catégories, la première est de beaucoup la plus répandue, avec des variantes nombreuses, il est vrai, mais n'intéressant que le mode de transmission du mouvement, sans changer en rien le principe essentiel du frein.

Parmi toutes ces dispositions, examinons celles en petit nombre qu'utilise la presque généralité des railways.

Freins à sabots. — L'établissement d'un système de freins à sabots sur un véhicule à deux essieux comporte deux dispositions générales différentes, suivant que le nombre de sabots est de quatre ou de huit.

Dans le premier cas, la pression ne s'exerce que d'un seul côté de la roue : les sabots peuvent être suspendus au châssis, ou bien glisser horizontalement sur une barre rigide qui relie entre elles les plaques de garde et s'oppose en partie à l'écartement des essieux. Ce dernier mode d'attache des sabots a l'avantage sur le premier, — sabot suspendu, — de rendre invariable leur position par rapport à l'axe des essieux, quelle que soit la charge du véhicule, et, par conséquent, d'assurer l'égalité de pression sur les roues, ainsi que l'égalité d'usure des sabots dans toutes les circonstances. Mais si cet avantage acquiert une certaine importance, en raison de la flexibilité assez considérable des ressorts de voiture (381), il s'efface en partie devant l'augmentation de poids et de prix et l'inconvénient de tout système de freins à quatre sabots, qui est d'exercer sur les essieux une pression latérale tendant à fausser les fusées. Dans le cas où l'emploi d'un plus grand nombre de sabots ne serait pas compatible avec la construction générale du véhicule, on donnera la préférence à cette seconde disposition, qui, outre l'avantage précédemment cité, offrira celui d'établir entre les deux essieux, par l'intermédiaire de la barre rigide, une solidarité qui s'opposera, dans de certaines limites, à leur écartement sous l'influence de la pression exercée par les freins.

Malgré des opinions bien respectables qui considèrent comme sans intérêt la question que nous venons d'indiquer, nous croyons qu'il faut chercher autant que possible à appliquer sur chaque roue deux sabots; c'est d'ailleurs l'opinion des ingénieurs en Allemagne, où presque tous les wagons à freins sont munis de huit sabots.

Dans l'étude de la transmission de mouvement aux sabots des freins, il faut tenir compte de deux conditions essentielles : La première est d'amener très-rapidement les sabots en contact avec les roues. On comprend, en effet, qu'en raison de la vitesse quelquefois considérable du train, une perte de temps, quelque minime qu'elle soit, puisse avoir de très-graves conséquences.

L'ajustage et le montage de la transmission devront donc être faits avec le plus grand soin, afin d'éviter toute espèce de jeu, de *temps-perdu* dans les articulations.

La seconde condition, c'est de calculer avec soin les rapports des différents organes, dans le but d'arriver à la pression voulue des freins sur les bandages, avec le minimum d'effort de la part de l'agent chargé de la mise en action du frein.

Ainsi, rapidité de mouvement et facilité de manœuvre sont les deux conditions essentielles auxquelles doit satisfaire une bonne transmission. Quels sont les moyens actuellement en usage pour arriver à ce double résultat ?

Le mouvement d'oscillation ou de translation est communiqué de chaque côté du châssis aux supports des sabots par des bielles en fer, articulées à l'extrémité de deux manivelles calées à 180° sur un arbre de transmission transversal, maintenu dans des paliers fixés à la face inférieure des longerons.

Dans le cas de huit sabots, ceux qui sont placés à l'extérieur des roues sont reliés aux sabots disposés entre les essieux par des tringles horizontales qui les obligent à participer tous en même temps à la même action (voir aux ANNEXES, — *Freins à huit sabots*). Afin de pouvoir, dans une certaine limite, compenser l'usure des sabots, il importe de composer les bielles de plusieurs pièces réunies à l'aide de parties filetées.

L'arbre de transmission reçoit lui-même son mouvement de rotation partielle, par l'intermédiaire d'une tige horizontale parallèle à l'axe de la voie, actionnée directement par le levier de manœuvre, ou communiquant à l'aide d'un système de leviers coudés, avec l'extrémité de la tige filetée ou de la crémaillère, mise en mouvement par le garde-frein.

Dans ces dernières années, M. Stilmant a proposé de remplacer ce mode de transmission, — leviers coudés, bielles et manivelles, — par l'emploi beaucoup plus simple d'un coin en fer, mobile dans le sens vertical et pressant, par ses deux faces obliques, les parois extérieures des supports de sabots. Le mouvement du coin peut être obtenu soit directement par un levier, soit par une vis ou une crémaillère communiquant avec lui au moyen de tiges de transmission et de leviers de renvoi. Le serrage ainsi obtenu est très-énergique; cette condition permet de substituer le fer au bois pour la construction des sabots et réaliser ainsi une notable économie dans les frais d'entretien.

Levier. — L'application du système à levier aux freins de voiture se retrouve encore aujourd'hui aux chemins de l'État en Bavière, à la ligne du Midi en France, sous la forme perfectionnée par M. Tabuteau, et enfin à l'Est (France) dans le système proposé par M. Stilmant.

La première de ces applications répond à un but spécial, celui de faire manœuvrer à la fois plusieurs freins par le même agent. A cet effet, le levier s'élève verticalement à l'une des extrémités de la voiture, de manière à dépasser la toiture d'une quantité suffisante pour laisser à la corde de manœuvre toute son action. Un ressort, fixé d'un côté aux parois de la caisse et appuyant de l'autre sur le levier par l'intermédiaire d'un galet, maintient constamment le levier écarté, et, par conséquent, le frein desserré. La corde, passant sur une poulie dont la chape est fixée au levier, permet d'effectuer le serrage à distance. Une seconde poulie de renvoi, maintenue horizontalement à l'aide d'un support fixé sur le toit de la voiture, sert à renvoyer le mouvement d'un véhicule au suivant ; enfin, l'extrémité de la corde aboutit à un tambour manœuvré par le garde-frein à l'aide d'un volant et de deux roues d'angle. Un seul agent peut ainsi, à l'aide de cette disposition, donner le mouvement aux freins de quatre voitures.

La manœuvre de M. Tabuteau se distingue par l'interposition, entre le levier de manœuvre et la tige de transmission, d'un système de leviers coudés dont les rapports avec le premier sont combinés de telle sorte que le serrage des sabots de la voiture puisse être obtenu sans peine et d'une façon très-rapide et énergique ; mais la complication de la transmission et la longueur de la course qu'il faut faire parcourir à l'extrémité du levier de manœuvre nous semblent devoir présenter, au point de vue de l'entretien d'une part, et de la facilité de la manœuvre de l'autre, des inconvénients qui ne justifieraient pas sa substitution aux systèmes ordinairement employés dont nous parlerons plus loin.

Le seul cas dans lequel la simple manœuvre à levier, — c'est-à-dire composée d'un seul de ces organes, — puisse aujourd'hui trouver une application vraiment avantageuse, est celui de la disposition proposée par M. Stilmant. L'énergie de serrage obtenue par l'application du coin, jointe à la rapidité de manœuvre qui résulte de l'emploi du levier comme moyen de transmission, font de la réunion de ces deux organes un système répondant aux conditions que nous avons énoncées plus haut, et nous paraît à ce point de vue pouvoir rendre dans la suite des services importants ; cette opinion, qui résulte des essais qui en ont été faits dans ces dernières années, demanderait d'ailleurs à être appuyée par une plus longue expérience.

Vis et crémaillère. — Nous arrivons maintenant au système de manœuvre des freins le plus répandu et qui a réuni jusqu'ici le plus d'avantages. La transmission à vis comprend une tige verticale de $0^m,030$ de diamètre, placée à l'arrière de la voiture et pouvant tourner dans deux collets fixés à la paroi de cette dernière; sur une partie de sa longueur entre les deux supports, elle est filetée et traverse un écrou qui monte ou descend suivant le sens du mouvement de rotation transmis à la tige par un volant à manette calé à sa partie supérieure. L'écrou, de son côté, transmet le mouvement, par un levier coudé, à la tige horizontale placée sous le châssis, qui avance ou recule selon le sens du mouvement appliqué à la vis, en imprimant un mouvement analogue aux sabots, soit directement, soit par l'intermédiaire d'un arbre horizontal suspendu au châssis.

Quelquefois on rencontre, à la place de la vis et de son écrou, un pignon monté sur un arbre à manivelle et mettant en mouvement une crémaillère, qui, en montant ou en descendant, agit sur les tringles de manœuvre des sabots à la façon de l'écrou mis en mouvement par la vis.

Diverses dispositions ont été étudiées en vue d'augmenter la rapidité du serrage de ces deux modes de transmission. Tel est le but du frein à contre-poids employé sur le chemin de fer du Nord français, et dont le principe consiste à obtenir le contact des sabots sur la roue par la chute rapide d'un contre-poids, en réservant l'action ultérieure du garde-frein pour effectuer le serrage seulement. On comprend facilement que l'on gagne ainsi tout le temps nécessaire à l'agent dans les freins ordinaires pour amener les sabots de leur position initiale au contact des roues. D'autres fois, on se contente simplement de rendre cette distance à parcourir aussi faible que possible, en limitant par des taquets le mouvement de recul des sabots. Les figures 497-498 montrent deux dispositions de ce genre employées sur les chemins du Hanovre. Dans la première, l'écrou *b* vient rencontrer le taquet *c* dans le mouvement de desserrage, afin de pouvoir conserver toujours la même distance; quelle que soit l'usure des sabots, ce taquet est monté sur une crémaillère que l'écrou *b* peut entraîner dans son mouvement ascensionnel. Dans la figure 498, l'écrou *m* remonte pendant

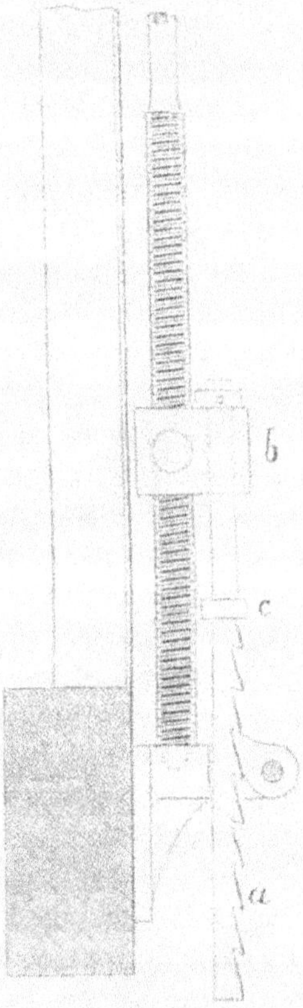

Fig. 497.

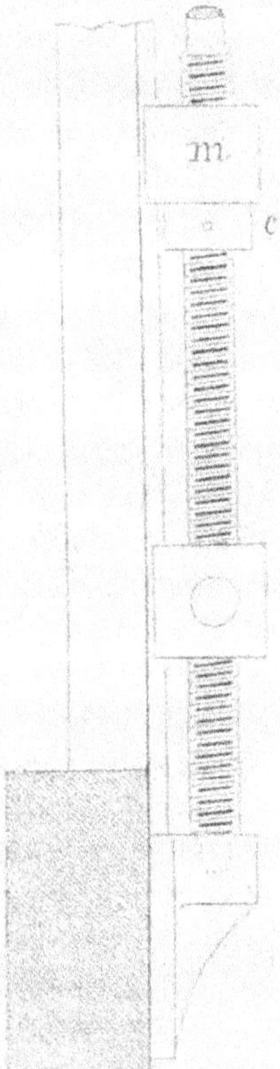

Fig. 498.

Freins. — Transmission de mouvement. — (Hanovre.) Échelle $\frac{1}{15}$.

le serrage, et dans le desserrage s'arrête sur le contre-écrou *c*, que l'on peut fixer à différentes hauteurs, à mesure que l'usure des sabots augmente la longueur du chemin à parcourir. Nous ferons remarquer toutefois que, dans ce cas, il arrive que l'écrou *m* une fois sorti du pas de vis n'y rentre pas toujours de lui-même ; la première solution nous paraît donc préférable : l'une et l'autre exigent d'ailleurs un entretien suivi duquel dépendra nécessairement leur bon fonctionnement.

Partant du principe suivant, que le frottement de roulement d'une roue au repos sur un rail est environ le double du frottement de glissement de cette même roue glissant sur le rail, les ingénieurs du Niederschlesisch-Markichen Eisenbahn ont admis qu'avec la moitié de la force nécessaire pour produire le ralentissement en arrêtant le mouvement de rotation de la roue, on pouvait arriver au même effet en empêchant le calage de celle-ci. La solution consistait donc à limiter l'effort à exercer sur le volant du frein, en rendant impossible le mouvement de la vis aussitôt qu'il aurait atteint une valeur maxima déterminée à l'avance. Mais, considérant que cette valeur ne pouvait être constante et devait nécessairement varier avec la charge du véhicule, ils songèrent à intéresser le poids de ce dernier en réunissant au moyen d'un système de balanciers convenablement calculés la crapaudine du support de la vis de transmission aux ressorts de suspension du véhicule. Aussitôt que l'effort exercé par le garde-frein sur le volant, dépassant la résistance du support, fait fléchir le ressort [1], tout le système de la transmission s'abaisse, et un taquet monté sur la vis venant buter contre un arrêt fixé à la charpente du véhicule, rend impossible un serrage plus complet. (Exposition de 1867.)

La manœuvre à vis ou crémaillère, comme celle à levier, présente des applications permettant de manœuvrer plusieurs freins à la fois ; nous avons décrit (375) les dispositions de ce genre employées sur le chemin du Nord français et le Lancashire-Yorkshire Railway, système Newall, et sur le North-London Railway, — il est donc inutile d'y revenir ici.

Nous avons exposé plus haut (376) les raisons qui ont dé-

[1] Les longueurs du balancier sont calculées de manière que l'effort des sabots sur la roue ne dépasse jamais le quart de la charge totale des ressorts.

terminé quelques constructeurs à rechercher les moyens de remplacer dans la manœuvre des freins l'action de l'homme par une action automatique. Nous avons également discuté la valeur de ces raisons, et si nous sommes arrivé à conclure en faveur des freins manœuvrés à la main, nous devons cependant reconnaître que l'étude de cette question a eu pour résultat la découverte de plusieurs dispositions ingénieuses, parmi lesquelles il en est qui ont donné des résultats sinon absolument satisfaisants, du moins très-intéressants et méritant à ce titre toute l'attention de l'ingénieur. Nous citerons principalement le frein automoteur de M. Guérin et le frein à embrayage électrique de M. Achard.

Frein Guérin. — Le principe appliqué par M. Guérin à la construction de son frein automoteur est le suivant : Lorsqu'un train est lancé à une certaine vitesse et que le mécanicien ferme le régulateur, les divers véhicules, en vertu de leur puissance vive acquise par le mouvement, exercent les uns sur les autres une pression qui se traduit par une tension considérable des ressorts de choc et de traction à l'arrière de chacun d'eux. Si, à ce moment, ce ressort, au lieu de s'appuyer sur le châssis, est disposé de manière à presser l'extrémité d'un levier agissant sur l'axe des sabots du frein, il est clair que cette pression dont nous venons de parler, en se transmettant audit levier, pourra remplacer avantageusement l'action du garde-frein. Telle est, en effet, la disposition mise en pratique dans le frein automoteur de M. Guérin. Une difficulté se présentait toutefois dans son application, car il fallait mettre le frein dans l'impossibilité d'agir, lorsque la tension du ressort se produirait par d'autres causes que celles précédemment mentionnées, telles que la marche en arrière ou les manœuvres dans les gares. L'inventeur est arrivé à vaincre la difficulté au moyen d'une disposition très-ingénieuse : Un petit levier coudé, placé entre la traverse d'arrière et l'embase du crochet d'attache, et mobile autour de son centre, peut, en prenant une certaine position, venir caler la tige de traction et l'empêcher de reculer ; dans ce cas, rien n'empêche le mouvement de recul de la voiture.

Mais aussitôt que la vitesse du véhicule atteint une certaine limite, un manchon de forme particulière, monté sur l'essieu d'arrière, vient, en tournant sous l'action de la force centrifuge, agir sur l'un des bras d'un levier, dont l'autre extrémité portant à son tour sur le petit levier coudé qui retient le crochet de traction, le dégage et rend à la tige la possibilité d'agir sur le ressort. (Perdonnet, *Traité élémentaire*, chap. x.)

Frein électrique de M. Achard. — Le but poursuivi par l'auteur a été : 1° de rendre possible la manœuvre de tous les freins du train par un seul agent placé soit sur la machine, soit en un autre point ; 2° d'arriver à une disposition telle, que la rupture d'un attelage ou simplement d'un des conducteurs électriques qui servent à la manœuvre, fasse agir les freins automatiquement. Comme on le voit, le problème présentait un véritable intérêt et la solution a été aussi complète que possible.

L'un des essieux de la voiture porte un excentrique sur lequel peut venir appuyer un levier en fer doux, qui, animé alors d'un léger mouvement d'oscillation, fait marcher, par l'intermédiaire d'un cliquet, un arbre auxiliaire parallèle aux essieux. Un électro-aimant, dans lequel circule un courant électrique, retient le levier suspendu et ne lui permet de s'appuyer sur l'excentrique que lorsque le courant vient à être interrompu soit par l'agent du train, soit à la suite de la rupture du fil conducteur. Dans l'un ou l'autre cas, l'arbre intermédiaire mis en mouvement par le levier et son cliquet entraîne en tournant un électro-aimant calé sur lui. D'autre part, l'arbre de transmission de mouvement des freins porte un levier actionné par une chaîne qui s'enroule sur deux tambours portant chacun un plateau en fer doux et montés fous sur le même arbre que l'électro-aimant, de telle sorte que l'action de ce dernier sur les plateaux, lorsque le courant électrique agit, les oblige à tourner avec lui et fait enrouler la chaîne qui agit sur le levier et sur les freins. (Académie des sciences. Prix Montyon. 1866.)

Un troisième électro-aimant et une pile placés sur le véhicule font circuler un courant dans le deuxième aimant aussitôt que l'autre courant se trouve interrompu dans le premier, et, de cette façon, le fonctionnement de l'appareil peut se faire soit à la volonté du mécanicien, soit indépendamment de lui, toutes les fois qu'une cause quelconque vient interrompre le courant principal. Une sonnerie, mise en action dans le même cas, avertit les agents du train du fonctionnement de l'appareil.

On voit que, dans ces divers freins automoteurs, la manœuvre est fondée sur des applications parfaitement rationnelles de la mécanique. Mais on ne peut se dissimuler que l'action à produire dépend uniquement du fonctionnement parfaitement régulier, mais inintelligent de tous les organes. Que l'un quelconque de ces organes essentiels vienne à modifier ses fonctions, et la manœuvre du frein est contrariée, son action annulée ou exagérée, en un mot, abandonnée ou laissée à la force brutale. L'exploitation des chemins de fer ne peut pas se soumettre à cette condition. Elle doit exiger de ses ingénieurs l'application d'appareils simples et en tout temps efficaces, de ses agents la vigilance et l'emploi intelligent des moyens mis à leur disposition.

385. **Observations sur l'entretien des voitures.** — Nous empruntons aux instructions du service du matériel de différentes lignes en exploitation une grande partie des observations qui suivent relativement à l'entretien courant des voitures, en procédant dans l'ordre que nous avons adopté pour la description et les développements qui ont fait le sujet de ce paragraphe.

Toutes les fois qu'une voiture arrive dans une gare pour y séjourner, ou qu'elle va quitter cette gare après y être restée un certain temps, les agents chargés de cette partie du service — les visiteurs — doivent procéder à une visite complète, tant au point de vue de la sécurité qu'à celui de l'entretien économique du matériel.

Caisse et châssis. — Les visiteurs devront porter leur attention sur la solidité du châssis et de la caisse, examiner si les tenons sont en bon état, si les boulons et harpons de ces assemblages sont bien serrés, si les bois ne présentent pas de gerçures pouvant en compromettre la solidité ; — veiller à ce que les portières fonctionnent bien ; les savonner et leur donner du jeu quand cela est nécessaire ; tenir les serrures en parfait état de propreté et les graisser légèrement. Ils doivent, dans le matériel qui est muni de loqueteaux de portières, surveiller ces organes de la fermeture, et les remplacer toutes les fois qu'ils seront cassés ; — maintenir les glaces des portières en bon état et bien fixées à leurs châssis ; assurer à ces châssis un bon fonctionnement sans jeu dans leur baie ; remplacer les ressorts cassés ou qui ont perdu leur bande, sans cela le mouvement de la voiture imprime au châssis un balancement désagréable, et, en outre, fait pénétrer l'air froid en hiver ou la poussière en été, ce qui incommode les voyageurs ; — s'assurer enfin, chaque fois, que les planchers des voitures n'ont aucun trou et ne sont pas disjoints.

L'attention du visiteur doit porter particulièrement sur la solidité des mains-courantes et marchepieds dont font usage les voyageurs soit pour monter soit pour circuler sur l'impériale ; remplacer et repiquer les palettes en fer, lorsque, par suite d'usure, elles sont devenues glissantes.

On nettoiera les parois extérieures de la caisse avec soin, prenant garde de ne pas dégrader la peinture en enlevant les matières adhérentes ; l'emploi de l'eau facilitera ce travail, et, dans les angles rentrants, on ne devra jamais se servir de la brosse ou du balai, mais effectuer le nettoyage par simple injection d'eau au besoin lancée par une pompe à main. On lavera ensuite toutes les parties avec une éponge mouillée, en prenant soin que l'eau soit parfaitement exempte de sable ou de petits graviers qui rayeraient la surface du vernis ; — on terminera le nettoyage en essuyant les parois avec une peau blanche et douce. En observant ces précautions, on arrive à conserver très-longtemps la couche de vernis ; mais il n'en serait pas de même si on faisait usage, pour le lavage, d'eau chaude, impure, chargée de sable, ou enfin savonneuse, et si on employait pour enlever les taches de boue et la poussière un couteau, un balai ou une brosse trop dure.

Sur les fenêtres, on enlèvera la poussière extérieurement et intérieurement; — on lavera les carreaux en frottant avec une peau de daim, et les essuyant avec des torchons de toile. Les cadres seront essuyés ou brossés, selon que le bois sera apparent ou recouvert de drap.

En nettoyant les parties métalliques, mains-courantes, boutons de portières, loqueteaux, etc., on devra prendre garde à ne pas salir ou endommager les parois de la caisse.

Les coussins et parties rembourrées de l'intérieur doivent être battus avec un fouet à lanières ou en jonc, et brossées soigneusement pour enlever complétement la poussière[1]. A l'aide d'un balai et d'un torchon, on nettoiera les autres parties de la garniture. Après avoir enlevé les tapis de pied pour les battre et les brosser, on lavera le parquet avec un linge humide. La même opération suffira au nettoyage intérieur des voitures de troisième classe, que l'on essuiera ensuite avec un linge sec.

Ressorts de suspension. — Les ressorts de suspension doivent occuper rigoureusement la position qui leur est assignée et reposer sur le milieu de la boîte à graisse; les ferrures, étriers, boulons, etc., en bon état, seront bien assujettis, et ne gêneront dans aucun sens le mouvement du ressort, qui doit être également chargé à ses deux extrémités; les menottes de suspension, les boulons et les supports seront aussi examinés avec soin.

Attelage. — Les vis des tendeurs doivent être tenues dans un parfait état de propreté; pour les graisser, verser une petite quantité d'huile sur la vis, faire fonctionner les écrous, puis essuyer la vis pour que la poussière ne puisse s'y attacher. A chaque visite, s'assurer que les filets ne sont pas arrachés et que la vis est exempte de fissures.

L'attelage des différents véhicules entre eux doit toujours être facile, et, dans ce but, présenter la plus grande uniformité.

[1] Sur le chemin du Nord-Est suisse, dans le but d'assurer à ces garnitures une plus longue durée en les préservant de l'attaque des insectes, on injecte une certaine quantité de poudre insecticide. Cette précaution ne nous paraît pas inutile, et nous croyons devoir appeler sur ce point l'attention des agents chargés de l'entretien du matériel de transport.

Voici, comme exemple, les conditions adoptées pour cet attelage par la Compagnie des chemins de fer de l'Ouest :

Ressorts de choc et traction reliés par deux tirants écartés de 1 mètre.	Résistance maxima au choc		$3550^k,00$
	Flexibilité pour 1 000 kilogrammes au choc		$0^m,075$
	Flexibilité pour 1 000 kilogr. à la traction		$0^m,010$
	Bande initiale	Grandes lignes	$600^k,00$
		Banlieue	$800^k,00$
Course des tiges de traction limitée à		Grandes lignes	$0^m,065$
		Banlieue	$0^m,035$
Saillie des tampons sur l'intérieur des crochets de traction			$0^m,345$
Excédant des chaînes de sûreté sur les tampons			$0^m,070$ à $0^m,100$
Tendeurs	Long. intérieure maxima du tendeur développé		$0^m,936$
	Long. intérieure minima du tendeur développé		$0^m,665$
	Longueur de l'axe à l'intérieur	De la grande maille	$0^m,330$
		De la petite maille	$0^m,235$
	Longueur totale de la vis		$0^m,440$
Ecartement des tampons de choc			$1^m,730$
Ecartement des chaînes de sûreté			$1^m,480$

Ces diverses dimensions doivent être vérifiées avec soin de temps en temps, de manière à s'assurer qu'aucun dérangement ne s'est produit dans l'ensemble de l'appareil de traction et que toutes les pièces ont conservé exactement leur position relative. La hauteur des tampons au-dessus des rails demande également une vérification à la jauge, ainsi que l'ouverture des crochets d'attelage et de ceux des chaînes de sûreté. Les tiges des tampons doivent pouvoir fonctionner librement dans les boisseaux et être maintenus pour cela dans un parfait état de propreté. Les boulons d'attache des boisseaux au châssis exigent également l'attention du visiteur ; aussitôt que l'un d'eux est desserré ou perdu, le resserrer ou le remplacer immédiatement pour éviter la rupture des boisseaux, rupture qui se produit dès qu'ils peuvent battre contre le châssis.

Plaques de garde. — Les boulons d'attache qui relient les plaques de garde au châssis doivent être maintenus en bon état et convenablement serrés ; le visiteur s'assurera que les plaques de garde ne sont pas faussées de manière à faire coincer la boîte à graisse dans ses guides ou à faire dévier l'essieu.

Boîtes à graisse. — Il importe de s'assurer, pendant la visite, que les couvercles et les dessous de boîtes à graisse ferment hermétiquement, toute solution de continuité pouvant donner lieu à un épanchement d'huile ou à l'introduction du sable sur la fusée, qui dans l'un ou l'autre cas ne tarderait pas à s'échauffer.

On visitera les coussinets et les fusées à des époques fixées à l'avance, — tous les trois mois au moins pour les voitures des trains à grande vitesse ; — la date de la visite est inscrite sur le châssis, ainsi que l'épaisseur des coussinets à la dernière vérification. — Indépendamment de ces visites régulières, il y a intérêt capital à s'assurer de l'état du coussinet et de la fusée, toutes les fois qu'une boîte a chauffé d'une manière notable. Dans ce cas, pour la refroidir on met une cale dessous et, avec un cric placé à côté, l'on soulève le châssis, de manière à séparer le coussinet de la fusée, puis on verse de l'eau entre les deux. Si l'on ne prend pas cette précaution, le coussinet étant pressé sur la fusée par le poids du véhicule, l'eau ne pénètre que difficilement et, en outre, le cuivre tend à se détacher du coussinet par petites parcelles qui se soudent avec la fusée ; lorsque ensuite la voiture est mise en mouvement, ces parcelles de cuivre, qui forment saillies sur la fusée, font gripper le coussinet, et l'échauffement est plus considérable que si l'on n'avait pas refroidi la boîte.

Lorsque les coussinets se trouvent réduits par l'usure à la limite d'épaisseur, il importe de les remplacer sans tarder, afin de ne pas les exposer à une rupture. Il en est de même lorsque le jeu latéral sur la fusée atteint un certain degré. Ainsi, au chemin dont nous parlons, le coussinet est retiré du service lorsque le jeu initial de $0^m,002$ est arrivé à $0^m,006$.

Essieux. — La réduction du diamètre de la fusée entraîne également la nécessité de rebuter l'essieu ; ce diamètre devra donc être l'objet d'une vérification fréquente à l'aide du gabarit; on s'assurera aussi avec soin que la fusée ne s'est pas usée en cône, c'est-à-dire que dans sa longueur elle ne présente pas une différence de diamètre atteignant $0^m,002$ à $0^m,003$, auquel cas il deviendrait nécessaire d'enlever l'essieu pour lui faire subir un nouveau tournage, si son diamètre le permet.

Les autres parties de l'essieu doivent être scrupuleusement examinées, afin de constater qu'il n'y a pas de fissure [1]. Pour s'assurer que les essieux ne sont pas forcés, on présente la jauge d'écartement en quatre points opposés deux à deux sur la face intérieure des bandages.

Roues. — Il importe de ne laisser circuler que des roues satisfaisant aux conditions suivantes : le moyeu ne présente aucune fissure; les clavettes de calage sont bien à leur place et le moyeu n'est pas déplacé sur sa portée de calage; les rayons et la jante n'ont pas de cassure.

Toutefois l'expérience a démontré que l'on peut sans danger laisser circuler une roue en fer forgé dont la jante a une seule cassure; mais on doit retirer du service celles qui en présentent plusieurs.

Bandages. — Pour s'assurer de l'état des bandages, on les frappe à l'aide d'un marteau, et le son qu'ils rendent indique s'ils sont desserrés sur la jante ou s'il y a des cassures; on examine ensuite s'il n'y a aucune paille pouvant entraîner la rupture ou l'écrasement, et si les rivets ou boulons qui les réunissent à la jante ne sont ni cassés ni desserrés. On doit enfin vérifier, à l'aide de la règle d'écartement, s'ils sont bien calés à la distance réglementaire de $1^m,360$ (fig. 496, p. 432).

Au moyen d'un gabarit appliqué sur la surface du bandage, on se rendra compte de la profondeur du creux produit par le frottement sur les rails, de l'épaisseur du bandage et de celle du boudin. Dès que le creux aura atteint $0^m,005$, on retirera les

[1] Le chemin de fer du Midi accorde une prime de 10 francs à tout visiteur qui a découvert une fissure à un essieu.

roues pour leur faire subir un nouveau tournage, la limite d'épaisseur pour la mise au rebut du bandage étant arrêtée à $0^m,019$ pour le fer, à $0^m,015$ pour l'acier fondu.

Quand, par suite du déplacement latéral de l'essieu, le boudin de l'une des roues s'use plus vite que celui de la roue opposée, il faut rechercher avec soin la cause de ce déplacement : — une plaque de garde forcée ; — un coussinet usé latéralement ; — ou enfin un mauvais montage. Le visiteur corrigera ce défaut et retournera l'essieu bout pour bout, si toutefois le boudin usé n'est point encore arrivé à sa limite d'épaisseur ($0^m,018$).

Freins. — Les freins nécessitent une attention toute particulière, en raison de l'importance de leurs fonctions et des dangers qui peuvent résulter du refus de service de l'un d'eux ; il sera donc de la première importance de graisser avec soin toutes les articulations et, pour les freins à vis en particulier, de tenir cet organe dans un état parfait de propreté. A chaque visite nouvelle, on devra s'assurer qu'aucune pièce n'est forcée, fissurée ou cassée, qu'il n'y manque aucun boulon ni goupille, que les filets de l'écrou ou de la vis ne sont pas usés, que la manœuvre en est facile et que les sabots ont un serrage suffisant. On donnera d'ailleurs du bois au frein chaque fois que les sabots seront assez usés pour qu'il soit possible de manœuvrer la vis de règlement ou de changer de trou les boulons qui relient les bielles de ces freins à l'arbre. En donnant du bois, on réglera les sabots avec soin, afin d'être certain qu'ils *portent tous sur les roues en même temps*.

La manœuvre des freins demande beaucoup de soin de la part de l'agent qui en est chargé. Il importe, en effet, comme nous l'avons déjà dit (376), que la pression exercée sur la roue soit telle que sa vitesse se trouve diminuée, sans toutefois atteindre, — à moins de nécessité absolue, — le calage complet de la roue, qui, produisant des facettes à la surface du bandage, ne tarde pas à mettre ce dernier hors de service.

386. **Télégraphie des trains en marche.** — Nous avons jusqu'ici renvoyé à la *troisième partie*, — EXPLOITATION, — toutes les questions touchant la télégraphie appliquée à la circulation des trains[1]. Force nous est cependant d'entrer dans quelques développements relatifs à cet important sujet, en raison de sa connexité avec l'étude de la construction des voitures, et de son influence sur le choix du système.

La question de sécurité des voyageurs pendant le trajet a depuis longtemps préoccupé l'administration et les ingénieurs chargés de l'exploitation des lignes où le système de voitures employé nécessite l'application d'une disposition spéciale pour assurer la communication des agents des trains entre eux ou des voyageurs avec ces derniers.

Aucun des nombreux systèmes proposés pour atteindre le résultat désiré n'a paru jusqu'ici satisfaire aux données du problème, qui semble devoir attendre longtemps encore une solution pratique.

Le principe même de la question est contesté. En 1857, le rapporteur de la commission d'enquête sur les chemins de fer s'exprimait ainsi :

« Quelques personnes désireraient qu'il fût possible de mettre à la disposition de tous les voyageurs un moyen de donner au mécanicien le signal d'arrêt. Des recherches sérieuses n'ont pas été faites dans cette voie par les Compagnies, et on le comprend : en effet, outre que le problème se complique au point de vue mécanique, il y aurait à craindre que certains voyageurs ne se fissent un jeu de répandre l'alarme en provoquant l'arrêt des trains ou n'abusassent des moyens mis à leur disposition exclusivement pour les cas graves, en donnant le signal d'arrêt pour des cas futiles ou sans gravité réelle..... »

Cependant, en 1861, à la suite d'événements qui émurent vivement le public, l'administration crut devoir appeler de nouveau l'attention des Compagnies sur ce sujet et nomma pour étudier la question une nouvelle commission d'ingénieurs de l'administration.

[1] Ire part., chap. VII, § I.

Cette commission, après examen, écarta tout d'abord l'idée d'une communication entre les voyageurs et les agents du train et se borna à demander que les Compagnies fussent invitées : « 1° à pratiquer, dans le délai de six mois, dans les compartiments de première et de deuxième classe, une ou deux ouvertures fermées par une glace transparente et placée au-dessus des filets à bagages ; 2° à organiser dans le même délai, sur toutes les voitures composant les trains de voyageurs, un système de marchepieds et de mains-courantes horizontales, qui permît soit aux agents du train soit à des contrôleurs spéciaux de parcourir toute la longueur du convoi du côté des accotements du chemin ; 3° à présenter au ministre les ordres de service arrêtés par elle pour ce contrôle de route, en exécution des prescriptions ci-dessus. »

Enfin, en 1863, la commission d'enquête sur les chemins de fer, résumant dans son rapport les opinions que nous venons de rappeler, adopta en partie les mêmes conclusions et déclara : « Que la communication directe entre les voyageurs et les agents d'un train présenterait plus de dangers que d'avantages ; qu'elle mettrait aux mains du public un moyen d'arrêter le train à tout moment, moyen dont l'emploi, laissé forcément à la libre disposition de chacun des voyageurs, serait de nature sinon à occasionner des accidents par des arrêts imprudents, au moins à retarder la marche des trains par des pertes de temps multipliées... Que les mesures recommandées par la commission spéciale de 1861 n'étant pas de nature à amener des résultats efficaces, il ne convenait pas d'en prescrire l'établissement aux Compagnies... »

« Quant aux communications nécessaires pour assurer non plus seulement la sécurité individuelle des voyageurs, mais celle du train tout entier, la communication des agents du train entre eux et le mécanicien, » la Commission a été d'avis « qu'elle pouvait être établie dans beaucoup de cas, et qu'elle devait l'être toutes les fois que ce serait possible. »

En Angleterre, la question est également à l'ordre du jour depuis une vingtaine d'années, et le capitaine Tyler, dans un rapport présenté à l'administration en 1865, étudia les divers procédés successivement mis à l'essai jusqu'à cette époque ; nous les résumerons, d'après lui, de la manière suivante :

1° Emploi d'une cloche, d'un sifflet, d'un pétard ou de tout autre signal acoustique, avec une disposition particulière indiquant le compartiment d'où il est parti. L'installation de ces systèmes est simple et facile, mais la plupart du temps sans effet utile. Dans les tranchées, les tunnels, sur les ponts, il est impossible, lorsque le vent est contraire ou que la vitesse du train est considérable, de les entendre.

2° Les indicateurs ou signaux optiques ont également l'avantage de la simplicité d'installation, mais demandent une attention que l'on ne saurait exiger que d'un employé spécial ; leur effet disparaît d'ailleurs dans le passage des souterrains, pendant la nuit, le brouillard ou sous l'influence de la fumée de la locomotive.

3° On a imaginé l'emploi de glaces dans lesquelles le mécanicien ou le chef de train pourraient voir tout ce qui se passe dans chaque compartiment ; ces appareils demandent beaucoup d'entretien, deviennent inutiles dans les mêmes circonstances que les précédentes et ne sauraient recevoir l'approbation du public, pour lequel un contrôle de cette nature est toujours importun.

4° Les signaux mis en action par le mouvement des roues du tender ou du fourgon s'appliquent mal à des vitesses variables, et le fonctionnement des freins les rend inefficaces.

5° Les tuyaux acoustiques régnant sur toute la longueur du train ne fonctionnent pas d'une manière suffisante, et il est difficile d'arriver par leur emploi à la désignation du compartiment où le secours est réclamé[1].

6° L'établissement d'une communication extérieure par les marchepieds n'est pas possible sur toutes les lignes, en raison du peu de largeur de l'entre-voie ; il faut avoir au moins, dans

[1] Ce mode de communication, appliqué aujourd'hui sur le chemin de l'Est (France), paraîtrait préférable à tout autre, d'après les essais tentés sur cette ligne.

ce cas, 0m,70 entre les parois des voitures et celles des ouvrages d'art. Ce système appliqué en Belgique coûte annuellement la vie à un employé, en moyenne.

7° Les glaces sans tain placées dans les parois n'ont pas une grande efficacité, quoiqu'elles soient employées en Angleterre sur plusieurs lignes.

8° Une corde courant tout le long du train et aboutissant à une cloche ou à un sifflet se trouve également appliquée en Angleterre sur beaucoup de chemins, mais ne donne pas, en général, de résultats bien satisfaisants, surtout pour des trains un peu longs.

9° Un employé spécial chargé de la surveillance augmente beaucoup les frais d'exploitation.

10° Enfin l'emploi d'une communication électrique semble le plus pratique, en raison du peu d'entretien nécessité par les piles. Un appareil de ce système, construit par M. Preece, fut essayé avec succès sur le South-Western Railway. Toutefois le capitaine Tyler fait remarquer que cette disposition ne peut être appliquée avec avantage que dans le cas où la construction de la voie permet à l'employé de se rendre immédiatement au compartiment d'où est parti le signal de détresse, sans être obligé de faire auparavant arrêter le train.

Une réunion des directeurs des principales Compagnies anglaises, qui examina en 1865 cent quatre-vingt-seize — 196 — propositions s'appliquant à autant de systèmes particuliers, constata l'absence de tout progrès dans cette question depuis douze ans, déclara l'impossibilité d'introduire dans la pratique un système quelque peu compliqué en raison des manutentions nombreuses que les voitures et les trains ont à subir sur les lignes de la Péninsule, et adopta le même principe que les commissions françaises, à savoir : que les avantages pouvant résulter de l'adoption d'un moyen de communication entre les voyageurs et les agents seraient plus que compensés par l'inconvénient forcé de le laisser entre les mains des voyageurs.

Cependant plusieurs Compagnies françaises continuèrent à

s'occuper de la recherche d'une solution pratique du problème; le Nord, l'Est et le chemin de Lyon firent de nombreux essais à ce sujet, concernant l'emploi de l'électricité. Une circulaire ministérielle de l'année 1865 prescrit à toutes les Compagnies l'application, dans un délai très-rapproché, de communications électriques dans les trains, indiquant les appareils Prud'homme et Achard, dont l'expérience avait été faite, comme pouvant satisfaire à cette condition, mais sans toutefois exclure l'adoption de tout autre appareil remplissant le même but.

En quoi consistent ces deux appareils ?

Le système de communication électrique de M. Prud'homme [1], essayé sur les chemins de fer du Nord et de Lyon, est établi en vue de satisfaire aux conditions suivantes [2] :

1° Mettre les différents agents attachés au service du train à même de communiquer entre eux ;

2° Faire en sorte qu'un voyageur d'un compartiment quelconque puisse faire appel aux différents conducteurs ;

3° En cas de division accidentelle du train, faire que le conducteur de chaque tronçon soit averti de la rupture.

Le système se compose :

1° D'une pile convenablement disposée pour que le liquide et les sels ne puissent s'échapper des vases par suite des oscillations du train ;

2° De fils métalliques établissant un courant que l'on peut ouvrir ou fermer à volonté ;

3° D'un avertisseur qui n'est autre chose qu'une sonnerie trembleuse, placée dans la même boîte que la pile.

Comme les vibrations du train pourraient influer sur la sonnerie et donner un faux signal, M. Prud'homme a rendu mobile, autour d'un point fixe, l'armature réunissant les deux électro-aimants, et l'a munie d'un retour d'équerre qui vient buter contre le marteau et l'empêcher de frapper sur le timbre.

[1] Cessionnaire du brevet de M. Preece.

[2] Extrait du *Bulletin de la Société des ingénieurs civils*. Séance du 4 mai 1866. Communication de M. Bonnaterre sur les appareils électriques de M. Prud'homme.

Mais aussitôt que le courant passe, l'armature est attirée contre les bobines, le retour d'équerre se lève et laisse le marteau libre.

Les pôles positifs des deux piles communiquent avec les barres d'attelage, et, pour plus de garantie, sont mis en communication avec la terre par les plaques de garde.

Quant aux pôles négatifs, ils se réunissent au moyen de fils métalliques en passant par des commutateurs après avoir traversé les sonneries.

Ces commutateurs, à la portée de chaque conducteur, peuvent mettre à volonté en communication les pôles positifs avec les pôles négatifs, faire par là fonctionner les sonneries et servir aux avertissements mutuels.

Dans chaque compartiment des wagons, deux fils communiquant, l'un à la ligne des pôles négatifs, l'autre à la ligne des pôles positifs, et, convenablement isolés, aboutissent aux deux lames d'un bouton de contact.

Le voyageur, en appuyant sur ce bouton, met en communication les pôles de noms contraires; le courant passe, et les sonneries fonctionnant avertissent simultanément le conducteur et le garde-frein. Par malice ou ignorance, certains voyageurs pourraient faire un appel inutile. Aussi ce bouton de contact est protégé par une vitre que le voyageur est obligé de briser pour donner le signal.

D'un bout du train à l'autre, les pôles positifs, d'une part, les pôles négatifs de l'autre, sont réunis entre eux par des fils métalliques passant sous les châssis et sortant à chaque extrémité des wagons, le fil négatif par des anneaux et des crochets munis de contacts en cuivre, le fil positif passant par la barre d'attelage et par la terre; ces fils viennent se relier à un bouton de contact fixé au-dessus du crochet et isolé par le seul fait de l'accrochage.

Chaque extrémité du wagon est munie d'un crochet et d'un anneau, par conséquent de deux attaches réunissant les pôles négatifs des deux piles; mais aussitôt que, pour une raison quelconque, l'anneau s'échappe du crochet, celui-ci, en métal bon conducteur, vient toucher un contact, et met en communication les pôles de noms contraires.

Ainsi, qu'une cause quelconque fasse rompre un train, les anneaux étant séparés des crochets, le courant s'établit, les sonneries marchent, et les conducteurs de tête et de queue sont prévenus de l'accident.

On remarque que ces anneaux et les crochets sont inversement placés et permettent de former le train, dans quelque position que les wagons se présentent.

Si l'un des voyageurs appelle, il est urgent que les employés n'aient pas de longues recherches à faire ; pour cela, M. Prud'homme a disposé de chaque côté du wagon deux disques, l'un à droite, l'autre à gauche, qui, dans leur position normale, ne présentent que leur tranche à la vue ; mais, aussitôt le contact établi dans l'un des compartiments du wagon, ces disques prennent la position verticale et montrent leur face rouge.

L'application de ce système aux voitures du chemin de fer du Nord comporte la modification suivante[1] :

Une tringle traverse le wagon, dans l'épaisseur et à la partie supérieure de la cloison qui sépare deux compartiments ; elle porte, extérieurement au wagon, à ses deux extrémités, des ailettes peintes en blanc, dont une d'elles correspond à un petit commutateur. Cette tringle, fixée par des brides, peut prendre deux positions à 90° ; les ailettes qui en dépendent suivent le même mouvement, de façon qu'horizontales dans l'état ordinaire, elles deviennent verticales en cas d'appel.

Le mouvement est donné au moyen d'un petit levier fixé à la tringle, lequel est manœuvré au moyen d'une chaîne terminée par un anneau, qui pend au milieu d'une ouverture traversant la cloison un peu au-dessous de la tringle.

L'ouverture est vitrée sur les deux faces de la cloison pour permettre de voir d'un compartiment dans l'autre. Le voyageur qui veut appeler casse la vitre correspondant à son compar-

[1] *Bulletin de la Société des ingénieurs civils.* Séance du 18 mai 1866.— Communication de M. Bricogne.

timent, avec le coude ou un objet quelconque, et tire sur l'anneau.

Au moyen du commutateur extérieur auquel aboutissent les fils conducteurs, le déplacement de la tringle établit le circuit des piles et des sonneries placées dans les guérites des conducteurs et gardes-freins. Une fois l'appel produit, il n'est pas possible au voyageur, à cause de la flexibilité de la chaîne de tirage, de remettre la tringle dans la position du repos.

L'agent du train se rend, par les marchepieds, jusqu'au compartiment dont l'ailette a été déplacée, et, après avoir constaté la cause de l'appel, replace à la main l'ailette relevée; alors le commutateur et la tringle reprennent leur position normale.

L'appareil de M. Achard, essayé sur le chemin de fer de l'Est, n'est qu'une application particulière de son système de frein à embrayage électrique, dont nous avons parlé précédemment (384). Il diffère donc de la disposition de M. Prud'homme en ce que dans cette dernière le courant est intermittent et produit par la manœuvre d'un commutateur ou la rupture d'un attelage, tandis que, dans celle de M. Achard, le courant continu doit être interrompu par une cause quelconque pour mettre en mouvement les sonneries. Il en résulte un appauvrissement beaucoup plus rapide des piles motrices et l'inconvénient pour ce système d'être plus sujet à donner de fausses indications par suite d'interruptions accidentelles causées par les mouvements vibratoires du train, et par cela même une infériorité par rapport au système du courant intermittent [1].

Dans le système Prud'homme, les câbles ou cordes qui réunissent les voitures présentent une suffisante résistance, à la condition, toutefois, que ces câbles ne traînent pas à terre ou ne soient pas tordus ou enroulés sur les barres d'attelage; un certain nombre de câbles ont été avariés au chemin de fer de Lyon, par suite d'inobservation de ces précautions.

Le crochet à ressort est dans de bonnes conditions au point

[1] Procès-verbal de la conférence sur l'emploi des communications électriques, etc. Janvier 1866.

de vue de la résistance et de la sécurité de l'attelage. On doit, dans l'intervalle des voyages, le nettoyer ainsi que l'anneau de la corde, afin d'éviter que la graisse ou la poussière intercalées entre les contacts ne produisent des interruptions.

L'appareil Prud'homme se sert du rail comme fil en retour ou fil de terre. En général, sous les halles des gares de formation, on a constaté que ce moyen de fermer le circuit laissait à désirer, eu égard aux rails couverts de graisse et à l'interposition des plaques tournantes, le fil de terre n'étant relié qu'aux plaques de garde ; depuis qu'on a réuni ce fil non-seulement aux ressorts de suspension, mais encore aux ressorts de traction et aux barres d'attelage, de telle sorte qu'en outre d'une communication multiple à la terre, on a réalisé une sorte de fil en retour par les barres d'attelage, on a rendu la communication bonne, quelle que soit la position du train dans la gare. Par suite, on peut se rendre compte plus sûrement de l'état général des appareils avant le départ des trains.

Pour le système Achard, l'attelage entre les wagons est réalisé par deux conducteurs en fil métallique de petite section pouvant, comme dans l'appareil Prud'homme, en cas de rupture du train, fermer le circuit des sonneries avertisseurs.

Au lieu de crochets à ressorts, il est fait usage d'une sorte de pincette métallique, dont la mâchoire fait ressort et reçoit le bout du fil opposé. Au moment de la rupture, les deux lames constituant la mâchoire, abandonnant le fil conducteur opposé et se refermant, ferment le circuit. Il faut encore nettoyer les contacts et éviter de laisser traîner à terre ou tordre les câbles[1].

Les Compagnies, en présence de la circulaire ministérielle de 1865, ont examiné de nouveau la question, et leurs délégués ont reconnu que, de tous les systèmes essayés, celui de M. Prud'homme présentait le moins d'inconvénients en pratique.

Quant aux commutateurs destinés à mettre en communi-

[1] Rapport de la Conférence sur l'emploi des communications électriques, 1866.

cation les voyageurs avec les agents du train, les Compagnies sont généralement d'accord sur la nécessité de placer le bouton d'appel sous une glace, devant le bris de laquelle hésiteraient les voyageurs n'ayant pas de motifs sérieux pour faire arrêter le train; toutefois, avant de prendre une décision à l'égard du système employé, on décida qu'on attendrait les résultats produits par l'installation de la communication entre les agents dans toute la longueur du train[1].

La Compagnie du chemin de fer de l'Est a fait l'essai, depuis cette époque, de commutateurs à mercure. Le métal liquide, renfermé dans un tube, est en communication avec l'un des pôles de la pile, tandis que le fil du pôle opposé vient aboutir à un petit piston métallique suspendu au-dessus de sa surface, et dont la chute, déterminée par le bris d'un petit tube en verre, ferme le courant et met en mouvement les sonneries. Le bon fonctionnement de tout système de communication électrique dépend principalement du choix des piles, dont on trouvera la description dans la troisième partie — *Télégraphie*. La pile Leclanché, disposée pour ne consommer que quand elle fonctionne, paraîtrait, d'après les essais qui ont été faits sur le chemin de l'Est, répondre le mieux à la condition d'une marche sûre, régulière et économique[2]. Les faibles dimensions de ses éléments facilitent beaucoup son installation.

En résumé, le système de M. Prud'homme est appliqué sur un certain nombre de voitures des chemins de fer français, sans que l'on puisse rien conclure sur l'efficacité de son emploi, en raison des divergences d'opinion qui partagent encore à ce sujet les hommes spéciaux. L'hésitation des Compagnies sur l'application d'un système de communication entre les voyageurs et les agents nous semble d'ailleurs basée sur des craintes légitimes; et si l'on ajoute à cela toutes les difficultés que doit nécessairement présenter, au point de vue de l'en-

[1] Procès-verbal de la conférence sur l'emploi des communications électriques, 19 janvier 1866.

[2] Voir la description de cette pile dans les *Mémoires et comptes rendus de la Société des ingénieurs civils*. — Séance du 1er juin 1866.

tretien et du service de l'exploitation, l'introduction d'appareils aussi délicats et aussi compliqués que ceux dont il s'agit, on comprendra que là n'est pas la solution du problème.

En admettant d'ailleurs l'efficacité de l'un quelconque des systèmes télégraphiques proposés, en quoi peut servir ce moyen d'avertissement transmis aux conducteurs du train s'il s'agit de l'attaque soudaine d'un voyageur isolé par un ou plusieurs malfaiteurs? Avant que le voyageur ait pu parvenir au commutateur, briser la glace, etc., il sera mis dans l'impossibilité de se mouvoir, et l'attentat se produira impunément malgré l'apparente sécurité donnée par l'application du télégraphe dans le train.

M. Dapples, dans une brochure récente[1] où il passe en revue une partie des faits que nous venons de citer, et d'après lesquels il constate l'inefficacité de tous les systèmes proposés jusqu'à ce jour, considère la substitution de la voiture américaine modifiée (373, p. 309) à la voiture actuelle à compartiments, comme la seule solution vraiment satisfaisante du problème posé depuis tant d'années par le public aux administrations de chemin de fer.

Constatons, à ce sujet, l'introduction récente de plusieurs voitures de ce genre sur les lignes de Wurtemberg, de Prusse, du Nord-Est-Suisse, de Lyon à Bourg, et, en rappelant ici les avantages énumérés plus haut, faisons des vœux pour que ce système, appelé, il nous semble, à rendre de grands services, reçoive l'accueil qu'il mérite à tous égards.

§ III.

CONSTRUCTION ET ENTRETIEN DES WAGONS.

387. **Considérations générales.** — La construction des wagons, avons-nous dit plus haut (§ I, 374), présente avec celle des voitures plusieurs points communs. Si la caisse,

[1] *Matériel roulant des chemins de fer au point de vue du confort et de la sécurité des voyageurs.* Lausanne, 1866.

en raison de sa destination particulière, diffère de celles affectées au transport des voyageurs, et se distingue essentiellement de ces dernières par une très-grande simplicité de construction, il n'en est pas de même de la partie inférieure du véhicule, le train, qui, conservant les mêmes fonctions et devant répondre à très-peu près aux mêmes conditions que dans les voitures, est le plus généralement disposé sur le même principe. Cette similitude de forme et de composition, qui, pour répondre aux conditions d'une exploitation économique, en facilitant, par la réduction du nombre des types, les frais de premier établissement et d'entretien, ne s'étend cependant pas jusqu'à l'identité. Nous verrons, en effet, qu'il existe, pour certains organes, des modifications particulièrement applicables aux wagons à marchandises, et celles-ci seules attireront notre attention dans l'étude que nous allons faire, renvoyant le lecteur, pour les parties communes, à la *construction des voitures ;* modifications dont le but est la recherche de formes plus simples permettant de réaliser une économie sur la construction et une réduction sur les frais d'entretien, la question de confort imposée par la destination des voitures se trouvant ici complétement écartée.

Si maintenant nous entrons dans la comparaison des divers types de wagons entre eux, nous voyons que la forme de la caisse des véhicules à marchandises est susceptible de nombreuses variations, conséquence des besoins à satisfaire. Toutefois, le mode de construction des parois extérieures, qui constituent la partie essentielle de la caisse d'un wagon à marchandises, est toujours le même; quelque nombreuses que soient les variétés, il nous suffira d'esquisser à larges traits la structure de quelques types choisis parmi ceux dont nous avons déjà parlé, pour que le lecteur puisse sans difficulté se rendre compte de la construction de tous les autres. Rappelons, enfin, qu'un principe opposé à celui qui est généralement admis pour les voitures domine dans la combinaison des caisses de wagons; ce principe, c'est la solidarité de la caisse et du châssis; il ne doit cependant pas nous conduire, ainsi que l'ont fait certains constructeurs (374), à supprimer complétement ce dernier organe, en faisant porter par la caisse, directement et sans intermédiaire, les appareils de suspension, de choc et de traction. Nous avons exposé plus haut les motifs qui nous font repousser une telle disposition ; le châssis est indispensable, à notre avis, et doit être conservé à peu près tel que nous l'avons décrit en parlant des voitures, mais il doit faire corps avec la caisse.

Sans revenir sur la discussion des avantages réciproques de l'application du bois ou du fer à la construction des wagons à marchandises (§ I, 374), rappelons que l'emploi du fer s'impose aujourd'hui pour le châssis et la carcasse de la caisse, tandis que le bois sera réservé pour les panneaux de remplissage ; qu'enfin, pour les wagons fermés en particulier, l'application d'un revêtement en tôle, tel que celui qui recouvre les voitures à voyageurs, donne d'excellents résultats.

Mais bien que l'emploi du fer, dans ces conditions, soit recommandé pour les constructions nouvelles, le matériel actuel des chemins de fer renfermera longtemps encore une très-notable quantité de wagons en bois. Cette considération nous oblige à entrer dans quelques détails relativement aux deux systèmes de construction.

388. **Caisse.** — En suivant l'ordre précédemment établi (374), reprenons et divisons l'étude de la construction de la caisse en trois parties correspondant aux trois catégories dans lesquelles nous avons classé ces véhicules.

I. — WAGONS COUVERTS. — *Wagons à bagages, — à marchandises fermés. — Wagons-écuries. — Wagons à bestiaux. — Wagons-bergeries*, etc. — La forme générale de la caisse d'un wagon fermé (fig. 499) est celle d'un parallélipipède rectangle avec une ossature en bois ou en fer, dont les vides sont remplis par une garniture en planches, quelquefois recouverte de panneaux en tôle.

Aucune division fixe n'existe à l'intérieur, et l'absence de cloisons intermédiaires exige un soin tout particulier dans la constitution de la charpente enveloppe, pour obtenir la rigidité convenable et prévenir les déformations.

Charpente. — La charpente de la caisse se compose de quatre pieds corniers assemblés à la partie inférieure dans les traverses extrêmes du châssis et reliés à l'extrémité supérieure par le

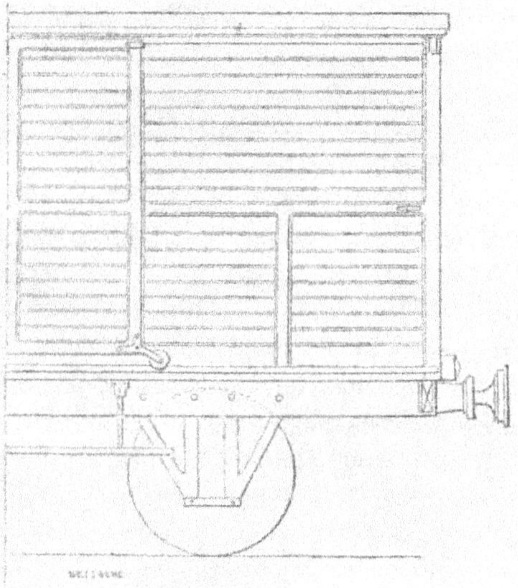

Fig. 499. Wagon à marchandises couvert. (Est.) Echelle, $\frac{1}{50}$.

cadre formé des battants et courbes extrêmes de pavillon dans lequel ils sont assemblés, tantôt à tenons et mortaises, tantôt et mieux dans des brides en fer ou en fonte.

Un certain nombre de pieds intermédiaires placés à 0^m,80 ou 1 mètre de distance les uns des autres, formant l'ossature des parois longitudinales et des faces de bout, reposent les uns sur les traverses extrêmes, et les autres sur un faux brancard réuni aux longerons du châssis par des consoles en fonte ; ils s'assemblent également avec le cadre supérieur, qui est lui-même consolidé par une série de courbes intermédiaires espacées de 0^m,50 environ.

Enfin, un ou deux cours de traverses, — traverses de ceinture, — relient les divers pieds entre eux, vers le milieu et aux trois quarts de leur hauteur.

Lorsque cette charpente se fait en bois, les diverses pièces, parfaitement équarries, doivent être choisies, travaillées et montées avec les mêmes précautions que celles indiquées plus haut (378); les assemblages à tenons consolidés par des harpons et des équerres. On apportera un soin tout particulier au travail des pieds d'angle, dont les assemblages avec les traverses ne tardent pas à se détériorer, s'ils ne sont pas exécutés très-exactement et toujours maintenus à l'abri de l'humidité. Si l'on adopte l'emploi du fer, les pièces de la charpente se feront en fers laminés, à double ou à simple T, réunis entre eux à l'aide de cornières soigneusement dressées.

Panneaux. — Les espaces vides compris entre les diverses pièces de la charpente sont fermés à l'aide de planches jointives placées horizontalement, verticalement ou en diagonale, assemblées entre elles à rainures et languettes, ou, mieux encore, pour éviter les effets de la dessiccation du bois et par suite l'introduction de la pluie, au moyen de languettes de zinc de $0^m,020$ de largeur sur $0^m,003$ d'épaisseur, introduites dans les rainures pratiquées de chaque côté des planches.

Dans le cas de charpente en bois, ces planches reposeront dans des feuillures pratiquées sur les arêtes des pieds et des traverses. Nous préférons maintenir ces voliges par des tasseaux contre les montants, les rainures affaiblissant ces pièces. Avec l'ossature en fer, elles seront fixées au moyen de vis sur les ailes des fers à T qui composeront la carcasse.

Dans les wagons à bestiaux, la partie des panneaux située au-dessus de la traverse de ceinture est souvent remplacée par un volet, mobile autour d'une charnière horizontale fixée à la traverse de ceinture. D'autres fois, on substitue à ce volet des rideaux en cuir ou en toile (387).

Dans les wagons-écuries, la partie supérieure des panneaux est occupée par des ouvertures garnies de lames de persiennes. Quelques chemins possèdent des wagons-écuries dont les faces latérales se composent de portes contiguës correspondant à chaque stalle et destinées à faciliter l'entrée des chevaux dans leur box (chemin de fer de l'Ouest).

Les parois des wagons-bergeries sont à claire-voie ou pleines, et munies, dans ce dernier cas, d'ouvertures occupant toute la largeur des panneaux, assez étroites et placées assez haut pour que le bétail ne puisse pas se précipiter sur la voie.

Revêtement. — On recouvre souvent les parois des wagons à bagages et à marchandises d'une garniture en tôle destinée à préserver les panneaux en bois du contact de l'humidité et des chocs. Les plaques de tôle servant à cet usage doivent être préparées, montées avec le même soin que les panneaux de revêtement des voitures (378), et toujours entretenues d'une couche de peinture qui les garantisse de la rouille.

Portes. — Les portes des fourgons à bagages et des wagons à marchandises sont tantôt à coulisses et tantôt à charnières. Elles sont formées d'un cadre en bois ou en fer, — suivant le genre de construction adopté pour la caisse, — garni de panneaux en planches et revêtu de plaques de tôle. Dans le premier cas, à ses deux angles inférieurs, la porte est munie de deux galets en fonte roulant sur un rail en fer plat fixé aux longerons du châssis par des consoles en fer forgé; et elle est guidée à la partie supérieure par deux anneaux glissant sur une tringle en fer fixée aux battants de pavillon. Une forte serrure fixée aux pieds d'entrée maintient la fermeture assurée. Afin que l'eau ne pénètre pas à la partie supérieure par l'espace libre qui existe naturellement entre la porte et la paroi de la caisse, on munit la première d'un rebord en tôle qui entoure la tringle de guidage, et vient se recourber sous le larmier de la corniche.

Une petite cornière doit également régner sur les parties fixes qui bordent la porte, pour empêcher l'introduction de l'eau ou des matières enflammées dans le wagon.

Dans les wagons-bergeries, les portes, au nombre de quatre pour chaque étage, se rabattent quelquefois horizontalement

(Nord), de manière à servir de pont au bétail pour faciliter son entrée dans le véhicule. D'autres fois, elles se meuvent verticalement dans des coulisses (chemin de fer du Midi).

Les wagons-écuries s'ouvrent tantôt sur les faces latérales (Ouest), tantôt aux extrémités (Bavière, Belgique, chemin rhénan). Dans le premier cas, les portes se composent de deux parties, dont l'une, formée de un ou deux battants, tourne autour d'un axe vertical, tandis que l'autre, occupant la partie inférieure, se rabat horizontalement, de manière à venir s'appuyer sur le quai et former un pont pour le passage des chevaux. Lorsque les portes s'ouvrent sur les faces extrêmes, un petit pont, fixé au wagon en dessous des ouvertures, peut se rabattre sur les tampons et faciliter la communication d'un quai au wagon, ou d'un wagon à l'autre (chemin rhénan).

Plancher. — Le plancher est formé de madriers transversaux de $0^{m},030$ d'épaisseur, directement posés sur les traverses et les brancards du châssis, et reposant par leurs extrémités dans des feuillures pratiquées sur les arêtes des longerons qui supportent les pieds intermédiaires et corniers. Dans les fourgons à bagages, ces madriers sont assemblés entre eux à rainure et languettes ; dans les wagons à marchandises, ils ne sont généralement que jointifs ; de même pour les wagons-écuries. Dans ce dernier cas, on donnera aux madriers un surcroît d'épaisseur, — $0^{m},040$, — afin de résister au piétinement des chevaux. Les wagons-bergeries sont munis d'un double plancher, dont le supérieur, placé au milieu de la hauteur de la caisse, est à claire-voie, doublé d'une garniture en zinc ou en plomb, dont les bords, disposés en gouttières, rejettent les urines en dehors ; d'autres fois, les planchers sont formés de planches jointives assemblées avec des languettes de zinc n° 14, et celui de dessus est simplement incliné du milieu vers les bords (Midi).

Toiture. — La toiture des wagons se compose, comme celle des voitures, d'un lattis en voliges jointives reposant sur les courbes de pavillon et supportant une couverture en zinc, en toile goudronnée ou en carton bitumé ; quelle que soit la disposition adoptée, les gouttières sont toujours en zinc et supportées par une corniche en sapin qui règne sur tout le pourtour du cadre supérieur.

Dans les fourgons à bagages, la toiture est surmontée d'une vigie permettant au garde-frein de diriger ses regards au-dessus des wagons qui composent le train, et d'apercevoir les signaux de la machine, du chef de train ou de la ligne. Le but de cette construction fait suffisamment comprendre que les quatre parois devront être garnies de vitrages, de manière à ne gêner la vue dans aucun sens. La charpente, composée de quatre montants réunis à leur partie supérieure par une traverse soutenant une toiture de composition analogue à celle du wagon, reposera sur deux courbes de pavillon de cette dernière, auxquelles on donnera des dimensions en rapport avec la charge qu'elles auront à supporter.

Les wagons-écuries sont munis de lanterneaux, au nombre de deux généralement pour les wagons à six chevaux, de forme analogue à celle des vigies, mais simplement destinés à faciliter la ventilation, et dont les parois seront, par conséquent, percées d'ouvertures masquées par des lames de persiennes.

Accessoires divers. — Dans les fourgons à bagages, nous avons déjà dit que l'on plaçait des caisses à chiens. Ces dernières se trouvent aux extrémités du véhicule dont les panneaux de bout forment l'une des parois latérales, l'autre étant composée d'une cloison en planches régnant sur toute la largeur du wagon. L'escalier et le siége du garde-frein sont généralement placés au-dessus de la caisse à chiens qu'ils limitent ainsi à la partie supérieure; le plancher de cette dernière est garni d'une feuille de tôle, relevée et cintrée sur les bords pour faciliter l'écoulement des urines, qui tombent sur la voie par des trous percés dans l'épaisseur du plancher et également garnis de tôle. Les deux extrémités de la niche à chiens correspondant aux longs côtés du wagon sont fermées par une porte grillagée ou en tôle perforée et munie d'une forte serrure.

Le siége du garde-frein doit être élevé de quelques marches, de manière qu'il puisse, étant assis, avoir la tête à la hauteur du vitrage de la lanterne; le dessous formant armoire est fermé par une porte à serrure. A $0^m,050$ en avant, on placera une armoire dont le dessus servira de table surmontée de casiers. Enfin, devant la table, et vis-à-vis du siége, se trouve placée une planche inclinée, sur laquelle le garde-frein peut poser les pieds, lorsqu'il a besoin d'un point d'appui pour exercer sur le volant un effort un peu considérable et serrer le frein.

Nous avons vu que, pour diviser les wagons-écuries en stalles, on place des cloisons qui établissent une séparation complète entre les chevaux à transporter.

Lorsque le nombre des portes est suffisant pour que chaque cheval puisse entrer directement de l'extérieur dans la stalle qui lui est destinée, — Ouest, — les cloisons sont fixes, composées de deux montants arrêtés aux courbes de pavillon par tenon et mortaise et sur le plancher par l'intermédiaire de tasseaux. Ils sont consolidés, en outre, au moyen de traverses et de pièces en écharpe; l'intervalle qui les sépare est rempli jusqu'à une hauteur de $1^m,30$ par un panneau en planches jointives maintenues dans des rainures pratiquées sur la face des montants. L'espace compris entre ces derniers et les parois latérales de la caisse reste libre et permet aux gardiens de circuler sur toute la longueur.

Dans le cas où le wagon n'a qu'une porte d'entrée, placée soit au milieu de la longueur, soit à l'une des extrémités (Belgique, Bavière), les parois des stalles sont mobiles autour de l'une de leurs extrémités et peuvent s'effacer, de manière à laisser aux chevaux le passage libre. Quand les chevaux occupent leur place, ces stalles mobiles sont ramenées perpendiculairement à l'axe du wagon et fixées, dans cette position, à l'aide de verrous, contre un montant qui laisse, comme dans la première disposition, un passage suffisant le long de la paroi.

Quel que soit d'ailleurs l'arrangement intérieur adopté, on

réserve toujours un compartiment spécial pour les gardiens, dans lequel on place des banquettes et une table. Le dessous pourra servir d'armoire à renfermer les harnais et divers accessoires.

Enfin, on munit les parois des stalles fixes ou mobiles, ainsi que celles de la caisse jusqu'à la hauteur du corps du cheval, et le plafond du wagon, de garnitures en cuir rembourrées de crin, de manière que l'animal ne puisse pas se blesser pendant le transport.

Les wagons fermés doivent être munis d'une main-courante placée à l'extérieur des parois de la caisse et régnant sur toute la longueur, de manière à faciliter la circulation au dehors sur les marchepieds qui s'étendront, à cet effet, jusqu'au plan vertical tangent aux faux tampons.

II. — Wagons découverts. — *Wagons à houille, — à coke, — à chaux, etc.* — La charpente en bois des wagons découverts

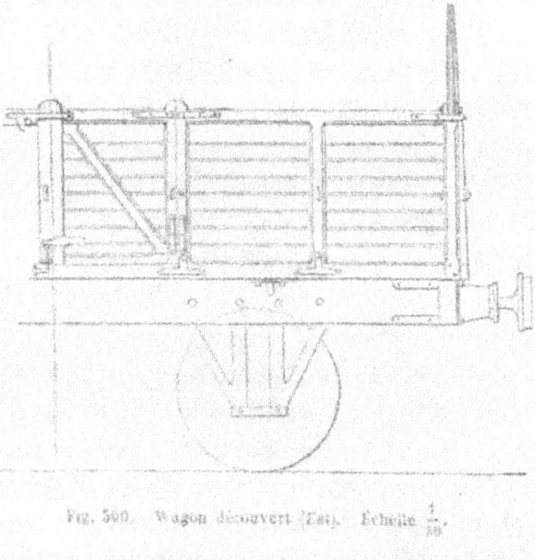

Fig. 500. Wagon découvert (Est). Échelle $\frac{1}{50}$.

à hauts bords, plus simple que celle des précédents, se compose de quatre pieds corniers assemblés sur les traverses extrêmes du châssis, de quatre pieds intermédiaires assemblés sur les mêmes traverses et formant la carcasse des parois extrêmes ; sur les longs côtés, de quatre pieds d'entrée servant d'attache fixe aux deux portes qui en occupent le milieu. Deux traverses, l'une au milieu, l'autre au sommet, relient entre eux les pieds d'angle et les pieds d'entrée et intermédiaires. Souvent les rectangles des deux bouts sont surmontés d'un pignon triangulaire dont le sommet dépasse de $0^m,300$ environ le niveau des parois latérales ; une traverse de moindre équarrissage, reposant directement sur le plancher, reçoit l'extrémité inférieure des planches de doublure placées obliquement, et reposant de l'autre bout dans des feuillures pratiquées sur les arêtes des pieds et des traverses. Les portières sont à charnières horizontales ou verticales, à un ou deux battants ou à coulisse. Quel que soit leur mode de fermeture, elles consistent en un cadre de charpente très-solidement construit et consolidé par des traverses ou des pièces en écharpe, le tout armé de fortes ferrures. Ces précautions sont nécessaires à observer en raison des manipulations continuelles subies par les portes qui ne tardent pas à refuser le service, si elles ne se trouvent pas construites dans les meilleures conditions de résistance. On aura soin de les munir de verrous convenablement placés et disposés de manière qu'elles ne puissent pas s'ouvrir par l'effet des secousses qu'éprouve le véhicule en mouvement.

Le plancher, formé de planches jointives de $0^m,050$ d'épaisseur, repose directement sur le châssis, au delà duquel il se prolonge jusqu'à la rencontre du faux-brancard.

On fait, depuis quelque temps, en Allemagne, en France et en Suisse, des wagons découverts en fer. La carcasse de ces wagons est composée de fers à T simple, d'environ $0^m,078$ de hauteur, fixés sur les longerons à l'aide de cornières et recourbés à leurs extrémités pour former l'ossature des parois latérales ; cette carcasse en fer supporte une caisse en tôle de $0^m,004$ d'épaisseur rivée sur les fers à T, son bord supérieur étant renforcé d'une cornière. Nous avons donné, p. 332, les dimensions de l'un de ces wagons. La tôle pourrait être, dans ce cas, avantageusement remplacée (374) par la garniture en bois ordinaire ; mais alors, les panneaux ne pouvant pas servir aussi efficacement à relier entre eux les divers supports en fer, il deviendrait nécessaire de les maintenir, sur la hauteur, par une, au moins, ou deux traverses de ceinture.

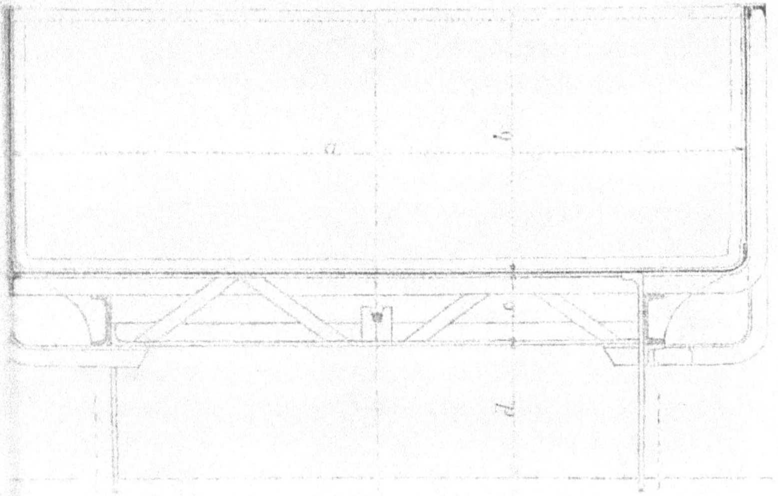

Fig. 501. Wagon découvert en tôle. Échelle $\frac{1}{25}$.

La figure 501 représente en coupe un wagon de cette espèce qui a figuré à l'Exposition universelle de 1867 :

a —	Largeur intérieure du wagon........	$= 2^m,570$
b —	Hauteur intérieure du wagon........	$= 0\ ,900$
c —	Hauteur de la caisse au-dessus de la face inférieure des longerons......	$= 0\ ,251$
d —	Hauteur des longerons au-dessus de l'axe des essieux................	$= 0\ ,420$

Les longerons sont formés par des fers en U de $0^m,175$ sur $0^m,070$. La caisse est soutenue latéralement par des fers à simple T, dont les uns, ainsi que l'indique la partie droite du croquis, sont les prolongements recourbés des traverses, tandis que les autres — coupe de gauche faite au milieu du wagon —

sont indépendants et viennent se relier au-dessous des longerons à une traverse supplémentaire et composant ainsi un ensemble parfaitement rigide.

Il est des cas spéciaux, toutefois, où l'emploi de wagons en tôle peut être avantageux ; tel est celui du transport des matières liquides ; les wagons construits dans ce but par la Compagnie du chemin de la haute Silésie, — transports de goudrons de houille servant à la préparation de traverses, — ont le fond légèrement incliné vers le milieu, où viennent déboucher deux tuyaux de vidange fermés par des soupapes et se réunissant plus loin en un seul muni d'un robinet, auquel on peut fixer un tuyau de conduite. La caisse est fermée à la partie supérieure par une tôle percée de trous d'homme pour le remplissage et le nettoyage. Des wagons de cette espèce pourraient être affectés avec avantage, dans certains cas, au transport des huiles minérales ou végétales, etc.

III. — Wagons plats. — *Wagons à pierres, — à rails, — à bois, etc.* — Le wagon plat (fig. 502) se prête, par sa forme,

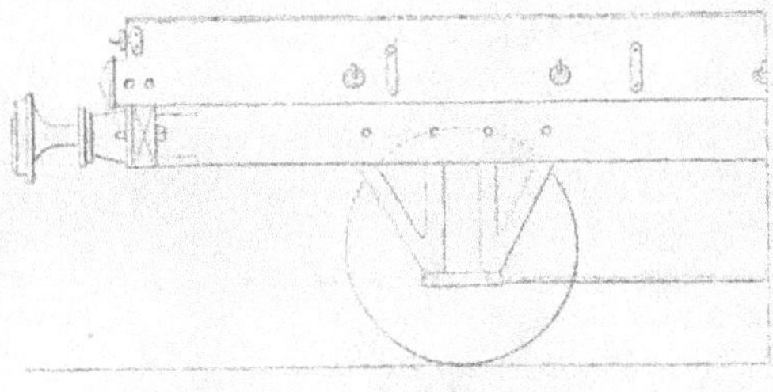

Fig. 502. Wagon plat (Est). Échelle $\frac{1}{50}$.

aux transports les plus variés ; la caisse se trouve pour ainsi dire réduite à un simple plancher en madriers de $0^m,040$ d'épaisseur placés dans le sens de la longueur, reposant sur les traverses et en dehors des longerons sur des faux brancards portés par des consoles en fonte, lesquelles supportent également deux pièces de $0^m,070$ d'épaisseur et $0^m,400$ de hauteur environ placées de champ et servant de parois latérales. Les parois extrêmes, formées de même, sont quelquefois disposées de manière à pouvoir se rabattre en tournant autour d'une charnière horizontale. Enfin, des traverses en bois, placées en dedans de la caisse et réunies aux parois latérales par des équerres en fer qui se prolongent sur toute leur longueur, protégent le plancher contre le choc des pièces lourdes qui peuvent composer le chargement de ces wagons.

Des anneaux en fer, fixés sur la face extérieure des parois, servent de points d'attache aux bâches et prolonges employées à maintenir ou à préserver des influences atmosphériques les objets à transporter. Les wagons plats spécialement destinés au transport des équipages doivent être munis à leurs extrémités d'un pont mobile que l'on rabat sur le quai pour faciliter le chargement du véhicule.

Peinture des caisses de wagons. — La peinture des caisses de wagons ne demande pas autant de soins que celle des caisses de voitures, et leur destination réciproque explique suffisamment cette différence. Aussi se borne-t-on, en général, à trois couches de peinture : — une couche d'impression, une couche définitive et une couche de vernis, — entre lesquelles on effectue un ponçage et un masticage soignés. Le gris de zinc est la couleur qui convient le mieux à toutes les parties en charpente ou en menuiserie, tandis que les ferrures et les inscriptions se peignent en noir.

Lorsque les parois sont formées ou simplement recouvertes de panneaux en tôle, ceux-ci devront également recevoir deux ou trois couches de peinture, que l'on aura soin d'entretenir toujours en parfait état, pour conserver la tôle à l'abri de l'action de la rouille.

Inscriptions. — Chaque type de voiture doit être affecté d'une lettre spéciale commune à tous les véhicules de la même série, et chaque wagon d'un numéro d'ordre servant à le désigner chacun en particulier. Ces indications sont gravées sur une plaque de cuivre fixée au châssis, qui reçoit également, vers le milieu de sa longueur, deux plaques en fonte portant le nom du constructeur et l'année de fabrication ; l'autre, le nom de la Compagnie. Enfin, on inscrit, en lettres peintes sur les longerons, les initiales ou les marques distinctives de la ligne à laquelle appartient la voiture, et la tare exprimée en tonnes et dixièmes de tonne.

Sur la caisse, on inscrit de même la lettre de série et le numéro dans les quatre panneaux extrêmes, ainsi que le nombre de bâches ou prolonges qui sont affectées au service du véhicule.

Enfin, à l'intérieur des fourgons, on indique par une flèche et le mot *serrez* le sens du serrage du frein.

389. **Train.** — *Châssis.* — En principe, la construction des châssis de wagons ne diffère pas de celle des châssis de voitures ; comme pour les premiers, le bois et le fer se partagent les préférences des ingénieurs ; la dernière matière, toutefois, l'emporte chaque jour davantage, surtout en ce qui concerne les châssis de wagons pour lesquels le défaut d'élasticité et le bruit de ferraillement que l'on reproche à ce mode de construction n'a pas le même inconvénient que dans son application aux voitures à voyageurs. Aussi ne voit-on plus de raison qui empêche le constructeur de mettre à profit, dans ce cas, tous les avantages que présente l'emploi du fer. Quelle que soit d'ailleurs la matière employée, on cherchera surtout à donner au châssis une rigidité suffisante, eu égard à la charge du wagon d'une part, et de l'autre aux efforts extérieurs.

Plaques de garde et boîtes à graisse. — Les plaques de garde et boîtes à graisse devant être toujours, autant que possible, du même modèle pour tous les véhicules d'une même ligne, il n'y a pas lieu de revenir ici sur les détails que nous avons déjà donnés à ce sujet (382).

A propos de la disposition d'ensemble des voitures à voyageurs, il a été question — 373, p. 312 — de l'écartement des plaques de garde et par suite des essieux.

Les chiffres donnés dans ce tableau peuvent s'appliquer aux fourgons à bagages, ou aux wagons-écuries, destinés aux trains de grande vitesse; mais pour les wagons circulant dans les trains mixtes ou de marchandises, les écartements se tiennent dans les limites indiquées au tableau de la page 332.

Suspension et traction. — Les ressorts de suspension des wagons doivent être construits en vue d'une charge à supporter plus considérable que celle des voitures; mais il n'est pas nécessaire de leur donner une flexibilité aussi grande; ils seront donc, en général, plus courts et plus épais.

Souvent, au lieu de les terminer en rouleaux et de les réunir au châssis par des menottes, on se contente de poser le châssis sur les extrémités légèrement recourbées de la maîtresse feuille dans des sabots en fonte boulonnés sous les longerons. Le sabot en fonte porte deux joues latérales qui maintiennent les feuilles du ressort et les empêchent de s'échapper sous l'action

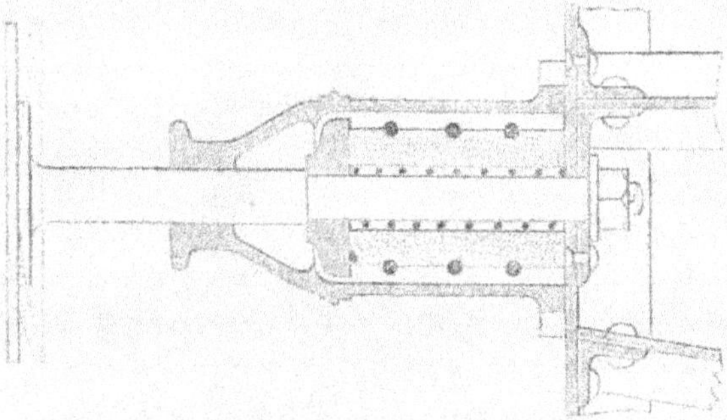

Fig. 503. Tampon de choc en caoutchouc pour wagons à marchandises (Hanovre).

des efforts transversaux. Cette disposition, fréquemment employée sur les lignes françaises, a l'avantage de ne pas affaiblir les extrémités du ressort, d'être économique de construction et facile d'entretien. Mais elle présente l'inconvénient de fatiguer les coussinets et les fusées, de ne pas se prêter enfin, aussi bien que la suspension par menottes, à la circulation des véhicules dans les courbes.—La plupart des wagons allemands sont attachés par menottes aux ressorts de suspension.

Les ressorts de traction et de choc, à lames, à spirales ou à plaques — rondelles en acier, — sont également appliqués aux wagons avec les mêmes dispositions que pour les voitures (381). Le caoutchouc en rondelles superposées constitue cependant aujourd'hui une grande partie des ressorts de ces véhicules, grâce à son faible poids et à son prix réduit; l'inconvénient qu'il présente d'ailleurs au point de vue du mauvais amortissement des chocs, au delà d'une certaine limite de pression, ne prend pas ici une grande importance.

La figure 503 représente une construction de ressorts très-légers adoptés par les lignes de Hanovre, pour les tampons de choc des wagons à marchandises. Le ressort se compose, comme on le voit, d'un tube en caoutchouc de forte épaisseur, entouré d'anneaux en fer plus ou moins rapprochés suivant le degré d'élasticité que l'on veut obtenir[1], et contenant un ressort en spirale à l'intérieur.

Le tube a $0^m,126$ de diamètre extérieur, $0^m,055$ à l'intérieur, et $0^m,302$ de hauteur.

Cette disposition motive nécessairement la mise au rebut de tout le tube en caoutchouc, aussitôt qu'une avarie se produit sur l'un de ses points.

L'attelage des wagons doit se faire également à l'aide du tendeur à vis et des chaînes de sûreté, dont la disposition est la même que pour les voitures, ainsi que les dimensions relatives à l'écartement des tampons, leur hauteur, etc. (381).

Roues et essieux. — Les essieux des wagons se distinguent quelquefois de ceux des voitures par des dimensions plus fortes en raison de l'augmentation de charge qu'ils ont à supporter.

[1] Cette disposition mixte de métal et de caoutchouc est fréquemment employée en Amérique.

La figure 504 représente le type des essieux de wagons adopté par la Compagnie d'Orléans ; ses dimensions sont les suivantes :

Diamètre au milieu............	0m,095
Diamètre au calage............	0 ,120
Diamètre à la fusée............	0 ,080
Longueur de la fusée..........	0 ,155

Fig. 504. — Essieu de wagon à marchandises (Orléans).

Sur le chemin de l'Est de la Bavière, les dimensions des essieux de wagons diffèrent également de celles des essieux de voitures.

Diamètre au milieu.	0m,131	pour des wagons à 10 tonnes.
Diamètre au calage.	0 ,125	
Diamètre à la fusée.	0 ,096	

La plupart des autres lignes de l'Allemagne, ainsi que les chemins français du Nord et de l'Est, adoptent un seul type servant à la fois pour les voitures et les wagons.

Cette uniformité de modèle, qui nous paraît avantageuse au point de vue de la simplification du service, doit exister également, autant que possible, pour les roues des divers véhicules. Remarquons, toutefois, en ce qui concerne ces derniers organes, que la vitesse modérée des trains de marchandises permet d'affecter à leur usage des roues de construction moins dispendieuse que celles destinées aux trains de voyageurs, et que, particulièrement en ce qui concerne les roues en fonte, leur emploi pourra donner, dans le cas présent, des résultats très-satisfaisants, en raison de l'économie du prix d'achat et de la simplicité d'entretien qui résulteront de leur application (383)[1].

[1] L'usine royale de Sayn (Prusse) fournit aux chemins rhénans des roues en fonte pesant 300 kilo-

Une paire de roues en fonte, montées sur un essieu en fer analogue à celui dont la fabrication a été indiquée (383), reviendrait au prix de 385 fr. 50 c. :

Roues..	600 kilos à 45 fr. 50 c. pour 100 kilos..		273 fr. 50 c.
Essieu..	160 — 70 francs		112 00
		Total.........	385 fr. 50 c.

Freins. — Les divers systèmes de freins dont nous avons donné plus haut la description (384) sont tous également applicables aux wagons. Ici, cependant, le frein à levier joue un rôle particulier. Pour faciliter le service dans les gares (IVe part.), on fait porter à chaque wagon son frein à levier à main; la transmission à levier se prête parfaitement par la simplicité de sa construction et la facilité de son entretien à cette application générale, qui n'exclut pas l'emploi des autres systèmes sur certains wagons spéciaux, intercalés dans les trains en nombre variable suivant la longueur du convoi et le profil de la voie, ainsi que nous l'avons déjà indiqué plus haut (376). On comprend, en effet, que l'économie de l'exploitation ne permette pas la présence d'un garde-frein sur chaque wagon; or, la pression que les agents peuvent développer sur les roues devant être d'autant plus énergique que le nombre des appareils est plus restreint, la transmission à levier ordinaire ne répond plus aux besoins dans ces circonstances, et doit être remplacée par une disposition plus convenable.

Renvoyant le lecteur, pour la construction et l'entretien de ces appareils, au paragraphe précédent (384) où nous avons traité cette question, il ne reste à nous dire ici que quelques mots du frein à levier ordinaire.

Le levier est généralement horizontal, formé d'une forte barre de fer méplat, montée à l'une de ses extrémités sur l'arbre des sabots qui tourne dans des supports en fonte fixés au

grammes en moyenne, au prix de $45^{f},50$ les 100 kilogrammes, avec garantie de trois années de service ou d'un parcours de 90 000 kilomètres.

châssis et terminée à l'autre extrémité par un enroulement formant poignée. Une coulisse en fer à crans, également fixée aux longerons, sert de guide et d'arrêt à la barre du levier. Ce frein n'agit que d'un seul côté et généralement sur une seule paire de roues. (Voir aux ANNEXES, — *Frein à huit sabots.*)

390. **Bâches et prolonges.** — *Condition essentielle.* — Nous avons exposé plus haut (372) les avantages que présentaient sur les wagons fermés les wagons découverts, plats ou à bords plus ou moins élevés : — chargement prompt et économique ; — application aux transports les plus variés, depuis les matériaux bruts employés au service de la voie, tels que rails, coussinets, etc., jusqu'aux produits plus délicats, tels que les céréales, les cotons en laine, etc. Toutefois, ces derniers objets ne pouvant rester, pendant toute la durée du trajet, exposés à l'action du soleil, de la pluie, ou même de la poussière soulevée par le mouvement rapide du convoi, il y a nécessité d'employer, comme annexes aux wagons découverts, des enveloppes ou *bâches* établies en matière aussi imperméable que possible.

A cette qualité essentielle d'imperméabilité, les bâches doivent encore ajouter celle d'une solidité suffisante pour résister aux manipulations diverses qu'elles subissent, et généralement exécutées avec peu de soin par les employés qui en sont chargés; deux conditions qui exigent de la matière constituante une grande souplesse pendant toute la durée de son service.

Forme. — *Dimensions.* — Les bâches ont la forme d'un rectangle allongé ; leurs dimensions varient suivant la forme des wagons : wagons à bords de 1 mètre, wagons plats. Voici les dimensions adoptées par le chemin de fer du Nord :

	Longueur.	Largeur.	Surface.	
1re série.	8m,60	6m,70	57m,62	
2e série.	8 ,60	5 ,70	49 ,02	
3e série.	6 ,86	5 ,00	34 ,30	(Petit modèle.)
	7 ,60	5 ,30	40 ,28	(Grand modèle.)
4e série.	6 ,86	4 ,00	27 ,44	
5e série.	5 ,10	3 ,75	19 ,12	

	Longueur.	Largeur.	Surface.	
6e série.	$7^m,04$	$4^m,50$	$31^m,68$	(Wagons de secours.)
7e série.	6 ,86	4 ,90	33 ,61	(Wagons à marée.)
8e série.	8 ,10	3 ,54	20 ,32	(Caisses à poterie.)
	8 ,20	4 ,45	28 ,83	
9e série.	6 ,40	4 ,00	23 ,60	(W. à houille de 10t.)

Les bâches du chemin d'Orléans et du Midi pour wagons plate-forme ont $8^m,20$ sur $5^m,60$ = surface, 46 mètres.

La bâche, quelle qu'elle soit, doit porter sur tout son pourtour un large ourlet percé d'œillets distants de 1 mètre à $1^m,20$, dans lesquels se fixent des cordes goudronnées de 1 mètre de longueur, qui servent à la réunir d'un côté au châssis ou aux parois de la caisse, munies à cet effet, comme nous l'avons dit plus haut, d'anneaux en fer placés de distance en distance.

Un second système de cordes ou de courroies de $1^m,50$ de longueur vient passer dans des anneaux fixés à une certaine distance ($0^m,80$) des bords de la bâche, et sert à attacher le côté flottant au châssis lorsque le chargement est terminé. Afin d'intéresser le moins possible le corps de la bâche aux efforts de traction qui résultent de ce mode d'attache, on doit la consolider par des sangles de même nature qu'elle, fortement cousues sur sa face intérieure et reliant entre eux les anneaux et les œillets correspondants de deux bords opposés.

Fabrication. — Nature des substances employées. — Le cuir et les tissus imprégnés de diverses substances hydrofuges entrent dans la fabrication de ces couvertures.

Par sa solidité et sa souplesse, le cuir semble avoir jusqu'ici l'avantage sur les autres matières ; mais son prix élevé en a tout d'abord restreint l'emploi, et a motivé des recherches dans le but de le remplacer par une substance plus commune. Actuellement, la majeure partie des bâches employées sur les voies ferrées sont confectionnées en toile à voile, quelquefois, mais plus rarement, en bourre de soie, imprégnée d'une substance grasse ou résineuse qui leur donne l'imperméabilité requise.

La durée des bâches, très-variable d'ailleurs, mais généralement courte, rend leur entretien excessivement coûteux, et l'on peut dire qu'il constitue une des charges les plus lourdes du service d'entretien du matériel de transport ; il est donc de toute importance d'apporter à leur confection, au choix des matières et à leur qualité un soin des plus attentifs.

Le cuir employé doit être de bonne qualité, convenablement préparé et entretenu avec soin dans un état de graissage suffisant pour lui conserver sa souplesse et son imperméabilité.

La durée des bâches en cuir peut être estimée à quinze ans.

Les bâches en toile doivent être faites en forte toile de lin de première qualité, sans aucun mélange de substance étrangère. Cette condition sera stipulée avec soin dans les spécifications dressées pour la fourniture de ces appareils, et l'on devra procéder, au moment de la réception, à l'essai du tissu afin de s'assurer qu'il ne contient pas de fils de *phormium tenax* ou de jute, dont les propriétés moins résistantes compromettraient la solidité de la bâche.

A cet effet, on découpera un petit carré d'étoffe, et, après avoir séparé sur les coins, d'une part les fils de trame, d'autre part ceux de la chaîne, on le plongera pendant une minute dans une solution de chlore ; puis, le plaçant sur une assiette, on versera dessus quelques gouttes d'une dissolution ammoniacale. Une coloration rouge assez vive, passant ensuite au brun foncé, permettra de distinguer les fils étrangers, tandis que ceux de lin ne prendront qu'une teinte légèrement jaunâtre.

Les bâches en toile peuvent être enduites de suif, d'huile de lin, de goudron ou de caoutchouc. Les substances grasses ont l'inconvénient d'enlever à la toile sa souplesse aussitôt que la température de l'air s'abaisse ; l'enduit, se solidifiant sous l'influence du froid, devient cassant et il se forme des solutions de continuité qui livrent passage à l'eau. A ce point de vue, l'emploi du goudron est préférable, pourvu toutefois qu'il soit de bonne qualité et surtout exempt de tout principe acide.

Le suif et le goudron s'étendent à chaud à l'aide d'un pinceau sur la bâche.

Prix de revient d'une bâche en toile à voile garnie de sangles, munies de longes en cuir noir et enduite de suif, de $8^m,50$ sur $6^m = 51^{mq}$.

Matières (toile, sangles, cuir)...........	$170^f,20$
Main-d'œuvre..........................	30 ,00
Enduit (y compris l'application).........	24 ,80
Frais généraux........................	15 ,50
Total...............	$240^f,50$

L'application de l'huile de lin à la préparation des bâches se fait de la manière suivante :

Les pièces de toile sont immergées dans un bain d'huile de lin pure, préalablement cuite, puis réchauffée à la température et au degré de cuisson convenables pour que la toile soit bien imprégnée. La toile est ensuite séchée, et garnie de ses anneaux, enchapures, cordes goudronnées, etc., et recouverte d'une couche extérieure de noir à l'huile grasse [1].

Le prix d'une telle bâche de $8^m,20$ sur $5^m,60$ est de 215 francs, soit par mètre carré $4^f,68$.

La Niederschlesisch-Märkische Bahn (Prusse), qui fait usage de bâches en toiles imprégnées de caoutchouc, les prépare dans ses ateliers de la façon suivante [2] :

La toile est livrée en bandes de $35^m,43$ de long sur une largeur de $1^m,125$; chaque bâche se compose de quatre largeurs cousues à la machine, et l'on calcule la longueur des bandes, de manière à n'avoir à faire aucune couture dans l'autre sens. On soumet à une cuisson lente un mélange à parties égales de caoutchouc [3] et d'huile de lin, en ayant soin de remuer sans cesse la masse jusqu'à complète fusion de la matière résineuse ; à ce moment, on y ajoute une égale quantité de vernis. Il suffit

[1] Extrait de la spécification pour la fourniture des bâches de wagons plats. — Chemins de fer du Midi.

[2] *Organ für die Fortschritte des Eisenbahnwesens.* 1er supplément, 1866, p. 177.

[3] On peut employer, pour cela, les vieilles rondelles de ressorts coupées en morceaux.

alors de laisser reposer le liquide pour avoir un enduit prêt à être employé.

Chaque face de la bâche reçoit deux couches de cet enduit, à chaud ; il importe que la matière pénètre parfaitement le tissu, et on ajoutera pour cela, s'il le faut, une nouvelle quantité de vernis, dans le cas où la solution de caoutchouc serait trop épaisse. Il est bon de ne passer la deuxième couche qu'après siccité complète de la première.

On ajoute ordinairement au mélange, comme matière colorante, du noir de fumée.

Le prix de revient se compose ainsi :

Prix de la toile par mètre carré....	1f,03
Enduit sur les deux faces, en deux couches :	
Matières..........................	0 ,89
Main-d'œuvre......................	0 ,17
Frais généraux....................	0 ,09
Total par mètre carré....	2f,18

La durée de ces bâches peut être estimée en moyenne à cinq ans.

L'enroulage des bâches de toile humide est également nuisible à leur bonne conservation ; et l'on doit prendre à leur égard les mêmes précautions que pour les bâches en cuir. On s'expose, en les négligeant, à les voir périr bientôt par la moisissure, cause de destruction qui provient aussi quelquefois d'une mauvaise préparation. Pour l'éviter, on emploie sur la ligne de Brunswick une dissolution au 50e de chlorure de zinc dans laquelle on plonge la bâche avant sa mise en service.

La conservation des bâches exige de nombreuses précautions de la part des employés chargés de leur manutention. On doit veiller principalement à ce qu'une bâche mouillée ne soit pas enroulée avant d'avoir été au préalable convenablement séchée.

Prolonges. — Les prolonges sont des cordes goudronnées servant à fixer sur les wagons les objets transportés à découvert, ou qui seraient susceptibles de prendre, par le mouvement du wagon, un balancement nuisible à la conservation de la bâche.

Les prolonges se composent de trois fils de chanvre, dont l'un seul est goudronné.

Rideaux. — Les rideaux, qui ferment la partie supérieure des panneaux dans certains wagons à marchandises (386), se font quelquefois en cuir, mais plus généralement en toile de coton préparée à l'huile de lin de la même manière que les bâches.

Chaque rideau doit être muni de plusieurs anneaux de tringle en fer étamé placés à la partie supérieure, d'autant d'anneaux en cuivre pris dans le rideau et de trois anneaux plus forts en fer étamé placés à la partie inférieure du rideau, deux aux angles et le troisième à $1^m,50$ de l'extrémité. Les petits anneaux de tringle sont réunis par des enchapures aux anneaux en cuivre pris dans les rideaux, et les anneaux du bas sont fixés au rideau par des enchapures en cuir consolidées par des pièces de renfort de même toile que le corps du rideau. Enfin, le rideau doit être bordé d'un ourlet de $0^m,070$ environ.

Une garniture de quatre rideaux de cette espèce revient à 60 francs.

391. **Observations sur l'entretien des wagons.** — La similitude de construction que nous avons signalée entre les divers organes qui composent le train des wagons à voyageurs et à marchandises nous dispensera de revenir ici sur leur entretien, pour lequel nous renverrons le lecteur à l'entretien des voitures à voyageurs (385). Nous indiquerons seulement les conditions d'entretien des caisses, bâches, prolonges, qui concernent spécialement les wagons à marchandises.

Dans les wagons à marchandises, les visiteurs doivent porter leur attention sur la fermeture des portes, s'assurer que les galets ne sont pas sortis de leurs rainures, que les chevillettes de fermeture sont en bon état; — graisser fréquemment les tourillons des galets, vérifier l'état des volets et leurs ferrures, et s'assurer qu'ils ferment aussi hermétiquement que possible. Dans les wagons qui peuvent servir aux transports des bestiaux, ils doivent particulièrement s'attacher à la visite des planchers, s'assurer qu'aucune saillie n'est de nature à blesser les animaux. Les écuries seront pour eux l'objet d'un examen tout à fait spécial; ils visiteront les planchers, s'assureront de leur solidité, les tiendront toujours propres, nettoieront les rainures dans les planchers qui laissent des intervalles pour l'écoulement des liquides; ils veilleront à ce qu'il ne manque aucun objet d'aménagement.

Enfin, dans tous les véhicules couverts, le visiteur doit surveiller les couvertures, vérifier si elles ne laissent pas passer l'eau, et, dans celles en zinc, s'assurer que les coulisseaux ne peuvent pas glisser, que les taquets d'arrêt sont bien à leur place; qu'ils pressent sur la couverture; enfin, et surtout, que les clous qui fixent les extrémités de ces couvertures n'ont pas pris de jeu dans le zinc, de façon que, la tête du clou pouvant passer à travers la feuille, elle ne serve plus à la retenir. Il doit, dans les mêmes wagons, examiner l'état des frises des côtés, s'assurer qu'elles ne sont pas disjointes, que l'eau ne peut filtrer dans l'intérieur. Les wagons qui présenteraient des couvertures avariées ou des frises disjointes doivent être envoyés à l'atelier de réparation.

Pendant la durée du trajet, il est important de surveiller l'état des chargements, de s'assurer qu'ils sont également répartis dans les wagons, qu'ils ne fatiguent pas les ressorts outre mesure; en un mot, qu'ils ne présentent pas de danger pour la sécurité de la marche.

Le nettoyage des parois extérieures et intérieures de la caisse doit se faire à l'eau froide et au moyen d'une éponge; on essuie ensuite avec des torchons secs; les étiquettes collées sur le wagon s'enlèvent à l'eau seulement; on doit ménager avec soin les numéros d'ordre et les autres inscriptions placées sur les parois extérieures, éviter de les dégrader et les repeindre aussitôt qu'elles commenceront à s'effacer, enfin peindre à l'huile la date de la dernière visite.

CHAPITRE III.

ATELIERS, DÉPOTS, ALIMENTATION.

§ I.

CONSIDÉRATIONS GÉNÉRALES.

392. **Classification.** — Le service de la locomotion, avons-nous dit (Ire part., chap. VIII, § 1, 269-270), réclame, dans les gares spéciales que nous avons appelées *gares d'alimentation*, *gares de dépôt*, certains aménagements répondant aux deux nécessités suivantes, parfaitement distinctes l'une de l'autre : — Ravitaillement des machines en service ; — remisage des machines et du matériel de transport.

De là, une première série d'installations que nous comprendrons sous le nom générique de *dépôts*, et dans lesquelles nous rencontrons :

— Des appareils d'alimentation ;

— Des remises ou hangars pour abriter les machines et les wagons ;

— L'outillage nécessaire à l'entretien courant et aux petites réparations concernant ces deux espèces de véhicules.

Mais le matériel, au bout d'un certain temps de service, exige des réparations plus importantes que de simples opérations d'entretien, des travaux qui ne peuvent s'exécuter sans l'aide d'un outillage complet et perfectionné, sur un terrain suffisamment étendu : conditions qui nécessitent la création sur un ou plusieurs points de la ligne, selon son étendue, *d'ate-*

liers spécialement affectés à la réparation, d'un côté des machines locomotives, de l'autre des véhicules de transport.

Enfin, l'approvisionnement constant et régulier des matières consommées dans les dépôts et ateliers de la ligne s'opère par l'entremise de *magasins généraux* dans lesquels sont tenus en réserve : d'une part, une quantité suffisante de matières premières et de combustible, nécessaires au travail des ateliers et au service des machines, pour ne jamais exposer l'un ou l'autre à un chômage ; d'autre part, des pièces de rechange provenant de l'extérieur ou fabriquées dans les ateliers lorsque les réparations de machines et de véhicules sont achevées, ce qui permet de réduire à son minimum le temps employé aux réparations courantes, condition essentielle de l'emploi économique du matériel roulant.

Nous avons donc à examiner quatre séries d'installations distinctes :

A. Installations du service de la traction. — Alimentation. — Dépôts.

B. Ateliers de réparation des machines ;

C. Ateliers de réparation du matériel de transport ;

D. Magasins d'approvisionnements.

La répartition de ces différents établissements sur une ligne en voie de construction donne lieu à certaines considérations que l'ingénieur doit étudier avec soin, et que nous allons développer.

393. **Choix de l'emplacement.** — A. *Installations du service de la traction.* — 1° *Stations d'alimentation.* — La quantité d'eau consommée par une machine dépend du travail à effectuer, et comme l'approvisionnement emporté par le moteur ou son tender doit être aussi léger que possible, il en résulte la nécessité de ravitailler la machine après un certain parcours.

Si, pour fixer nos idées, nous prenons une locomotive qui brûle 10 kilogrammes de houille et vaporise 80 kilogrammes d'eau par kilomètre, nous voyons qu'au bout de 50 kilomètres l'approvisionnement aura diminué de 4 000 kilogrammes d'eau, et comme la capacité d'un tender varie entre 5000 et 8000 kilogrammes d'eau, on voit que les stations d'alimentation pourraient, à la rigueur, être distantes les unes des autres de 50 kilomètres au moins. Mais les consommations prises pour terme de comparaison sont souvent dépassées, surtout dans les chemins à pentes prononcées. De plus, il peut se présenter tels cas, en hiver principalement, où les trains consomment beaucoup sans atteindre pour cela les vitesses de marche réglementaires; enfin, par une circonstance imprévue, tel point de ravitaillement peut momentanément manquer d'approvisionnement. Pour toutes ces causes réunies, les appareils d'alimentation sur toute la longueur de la ligne sont répartis à des distances de 25 à 30 kilomètres, assez rapprochées pour que, dans le trajet d'une station à la suivante, les caisses ne se vident jamais complétement.

Cette condition n'est pas la seule qui domine dans le choix de la station d'alimentation, car il existe un autre élément d'importance capitale et que l'ingénieur ne doit jamais perdre de vue : la nature de l'eau rencontrée dans la localité. En principe, l'eau d'alimentation des machines, ainsi que nous avons eu occasion de l'indiquer (355), et comme nous le verrons plus loin (446), doit posséder un degré de pureté aussi complet que possible [1]; on aura donc grand soin de s'en assurer chaque fois qu'il faudra établir un appareil d'alimentation sur un point donné. Cette condition pourra donc obliger, dans certains cas, l'ingénieur à faire varier les limites que nous venons d'indiquer.

Rappelons, en outre, que la disposition des appareils doit permettre (Ire part., chap. VIII, § 1, 269) d'alimenter les machines avec le moins de manœuvres et le plus rapidement possible. Il faut donc des appareils placés à la tête des trains arrêtés dans ces stations, c'est-à-dire qu'il y aura deux prises d'eau, chacune d'elles en avant de la station dans le sens de la marche du train. Une seconde disposition qui assurerait plus efficacement l'alimentation en rendant les stations plus commodes,

[1] On trouvera, au paragraphe III — 446 — de ce chapitre, la description des procédés d'analyse.

consisterait à faire chevaucher les stations d'alimentation, en affectant aux trains pairs les deuxième, quatrième, etc., points de ravitaillement, et aux trains impairs les premier, troisième, cinquième, etc., points de ravitaillement. De cette façon, l'approvisionnement des machines serait parfaitement assuré, les prises d'eau, en cas de nécessité absolue, n'étant éloignées en fait que de 12 à 15 kilomètres (269). Mais cette disposition deviendrait excessivement coûteuse et l'on s'en tient généralement à la première.

Quant au ravitaillement en combustible et matières grasses, il s'effectue dans les dépôts où les machines terminent leur course et séjournent assez longtemps pour s'y approvisionner. (IIe part., chap. V, § 1.)

2° *Dépôts de machines.* — Dans les premiers temps de l'exploitation des chemins de fer, l'incertitude qui régnait alors sur les exigences du service de la traction fit multiplier les dépôts sur toute la ligne. Peu à peu l'expérience fournit plus de précision dans l'indication des besoins à satisfaire, et permit de fixer avec plus de certitude le nombre et la position convenable de ces installations ; toutefois, le mouvement de concentration qui en résulta n'est pas arrêté. En raison des progrès réalisés dans la construction du matériel, qui permettent d'augmenter d'autant la durée du service des machines, et de la régularité qui s'établit dans le mouvement du trafic, il existe une tendance générale à réduire de plus en plus le nombre des dépôts, dont l'entretien et la surveillance constituent de lourdes charges pour le service de la traction : l'augmentation en importance des établissements conservés est une des conséquences immédiates de cette réduction en nombre.

La position de ces grands dépôts se trouve naturellement indiquée sur les points de la ligne où doit se concentrer un mouvement notable de voyageurs et de marchandises résultant soit de l'importance même de la localité, soit de la présence d'un ou de plusieurs embranchements. En dehors de ces points principaux, on répartit à des distances, égales autant que possible, et qui varient de 100 à 180 kilomètres, des dépôts de moindre importance que nous désignerons sous le nom de *dépôts secondaires*. Parmi ces derniers, nous compterons les simples remises n'ayant d'autre but que celui d'abriter les machines de réserve que l'administration oblige les Compagnies à tenir toujours en feu sur différents points de la ligne [1], ou les locomotives de renfort que le voisinage d'une forte rampe rend nécessaires pour le service de la traction, ou bien encore celles qui, dans leur roulement de service, séjournent aux *terminus* des petits embranchements.

3° *Dépôts de voitures et wagons*. — Les dépôts de voitures et de wagons, plus nombreux encore que ceux de locomotives dans les premières installations, ont subi la même transformation. Ils se trouvent aujourd'hui concentrés principalement aux stations de formation des trains et aux points d'embranchement faisant têtes de ligne, et où l'on rencontre à la fois des remises pour les wagons isolés et quelquefois des bâtiments permettant de remiser des trains entiers.

Entre ces points extrêmes, il est clair que la présence d'une station importante, pouvant donner lieu à un mouvement plus ou moins considérable de voyageurs, nécessitera également l'établissement d'un dépôt de véhicules pour les affluences imprévues.

Cependant, comme nous l'avons dit (Ire part., chap. VIII, § I, 270), ces remises diminuent d'importance dès que l'on peut se rendre compte du mouvement des voyageurs et du nombre de places que les trains ordinaires doivent contenir pour satisfaire à une circulation moyenne.

Enfin, comme pour les machines, on rencontre, échelonnées de distance en distance sur la voie, des remises de voitures que l'administration force les Compagnies à tenir en réserve pour le service des voyageurs, ainsi que nous l'avons déjà indiqué (Ire part., chap. VIII, § I, 270).

B. *Ateliers de réparation des machines*. — Autant que les circonstances le permettent, les ateliers de réparation du maté-

[1] Art. 40, ordonnance du 15 novembre 1846.

riel doivent se trouver à proximité des dépôts où reviennent nécessairement les machines et les wagons après leur temps de service. Aussi, à l'origine des chemins de fer, attribua-t-on un atelier pour ainsi dire à chaque dépôt, quelque peu important fût-il. Dans les dernières années, diverses considérations : facilité du service, — unité de direction, — économie de frais d'installation, de surveillance et d'entretien, — ont conduit les administrations à concentrer, sur un nombre restreint de points convenablement choisis, toutes les ressources applicables à cette branche de l'exploitation, en créant, pour chaque réseau, un atelier principal dont l'importance relative dépasse de beaucoup celle des autres ateliers disséminés de distance en distance sur la ligne, et qui ne sont, pour ainsi dire, que de véritables succursales du premier. Les mêmes raisons engageront encore à restreindre, autant que possible, ce nombre d'ateliers secondaires et à le réduire à la quantité strictement nécessaire pour suffire aux exigences du service, éviter les fausses manœuvres, les pertes de temps qui résultent des longs parcours entre les points extrêmes de la ligne et les ateliers principaux de réparation.

Il existe, au sujet de la position de l'atelier principal, une certaine divergence d'opinions qui ne permet pas d'établir de règle générale, mais qui au surplus s'explique parfaitement par la différence de conditions d'établissement des réseaux et les exigences particulières qui en résultent dans chacun d'eux pour l'organisation du service de la locomotion.

Les auteurs du *Guide du mécanicien*, etc., résument ainsi les conditions qui doivent guider l'ingénieur dans le choix de l'emplacement des ateliers principaux :

« Les éléments à prendre en considération sont : l'étendue de la ligne et de ses embranchements, la configuration, l'importance et la nature de son trafic, la distribution des relais de machines, la position des villes qui fournissent, par la nature de leur industrie, des ressources pour la main-d'œuvre des ouvriers spéciaux, leur position par rapport aux lieux de production des matières premières, la situation du siége de la direction de l'entreprise, la disposition du terrain aux abords des gares principales et la facilité qu'elle présente pour la construction d'établissements qui couvrent une grande superficie. La question est nécessairement très-complexe et d'une solution difficile [1]. »

Les ingénieurs du chemin de la Silésie supérieure sont d'avis que les ateliers principaux doivent occuper le milieu du réseau [2]; l'administration des chemins rhénans pense, au contraire, que leur meilleure position, à quelques exceptions près, est indiquée par le point de la ligne sur lequel se concentre principalement le trafic [3]. Cette dernière opinion paraît devoir l'emporter sur les autres en ce qui concerne surtout l'entretien des wagons; ceux-ci se trouvent naturellement ramenés à ce point, échappant ainsi aux longs parcours à vide. Quant aux machines, lorsque la longueur de la ligne atteint 7 à 800 kilomètres, il devient avantageux de choisir plutôt le milieu pour y placer les ateliers de réparation, les machines se trouvant réparties entre les dépôts principaux, et cette position centrale réduisant au minimum la somme des chemins à parcourir entre chaque dépôt et les ateliers de réparation [4].

Les ateliers secondaires, dont l'installation moins importante doit suffire cependant à la plupart des réparations ordinaires ne demandant pas un démontage complet de la machine, accompagneront toujours les dépôts de premier ordre.

C. *Ateliers de réparation du matériel de transport.* — Les mêmes considérations que nous venons de passer en revue s'appliquent également aux ateliers de réparation des voitures, et l'on peut dire qu'à quelques exceptions près, résultant des considérations mentionnées plus haut, ces ateliers accompagnent toujours ceux des machines. Quoique les deux installations appartiennent quelquefois à deux services distincts, on

[1] *Guide du mécanicien constructeur et conducteur de machines locomotives*, liv. VI, § 1er.

[2] *Congrès de Dresde*, 1865.

[3] *Idem.*

[4] *Organ für die Fortschritte des Eisenbahnwesens*, 1er supplément, 1866.

trouve le plus souvent, par raison d'économie, un avantage à les réunir en un seul établissement.

D. *Magasins.* — Afin d'éviter les pertes de temps en cas de besoins pressants, les magasins se trouvent à proximité des ateliers ou dépôts qu'ils sont chargés plus spécialement d'alimenter. Quant au magasin principal, son voisinage du siége de l'administration est une condition essentielle pour la surveillance et le contrôle qu'il est de toute nécessité d'exercer avec soin sur ce genre d'établissements.

Pour fixer les idées, étudions la répartition des prises d'eau, dépôts et ateliers sur quelques lignes anciennes et nouvelles.

Au chemin de l'Est (France), la ligne principale — Paris à Strasbourg, 502 kilomètres — comprend onze dépôts :

Paris, la Villette, tête de ligne (combustible) ;

Meaux, 45 kilomètres de Paris, service de banlieue ;

Epernay, 97 kilomètres de Meaux ; embranchement sur Reims (combustible) ;

Châlons-sur-Marne, 31 kilomètres d'Epernay ; embranchement sur Mourmelon, Reims, etc. ;

Blesme, 45 kilomètres de Châlons ; embranchement sur Chaumont ;

Bar-le-Duc, 36 kilomètres de Blesme (combustible) ;

Lerouville, 35 kilomètres de Bar-le-Duc (motivé par la rampe de Lerouville) ;

Nancy, 64 kilomètres de Lerouville ; tête de ligne de l'embranchement de Forbach (combustible) ;

Blainville, 23 kilomètres de Nancy ; tête de la ligne d'Epinal ;

Saverne, 82 kilomètres de Blainville ;

Strasbourg, 44 kilomètres de Saverne ; tête de ligne et d'embranchements (combustible).

La distance moyenne entre les dépôts est donc de 50 kilomètres ; quatorze gares d'alimentation, réparties entre ces différents points, représentent avec ces derniers un total de vingt-cinq prises d'eau, dont l'espacement moyen est de 20 à 21 kilomètres.

Les distances entre les dépôts de combustible et matières grasses varient de 99 à 149 kilomètres. (IIe part., ch. V, § I.)

La longueur totale du réseau exploité, y compris toutes les lignes secondaires, s'élevait en 1866 à 2473 kilomètres; le nombre des ateliers correspondants est de douze, dont quatre sur la ligne principale à Paris (La Villette), Epernay, Nancy et Strasbourg, les autres sur les embranchements : Montigny, Forbach, Flamboin, Troyes, Chaumont, Vesoul et Mulhouse, représentant une moyenne de un atelier pour 200 kilomètres. L'atelier principal des machines est celui d'Epernay, à 142 kilomètres de Paris, au point d'embranchement de la ligne de Reims qui va rejoindre les réseaux du Nord. L'atelier de Montigny est spécialement réservé au service du matériel de transport.

La longueur totale du réseau dans le Hanovre est de 950 kilomètres environ et comprend trois ateliers principaux : l'un à Hanovre — centre du réseau, — un autre à Lingen, à 210 kilomètres du premier, sur la ligne de Hanovre à Emdem, et le troisième à Göttingen, dans la direction de Cassel. La ligne d'Emden comprend, en outre, trois ateliers secondaires, l'un à l'extrémité (Emden), 318 kilomètres de Hanovre, et les deux autres à Minden et Osnabrück, dont les distances, à partir de la tête de ligne, sont respectivement de 64 et 132 kilomètres. La moyenne des distances entre deux ateliers consécutifs est donc ici de 80 kilomètres. Sur la ligne de Hanovre à Harbourg, nous rencontrons deux ateliers secondaires : Uelzen, 96 kilomètres ; Harbourg, 170 kilomètres, dont la distance moyenne est 74 kilomètres; et de même sur la ligne de Hanovre à Bremerhafen (avec ateliers à Brême, 122 kilomètres, et Gerstemunde, 183 kilomètres) ; — sur la direction de Cassel (atelier principal à Göttingen, 108 kilomètres, et secondaire à Cassel, 166 kilomètres), nous trouvons une moyenne de 93 et 83 kilomètres. On peut donc dire que l'écartement moyen des ateliers de réparation sur les lignes de Hanovre est de 85 kilomètres. Quelques points spéciaux servant de têtes d'embranchement, — Lehrte, Nordstemmen, Wunstorf, — renferment encore des installations secondaires nécessitées par la position même de ces localités.

Le chemin I. R. du sud de l'Autriche comprend :

La ligne principale de Vienne à Trieste		576k,00
Et les embranchements de :	Mœdling-Laxenburg	3 ,80
—	Wiener-Neustadt-Kanisa	264 ,00
—	Marburg-Villach	167 ,00
—	Pragen-Ofen et Stuhlweissenburg-Komorn	440 ,00
—	Steinbruck-Sisseck et Agram-Carlstadt	171 ,80
Représentant une longueur de réseau totale de		1 528k,00

Sur cette étendue, on rencontre sur la ligne de Trieste six dépôts principaux :

Vienne, tête de ligne		40 machines.
Gloggnitz,	dépôts motivés par la présence de la rampe du Semmering	15 —
Murzzuschlag,		24 —
Marburg, embranchement		40 —
Laibach		45 —
Trieste, tête de ligne		15 —

L'embranchement de Mœdling-Laxenburg est desservi par un petit dépôt de 2 machines établi dans la première de ces stations ;

Celui de Pragen-Ofen, par les dépôts de :

Stuhlweissenburg, embranchement sur Komorn	24 machines.
Kanisa, servant également pour la ligne de Neustadt-Kanisa	24 —
Pettau	16 —

Celui de Marburg-Villach, par un dépôt de 8 machines établi à Villach ; et celui de Steinbruck-Sisseck par deux dépôts établis :

A Sisseck	24 machines.
Et à Carlstadt	2 —

Nous trouvons ainsi un total de 13 dépôts, représentant une moyenne de 1 dépôt principal par 127 kilomètres, auxquels il faut ajouter 11 dépôts secondaires répartis en divers points, donnant un total de 24 dépôts pour 1 528 kilomètres, soit 1 dépôt par 63^k,6.

Le service des ateliers est concentré principalement dans les deux gares de Vienne et Marburg, ateliers principaux; des ateliers secondaires se rencontrent à Murzzuschlag, Trieste et Stuhlweissenburg, ce qui représente une moyenne de 1 atelier par 300 kilomètres environ [1].

Sur le chemin du Nord de l'Espagne, le service de la traction comprenait, en 1866, huit dépôts échelonnés comme suit :

1. Madrid. — Dépôt de 4 machines. — Service entre Madrid et Avila................	121 kilomètres.
2. Avila. — Dépôt de 4 machines de rampe pour le passage du Guadarama.........	
3. Valladolid. — Rotonde de 22 machines. — Service entre Avila et Valladolid........	128 —
— Service entre Valladolid et Burgos..	121 —
4. Miranda. — Remise de 4 machines. — Service entre Burgos et Miranda........	89 —
— Service de Miranda à Olazagoïtia....	75 —
— Service de Miranda à Quintanapalla..	75 —
5. Olazagoïtia. — Remise recevant les machines de Miranda et Irun.	
6. Béasaïn. — Machines de rampe pour le passage des Pyrénées.	
7. Irun.—Tête de ligne.—Service de Miranda à Irun.	179 —
8. Alar del Rey. — Tête de ligne. — Service entre Venta de Banos et Alar.......	91 —

Ateliers à Madrid, Miranda et Irun.

A partir du 1er juillet 1867, le nombre des dépôts a été restreint à trois, de la manière suivante :

1. Madrid. — Service entre Madrid et Valladolid....	249 kilomètres.
2. Valladolid.— Service entre Valladolid et Miranda.	210 —
— Et entre Venta de Banos et Alar...	91 —

[1] *Zeitschr. des oster. Ingenieur-u. Archt. Ver.*, 1865, p. 211.

3. Irun. —	Service des voyageurs entre Miranda et Irun..........................	179 kilomètres.
—	Service des marchandises entre Burgos et Irun..........................	268 —

Des machines de réserve sont conservées à Avila (passage du Guadarama), et à Béasaïn (Pyrénées). A Miranda se trouve également un service de réserve recevant les machines de Valladolid et d'Irun, et faisant au besoin les trains facultatifs de Miranda-Quintanapaila, et Miranda-Alsasua, 75 et 77 kilomètres.

On espère, par cette réduction considérable et peut-être prématurée du nombre des dépôts, amener une plus grande unité dans l'entretien et une économie importante sur les dépenses d'exploitation.

394. **Dépôts.** — *Conditions générales.* — Les dépôts sont destinés à remiser les machines en état de service.

Celles-ci peuvent se diviser en deux catégories distinctes :

1° Les machines appartenant au dépôt et y rentrant périodiquement au bout d'un certain nombre d'heures de travail, pour y être nettoyées et, s'il le faut, réparées, puis de nouveau allumées pour reprendre leur service ;

2° Les machines faisant partie du matériel des autres sections de la ligne et s'arrêtant à leur passage au dépôt, soit pour y séjourner quelques heures en attendant le moment du départ du train qu'elles doivent remorquer, soit simplement pour s'y alimenter en eau et en combustible.

Il résulte de cette double destination la nécessité d'avoir dans les dépôts principaux :

1° Une remise pour les machines de la première catégorie, contenant l'installation nécessaire pour y exécuter les réparations du petit entretien, et, si possible, pour abriter les locomotives des autres dépôts ;

2° Des voies de service convenablement disposées pour pouvoir y laisser stationner, pendant un certain temps, un nombre donné de machines en feu, sans gêner la circulation des trains sur la voie, ou le service du matériel dans le dépôt; des plaques tournantes sur lesquelles on puisse retourner à la fois les machines avec leurs tenders (Ire part., ch. VI, § 4);

3° Des réservoirs d'eau, des appareils d'alimentation et des quais à combustible placés à proximité des voies de service;

4° Des logements et dortoirs pour le personnel du dépôt, — chefs de dépôts, employés, mécaniciens et chauffeurs au besoin.

Dans les dépôts secondaires, le service moins actif permettra de réduire plus ou moins l'importance de ces diverses installations, en observant les conditions qui, dans tous les cas, doivent présider à leur établissement, et que nous allons développer.

La surface de terrain occupée par les dépôts dépend naturellement de la quantité de machines qui viendront y stationner ou y remiser. On commencera donc par se rendre compte, en examinant le tableau de la marche des trains (ch. V, § 1), du nombre des locomotives que le service journalier amènera au dépôt pour y passer la nuit ou seulement pour y stationner[1]. Ces deux nombres une fois obtenus permettront de déterminer l'étendue du terrain nécessaire au remisage, l'importance des magasins de combustible, des réservoirs d'alimentation, et la puissance des moyens d'alimentation. A l'égard de la première question, faisons observer que la surface à déterminer se composera de deux parties : l'une couverte et représentée par des remises où les machines pourront s'abriter; l'autre à découvert et consistant en voies de garage ou de stationnement. Il y a intérêt, au point de vue de l'entretien, de pouvoir mettre à couvert toutes les machines appartenant au dépôt, que leur service ramène régulièrement pour y passer la nuit. Aussi,

[1] On remarquera, à cet effet, que le travail des machines est nécessairement intermittent en raison des journées consacrées au nettoyage et aux réparations de l'entretien courant. Il résulte des données de l'expérience qu'une machine ne peut travailler que les deux tiers du temps, et doit en passer, par conséquent, un tiers au dépôt. Le nombre des machines nécessaires, établi d'après le tableau de la marche des trains, devra donc être augmenté du tiers. (IIe part., chap. V.)

quoique jusqu'ici ce résultat n'ait généralement pas été atteint, on peut estimer environ à 60 pour 100, en moyenne, le nombre des places réservées dans les remises aux machines d'un dépôt. Nous ne saurions trop recommander à l'ingénieur chargé de l'étude d'un dépôt de chercher à se rapprocher le plus possible de cette limite, en donnant aux surfaces couvertes une étendue suffisante, à ménager les moyens de pouvoir dans l'avenir, soit par la création de nouveaux bâtiments, soit par le développement de ceux déjà existants, leur donner une extension proportionnelle à l'accroissement du service.

Nous avons déjà indiqué (Ire part., ch. VIII, § 1) la position relative à donner aux remises de voitures et de machines par rapport aux autres installations de la station ; nous n'y reviendrons pas ici et nous aborderons immédiatement l'étude particulière de chacune des divisions du dépôt.

Remises de machines. — Les bâtiments de remisage doivent remplir les conditions suivantes :

1° Entrée ou sortie facile d'une machine sans en déplacer d'autres, la manœuvre d'une machine qui n'est pas en feu exigeant beaucoup de temps, employant beaucoup d'hommes et entraînant des frais assez considérables, si elle se renouvelle souvent ;

2° Écoulement rapide et bien ménagé de la fumée et de la vapeur produites lors de l'allumage d'une machine ou sa mise en mouvement, afin d'éviter la gêne pour les ouvriers et l'oxydation des pièces des autres machines ;

3° Abondance de lumière en tous sens pour faciliter le travail sous les machines et à toutes leurs pièces ;

4° Espace suffisant autour de chaque machine pour que l'on puisse y déposer les pièces démontées sans gêner les mouvements ou le travail aux machines voisines ;

5° Dispositions propres à maintenir en hiver dans la remise une température assez élevée pour empêcher la congélation de l'eau[1].

[1] *Guide du mécanicien*, etc.

Examinant d'abord les remises au point de vue de leur disposition générale et de leur forme, nous distinguerons :

(*a*) Remises rectangulaires occupées suivant leur longueur par une ou plusieurs voies parallèles communiquant entre elles à l'extérieur au moyen de changements de voie. — (Voir Ire part., ch. VIII, fig. 315, pl. XV, 5.)

(*b*) Remises rectangulaires renfermant une série de voies parallèles, perpendiculaires à la longueur et qui communiquent avec une voie de service extérieure à l'aide de plaques tournantes.

(*c*) Remises rectangulaires analogues aux précédentes, mais desservies par un chariot roulant. (Pl. XXII, K.)

(*d*) Rotondes ou remises circulaires ou polygonales munies de voies rayonnantes desservies par une seule plaque tournante qui en occupe le centre. Cette disposition est représentée sur la figure 505, p. 510, qui donne le plan d'une rotonde polygonale, — station de Montargis. (Chemin de Paris à Lyon et à la Méditerranée, section de Moret à Nevers.)

(*e*) Demi-rotonde ou remise en fer à cheval desservie par une plaque tournante extérieure. — (Voir Ire part., fig. 315, pl. XV, 7, station du Mans.)

Les remises rectangulaires à voies transversales et à plaques tournantes, qui furent assez fréquemment employées dans les premières années de l'exploitation des chemins de fer, sont maintenant abandonnées. Le grand nombre des plaques tournantes augmente dans une proportion notable les frais de construction et d'entretien; leur faible diamètre nécessite la séparation de la machine et du tender pour les manœuvres d'entrée et de sortie, occasionne ainsi une perte de temps considérable en augmentant beaucoup les frais de main-d'œuvre.

On substitue très-avantageusement à ce vicieux emploi des plaques tournantes l'application d'un chariot roulant transbordeur auquel il devient possible de donner une longueur suffisante pour porter à la fois la locomotive et son tender. Et, en fixant sur le chariot une petite machine avec sa chaudière, on obtient ainsi une grande rapidité d'entrée ou de sortie des machines. Dans l'un et l'autre cas, les plaques tournantes ou le chariot placés à l'extérieur et à découvert sont d'un entretien délicat et coûteux, et le grand nombre de portes, — il en faut nécessairement une pour chaque voie, — rend le chauffage des remises à peu près impossible en hiver; aussi est-on conduit, dans les remises desservies par chariot, à placer ce dernier sous couvert en lui faisant desservir deux séries de voies placées de chaque côté de la fosse du chariot, sous une même halle ; il en résulte évidemment une augmentation de frais de couverture, mais qui se trouve largement compensée par l'économie réalisée sur les frais d'entretien.

Les remises à voies parallèles et à changements de voie sont très-avantageuses au point de vue de la rapidité du service, les machines pouvant entrer et sortir sans exiger aucune manœuvre. Le seul inconvénient que présente cette disposition est la longueur de l'espace nécessaire pour l'établissement des changements de voie ; mais dans le cas particulier où l'on ne peut disposer que d'un terrain allongé et de peu de profondeur, — circonstance qui, d'ailleurs, se présente fréquemment dans les gares,—la remise dont il est question sera sans contredit la plus avantageuse.

Comme nous le verrons plus loin, elles présentent le minimum de surface couverte par machine,—par suite de l'absence de chariot ou de plaque tournante. — Aussi conviennent-elles spécialement au remisage d'un petit nombre de machines, et trouveront-elles une application utile dans les dépôts secondaires.

Les remises circulaires ont joui, dans ces dernières années, d'une grande faveur qui ne nous paraît pas justifiée dans tous les cas. Il est certain que la circulation des machines peut se faire très-promptement avec une plaque tournante à deux voies mise en mouvement par un moteur fixe, mais la moindre avarie survenant à cet appareil peut compromettre la régularité du service de la traction en rendant impossible, pendant un temps plus ou moins long, la sortie des machines enfermées dans la rotonde. D'autre part, la forme circulaire écarte toute possibilité de développement du bâtiment et ne peut convenir, en conséquence, que pour un nombre déterminé de machines; il est facile de se rendre compte également que la forme de l'espace réservé à chacune d'elles ne se prête pas dans ce cas à toutes les circonstances; plus le nombre des machines augmentera, plus elle se rapprochera de celle du rectangle et mieux elle répondra par conséquent aux exigences du service; la remise circulaire conviendra donc surtout pour un grand nombre de machines.

Pour les rotondes, comme pour les remises rectangulaires, on avait commencé par laisser la plaque tournante à découvert, et les mêmes inconvénients que nous avons signalés plus haut à ce sujet ont conduit plus tard les constructeurs à la comprendre avec les fosses dans un même bâtiment couvert.

Les rotondes en fer à cheval et les demi-rotondes ont à l'égard des précédentes le désavantage d'être plus coûteuses de frais d'établissement relativement au nombre de machines abritées; toutefois elles offrent la possibilité d'une extension ultérieure et, pour cette raison, elles peuvent convenir dans quelques cas particuliers, malgré leurs inconvénients très-réels.

Comparaison des divers systèmes de remise. — En comparant les frais d'établissement de trois des principaux types dont nous venons de parler, on pourra apprécier plus complétement encore leurs mérites respectifs et les conditions particulières dans lesquelles l'un d'entre eux pourra trouver une application avantageuse.

Afin de rendre la comparaison plus facile en partant des mêmes données, nous avons supposé le cas d'une remise à construire pour seize machines, et, en appliquant les principes que nous développerons plus loin, nous sommes amené pour chacune d'elles aux conditions d'établissement suivantes :

1° Rotonde circulaire de seize fosses avec plaque tournante de 14 mètres. — Diamètre intérieur, 49m,55.

Longueur des fosses................................	14m,000
Ecartement des fosses du côté de la plaque tournante (axe en axe).	3 ,250
Ecartement des fosses du côté du mur d'enceinte............	8 ,745
Passage entre les têtes des fosses et la plaque tournante......	1 ,275
Passage entre les têtes des fosses et les murs d'enceinte.......	2 ,500

Murs de 7 mètres de hauteur et 0m,500 d'épaisseur, maintenus par 16 contre-forts de 0m,30 sur 0m,40, et percés de 28 fenêtres de 2 mètres sur 5 mètres et de 2 portes de 3m,30 sur 6 mètres. — La distance de la rotonde à l'axe de la voie de service est de 2m,50.

2° Remise rectangulaire avec chariot roulant de 14 mètres.

Largeur totale de la remise dans œuvre....................	50m,000
Longueur totale de la remise dans œuvre..................	40 ,000
Longueur des fosses..................................	14 ,000
Ecartement des fosses d'axe en axe.......................	5 ,000
Espace ménagé entre les têtes des fosses et le chariot.......	1 ,500
Espace ménagé entre les têtes des fosses et les murs	2 ,500

Hauteur des murs 7 mètres, épaisseur 0m,500, avec 26 contre-forts de 0m,30 sur 0m,40, 20 fenêtres de 2 mètres sur 5 mètres et 2 portes de 3m,50 sur 6 mètres. — Distance du mur à l'axe de la voie de service, 2m,50.

3° Remise rectangulaire avec changements de voie.

Largeur totale de la remise dans œuvre....................	23m,000
Longueur totale de la remise dans œuvre..................	59 ,000
Longueur des fosses..................................	14 ,000
Ecartement des fosses d'axe en axe.......................	5 ,000
Espace ménagé entre les têtes des fosses et les murs.........	1 ,500

Hauteur des murs, 7 mètres; épaisseur, 0m,500, avec 26 contre-forts de 0m,30 sur 0m,40, 28 fenêtres de 2 mètres sur 5 mètres et 8 portes de 3m,30 sur 6 mètres. — Distance du mur à l'axe de la voie de service, 2m,50.

Les devis pourront s'établir ainsi :

1° Rotonde circulaire.

Terrain occupé[1], 5 983 mètres carrés à 1 fr. le mètre carré.	5 983f,00
A reporter.............	5 983f,00

[1] Le terrain occupé a la forme d'un trapèze ayant pour bases : d'un côté, la longueur de la voie de service entre les deux embranchements qui con-

Report...............	5 983f,00
Maçonnerie[1], 404 mètres cubes à 30 fr. le mètre cube.....	12 120,00
Surface couverte, 2 007 mètres carrés à 70 fr. le mètre carré.	140 490,00
Portes et fenêtres, 320 mètres carrés à 10 fr.............	3 200,00
16 fosses à visiter de 14 mètres à 500 fr. l'une...........	8 000,00
1 plaque tournante de 14 mètres de diamètre............	20 000,00
Fondation, 145 mètres carrés à 35 fr....................	5 390,00
Développement de voies à l'intérieur, 250m,40 à 16 fr......	4 006,40
Développement de voies à l'extérieur, 160 mètres à 25 fr....	4 000,00
2 changements de voie avec accessoires, à 1 000 fr........	2 000,00
Total........................	205 189f,40

2° *Remise à chariot.*

Terrain occupé[2], 3 741 mètres carrés à 1 fr. le mètre carré.	3 741f,00
Maçonnerie, 716 mètres cubes à 30 fr. le mètre carré......	21 480,00
Fenêtres et portes, 302 mètres à 10 fr..................	3 020,00
Surface couverte, 2 091 mètres carrés à 60 fr. le mètre carré.	125 460,00
16 fosses à visiter, de 14 mètres à 500 fr. l'une............	8 000,00
1 chariot roulant de 14 mètres, avec fosse de 46 mètres de long..	25 000,00
Développement des voies intérieures, 248 mètres à 16 fr. le mètre..	3 968,00
Développement des voies extérieures, 88 mètres à 25 fr. le mètre..	2 200,00
2 changements de voie avec accessoires à 1 000 fr. l'un.....	2 000,00
Total........................	194 869f,00

duisent à la remise; et de l'autre, une parallèle menée à cette ligne à 2m,50 de distance de la rotonde. La même distance est observée pour les deux côtés non parallèles du trapèze.

Les courbes des voies d'entrée et de sortie sont supposées décrites avec un rayon de 180 mètres, tant pour la rotonde que pour les deux autres remises.

[1] Nous n'entendons parler ici que de la maçonnerie en élévation; le cube des fondations étant, à peu de chose près, le même pour les trois cas.

[2] La surface occupée est un trapèze ayant pour bases: d'une part, la longueur comprise sur la voie de service entre les deux croisements; d'autre part, la face opposée du mur de la remise prolongée de chaque côté de 2m,50.

3° Remise à changements de voie.

Terrain occupé[1], 6 509 mètres carrés à 1 fr. le mètre carré.	6 509f,00
Maçonnerie, 505 mètres cubes à 30 fr. le mètre cube.......	15 150 ,00
Fenêtres et portes, 438m,40 à 10 fr......................	4 384 ,00
Surface couverte, 1 440 mètres carrés à 50 fr. le mètre carré.	72 000 ,00
16 fosses à visiter, de 14 mètres, à 500 fr. l'une..........	8 000 ,00
Développement des voies intérieures, 240 mètres à 16 fr. le mètre.....................................	3 840 ,00
Développement des voies extérieures, 596 mètres à 25 fr. le mètre	14 900 ,00
8 changements de voie avec accessoires, à 1 000 fr. l'un....	8 000 ,00
Total	132 783f,00

Le tableau suivant donne la comparaison des frais d'installation par machine établis d'après les devis précédents[2].

DÉSIGNATION.	ROTONDE.	REMISE à chariot.	REMISE à changements de voie.
Terrain occupé.........	571.45	235,80	406,80
Maçonnerie............	757,50	1 238,75	946,85
Surface couverte........	8975.25	8050 »	4 774 »
Fosses à visiter........	500 »	500 »	500 »
Plaques tournantes.....	1586,77	» »	» »
Chariots................	» »	1562,50	» »
Voies intérieures.......	250,05	248 »	240 »
Voies extérieures......	250 »	157,50	951,25
Changements de voie....	125 »	125 »	500 »
Total.....	12821 »	12095,55	8298,90

395. **Dispositions et construction.** — La limite inférieure d'écartement des fosses d'axe en axe dans les remises de locomotives ne doit pas descendre en dessous de 4m,50. En Hanovre, le règlement donne pour distance 4m,81 au minimum. Nous pensons qu'on fera bien de prendre en général une moyenne de 5 mètres.

[1] Rectangle ayant pour sa longueur celle de la voie de service entre les deux croisements extrêmes et une largeur de 28 mètres.

[2] Avec les grandes rotondes à quarante-sept machines de Lyon, le prix du remisage n'est que de 7 660 francs par machine (*Annexes*).

La longueur nécessaire des fosses, pour une locomotive à 6 roues et son tender, est d'environ 14 mètres.

On laissera entre les extrémités des fosses et les parois des remises un passage libre de 1^{m},50 au minimum à 2^{m},50 du côté des établis d'ajusteurs.

Les dimensions suivantes sont adoptées sur les lignes du Hanovre :

	Longueur intérieure des remises[1].
Chaque voie contenant une machine et son tender....	14^{m},60
— deux machines et leurs tenders.	28 ,61
— trois machines et leurs tenders.	42 ,34
	Largeur entre les murs.
Pour le cas d'une seule voie......................	7 ,00
— de deux voies	11 ,92
— de trois voies......................	16 ,64

Les fosses s'arrêtent à 1^{m},20 ou 1^{m},50 des murs d'enceinte, de manière à laisser un passage libre de 1^{m},30 en moyenne.

Pour les remises à chariot intérieur, la longueur des voies doit être de 15^{m},70 au minimum de chaque côté du chariot[2]. — Dans le cas de chariot extérieur, cette longueur atteint 18^{m},85.

Pour les remises circulaires, on comptera l'écartement des fosses sur la circonférence moyenne, mais en aucun cas la distance minimum d'axe en axe du côté de la plaque tournante ne devra descendre au-dessous de 3^{m},25, cette largeur étant nécessaire pour le libre passage de la machine[3].

Entre la plaque tournante et les têtes des fosses, on laissera un espace suffisant pour la circulation.

Toutes les machines d'une même ligne n'ayant pas la même longueur, il s'ensuit qu'en prenant pour base du calcul les dimensions maxima, on perd toujours une plus ou moins grande

[1] A voies parallèles et à changements de voie.

[2] Congrès de Dresde, 1865.

[3] La largeur maxima des machines a été fixée à 3^{m},05 par les ingénieurs allemands. Congrès de Dresde, 1865.

portion de surface. Dans le but d'éviter cet inconvénient, le chemin de Berlin à Magdebourg vient d'installer des remises en forme de polygones irréguliers dans lesquelles la longueur des fosses varie avec celles des machines [1].

Cet exemple ne nous paraît pas bon à suivre, car l'économie qui en résulte est largement compensée par la complication plus grande de la construction.

D'ailleurs, « un point important dans la construction des remises, » disent les maîtres en la matière, « c'est de ne pas restreindre les dimensions d'après celles en longueur, largeur et hauteur des machines existantes. Lorsqu'on construit, il faut, au contraire, réserver de larges espaces sur les voies de remisage et dans tous les passages, ainsi qu'autour des chariots ou plaques tournantes. Faute de cette prévoyance, il arrive aujourd'hui sur beaucoup de chemins de fer que, dans les études du matériel, on ne peut plus profiter des progrès de l'art et satisfaire aux besoins de l'exploitation, comme on le ferait si on n'était pas entravé par les conditions fâcheuses dans lesquelles les constructions ont été établies [2]. »

Élévation. — Les parois verticales des remises de locomotives sont généralement formées de piliers isolés placés au droit des fermes et réunis par une maçonnerie de remplissage dans laquelle on doit ménager de hautes et larges ouvertures donnant toujours dans l'intérieur de la rotonde un éclairage suffisant, condition essentielle au service de l'entretien.

Les portes devront avoir au moins 3^m,50 de large [3] et une hauteur déterminée d'après celle des parties les plus élevées de la machine (chap. I, § IV, 370). Ces portes sont tantôt à coulisses, tantôt à battants. Bien que ces dernières exigent un espace assez considérable pour leur manœuvre, elles ont sur les portes à coulisses deux avantages incontestables : — grande facilité de manœuvre ; — économie de construction et d'entretien.

[1] *Organ für die Fortschritte*, etc., 186e cahier.

[2] *Guide du mécanicien*, etc., liv. V, ch. I, § 1.

[3] Le règlement des lignes de Hanovre porte 3^m,35 de large et 4^m,66 de hauteur au-dessus du niveau des rails.

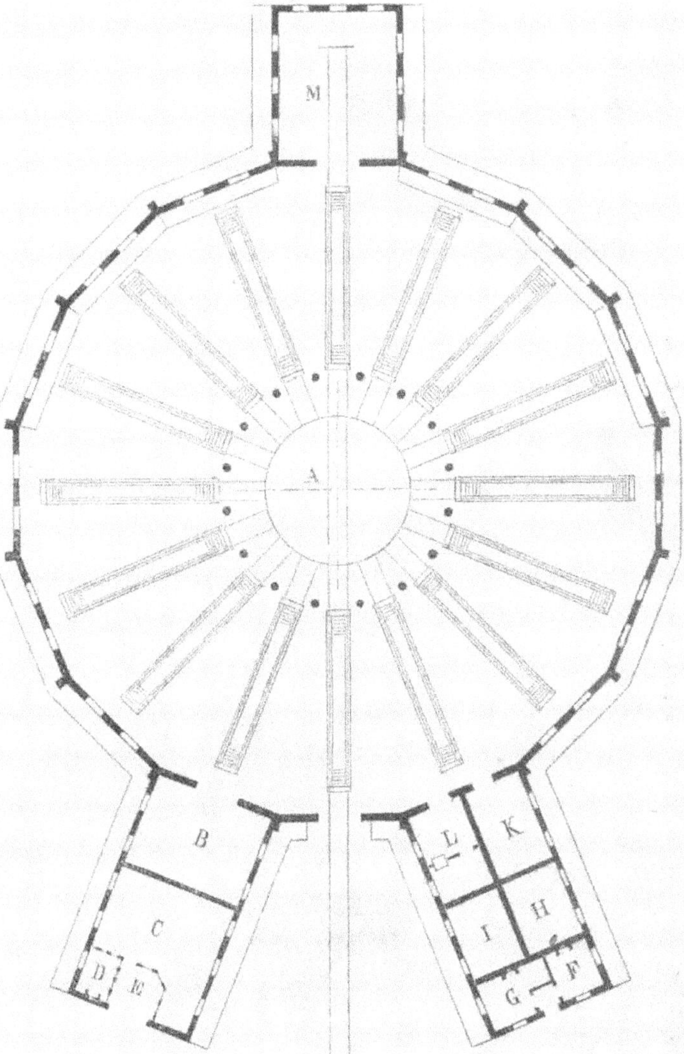

Fig. 505-506. Remise de machines (Paris à Lyon). Échelle $\frac{1}{500}$.

A. Rotonde avec plaque tournante de 12 mètres de diamètre.
Distance du centre à l'axe des colonnes, 9m,40.
Distance des colonnes aux piliers, 17m,55.
B. Atelier, 8m,50 sur 10 mètres.
C. Magasin, 10m,50 sur 10 mètres.
D. Bureau du garde-magasin.
E. Vestibule.
F. Bureau de l'outillage.
G. Bureau du chef de traction.
H. Dortoir, 6 mètres sur 4m,75.
I. Lampisterie, 6 mètres sur 4m,75.
K. Corps de garde, 8m,60 sur 4m,75.
L. Bureau du chef et du sous-chef de dépôt.
M. Pesage des machines, 12 mètres sur 9m,80.

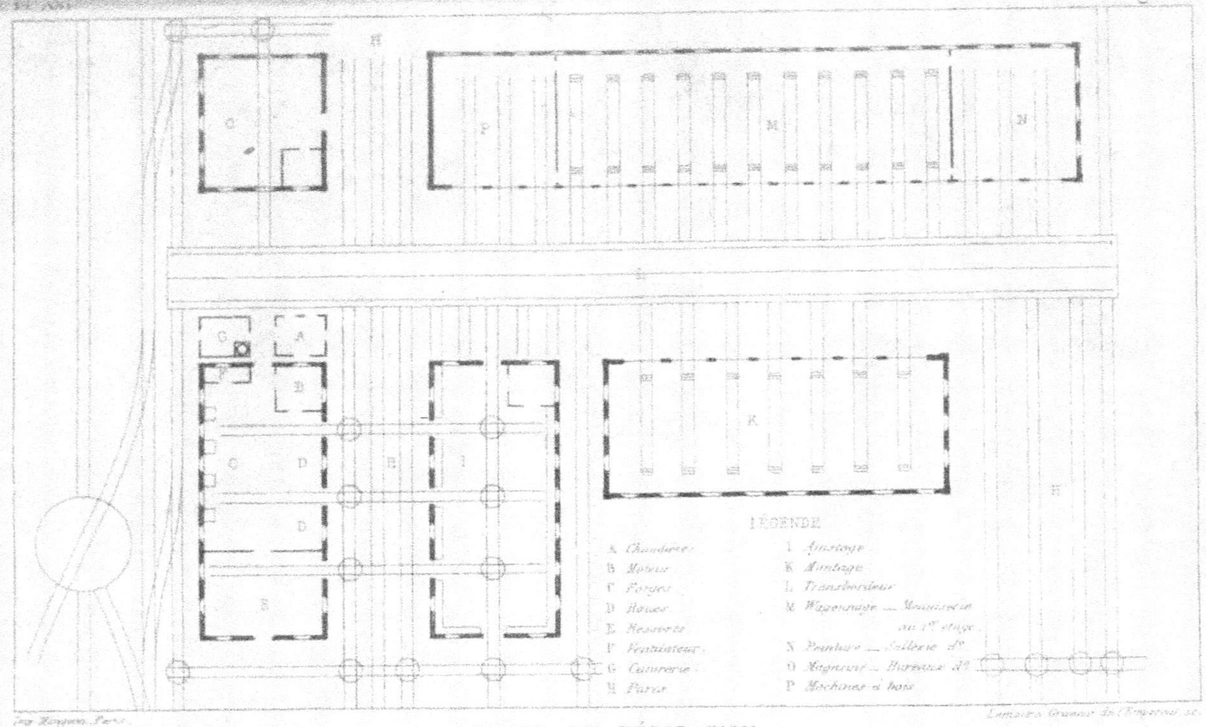

ATELIER DE RÉPARATION

Nous donnons, dans les figures 505-506, le plan d'une remise de seize machines et de ses annexes, établie à Montargis, ligne de Paris à Lyon par le Bourbonnais.

Toiture. — Lorsque la largeur de l'espace à couvrir n'excède pas 18 à 20 mètres, ainsi que cela se présente généralement pour les remises à changements de voie, on peut couvrir avec une ferme d'une seule portée. Mais dans les remises à chariot ou dans les rotondes, cette largeur est généralement beaucoup plus grande, puisqu'elle comprend l'espace occupé par le chariot ou la plaque tournante et deux locomotives, soit environ 50 mètres; on la divisera donc en travées par un ou deux rangs de colonnes.

Plusieurs systèmes de couverture pourront être employés dans ce cas : — former de l'espace à couvrir un seul vaisseau ; — jeter sur les travées latérales un appentis au-dessus duquel s'élèvera le comble central; — couvrir chaque travée d'un comble à deux versants.

La première disposition reporte le sommet du comble à une très-grande hauteur; la troisième lui serait, dans tous les cas, de beaucoup préférable si elle n'entraînait la nécessité de construire des chéneaux intermédiaires dont l'entretien est dispendieux. Cependant, en disposant convenablement les pentes et en ménageant à l'eau un écoulement facile par l'intérieur des colonnes creuses en fonte servant de supports intermédiaires, on peut échapper en partie aux embarras de cette solution; on arrive alors à la construction indiquée sur la planche XXI, fig. 507 [1], représentant une coupe verticale de la rotonde de Montargis. (Voir plus loin la remise de Saarbrück.)

Pour faciliter la ventilation des remises, il est nécessaire de ménager, à la partie supérieure des combles, une lanterne qui prendra une élévation suffisante, afin que l'air et la lumière pénètrent facilement par tous les côtés; on fera bien de ne pas la garnir de châssis vitrés qui se couvrent rapidement de suie.

[1] *Bâtiments de chemins de fer*, par M. Pierre Chabat, architecte. 1866.

En revanche, on ménagera vers le bas et de distance en distance sur les travées latérales dans la toiture des châssis vitrés. L'entretien de ces châssis en état de propreté satisfaisant exige certaines précautions lors de la mise en place des carreaux. Ces derniers sont superposés à la manière des tuiles, mais ils ne doivent pas reposer les uns sur les autres ; il est nécessaire de laisser entre les carreaux un vide de quelques millimètres suffisant pour empêcher l'eau de remonter par l'action de la capillarité. On évitera ainsi des dépôts de poussière que l'on aurait ensuite beaucoup de peine à faire disparaître.

Les charpentes de remises sont en bois ou en fer. Quoique le premier de ces deux modes de construction semble au premier abord présenter quelques dangers dans un bâtiment où se trouvent sans cesse plusieurs machines en feu, l'expérience a prouvé qu'il n'y avait pas d'inconvénient à le conserver. Cependant on emploie plus généralement aujourd'hui les charpentes mixtes en bois et fer, analogues à celles de la rotonde figurée sur la planche XXI.

Il existe également quelques exemples de charpentes en fer à grande portée, dans le but peu intéressant de couvrir de vastes espaces sans supports intermédiaires. Ainsi, la rotonde de Mohon, sur le chemin des Ardennes, dont le diamètre intérieur mesure 50 mètres, nous offre l'exemple d'un seul comble formé d'une série d'arcs en treillis convergents vers une lanterne centrale[1].

Ce mode de construction, qui ne manque pas de grandeur, est coûteux. — Le résultat serait aussi complet et beaucoup moins dispendieux, si l'on avait soutenu les fermes par des colonnes intermédaires.

Cette dernière disposition a été appliquée dans les rotondes du dépôt de la Guillotière, à Lyon. (*Annexes.*)

La travée intérieure, de 35 mètres de diamètre, est surmontée d'un dôme formé d'arcs en treillis aboutissant

[1] *Bâtiments de chemin de fer*, par M. Pierre Chabat, architecte. 1866.

à une couronne centrale qui porte elle-même la lanterne [1].

Sur le chemin de Saarbrück, à la station de Saint-Jean, il existe également une remise avec charpente en fer d'une disposition particulière. La partie centrale est recouverte par une coupole reposant sur seize colonnes qui séparent autant de fosses de machines. Ces colonnes sont reliées au mur d'enceinte par des poutres en treillis supportant seize toitures à double pente entre lesquelles sont placées les gouttières dirigées suivant les rayons. (Voir plus loin le prix de revient de cette rotonde.)

La couverture des remises de locomotives doit se faire en tuiles ou en ardoises très-épaisses et de bonne qualité; l'emploi du zinc ou de la tôle n'offre aucune garantie de durée; toutes ces matières sont promptement attaquées par la vapeur et les gaz qui se dégagent des machines allumées.

Ventilation. — Nous avons dit que les produits de la combustion devaient être expulsés rapidement au dehors pour ne pas gêner le travail des ouvriers et éviter l'altération des pièces des machines remisées. Dans certains cas, on leur offre simplement une issue par les lanterneaux qui surmontent la toiture. Cette disposition est très-généralement insuffisante et devrait être complétée par une ventilation mécanique; on pourrait rendre la position moins mauvaise en adaptant au-dessus de chaque fosse une cheminée d'allumage en tôle ou mieux en fonte, terminée à sa partie inférieure par un cône évasé [2]. Leur partie supérieure doit être assez élevée pour que, en aucun cas, la fumée, chassée par le vent, ne puisse rentrer dans le hangar par les ouvertures de la lanterne ou des châssis vitrés; pour faciliter le tirage dans toutes les circonstances, on les surmonte d'un chapeau mobile armé d'une girouette (fig. 507).

Distributions d'eau, de gaz, de chaleur. — Une remise de

[1] Exposition universelle de 1867. (Voir aux *Annexes*.)

[2] On fait également usage, à Berlin-Magdebourg, de cheminées en terre cuite de $0^m,314$ de diamètre revêtues à l'intérieur d'un vernis vitrifié; on les fixe à la toiture par des fils de fer de $0^m,01$. Leur hauteur totale est de 10 mètres, et leur prix de 350 francs y compris la pose. (*Organ*, 1863, 2e cahier.)

locomotives bien aménagée contient, en outre des appareils décrits plus haut :

1° Un système de tuyaux de distribution d'eau partant d'un réservoir placé à proximité de la remise et aboutissant à une prise d'eau par couple de fosses ;

2° Un système de conduites de gaz qui permette d'avoir toujours, pendant la nuit, un éclairage aussi satisfaisant que possible.

Le sol des remises doit être pavé dans l'intérieur des voies et garni en dehors d'un plancher placé au niveau de la face supérieure des rails.

Le chauffage des remises se fait à l'aide de réchauds dans lesquels on brûle du coke, quand on ne peut pas l'opérer au moyen d'une circulation de vapeur ou d'eau chaude.

Près de chaque fosse doit se trouver placé contre les parois de la remise et convenablement éclairé un établi d'ajusteur.

Pour la construction des fosses, nous renvoyons le lecteur à la première partie, chap. VIII, § II, 281, et pour celle des bâtiments ainsi que leur entretien au même chapitre, § IV, n°s 296 et suivants.

Prix de revient. — Nous terminerons ce sujet par quelques exemples de prix de revient empruntés aux diverses lignes de chemins de fer en exploitation.

La remise rectangulaire de Nancy, à chariot roulant, contenant vingt-quatre locomotives et une machine fixe servant à alimenter le réservoir du dépôt, a coûté, non compris l'achat du terrain, 203 934^f,90, soit par machine (en supposant le nombre de vingt-cinq), 8 157^f,70. La surface étant de 2 877 mètres, le prix du mètre superficiel couvert se trouve porté à 70^f,90.

Dans le même dépôt, le prix de la construction d'une rotonde, pour quatorze machines, a été de 133 000 francs, soit 9 500 francs par fosse.

A Wissembourg, une remise rectangulaire à changements de voie, de 73 mètres sur 20 mètres dans œuvre, — avec annexe contenant atelier, magasin et dortoirs, de 37^m,50 sur 9^m,60, —

pour seize machines, a coûté 96 325 francs, non compris le matériel des voies, ce qui fait par machine 6 000 francs environ.

A Haguenau, la petite remise pour deux machines et un magasin-dortoir forme un bâtiment, en pans de bois et briques, de 20 mètres sur 10 mètres dans œuvre. Il a coûté 15 721f,02, ce qui fait, par mètre carré, 78f,60 et par machine 7 860 francs.

La rotonde du dépôt de Saint-Jean, sur le chemin de Saarbrück, a coûté, — non compris le matériel des voies, les appareils d'alimentation, — 179 134 francs, se décomposant ainsi :

Fouilles, maçonnerie de fondation et d'élévation. — Fondation de plaque tournante et canalisation. — Compris fourniture des matériaux, main-d'œuvre de taille et pose	63 075f,00
Charpente en bois, compris lattis de la couverture et fourniture des bois	12 337 ,00
Menuiserie, compris fourniture	2 850 ,00
Travaux de forge et petite serrurerie. — Châssis de fenêtres, conduites d'eau, etc	36 250 ,00
Plomberie, solins, gouttières, chéneaux et tuyaux de descente	5 475 ,00
Couverture en ardoises, 6 409m,26	8 062 ,00
Vitrerie et peinture	6 187 ,00
Plaque tournante	15 000 ,00
Charpente en fer, 30 000 kilogrammes	24 750 ,00
Fontes pour colonnes et sabots, 17 150 kilogrammes	5 145 ,00
Total	179 131f,00

Ce qui, pour seize machines, donne 11 195 francs [1].

[1] Dans certains cas, on peut se trouver conduit à construire une remise provisoire. Dès lors, il devient intéressant de pouvoir être fixé à l'avance sur les frais d'une semblable installation. — Nous donnons, à cet effet, comme exemple, le prix de revient d'une remise provisoire pour huit locomotives, construite sur le chemin de l'Est à la station de Strasbourg (y compris quatre fosses à visiter) :

Terrassements	280f,00
Maçonnerie	3 175 ,00
Pavage aux abords et taille des dés	250 ,00
Charpente	2 810 ,00
Couverture en tuiles	2 700 ,00
Menuiserie et cloisons extérieures	1 080 ,00
Serrurerie	290 ,00
Aqueducs	850 ,00
Total	11 435f,00

Il est intéressant d'ajouter ici les frais d'installation de la remise et de ses dépendances représentées par la figure 506, que l'on pourra comparer avec les frais détaillés plus haut.

Maçonnerie........................	70 311f,38
Charpente........................	21 815 ,48
Couverture........................	19 552 ,59
Menuiserie........................	10 760 ,16
Serrurerie........................	69 075 ,19
Peinture et vitrerie..................	20 987 ,73
Ardoises........................	473 ,58
Total..........	212 376f,11

La surface totale des bâtiments mesurant 2802m,85, le prix de revient, par mètre carré, est de 73f,50. Par machine, il sera de 13 275 francs.

Dépendances. — Voies de service. — Le nombre et la longueur des voies de service dépendent de l'importance du mouvement des trains. Ces voies devront être disposées de manière à ne pas gêner le service de la voie principale, avec laquelle elles communiqueront par des changements de voie, et à ce que toutes les machines qui viendront y stationner ou s'y alimenter puissent exécuter leurs manœuvres sans se gêner mutuellement. Sur les voies de service des fosses à visiter, on disposera une grue roulante qui permette de soulever la machine et de la mettre sur tréteaux, lorsqu'il est nécessaire de remplacer les essieux ou les coussinets (Ire Partie, chap. VIII, § Ier et § II).

Accessoires. — A l'extrémité d'une des voies de service, on placera la grande plaque tournante destinée à changer l'orientation des machines attelées à leur tender avant de se mettre en tête des trains.

Enfin, à proximité d'une de ces voies, on disposera les quais à combustible et des colonnes d'alimentation.

Les réservoirs, la machine alimentaire avec ses pompes, se placent généralement à côté de la remise.

Bureaux et logements. — Ces dépendances comprennent, pour un dépôt d'une certaine importance :

1° Un bureau et un magasin en rapport avec l'importance du dépôt pour le distributeur qui tient la comptabilité du dépôt et délivre les matières autres que le combustible ; 2° un bureau pour le chef du dépôt ; 3° un corps de garde pour les hommes de service, avec un lit de camp et des appareils de chauffage, disposés de manière à sécher les vêtements mouillés ; 4° un dortoir pour les mécaniciens et les chauffeurs qui, venant d'autres dépôts, passent la nuit hors du lieu de leur résidence, ou pour ceux qui ont besoin de repos et qu'il est souvent utile de ne pas laisser s'éloigner ; 5° des lieux d'aisances pour les employés, ouvriers et manœuvres ; 6° un logement pour le chef et le sous-chef de dépôt, dont la présence à toute heure du jour et de la nuit est nécessaire afin que le service ne soit jamais en souffrance[1].

Dans quelques cas, ces installations occupent des bâtiments isolés spéciaux ; mais le plus souvent on les réunit à la remise, ainsi qu'on peut le voir sur les figures 505-506.

396. **Travaux exécutés dans les dépôts.** — Les travaux d'entretien à effectuer dans les dépôts peuvent se diviser en trois séries :

Première série. — Travaux de visite et d'entretien journalier des machines et tenders, tels que :

Nettoyage ;

Lavage des chaudières ;

Matage pour étancher les fuites légères ;

Redressage des barreaux de grille ;

Réfection des joints ;

Serrage des divers organes du mécanisme ;

Règlement de la course des tiroirs, par rapport aux orifices d'admission. (Toutes modifications aux organes de la distribution, aux poulies, aux bielles, aux tiroirs, etc., sont généralement interdites dans les dépôts.)

[1] *Guide du mécanicien*, liv. V, chap. I, § 2, Dépots de machines.

Visite des tiroirs et des pistons;

Rodage des robinets et soupapes :

Renouvellement des garnitures de presse-étoupes.

Deuxième série. — Remplacement des pièces usées ou brisées, par des pièces de rechange préparées d'avance aux ateliers, telles que :

Pour les machines. — Balance des soupapes de sûreté;

Soupapes de sûreté et leurs siéges;

Régulateurs et leurs siéges;

Cheminées;

Mouvements de distribution;

Tiroirs et pistons;

Couvercles de boîtes à vapeur et de cylindres;

Bielles;

Presse-étoupes;

Tuyauterie, robineterie et rotules;

Pompes, injecteurs et accessoires;

Roues, boîtes à graisse et ressorts de suspension;

Traverses;

Ressorts de traction;

Tampons de choc;

Ressorts de choc;

Attelages.

Pour les tenders. — Tuyauterie, robineterie, soupapes de prise d'eau, roues, boîtes à graisse et ressorts de suspension;

Attelages;

Mouvements et sabots des freins.

Troisième série. — Travaux de petit entretien, tels que :

Pour les machines. — Remplacer les tubes à fumée, les entretoises, quand ce travail n'exige pas l'écartement des longerons;

Arrêter les fuites aux chaudières, réparer les boîtes à vapeur et les cylindres;

Dresser la table du régulateur :

Changer l'enveloppe de la chaudière;

Dresser les tables des tiroirs;

Rapporter des bagues dans les presse-étoupes;

Réparer la tuyauterie;

Remplacer les garnitures en métal blanc des tiroirs, colliers d'excentriques et coussinets.

Pour les tenders. — Réparer la caisse à eau, le mouvement des soupapes de prise d'eau et le frein[1].

L'exécution de ces divers travaux exigera, pour un dépôt secondaire, en dehors des établis d'ajusteur placés dans la remise, l'installation d'une petite forge à un ou deux feux ainsi que nous l'avons déjà dit, d'un magasin pour l'huile, le suif, le chanvre, le mastic et les pièces de rechange, coussinets, pistons, tiroirs.

On devra placer enfin dans la remise ou à proximité un pont à bascule sur lequel on puisse vérifier la charge de chaque roue séparément.

397. **Remisage des voitures et wagons.** — Nous distinguerons deux sortes de remises :

1° Celles qui doivent servir à remiser les trains à voyageurs au moment de leur arrivée dans les gares de formation ;

2° Celles qui sont destinées à abriter les voitures de réserve distribuées sur les différents points importants du réseau.

Remisage des trains. — Abstraction faite du remisage sous les halles de départ ou d'arrivée, — mauvaise solution de la question, — on cherche à préserver les voitures au repos des détériorations provenant des influences atmosphériques et des hommes, quand la dépense n'est pas excessive. C'est par des remises spéciales fermées que l'on atteint ce but. La longueur des remises doit être telle que les trains ordinaires puissent y être abrités en entier, sans que l'on soit obligé de séparer les véhicules qui les composent. De là, nécessité de n'employer, pour cet usage, que des remises à changements de voies, et orientées parallèlement à la direction de la voie

[1] Chemins de fer de Paris à Lyon et à la Méditerranée. — Instruction concernant les travaux d'entretien des machines à effectuer dans les dépôts.

principale. Le nombre des voies à placer sous la remise dépend évidemment du nombre des trains qui pourront venir y stationner en même temps, condition qui ressortira de l'examen du tableau de la marche des trains (chap. V, § I). Le plus généralement, il suffira, pour répondre aux exigences du service, d'établir deux voies communiquant avec la voie principale par leurs deux extrémités, afin de permettre aux trains de direction opposée, d'y arriver sans fausse manœuvre.

La distance des voies, d'axe en axe, doit être de 5 mètres au minimum, — cet écartement étant nécessaire pour que les agents chargés du nettoyage puissent placer leurs échelles sans gêner la circulation. — Des fosses seront ménagées sur certains points, pour faciliter la visite des châssis et l'entretien des freins. Il est également utile de placer à proximité de la remise une plaque tournante destinée à changer le sens de marche des véhicules munis de freins, et, dans certains cas, de toutes les voitures, pour ne pas les laisser constamment exposées du même côté à l'action du soleil.

La lumière doit pénétrer facilement de tous côtés, afin d'éclairer à la fois toutes les parties des véhicules et en faciliter la visite et l'entretien. Dans ce but, on perce les murs d'enceinte de larges baies descendant près du sol, et la toiture de châssis vitrés.

Pour diminuer les effets de la poussière sur les véhicules fraîchement nettoyés, le sol des remises doit être recouvert d'une aire en pierres ou en briques, dont l'entretien est beaucoup plus facile que celui d'un plancher, et moins exposé à l'action de la pourriture qui s'y développe rapidement.

Nous recommandons enfin l'installation, dans la remise :

1° Pour le lavage des voitures, d'une distribution d'eau communiquant avec un réservoir placé à 5 mètres au moins au-dessus du sol, pour obtenir une pression qui facilitera le nettoyage (chap. III, § III);

2° D'un éclairage artificiel aussi complet que possible, afin que l'on puisse travailler dans la remise aussi bien de nuit que de jour;

3° D'un système de chauffage par circulation, l'emploi du poêle présentant des dangers sérieux d'incendie.

Le refroidissement trop prompt de l'intérieur de la remise peut être facilement combattu par l'application d'une toiture à double enveloppe.

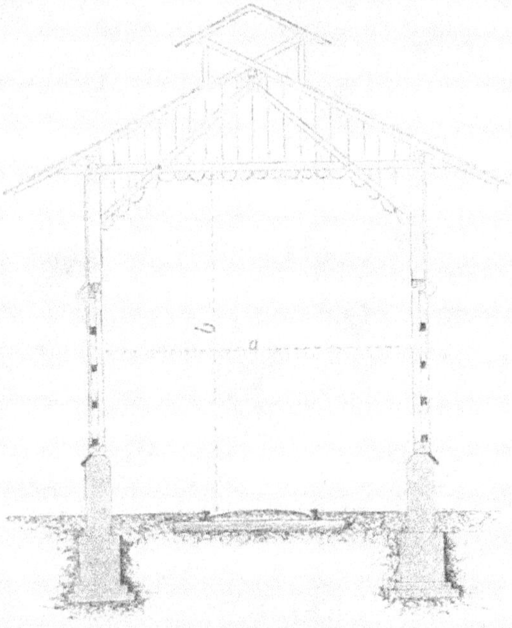

Fig. 508. Remise de train. Echelle $\frac{1}{100}$.

Lorsqu'il suffit d'abriter un seul train, on peut se contenter d'une remise analogue à celle dont la figure 508 indique la coupe transversale. La construction se compose d'un soubassement en maçonnerie surmonté de parois en planches percées de fenêtres en nombre convenable. En lui donnant en largeur $a = 4^m,40$ et en hauteur libre au-dessus des rails $b = 4^m,60$, la remise répondra aux conditions du service.

Remisage des voitures de réserve. — La position de ces remises, par rapport aux installations de la gare, se trouve suffisamment indiquée dans la première partie, chap. VIII, § I.

La disposition de ces bâtiments est analogue à celle des remises de locomotives rectangulaires ; comme ces dernières, ils se trouvent desservis, tantôt par des changements de voie, tantôt par un chariot roulant ou des plaques tournantes. Ce dernier arrangement a le grave inconvénient d'entraîner quelquefois la pose des plaques tournantes sur les voies principales, très-grave, surtout, dans les stations de passage. — Il ne faut pas hésiter, alors, à employer le chariot roulant sans fosse, ou chariot à niveau (Ire partie, chap. VI, § IV).

Le chariot se place tantôt intérieurement, tantôt extérieurement à la remise. — Dans le premier cas, on le dispose entre deux rangées de voies. La longueur de ces voies est généralement calculée pour contenir deux véhicules et laisser un espace libre, soit 19 mètres environ.

En Allemagne, où les voitures sont généralement plus longues qu'en Angleterre et en France, les dimensions adoptées par les ingénieurs, pour ce genre de remises, sont les suivantes :

Longueur des voies................	19^m^,00 de chaque côté.		38^m^,00
Largeur du chariot placé au milieu ..	8 ,50	—	8 ,50
Espace libre de chaque côté pour la circulation et le travail..........	4 ,75	—	9 ,50
Largeur totale du hangar dans œuvre..............			56^m^,00

Sur les lignes du Hanovre, on construit les remises de voitures avec chariot extérieur, en appliquant les dimensions suivantes :

Longueur.......	4^m^,38	pour une seule voie.
—	8 ,18	pour deux voies.
—	14 ,02	pour trois voies.
Largeur.........	10 ,512	pour un seul véhicule.
—	19 ,86	pour deux véhicules.
—	29 ,20	pour trois véhicules.

Les dimensions correspondantes de la porte sont 3^m^,350 en largeur et 4^m^,234 en hauteur, et la distance de la paroi intérieure du mur d'enceinte au milieu de la voie extérieure 2^{m},117 au minimum. L'épaisseur du mur — en briques — est de 0^{m},360 à 0^{m},440.

Voici les dimensions de la remise à voitures de la gare de Wissembourg, bâtiment à deux travées comprenant chacune trois voies desservies par un chariot roulant à fosse, décrit dans la Ire partie, chap. VI, § IV, 204; pl. X.

Nombre de voitures remisées, 24.

Longueur (suivant l'axe des voies) dans œuvre.	30^{m},00
Largeur de chaque travée (à 3 portes et 3 voies).	12 ,50

Prix de revient.

Terrassements	179^{f},40
Maçonnerie-fondations	2 550 ,45
Maçonnerie en élévation	12 261 ,20
Charpente	3 131 ,16
Couverture	10 622 64,
Menuiserie	2 057 ,44
Serrurerie	3 057 ,61
Peinture et vitrerie	576 ,00
Divers	550 ,44
Total	34 986^{f},34

Ce qui donne, non compris le matériel des voies, par mètre carré de surface intérieure 46^{f},50, par véhicule (à deux essieux), 1 460 francs.

Le prix du chariot est de 1 200 francs.

A Haguenau, une remise à deux voies, — pour six voitures, — de 21^{m},75 sur 9 mètres, dans œuvre, en pan de bois et briques, a coûté :

Terrassements et maçonnerie	3 300^{f},00
Charpente	1 908 ,12
Couverture	2 544 ,50
Menuiserie	703 ,65
Serrurerie	1 006 ,77
Peinture et vitrerie	484 ,43
Total	9 947^{f},47
Soit par mètre carré	50^{f},75
Et par voiture (à 2 essieux)	1 657 ,50

Nous n'avons pas besoin d'ajouter que des dispositions devront être également prises pour assurer le chauffage de ces remises et leur éclairage, le lavage, le nettoyage, la visite et l'entretien des véhicules.

Lorsqu'il s'agit d'un dépôt de peu d'importance, devant contenir seulement un ou deux wagons, il devient avant tout intéressant d'adopter une construction économique, et l'on peut avoir recours à de simples hangars, fermés latéralement par des cloisons en planches, en tôle ou en zinc, de manière à préserver simplement les véhicules de la pluie et des rayons du soleil.

L'administration supérieure impose quelquefois aux compagnies l'onéreuse obligation de tenir disponibles, dans certaines stations de passage, des voitures de réserve (Ire partie, ch. VIII, § I, p. 270).

Lorsque le service du matériel est forcé de subir cette luxueuse précaution, et qu'il ne dispose pas d'une remise au point de réserve imposé, il fera bien d'abriter les véhicules sacrifiés aux rigueurs administratives sous des baches descendant en dessous des boîtes à graisse, et arrangées pour pouvoir s'ouvrir et faciliter la visite des voitures.

De même que dans les dépôts de machines, le service du petit entretien du matériel roulant exige l'installation d'un petit atelier placé à proximité de la remise. Son outillage se composera de quelques feux de forge, établis d'ajusteur et de menuisier, et d'une petite machine à percer à main. On y installera également un fourneau, avec cuve de lessivage, pour le nettoyage des coussinets, — opération que nous avons décrite au sujet des coussinets de machines (ch. I, § IV, 363). Enfin, pour compléter les dépendances du dépôt des voitures, on disposera un logement pour le chef du petit entretien, un corps de garde pour les hommes de service, un magasin de matières grasses et de peinture.

398. **Ateliers de réparation.** — *Disposition générale.* — Les ateliers principaux sont, avant toutes choses, installés pour les grandes réparations des machines et du matériel de transport.

Par là même, cette installation répond à tous les besoins de la construction de ces véhicules, car la réparation peut conduire au remplacement complet de l'un quelconque, et quelquefois même de tous les organes successivement, de telle sorte que la machine ou le wagon ont été réellement reconstruits en totalité.

L'atelier principal présente donc toutes les ressources nécessaires au travail complet de la fonte, du fer, du cuivre et du bois, condition qui nécessitera l'établissement des divisions suivantes :

Forges, — travaux courants, roues, bandages, ressorts, etc.;

Fonderie de cuivre, — et quelquefois de fonte ;

Chaudronnerie en fer et en cuivre, — chaudières, tubes, caisses à eau, etc. ;

Ajustage ;

Montage ;

Peinture ;

Carrosserie ;

Menuiserie ;

Sellerie ;

Force motrice ;

Ateliers des modèles.

Enfin, l'atelier principal devra comprendre en outre :

Un parc à roues de réserve ;

De vastes magasins, permettant d'avoir toujours disponible une quantité suffisante de matières brutes ou travaillées, pour parer aux éventualités et répondre à cette condition essentielle dans la réparation du matériel comme dans les autres branches de l'exploitation, — rapidité du travail :

Comme annexes, des divisions affectées à la construction ou à la réparation des voitures, des hangars convenablement aérés pour l'empilage et le séchage des bois (378) ;

Enfin, des bureaux pour les dessinateurs, employés de la comptabilité, chefs d'atelier, ingénieurs, etc.

Les ateliers secondaires, dont la destination est de suppléer aux ateliers principaux dans les cas de réparations de moindre importance à effectuer au matériel de la section à laquelle ils appartiennent, devront naturellement présenter, sur une échelle plus petite, une composition et une disposition analogues. Les circonstances locales et les exigences du service pourront seules, dans chaque cas particulier, déterminer leur importance relative, que nous ne saurions fixer ici d'une manière absolue. Toutefois, les principes généraux qui devront présider à l'installation des ateliers principaux seront également applicables aux ateliers secondaires.

Cela posé, dans l'établissement des ateliers de réparation entrent en ligne de compte certaines conditions de relations.

Ainsi, l'atelier sera placé aussi près que possible de la ligne et de la station qui l'accompagne, de manière à réduire au minimum la distance à parcourir pour y arriver; mais il doit aussi être aménagé en vue d'un développement ultérieur et de la station et de l'atelier, pour lequel développement on réservera aux alentours une suffisante étendue de terrain libre, de telle sorte que les extensions ne se trouvent pas arrêtées par la présence de bâtiments ou d'installations faisant partie d'un autre service ou d'un établissement étranger au chemin de fer.

La même considération servira de guide dans les dispositions intérieures, chaque bâtiment devant se trouver, autant que possible, indépendant des autres et construit en vue d'agrandissement possible, au moins dans un sens.

L'isolement des bâtiments rend d'ailleurs plus facile leur éclairage à l'intérieur, et apporte un obstacle sérieux à la propagation du feu en cas d'incendie.

La facilité et la rapidité de conduite du travail exigent aussi l'adoption d'un certain ordre dans la position respective des divers ateliers, de telle sorte qu'une pièce quelconque, devant sortir à l'état brut du magasin et passer successivement dans les ouvroirs d'élaboration, arrive à celui du montage en poursuivant le chemin le plus direct, et sans donner lieu à des transports inutiles, qui augmentent les frais de main-d'œuvre, par conséquent les prix de fabrication et les dépenses d'entretien du matériel.

En conséquence, on disposera les divers bâtiments dans l'ordre suivant :

Magasins,
Forge ou fonderie, etc.,
Ajustage,
Montage.

Les magasins, renfermant à la fois la matière première et les pièces de réserve, doivent être situés à proximité de la forge et du montage, ou divisés en deux parties, affectées chacune à un service différent et occupant les deux extrémités de l'installation.

Le parc à roues sera toujours placé à proximité du montage et de l'ajustage où sont tournés les fusées et les bandages, les tours spéciaux affectés à cet usage pouvant communiquer *directement* avec le parc (chemin de fer de l'Ouest, — ateliers de Batignolles).

Tous les ateliers seront, si faire se peut, installés au niveau des voies. On comprend l'importance de cet arrangement. Cependant, quelques ateliers, tels que la menuiserie, la sellerie, la fabrication des modèles et la petite serrurerie, pourront, au besoin, être placés au premier étage, pour économiser le terrain, mais ce sera au détriment de la bonne gestion du service des ateliers.

Enfin, on évitera les fausses manœuvres et les pertes de temps, en ménageant, autour de tous les bâtiments, de larges espaces munis de voies de service rendant la circulation prompte et facile dans tous les sens.

Les bâtiments des bureaux se placent à proximité des divers ouvroirs; les agents secondaires sont, par là, en fréquentes et rapides communications avec les chefs d'atelier.

Malheureusement, les diverses considérations que nous venons d'exposer n'ont pas toujours été observées par les constructeurs des ateliers de chemins de fer; il est facile de s'en rendre compte à l'inspection de leurs plans. Sous prétexte de symétrie, ou de facilité de surveillance, ou d'économie de colletinage, on a souvent resserré l'ajustage et, quelquefois, les forges, entre les deux ateliers de montage des locomotives et des wagons, perpendiculairement à leur direction, de manière à rendre tout développement économiquement impossible.

Nous pensons que les ateliers, disposés comme l'indique la fig. 510, planche XXII, conformément aux principes que nous venons de poser, satisfont à toutes les exigences de la question.

Un premier bâtiment réunit la forge C, l'atelier des roues D et des ressorts E, ainsi que la machine motrice B et le ventilateur F, qui fournit le vent aux feux de forge et au fourneau de la fonderie de cuivre G, placée extérieurement; en A se trouvent les chaudières à vapeur, dont le bâtiment est également isolé. Parallèlement à la forge se trouve l'ouvroir d'ajustage I, communiquant avec elle par une série de voies parallèles et de plaques tournantes traversant le parc aux roues H. A droite de l'ajustage est l'ouvroir de montage des locomotives K, et, vis-à-vis, celui des voitures M.

Tous les ouvroirs sont desservis par un même chariot roulant L, dont la fosse se développe entre eux sur toute la longueur du terrain occupé par les ateliers, disposition qui facilite la conduite des pièces détachées ou des véhicules sur tous les points.

Le chariot à fosse figuré sur la planche XXI et que nous décrirons (404) est de construction économique et de roulement facile, — mais sa fosse est gênante pour la circulation des hommes. — On pourrait lui substituer le chariot sans fosse dont il sera question plus loin, qui permet d'échapper à la solution de continuité dans la surface du sol.

A l'une des extrémités de l'ouvroir des voitures et wagons, un espace P est réservé pour le travail du bois aux machines, — le charronnage.

Une autre portion N est affectée spécialement au travail de la peinture, et séparée, à cet effet, du reste de l'atelier, par une cloison transversale.

La partie supérieure de ce bâtiment PMN est occupée par la sellerie, la menuiserie et la fabrication des modèles.

Enfin, en O, les magasins à rez-de-chaussée, — et les bu-

Coupe suivant un diamètre

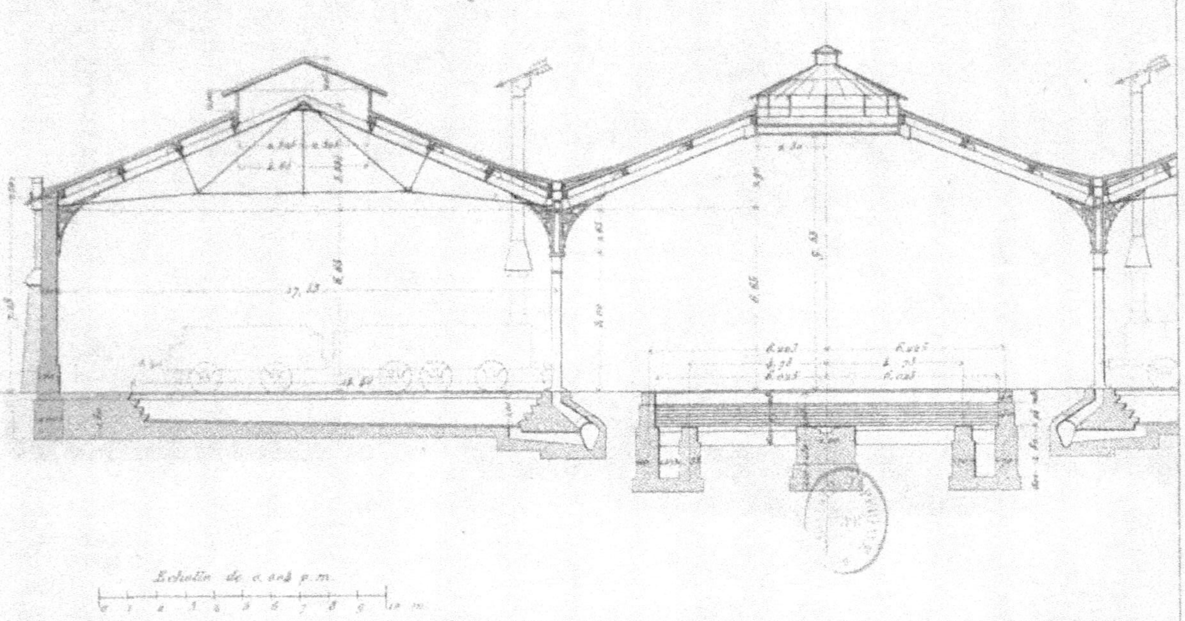

Imp. Mangeon Paris.

Lemaitre graveur de l'Empereur sc.

REMISE DE LOCOMOTIVES CIRCULAIRE

reaux au premier étage, — complètent l'ensemble de l'installation nécessaire au service des ateliers.

On voit que le prolongement de tous les bâtiments est possible au moins dans un sens, et sans que, pour cela, il en résulte, dans l'ensemble du plan, un changement de disposition qui pourrait modifier l'ordre établi dans la distribution du travail et du service. — Des voies ferrées pénètrent en tous sens dans les ouvroirs; elles communiquent entre elles par des plaques tournantes ou par le chariot transbordeur, établissent une grande facilité de rapports entre tous les points intéressants, simplifient considérablement le travail, abrègent le temps du transport et contribuent, en définitive, à diminuer les frais de main-d'œuvre.

399. **Etablissement des ateliers.** — *Surface occupée.* — L'étendue à donner aux ateliers dépend de la longueur de la ligne et de l'importance du trafic. En thèse générale, l'espace affecté au service d'entretien doit être suffisant pour contenir à couvert et en état de réparation 20 à 25 pour 100 du nombre de machines en service, et 5 pour 100 de celui des voitures et wagons.

Il faut, en outre, pouvoir loger à découvert, sur des voies ménagées à cet effet dans l'enceinte des ateliers, au moins 5 pour 100 du matériel de transport en circulation, et disposer les voies de service de manière à ce que les véhicules puissent entrer et sortir des ateliers groupés sous forme de véritables trains.

Les dimensions des aménagements divers dépendent du nombre des véhicules à réparer et du temps de séjour de ces véhicules dans les ateliers.

Les renseignements à ce sujet sont très-peu concordants ; en voici qui peuvent donner une idée du mouvement des véhicules en réparation dans un grand réseau :

En 1864, sur 690 machines, il est entré en réparation, dans les quatre ateliers principaux, 303 machines, soit 45 pour 100 de la totalité, ce qui donne, pour la durée moyenne de la réparation d'une machine, près de sept mois.

Sur les 14 387 wagons à voyageurs et à marchandises en service sur le même chemin, il en est entré 6 374 dans les trois ateliers de réparation, soit 44 pour 100 de la totalité, nombre qui indique une durée de deux mois environ pour les grandes réparations du matériel de transport.

Les ateliers de réparation doivent de plus venir en aide aux autres services de l'entreprise : — voie, — matériel fixe, etc., — petit matériel des stations, etc., — et pouvoir, en outre, effectuer les modifications que l'expérience aura fait juger nécessaires dans la construction du matériel roulant. Quelquefois enfin, on demandera aux ateliers de construire tout ou partie des machines ou des véhicules de transport, tantôt comme travail courant, tantôt comme travail accessoire pendant les époques de l'année où les travaux de réparations moins importants les exposeraient à un chômage partiel et momentané. A l'appui de cette observation, nous citerons les chiffres suivants résumant les travaux exécutés par les ateliers du chemin de fer que nous avons déjà cité plus haut, pendant l'année 1864.

Valeur des travaux exécutés pendant l'année 1864.

Réparation de 330 machines et tenders........ / — de 6 374 véhicules..............	2 700 000f,00
Modification du matériel.....................	1 800 000 ,00
Construction de 7 machines et 3 tenders.... / — 20 voitures 1re classe......... / — 30 voitures 2e classe......... / — 60 wagons.................. / — 2 wagons de 24 tonnes...... / Mise en état de 59 trains de voitures de 3e classe.	1 038 000 ,00
Travaux exécutés pour divers services.........	975 000 ,00
Total des dépenses....	6 513 500f,00

qui peuvent se répartir ainsi :

Entretien et réparations du matériel roulant....	45 pour 100
Transformation —	30 —
Constructions nouvelles........................	15 —
Travaux pour les autres services..............	10 —

Aucune règle spéciale ne permet donc de fixer *à priori* l'importance relative des différentes divisions de l'atelier de réparation ; c'est l'expérience qu'il faut interroger, en prenant pour bases parmi les dimensions adoptées par les diverses administrations celles qui semblent donner, dans leurs dispositions, les résultats les plus satisfaisants au point de vue de la facilité du service.

Voici, d'après M. A. de Kaven[1], les dimensions convenables pour les ateliers d'une ligne de 700 à 800 kilomètres, employant cent vingt-cinq locomotives.

1. Forge principale à 32 feux avec fours, marteaux et chaudières à vapeur.	1 298mq,00
2. Atelier des bandages	221 ,70
3. Ateliers des tours avec machine motrice	2 046 ,00
4. Ateliers des meules	22 ,17
5. Petite forge pour la réparation des locomotives	221 ,70
6. 2 ateliers de montage des locomotives avec fosse à roues et grue de levage, à 15 places chacun	2 430 ,00
7. Fonderie de cuivre à 3 fourneaux	216 ,70
— passage	21 ,15
8. Chaudronnerie de cuivre	90 ,70
9. Petite forge pour la réparation des wagons	102 ,30
10. 2 ateliers de montage de wagons à 15 places chacun.	2 430 ,00
11. Sellerie	44 ,76
12. Atelier de peinture	44 ,76
13. Parc à charbon pour la forge	27 ,54
14. Petit magasin pour la forge	27 ,54
15. Parc à charbon pour les feux de forges de réparations des locomotives et wagons	43 ,14
16. Parc à charbon pour l'atelier des bandages, avec place pour le ventilateur	46 ,38
17. Place pour la machine à vapeur et le chauffeur	69 ,56
18. Escalier et réservoir	10 ,23
19. Bâtiments des chaudières. — 2 chaudières de 20 chevaux, dont une de réserve	57 ,98
A reporter....	9 472mq,31

[1] *Vortraege über Ingenieur-Wissenschaften an der polytechnischen Schule zu Hannover*, von A. von Kaven, Baurath. — II Abtheilung ; 2e Abschnitt, Hanovre, 1864, p. 141.

Report.....	9472mq,31
20 et 21. Bureau pour le contre-maître de l'ajustage et des tours..........	53 ,20
22. Atelier de dessin pour l'ajustage..........	27 ,63
23. Atelier de dessin et magasin pour la construction des wagons..........	116 ,98
24. Atelier de dessin pour les locomotives..........	116 ,98
25. 2 magasins pour l'alimentation des ateliers..........	163 ,14
26. Magasins pour les produits achevés..........	125 ,23
27. Water-closets et urinoirs..........	58 ,32
28. Portier..........	8 ,53
29. Cours (mémoire)..........	» »
30. Cour..........	34 ,10
31. Menuiserie et fabrication des modèles..........	1 008 ,80
Total...	11 185mq,22

Cette surface ne comprend que la partie couverte du terrain. Comme il est facile de s'en rendre compte en parcourant la liste précédente, elle correspond par fosse de machine et wagon à 392mq,50, auxquels il faudrait ajouter au moins 4 à 500 mètres carrés, pour la surface des cours, voies de service, chariot transbordeur, etc., ce qui donnerait un total de 8 à 900 mètres carrés par fosse double.

Dans la plupart des cas, — avec le matériel de transport du système anglais, — le nombre des voitures ou wagons en réparation est environ quadruple de celui des locomotives.

Prenant pour unité la superficie nécessaire à la réparation d'une machine et quatre véhicules de transport, on peut, jusqu'à un certain point, estimer alors de la manière suivante les surfaces nécessaires à l'installation d'un atelier de réparation, dans les conditions moyennes.

Pour une machine locomotive et quatre wagons en réparation :

Surface couverte.

Emplacement de la machine en montage, compris fosse, établi et espace nécessaire pour le travail...	120mq	
Forges, ajustage, chaudronnerie en fer et en cuivre.	135	
Wagonnage, atelier de montage, emplacement pour quatre wagons..........	180	
Bureaux, magasins, etc..........	15	
A reporter...	450mq	450mq

Surface découverte.

Report...	450^{mq}
Parcs à charbon, cours, chemin de chariot, voies de service, etc.	550
Surface totale...	1000^{mq}

Le développement de voies correspondant peut être estimé à 200 mètres.

Dans le cas où la réparation des machines et des wagons constituerait deux établissements distincts, on devra prendre pour chacun d'eux à peu près les deux tiers des quantités sus-indiquées, soit 650 mètres carrés de surface pour une machine ou quatre véhicules de transport en réparation et 150 mètres de voies de service.

400. **Forges.** — Le bâtiment de la forge contiendra un certain nombre de feux disposés le long des murs latéraux, et une quantité variable de fours à réchauffer et de machines-outils, dont nous donnerons plus loin la nomenclature (407). Il est de première importance que l'intérieur du bâtiment ne renferme aucun pilier, poteau ou colonne pouvant gêner la circulation et entraver la rapidité des manœuvres indispensables, comme nous le verrons, à la bonne exécution du travail. Dès lors, on devra jeter le comble d'un mur à l'autre sans employer de support intermédiaire, à moins que l'espace à couvrir ne s'étende démesurément en tous sens et n'entraîne la construction de fermes trop dispendieuses.

La dimension transversale du bâtiment de la forge ne doit pas descendre au-dessous de 18 à 20 mètres dans œuvre[1], et nous considérons 24 mètres comme une bonne moyenne à adopter. Au chemin du Nord français, la largeur de 20 mètres est reconnue incommode ; à l'Est, elle est de 24 mètres, et, au chemin de Lyon, elle atteint 30 mètres.

La longueur du bâtiment dépendra nécessairement du nombre de feux de forge et de fours qu'il sera destiné à contenir. La

[1] Les ingénieurs allemands ont fixé cette limite à 56 pieds (17^{m},58).

distance d'axe en axe de deux feux de forge doubles ne descend pas en dessous de $9^m,42$ [1]. Nous verrons plus loin le rapport existant entre le nombre de feux de forge et des outils nécessaires, et celui des machines en réparation (414).

Les murs d'enceinte s'élèveront à $5^m,65$ au minimum [2], et, la grande largeur du bâtiment à couvrir nécessitant généralement l'emploi d'un comble à double inclinaison, on éclairera l'intérieur du bâtiment par des ouvertures latérales percées sur les deux murs longitudinaux au-dessous du niveau du toit. Le meilleur mode de construction de ces murs consiste à monter de distance en distance — $4^m,50$ à 5 mètres — de forts piliers en maçonnerie très-résistants destinés à supporter la pression des fermes de la couverture et à réunir ces piliers par une maçonnerie de remplissage aussi légère que le comportera la nature des matériaux de la localité, et dans laquelle on ménagera les baies des portes et des fenêtres.

On sait d'ailleurs que, le travail de la forge n'exigeant pas une grande clarté, il n'y aura pas lieu de sacrifier à l'éclairage une place qui pourrait être utile à l'installation des appareils ; aussi se contente-t-on, dans certains cas, d'un éclairage par la partie supérieure, éclairage plutôt nominal que réel au bout de peu de temps, car les vitres sont promptement recouvertes d'une couche de poussière opaque.

Le mieux serait d'installer de nombreux becs de gaz dans l'atelier de la forge, afin de pouvoir suppléer en tout ou en partie au manque de lumière. Ce dernier moyen paraît même le meilleur mode d'éclairage, de l'avis de certains ingénieurs, qui proposeraient en conséquence de supprimer complétement les jours extérieurs.

La nature des travaux exécutés dans le bâtiment de la forge doit faire écarter autant que possible le bois de la construction des combles. Le fer présentera de grands avantages à ce point de vue et sera préféré toutes les fois que des circonstances particulières n'en rendront pas l'emploi difficile.

[1-2] Congrès de Dresde, 1865.

Une lanterne dans le comble sert à donner à la forge la ventilation nécessaire.

L'inclinaison de la toiture, qui dépend absolument de la nature des matériaux qui la constituent, doit être assez forte pour permettre un prompt écoulement des eaux de pluie, empêcher le séjour de la neige, et faciliter l'évacuation par la lanterne des fumées et des gaz. L'ardoise ou la tuile plate au besoin doivent être exclusivement employées à la confection de la couverture[1].

Le sol de l'atelier nécessite également une attention particulière; les pièces chauffées au rouge projetées souvent sans précaution sur le sol se déforment facilement au contact d'une surface trop résistante; aussi ne conseillerons-nous pas l'emploi d'un pavage en pierre dure appliqué dans beaucoup de forges[1]; nous lui préférons une aire bien damée en argile, gravier et lait de chaux[2].

Le sous-sol de la forge sera sillonné par plusieurs systèmes de canalisation qu'il importe de combiner avec la distribution des appareils :

— Conduits de l'air lancé par le ventilateur à chacun des feux de forge et des fours. Ces conduits se feront en métal ou en maçonnerie revêtue intérieurement d'un enduit en ciment parfaitement dressé de manière à éviter les aspérités. Le plan d'ensemble du réseau des conduits devra être étudié en vue de réduire au minimum le nombre des changements de direction, et d'éviter les coudes brusques qui occasionnent des pertes de vitesse considérables.

— Distribution d'eau aboutissant pour chaque feu de forge à un robinet, et partant, si possible, d'un réservoir assez grand et assez élevé pour avoir toujours une quantité notable d'eau en réserve, à une pression suffisante, — 5 mètres au minimum.

— Aqueducs pour l'écoulement des eaux.

— Canalisation pour le gaz.

[1] Voir Ire part., ch. II, § II, et ch. VIII, § IV.

[2] Voir Ire part., ch. VIII, 283.

La forge doit être desservie par une ou plusieurs voies de service, selon son développement.

401. **Ajustage.** — Contrairement à la forge, l'atelier d'ajustage réclame un parfait éclairage. A cet effet, on troue les murs latéraux de fenêtres très-rapprochées s'élevant jusqu'au voisinage des sablières, et descendant au niveau des établis disposés le long des parois latérales. Cette même condition condamne la construction des ateliers d'ajustage divisés par un plancher, en deux étages, celui du haut étant réservé au travail du bois et des modèles.

En voici les inconvénients : transmissions de mouvement généralement très-rapprochées des planchers et, par conséquent, mal éclairées, difficiles, quelquefois dangereuses de surveillance et d'entretien. Il est bien préférable, au contraire, de n'avoir qu'un seul atelier, dans toute la hauteur du bâtiment, et de prendre encore des jours par la partie supérieure en ménageant des châssis vitrés dans la couverture. Le travail de l'ajustage exige moins de manœuvres que celui de la forge ; il s'effectue sur des établis, des tours, des outils de différentes espèces placés à poste fixe, mis en mouvement par des arbres de couche dont les supports doivent être tout à fait invariables. Il s'ensuit que ce travail se prête parfaitement à la disposition du bâtiment en trois allées parallèles : — celles de côté réservées à l'outillage, et celle du milieu au transport des pièces ouvrées ou brutes.

Ce transport doit pouvoir s'effectuer par des voies au niveau du plancher et par des treuils-chariots suspendus, à double mouvement, pour desservir les outils (Ire part., ch. VII, § III, 234).

La dimension transversale du bâtiment ne sera pas inférieure à celle de la forge, 24 mètres en moyenne. — Le fer et le bois entreront sans inconvénient dans les constructions de la charpente des combles, ainsi que la tuile ou l'ardoise pour les parties non vitrées de la couverture.

La division du bâtiment en trois allées permet d'employer pour la toiture un système de trois combles à double inclinaison, ou de couvrir l'allée du milieu par un comble à deux égouts, et les bas côtés par des appentis. Dans le premier cas, les fermes reposent sur des colonnes creuses servant à l'écoulement des eaux des chéneaux intermédiaires. Malgré cette précaution, le bâtiment se trouve toujours exposé à des fuites qui nécessitent de fréquentes réparations et un entretien coûteux. — La seconde disposition est en général préférable.

Il est convenable à tous égards de maintenir la température des ouvroirs d'ajustage à un degré suffisant pour que le froid ne gêne pas le travail manuel. Cette condition essentielle exige l'installation d'un système de chauffage continu et de préférence à circulation de vapeur.

Enfin, l'administration fera bien de recouvrir le sol de l'ajustage en asphalte ou en bois, pour que les pièces en tombant ne se déforment pas [1].

402. **Montage.** — *Locomotives et tenders.* — La disposition intérieure d'un ouvroir de montage de locomotives comprend l'établissement d'une série de voies parallèles aboutissant à une voie transversale ou plus souvent à une fosse desservie par un chariot transbordeur. Quelquefois la fosse et les voies de montage, distribuées symétriquement de chaque côté, sont comprises dans un même bâtiment; il en résulte la nécessité de couvrir tout l'espace correspondant à la fosse. Par mesure d'économie et si le climat le permet, on installe aussi la fosse en dehors du bâtiment, celui-ci ne contenant qu'une rangée de voies, et se trouvant situé à une distance suffisamment éloignée du bout de la fosse pour qu'il y ait entre eux la place d'un véhicule. Cet arrangement permettra en outre, en disposant symétriquement de l'autre côté le montage des wagons, ainsi que cela est indiqué sur la figure 510, pl. XXI, de faire servir le même chariot au service de tous les ouvroirs.

Cela posé, nous adopterons des dimensions de bâtiment telles qu'elles embrassent, outre les machines en montage, l'espace nécessaire :

1° Pour un établi d'ajusteur en face de chaque machine;

[1] Ire part., chap. VIII, 294.

2° Pour la circulation des ouvriers ;

3° Pour le dépôt des pièces démontées et le transport des machines mêmes au moyen du treuil-chariot à chevalet, qui doit pouvoir circuler au-dessus de chaque fosse et dans chaque travée.

En conséquence, la longueur du bâtiment se détermine d'après le calcul suivant :

Longueur de la machine	8m,00
Place des roues enlevées	5 ,00
Dépôt des pièces détachées	1 ,50
Passage et établis le long du mur de fond	3 ,00
Passage le long du mur de face	1 ,50
Total dans œuvre	19m,00
Épaisseur des murs à 0m,50	1 ,00
Total hors œuvre	20m,00

La longueur du bâtiment dépend naturellement du nombre des voies de montage, celles-ci devant se trouver à l'écartement de 6 mètres, mesuré d'axe en axe[1].

Les ingénieurs allemands, au congrès de Dresde[2], ont adopté les dimensions suivantes, qui diffèrent peu de celles que nous venons d'indiquer :

Largeur minima intérieure pour un montage simple	18m,83
Écartement minimum des fosses (d'axe en axe)	5 ,34

Dans le cas d'un montage double avec fosse à chariot au milieu, ils ont fixé la longueur des voies de montage de chacune des rangées à :

15m,69 pour les locomotives (1 machine).
6 ,28 largeur de passage du chariot.

Ce qui donne pour largeur totale d'un montage à double rangée de machines 37m,66.

[1] Ces dimensions correspondent au chiffre que nous avons donné plus haut pour la place occupée par une machine en montage : $6 \times 20 = 120^{mq}$.

[2] *Organ für die Fortschritte des Eisenbahnwesens*, 1er supplément, 1866, p. 87.

Voitures et wagons. — Cet atelier diffère peu du précédent dans ses dispositions générales : — une ou deux rangées de places desservies par un chariot, extérieur ou intérieur.

Le Congrès de Dresde, déjà cité, a trouvé convenables pour cet ouvroir les dimensions suivantes :

Longueur des voies pour deux voitures.........	18m,83
Passage de service..........................	4 ,71
Passage du chariot	8 ,47
Passage de service..........................	4 ,71
Longueur des voies..........................	18 ,83

La largeur totale d'un montage de wagons ainsi disposé atteint dans œuvre 55m,55.

L'écartement minimum, d'axe en axe des fosses, a été arrêté dans la même réunion à 5m,02.

Cette dernière dimension nous paraît un peu faible, et nous croyons nécessaire d'adopter pour le montage des wagons un entr'axe des fosses de 5m,25 ; la longueur variant naturellement avec celle des véhicules, mais devant être telle que sur la même voie on puisse en placer deux à la suite l'un de l'autre, en réservant 4 à 5 mètres pour la circulation et la place des établis d'ajusteurs.

Nous adopterons également pour la hauteur des murs d'enceinte du montage des machines la cote de 5m,50, nous rapprochant ainsi des limites un peu faibles des ingénieurs allemands (5m,34 à 5m,49).

Les murs du montage des wagons sont souvent surmontés d'un étage (3 à 4 mètres) réservé à l'atelier de menuiserie, à la fabrication des modèles et à la sellerie, disposition gênante et applicable là seulement où l'espace fait défaut.

Si nous abordons maintenant la question de la construction, nous conseillerons de composer les murs d'enceinte de piliers en croix supportant les fermes de la toiture, séparés par de hautes et larges baies descendant jusqu'à 0m,50 ou 0m,60 du sol, et distribuant la lumière avec profusion, condition nécessaire à la bonne exécution du travail. Les fenêtres, ainsi que les portes d'entrée, seront fermées par des châssis vitrés. Cet atelier, comme ceux dont nous avons déjà parlé, sera ventilé et chauffé par circulation de vapeur.

Si la dépense n'est pas exagérée, le comble s'étendra d'un mur à l'autre, et sa composition, ainsi que celle de la couverture, sera exempte, autant que possible, de matériaux combustibles.

En vue de réaliser quelque économie, on pourra supporter le comble par des colonnes, mais l'entr'axe des travées ne sera pas inférieur à 6 mètres.

Le sol sera le même que celui de l'atelier d'ajustage. Chacune des voies de montage sera munie d'une fosse de $0^m,750$ à $0^m,850$ de profondeur[1], avec escalier pour y descendre, et d'une longueur de 8 mètres environ. Un conduit parcourant la longueur du bâtiment recevra l'eau de toutes les fosses et la rejettera dans l'aqueduc collecteur qui dessert toutes les dépendances de l'atelier.

A l'une des extrémités on placera un pont à bascule disposé pour vérifier la charge des ressorts à chaque réparation nouvelle.

403. **Bureaux.** — Dans ce bâtiment doivent se trouver réunis :

1° Un bureau pour l'ingénieur des ateliers ; — surface minima : 20 mètres carrés ;

2° Un bureau pour le sous-chef, ayant une superficie d'environ 15 mètres carrés ;

3° Un atelier de dessin, dont la surface sera calculée à raison de 4 mètres carrés environ par dessinateur ;

4° Un bureau spécial pour le dessinateur archiviste ;

5° Un bureau pour la comptabilité des ateliers.

Le bureau de dessin peut être, sans inconvénient, situé au premier étage, mais il est de toute importance qu'il soit par-

[1] *Technische Vereinbarungen*, etc., Dresde 1865. — Voir aussi Ire part., chap. VIII, 281.

faitement éclairé ; les jours, pris dans les murs, autant que possible du côté du nord ; et les tables à dessiner rangées devant les fenêtres, parallèlement à leur façade.

Le chef du bureau ne doit pas être séparé des employés ou des dessinateurs; précaution importante, car elle donne à la fois facilité, surveillance, régularité, rapidité de travail nécessaires dans cette partie du service qui règle et précède toutes les autres. Chaque dessinateur a besoin d'une place suffisante pour pouvoir exécuter sans difficulté dans l'atelier non-seulement des dessins d'ensemble de tous les types de véhicules, à une échelle suffisamment grande pour les rendre facilement intelligibles, mais encore toutes les pièces détachées en grandeur d'exécution.

Le bureau de l'archiviste renfermera des armoires à casiers suffisamment vastes pour pouvoir y classer avec ordre et facilité tous les dessins, en les réunissant en groupes concernant chacun des types du matériel roulant. Une capacité de 2 mètres cubes doit être réservée pour chacun de ces groupes.

Les armoires seront placées perpendiculairement au mur qui donne le jour, de manière à ce que les étiquettes affectées à chacun des casiers soient parfaitement éclairées et promptement distinguées par l'archiviste. Le bureau contiendra également une table à dessin, sur laquelle tous les plans puissent être développés sans peine.

A proximité des ouvroirs et des bureaux, on placera des urinoirs et des water-closets pour le service spécial du personnel (Ire partie, chap. VIII, § III, p. 292).

404. **Mouvements dans l'intérieur des ateliers.** — Nous avons décrit dans la première partie de ce traité, chap. VI, § IV, 204, les appareils de la voie qui servent à établir la communication entre les diverses voies de service : — changements et croisements de voies, — plaques tournantes, — chariots transbordeurs. En parlant de ces derniers appareils appliqués au transport des wagons, nous avons dit qu'ils pouvaient être également appropriés au transport des machines, en les munissant de

transmissions de mouvement convenables, et de moteurs spéciaux, placés à demeure sur le chariot.

Il nous reste à entrer dans quelques détails à ce sujet.

La première question intéressante pour l'ingénieur, c'est la profondeur de la fosse. La présence d'une fosse dans les ateliers est en effet une cause perpétuelle de danger pour le personnel du service et de retard dans la circulation. — Plus la fosse est profonde, plus graves sont les vices de cette disposition. Il y a donc grand intérêt à en réduire la profondeur.

Nous avons vu — 1re part., chap. VI, § IV — par quelle modification on était parvenu, pour les wagons, à tourner cet embarras en installant des chariots à niveau des voies ; mais cette solution est difficilement applicable aux chariots de machines. Nous en donnerons cependant aux annexes un spécimen, que nous devons à l'obligeance de M. Sambuc, ancien ingénieur aux chemins autrichiens.

La charge de ces chariots étant quelquefois considérable, la mise en mouvement de l'appareil exige un effort mécanique assez développé, que l'on obtient tantôt à bras d'homme, tantôt par moteur inanimé, et qu'il faut transmettre aux roues du chariot.

L'étude de la transmission de cet effort mécanique est très-importante, car cette transmission, placée près du bord et à l'extrémité du chariot, peut produire sur les essieux des efforts obliques qui augmentent les résistances, s'ils ne sont pas combattus par un entretoisement convenable.

Le choix du mode de transmission du mouvement au chariot n'est pas non plus indifférent. Après avoir employé tantôt une roue appliquée à une chaîne fixée au fond de la fosse, tantôt un pignon engrenant avec une crémaillère, — disposition d'un entretien difficile et dispendieux, — on adopte aujourd'hui la transmission de mouvement directe à l'arbre des galets de roulement, telle qu'elle est indiquée sur les figures 511 et 512 ; le mouvement de l'appareil s'obtient par simple adhérence sur les rails de la fosse.

La figure 511 représente en coupe transversale à la voie

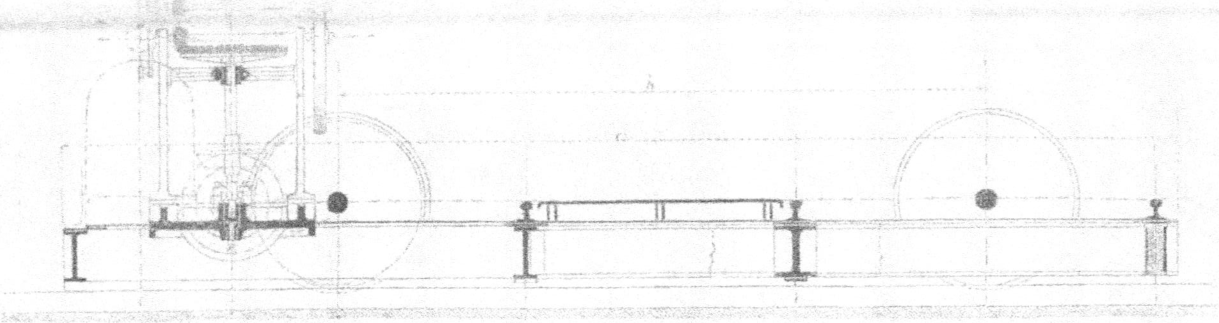

Fig. 511. Transbordeur de locomotives (Est). Coupe perpendiculaire à la voie mobile.

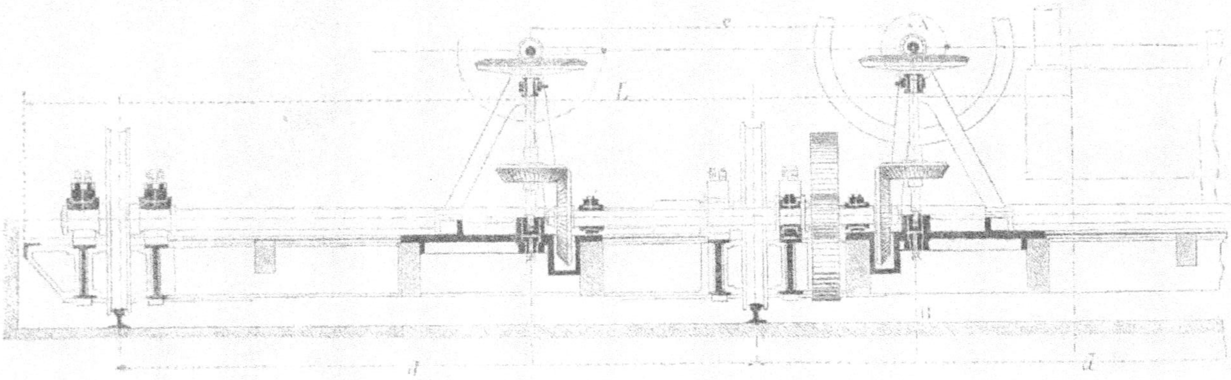

Fig. 512. Transbordeur de locomotives (Est). Coupe parallèle à l'axe de la voie mobile. Echelle $\frac{1}{40}$.

mobile un type de chariot roulant pour machines, adopté par le chemin de fer de l'Est ; avec cet appareil, la profondeur de la fosse, — du dessous des rails de l'atelier au-dessus des rails logés au fond de la fosse — peut être réduite à $0^m,475$.

LÉGENDE DES FIGURES 511-512.

A. Roue d'angle montée sur l'arbre du volant. L. Manivelle motrice montée sur l'arbre du treuil.

DIMENSIONS PRINCIPALES.

a. Largeur totale.	$6^m,138$	Diamètre des essieux	$0^m,100$
b. Distance des axes des galets	3 ,600	d. Distance des galets	3 ,590
Diamètre des galets (jante)	0 ,900	e. Distance d'axe en axe des treuils.	2 ,110
Diamètre à la gorge de contact	0 ,975	L × 2. Longueur totale	11 ,600

La figure 512 indique en coupe longitudinale la moitié du chariot : vers le milieu, l'extrémité de la chaudière de la locomobile, à la suite le volant et l'axe vertical transmettant par engrenage d'angle le mouvement de rotation à l'essieu des galets à gorge. — Vers la travée de gauche, on voit la projection du treuil à bras employé quand la locomobile ne fonctionne pas.

Le poids de ce chariot est de :

Fer	16 256	kilogrammes.
Fonte	3 618	—
Bronze	220	—
Bois	1 388	—
Total...	21 482	kilogrammes.

Non compris la locomobile et deux treuils.

La vitesse de manœuvre est de $0^m,30$ par seconde.

Quelle que soit la disposition adoptée pour la transmission de mouvement, il ne faut pas oublier, — comme on l'a fait dans le chariot de l'Est, — de disposer les organes de manière à pouvoir communiquer au besoin le mouvement à la main, lorsque par une circonstance imprévue la machine motrice refuse le service.

§ II.

OUTILLAGE DES ATELIERS.

405. **Conditions générales.** — L'importance de l'outillage d'un atelier dépend évidemment de la nature et de la quantité des travaux à exécuter. Fixer *à priori* et d'une manière précise, invariable, le nombre et l'espèce d'outils qui feront utilement partie de l'outillage d'un atelier de chemin de fer, est un problème très-difficile. Dans chaque cas particulier, l'ingénieur chargé de cette installation devra commencer par se rendre compte de la nature des travaux qui se présentent dans l'atelier considéré, ainsi que de leur importance, conditions qui varieront naturellement avec la destination de l'atelier — principal ou secondaire — et le nombre des machines et véhicules de transport qui pourront y entrer (396) pendant une période déterminée.

Dans un atelier secondaire, où le travail n'est pas toujours régulier ni continu, et où, par conséquent, des outils spéciaux seraient exposés à chômer une partie du temps, on emploiera avec avantage des machines-outils à usages multiples. Il n'en sera plus de même pour les ateliers principaux, où cet inconvénient n'est pas à redouter, et où l'on devra employer surtout des outils spéciaux, construits pour un but unique et parfaitement déterminé, qui présenteront toujours, relativement aux précédents, une supériorité incontestable en précision et en facilité de manœuvre.

Quel que soit d'ailleurs le cas, on devra toujours exiger d'un outil une grande célérité d'action, qualité essentielle, nous l'avons dit, dans les travaux de réparation d'un matériel aussi important que celui des chemins de fer, — donnant, d'ailleurs, la préférence aux machines simples et d'entretien facile.

Une autre condition, non moins importante, c'est la constitution de la machine-outil, c'est la résistance relative de chacune des pièces qui la composent; le bâti devant posséder une masse suffisante pour annuler toutes les réactions du travail à effectuer, réactions qui, sans cette précaution, ne tarderaient pas à fausser les divers organes.

Dans la combinaison de l'ensemble, l'ingénieur recherchera donc à réaliser les conditions suivantes : Stabilité, — guidage parfait de l'outil travailleur, — une grande course de l'outil pour attaquer les pièces de fortes dimensions, — faculté de resserrer toutes les parties frottantes en cas d'usure, — enfin, facilité de montage et de démontage des pièces à travailler.

Telles sont les considérations qui pourront guider l'ingénieur dans le choix des outils.

Quant à leur répartition, il adoptera naturellement l'ordre répondant à la marche méthodique du travail, de manière à éviter toutes fausses manœuvres. Enfin, nous appellerons particulièrement son attention sur l'entretien de l'outillage, dont le service, qui doit être très-régulier, réclame des soins scrupuleux et incessants.

Nous allons passer en revue l'outillage des diverses sections d'un atelier, en adoptant l'ordre suivant :

Travail de la fonte, — du fer et de l'acier, — du cuivre, du bronze et des alliages, — ajustage, — fabrication des roues, des ressorts, — chaudronnerie, — travail du bois.

406. **Travail de la fonte.** — Le travail spécial de la fonte s'exécute, ainsi que nous l'avons vu (396), dans un atelier particulier, la *fonderie*. L'entretien du matériel roulant des chemins de fer n'exige pas la coulée de pièces d'un poids très-considérable; ce sont généralement des boîtes à graisse, des moyeux de roues et quelques pièces de machines, telles que cylindres et plateaux, tuyaux, régulateurs, tiroirs, poulies d'excentrique, etc. Le choix des matières premières employées et leur mélange en proportion convenable présentent un grand intérêt. Il ne sera donc pas inutile de rappeler ici, en quelques mots, les principales conditions à observer dans les diverses opérations que comporte la fabrication des objets en fonte

moulée, sans nous arrêter, toutefois, à la fabrication des modèles dont nous parlons plus loin (443).

Moulage. — Il existe quatre modes de moulages : le moulage en sable vert, le moulage en sable d'étuve, le moulage en terre et le moulage en coquille. Le moulage en terre ne convient qu'aux pièces de fortes dimensions ; nous n'en parlerons donc pas ici. Parmi les trois autres procédés, le premier sera celui que l'on emploiera le plus fréquemment. Il consiste à faire le moule en sable humide, dans lequel, sans l'avoir préalablement séché, on coule le métal. Il est important, pour que l'opération réussisse, de prendre certaines précautions, que nous allons rappeler en quelques mots.

Choix des sables. — Les sables doivent être à la fois un peu argileux et un peu siliceux ; il suffit qu'ils aient assez de cohésion pour ne pas s'ébouler quand on retire le modèle ou quand ils reçoivent la pression du métal fondu.

On emploie rarement les sables neufs, même pour sables d'étuve, sans y ajouter une certaine proportion de sables vieux, c'est-à-dire ayant déjà servi. Cette proportion augmente d'autant plus que les sables neufs sont plus argileux[1] ; on ne peut donc pas la déterminer à l'avance d'une manière absolue, et il importe au fondeur de rechercher, par une série d'essais, le mélange le plus convenable. Les proportions usuelles sont, pour le moulage en sable vert, de 2/5 à 1/5 de sable neuf pour 3/5 à 4/5 de sable vieux, et, pour le moulage en sable d'étuve, 1/3 à 1/4 de sable vieux pour 2/3 à 3/4 de sable neuf.

Suivant la qualité des sables et le volume des modèles, on mêle au sable vert 1/20 jusqu'à 1/5 de houille broyée et tamisée, qui sert à décaper les pièces et à favoriser le dégagement des gaz ; quelquefois, on le remplace par du poussier de charbon de bois. Dans les sables d'étuve, la proportion est moins forte. Les sables, mélangés en proportion convenable, sont séchés, broyés et tamisés, puis mouillés pour qu'ils puissent se lier dans le châssis. Les mélanges ainsi préparés sont broyés

[1] Guettier, *De la fonderie en France.*

au rouleau à main ou à la machine, et, après cette opération, le sable vert doit être doux, coulant et, pour ainsi dire, moelleux au toucher, le sable d'étuve plus âpre, plus liant et plus résistant.

Les sables étant préparés, on pourra procéder au moulage, en observant les conditions suivantes :

1° *Moulage en sable vert :*

Serrer les sables, de manière qu'ils ne présentent pas une dureté suffisante pour résister à la pression du doigt, mais de telle sorte, cependant, qu'ils offrent assez de solidité pour ne pas s'ébouler au moment de la coulée ou céder sous la pression du métal, ce qui donnerait des pièces à surfaces inégales et sans ressemblance avec le modèle ;

Avoir soin, en foulant les sables qui doivent reproduire les objets d'une certaine épaisseur, de donner un peu plus de dureté aux couches destinées à former le fond des moules, afin qu'elles ne souffrent pas plus de la pression du métal que les couches supérieures ;

Lier toutes les couches entre elles, de façon qu'elles forment des parois uniformément serrées, ou, autrement dit, éviter la juxtaposition de points mous à côté d'endroits plus durs, ce qui amènerait des bosses à la surface des pièces ;

Placer les coulées, ou jets destinés à l'introduction du métal dans les moules, de telle sorte que la fonte ne tombe pas, soit de trop haut, soit avec trop de rapidité, sur des parties qui pourraient être facilement endommagées ;

Tirer de l'air, au moyen des aiguilles à air, sur tous les points où l'on peut atteindre le modèle, et même à travers les couches de sable qui l'environnent.

2° *Moulage en sable d'étuve :*

Serrer les portions de châssis assez solidement pour qu'elles puissent résister au séchage et supporter sans dégradations les manœuvres ;

Sécher dans une étuve les moules avec d'autant plus de précautions qu'ils ont été plus serrés et que le sable contient plus d'argile ou plus d'eau ;

Consolider toutes les parties du moule susceptibles de se crevasser;

Avoir soin, en refoulant, de lier intimement toutes les couches de sable entre elles, de manière à éviter les galettes qui pourraient se détacher et tomber pendant le séchage et le remoulage [1].

Fonte et coulée. — Les fontes de moulage sont ordinairement obtenues par un mélange de fontes brutes de provenances différentes, en proportions variables, suivant la qualité de ces dernières et la nature des produits à obtenir.

Les fontes de moulage doivent présenter les qualités suivantes (1re part., ch. IV, § IV) :

1° Prendre un degré de fluidité suffisant pour pénétrer dans toutes les anfractuosités du moule et en épouser exactement la forme dans ses détails les plus délicats ;

2° Se figer lentement ;

3° Après refroidissement, présenter une surface unie et exempte de soufflures ;

4° Prendre peu de retrait ;

5° Se laisser facilement travailler au burin et à la lime ;

6° Être bien homogènes, compactes et tenaces.

Ce sont les fontes grises et les fontes truitées qui satisfont le mieux à ces conditions. La fonte grise possède le plus de ténacité et donne les meilleurs moulages ; elle offre également un frottement doux et convient particulièrement à la construction des pièces de machines ; on ne devra pas, toutefois, oublier que sa ténacité est d'autant moins grande qu'elle a été obtenue à une plus haute température.

Une petite quantité de phosphore dans la fonte de moulage augmente ses propriétés plastiques, mais la rend plus cassante. La présence du soufre, au contraire, nuit beaucoup à la bonne exécution des moulages, et amène généralement des soufflures ; on devra donc écarter avec soin toutes les fontes de nature sulfureuse et ne faire usage, pour la même raison, que

[1] Guettier, *De la fonderie en France.*

de coke provenant de houilles exemptes de pyrite de fer.

Cela posé, la série des appareils et outils nécessaires au travail de la fonderie pourra se résumer de la manière suivante :

1° Travail des sables, — moulin à triturer les sables, mélangeur ;

2° Travail du moulage, — une série de châssis à moules, — une étuve ;

3° Travail de la fonte et de la coulée, — un cubilot, une série de poches de différentes grandeurs, une grue desservant le cubilot. (Ire part., ch. VIII, § III.)

La surface du bâtiment devra être, en outre, calculée pour contenir un magasin à sables, un parc à combustible et une réserve de fontes brutes suffisante pour assurer l'alimentation du cubilot. Il suffit que ce dernier soit établi en vue d'une production de 2 000 kilogrammes par heure environ ; deux à trois heures de travail par jour répondront alors, en général, aux besoins du service.

Le chargement du cubilot demande la construction, au niveau du gueulard, d'un plancher auquel on accède par un escalier ; puis d'un monte-charge, pour élever jusqu'à cette hauteur les matières premières et le combustible.

La fonderie doit former un bâtiment isolé, en raison des dangers d'incendie que présente son voisinage pour les constructions adjacentes. Cependant, on ne s'éloignera pas trop de la forge, afin de pouvoir se servir du même ventilateur pour souffler les feux de forge et le cubilot.

407. **Travail du fer et de l'acier.** — Nous comprendrons, sous cette dénomination, le travail de la forge et de la chaudronnerie proprement dit, indépendamment des opérations spéciales de la fabrication des roues et des ressorts, que nous traiterons à part, en raison de leur importance particulière (410 et 411).

La matière première qui sert de base aux opérations qui s'exécutent dans la forge est généralement le fer en barres. Il importe de rappeler ici, comme nous l'avons fait pour la fonte, les qualités et les défauts du fer.

Le fer du commerce présente deux textures bien distinctes : le *grain* et le *nerf*. Lorsque la cassure présente une surface plane à grains fins et lamelleux ou à gros cristaux brillants, c'est du *fer à grains*. Présente-t-elle, au contraire, des arrachements fibreux, le métal est du *fer à nerf*. La texture naturelle du fer paraît être celle du grain ; la seconde provient d'un arrangement particulier des molécules dû au mode de travail employé ; la température n'est pas, non plus, indifférente à la nature de la texture, et, à l'appui de cette assertion, nous renverrons le lecteur aux observations que nous avons exposées à propos du travail des essieux (chap. I, § IV, 364, p. 235). Les fers obtenus au marteau sont habituellement des fers à grains, tandis que les fers laminés ont, généralement, une texture à nerf qui provient, sans aucun doute, du glissement des molécules refoulées par les cylindres. Ainsi, lorsque l'on étire une barre de fer à grains, on le transforme en fer à nerf ; en prenant plusieurs de ces barres ainsi travaillées, les soudant ensemble et les laissant refroidir lentement, le métal reprend sa nature première.

Le fer est peu ductile à froid ; par la compression et le martelage, on arrive à changer peu la forme et les dimensions de la pièce, mais on durcit la surface et l'on obtient ce qu'on appelle le *fer écroui*, dont la résistance et l'élasticité sont beaucoup plus considérables que celui du fer ordinaire. Un recuit et un refroidissement lent suffisent à lui faire perdre ses nouvelles propriétés.

Le fer à grains présente une résistance moindre à la traction que le fer à nerf, mais il possède une raideur plus considérable ; il est moins flexible à froid et se brise avant d'avoir atteint une flèche aussi grande que le fer à nerf. Plus compacte et plus homogène que ce dernier, il supporte mieux le travail à chaud, condition importante s'il s'agit de perçage à chaud, rivure et soudage.

Il résulte de ces considérations que pour les pièces soumises à des efforts de traction, — boulons, brides, chapes, etc., — on devra faire usage de fer à nerf, tandis que dans la fabrication de celles qui devront résister à la torsion, à la flexion et au frottement, — corps de bielles, tiges de piston, coulisseaux, essieux, — on emploiera le fer à grains ; il en sera de même pour les pièces de forme compliquée exigeant de nombreuses soudures.

Le fer du commerce peut présenter les défauts suivants :

Les criques ou gerces. — Fentes dirigées perpendiculairement à la direction de la barre, provenant d'un mauvais affinage, ou pour le fer de bonne qualité, de ce qu'il a été brûlé. La présence de ce défaut doit toujours faire rejeter le fer.

Les travers. — Fentes dirigées en tous sens provenant d'insuffisance de chauffage, — défaut qui peut disparaître par le travail de la forge.

Doublures. — Fentes intérieures remplies d'oxyde, de scories ou de matières étrangères.

Pailles. — Pellicules ou plaques tendant à se soulever de la surface. Si elles sont peu nombreuses, elles proviennent généralement de ce que le travail a été mal conduit, et rien ne s'oppose à ce que le fer puisse malgré cela être employé ; mais il n'en est pas de même lorsqu'elles se présentent en grande quantité, car elles proviennent sans doute d'une qualité de fer défectueuse ou d'un mauvais affinage.

Les cendrures. — Points noirs formés par l'oxyde ou les scories ; n'ont aucun inconvénient si la pièce ne doit pas être polie ; mais dans ce dernier cas, de même que pour les pièces soumises à des frottements, il faudra les rejeter.

L'essai sommaire du fer se fait à froid et à chaud (Ire partie, chap. IV, § IV) :

1° A froid : — en cassant la barre au marteau, après l'avoir entaillée à la tranche. Le nombre de coups nécessaires pour produire la rupture et l'examen de la cassure donnent une mesure de sa qualité. Si le fer est à grains, sa texture doit être fine et serrée, et la cassure, de couleur gris-blanc argenté, présentera des arrachements crochus. Les facettes larges et brillantes seront l'indice d'un fer de mauvaise qualité. S'il s'agit, au contraire, de fer à nerf, les fibres compactes et serrées, d'un blanc soyeux, annoncent un bon produit; une cassure terne, vue en tous sens, en motivera le rejet.

2° A chaud : — en le soumettant à l'étirage, au perçage, au soudage, au corroyage, etc., suivant sa destination ; dans ces opérations, il ne devra présenter aucun défaut.

Les essais de la tôle se font également à froid et à chaud en la repliant et l'emboutissant.

Le travail du fer à chaud s'effectue à des températures variables suivant sa qualité et l'opération qu'on veut lui faire subir. Les bons fers doivent se travailler à une température voisine du blanc, tandis que ceux de qualité inférieure ne peuvent supporter que des températures voisines du rouge.

Une forge bien outillée renferme généralement les appareils suivants :

1° 2 fours à réchauffer pour utiliser les déchets et faire les grosses réparations ;

2° 2 ou 3 marteaux-pilons, l'un de 2 000 à 3 000 kilogrammes, les autres de 500 à 1 000 kilogrammes, avec leurs grues de manœuvre ;

3° 1 martinet ;

4° 1 cisaille ;

5° 1 feu de forge à boulons ;

6° Un nombre suffisant de feux de forge ;

7° Des voies de service et des appareils de levage pour transporter les grosses pièces.

La disposition relative de ces outils doit être telle que le travail suive un ordre méthodique, ainsi que nous l'avons déjà dit plusieurs fois. Nous rappellerons aussi que l'intérieur du bâtiment de la forge doit être complètement libre (400), afin de faciliter le transport des pièces et la circulation autour des principaux outils, — marteaux, martinets, cisailles, — rangés dans l'axe du milieu. Les feux de forge et les fours à réchauffer trouveront naturellement leur place le long des murs d'enceinte.

Fours à réchauffer. — Pour activer le réchauffage du fer dans les fours, on fera bien de leur appliquer l'insufflation de vapeur, connue sous le nom de son propagateur, M. Chaumé-Delabarre, et dont nous avons déjà parlé.

Marteaux-pilons. — Les marteaux-pilons seront placés à proximité du four à réchauffer, afin que les pièces à forger n'aient qu'à faire un court trajet, évitant ainsi un refroidissement nuisible à l'opération et un ralentissement dans le travail général. Lorsque l'importance des pièces à forger le nécessitera, on desservira le marteau principal et le four à réchauffer par une grue à volée mobile (Ire part., ch. VIII, § III).

Les essieux de machines ou de tenders et les longerons de châssis étant généralement exécutés dans les grands établissements métallurgiques [1], et livrés à l'atelier de chemin de fer, prêts à passer à l'ajustage, on voit qu'un marteau de 2 000 à 3 000 kilogrammes de puissance, ainsi que nous l'avons indiqué plus haut, sera suffisant pour répondre aux besoins du service.

Comme martinets, on emploiera avec avantage un marteau à cames ou un marteau à ressort, du genre de ceux de M. Schmerber.

Feux de forge. — Un feu de forge se compose d'une aire en fonte reposant sur un bâti en fonte, le métal remplaçant ainsi la maçonnerie employée autrefois à cet usage. Le contre-feu, — petit mur en briques de $0^m,45$ sur $0^m,30$ environ, — reçoit la tuyère par laquelle arrive le vent et qui doit être à circulation d'eau. A $0^m,60$ au-dessus du foyer, se trouve la hotte qui conduit les produits de la combustion dans la cheminée. On fera cette hotte en tôle. En avant de chaque feu de forge se trouve un baquet en fonte ou en tôle rempli d'eau servant à refroidir les pièces et les outils. La hauteur d'un feu de forge est de $0^m,70$; sa profondeur de 1 mètre sur $1^m,20$ de large, et la distance du bord au nez de la tuyère,

[1] Nous ferons ici exception pour les ateliers des chemins de fer anglais, qui sont de véritables ateliers de construction de machines, et travaillent comme tels pour l'industrie. Leur outillage répond naturellement à cette double destination ; et, par cela même, il ne saurait en être question dans cet ouvrage.

$0^m,80$. Le diamètre de l'ouverture de tuyères varie de $0^m,03$ à $0^m,05$. Au-dessus de chaque feu se place un réservoir destiné à fournir le courant d'eau de la tuyère. Lorsque l'on dispose deux feux de forge adossés l'un contre l'autre, l'écartement des deux contre-feux est de $0^m,80$.

L'écartement des feux de forge doit être de $9^m,50$ au moins [1].

Le travail de la chaudronnerie exigera d'autre part l'installation :

1° D'un four à réchauffer les tôles ;

2° D'un certain nombre de tas ;

3° D'une machine à poinçonner ;

4° D'une machine à cisailler ;

5° D'une machine à river (dans le cas où la nature des travaux à exécuter comporterait l'emploi de cet appareil) ;

6° D'une machine à cintrer les tôles ;

7° D'une pompe à essayer les chaudières.

408. — **Travail du cuivre, du bronze et des alliages.** — Dans cet ordre de matières, les ateliers ont à exécuter les réparations des boîtes à feu, des entretoises, des tubes à air chaud, de la tuyauterie constituant le travail de la chaudronnerie en cuivre et la fabrication des coussinets de bielles, colliers d'excentriques, coussinets de boîtes à graisse, qui sont du ressort de la fonderie de cuivre.

L'entretien des tubes formant un travail tout à fait spécial à l'exploitation des chemins de fer et nécessitant par son importance une installation particulière, nous traiterons cette question séparément (412).

Le cuivre pur du commerce est un métal rouge, très-ductile à froid, se travaillant très-bien au marteau, surtout en feuilles minces. Son poids spécifique atteint 8,75 et sa ténacité 25 kilogrammes par millimètre carré. On peut, sans altérer ses propriétés, l'étendre ou le rétreindre sur lui-même. — Le cuivre se forge au rouge clair ; à cette température il s'étire et se lamine en feuilles. Frappé à froid, il durcit.

[1] *Organ*, etc. 1er supplément, 1866.

En pratique, il est prudent de ne pas l'exposer à un effort permanent supérieur à $3^k,500$ par millimètre carré.

La qualité du métal dépend essentiellement du mode d'affinage appliqué au cuivre rosette provenant des usines de production. Il importe, dans cette opération, de s'arrêter à une certaine période, et cette précaution demande une habileté toute particulière de la part des ouvriers chargés de ce travail.

Le cuivre affiné peut renfermer en dissolution une assez grande quantité de sous-oxyde de cuivre [1], qui, en certaine proportion, paraît nécessaire pour conserver au métal son maximum de malléabilité.

Si l'on arrête l'affinage vers le moment où cette proportion d'oxydule se trouve au maximum, le métal présentera une cassure grenue, mate, terne, d'un rouge brique presque dépourvu d'éclat métallique ; à cet état, il peut contenir jusqu'à 13 pour 100 de sous-oxyde. Les Anglais lui donnent le nom de *Dry copper* (cuivre sec), les Allemands *Ueber-gaar*.

Dépasse-t-on au contraire le degré voulu, c'est-à-dire fait-on disparaître la presque totalité de ce sous-oxyde, le métal affecte alors une texture largement fibreuse et d'une couleur jaunâtre ; mais, dans l'un comme dans l'autre cas, il n'offrira pas les conditions de malléabilité et de résistance requises pour son emploi. Une cassure à fibres fines et déliées, d'un aspect soyeux, à éclat métallique très-prononcé et d'un rouge pâle tirant sur le rose, serait au contraire l'indice d'une opération bien conduite. Le métal contient alors de 2 à 3 pour 100 de sous-oxyde.

D'après M. le docteur Percy, le cuivre exposé à l'action des gaz réducteurs, — hydrogène, oxyde de carbone, gaz d'éclairage, — perd de sa malléabilité par suite de la porosité occasionnée par la réduction du sous-oxyde disséminé dans le cuivre [2].

[1] *Traité de métallurgie* du docteur Percy, traduit par MM. Petitgand et Ronna, t. V.

[2] *Id., id.*, t. V, p. 42.

Ne trouverait-on pas là une explication de la destruction de certains foyers de locomotives?

Il ne suffira donc pas d'imposer au fournisseur la provenance du métal (Corocoro, — Chili, — lac Supérieur), puisqu'un excellent cuivre peut, mal affiné, ne donner jamais un produit satisfaisant; l'ingénieur attirera son attention sur cette condition, en lui rappelant les caractères que nous venons de mentionner et à l'aide desquels il pourra se rendre compte de la conduite de l'opération.

Comme première épreuve, on fait sur le cuivre une entaille au ciseau. Un des côtés de l'entaille est fixé dans les mâchoires d'un étau; — l'autre, pris dans les pinces d'une tenaille, est plié et replié sur lui-même jusqu'à ce qu'il se détache. — Le nombre de fois qu'il faut plier la pièce avant d'atteindre la rupture donne une appréciation relative de sa ténacité.

On peut faire plus, soumettre l'échantillon à la traction et calculer son coefficient de résistance.

Le cuivre doit subir le martelage à chaud et à froid sans s'égrener, et ne présenter ni gerces, ni criques. — Toute pièce affectée de pailles ou soufflures n'est pas admissible. — Enfin, par l'analyse, on s'assure que la matière ne contient ni plomb, ni antimoine, métaux que les fondeurs introduisent souvent lors de la coulée et qui nuisent à la qualité du cuivre.

Outils de la chaudronnerie en cuivre :

1° Chevalet,
2° Bigorne,
3° Enclume,
4° Tasseaux,
5° Marteaux, — à élargir, à rétreindre, etc., en bois;
6° Forge,
7° Four à souder,
8° Tenailles,
9° Règles, compas, équerres;
10° Banc à étirer.

Le four à souder se compose d'une enveloppe en tôle de forme cylindrique, divisée en deux parties par une cloison horizontale, munie en son milieu d'une grille. A la partie inférieure vient déboucher un tuyau du ventilateur; la partie supérieure, garnie d'un revêtement en briques, forme fourneau.

Une des principales opérations de la chaudronnerie en cuivre, ce sera le remplacement des entretoises de la boîte à feu. Nous avons donné (ch. Ier, § III) la forme et les dimensions usuelles de ces pièces; nous rappellerons que leur montage doit être fait avec le plus grand soin et exiger une surveillance très-active. Lorsque l'entretoise est mise en place, il est nécessaire, avant de la river, de couper la partie supplémentaire qui a servi de tête pour la saisir et la visser dans les parois du foyer; ce travail se fait ordinairement à la scie, afin de ne pas ébranler les entretoises voisines en employant le burin. Dans les ateliers de réparation, à Esslingen, on effectue ce travail à l'aide d'un outil spécial, imaginé par M. Gross, contre-maître des ateliers, et consistant en une petite cisaille à main, à double lame, manœuvrée à l'aide d'une vis. Cet instrument agit plus promptement que la scie et donne un travail plus régulier[1].

Le perçage des plaques tubulaires, qui d'ordinaire se fait dans l'atelier d'ajustage avec la machine à percer radiale à grande portée, exige l'emploi d'un outil spécial, en raison du grand diamètre des trous, et demande une exécution très-soignée. La position des trous est tracée avec la plus rigoureuse exactitude. Ordinairement le centre de chacun d'eux se perce à l'aide d'un foret qui pratique un trou destiné à servir de guide pour découper ensuite la circonférence. Cette double opération peut être remplacée par une seule, au moyen de la perçeuse de MM. Rice et Evered, dont le porte-outil formant gaîne entoure un pointeau qui lui sert de guide et le maintient constamment dans la même direction[2].

[1] Voir la description de l'appareil dans l'*Organ*, etc., 1867, p. 131.

[2] Armengaud, *Génie industriel*, févr. 1866, p. 77.

La fonderie de cuivre doit renfermer :

1° Un four à vent forcé renfermant un ou deux creusets ;

2° Des châssis pour les moules en sable et des moules en fonte pour les pièces coulées en coquille ;

3° Des lingotières pour le coulage des alliages blancs ;

4° Une étuve pour le séchage des moules ;

5° Un magasin à sables et des établis pour les mouleurs ;

6° Un tamis et un moulin à sables.

Le sable de moulage employé pour fonderie de cuivre doit être beaucoup plus sec que celui dont on se sert pour la fonte [1], car la température moins élevée de la fusion du métal ne facilite pas autant le dégagement des vapeurs et des gaz. Il doit être tamisé à l'étamine avant son emploi, et desséché à l'étuve après le moulage.

Les creusets qui servent à la fonte sont d'une contenance de 25 kilogrammes environ, en terre réfractaire pour les alliages et en plombagine pour le cuivre rouge. Les premiers supportent environ dix fusions ; les seconds peuvent servir jusqu'à cinquante et soixante fois.

Quand on coule le cuivre ou ses alliages dans les moules, il faut prendre les plus minutieuses précautions pour exclure du creuset, de la poche à couler, de la lingotière ou du moule la présence de l'air, qui paraît être la cause des rochages, soufflures qui détériorent les pièces coulées. — L'injection de gaz d'éclairage dans ces différents vaisseaux est recommandée comme efficace contre l'apparition de ces phénomènes si fréquents et si redoutés du fondeur.

S'agit-il de fondre un alliage en parties définies de plusieurs métaux, on commencera par fondre le moins fusible, et on introduira successivement les autres par ordre de fusibilité décroissante.

[1] Les fondeurs en cuivre ou en bronze, de Paris, emploient avec grand avantage le sable très-siliceux de Fontenay-aux-Roses, qui permet d'obtenir des moulages très-fins, mais pour les petites pièces. Quand la fonte prend un grand volume et développe une grande chaleur, il faut un sable moins siliceux, moins fusible.

Dans la fabrication de certaines pièces, telles que les coussinets de boîtes à graisse, par exemple, il importe de conserver toujours exactement la même composition d'alliage. A cet effet, les bronzes provenant des coussinets usés ou brisés en service et qui, soumis à une seconde fusion, perdraient une certaine proportion d'étain, seront réservés pour les pièces de robineterie, tandis que la fonte des coussinets ne se fera qu'avec des alliages nouvellement préparés et de composition bien déterminée. Dans le cas d'alliages blancs, l'emploi des pièces hors de service devient plus difficile, par suite du nombre restreint de leurs applications. On pourra alors déterminer par quelques essais la proportion exacte des déchets qu'ils subissent dans une nouvelle fusion, et par suite la quantité de matière qu'il convient d'ajouter avant la refonte. Ainsi, sur le chemin de Berlin à Stettin, on ajoute aux vieux coussinets dont nous avons donné la composition (p. 402) 5 pour 100 environ d'antimoine.

409. **Outils de l'ajustage.** — Les opérations de l'ajustage s'effectuent à la main ou à la machine.

Pour l'ajustage à la main, il faut un certain nombre d'établis, avec étaux et tiroirs renfermant chacun un outillage assorti de règles, compas, marteaux, burins, limes, etc.

L'ajustage mécanique s'effectue à l'aide d'un certain nombre de machines-outils que l'on peut classer en différents groupes, suivant le travail à effectuer :

Perçage et alésage.	Machines à percer simples. Machines à percer radicales. Machines à aléser verticales. Machines à aléser horizontales. Machines à aléser les cylindres de locomotives sur place. Alésoir universel.
Tournage, taraudage et filetage.	Tours doubles pour roues motrices. Tours doubles pour roues de support et de tenders. Tours doubles pour roues de wagons[1].

[1] La quantité de ces outils doit être le double de celle des tours pour roues de machines.

Tournage, taraudage, et filetage.	Tours additionnels ou simples. Tours pour fusées d'essieux. Tours simples pour roues de machines et tenders. Tours parallèles. Tours à fileter. Tours sphériques. Machines à tarauder.
Machines à raboter et tailler.	Machine à tailler les écrous. Machines à mortaiser. Machines à raboter[1]. Étaux limeurs. Machines à planer. Machines à tailler les coulisses. Machines à fraiser. Meules à aiguiser.

C'est aux outils de l'ajustage que doivent s'appliquer tout spécialement les deux conditions que nous avons signalées en commençant : — rapidité de marche, — résistance de l'outil aux efforts de réaction de la pièce à travailler. La précision indispensable à cette partie du travail exige un soin tout particulier dans le choix de l'outillage et dans son entretien, qui sollicitent toute l'attention de l'ingénieur dirigeant ce service.

Il convient de rappeler ici l'opportunité de disposer dans l'atelier d'ajustage deux arbres de transmission pouvant se suppléer au besoin l'un l'autre, et d'avoir toujours une machine de réserve que l'on puisse substituer au moteur ordinaire dans le cas où celui-ci viendrait à cesser de fonctionner. Une locomotive usée, posée sur chevalets, remplit parfaitement cet office.

Tours. — Au-dessus des tours doivent être disposés des poulies et treuils différentiels (Ire part., ch. VII, § III) pour soulever les pièces lourdes, les essieux en particulier, et les mettre en place. Malgré cette disposition, la mise sur pointes ne laisse pas que de demander un certain temps et une certaine habileté. Dans les ateliers du chemin de l'Est, en Bavière,

[1] La plus grande doit pouvoir raboter les longerons de locomotives, ce qui exige une course d'au moins 8 mètres.

ce travail est effectué par le tour lui-même, au moyen d'une disposition ingénieuse qui permet à un seul ouvrier de mettre en place les roues des locomotives les plus lourdes. Sur les deux plateaux, et près des bords du tour, sont articulées deux tringles. Ces tringles, dont la longueur est à peu près égale à la distance de leur point d'articulation au centre du plateau, formant bielles, se terminent par un crochet que l'on engage sous les fusées de l'essieu placé à proximité sur la voie de service. En mettant le tour en mouvement, la paire de roues se trouve entraînée, soulevée, et vient se placer d'elle-même dans l'axe du tour, si on a soin d'arrêter le mouvement de ce dernier à l'instant convenable[1].

Dans le tournage des grandes roues de locomotives, on éprouve toujours quelque difficulté à obtenir une grande régularité de mouvement lorsque l'on veut enlever en une passe une épaisseur de métal un peu forte. Il se produit des vibrations dans tout l'appareil, des *brouttements;* les outils s'enfoncent inégalement dans le métal, cassent souvent quand ils pénètrent trop avant et donnent difficilement une surface régulière. Ces effets sont surtout sensibles dans les tours où les essieux sont montés sur pointes, et lorsque les fusées extérieures et les boutons de manivelles nécessitent un porte-à-faux considérable des supports. On peut remédier à cet inconvénient en montant l'essieu sur ses fusées, disposition qui présente quelques difficultés lorsqu'elles sont extérieures aux roues. Une disposition plus commode, dans tous les cas, consiste à soulager les pointes du tour d'une partie du poids de l'essieu et des roues, en faisant reposer le premier en son milieu sur un support spécial monté sur un ressort dont on règle la tension suivant le cas, de manière à ne jamais faire supporter aux pointes un effort trop considérable. Le support d'ailleurs doit pouvoir se prêter à de petites irrégularités de diamètre, les parties centrales des essieux n'étant pas toujours exactement centrées[2].

[1] *Organ*, etc., 1867, p. 7.

[2] *Id.*, p. 152.

Tournage des roues. — C'est la partie du service d'entretien la plus importante. Nous avons signalé (366) les difficultés que présente le tournage des bandages en acier ou en fer cémenté qui ont subi l'action des freins. Quoique, pour d'autres considérations, nous ayons engagé l'ingénieur à proscrire dans ces circonstances l'emploi des bandages ou des roues en acier, il nous paraît intéressant de rappeler que, pour enlever la croûte durcie qui résiste complétement à l'action de l'outil en acier, on se sert de meules en pierre pour user les parties à enlever. — La surface de ces dernières doit être dure et unie ; dans les meules à texture poreuse, la boue métallique produite par son action sur le bandage ne tarde pas à remplir les cavités et à former une surface lisse sans action sur la pièce à travailler [1].

L'emploi de bandages mixtes en fer et acier trempé amena le Great Western Railway à construire des tours à meules qui sont actuellement employés au rafraîchissage des bandages de toute espèce. Les meules sont montées sur des porte-outils analogues à ceux des tours ordinaires, de manière à pouvoir se déplacer latéralement et perpendiculairement, et reçoivent par l'intermédiaire de courroies un mouvement très-rapide de sens contraire à celui de la roue à travailler. Le rafraîchissage ainsi effectué est, pour des bandages faciles à tourner, moins économique que par la méthode ordinaire ; mais il n'en est plus de même lorsque les surfaces ont acquis une certaine dureté. Enfin il existe aux ateliers de Swindon un tour à meules construit par M. Armstrong sur le même principe que les tours doubles de Witworth, et qui présente, quel que soit le cas, une supériorité réelle, au point de vue économique, sur les tours à burins [2]. En présence de ces divers résultats, nous pensons que la question mérite un examen sérieux de la part des ingénieurs chargés de l'entretien du matériel roulant ; il est désirable que de nou-

[1] *Organ für die Fortschritte des Eisenbahnwesens*, 1866, p. 43. — Description d'un tour à meules fonctionnant dans les ateliers de réparation des voitures du chemin de Cologne à Minden.

[2] *Engineering*, 21 déc. 1866, p. 476.

velles expériences viennent bientôt fixer d'une manière certaine l'opinion des praticiens à ce sujet.

Les tours à roues seront accessibles par des voies spéciales reliant directement le parc à ces outils sans traverser l'atelier — si faire se peut.

La surface occupée par ces différentes machines peut être estimée comme suit [1] :

2^{mq},00 pour une machine à poinçonner.
15 ,80 pour un grand tour à grandes roues motrices de locomotives.
10 ,70 pour un tour pour petites roues de machines.
7 ,20 pour les tours à roues de wagons.
5 ,04 pour un tour à fileter avec support, de 4^{m},20 de long.
3 ,78 pour un autre tour à fileter.
3 ,78 pour un tour de 0^{m},30 de hauteur de pointes.
3 ,15 pour un tour de 0^{m},27 de hauteur de pointes.
2 ,16 pour un tour de 0^{m},21 de hauteur de pointes.
2 ,16 pour un tour, avec plateaux en bois, de 0^{m},21 de hauteur de pointes.
8 ,19 un grand tour à supports, pointes, à fileter.
4 ,89 un autre tour à supports, plateaux en bois.
15 ,12 pour une machine à raboter de 4^{m},35 de longueur de banc.
2 ,02 pour une petite machine à raboter.
2 ,97 pour un étau limeur avec mouvement circulaire.
0 ,81 pour une machine à fraiser.
1 ,35 pour une grande machine à percer.
2 ,97 pour une machine à aléser les coussinets de boîtes à graisse.
2 ,18 pour une machine à aléser les cylindres de machine.
2 ,52 pour une machine à tarauder.
5 ,76 pour une grande machine à raboter verticale.
1 ,08 pour une petite machine à raboter verticale.
3 ,60 pour une petite presse hydraulique à caler les roues.
9 ,00 pour un ventilateur alimentant douze feux de forges.

D'après le même auteur, la force absorbée en chevaux-vapeur est de :

0^{ch},75 à 1^{ch},25 pour un grand tour à roues motrices.
0 ,50 à 0 ,75 pour un tour à roues de wagons.
0 ,30 pour un tour à grosses pièces.

[1] *Der Strassen und Eisenbahnbau*, M. Becker, 10e partie. 1855.

$0^{ch},20$ à $0^{ch},25$ pour un tour à petites pièces.
0 ,30 pour une grande machine à raboter.
0 ,40 pour une grande machine à raboter verticale.
0 ,30 pour une grande machine à percer.
0 ,40 pour une grande machine à aléser les cylindres.
0 ,50 pour un ventilateur (1200 à 1400 tours par minute).

La résistance de la transmission absorbe environ 10 pour 100 de la force totale.

410. **Appareils pour la fabrication des roues.** — Nous n'entendons parler ici que de la fabrication des roues en fer laminé et moyeu en fonte, en rappelant que nous en avons distingué deux espèces particulières (383) : les roues sans faux cercle et les roues à faux cercle. Dans l'un comme dans l'autre cas, la première opération consiste, ainsi que nous l'avons vu, dans le cintrage des rais, lesquels, entaillés à leurs extrémités, sont introduits dans un moule spécial et portés à la fonderie, où s'effectue le coulage du moyeu (398). De là, la pièce passe à l'ajustage, où le moyeu s'alèse et les faces se dressent. Le centre de roue ainsi travaillé revient à la forge, où l'on effectue le dressage des bras, la rivure des secteurs, le soudage des coins ou la pose du faux cercle, suivant le cas, et, enfin, l'embattage du bandage. Ces diverses opérations nécessitent, dans l'atelier spécial réservé à ce genre de travail, l'installation des outils et appareils suivants :

Machine à cisailler les barres de longueur,
Forme et mandrin pour cintrer les rais,
Petite machine à cintrer,
Forge à un ou deux feux pour chauffer les rivets et souder les coins ou le faux cercle,
Enclumes,
Matrice pour souder les coins,
Fosse à embattre les bandages,
Grue pour manœuvrer les roues montées pendant l'embattage,
Presse hydraulique pour caler les roues sur les essieux, avec sa grue à chariot [1],

[1] Nous avons donné — 365, p. 247 — le détail de cette opération pour

Feu de forge circulaire pour enlever les bandages,

Four à réchauffer les barres droites,

Four à réchauffer les bandages mandrinés.

Les bandages sont généralement livrés prêts à embattre par les usines de production. Cependant, quelques ateliers reçoivent des barres droites profilées, les cintrent, les mandrinent et les soudent.

Ces diverses opérations demandent l'installation suivante :

Un four à réchauffer à proximité de la machine à cintrer et mandriner horizontale ou verticale,

Un feu de forge,

Un marteau-pilon de 4 à 500 kilogrammes,

Des grues à volée pour la manœuvre des pièces.

Bien que la fabrication des bandages en acier fondu semble devoir prendre une extension toujours plus considérable, elle n'arrivera cependant pas, selon toute apparence, à remplacer les bandages en fer aciéreux, qui peuvent, sans inconvénient, supporter l'action prolongée des freins.

Aussi compléterons-nous ce qui précède par les indications suivantes, extraites d'un mémoire de M. Pinat, sur le soudage des cercles-bandages de roues pour locomotives, voitures et wagons [1].

Le soudage des bandages rencontre deux difficultés : un bon chauffage, — un forgeage normal au joint. Pour vaincre la première, on a construit à Allevard un appareil particulier consistant en un foyer établi dans un vide à trois pointes en étoile. Dans ce foyer brûle la houille en talus incliné à 45°, frappé horizontalement par le vent de trois tuyères. L'enceinte réfractaire enveloppant le vide triangulaire est recouverte par un bouchon mobile, qui permet d'introduire dans le foyer les bouts du bandage à souder. Avant de l'y placer, on ouvre le bandage avec une barre d'écartement, et on intercale dans le joint une

le montage des roues de locomotives ; pour les roues de wagons, la pression ne dépasse pas en général 20 000 à 30 000 kilogrammes.

[1] *Mémoires et comptes rendus des travaux de la Société des ingénieurs civils.* 1859.

mise de fer doux. — Ainsi disposé, le joint placé au centre de l'étoile, le couvercle en place, on donne le vent. La chaude dure de quinze à dix-huit minutes.

Le forgeage commence dans le foyer. — Pour cela, le bandage ayant été forcé de s'ouvrir au moyen de la barre d'écartement placée suivant un diamètre, quand on juge la chaleur des amorces suffisante, on fait tomber la barre d'écartement, et les deux bouts se serrent par l'élasticité du bandage. Puis, avec un fort tendeur à rochet, on serre encore le bandage, en rapprochant de plus en plus les surfaces du joint toujours maintenues dans le foyer. Ensuite le bandage entier est placé sous un marteau-pilon qui frappe suivant le diamètre perpendiculaire à celui de la soudure, pendant que trois frappeurs contre-forgent au marteau à main. On enlève à la tranche tout ce qui peut avoir été altéré au feu, en conservant le noyau de la soudure.

Le bandage est alors porté à la forge ordinaire, où les vides sont remplis au moyen de deux mises-liens soudées à chaude portée sur les faces verticales du cercle.

L'outillage précédemment décrit suffit amplement à ces diverses opérations.

411. **Appareils pour la fabrication des ressorts.** — Les explications données sur la méthode de fabrication des ressorts (362-381) sont suffisantes pour n'avoir pas à y revenir ici. En voici l'outillage :

1 Cisaille,

1 Laminoir,

1 Petite machine à percer,

1 Machine à fentes et étoquiaux,

1 Machine à poinçonner,

1 Machine à cintrer les feuilles,

1 Bassin à tremper,

1 ou 2 Grosses meules,

1 Marbre en fonte de 1 mètre de long, 1 mètre de large, et $0^{m},040$ d'épaisseur, monté sur châssis, avec armoire pour les ajusteurs,

1 Tas en fer aciéré, avec entailles pour dégauchir les feuilles,

1 Marteau en acier fondu à panne transversale, du poids de 2k,300,

1 Paire de tenailles pour ajusteur,

Etaux d'ajusteur,

1 Four à réchauffer les extrémités des feuilles,

1 Four à tremper,

1 Four à recuire,

1 Presse à essayer les ressorts.

Four à chauffer les feuilles. — Il est important d'avoir la plus complète égalité de température dans toutes les parties du four, et cette condition exige la construction de fours spéciaux, à voûte très-surbaissée, la grille étant placée parallèlement à la plus grande dimension de la sole; la flamme s'échappera par un certain nombre de carnaux également espacés, les deux extrêmes ayant une section un peu plus grande que les autres, afin de forcer la flamme à y passer et à chauffer ainsi les parties les plus éloignées. Les feuilles s'introduisent par deux portes latérales placées à chacune des extrémités du four, sur les petits côtés, et se posent sur la sole, parallèlement à la longueur de la grille. Le recuit peut se faire dans le même four, au-dessus de la grille, au moyen de petites ouvertures laissées à l'une des extrémités de celle-ci.

Nous ne connaissons pas encore d'application du système de chauffage et de recuit dans les bains métalliques, appliqués avec tant de succès par M. Limet à la fabrication des limes et des outils.

Four à recuire. — D'autres fois, au contraire, un four spécial se trouve affecté à cette opération. Ce sera généralement un four en tôle et fonte, ouvert à ses deux extrémités pour permettre à deux ouvriers d'introduire deux feuilles à la fois. La grille, longue et étroite, formée par quatre barreaux, reçoit une couche de coke brûlé par un courant d'air forcé.

Presse à essayer. — Nous avons indiqué (362) les divers systèmes de presses employés à cet usage, — presse à vis, presse à vapeur.

412. **Appareils pour la fabrication des tubes.** — L'entretien

et la réparation de la partie tubulaire des chaudières et locomotives demandent une installation spéciale. Nous avons vu (IIe part., ch. I, § IV) que l'on pouvait estimer de 250 000 à 300 000 kilomètres le parcours d'un tube ; d'où il suit que, pour une machine faisant annuellement un parcours de 30 000 kilomètres, dont la garniture comprend 180 tubes, un renouvellement complet devient nécessaire au bout de huit à neuf années de service.

Ce travail demande trois opérations distinctes :

1° Le démontage de la partie tubulaire ;

2° La réparation des tubes ;

3° Le montage de la nouvelle garniture.

Nous rappellerons en quelques mots les principales conditions de ce travail.

1° *Démontage des tubes.* — Comprend deux opérations : l'enlèvement des viroles et l'enlèvement des tubes.

Si les viroles sont peu adhérentes, on peut employer le chasse-virole à tringle ; dans le cas contraire, il faut avoir recours à l'action du burin. Nous avons vu (356) l'inconvénient de ce mode d'enlevage, auquel on devra préférer l'appareil de M. d'Erlach, consistant en un boulon à talon, divisé, suivant sa longueur, en deux parties que l'on introduit séparément dans le tube, et que l'on réunit ensuite ; un écrou avec bague, appuyant sur la plaque tubulaire, permet de faire avancer le boulon dont le talon ramène la virole ; on ménage ainsi l'extrémité du tube, et l'on n'ébranle pas les joints des tubes environnants.

L'enlèvement des tubes demande les plus grandes précautions. Il se trouve facilité par la différence de diamètre de trous des deux plaques tubulaires (356). Lorsque cette différence n'est pas suffisante, il est nécessaire de *tréfler* le tube du côté de la boîte à feu, pour aider la sortie, et cette opération compromet à la fois, non-seulement l'extrémité du tube lui-même, mais, quelquefois aussi, le trou de la plaque tubulaire, lorsque l'opération n'est pas faite avec le plus grand soin.

Après avoir fait avancer le tube de quelques centimètres, à

l'aide du mandrin chasse-tube, on fixe, à l'extrémité libre, une corde sur laquelle on tire au moyen d'un treuil.

Sur le chemin rhénan, on fait usage d'un instrument spécial, espèce de pince-tenaille dont les longues branches aboutissent, par l'intermédiaire de deux bielles, à un levier dont le point de rotation se fixe aux parois de la boîte à fumée. En imprimant un mouvement de va-et-vient au levier, on fait avancer le tube d'une certaine quantité [1].

Quant à la méthode encore employée de faire tirer les tubes par une machine ou un wagon lourdement chargé et lancé à une certaine vitesse sur la voie, il faut en proscrire l'usage, comme tout à fait nuisible à la conservation de la plaque tubulaire et des assemblages des tubes environnants.

2° *Montage des tubes*. — Nous avons exposé (356) la manière de procéder à cette opération et quelles sont les précautions à prendre pour la mener à bonne fin. La longueur exacte des tubes doit être déterminée par un montage provisoire, après lequel les extrémités, coupées de longueur, sont recuites dans un petit fourneau spécial, afin qu'on puisse les rétreindre, les emboutir et les mandriner, sans craindre d'altérer la résistance du métal. Dans le recuisage, il faut avoir soin d'enduire de suif les parties exposées au feu, afin d'égaliser la température et d'éviter les coups de feu.

Dans les ateliers de Crewe, on coupe les tubes sur place au moyen d'un outil spécial, imaginé par M. Romsbottom. Il se compose d'une tige dont l'extrémité, parfaitement tournée suivant le diamètre intérieur des tubes, sert de guide à un couteau attaché à un levier articulé sur la tige et pressé contre la surface intérieure du tube par un ressort. Un arrêt qui vient buter contre la plaque tubulaire fixe la position de la tige dans le tube ; il ne reste plus qu'à lui imprimer, au moyen de la poignée qui la termine, un mouvement de rotation pour couper le tube exactement à la longueur convenable [2].

[1] Voir l'*Engineer*, 16 février 1866.

[2] *Organ der Fortschritte des Eisenbahnwesens*, 1867, 2e cahier.

Le tube une fois monté définitivement, on place la virole, qui doit pouvoir entrer à la main sur un tiers de sa longueur, et on la chasse avec le chasse-virole.

3° *Réparation des tubes.* — La première opération à faire subir aux tubes est le *décapage*. Tantôt on les plonge, pendant douze à dix-huit heures, dans un bain acide contenant environ 20 parties d'eau en poids pour 1 d'acide chlorhydrique du commerce ; puis on les rince à l'eau. Si l'on veut leur donner l'aspect de tubes neufs, il suffit de les plonger alors pendant quelques instants dans de l'acide chlorhydrique non étendu, après quoi on les rince de nouveau en les frottant avec un linge imprégné de sable. Comme il peut arriver que des traces d'acide persistent après ce chlorage, ce qui produirait l'oxydation ultérieure du métal, on fait chauffer le tube en le suspendant verticalement pendant quelques instants au-dessus d'un fourneau à coke. A chaque opération, on renouvelle le bain acide, et, lorsque les sédiments commencent à former une couche d'une certaine épaisseur, on nettoie le bassin après l'avoir vidé et, avec un peu de calcaire, neutralisé les résidus avant de les lancer dans les égouts.

Plus généralement, et lorsque les dépôts ne sont pas très-adhérents, on se contente de les enlever par le choc et le frottement des tubes les uns contre les autres, en les introduisant dans une sorte de tambour cylindrique rempli d'eau, auquel on imprime un mouvement de rotation autour de son axe. On arrive, par ce moyen, à un nettoyage tout aussi complet, et on évite l'emploi du bain acide, qui nuit toujours plus ou moins à la conservation des tubes.

Après le décapage, on peut classer les tubes en deux catégories : les uns, jugés irréparables, sont mis de côté ; les autres se trouvent simplement hors de service par suite de déchirures ou écrasement des extrémités, soit pour défauts ou ruptures. Dans tous les cas, on recèpe les mauvais bouts à la scie circulaire, on les dresse sur le poteau, et on fait revenir au marteau et au mandrin les bosses et enfoncements. Cela fait, à l'aide d'une presse hydraulique, on les essaye à 20 atmosphères, afin de mettre en évidence les défauts qu'ils pourraient encore présenter.

Si le tube, après cette opération, est reconnu bon, on arrondit l'extrémité, qu'il convient de raboutir en la forçant sur un mandrin ; puis, on la soumet à l'action de la fraise montée sur le tour. Les bouts de raboutissage, préparés à l'avance, sont classés méthodiquement dans des étagères. Avant le montage, on rafraîchit les parties à souder par deux ou trois tours de fraise à main, et on donne un léger coup de lime sur l'extrémité du tube, un peu au-dessus de la pénétration, pour permettre à la soudure d'adhérer extérieurement en augmentant la solidité de l'opération. L'extrémité raboutie devant se trouver montée du côté de la boîte à fumée (afin d'égaliser l'usure du tube), il s'ensuit que, pour que la saillie intérieure du joint ait le moins d'influence possible sur le tirage, il faudra faire pénétrer le tube dans le bout de raboutissage. On maintient les deux parties en place à l'aide d'une tringle munie de deux rondelles échancrées, d'un écrou à manche et d'un ressort à boudin qui cède sous la pression du tube, lorsque celui-ci se dilate par suite de l'élévation de température.

Dans les ateliers de Witten (Bergisch-Markische-Eisenbahn), le tube à souder est maintenu verticalement par un support spécial au-devant du four. Le support soutenant le petit bout, le tube le plus long pèse de tout son poids sur le joint, l'action de la pesanteur remplaçant ainsi la pression du ressort dont nous venons de parler.

Quand l'opération est terminée, on ébarbe la soudure mécaniquement, à la fraise ; on redresse le tube une seconde fois s'il est nécessaire, et on le soumet à l'essai sous la pression de 20 atmosphères ; puis, on le classe d'après son poids (356).

L'atelier de réparation des tubes devra donc contenir :

1 Scie circulaire pour receper les tubes ;

1 Balance ;

1 Presse hydraulique pour essayer les tubes ;

1 Tour recevant alternativement les différentes fraises ;

Des établis garnis chacun d'un étau et ayant comme annexe un poteau à rouleau pour soutenir les tubes ;

1 Fourneau à chalumeau pour le soudage, ayant comme annexe un treuil horizontal pour le levage des tubes;

1 Chevalet pour le redressage des tubes;

2 Auges à décaper, en bois de chêne, de la contenance de 1 500 litres, placées en dehors du bâtiment, pour que les vapeurs acides ne gênent pas les ouvriers;

1 Cylindre horizontal à rotation pour le nettoyage des tubes;

1 Fourneau de dessiccation des tubes décapés.

Tubes en fer. — Nous avons vu (chapitre Ier, § III, 356) que l'emploi des tubes en fer tend à se généraliser dans certaines contrées[1]. Leur entretien nécessitera une installation particulière.

Comme pour les tubes en laiton, l'usure se produit principalement du côté de la boite à feu, et les tubes démontés peuvent être également classés suivant leur état en un même nombre de catégories distinctes.

Le raboutissage des tubes en fer présente plus de difficultés que celui des tubes en laiton. La soudure des bouts peut se faire par deux procédés différents : brasure ou soudure directe. L'emploi de la brasure ne donne pas toujours de très-bons résultats, et l'on a souvent remarqué que les tubes raboutés par ce procédé s'amincissent promptement à l'endroit du joint, effet que l'on doit sans doute attribuer en partie à l'action galvanique résultant du contact des deux métaux. Le raboutissage par soudure directe, employé, depuis quelques années, sur les lignes du Hanovre, semble jusqu'ici devoir donner des résultats plus satisfaisants. Cette opération exige :

1° Un petit feu de forge;

[1] Extrait d'un rapport de M. Prisse, ingénieur, directeur du chemin de fer d'Anvers à Gand, par Saint-Nicolas :

« Nous avons renouvelé deux foyers de cuivre; ils avaient effectué chacun un parcours de 30 859 lieues (à 5 kilomètres), tandis que le parcours moyen de nos anciens foyers de fer n'était que de 3 537 lieues.

« Il n'est pas sans intérêt de constater en même temps qu'à l'inverse de ce qui a lieu pour les foyers, l'emploi du fer pour les tubes des locomotives nous donne des résultats beaucoup plus avantageux que celui du cuivre. »

2° Un marteau très-léger du poids de 0k,250 environ;

3° Un mandrin fixé horizontalement, dont le diamètre doit être un peu inférieur à celui du tube à travailler;

4° Une matrice de même diamètre que le tube;

5° Une série de marteaux ordinaires et une enclume.

Le feu de forge, l'enclume et le mandrin se trouvent placés parallèlement à peu de distance les uns des autres, de manière à éviter de faire parcourir trop de chemin au tube, dont l'autre extrémité est suspendue par une chaîne. Le principe de l'opération est d'introduire les deux pièces à souder dans le feu de forge et de les y souder à la plus basse température possible sans les en sortir. Pour cela, le forgeron commence par amincir les bouts à réunir, en les frappant sur la pointe de l'enclume et en les élargissant un peu, afin que le soudage puisse s'effectuer sans diminuer la section du tube. Cela fait, il introduit la partie mâle dans la partie femelle préalablement chauffée, de manière que la contraction produite par le refroidissement les maintienne en contact et facilite leur manœuvre. Les parties extérieures au joint étant garnies et protégées par une couche de terre argileuse, la pièce ainsi disposée est introduite dans le feu de forge. Aussitôt qu'elle a atteint un degré suffisant de chaleur, le forgeron, par quelques coups de marteau, fait pénétrer complétement l'une dans l'autre les deux parties, et frappe ensuite doucement sur tout le pourtour du joint avec son petit marteau de 0k,250. Cela fait, on retire le tube du feu et on le dresse au marteau successivement sur le mandrin et dans la matrice[1].

413. **Machines à travailler le bois.** — Ces machines composent l'outillage de l'atelier de charronnage et de menuiserie, spécialement affecté au service du matériel roulant. Nous avons vu (378) que les parties des caisses les plus sujettes à se détériorer sont les pieds corniers, qui périssent souvent par suite de pourriture dans les assemblages inférieurs. Plus rarement on aura à remplacer des pieds intermédiaires ou des tra-

[1] *Organ für die Fortschritte des Eisenbahnwesens*, 1866, 1er cahier.

verses. Quelquefois, par suite d'un choc violent, d'un déraillement ou de quelque autre accident fortuit, une partie de la caisse se trouvera complétement défoncée et exigera un remaniement plus ou moins complet ; dans le même cas, il arrivera souvent que les traverses ou les longerons des châssis seront en partie brisés et demanderont à être remplacés. Dans les wagons à marchandises, les frises se trouvent fréquemment défoncées par le choc des pièces du chargement ou les coups de pied des chevaux dans les wagons couverts. Enfin, il arrive qu'au bout d'un certain temps les bois qui les composent se resserrent par suite de leur dessiccation, et les planches se disjoignent. Alors, pour rétablir la continuité des parois, on les rapproche en rajoutant dans le haut une pièce supplémentaire qui complète la garniture. Lorsque ces diverses pièces, pieds droits, traverses, longerons, frises, etc., ne présentent qu'une avarie locale affectant une extrémité seulement, on peut se contenter de rapporter une pièce appliquée à mi-bois ou à trait de Jupiter, en consolidant l'assemblage par des vis. On pourra également employer ce procédé pour la réparation de la longrine formant le seuil des wagons et que le frottement des marchandises ou le piétinement des chevaux et des bestiaux ne tarde pas à user au droit de la porte. Lorsque, au contraire, l'avarie sera plus considérable et principalement dans les réparations des voitures où le travail doit être nécessairement fait avec plus de soin, on devra procéder au remplacement complet de la pièce.

S'il ne s'agissait que de réparations isolées, demandant une grande variété de travail, l'outillage à la main pourrait seul répondre à ce besoin. Mais il faut remarquer qu'il se présentera tel cas où l'on devra remplacer une série d'organes de même espèce qu'il importe, ainsi que nous l'avons déjà dit plusieurs fois, de faire tous rigoureusement sur le même modèle ; d'autre part, à certaines époques de l'année, le chômage des travaux de réparation conduira nécessairement l'administration, pour occuper son matériel et ses ouvriers, à construire d'avance de nouveaux véhicules, ou à préparer des séries de pièces similaires destinées à des réparations ultérieures ; l'exactitude et la célérité d'exécution nécessiteront alors l'emploi de machines-outils.

L'outillage de l'atelier doit pouvoir, en conséquence, confectionner les divers organes entrant dans la charpente de la caisse et du châssis ; il se composera donc comme suit :

1 Scie à lames pour débiter les plateaux;
Plusieurs scies circulaires;
1 Scie à ruban;
1 Machine à rainer pour les frises;
1 Machine à percer double pour les trous des boulons;
1 Machine à rainer et à pousser les moulures droites;
1 Machine à faire les tenons;
1 Machine à mortaiser verticale;
1 Machine à mortaiser horizontale;
2 Machines à raboter,
Un certain nombre d'établis de menuisier pour les travaux à exécuter à la main.

Perçage. — Dans les machines à percer le bois, l'outil doit être disposé de manière à pouvoir être dégagé facilement; généralement il remonte au moyen d'un contre-poids.

Les outils employés sont la mèche à cuillère et la mèche anglaise. Ils doivent faire de six à sept cents tours par minute, leur avancement réglé à raison de 2 à 3 millimètres par tour.

Rabotage. — Le rabotage des pièces de bois s'effectue au moyen de lames montées sur un arbre animé d'une grande vitesse (1700 tours par minute) et au-dessous desquelles s'avance la pièce à travailler portée sur des rouleaux. En donnant aux lames un profil convenable, peut enlever à la surface de la pièce les moulures que l'on désire (machine à pousser les moulures droites). Le choc des lames sur la pièce de bois, ayant lieu simultanément sur toute la longueur de l'outil, produit des vibrations qui nuisent à la régularité du travail, lorsque les dimensions des pièces sont un peu considérables. La machine à corroyer les bois de M. Maréchal obvie à cet inconvénient par l'emploi de lames héliçoïdales et présente, en outre, l'avantage de rejeter en dehors les copeaux à mesure de leur production. Des dispositions ingénieuses permettant d'abaisser l'outil à la distance voulue pour enlever sur la pièce à raboter l'épaisseur de matière nécessaire, et d'aiguiser les lames sans les démonter, au moyen d'un affutoir annexé à l'appareil, rendent l'emploi de cette machine très-avantageux [1].

Enfin, nous recommandons l'usage de la machine à raboter sur quatre faces à la fois, appliquée avec succès dans les ateliers de construction du matériel roulant du chemin de fer de l'Est, à Montigny.

Fabrication des modèles. — L'atelier des modèles ne possède qu'un outillage relativement peu important; quelques tours et des établis de menuisier suffisent à tous les travaux qui s'y exécutent.

Le moulage des pièces et leur bonne exécution demandent un soin tout particulier. Aussi croyons-nous devoir rappeler ici les principales conditions de ce travail.

Le choix des matériaux présente une grande importance. Le bois doit pouvoir se travailler facilement dans tous les sens, donner des surfaces bien unies; il sera parfaitement desséché avant son emploi, sans quoi le modèle se fend ou gauchit après exécution et devient bientôt hors de service. Le sapin du Nord est le meilleur à employer pour le corps des modèles ordinaires; le chêne peut être réservé pour les pièces de consolidation; le sapin, le tilleul et le platane conviennent également à la confection des objets tournés de grande dimension; le noyer servira aux petites pièces travaillées au tour.

La nécessité de racheter les effets du retrait du métal fondu conduit à donner aux modèles des proportions telles, qu'après le refroidissement les pièces soient ramenées aux dimensions voulues. Ce retrait varie suivant la forme et les dimensions des objets, suivant la qualité et la nature de la fonte, quelquefois aussi suivant le mode de moulage; il descend rarement au-

[1] Voir les dessins et la description de cet appareil dans la *Publication industrielle*, etc., Armengaud, 15e vol., p. 352.

dessous de $0^m,007$ par mètre, et atteint accidentellement jusqu'à $0^m,015$ et plus.

Dans la plupart des ateliers on apporte une compensation aux effets du retrait de la fonte, par une addition de 0,009 à 0,010 aux cotes principales des modèles, quand les pièces sont de formes et dimensions ordinaires, de 0,007 à 0,008, quand les surfaces sont grandes et leur épaisseur relativement faible.

Les fontes de première fusion et celles de deuxième fusion composées de fonte de première à retrait très-prononcé donnent un retrait beaucoup plus marqué que les fontes de deuxième fusion ordinaires.

Les fontes noires ou très-grises prennent moins de retrait que les fontes grises ordinaires, et les fontes truitées plus que ces dernières et moins que les blanches. Ainsi, en supposant la valeur de la contraction égale à 0,008 ou 0,009 avec les premières, elle sera successivement pour les suivantes de 0,009 à 0,010, 0,010 à 0,012 et 0,012 à 0,015 et plus pour les dernières.

L'enlèvement du modèle, après le moulage, exige un certain évasement des parties verticales. Cette *dépouille* doit être plutôt forte que faible quand la forme rigoureuse des pièces ne s'oppose pas à un peu d'exagération.

Enfin il importe de mettre un soin tout particulier dans les joints des pièces qui composent un modèle, afin d'éviter les déformations ultérieures. On emploie, pour cette jonction, des pointes sans tête ou des vis; mais il faut proscrire l'usage de la colle. Lorsque la pièce atteint de grandes dimensions, on la consolidera par des tirants et des équerres en fer.

414. **Observation**. — Comme résumé des indications précédentes, nous terminerons ce sujet par deux exemples de l'outillage complet d'un atelier de réparation ; l'un d'eux étant applicable à un atelier complet, l'autre à un atelier installé en vue de la réparation des locomotives et tenders et des roues du matériel de transport.

LISTE DE L'OUTILLAGE D'UN ATELIER DE RÉPARATION POUR UNE LIGNE POSSÉDANT ENVIRON 80 MACHINES ET 3 000 WAGONS.

Forge.

26 Feux de forge;
1 Four à souder pour employer les riblons;
1 Four à tremper les ressorts avec ses accessoires;
1 Four à souder les bandages desservi par une grue;
1 Marteau à vapeur de 500 kilogrammes;
1 Marteau à vapeur de 2 500 kilogrammes;
1 Machine à poinçonner;
1 Machine à cisailler;
1 ou 2 Meules à aiguiser.

Atelier des roues.

2 Feux à embattre les bandages avec accessoires;
1 Presse hydraulique pour caler les roues;
2 Machines à percer les bandages.

Ajustage.

2 Tours pour roues motrices de locomotives;
4 Tours pour roues de support de locomotives;
(Avec l'emploi de bandages en acier, ce nombre est exagéré.)
20 Tours divers, tours ordinaires, tours à plateaux, à pointes;
5 Machines à raboter, de diverses grandeurs (de $0^m,63$ à $3^m,65$);
8 Machines limeuses;
2 Machines à raboter verticales de diverses grandeurs;
1 Grande machine à percer radiale;
6 Machines à percer verticales de diverses grandeurs;
2 Machines à mortaiser, à forer ou à fraiser;
3 Machines à fileter;
1 Machine à tailler les écrous;

1 Machine à tarauder ;
3 Meules à aiguiser.

Chaudronnerie.

2 Feux de forge ;
1 Machine à cisailler et à poinçonner (grande) ;
1 Machine à cisailler et à poinçonner (petit modèle) ;
1 Machine à cintrer les tôles ;
2 Machines à percer verticales ;
1 Meule à aiguiser.

Montage des machines.

28 Places de montage dont 10 avec fosses pour descendre les roues montées sur essieux ;
Grue roulante pour levage des locomotives et tenders ;
4 Petits feux de forge ;
2 Meules à aiguiser ;
2 Petites machines à percer ;
1 Pompe à essayer les chaudières ;
1 Manomètre à mercure à air libre ;
Etablis d'ajusteur ;
1 Pont à bascule pour vérifier la charge des ressorts ;
1 Machine à molette pour broyer le minium.

Montage des wagons.

Feux de forge, appareils de levage et établis d'ajusteur en nombre suffisant.

Menuiserie.

2 Scies circulaires de différentes grandeurs ;
3 Scies à rubans de différentes grandeurs
1 Grande machine à raboter les madriers ;
1 Machine à raboter les frises ;
2 Machines à percer et à mortaiser ;
1 Petite machine à raboter ;

1 Machine à faire les tenons ;
1 Meule avec support ;
1 Meule ordinaire.

Peinture.

1 Machine à molette pour broyer les couleurs.

Sellerie.

Etagères et tréteaux.

OUTILLAGE D'UN ATELIER DE RÉPARATION DE MACHINES DESSERVANT UN RÉSEAU DE 600 KILOMÈTRES.

Forge.

1 Marteau-pilon ;
2 Forges à boulons ;
15 Feux de forge doubles ;
1 Marbre ;
1 Machine à arrondir les bandages ;
1 Grande cuve à bandages ;
1 Grand four à bandages ;
1 Petit four à bandages ;
1 Petite cuve à bandages ;
1 Grue desservant les fours à bandages ;
1 Presse à caler les roues ;
1 Machine à percer radiale ;
1 Forge à souder les mises ;
1 Ventilateur pour les forges ;
1 Chaudière à vapeur (30 chevaux) ;
1 Four à souder ;
1 Grue desservant le marteau-pilon.

Ajustage.

2 Chaudières, dont une de réserve ;
1 Machine à vapeur de 30 chevaux ;
2 Marbres ;

6 Meules à aiguiser ;
1 Tour parallèle ;
1 Tour à fileter ;
1 Tour à essieux coudés ;
3 Petits tours à fileter ;
2 Tours à banc rompu et à fileter ;
3 Tours à chariot ;
6 Tours parallèles à fileter ;
2 Tours à boulons ;
1 Tour à cuivre ;
1 Tour à aléser les bandages ;
4 Tours à roues de locomotives ;
4 Tours à roues de wagons ;
1 Machine à aléser les cylindres ;
2 étaux limeurs ;
6 Machines à raboter, de diverses grandeurs ;
6 Machines à tarauder ;
10 Machines à percer ;
7 Machines à mortaiser.

§ III.

ALIMENTATION DES MACHINES.

415. **Conditions générales.** — Sous la désignation d'*alimentation des machines*, nous comprenons tout le service de ravitaillement des locomotives en activité. L'objet du présent paragraphe est d'étudier :

1° Les matières consommées ;
2° Leurs qualités ;
3° Les installations propres à la distribution de ces matières.

Le travail industriel d'une machine locomotive, c'est le produit de l'effort à vaincre, multiplié par le chemin parcouru dans l'unité de temps (339).

Ce travail résulte d'une série de transformations mécaniques par lesquelles passe le travail de la vapeur, qui en est l'origine ; il dépend de la faculté de vaporisation de la chaudière et de l'état du mécanisme. De là ressortent deux conditions de bon fonctionnement :

a. Production de vapeur en quantité et sous une pression suffisantes, dépendant de l'étendue de la surface de chauffe et de l'activité de la combustion ;

b. Maintien du mécanisme en activité avec la moindre perte de travail par frottements.

A la première, on fait face en consommant de l'*eau* et du *combustible*. La seconde est satisfaite si, d'une part, l'on conserve aux pièces du mécanisme les positions assignées dans le tracé géométrique de la machine, et, de l'autre, en lubrifiant avec soin les parties frottantes, c'est-à-dire en interposant des matières spéciales propres à empêcher le développement de chaleur — (perte de force et destruction), — qui ne manque pas de se produire par le travail des molécules mises instantanément en contact intime dans les mouvements du mécanisme. — Cette condition motive l'emploi des matières lubrifiantes, des *corps gras*.

Quantités consommées. — Toutes les machines ne font pas la même dépense ; toutes choses égales d'ailleurs selon qu'elles marchent plus ou moins vite, elles consomment plus ou moins de combustible, plus ou moins d'eau, plus ou moins de matières grasses.

Veut-on se rendre compte par le calcul de la quantité de vapeur nécessaire à la marche d'une machine et, par conséquent, des quantités d'eau et de combustible? on arrive à des chiffres très-inférieurs à ceux que donne la réalité, par suite des pertes d'eau entraînée par la vapeur, de chaleur par les parois de l'appareil et par les gaz expulsés. — Force nous est d'avoir recours aux résultats empiriques que fournit la pratique.

On a vu (349 — *Observation générale*) que pour une tonne d'adhérence la surface de chauffe varie de 8 à 10 mètres carrés dans les machines rapides, et de 3 à 4 mètres carrés dans les machines lentes; autrement dit, de la comparaison des différents types de machines actuellement en circulation, il résulte que l'on donne *en moyenne* :

Aux machines rapides........	100	mètres carrés de surface de chauffe.
Aux machines mixtes........	120	—
Aux machines à marchandises.	180	—

Or l'expérience nous apprend : 1° que la quantité d'eau vaporisée par mètre carré et par heure varie entre 40 kilogrammes dans les premières machines et 20 kilogrammes dans les secondes; 2° que la consommation de 1 kilogramme de houille, correspondant à l'évaporation de 8 kilogrammes d'eau, fait passer, durant le parcours d'un kilomètre, 7 kilogrammes de houille dans le foyer des machines rapides, et 18 kilogrammes dans les fortes machines à marchandises; 3° enfin que la lubrification du mécanisme réclame l'emploi de 10 à 20 grammes de matières grasses dans les mêmes circonstances.

Il nous est donc permis d'établir approximativement le tableau suivant:

TYPES de MACHINES.	VITESSES moyennes		SURFACES de chauffe		CONSOMMATIONS					
					en eau		en houille		en matières grasses	
	en kilom. à l'heure.	en mètres par seconde.	par tonne d'adhérence.	Totale.	par heure.	par kilom.	par heure.	par kilom.	par heure.	par kilom.
			m. car.	m. car.	kg.	kg.	kg.	kg.	kg.	kg.
Express	60	16,666	9	100	3500 à 4000	58	420	7	1,2	0,020
						66	480	8	»	»
Mixtes......	40	11,111	6	120	3000 à 3600	75	360	9	»	»
						90	440	11	»	»
Marchandises	25	6,944	5,6	480	2700 à 3600	108	325	13	»	»
						144	450	18	»	»

Ainsi, d'après la nature de leur service, les machines emportant du point de départ leur provision d'eau, de combustible et de matières grasses, ne peuvent fournir qu'un certain parcours, au bout duquel il est nécessaire de renouveler leur approvisionnement.

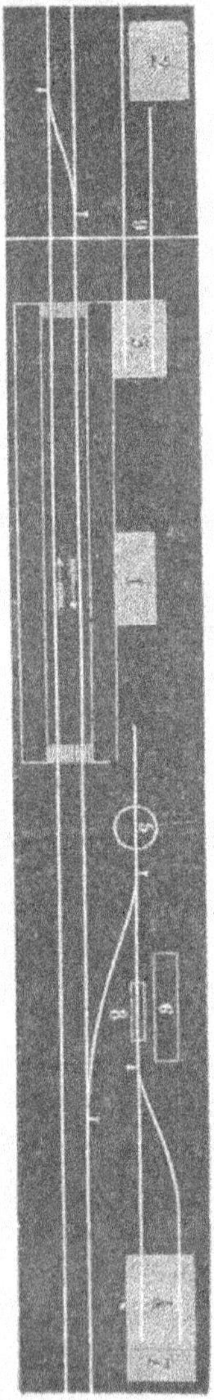

Fig. 314. Station de dépôt.

1. Bâtiment des voyageurs. 2. Hangar à marchandises. 3. Remise de voitures. 4. Remise de locomotives. 5. Grande plaque tournante. 6. Quai à combustible et colonne alimentaire. 7. Magasin et réservoir. 8. Fosse à visiter. 9. Chariot transbordeur.

C'est dans la *station de dépôt* ou *d'alimentation* que s'opère ce renouvellement. L'établissement d'une station de ce genre réclame de l'ingénieur de chemin de fer une étude attentive des diverses questions intéressant à la fois le service de la locomotion et celui de l'exploitation.

Pour la locomotion, il s'agit en effet de trouver, dans la localité de la station projetée, de l'eau en quantité correspondant à la consommation présumée, et de qualité convenable pour la production économique de la vapeur et la conservation des appareils de vaporisation.

Il faut aussi que les dispositions soient prises pour que les machines puissent faire leur ravitaillement avec le moins de perte de temps possible et sans fausse manœuvre.

En ce qui touche l'exploitation, nous avons à distinguer deux cas : la station de dépôt, — la station d'alimentation. — Dans la première, avons-nous vu [1], les installations du service de la locomotion sont groupées sur un point de la station qui

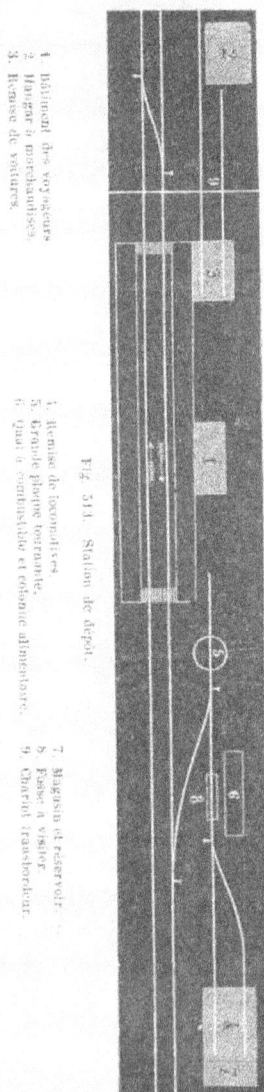

1 Ire part., 2e vol., p. 269 et suiv.

ne paraît pas devoir être envahi par les développements ultérieurs du service des marchandises ou des voyageurs. La figure 513 représente une station de cette classe remplissant les conditions que nous venons de rappeler.

Le service de la locomotion trouve dans cette disposition toutes les installations nécessaires à l'alimentation et à l'appropriation des machines soit au départ, soit à l'arrivée : — En prenant son combustible en 6, la machine renouvelle son eau à la colonne alimentaire annexée, et, au moyen de la fosse à visiter 8, elle nettoie sa grille, passe la revue du mécanisme intérieur et fait le graissage.

Dans le cas dont il s'agit, le ravitaillement de la machine est complet : eau, — combustible, — matières grasses.

Les dispositions ne sont pas toujours semblables à celle de la figure 513. On réunit souvent dans un bâtiment particulier toutes les parties qui sont relatives à l'approvisionnement des

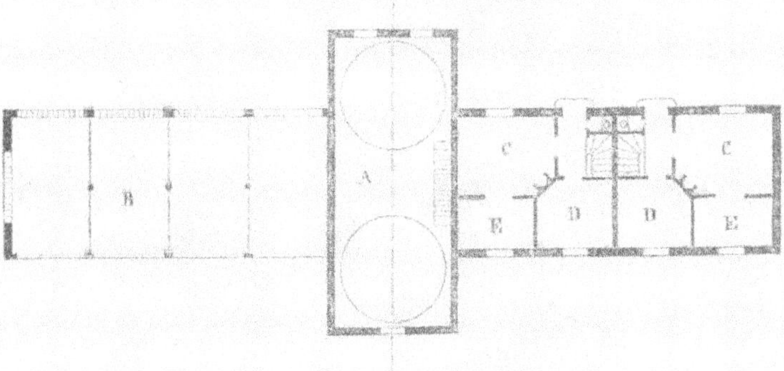

Fig. 514. Magasin et réservoir. (Franz.-Joseph ; Autriche.) Échelle $\frac{1}{100}$.

machines. La figure 514 nous renseigne sur une installation qui présente certains avantages, surtout lorsque le service des magasins est distinct de celui de la traction.

A. Bâtiment des réservoirs et de la machine alimentaire.

B. Hangar à combustible.

C. D. E. Habitations d'un garde-magasin et d'un mécanicien chauffeur. Ce bâtiment, qui doit être accessible par une voie au moins pour recevoir le combustible, peut prendre place à l'extrémité du quai de ravitaillement.

Le second cas s'applique à une simple station d'alimentation. Ici, la machine ne vient généralement que renouveler sa provision d'eau. L'installation réclamée pour ce service est plus simple que la précédente. Il suffit d'un appareil versant de l'eau dans le tender.

La construction de cet appareil est subordonnée à plusieurs exigences énumérées au paragraphe 1 du chapitre VIII du service de la voie. Il peut tantôt consister en un robinet adapté au réservoir R construit à l'extrémité du trottoir de la station (fig. 310), disposition commode pour l'alimentation, mais gênante pour le service et la surveillance de la gare (Ire partie). Tantôt l'eau est versée dans le tender au moyen d'un tuyau se détachant d'une colonne G reliée au réservoir par une conduite souterraine (fig. 313, Ire part., ch. VIII).

Dans la station que représente la figure 311 (Ire part.), avec son trottoir débarrassé de réservoir, et, par conséquent, plus librement accessible à son extrémité, la surveillance est plus commode, les manœuvres plus faciles que dans la précédente.

Mais la position de la fosse à visiter vers l'extrémité du trottoir, dégagée de tout obstacle, a ses dangers pour le personnel circulant dans la gare ; aussi faut-il en éclairer l'intérieur pendant la nuit. Le bâtiment du réservoir forme une masse qui rappelle le voisinage de la fosse.

Telles sont en résumé les conditions générales d'une station d'alimentation. Mais, pour en arrêter le projet définitif, il faut s'assurer que la localité fournira constamment la quantité d'eau réclamée par le service, et que ce liquide pourra être employé sans inconvénient par les machines ; — c'est la question que nous allons examiner.

416. **Eau d'alimentation.** — L'importance de la pureté de l'eau d'alimentation, au point de vue de la durée et de l'économie du service des machines, a déjà fait l'objet de nos pressantes

recommandations. Sous l'influence de l'élévation de température, les sels maintenus jusque-là en dissolution dans l'eau se déposent et forment contre les parois de la chaudière et des tubes une croûte épaisse, persistante, parfois très-adhérente, mauvaise conductrice de la chaleur, isolant les parois du contact de l'eau, et qui amène fatalement la détérioration du métal quand la cause première, l'impureté de l'eau, n'est pas combattue. Cet effet se manifeste principalement sur les parois de la boîte à feu, autour desquelles la proximité du foyer entretient toujours une température plus élevée, qui favorise le dépôt des matières salines. Quelque soin que l'on apporte dans le nettoyage des chaudières, l'emploi d'eaux impures a pour résultat inévitable de diminuer notablement la durée des foyers, et d'occasionner par là des frais d'entretien considérables, puisque leur remplacement occasionne toujours une dépense qui peut varier de 8 000 à 10 000 francs au moins. La rupture des tubes, les déchirures fréquentes des parois du foyer, qui viennent parfois interrompre le service, et dont on ne saurait prévoir toujours les conséquences, les fuites dans le corps cylindrique de la chaudière, surtout vers la partie la plus rapprochée de l'axe de la voie, sont autant d'accidents attribuables, le plus souvent, à l'impureté de l'eau d'alimentation.

Au point de vue de l'économie d'entretien et de la sécurité du service, il importe donc d'avoir, à tout prix, de l'eau à peu près exempte de matières étrangères.

La nature de l'eau dépend généralement de la composition du sol qui la fournit ; tel cas peut se présenter où il deviendra presque impossible de se procurer de l'eau satisfaisant aux conditions demandées ; c'est alors qu'on aura recours à l'emploi d'appareils épurateurs dont l'installation, quoique très-dispendieuse, peut cependant amener, dans certains cas, une économie dans le service de l'entretien (417).

D'autres fois, on se contentera de faire usage de substances dites *désincrustantes*, que l'on introduit dans les chaudières au moment de leur mise en feu.

Il importe donc, comme on le voit, que l'ingénieur, en arrivant dans la localité, commence par examiner la qualité de l'eau qui peut lui être fournie, soit par les sources souterraines, soit par les rivières voisines, et, pour cela, nous rappellerons en quelques mots la nature des différentes eaux naturelles, les diverses substances qu'elles peuvent contenir en dissolution, et enfin, les moyens d'analyse qui pourront servir à déterminer la nature et les proportions relatives des matières nuisibles.

Composition des eaux. — L'eau, — composé binaire formé par la combinaison de deux gaz, l'oxygène et l'hydrogène, dans la proportion de 2 parties d'hydrogène pour 1 partie d'oxygène, — ne se rencontre à l'état pur qu'après avoir été distillée et, par là, débarrassée des matières qu'elle a entraînées. Les propriétés dissolvantes dont elle jouit à l'égard de la plupart des corps solides et gazeux sont cause d'une altération quelconque de l'eau, soit qu'elle ait filtré au travers des couches du sous-sol pour aller former plus loin une nappe souterraine ou venir sortir au jour en source jaillissante, soit qu'elle coule en masses plus ou moins considérables à la surface de la terre, sous forme de ruisseau, de rivière et de fleuve ; on y retrouvera toujours, en la soumettant à l'analyse, des traces de matières étrangères empruntées aux terrains qu'elle a traversés. Il est facile de s'en assurer par l'évaporation d'une quantité d'eau déterminée ; on constatera, en effet, à la fin de l'opération, l'existence d'un résidu solide plus ou moins abondant, atteignant, au minimum, de 1/10000 à 5/10000 de son poids.

Parmi les substances solides ainsi entraînées par l'eau, il faut placer en premier lieu le carbonate de chaux, dont la proportion dominante se constate facilement dans la plupart des dépôts recueillis sur les parois des chaudières. Le sulfate de chaux, moins fréquemment rencontré, apparaît cependant en proportion assez importante dans les eaux de certaines localités, et constitue alors à son tour, mais plus rarement, la majeure partie des résidus. Du chlorure de sodium, des sels de potasse et de soude, et une foule d'autres matières minérales et organiques qui accompagnent le plus souvent, mais en faible proportion, ces deux substances principales, présentent moins d'intérêt au point de vue de l'alimentation des chaudières; aussi jugeons-nous inutile de nous y arrêter, pour nous occuper immédiatement de la question capitale.

Le carbonate de chaux, — élément principal des dépôts les plus communs, — possède une très-faible solubilité dans l'eau pure. Il semblerait, par cela même, devoir être écarté des résidus laissés par l'évaporation de ce liquide. Mais, grâce à la présence du gaz acide carbonique en dissolution, l'eau acquiert la propriété de dissoudre une proportion assez considérable du sel en question; de telle sorte que le carbonate de chaux, qui résisterait à l'action de l'eau pure, se trouve dissous à la faveur d'un excès d'acide carbonique, que les eaux naturelles renferment souvent en assez grande abondance. Aussi, lorsque ce gaz, par une cause quelconque, abandonne l'eau, celle-ci se débarrasse, à son tour, du carbonate de chaux sous forme de précipité.

Nous pouvons de suite conclure que les eaux aérées, celles des fleuves et des rivières, dans lesquelles le contact de l'air a facilité le dégagement d'une partie de cet acide carbonique libre, seront toujours moins impures que les eaux de puits [1].

Analyse sommaire des eaux. — La présence de l'acide carbonique libre ou à l'état de carbonate, dans une eau naturelle,

[1] Les eaux stagnantes, celles des marécages entre autres, qu'une exposition prolongée à l'air a pu débarrasser de la majeure partie de leurs sels métalliques, deviennent cependant d'un emploi dangereux par la forte proportion de matières organiques qu'elles renferment. Concentrées dans la chaudière à mesure de l'évaporation successive de l'eau, ces substances finissent par former un dépôt gélatineux qui reste en suspension, tuméfie la masse liquide et arrête l'ébullition. Aussi, croyons-nous devoir appeler l'attention des ingénieurs sur cette question, qui n'a pas encore été étudiée d'une manière complète.

Nous signalerons également le danger que présentent, pour la sûreté des chaudières, les eaux grasses; ce fait, qui se rencontre fréquemment dans les eaux de certaines houillères et dans celles qui ont servi à la condensation des machines fixes, a été signalé récemment par M. Farcot. *Compte rendu de la Société des ingénieurs civils.* Séance du 28 juin 1867.

se reconnaît facilement à l'aide de l'eau de chaux, qui le précipite à l'état de carbonate de chaux. L'oxalate d'ammoniaque sert à déceler la chaux, en donnant un précipité blanc d'oxalate de chaux.

Quant au sulfate de chaux, quelques gouttes d'azotate de baryte permettront facilement de le reconnaître, en donnant un précipité blanc de sulfate de baryte.

A l'aide de ces diverses réactions, il sera facile à l'ingénieur de procéder tout d'abord à une analyse sommaire des eaux dont il disposera.

Voici les instructions remises, à ce sujet, aux agents de la compagnie des chemins de fer du Midi, lors de l'établissement des appareils d'alimentation :

« On fera bouillir, pendant plusieurs heures, 2 litres d'eau clarifiée par la filtration ou par dépôt.

« Les carbonates de chaux et de magnésie, maintenus en dissolution par l'acide carbonique, se précipiteront et seront recueillis et pesés ensemble sur un filtre.

« La chaux en combinaison à l'état de sulfate de chaux sera ensuite précipitée par l'oxalate d'ammoniaque.

« On déterminera ainsi, d'une manière suffisamment approximative, la quantité de carbonate de chaux, de carbonate de magnésie et de sulfate de chaux, seules matières qui incrustent les chaudières, en dissolution dans l'eau.

« Comme moyen de contrôle, il conviendra d'évaporer à sec une autre quantité d'eau de 2 à 3 litres, afin de déterminer le poids total des matières fixes. »

Essais hydrotimétriques. — Pour arriver à un résultat plus exact d'analyse, on aura recours à l'hydrotimètre[1].

Lorsqu'on verse une quantité, même très-petite, 0^{gr},10 pour 1 litre, de dissolution alcoolique de savon dans de l'eau distillée, et qu'on agite le mélange, on le fait mousser ; mais l'eau

[1] Mot si mal fait qu'on n'en peut déterminer les éléments ; il faut peut-être y voir ὑδρότης, *humidité*, et μέτρον, *mesure*. (LITTRÉ, *Dictionnaire de la langue française*.)

est-elle impure, le phénomène ne se produit qu'après décomposition complète par le sel métallique des matières calcaires tenues en dissolution. Cette propriété a été mise à profit par MM. Boutron et Boudet pour servir de guide dans l'étude préliminaire des eaux.

Voici comment se prépare la liqueur titrée qui sert aux essais :

On découpe en petits copeaux 100 grammes de savon de Marseille, que l'on dissout dans 1 600 grammes d'alcool à 90° alcoométriques[1]; à cette dissolution, on ajoute, après l'avoir filtrée, 1 000 grammes ou 1 litre d'eau distillée. On obtient ainsi 2 700 grammes de liqueur d'épreuve qu'il s'agit ensuite de titrer. Pour cela, on en introduit $2^{\text{c. m. cub.}}$,4 dans une petite burette graduée en 23 divisions, dont la première ne compte pas. D'un autre côté, on a fait dissoudre 0^{gr},25 de chlorure de calcium dans 1 litre d'eau. En prenant 40 centimètres cubes de cette liqueur chlorurée et y versant les 23 divisions de la burette de la liqueur d'épreuve, il faut que la précipitation du sel calcaire soit complète, et qu'il se produise, par l'agitation, une mousse persistante. Si ce résultat n'est pas obtenu du premier coup, on ajoute à la liqueur d'épreuve, soit de l'eau, soit du savon.

S'agit-il de faire l'essai d'une eau quelconque? — on en prend 40 centimètres cubes, dans lesquels on verse la liqueur titrée, jusqu'à ce que l'on obtienne une mousse persistante ; le nombre de divisions sorties de la burette donne le degré *hydrotimétrique* de l'eau, c'est-à-dire le poids de résidu solide par litre, les proportions étant calculées de telle sorte que 1 division de la liqueur titrée corresponde à 0^{gr},01 de dépôt pour 1 litre de l'eau soumise à l'essai. Il suit de là que, si cette eau contient plus de 0^{gr},23 de matières solides par litre, ce que l'on reconnaît à l'absence de mousse, même après épuisement complet de la liqueur titrée, — il faut employer une seconde burette, ou, mieux, recommencer l'expérience en ne prenant que 10 ou

[1] Cette quantité correspond à $1910^{\text{c. m. cub.}}$ à 15 degrés centigrades.

20 centimètres cubes d'eau au lieu de 40, et quadruplant ou doublant les résultats obtenus.

Toutefois, les indications fournies par ce procédé d'analyse ne sont pas toujours rigoureusement exactes, et se trouvent altérées par la présence de certaines substances particulières. Ainsi, l'acide sulfhydrique et les sulfures arrêtent la production de la mousse, tandis que les substances organiques font mousser des eaux souvent très-chargées de carbonate de chaux.

Il importe donc de ne pas s'arrêter aux indications de l'hydrotimètre, et de faire suivre ces essais d'une analyse qualitative et quantitative des résidus laissés par l'évaporation d'un poids déterminé de l'eau à essayer.

417. **Epuration des eaux d'alimentation.** — Une eau marquant plus de 25° à l'hydrotimètre doit être considérée comme impropre à l'alimentation des chaudières; si l'on ne peut pas changer la position de la prise d'eau, il convient d'aviser à un moyen d'épuration.

Un réservoir de dépôt, où l'on pourra faire séjourner l'eau d'alimentation avant son emploi, assez longtemps pour donner aux matières étrangères le temps de se déposer en partie, sera quelquefois suffisant. Nous ferons remarquer, toutefois, que le grand espace nécessaire à une installation de ce genre entraînant des frais considérables, en rendra l'usage très-restreint, et que l'on trouvera, la plupart du temps, une économie à lui substituer un moyen d'épuration chimique permettant d'agir plus promptement et sur de moins grandes masses à la fois.

Les réactifs nécessaires à l'épuration des eaux d'alimentation nous sont indiqués par la nature des substances tenues en dissolution : — pour le bicarbonate, un lait de chaux ; — pour le sulfate, de la baryte. — On peut voir une application de ce système dans quelques dépôts du chemin de fer du Nord. Les eaux essentiellement chargées de bicarbonate de chaux marquent, avant l'opération, 31° à 32° à l'hydrotimètre. Par l'emploi de chaux dans la proportion de 25 à 35 kilogrammes par 100 mètres cubes d'eau à épurer, ce degré peut être réduit à 8 ou 9° au plus. Les eaux extraites du puits où donne la source alimentaire sont refoulées dans un réservoir à l'aide d'un tuyau recourbé à son extrémité supérieure, qui dirige le jet de liquide contre la paroi du fond; l'agitation résultant de ce mode d'injection suffit pour opérer le mélange de l'eau avec le lait de chaux qui descend en même temps d'un réservoir supérieur muni d'un agitateur maintenant constamment la chaux en suspension. On laisse reposer le mélange pendant six à huit heures; puis, le liquide décanté est conduit dans les réservoirs d'alimentation en lui faisant traverser, sur son chemin, des filtres à laine et à éponges[1].

On voit que par cette disposition le réservoir d'épuration doit se trouver à une hauteur suffisante pour alimenter les réservoirs du dépôt, ce qui exige une construction élevée et, par conséquent, coûteuse. D'autre part, l'interposition des filtres dans le trajet de la conduite ralentit considérablement la vitesse d'écoulement. Aussi, dans les nouvelles applications, le réservoir d'épuration alimenté par une première pompe est-il placé à une faible distance du sol. L'eau, après avoir passé par les filtres, est recueillie dans une citerne, d'où une deuxième pompe l'extrait pour la conduire dans les réservoirs d'alimentation. L'expérience a prouvé que les frais d'exploitation des deux systèmes sont identiques; l'avantage reste donc à la seconde disposition, en raison de l'économie qu'elle permet de réaliser dans les frais d'installation.

Sur le chemin de Thuringe, on épure par un procédé analogue des eaux contenant 1/300 à 1/200 de matières solides (ce qui représente 33 degrés à 50 degrés hydrométriques). La présence dans ces eaux d'une quantité notable de sulfate de chaux nécessite, outre le lait de chaux, l'emploi d'un réactif spécial, le carbonate de soude, qui précipite la chaux à l'état de carbonate, et donne avec l'acide sulfurique du sulfate de soude soluble qui reste dans le liquide.

[1] Mémoire de M. Chavès, inspecteur du service des eaux, au chemin de fer du Nord. — *Mémoires et compte rendu de la Société des ingénieurs civils*, 1861.

Les quantités de réactifs employées se déterminent, d'après l'analyse de l'eau, en partant des données suivantes :

1° 68 parties de sulfate de chaux en dissolution dans l'eau exigent pour leur décomposition 53 parties de carbonate de soude (correspondant à 59 parties de soude à 90 pour 100 ou 63 parties de soude à 84 pour 100) ;

2° 50 parties de bicarbonate de chaux ou 42 parties de carbonate de magnésie représentent environ 22 parties d'acide libre qui nécessitent pour leur neutralisation 28 parties de chaux vive.

L'eau à épurer est recueillie dans de grands bassins et chauffée jusqu'à 30 degrés pendant qu'on y introduit le lait de chaux, puis le carbonate de soude en agitant chaque fois pour faciliter le mélange. Après un repos de neuf heures, on décante le liquide.

L'expérience a montré que dans cette opération le sulfate de chaux seul se trouve complétement neutralisé, tandis que la proportion de carbonate décomposé atteint en moyenne 70 pour 100 seulement ; le carbonate de magnésie semble résister presque complétement à ce traitement[1].

Il importe d'éviter l'emploi d'un excès de soude ; après l'épuration, l'eau conserve cet excès à l'état libre, qui produit dans la chaudière une émulsion exaltée encore par la présence des matières grasses. Afin de se trouver à l'abri de cet inconvénient, il convient donc d'employer toujours une proportion de carbonate de soude un peu plus faible que celle indiquée par le calcul.

Un troisième procédé spécialement applicable aux eaux fortement *séléniteuses* repose sur l'emploi du chlorure de baryum. Cette méthode coûteuse n'avait pas été appliquée jusqu'ici sur une grande échelle ; depuis quelque temps le chemin rhénan l'a essayée dans quelques-unes de ses stations. Voici ce que les expériences ont indiqué :

[1] *Organ für die Fortschritte des Eisenbahnwesens.* 18e Supplém., 1866.

L'eau soumise à l'essai [1] contenait, pour 1000 parties, 0,283 de matières solides :

Epurée par le chlorure de baryum et évaporée à sec, cette même eau abandonne un résidu de..................	0,190
Traitée par la soude et évaporée, elle ne donne pour résidu que..	0,067
Différence à l'avantage du second procédé.............	0,123

Cette supériorité ressort aussi de la comparaison des frais de traitement :

L'épuration de 12^{mc},366 d'eau par le procédé du chemin de Thuringe représente en dépense :

Carbonate de soude, 2^{k},50 à 0^{f},50...............	1^{f},23
Chaux..	0 ,06
Total.............	1^{f},29

Par le chlorure de baryum :

Chlorure de baryum, 8 kilogr. à 0^{f},30 =.........	2^{f},45
Différence en faveur du premier traitement.......	1^{f},17 [2].

Les procédés physiques ou mécaniques sont également, dans certains cas, appliqués à l'épuration des eaux d'alimentation. A ce système se rattache l'appareil de M. Schau (chemin de l'Est autrichien), analogue à celui de M. Wagner, manufacturier à Paris, et consistant en une série de plateaux sur lesquels arrive

[1] On opéra sur 12^{mc},366 d'eau échauffée à 28 ou 30 degrés, dans laquelle on versa 8 kilogrammes de chlorure de baryum préalablement dissous dans l'eau chaude ; après avoir agité le mélange pour faciliter la combinaison, on laisse reposer de neuf à dix heures et on décante. Dans cette opération, le chlorure de baryum décompose le sulfate de chaux, donne du chlorure de calcium qui reste en dissolution, et du sulfate de baryte qui se dépose.

[2] *Organ für die Fortschritte des Eisenbahnwesens*, 1er supplém., 1866.

l'eau d'alimentation et où elle dépose ses sels par l'ébullition[1]. Les résultats avantageux constatés en Autriche ont engagé plusieurs compagnies françaises à en faire également l'essai sur quelques-unes de leurs machines.

418. **Emploi de matières désincrustantes.** — La mise en œuvre de l'un quelconque des procédés que nous avons décrits (416) motive une installation coûteuse qui ne peut pas toujours être imitée. Nombreuses sont les tentatives faites dans le but de remplacer ces procédés par l'emploi de substances dites *désincrustantes*, qui, introduites dans les chaudières au moment de leur nettoyage ou dans les réservoirs d'alimentation, ont la propriété, soit d'empêcher la formation de dépôts adhérents, soit de désagréger les dépôts déjà formés. Les unes, telles que la sciure de bois, les détritus de bois de teinture, agissent mécaniquement en produisant une agitation continuelle qui divise les dépôts. D'autres, le carbonate de soude, le chlorure de baryum, exercent une action chimique sur les substances maintenues en dissolution. Enfin la mélasse, les pommes de terre réunissent ces deux qualités. En dehors de ces produits simples, on fait usage d'une foule de compositions, dont les éléments sont généralement empruntés à la série des substances précédentes, et qui varient d'une application à l'autre. Ainsi, sur le chemin de Thuringe, dans les dépôts où l'eau ne donne pas plus de 33 degrés hydrotimétriques, on remplace l'épuration à la chaux et à la soude par la composition suivante que l'on introduit dans les réservoirs :

4k,05 de cachou.
2 ,00 de soude caustique.
0 ,25 de chlorhydrate d'ammoniaque.

Le cachou est d'abord dissous dans 41lit,22 d'eau, puis mélangé avec la soude et 110 litres d'eau chaude pour faciliter la dissolution. Le sel ammoniac est ajouté dans le réservoir.

Sur plusieurs lignes de l'Allemagne, on a également obtenu

[1] Voir le dessin et la description de cet appareil dans le *Guide du mécanicien*, etc. Supplément, 1865.

de bons résultats avec la composition de M. A. Weigel, de Berlin, qui renferme sur 100 parties :

41 de chlorure de fer.
28 de chlorhydrate d'ammoniaque.
4 de chlorure de baryum.
27 de matières insolubles.

Beaucoup de ces substances ont l'inconvénient de faire *primer*[1] les machines: d'ailleurs, aucune d'elles n'est complétement efficace dans tous les cas, et il importe de faire de nombreux essais avant de donner à l'une d'elles la préférence.

Rappelons, à ce propos, un fait cité par M. Polonceau en 1851, et qui peut trouver dans certains cas une application utile : c'est la propriété des eaux pures de dissoudre en partie les anciens dépôts formés par les eaux impures. Elle a été mise à profit sur le chemin de fer d'Alsace, dont les eaux d'alimentation étaient incrustantes dans toute l'étendue d'une section et pures sur l'autre ; les machines, mises complétement hors de service dans la première section, pouvaient encore faire et pendant longtemps un bon service sur la seconde[2]. Cette action peut être également mise à profit pour le nettoyage des chaudières recouvertes d'incrustations. En les remplissant d'eau suffisamment pure (ou chargée d'une faible proportion de carbonate de soude, dans le cas où les dépôts sont principalement composés de sulfate de chaux), et maintenant les chaudières en ébullition pendant douze heures environ sans faire marcher la machine, on trouvera au bout de ce temps les dépôts presque complétement détachés, et il ne restera plus qu'à les enlever par le trou d'homme ou les bouchons de lavage.

419. **Prises d'eau.** — On peut établir entre les eaux d'alimentation deux catégories :

— Eaux courantes, — fleuves et rivières ;

[1] Entrainement de l'eau par la vapeur.

[2] *Mémoires et compte rendu de la Société des ingénieurs civils.* — Séance du 19 septembre 1851.

— Eaux de source (Ire part., ch. VIII, 295).

La pureté des premières, par rapport aux secondes (417), devra, dans tous les cas où l'on en aura le choix [1], leur assurer la préférence. Le plus souvent même, l'excès de dépense qui résulte des travaux effectués pour aller chercher à une certaine distance des eaux fluviales, au lieu de prendre des eaux de source plus voisines, se trouve largement compensé par la réduction des frais d'entretien et de réparation des chaudières de locomotives [2]. Les sources présentent encore le grand inconvénient de donner un débit variable, qui s'accorde mal avec la régularité de service nécessaire à l'exploitation de la ligne.

Nous avons pu constater par expérience personnelle, à deux reprises différentes, que les prises d'eau basées sur le produit de drainages pouvaient, au bout d'un certain temps, devenir complétement insuffisantes.

La prudence conseille donc d'étudier très-attentivement l'alimentation des sources sur lesquelles on projette d'établir une

[1] Sur le chemin de Saint-Pétersbourg à Varsovie, presque tous les réservoirs puisent leur eau en rivières, et depuis huit ans aucune réparation de tubes ou de boîtes à feu n'a été occasionnée par les dépôts de matières calcaires dans l'intérieur des chaudières qu'ils alimentent. A côté de cela, toutes les machines du dépôt de Wilna, qui, dans cette localité et à Orany, ne trouvent que de l'eau de puits, sont promptement attaquées par les incrustations. (*Organ für die Fortschritte des Eisenbahnwesens*, 1867.)

[2] La composition des eaux est très-variable, même de provenances très-voisines. Après plusieurs années d'exploitation, la Compagnie de l'Est, abandonnant les puits de ses stations bordant la Marne, a reporté ses prises d'eau dans cette rivière. Voici quelques-uns des résultats obtenus :

NOMS DES STATIONS.	DEGRÉS HYDROTIMÉTRIQUES DE LA PRISE D'EAU	
	ancienne.	nouvelle.
Meaux	Puits.... 32°	Marne.... 20°
La Ferté-sous-Jouarre	— 73	— 19
Château-Thierry	— 38	— 19
Epernay	— 32	— 18
Châlons-sur-Marne	— 24	— 17
Mourmelon	— 41	Ruisseau. 18

prise d'eau, et les moyens de les maintenir au volume minimum exigé par le service de la station. Le lecteur trouvera dans la première partie (ch. VIII, 295) l'indication des procédés par lesquels on arrive à cette détermination.

Quant à la quantité d'eau nécessaire au service journalier du dépôt, voici comment on pourra la fixer.

Nous avons donné plus haut (415) les moyennes de consommation d'une machine en marche normale. En multipliant les nombres du tableau par la distance kilométrique qui sépare deux stations d'alimentation consécutives et par le nombre de trains qui viendront s'y approvisionner pendant une journée entière, on obtiendra un chiffre qui représentera la consommation d'eau du dépôt en vingt-quatre heures. Mais il convient de remarquer :

1° Que l'une quelconque de ces stations doit pouvoir suppléer au besoin à la suivante ou à la précédente, dans le cas où des circonstances particulières mettraient ces dernières dans l'impossibilité de fonctionner ;

2° Qu'il peut arriver tel cas où la consommation d'une machine vienne à dépasser les quantités précédemment indiquées ;

3° Que le service des stations, principalement dans les dépôts, — lavage et nettoyage des machines et du matériel roulant, — alimentation des machines fixes et service des ateliers ; — et dans les stations principales, — service du personnel, — lavage des cours, — entretien des chevaux de roulage et des écuries, — que ce service, disons-nous, exige une quantité d'eau assez considérable.

Pour ces diverses raisons, il convient de doubler les chiffres obtenus par le calcul[1] résultant de la consommation kilométrique et du nombre de machines en circulation.

[1] La consommation d'une prise d'eau ordinaire sur le chemin de fer de l'Est varie le plus généralement de 20 à 60 mètres cubes par vingt-quatre heures. Dans certains dépôts, elle s'élève à 250 mètres cubes (Mulhouse, Nancy et Epernay).

Sur les lignes du Hanovre, la station de Hanovre consomme en moyenne,

420. **Appareils de distribution d'eau.** — Le choix de la source étant fait, la consommation de la station fixée à l'aide du calcul précédent, le niveau de l'eau exactement relevé, il s'agit de passer à l'étude des appareils d'alimentation.

L'eau est recueillie dans un réservoir élevé à un certain niveau, où elle arrive tantôt par la pression naturelle, tantôt par refoulement mécanique, et d'où elle est distribuée ensuite par des tuyaux et des bouches aux tenders des machines et aux diverses parties de la station.

Deux questions principales se présentent tout d'abord :

1° Quelle doit être la capacité du réservoir pour une consommation déterminée?

2° Dans quelles conditions sera possible l'alimentation du réservoir, ou quelle force de moteur faudra-t-il appliquer, en cas contraire, pour y élever l'eau?

Capacité des réservoirs. — Aucune règle ne permet de fixer pour une consommation d'eau déterminée la capacité du réservoir à employer. On peut, en effet, pour une même dépense journalière et suivant que le débit plus ou moins grand de la pompe permettra un remplissage plus ou moins prompt du réservoir, donner à ce dernier des dimensions très-variables; diverses considérations, indiquées par la pratique, influent toutefois sur le choix de ses dimensions. Ainsi, dans le cas où l'eau provient de machines élévatoires à vapeur, il est avantageux de n'avoir qu'un seul chauffeur pour le service de plusieurs stations alimentaires, condition qui ne peut être réalisée qu'en faisant fonctionner les pompes tous les deux ou trois jours seulement dans chacunes d'elles, et en établissant, par conséquent, des réservoirs capables de contenir la provision de ce laps de temps. Des raisons d'entretien feront, dans les grands dépôts, également préférer un travail intermittent à un travail continu; et si, à cette raison, nous ajoutons la nécessité de pouvoir

à elle seule, 246 mètres cubes par jour, tandis que la moyenne de consommation des soixante prises d'eau de la ligne ne dépasse pas 16 mètres cubes.

faire face aux circonstances imprévues, telles que les avaries survenues à l'appareil moteur ou à la pompe et les mettant dans l'impossibilité de fonctionner pendant un certain temps, nous comprendrons la nécessité de donner toujours aux réservoirs une grande capacité, relativement à la quantité d'eau nécessaire au service journalier de la station.

On peut considérer un volume de 50 mètres cubes comme moyenne de capacité pour les simples prises d'eau. Dans les dépôts, on la portera à 100, 150, quelquefois 200 mètres cubes.

Nous ajouterons que l'entretien des réservoirs nécessitant des nettoyages périodiques et des réparations plus ou moins fréquentes, on devra le diviser en parties distinctes par des cloisons étanches, ou mieux, remplacer le réservoir unique par plusieurs réservoirs de moindre capacité, de manière à ne jamais avoir à les vider simultanément. Cette disposition se prête d'ailleurs à l'emploi d'un type unique pour tous les réservoirs d'une même ligne, et répond ainsi aux conditions économiques que nous avons déjà recommandées à plusieurs reprises.

Nous citerons, comme exemple, le chemin de Saint-Pétersbourg à Moscou, dont les réservoirs, tous du même modèle, ont une capacité de $64^{mc},097$.

Les stations ordinaires, qui ne disposent que d'une pompe et d'une machine de 3 chevaux, n'en ont qu'un seul, tandis qu'à des distances moyennes de 53 kilomètres environ des dépôts, — on en place deux desservis à la fois par deux pompes et une machine de 6 chevaux.

Au chemin de fer du Nord, le nombre des types employés est de six ; ils ont tous même hauteur (4 mètres), et leur diamètre seul varie de 3 mètres à 9 mètres.

Outre le nombre de réservoirs nécessaires au service, il importe d'ajouter dans les dépôts principaux des réservoirs supplémentaires, qui puissent suppléer à l'un des premiers, dans les cas d'arrêt imprévu.

Hauteur des réservoirs. — Dans une simple station d'alimentation, l'élévation du réservoir au-dessus du niveau des rails doit être suffisante pour vaincre la résistance due au frottement dans les tuyaux et déterminer à l'extrémité de la conduite d'eau une vitesse d'écoulement qui permette un prompt remplissage du tender.

Dans les dépôts, indépendamment de cette première considération, il importe d'avoir toujours une pression assez considérable pour faciliter le nettoyage des chaudières et le lavage des wagons. Pour ces diverses considérations, on placera le fond du réservoir à 5 mètres au moins au-dessus du niveau des rails. Dans plusieurs cas, cette hauteur se trouve atteindre 7, 8, et quelquefois 9 mètres ; mais on descend rarement au-dessous de la limite que nous avons indiquée[1], et nous croyons devoir engager les ingénieurs à la considérer comme un minimum dans tous les cas.

Alimentation des réservoirs. — Ainsi que nous l'avons dit plus haut, il peut se présenter deux cas principaux :

1° L'eau provient d'une source supérieure. — Si la différence des niveaux est assez grande pour vaincre les frottements dans la conduite et produire une vitesse d'écoulement suffisante pour le débit de la source et la consommation locale, on n'aura qu'à relier directement le réservoir à la source par une conduite, à l'extrémité de laquelle on disposera un robinet à flotteur, de manière à maintenir autant que possible dans le réservoir le niveau constant. Nous donnons plus loin (422) le calcul qui permet de déterminer les dimensions du tuyau et la hauteur de charge satisfaisant à ces conditions.

2° L'eau provient d'une source dont le niveau, inférieur à celui du réservoir, exige l'emploi de moyens mécaniques pour l'élever à la hauteur nécessaire. C'est le cas de l'emploi des machines élévatoires, pompes, etc. Pour ne parler que des pompes, ces engins sont mis en mouvement par un moteur animé ou inanimé.

D'après les observations que nous avons énoncées plus haut, le débit des pompes devra se calculer pour pouvoir remplir le

[1] Sur les lignes de Hanovre, le règlement porte 16 pieds ($4^m,66$) comme limite inférieure.

réservoir dans le moins de temps possible, sans toutefois dépasser certaines conditions économiques. Un travail de six heures, en moyenne, doit suffire, le plus généralement, à effectuer ce remplissage pour des réservoirs de dimension ordinaire (50 à 100 mèt. cub.); ces chiffres correspondent à un débit de 8 à 16 mètres cubes par heure. Nous verrons plus loin comment on calculera, d'après ces données, les dimensions de la pompe.

La limite théorique de hauteur d'aspiration est, comme on le sait, de $10^m,33$; mais l'imperfection des appareils industriels ne permet pas de dépasser 7 mètres.

D'ailleurs, la nécessité absolue d'éviter les rentrées d'air dans le tuyau d'aspiration et la difficulté d'obtenir des joints parfaitement étanches, devront engager le constructeur à diminuer le plus possible cette hauteur. Les mêmes conditions s'opposent à l'emploi de conduites d'aspiration trop longues, et demandent à ce qu'on rapproche le plus possible la pompe de la source.

D'autre part, il sera toujours avantageux, pour économiser les frais de premier établissement et faciliter l'entretien, de profiter de l'espace couvert situé au-dessous du réservoir pour y installer les pompes et l'appareil moteur.

Appelons H la hauteur d'élévation de l'eau, h la perte de charge totale exprimée en hauteur d'eau, due au frottement de l'eau dans le tuyau, P le poids de l'eau à fournir pendant le temps T qui représente le nombre d'heures de travail journalier de la pompe.

Le travail à effectuer sera exprimé en kilogrammètres par l'expression $\frac{P \times (H + h)}{T \times 3\,600}$; on tiendra compte du déchet de rendement de l'appareil alimentaire en affectant cette valeur d'un coefficient variable entre $\frac{1}{0,50}$ à $\frac{1}{0,70}$; enfin, divisant le résultat par 75, on aura ainsi exprimée en chevaux la force nécessaire pour effectuer le travail déterminé :

$$F = \frac{P \times (H + h)}{T \times 3\,600 \times 75} \times \frac{1}{0,60}.$$

Quoique la quantité P d'eau consommée pendant une période de temps déterminée varie généralement d'un dépôt à l'autre, on ne devra pas cependant multiplier outre mesure le nombre des types de pompes et de machines alimentaires ; les conditions d'économie de premier établissement et d'entretien courant s'opposent à cette diversité, et le problème se réduit à la recherche d'un ou deux types au plus qui puissent satisfaire aux divers cas prévus en faisant varier seulement la durée du travail ou la vitesse du moteur, sans arriver toutefois à altérer son rendement.

Moteurs. — Pour des consommations d'eau restreintes, dans les stations de peu d'importance, l'installation d'un moteur à vapeur peut être superflue, et l'on se contente d'une pompe à bras.

Lorsqu'on dispose d'une chute d'eau, on pourra faire manœuvrer les pompes par une turbine ou une roue hydraulique; il sera même avantageux quelquefois d'appliquer la chute d'eau directement à l'alimentation du réservoir, en l'employant sous forme d'un bélier hydraulique.

L'utilisation de la force du vent est également un procédé économique, mais qui ne saurait trouver d'application que dans une contrée où le vent souffle régulièrement, et encore devra-t-on se ménager les moyens de faire marcher la pompe à la main, afin de pouvoir suppléer le moteur dans les moments de calme périodiques ou accidentels.

Une semblable disposition ne saurait suffire, en général, à l'alimentation d'un dépôt de quelque importance ; dans ce cas, l'emploi d'une machine à vapeur peut seul répondre, d'une manière satisfaisante, aux besoins du service. On rencontre sur les chemins du Hanovre des applications de ces diverses dispositions qu'il nous paraît intéressant de citer ici comme exemples.

Le réseau comprenait, en 1864, soixante prises d'eau, dont la consommation annuelle atteignit 325 à 350,000 mètres cubes. Ces stations s'alimentaient : 1° par l'action directe de la pesanteur ; 2° par des pompes mues à la main ou au moyen de moulins à vent, de machines à vapeur; 3° enfin par les distributions d'eau des villes voisines.

A Dransfeld, le réservoir est en communication, au moyen d'une conduite de 1 600 mètres de long, avec une source qui fournit en vingt-quatre heures 150 mètres cubes, pouvant alimenter ainsi par jour quarante tenders. La charge d'eau, au-dessus du réservoir, est de 58m,70.

Le tiers des stations ne possède que des pompes à main, soit parce que leur importance ne comporte pas une installation plus coûteuse, soit parce que la présence d'un nombre plus ou moins grand d'ouvriers employés à d'autres travaux permet d'effectuer ce travail dans des conditions très-économiques pendant les intervalles du service.

Douze réservoirs sont desservis par des moulins à vent.

Dans les dépôts importants, les pompes sont mues par des machines à vapeur spéciales.

A Hanovre, le mouvement est communiqué aux pompes par les moteurs des ateliers de réparation. Un réservoir de 230 mètres cubes distribue l'eau dans toutes les parties de la station. Ici, la source qui alimente les pompes ne pouvant suffire à la consommation annuelle, qui est de 89 750 mètres cubes, on a demandé à la distribution d'eau de la ville le complément nécessaire.

Chauffage de l'eau d'alimentation. — L'abaissement de la température, pendant la saison d'hiver, en congelant l'eau des réservoirs, peut entraver l'alimentation des machines et troubler le service de la traction. Dans certains cas, une simple enveloppe en bois préserve l'eau de la gelée, mais, dans les contrées où le froid est un peu vif, on doit recourir à des installations particulières et ménager les moyens de chauffer le réservoir aussitôt que la température descend au-dessous d'une certaine limite.

On fait souvent servir à cet usage la chaleur perdue de la chaudière à vapeur qui alimente le moteur, mais la quantité de chaleur ainsi utilisée n'est pas toujours suffisante, circonstance qui conduit quelquefois à installer un foyer spécial.

Dans ce cas, le principe de l'installation consiste à établir une circulation continue de l'eau à réchauffer entre le réservoir et le foyer, en mettant à profit la différence de densité de l'eau froide et de l'eau chaude.

Les procédés de chauffage affectent des formes très-variées.

En Hanovre, les réchauffeurs sont de longs cylindres inclinés, autour desquels circule la flamme d'un foyer extérieur; de chacune de leurs extrémités part un tuyau vertical s'arrêtant, l'un à la partie supérieure, l'autre au fond du réservoir qui leur est superposé. Le cylindre est fermé par des couvercles en fonte boulonnés, enlevés de temps en temps pour nettoyer l'intérieur.

Sur le chemin de Saint-Pétersbourg à Varsovie, les deux réservoirs de chaque dépôt communiquent, par un double système de tuyaux en cuivre rouge, avec un réchauffeur vertical à foyer intérieur; le tuyau de conduite des gaz chauds se divise également en deux branches qui, après avoir traversé chacun des réservoirs, viennent se réunir de nouveau à la partie supérieure pour déboucher dans l'atmosphère[1].

Sur le chemin du Central-Suisse, l'appareil de chauffage est disposé d'une façon analogue. Le réchauffeur se compose d'un corps de chaudière tubulaire vertical; mais le foyer, placé directement au-dessous, sans double enveloppe, laisse à désirer au point de vue d'une bonne utilisation de la chaleur.

Sous ce rapport, on rencontre, sur quelques lignes de France, des installations qui nous semblent préférables. Le fond du réservoir est muni d'une double enveloppe, dans laquelle vient déboucher le conduit des gaz chauds, qui part lui-même d'un foyer cylindrique vertical complétement entouré d'eau. Les produits de la combustion traversent ensuite la masse d'eau à échauffer par plusieurs tuyaux obliques, qui viennent se réunir pour déboucher dans l'atmosphère à la partie supérieure. Deux tuyaux mettent en communication le réservoir avec la double enveloppe du foyer, et établissent une circulation d'eau assez complète[2].

[1] *Organ für die Fortschritte des Eisenbahnwesens*, 1867, IVe cahier.

[2] Armengaud, *Publication industrielle*, t. XIV.

Sur la ligne de Stargard à Posen, le réservoir d'alimentation communique, par une large tubulure, avec une petite chaudière horizontale à foyer intérieur, dont la cheminée le traverse dans toute sa hauteur.

La circulation d'eau est assurée par un tuyau supplémentaire qui part du fond du réservoir et débouche à la partie inférieure de la chaudière. Avec cette disposition, quarante minutes suffisent pour échauffer jusqu'à l'ébullition 7 à 8 mètres cubes d'eau [1].

Accessoires des réservoirs. — Tuyaux de prise d'eau. — Colonnes alimentaires. — Lorsque adoptant, pour le plan de la station d'alimentation, la disposition représentée par la

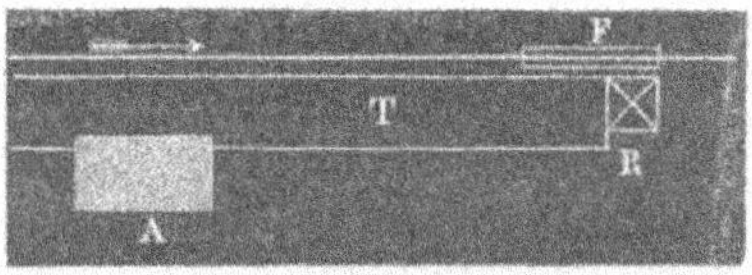

Fig. 514. Distribution d'eau par un réservoir attenant à la voie principale.

figure 514, on place le bâtiment du réservoir R à l'alignement du quai, l'eau descend directement du réservoir dans le tender; on adapte, à cet effet, au réservoir, un tuyau de distribution muni d'une soupape et faisant saillie sur la paroi du château-d'eau [2].

Les tenders peuvent être munis d'un panier de remplissage, placé dans l'axe, ou de deux paniers disposés à l'arrière, vers les bords longitudinaux (356).

Dans le premier cas, le tuyau de distribution de l'eau doit atteindre l'aplomb de l'axe de la voie et, par conséquent, mettre obstacle à la circulation des trains. Ce tuyau ne peut donc être maintenu fixe dans sa position pour l'alimentation, — il doit s'effacer le long du réservoir à l'aide d'une rotule.

[1] Rohrbeck, *Eisenbahn Zeitung*, X Jahrgang, n° 30.

[2] On donne quelquefois à cette disposition le nom bizarre de *grue-applique*, qui n'a aucun sens.

Dans le second cas, il suffit que le tuyau de distribution s'approche du plan tangent aux parois des véhicules. Dans cette position, il n'est pas atteint par le train et peut, en conséquence, être fixé à demeure sans nécessiter la complication d'un joint de rotation.

A ce tuyau fixe, en saillie de $0^m,75$ sur la paroi du réservoir, est liée une manche en cuir qui descend obliquement dans le panier du tender. — Quand le remplissage est achevé, la manche retirée du panier est appliquée contre la paroi du réservoir et s'égoutte dans une auge, qui déverse son eau dans un canal d'écoulement (Nord-France).

Sur les lignes du Hanovre, on rencontre des tuyaux de distribution dont les bras, munis d'une double articulation, peuvent se développer de manière à atteindre les tenders placés sur les rails voisins de la voie contiguë au réservoir.

Le maintien de ces tuyaux à grande portée exige un système assez compliqué de tirants et demande une grande résistance de construction pour tenir ce porte-à-faux de 5 mètres. Quoi qu'il en soit, c'est une solution intéressante dans certains cas particuliers.

Le bâtiment se trouve-t-il, au contraire, à une certaine distance de la voie, il faut avoir recours aux *colonnes d'alimentation*, ou *grues hydrauliques à colonne*, appareils que l'on installe à proximité de la voie à desservir. Dans la figure 515, la colonne G déverse son eau dans le tender arrêté sur la fosse F. Comme les tuyaux de distribution adaptés aux châteaux-d'eau, ceux adaptés aux colonnes alimentaires seront articulés ou fixes, suivant la position des paniers des tenders.

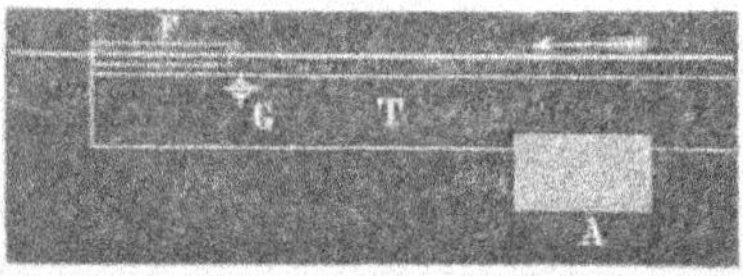

Fig. 515. Distribution d'eau par une colonne alimentaire.

Les colonnes d'alimentation sont réunies aux réservoirs par des conduits en fonte d'un diamètre suffisant pour débiter en quelques minutes la quantité d'eau nécessaire à l'approvisionnement de la machine. Cette condition n'est pas toujours facile à remplir; tel cas se présente où la grande distance qui sépare les deux appareils et la faible différence de niveau qui produit l'écoulement ne permettront d'atteindre le résultat demandé qu'en adoptant des diamètres de tuyaux hors de toute proportion avec le but à atteindre. La difficulté est tournée en surmontant la colonne d'alimentation d'un réservoir de 6 à 10 mètres cubes de capacité. Dès lors, il suffira de calculer le diamètre du tuyau de conduite pour que, dans l'intervalle du passage de deux trains consécutifs, ce réservoir supplémentaire puisse être complétement rempli.

Quelle que soit la disposition employée, l'orifice du tuyau de distribution d'eau doit être fermé par une soupape disposée de manière à ce que le mécanicien puisse la manœuvrer de la plate-forme de sa machine.

En étudiant l'établissement de ses distributions d'eau, l'ingénieur ne négligera pas d'en disposer les parties exposées à l'influence atmosphérique de manière à pouvoir les vider complétement quand l'écoulement a cessé, afin de les soustraire à l'action de la gelée. Dans le même but, il assurera le chauffage des colonnes-réservoirs en y adaptant un système analogue à celui des réservoirs principaux, pour y maintenir, pendant l'hiver, la température de l'eau à 20° ou 25° centigrades (358).

421. **Construction et entretien des appareils de distribution d'eau.** — *Réservoirs.* — Traçons en quelques mots le programme à suivre lorsqu'il s'agit d'établir cette catégorie d'appareils :

— Construction simple et économique;

— Commodité d'accès à toutes les parties, afin de réduire les frais d'entretien et de faciliter les réparations;

— Précautions à prendre contre l'évaporation ou le froid au moyen de couvertures, d'enveloppes et, au besoin, d'appareils de chauffage dans les pays où le froid est rigoureux;

— Élévation suffisante au-dessus des rails pour donner un écoulement rapide de l'eau à l'extrémité du tuyau de distribution, malgré les pertes de charge résultant des frottements dans la conduite.

Formes et matières employées. — La première de ces conditions nous conduit à étudier la construction du réservoir, au point de vue de la forme et de la matière à employer.

La forme cylindrique satisfait le mieux aux conditions d'économie et de résistance, ainsi qu'il est facile de s'en rendre compte en considérant qu'elle répond au minimum de surface d'enveloppe pour un même volume; d'autre part, l'égalité de résistance des parois verticales qui résulte de la forme adoptée permet la suppression de tous tirants diagonaux. Enfin, les fonds sphériques offriront également une supériorité incontestable sur les fonds plats, ces derniers exigeant de fortes armatures ou un soutènement par supports qui gênent l'accès et l'examen des différentes parties du réservoir, tandis que les premiers trouvent, dans leur constitution même, une résistance suffisante et sont accessibles en tous leurs points.

L'emploi de la tôle se prête particulièrement à l'exécution de cette forme économique, et quoique certains ingénieurs, se basant sur l'altérabilité de cette matière au contact de l'eau, croient pouvoir donner la préférence aux réservoirs carrés en plaques de fonte boulonnées, la résistance de la tôle, qui permet de réduire l'épaisseur des parois et de diminuer ainsi le poids du réservoir, la facilité de réparations qui résulte de son emploi, et enfin la possibilité de la soustraire à l'action de la rouille par une couche de peinture extérieure et intérieure convenablement entretenue, nous font considérer cette matière comme supérieure à toute autre pour la construction des réservoirs. La figure 516 représente un réservoir cylindrique et à fond sphérique, en tôle, de 150 mètres cubes, construit suivant la disposition en question.

Construction. — La partie cylindrique est formée, comme on peut le voir sur la figure 517, qui représente une coupe verticale de la paroi du même réservoir, d'une suite d'anneaux en tôle de $1^{m},050$ de hauteur et de deux diamètres différents, emboîtés les uns dans les autres avec recouvrement de $0^{m},040$. L'épaisseur des anneaux, proportionnelle à la hauteur de charge d'eau qu'ils ont à supporter, augmente naturellement de haut en bas, et se détermine à l'aide de la formule suivante :

$$e = \frac{H \times D}{2R},$$

dans laquelle e représente l'épaisseur de l'anneau considéré ;

H, la pression par unité de surface due à la hauteur de la

Fig. 316. Réservoir en tôle à fond sphérique. (Midi-Ouest.) Échelle $\frac{1}{100}$.

colonne d'eau au-dessus du plan inférieur de l'anneau ;

D, le diamètre intérieur du réservoir ;

R, la tension maxima par unité de surface à laquelle on voudra faire travailler la tôle employée [1].

Le fond, qui affecte la forme d'une calotte sphérique dont la

[1] Il importe de ne pas prendre pour valeur de R avec des tôles de qualité ordinaire plus du dixième de la charge de rupture ; on fera donc bien de ne pas compter sur plus de 3 à 4 kilogrammes par millimètre carré.

hauteur est généralement 1/8 à 1/9 du diamètre, est formé de deux segments concentriques dont l'épaisseur est la même que celle de l'anneau inférieur ou mieux un peu plus forte.

Le bord supérieur du cylindre est consolidé par une cornière circulaire, nécessaire pour empêcher les déformations des parois qui, vu leur faible épaisseur, seraient, sans cela, trop flexibles.

A l'extérieur de la virole inférieure, on rive une seconde cornière qui sert à soutenir le réservoir sur son support, suivant la disposition indiquée sur la fig. 517.

Dans l'exemple en question, l'épaisseur des tôles passe par la série suivante :

Fond sphérique........	0^{m},007
1er anneau............	0 ,006
2e —	0 ,005
3e —	0 ,004
4e —	0 ,004
5e —	0 ,003

Nous rappellerons ici que le travail de la chaudronnerie doit être conduit avec soin ; que les trous des rivets doivent être bien exactement centrés, de manière à se correspondre rigoureusement

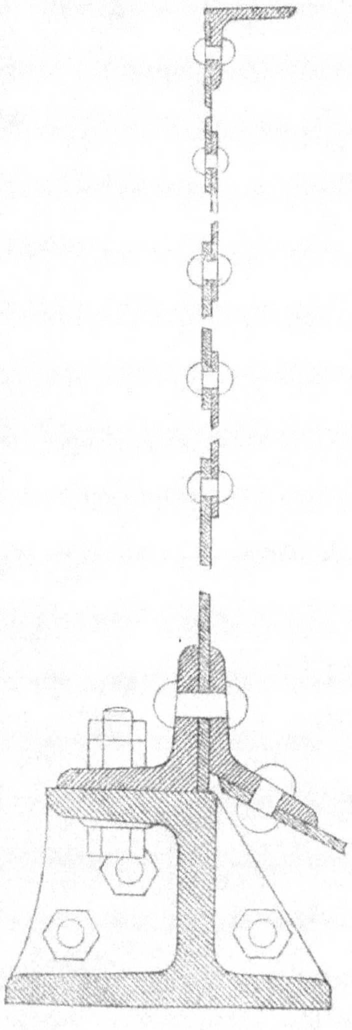

Fig. 517. Coupe verticale du réservoir à fond sphérique en tôle, et de son support en fonte. Echelle $\frac{1}{5}$.

après le montage, forés à la machine à percer et non pas à la poinçonneuse ; et qu'enfin il convient de placer les feuilles de tôle de manière qu'elles travaillent dans le sens du laminage [1]. La rivure doit être faite également avec le plus grand soin. Aussitôt que le travail est achevé, et après en avoir vérifié la bonne exécution par un remplissage provisoire, on recouvre l'extérieur et l'intérieur d'une ou deux couches de peinture au minium, sur lesquelles on passera, à l'extérieur, une teinte de fond (grise ou noire).

Le prix de revient d'un réservoir en tôle peut s'établir de la manière suivante :

RÉSERVOIR DE 50 MÈTRES CUBES.

Matières.

		Prix moyen pour 100 kilogr.		
Tôles...............	1 653^k	35^f,00	578^f,55	
Cornières............	330	25 ,00	82 ,50	
Rivets..............	88	60 ,00	52 ,80	
Plomb pour joints.....	100	70 ,00	70 ,00	
	2 171^k		713^f,85	713^f,85

Main-d'œuvre.

Main-d'œuvre à l'atelier..........................	265^f,00	
Montage sur place	200 ,00	
	465^f,00	465 ,00
Frais généraux..................		465 ,15
Prix de revient total............		1 644^f,00

ou par 100 kilogrammes, 0^f,75.

Dans le cas où l'on voudrait galvaniser les fers, on ajouterait la dépense y relative, soit :

Fers...........	2 071^k à 0^f,15.	315^f,60
Rivets	88 à 0 ,30..........	26 ,40
		342^f,00

[1] A l'appui de cette recommandation, que nous avons déjà indiquée au sujet de la construction des chaudières de locomotives (356), nous rappellerons que M. Stephenson, ayant soumis à des essais de traction des tôles de $12^{mm},7$ à $16^{mm},4$, a trouvé pour la valeur de la résistance à la rupture 3 137 kilogrammes par centimètre carré, dans le sens du laminage, et seulement 2 640 kilogrammes par centimètre carré dans le sens perpendiculaire.

Tableau des poids des réservoirs cylindriques à fond sphérique de 100, 125 et 150 mètres cubes.

Contenance des réservoirs .... Diamètre intérieur maximum .... Hauteur des parois verticales...........	100 m. c. 6m,690 3m,070		125 m. c. 6m,090 4m,089		150 m. c. 6m,090 5m,920	
DÉSIGNATION DES PIÈCES.	Nombre.	Poids.	Nombre.	Poids.	Nombre.	Poids.
I. — Tôles.		k.		k.		k.
Tôles rectangulaires de 1m,8105 de largeur, 1m,050 de hauteur et 0m,009 d'épaisseur.	12	475	12	475	12	475
Tôles rectangulaires de 1m,6105 de largeur, 1m,050 de hauteur et 0m,004 d'épaisseur.	12	642	24	1265	24	1265
Tôles rectangulaires de 1m,6195 de largeur, 1m,050 de hauteur et 0m,005 d'épaisseur.	12	790	12	790	12	790
Tôles trapézoïdes de 1m,6125 de grande base, 0m,251 de petite base, 1m,259 de hauteur et 0m,006 d'épaisseur........	12	924	12	924	—	—
Tôles trapézoïdes de 1m,940 de grande base, 0m,669 de petite base 1m,244 de hauteur et 0m,006 d'épaisseur..........	6	471	6	471	—	—
Tôles rectangulaires de 1m,6105 de largeur, 1m,050 de hauteur et 0m,006 d'épaisseur.	—	—	—	—	12	950
Tôles trapézoïdes de 1m,6125 de grande base, 0m,251 de petite base, 1m,259 de hauteur et de 0m,007 d'épaisseur	—	—	—	—	12	1080
Tôles trapézoïdes de 1,940 de grande base, 0m,669 de petite base, 6m 244 de hauteur et 0m,007 d'épaisseur................	—	—	—	—	6	550
Fond rond de 1m,371 de diamètre développé.	1	78	1	75	1	80
Poids total des tôles....	......	3370		4600		5190
II. — Cornières.						
Cornière supérieure de 60,10 mm. et 0m,0065 d'épaisseur moyenne.	18,846	125	18,846	125	18,846	125
Cornière intérieure du fond du réservoir de 85,85 mm. et de 0m,0115 d'épais. moyenne.	18,846	300	18,846	300	18,846	300
Cornière extérieure du fond du réservoir de 100,100 mm. et de 0m,0145 d'épaisseur moyenne............................	18,883	410	18,883	410	18,883	410
Poids total des cornières	......	835		835		835
III. — Rivets et boulons.						
Rivets de 10 mm. pour cornière du haut (entre-tête et rivure, 10 mm.).........	240	5,520	240	5,520	240	5,520
Rivets de 10 mm. pour les 1er et 2e rangs (entre-tête et rivure, 6, 7 et 8 mm.)....	1044	22,968	1044	22,968	1044	22,968
Rivets de 12 mm. pour les 2e, 3e et 4e rangs (entre tête et rivure, 8, 9 et 10 mm.)....	756	26,838	1512	53,658	1512	54,248
Rivets de 15 mm. pour les tôles du fond (entre-tête et rivure, 13 mm.).........	898	56,574	898	60,164	—	—
Rivets de 12 mm. pour les 4e et 5e rangs (entre tête et rivure, 11 et 12 mm.).....	—	—	—	—	756	28,728
Rivets de 15 mm. pour les tôles du fond (entre-tête et rivure, 14 mm..........	—	—	—	—	898	62,474
Rivets de 18 mm. pour les cornières du fond (entre-tête et rivure, 33 mm.)........	420	63,000	420	65,100	—	—
Rivets de 18 mm. pour les cornières du fond (entre-tête et rivure, 34 mm.).........	—	—	—	—	420	65,360
Rivets de 18 mm. pour la cornière intérieure du fond (entre-tête et rivure, 20 mm.)....	420	54,100	420	54,600	—	—
Rivets de 18 mm. pour la cornière intérieure du fond (entre-tête et rivure	—	—	—	—	420	54,800
Boulons reliant la cornière extérieure du réservoir à la couronne en fonte	48	27,000	48	27,000	48	27,000
Boulons reliant les segments de la couronne en fonte entre eux	36	21,000	36	21,000	36	21,000
Poids total des rivets et boulons.	......	277,000		310,000		343,000
Poids total du fer..........................	—	4482	—	5145	—	6368
Poids des 2 segments en fonte (à 130 k. l'un)	—	1572	—	1572	—	1572
Poids total du réservoir.....................	—	6054	—	6717	—	7940

Accessoires du réservoir. — Supports et couverture. — Le réservoir représenté par la figure 517 repose sur un cadre en fonte formé de plusieurs segments boulonnés entre eux, et portant lui-même sur une construction en maçonnerie ou en fer, à laquelle on donnera la hauteur suffisante pour obtenir la pression d'eau nécessaire (5 à 7 mètres en général, ainsi que nous l'avons dit plus haut). L'emploi du bois doit être proscrit dans ce cas, tant pour le cadre de support du réservoir que pour la partie basse de la construction elle-même, en raison de l'humidité constante produite par les fuites des conduites ou du réservoir. Le meilleur support sera une tour en maçonnerie circulaire ou octogonale lorsqu'elle ne doit supporter qu'un réservoir, rectangulaire s'il s'agit d'en placer plusieurs côte à côte. L'espace compris sous le réservoir, éclairé par quelques baies percées dans les murs, reçoit le plus souvent la machine alimentaire et les pompes; il est clos de manière à y conserver, en hiver, une température suffisante pour arrêter l'action du froid sur les appareils.

La partie haute de la construction consiste souvent en un revêtement en planches fixé sur des consoles faisant partie de la construction inférieure. On maintient ce revêtement à distance des parois du réservoir, de manière à le mettre à l'abri de l'humidité et à laisser, tout autour de ce dernier, un espace libre suffisant pour la circulation de l'air; on le recouvrira d'une légère toiture avec couverture en zinc.

Chaque réservoir doit être muni d'un tuyau de refoulement, d'un tuyau d'alimentation et d'un tuyau de trop-plein. On emploie généralement à cet usage des tuyaux en fonte à brides, dont le diamètre intérieur dépend des conditions de l'alimentation. Le diamètre du tuyau de refoulement est généralement égal aux deux tiers de celui du piston de la pompe; quant à celui d'alimentation, variable avec la longueur de la conduite et la hauteur du réservoir, il sera calculé pour débiter environ 50 à 60 litres par seconde.

Une difficulté se présente dans le montage des tuyaux pour obtenir des joints étanches entre ceux-ci et le fond du réservoir, tant en raison de l'inclinaison de la paroi que de l'effet de flexion qui se produit sous l'influence des variations de charge et de température. On évitera ces inconvénients en formant la partie centrale du fond du réservoir par une plaque circulaire en fonte de $1^m,20$ de diamètre, recevant les brides de toutes les colonnes qui doivent traverser le fond, d'autre part en remplaçant les joints au mastic ou au plomb par des rondelles en caoutchouc maintenues dans une rainure pratiquée à la surface des brides. L'emploi de ces rondelles donne aux joints une compressibilité suffisante pour céder à la pression du fond du réservoir, et permet, en outre, d'appliquer des tuyaux bruts de fonte en évitant le dressage des brides, opération toujours très-dispendieuse, mais rendue indispensable par l'emploi du mastic, si l'on veut obtenir un joint solide et régulier. Au point de départ du tuyau d'alimentation, on placera sur le fond du réservoir une crépine en tôle de cuivre perforée, afin de retenir les matières étrangères entraînées par l'eau d'alimentation.

Sur le tuyau de trop-plein viendra se brancher un tuyau de vidange aboutissant à une soupape qui devra pouvoir se manœuvrer de l'extérieur. On disposera finalement :

1° Sur le tuyau d'alimentation, un robinet à soupape, permettant d'intercepter au besoin les communications de la pompe avec le réservoir ;

2° Sur le tuyau de prise d'eau, un robinet à soupape manœuvré de l'intérieur du bâtiment.

Soupapes. — Obtenir des soupapes parfaitement étanches est une condition toujours très-difficile à réaliser. Il importe donc de mettre le plus grand soin à leur construction, car les réparations de ces organes gênent considérablement le service ; il faut, par conséquent, s'efforcer d'en éloigner le plus possible le retour. A ce point de vue, la soupape à garniture en caoutchouc est celle qui donne les meilleurs résultats pour les distributions d'eau à la température ordinaire.

Comme organe de transmission, une tige filetée avec volant à manette offre l'avantage de ne permettre qu'une ouverture ou une fermeture graduelle, et d'empêcher les manœuvres brusques qui, produisant des coups de bélier, occasionnent la rupture des joints et quelquefois même des tuyaux.

Lorsque les tenders viennent s'alimenter directement au réservoir, le tuyau de prise d'eau traverse le mur du bâtiment et vient se terminer au dehors par un tuyau en cuivre rouge de même diamètre, de 1 à 2 mètres de long, dont l'extrémité située à $3^m,30$ environ au-dessus du niveau des rails reçoit une manche en cuir ou en toile que l'on introduit dans le panier du tender. Ce tuyau est muni d'une soupape dont le volant de manœuvre doit être placé à portée du mécanicien. S'agit-il d'alimenter des tenders à un seul panier, le tuyau en fonte sera composé de deux portions recourbées à angle droit et réunies par un joint à presse-étoupe, de manière à permettre à celles de dessous de tourner autour d'un pivot reposant dans une crapaudine fixée au mur du bâtiment.

Une lanterne à deux feux (blanc et rouge), adaptée sur l'appareil et pouvant tourner sur elle-même en même temps que le bras mobile, servira de signal pendant la nuit pour indiquer la position du tuyau d'alimentation.

Colonnes alimentaires. — Les colonnes alimentaires sont

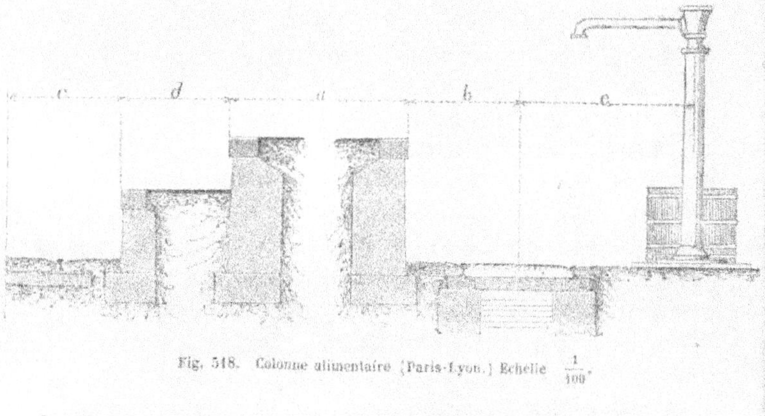

Fig. 518. Colonne alimentaire (Paris-Lyon.) Échelle $\frac{1}{100}$.

des tuyaux verticaux boulonnés par leur base sur une plaque en fonte au niveau des rails, et qui, mises en communication avec le réservoir au moyen d'une conduite, servent de prise d'eau pour l'alimentation des tenders. Leur diamètre doit être quelque peu supérieur à celui de la conduite. La plaque de fondation sert à rattacher la colonne par des boulons à un massif de maçonnerie fortement établi dans le sol; au-dessous de la plaque de fondation, la colonne se prolonge en se recourbant pour recevoir l'extrémité du tuyau de conduite.

La partie supérieure porte un ajutage latéral sur lequel vient s'adapter une manche en cuir. La figure 518 donne l'ensemble d'un appareil de ce genre. Quand l'écoulement d'eau doit atteindre l'axe de la voie, la colonne d'alimentation se prolonge transversalement en formant un bras tournant qui s'efface parallèlement à la voie pour livrer passage aux trains. La question se complique alors d'un élément important. La fonction du bras exige entre les deux parties, dont l'une est fixe et l'autre mobile, un joint difficile à entretenir. Le plus généralement l'un des tuyaux porte un stuffing-box dans lequel l'autre peut tourner à frottement doux. Cette disposition est celle que l'on peut voir sur la figure 520. La garniture en chanvre suiffé ne reste pas longtemps étanche; bientôt il faut resserrer les boulons, puis finalement les remplacer.

Les colonnes d'alimentation employées sur le chemin de Paris-Lyon-Méditerranée ont l'avantage de ne pas nécessiter de presse-étoupes ; elles se composent des pièces suivantes :

— Une colonne enveloppe fixe, en fonte, avec une plaque de fondation ;

— Une colonne mobile, également en fonte, tournant à frottement doux dans la colonne enveloppe par l'intermédiaire d'un collier en bronze alésé, fixé à la partie supérieure de la colonne fixe, et d'une crapaudine annulaire et conique en bronze, faisant corps avec la plaque de fondation et le tuyau d'amenée de l'eau.

La colonne mobile, se termine à la partie supérieure par un vase fermé, sur lequel sont fixés le tube d'alimentation en cuivre rouge, et un support destiné à recevoir une lanterne.

Malgré la légèreté du tube en cuivre, son poids, ajouté à

celui de la manche en cuir, produit un effort oblique sur le collier et la crapaudine en bronze. Il serait utile, pensons-nous, de l'équilibrer par un contre-poids en arrière et sur le prolongement du tube horizontal, disposition que l'on rencontrait dans la colonne alimentaire des chemins d'Alsace.

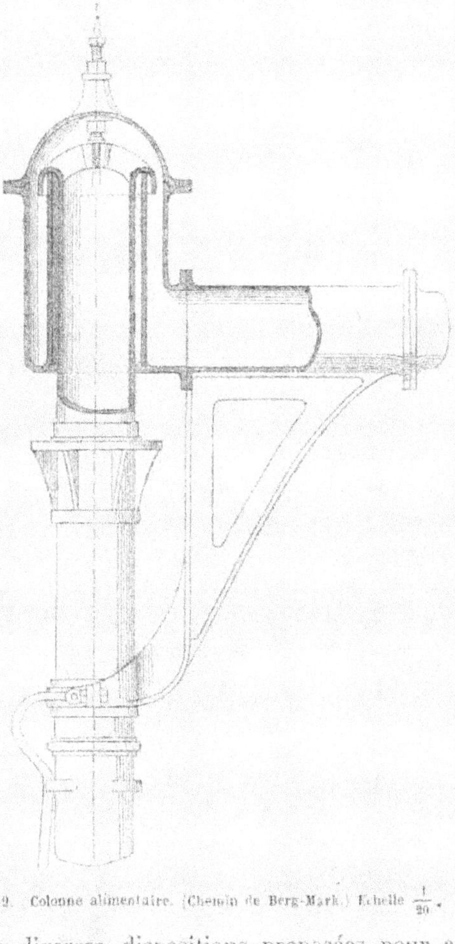

Fig. 519. Colonne alimentaire. (Chemin de Berg-Mark.) Échelle $\frac{1}{20}$.

Parmi les diverses dispositions proposées pour améliorer le joint du bras mobile, nous citerons celle du Bergisch-

Märckische Eisenbahn, dont un modèle figurait à l'Exposition universelle de 1867, et qui est représenté en coupe sur la figure 319. On peut lui reprocher toutefois d'exiger l'emploi de pièces de fonte d'une forme un peu compliquée, et, par conséquent, d'une fabrication difficile.

Outre la soupape de prise d'eau qui se place le plus souvent à la partie supérieure de la colonne, il est nécessaire de séparer celle-ci de la conduite par un robinet-vanne, manœuvré à l'aide d'une manivelle. On peut alors, au moyen d'un robinet placé au bas de la colonne, vider celle-ci complétement après le remplissage du tender, condition essentielle pour empêcher la congélation de l'eau et la rupture de la colonne en hiver. Pour assurer l'ouverture et la fermeture de ce robinet, on le rend solidaire avec la manivelle de la vanne ou bien on le fait manœuvrer par le bras mobile au moyen d'une transmission spéciale. Sur certains chemins, on remplace le robinet ordinaire par un cylindre creux qui glisse dans une gaîne venue de fonte avec le tuyau de conduite, et communiquant avec lui par un petit ajutage. Ce cylindre monte et descend avec la vanne; il porte une petite ouverture qui, lorsqu'elle coïncide avec l'orifice de l'ajutage, donne passage à l'eau de la colonne.

Il importe également de placer à la partie inférieure de la colonne une soupape, à laquelle on donne le nom de *crachoir*, destinée à céder sous la pression de l'eau lorsque le mécanicien ferme la soupape de prise d'eau; sans cette précaution, il se produit un coup de bélier capable de briser la conduite ou la colonne.

Pour faciliter l'entretien des colonnes d'alimentation, nous recommandons les précautions suivantes :

— Ménager sous la plaque de fondation un vide de hauteur et de largeur suffisantes pour que les ouvriers puissent y travailler à l'aise en montage et en réparation; ce vide doit être accessible du regard établi à côté de la colonne;

— Disposer tous les assemblages de manière à permettre le démontage de chaque pièce principale sans nécessiter celui des pièces voisines;

— Concentrer autant que possible sur un point de l'appareil tous les organes susceptibles de dérangement, tels que valves, clapets, soupapes, afin de pouvoir les visiter rapidement en enlevant une plaque de recouvrement librement accessible et indépendante de toutes les autres pièces.

Pour prémunir les colonnes contre les effets du froid en hiver, on les recouvre d'un manteau de paille enduite d'argile.

Colonnes-réservoirs. — Nous savons que ce genre d'appareils doit satisfaire aux conditions suivantes :

— Contenir une quantité d'eau au moins égale à celle d'un tender ;

— Communiquer avec le réservoir principal par un tuyau de conduite pouvant débiter assez d'eau pour que dans l'intervalle du passage de deux trains le réservoir soit rempli à nouveau ;

— Être muni d'un appareil de chauffage permettant de maintenir toujours la température de l'eau à un degré assez élevé pour éviter la congélation dans les tuyaux ou dans le réservoir, et donner aux tenders de l'eau à 20° ou 25° centigrades.

La figure 520 montre le type de colonne-réservoir employé sur le chemin de fer de l'Ouest, et qui répond assez bien à ces diverses conditions. La partie supérieure A du dessin, celle qui comprend le réservoir, représente une coupe faite suivant un plan vertical perpendiculaire à la voie ; la partie inférieure B est la coupe de la base de la colonne et du foyer, par un plan vertical parallèle à la voie, et en conséquence perpendiculaire au premier.

La colonne proprement dite, en fonte, reçoit à sa base le tuyau de conduite partant du réservoir principal, et renferme un petit foyer en tôle, dont les gaz s'échappent par deux tuyaux verticaux jusque dans le réservoir placé au-dessus de la colonne, et de là dans l'atmosphère, après avoir traversé la masse d'eau dans toute sa hauteur. Les parois du réservoir sont en tôle ; un plateau circulaire, venu de fonte avec la colonne à laquelle il est réuni par huit nervures, sert de fond à

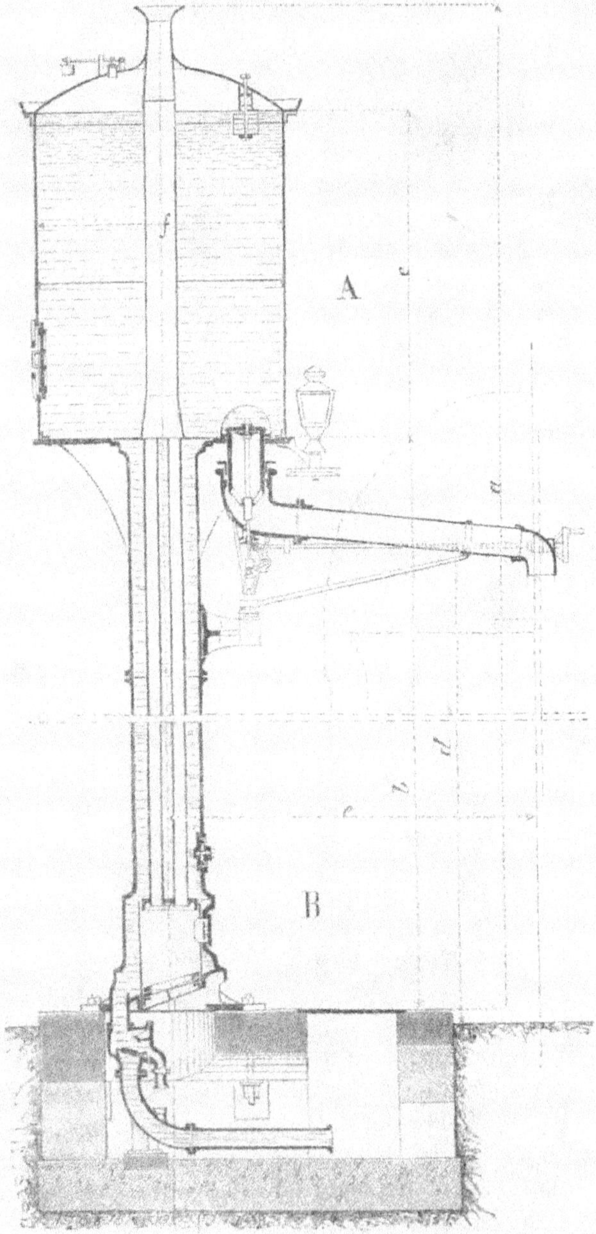

Fig. 520. — Colonne-réservoir (Ouest). Échelle $\frac{1}{20}$.

la cuve en tôle ; il porte, du côté de la voie, la soupape de prise d'eau, dont la tige de manœuvre se termine par un volant placé à portée du mécanicien. Au-dessous de la soupape, on voit le joint presse-étoupe, qui réunit la partie fixe du tuyau avec le bras mobile ; ce dernier, au moyen d'une gorge pratiquée dans la bride qui le termine et sur laquelle s'enroule une chaîne sans fin, imprime en tournant un mouvement de rotation à une lanterne à feux colorés, qui indique, pendant la nuit, la position du bras par rapport à la voie. — La contenance du réservoir est de 6 mètres cubes.

DIMENSIONS PRINCIPALES.

Hauteur totale, *a*	6m,900
Hauteur de la colonne, *b*	3 ,200
Hauteur du réservoir, *c*	2 ,250
Diamètre moyen, *f*	1 ,745
Hauteur de la manivelle de soupape et du tuyau d'alimentation, *d*	3 ,300
Distance de l'orifice du tuyau à l'axe de la colonne, *e*	2 ,050

Dans certaines stations du chemin du Nord, la colonne-réservoir, placée sur un quai intermédiaire, porte deux tuyaux d'alimentation pouvant desservir ainsi les trains marchant en sens opposés.

422. **Tuyaux de conduite.** — Les tuyaux qui constituent l'ensemble d'une distribution d'eau établissent une communication permanente entre le réservoir et les différentes colonnes d'alimentation situées quelquefois assez loin du château d'eau ; c'est le cas le plus général. Mais indépendamment de ce service spécial, la conduite est souvent appelée à desservir différentes parties de la station : — remises de locomotives, — remises de wagons, — ateliers de réparation, cours et bâtiments de la station (service des voyageurs et des marchandises). — Cette installation peut donc faire l'objet d'une étude importante confiée aux soins de l'ingénieur ; nous ne pouvons lui donner ici

tous les détails relatifs à ce genre d'établissements[1]; il suffira d'en indiquer les conditions générales.

Tracé de la conduite. — Dans la fixation du tracé, on cherche à réduire autant que possible la longueur de la conduite en réunissant les divers points à desservir par des lignes droites. D'autre part, il importe de réduire au minimum le nombre des types différents de tuyaux. Enfin, on doit éviter les coudes et les changements brusques de direction, qui produisent des pertes de charge considérables.

Partant de ces principes, nécessairement subordonnés au plan général de la station, le tracé sera mené dans son plus long parcours en dehors des voies principales, maintenu entre les voies les moins fréquentées; quand il faudra traverser les voies, ne pas les prendre en écharpe, mais normalement, afin de réduire la longueur de voie à remanier en cas de réparation dans la conduite; aux changements de direction, établir des coudes à grands rayons et des regards pour y faciliter les réparations.

Calculs des dimensions des tuyaux. — Le mouvement de l'eau dans les tuyaux produit un frottement du liquide contre les parois qui diminue d'une certaine quantité la vitesse due à la charge initiale déterminant l'écoulement. Des expériences entreprises à diverses époques par plusieurs ingénieurs distingués ont servi à établir des tableaux donnant les débits et les pertes de charge correspondant à des charges initiales et des diamètres connus. Ces tableaux permettent de résoudre toutes les questions qui peuvent se présenter dans l'étude d'une distribution d'eau :

— Calculer la hauteur de charge nécessaire pour produire à l'extrémité d'une conduite de longueur et de diamètre donnés un débit déterminé.

— Déterminer le diamètre à donner à une conduite, connaissant sa longueur, la charge initiale et le débit à l'extrémité libre.

[1] Consulter les ouvrages de MM. d'Aubuisson, Dupuis, Darcy, Mary, etc.

— Fixer le débit d'une conduite, connaissant son diamètre, sa longueur et la charge initiale.

Nous remarquerons que la perte de charge due au frottement croît avec la vitesse et en raison inverse du diamètre du tuyau. Il y aura donc lieu, chaque fois qu'il se présentera à résoudre une question de cette espèce, d'examiner s'il ne sera pas plus économique d'augmenter la résistance et le travail de la force motrice en réduisant le diamètre des tuyaux, plutôt que d'employer une large conduite dont les frais d'établissement seront généralement plus coûteux.

Supposons qu'il s'agisse d'établir une conduite de 4 300 mètres devant débiter $0^{mc},01157$ par seconde, soit $41^{mc},652$ à l'heure. Les tables indiquent pour ces conditions et pour une vitesse de $1^{m},2613$, avec une perte de charge par mètre de $0^{m},0213$, le diamètre de $0^{m},108$. Le travail correspondant par seconde sera de :

$$0^{mc},01157 \times 1\,000 \times 91^{m},59 = 1\,059^{kgm},69,$$

soit en chevaux, $14^{chev.},125$.

En admettant que la consommation par cheval et par heure soit de 3 kilogrammes, et que le prix du combustible soit de 25 francs la tonne, la dépense annuelle en combustible pour un travail de douze heures par jour sera de $4\,640^{f},12$.

D'autre part, le mètre de conduite de $0^{m},108$ revenant à $15^{f},30$, la dépense d'installation sera de............	$65\,790^{f},00$
En ajoutant le prix d'achat de l'excédant de $14^{chev.},125$ à donner aux machines [1], à raison de 1 200 fr. par cheval....................................	33 900 ,00
On aura pour total....................................	$99\,690^{f},00$
Frais annuels : intérêt à 5 pour 100..................	$4\,959^{f},50$
Dépense de combustible..................................	4 640 ,00
Total....................	$9\,599^{f},50$

[1] On suppose deux machines d'égale force pouvant se suppléer l'une l'autre en cas de réparations.

Si, d'autre part, nous choisissons dans le même tableau un diamètre de $0^m,135$ correspondant à une vitesse de $0^m,8073$ et donnant une perte de charge de $0^m,00713$ et que nous appliquions le même raisonnement, nous trouverons pour les frais d'établissement de la conduite :

4 300 mètres à raison de $17^f,35$ par mètre....	$74\,820^f,00$
Excès de puissance des machines, $9^{chev.},46$............	11 332 ,00
Total......................	$86\,172^f,00$
Frais annuels : Intérêt à 5 pour 100..	$4\,308^f,60$
Dépense de combustible	1 553 ,80
Total	$5\,862^f,40$

On voit, par l'inspection de ces résultats, que la conduite de $0^m,135$, malgré son prix d'achat plus élevé, donnera finalement une économie annuelle de 3 700 francs. Cet exemple montre suffisamment l'importance de la question pour que nous n'ayons pas besoin d'y insister plus longtemps.

Forme et nature des tuyaux. — La fonte, la tôle et le plomb sont employés à la fabrication des tuyaux, mais les tuyaux en fonte sont les plus importants par la variété de leurs applications. Le plomb est spécialement réservé pour les petites conduites de $0^m,030$ à $0^m,050$ de diamètre ; la tôle, promptement altérée par l'eau, ne peut être employée à cet usage que revêtue d'une couche de bitume [1], mais ce genre de tuyaux ne s'applique avec avantage que pour des conduites d'un grand diamètre — $0^m,600$ à $0^m,800$, — alors qu'il devient difficile d'obtenir des tuyaux en fonte d'épaisseur régulière sans augmenter de beaucoup leur poids.

On trouve, dans certaines localités, des tuyaux en poterie très-résistants, qui fournissent le moyen d'établir à frais réduits des conduites d'eau réclamant peu d'entretien, à la condition que le sol qui les porte ne soit point sujet aux tassements.

[1] Tuyaux en tôle bitumée, système Chameroy et Cie.

Les assemblages des tuyaux en fonte seront, en général, à emboîtement, sauf une certaine proportion, qui seront simplement à brides ou à compensation, afin de faciliter les réparations (Ire partie, ch. VII, § III, 240).

Les tuyaux en fonte se trouvent, dans la plupart des usines, avec des diamètres déterminés, qu'il importe de connaître, afin d'éviter des frais de modèles.

Les plus usités sont ceux de $0^m,081$, $0^m,108$, $0^m,135$ et $0^m,162$. Le tableau suivant donne, pour chacun d'eux, la perte de charge en fonction de la dépense, d'après les tables de Darcy.

Diamètres.	Formule pour le calcul des tuyaux neufs.	Formule pour le calcul des tuyaux en service courant.
$0^m,081$	$J = 618,6\ Q^2$	$J = 1237,2\ Q^2$
$0\ ,108$	$J = 138,02\ Q^2$	$J = 276,04\ Q^2$
$0\ ,135$	$J = 43,49\ Q^2$	$J = 86,98\ Q^2$
$0\ ,162$	$J = 17,01\ Q^2$	$J = 34,02\ Q^2$

J est la pente par mètre de longueur, que l'on obtient en divisant la longueur L de la conduite par la charge totale H.

$$J = \frac{L}{H}.$$

Q est le volume d'eau débité en une seconde.

L'épaisseur des tuyaux de conduite en fonte, déterminée d'après la formule $e = \frac{H \times D}{2R}$ (417), serait généralement trop faible pour donner un bon résultat à la coulée ; on la calcule d'après la relation :

$$e = 0,0016d + 0^m,0080,$$

e étant l'épaisseur, d, le diamètre.

Réception de tuyaux. — Les tuyaux doivent être parfaitement conformes au type adopté, les brides des différents tuyaux exactement de même diamètre et pouvant se raccorder facilement. On les vérifie à l'aide de jauges en zinc. *Il im-*

porte d'exiger du fabricant que les tuyaux de fonte soient coulés debout, afin d'avoir la plus grande uniformité d'épaisseur. On vérifiera la nature de la fonte, qui doit être de bonne qualité, douce au burin et à la lime, exempte de soufflures, gravelures, gouttes froides et autres défauts. (Ire part., chap. IV.)

Les coutures doivent être abattues à la lime et les bavures soigneusement ébarbées, surtout à l'intérieur des emboîtements ou à la surface des brides.

L'ingénieur examinera avec soin les différentes parties du tuyau, afin de s'assurer qu'on n'a pas eu recours à l'emploi du plomb ou du mastic pour dissimuler des défauts de fonte.

En général, on accorde une tolérance de quelques millimètres ($0^m,003$) sur les diamètres et une tolérance de 1/400 environ sur la longueur. La tolérance sur le poids pourra atteindre également 2 pour 100 en plus ou en moins.

Chaque tuyau doit être essayé au moyen d'une presse hydraulique à la pression de 10 atmosphères maintenue pendant cinq minutes, et pouvoir supporter cet essai sans se briser ni suinter.

S'agit-il de tuyaux en tôle, on examinera avec soin la qualité du métal, qui doit présenter une coupe grasse. Les tôles aigres, à nerfs feuilletés, qui se fendraient ou se déchireraient à la machine à percer ou à la cisaille, ne pourront entrer dans la composition de ces tuyaux. Ces tuyaux seront essayés avant le bitumage à l'usine, à l'aide de la presse hydraulique, sous une charge de 15 atmosphères. Tout suintement qui ne pourrait pas être arrêté par une réparation convenable présentant toute garantie de durée, suffira pour faire rebuter le tuyau.

Pose des tuyaux. — La longueur des tuyaux en fonte ou en tôle n'excède guère $2^m,50$ à 3 mètres, et l'on est obligé de les réunir entre eux par joints à emboîtement ou à brides. Le joint à emboîtement rigide présente un inconvénient, celui de ne pas céder aux tassements, aux effets des trépidations incessantes du sol et à ceux de la dilatation. Dans le cas spécial qui nous occupe, les meilleurs joints sont ceux à emboîtement flexible, à caoutchouc, quand cette matière est convenablement fabriquée et judicieusement employée.

La pose des conduites exerce une influence considérable sur leur conservation, et cette opération mérite à cet égard une attention toute particulière. Les tuyaux se placent dans des tranchées à une profondeur suffisante pour qu'ils se trouvent à l'abri de l'action de la gelée. Si le sol qui reçoit la conduite est mobile ou peu résistant, les tassements qui se produisent ne tardent pas à faire ouvrir les joints. Il faut donc, avant tout, préparer un sol parfaitement solide, soit par un damage convenablement effectué, soit, dans le cas où cette opération ne serait pas suffisante, en établissant une fondation en empierrement ou en maçonnerie qui répartit la pression des tuyaux sur une plus grande surface.

Pour faciliter la visite et l'entretien, on devra poser la conduite dans des rigoles en maçonnerie ou en planches recouvertes de dalles ou madriers faciles à enlever en cas de réparation.

Sur tous les points élevés d'une conduite, on doit ménager une ventouse par laquelle l'air emprisonné peut s'échapper.

423. **Pompes et moteurs.** — *Pompes.* — Il n'entre pas dans le cadre de notre programme de donner ici la construction de ces appareils, pour laquelle nous renvoyons le lecteur aux traités spéciaux ; la grande diversité de types employés et le peu de différence qui existe entre leurs rendements respectifs rendent, d'ailleurs, difficile toute appréciation préalable sur la préférence à accorder à l'un plutôt qu'à l'autre. Engageons seulement l'ingénieur à porter son attention, dans le choix de l'appareil, sur la simplicité de construction, qui est toujours une garantie de facilité d'entretien, pourvu qu'elle n'ait pas été obtenue aux dépens de la solidité de l'ensemble.

En supposant que l'on ait à élever un volume V d'eau pendant un nombre d'heures t ; en prenant le nombre de coups par minute égal à n, et en estimant à 0,80 le coefficient de rendement de la pompe, le diamètre d et la course c du piston pour une pompe à simple effet dépendront de la relation suivante :

$$n \frac{\pi d^2}{4} \times c \times 60 \times t \times 0,80 = V$$ [1].

On prend, en général, entre d et c le rapport

$$c = 2d, \text{ ou à peu près.}$$

Il devient alors facile, en se donnant l'une ou l'autre de ces deux quantités, de calculer la seconde. On voit qu'en faisant varier n ou t, le volume V pourra passer par une série de valeurs différentes, sans qu'il soit nécessaire de changer les conditions d'établissement de l'appareil. Cette question est d'une grande importance, puisqu'elle permettra de réduire, dans la plupart des cas, à un ou deux le nombre des types nécessaires à l'alimentation des réservoirs de différentes capacités échelonnés sur tout le parcours de la ligne. L'ingénieur se trouvera, toutefois, limité dans cette voie, par deux conditions qu'il importe de rappeler ici.

La première, c'est que la vitesse du piston, qui, pour un même type, dépend du nombre de tours n de la manivelle motrice, ne doit jamais dépasser $0^m,200$ à $0^m,250$ par seconde.

La deuxième, c'est que la pompe et surtout le moteur puissent se reposer au moins pendant la moitié du temps, ce qui ne permet pas de compter sur plus de douze heures de travail.

Ces deux conditions se traduiront par les relations :

$$n < \frac{0,25 \times 60}{2c}, \text{ et } t \leq 12.$$

Il importe, enfin, de ménager à l'eau des passages aussi larges que possible. — En donnant aux tuyaux d'aspiration et de refoulement le même diamètre, environ les trois quarts de celui du piston ; aux soupapes, la même section que ces tuyaux ; enfin, à l'eau le moins possible de variations brusques de vitesse et de

[1] Il est clair que pour une pompe à double effet le volume V serait le double pour un même temps.

direction, on obtiendra de la pompe le plus grand effet utile.

Sans vouloir entrer dans tous les détails de la construction des pompes, nous indiquerons cependant que notre expérience personnelle nous a fait donner la préférence aux pompes à piston plongeur, conjuguées, comme étant celles dont l'entretien est le plus facile, et qui donnent à la machine motrice le travail le plus régulier.

L'entretien des pompes demande beaucoup de travail. Les garnitures des pistons et des boîtes à étoupe exigent de fréquents renouvellements, surtout lorsqu'elles n'ont pas été faites avec le plus grand soin ; mais les organes les plus délicats, et sur lesquels l'ingénieur doit porter tout spécialement son attention, ce sont les clapets. Il importe qu'ils soient placés dans des chapelles bien dégagées, de manière à pouvoir être facilement visités et retirés, lorsque, par suite de l'interposition d'un corps étranger, ils refusent de fonctionner. Pour rendre leurs mouvements plus doux et empêcher leur rupture par suite de brusques soubresauts, on devra ménager au-dessus de chacun d'eux un espace libre servant de réservoir d'air; l'élasticité de cet air amortit les chocs que produit nécessairement dans la masse liquide incompressible le va-et-vient du piston. Dans le même but, on donnera à ces organes une grande surface, afin de diminuer la vitesse de passage de l'eau.

Moteur. — La force du moteur pourra se déterminer approximativement d'après le calcul que nous avons donné plus haut (420) ; mais dans la prévision d'une augmentation de travail à effectuer par suite de l'extension probable du service de l'exploitation, on devra prendre un moteur capable de produire un travail beaucoup plus considérable.

Nous avons vu que pour les prises d'eau de peu d'importance, une pompe à bras pourrait suffire dans plusieurs cas.

Il résulte des expériences de M. Chavès [1] qu'un homme, dans

[1] Notes sur les machines à élever l'eau dans les chemins de fer, par M. Chavès. — *Mémoires et compte rendu de la Société des ingénieurs civils*, 1862.

une journée de dix heures, — dont cinq de travail effectif et cinq de repos, — produirait, avec une pompe à balancier, 75 000 kilogrammètres, et, avec une pompe à manivelle et volant, 142 000 kilogrammètres; ce qui équivaudrait à $2^{kgm},08$ par seconde ou $0^{ch},028$ dans le premier cas, et $3^{kgm},95$ par seconde ou $0^{ch},053$ dans le second.

Cette supériorité de rendement devra assurer la préférence aux pompes à manivelle. Nous ajouterons que, dans ce cas, les meilleurs résultats sont donnés par une manivelle de $0^{m},33$ à $0^{m},35$ de rayon avec effort de 6 kilogrammes à l'extrémité et une vitesse de quarante à cinquante tours par minute.

Dans le cas où l'on fait usage de moulins à vent comme moteur, le travail transmis à l'extrémité des ailes est exprimé en kilogrammètres par la formule de Coulomb et Smeaton : $T = 0,13 \times O \times V^3$, O étant la surface de l'une des quatre ailes, V la vitesse du vent [1].

Si l'importance de l'alimentation exige l'installation d'un moteur à vapeur, on aura à choisir entre une machine fixe et une machine locomobile.

La machine fixe, plus coûteuse d'installation, et qui réclame la construction d'une chaudière à vapeur spéciale, conviendra surtout aux dépôts de quelque importance. On pourra l'atteler directement à la pompe, en économisant ainsi une transmission qui absorbe beaucoup de travail en frottements; cependant cette disposition n'est pas toujours avantageuse, parce qu'elle oblige à réduire la vitesse de la machine à celle du piston de la pompe, et à la faire travailler dans de moins bonnes conditions; par compensation, on pourra employer une machine à condensation et à forte détente. Le meilleur type à adopter pour la chaudière fixe sera la chaudière à foyer intérieur avec retour de flamme sur les côtés; sa capacité doit être aussi grande que possible, et le fourneau construit de telle sorte qu'en fermant toutes les ouvertures, la chaleur puisse

[1] Voir, sur la question de l'emploi des moteurs à vent, *Des Ingenieurs Taschenbuch*, p. 390. (6e édit.)

se conserver pendant plusieurs heures et maintenir la chaudière en état de pression pendant les repos de la machine. On économisera, par cette disposition, beaucoup de temps et de combustible.

La machine locomobile, ou mieux demi-fixe, a l'avantage d'une grande facilité d'installation ; elle demande peu de place, et convient parfaitement à des prises d'eau moins importantes. La transmission du mouvement à la pompe s'opère ici par poulies et courroies[1].

Terminons cette question par quelques exemples de pompes choisis parmi les types de différentes lignes en exploitation.

Sur le chemin de fer de l'Est, nous trouvons comme types principaux :

Une pompe à double effet de $0^m,170$ de diamètre et $0^m,320$ de course, appliquée dans des cas très-différents.

Ainsi, pour des consommations par vingt-quatre heures de :

20^{mc},	une seule pompe donnant	20 coups	par minute,	travaille	2 h. tous les 2 jours.
50	—	26	—	—	2 h. 1/2 tous les 2 j.
140	—	27	—	—	6 heures par jour.
160	—	28	—	—	7 heures par jour.

D'autre part, une pompe à simple effet de $0^m,205$ de diamètre sur $0^m,500$ de course, appliquée à des consommations par vingt-quatre heures de :

25^{mc},	en donnant	20 coups	par minute,	travaille	6 heures tous les 3 jours.
65	—	18	—	—	4 heures par jour.
80	—	15	—	—	7 heures par jour.
100	—	20	—	—	10 heures pour 2 jours.
120	—	20	—	—	6 à 7 heures par jour.

Les moteurs sont, dans le premier cas, des locomobiles de 3 à 4 chevaux ; dans le deuxième, des machines fixes horizontales de 4 chevaux.

[1] Le lecteur qui voudrait entrer dans des détails très-circonstanciés sur cette question pourra consulter avec fruit le mémoire de M. Chavès cité plus haut, travail très-intéressant par l'importance des faits relevés dans le service considérable des eaux d'alimentation au chemin de fer du Nord.

Comme exemple de pompe à bras appliquée à un petit dépôt, une pompe de $0^m,080$ de diamètre sur $0^m,230$ de course à deux plongeurs peut suffire, en travaillant cinq heures de deux jours l'un et en donnant cinquante coups à la minute, à une consommation de 20 mètres cubes par vingt-quatre heures.

Sur le chemin de Saint-Pétersbourg à Varsovie, on emploie deux types de pompes.

Les premières, à simple effet, et appliquées seulement aux réservoirs des stations de prise d'eau, ont un diamètre de $0^m,165$, une course de $0^m,406$, mises en mouvement par des machines de 3 chevaux, et donnent, en marchant à trente-cinq tours par minute, un débit de $0^{mc},174$ dans le même temps, représentant 80 pour 100 de l'effet théorique.

Les secondes, à double effet, alimentent les réservoirs des dépôts ; leur diamètre est également de $0^m,165$ et leur course est de $0^m,609$. Leur débit, à quinze tours par minute, atteint $0^{mc},313$. La machine à vapeur de 6 chevaux, qui leur donne le mouvement, a $0^m,203$ de diamètre de piston, et même course que la pompe sur laquelle elle agit directement.

Nous trouvons, aux chemins de fer de l'Ouest, deux pompes verticales de $0^m,130$ de course commandées par une machine demi-fixe, à chaudière tubulaire, marchant à la pression de six atmosphères. La course du piston à vapeur est la même que celle des pompes, mais son diamètre est de $0^m,180$. La surface totale de chauffe de la chaudière est de $4^{mq},6$. Les manivelles des pompes font quarante tours par minute, et le débit réel est de 15 mètres cubes par heure, le maximum de hauteur de refoulement ne dépassant pas 40 mètres [1].

L'installation des appareils de prise d'eau du chemin de fer de Paris à Lyon et à la Méditerranée est disposée de la manière suivante :

1° Une machine à vapeur horizontale montée sur bâti en

[1] Voir, pour le détail de cette installation, M. Armengaud, *Génie industriel*, mai 1865, p. 226.

fonte, avec arbre coudé à deux volants munis chacun d'un bouton de manivelle ;

2° Un système de deux pompes, à simple effet, et un réservoir d'air, assemblé sur une base solide qui porte les tubulures d'aspiration et de refoulement.

La machine à vapeur est toujours placée au niveau du sol du bâtiment qui la contient.

Le bâti des pompes se place à des profondeurs qui dépendent du niveau des eaux d'aspiration.

La détente à coulisse dont ces machines sont pourvues leur permet de conduire des pompes dont le débit peut varier de 12 à 20 mètres cubes à l'heure. Les dimensions principales de ces machines, pour 12 mètres cubes à l'heure, sont les suivantes :

Diamètre du cylindre à vapeur..........	0^{m},300
Course du piston..............................	0^{m},600
Nombre de tours du volant....................	16
Diamètre des pompes..........................	0^{m},155
Course du piston des pompes..................	0^{m},300
Poids total de la machine....................	6 300 kilogr.

Le type de pompes mues par machines à vapeur adopté lors de la construction des chemins de fer du Midi comprend :

1° Une pompe à double effet, avec plongeur et piston à clapet montés sur la même tige :

La course du plongeur est de..................	0^{m},500
Le diamètre du corps de pompe dans la partie alésée..................................	0 ,250
Le diamètre intérieur du tuyau d'aspiration est de.	0 ,135
Celui du tuyau de refoulement................	0 ,108

2° Une machine à vapeur horizontale :

Le diamètre du piston est de..................	0^{m},150
La course du piston est de....................	0 ,250

Le nombre de tours de l'arbre de la machine varie de soixante à quatre-vingts et cent, tandis que la pompe marche toujours à dix-huit tours par minute.

La commande se fait par un système de roues dentées, dont les rapports varient suivant la hauteur d'élévation, fixée elle-même entre les limites de 15 et 25 mètres. Les chaudières sont timbrées à 6 atmosphères. Il y en a de deux dimensions :

1°	Diamètre	$0^m,75$
	Longueur	5 ,00
2°	Diamètre	0 ,85
	Longueur	6 ,00

Nota. On trouvera aux Annexes des détails sur les poids et sur les prix moyens des divers appareils ou constructions relatifs à la distribution des eaux.

424. **Généralités sur les combustibles.**— Nous avons jeté un coup d'œil rapide (ch. I, § III) sur les propriétés principales des corps combustibles et sur les phénomènes qui accompagnent leur combinaison avec l'oxygène de l'air atmosphérique, phénomènes dont l'ensemble constitue ce que l'on appelle la *combustion*. Nous avons classé ces substances en trois groupes principaux : combustibles solides, liquides et gazeux, dont les premiers seuls ont trouvé jusqu'ici une application au chauffage des locomotives. Sans nous arrêter aux propriétés particulières qui permettent de diviser les combustibles solides en un certain nombre de catégories bien distinctes, et que nous développerons plus loin avec quelques détails, faisons remarquer que leur nature et leurs qualités exercent une influence marquée sur les dispositions adoptées pour la construction de l'appareil de vaporisation des machines locomotives. De là, nécessité pour l'ingénieur, avant d'aborder l'étude du matériel, d'examiner avec soin, sous ce double point de vue, les combustibles que la nature ou l'industrie mettent à sa disposition dans les contrées que la ligne traversera. Ces connaissances acquises, il fera entrer en ligne de compte, d'une part, le prix d'achat, d'autre part, les qualités calorifiques de chacun d'eux, les conditions de leur emploi, et ce n'est qu'après une étude approfondie de ces diverses questions qu'il devra faire son choix.

Nous examinerons donc, à ce double point de vue, chacun des combustibles employés.

Des différents combustibles. — Les combustibles solides que la nature met à notre disposition peuvent se diviser en trois groupes :

Anthracites et houilles ;

Lignites et tourbes ;

Bois.

Le premier groupe possède une puissance calorifique plus considérable que les deux autres (355), condition qui lui assure la préférence quand le choix est possible. Mais le terrain houiller ou anthraxifère ne se rencontre pas dans toutes les contrées, et là où il existe, on ne trouve pas toujours des couches de houille ou d'anthracite dont la puissance permette d'y asseoir une exploitation régulière. Il se présentera donc tel cas où la proximité de grandes forêts, la présence de tourbières d'une certaine importance, concordant avec l'absence de gisements houillers, devront faire adopter le chauffage au bois ou à la tourbe, les frais de transport à grande distance pouvant élever considérablement le prix de revient de la houille. C'est ainsi qu'aux États-Unis, par exemple, le bois ou l'anthracite constituent la majeure partie du combustible employé au chauffage des locomotives ; que, dans certaines parties de l'Allemagne, de la Suisse et en Russie, les machines ont longtemps brûlé du bois et de la tourbe, tandis qu'en Angleterre, en France et en Belgique, la houille seule alimente la consommation des chemins de fer.

La nature sulfureuse de la houille, la production considérable de fumée qui accompagne sa combustion, et rend son emploi incommode pour le personnel de l'exploitation et pour les voyageurs, avaient fait presque partout écarter son emploi de l'alimentation des machines locomotives : dès l'origine des chemins de fer, on lui avait substitué le coke. Quelques administrations de chemin de fer fabriquaient elles-mêmes leur coke et l'on rencontre encore dans plusieurs dépôts des installations destinées à cet usage. Si le coke a l'avantage de ne pas produire de fumée, il a aussi l'inconvénient de coûter beaucoup plus cher que la houille, de s'allumer difficilement, et de remonter la pression de la vapeur plus lentement que les autres combustibles. Composé presque exclusivement de carbone, il présente une dureté beaucoup plus grande que la houille, propriété nuisible à la conservation des tubes et des parois de la boîte à feu.

Le prix élevé du coke, tendant sans cesse vers une augmentation, a engagé les ingénieurs vers une nouvelle étude sur l'emploi de la houille crue; après avoir appliqué cette dernière en premier lieu aux machines à marchandises, on a été bientôt entraîné à l'utiliser sur les machines à voyageurs, et nous avons vu (355) par quels moyens on était parvenu jusqu'ici à éviter plus ou moins complétement la production de la fumée.

Pendant un certain temps, on a employé exclusivement la houille en morceaux; cependant, en présence de l'augmentation de prix de ce combustible et de l'accroissement du service de l'exploitation, on a cherché à tirer parti pour le même usage des menus de houille que l'on peut se procurer à un prix relativement peu élevé, mais dont la combustion s'effectue difficilement sur les grilles ordinaires. Quelques essais ont été tentés, ainsi que nous l'avons vu,—grille Belpaire, chemin de fer du Nord,— pour brûler la houille en petits morceaux et de médiocre qualité, en apportant un changement dans la construction du foyer; mais les avantages qui en sont résultés ne se sont pas affirmés d'une manière suffisante pour généraliser cette méthode, qui présente d'ailleurs le grand inconvénient de n'être pas applicable sur toutes les machines.

D'autre part, l'essai des *combustibles agglomérés* a donné des résultats tels, que toutes les administrations n'ont pas hésité à les adopter pour le chauffage des machines, et que plusieurs se sont décidées à les fabriquer elles-mêmes avec des menus achetés à bas prix.

Les tourbes sont généralement employées à l'état cru; mais

il importe de les soumettre auparavant à la compression et à une dessiccation prolongée, soit en les exposant à l'air libre, soit en les chauffant dans une étuve, afin de les priver de l'énorme quantité d'eau qu'elles contiennent, et qui s'oppose à leur combustion. Pendant cette dessiccation, certaines tourbes se désagrègent, défaut qui nécessite, pour les employer, leur transformation en briquettes.

Le bois, appliqué au chauffage, exige également un séchage prolongé sous des hangars parfaitement aérés. Or la coupe des bois ne peut se faire qu'à une certaine époque de l'année, et l'exploitation de la tourbe est souvent interrompue pendant les mois d'hiver. Si l'on ajoute à cela que ces deux espèces de combustibles sont d'un poids relativement faible, et possèdent une puissance calorifique moins considérable que les houilles, on se rendra compte de la nécessité de construire, indépendamment des installations nécessaires pour en effectuer le séchage, de vastes hangars où on puisse emmagasiner la provision nécessaire à la consommation de plusieurs mois. Le volume de matière à transporter par les tenders augmentera considérablement, et pour ne pas multiplier les dépôts de combustible sur la ligne, on sera conduit à donner aux caisses de ces véhicules des dimensions plus considérables ; quelquefois même on ajoutera au convoi un ou plusieurs fourgons supplémentaires pour transporter le combustible. Enfin, avons-nous dit, l'emploi de ces combustibles légers produit une excessive abondance de flammèches, entraînées au dehors par le courant des gaz chauds, nécessitant l'application à la machine d'appareils particuliers (357), qui sont une certaine sujétion, en tout cas, une aggravation de poids, et une complication de plus ajoutée à la locomotive.

425. **Houilles. — Anthracites. — Lignites.** — La nature des houilles varie non-seulement suivant le lieu de production, mais encore souvent avec la profondeur du point d'extraction, et les différentes circonstances de leur gisement. Entre la houille maigre, anthraciteuse, s'allumant difficilement, brûlant avec une

flamme courte, et se rapprochant, par sa composition, de l'anthracite proprement dite, et la houille grasse maréchale, riche en produits gazeux, se boursouflant, s'agglutinant au feu, et donnant un coke léger et bulleux, il existe une série d'espèces intermédiaires qui se rapprochent plus ou moins de ces deux types extrêmes. Toutes ne sont pas également propres à l'usage qui nous occupe : pour qu'une houille puisse être appliquée avec avantage à la production de la vapeur, il faut qu'elle remplisse les conditions suivantes :

— Brûler avec une flamme longue, et sans donner une fumée trop abondante ;

— Ne pas s'agglutiner sur la grille, ni augmenter de volume en se boursouflant;

— Conserver, autant que possible, sa forme primitive pendant sa combustion ;

— Ne pas se réduire en poussière, de manière à passer au travers de la grille, lorsque le chauffeur vient à piquer le feu ;

— Ne pas donner plus de 8 à 10 pour 100 de cendres.

Les houilles demi-grasses à longue flamme répondent généralement bien à ces conditions; les houilles maigres à longue flamme sont également employées au même usage; leur menu convient particulièrement, ainsi que nous le verrons plus loin, à la fabrication des agglomérés.

Voici, d'après M. Regnault, les compositions de quelques houilles grasses à longue flamme de diverses provenances :

	Rive-de-Gier.	Mons.	Commentry.	Epinac.
Carbone.........	84,83	84,67	82,72	81,12
Hydrogène.......	5,61	5,29	5,29	5,10
Oxygène et azote..	6,57	7,94	11,75	11,25
Cendres.........	2,99	2,10	0,24	2,33
	100,00	100,00	100,00	100,00

Les houilles maigres contiennent moins de carbone et une plus forte proportion d'oxygène.

Nous avons vu (355) que la puissance calorifique des houilles était comprise entre 7 200 et 8 600 : la limite inférieure s'applique aux houilles sèches à longue flamme, et la valeur *maxima* aux diverses variétés de houille grasse. La puissance calorifique des houilles ordinaires brûlées sur les grilles, comprise entre ces deux limites, peut être estimée à 7 800 environ.

Si, partant de ce chiffre, nous cherchons à déterminer la quantité de vapeur d'eau que pourra produire 1 kilogramme de houille, nous trouverons que, puisqu'il faut, pour vaporiser 1 kilogramme d'eau prise à zéro, à la pression de 8 atmosphères par exemple, une quantité de chaleur représentée par :

$$Q = 606,5 + 0,305 \times 170 = 658 \text{ unités de chaleur}^{1},$$

1 kilogramme de houille devra vaporiser :

$$\frac{7\,800}{658} = 11^{k},8 \text{ d'eau dans ces conditions.}$$

Mais ce calcul ne tient pas compte des nombreuses imperfections des appareils industriels, de la nécessité de conserver aux gaz une température de 200 à 250 degrés au sortir de la chaudière, de l'influence de la nature des parois métalliques sur la transmission de la chaleur [2], enfin du soin plus ou moins grand apporté à la conduite du feu, qui influe nécessairement sur la nature de la combustion et fait varier la puissance calorifique avec la proportion plus ou moins grande d'oxyde de carbone qui prend naissance. Aussi est-il prudent de ne pas compter sur plus de 8 kilogrammes d'eau vaporisée dans les chaudières de locomotives par kilogramme de charbon dépensé sur la grille.

La densité des houilles varie de 1,28 à 1,40.

Quant au poids d'un hectolitre de houille, il varie de 75 à 90 kilogrammes; pour les qualités moyennes, on peut prendre 80 à 85 kilogrammes.

Réception.— Analyse.— Comme on le voit par le tableau précédent, les houilles ne sont jamais pures; nous ajouterons que la proportion de matières étrangères qui constituent les cendres est généralement de beaucoup supérieure à celle indiquée par

[1] Formule de M. Regnault (355. *Vaporisation*).
[2] 355. *Pouvoir conducteur. Pouvoir absorbant. Pouvoir émissif.*

ces analyses ; on peut l'évaluer, en moyenne, à 7 ou 8 pour 100. Les houilles employées aux opérations industrielles renferment, en effet, toujours une quantité plus ou moins considérable de schiste entraîné dans l'abatage, et dont on ne peut les séparer qu'au prix d'une main-d'œuvre coûteuse, inadmissible pour les conditions économiques de l'exploitation des chemins de fer[1]. Mais, d'autre part, il importe également que la proportion de matières étrangères ne dépasse pas un certain chiffre au delà duquel l'emploi du combustible ne serait plus

[1] Ce désaccord a été constaté d'une manière très-évidente dans les essais du concours de chaudières à vapeur ouvert à Mulhouse en 1859. Le charbon employé (houille de Ronchamps, grasse et dure), analysé par M. l'ingénieur en chef Rivot au laboratoire de l'École des mines, a donné pour composition :

D'une part :

Carbone	88,00
Hydrogène	5,10
Oxygène	2,00
Azote	1,10
Eau hygrométrique	0,40
Cendres siliceuses	3,40
Total	100,00

Et d'autre part :

Matières volatiles	25,60
Carbone fixe	71,00
Cendres	3,40
Total	100,00

Sur la grille, cette même houille a donné, en moyenne, 19,2 pour 100 de résidus solides :

Cendres et scories	13,8	19,2
Escarbilles	5,4	

Pour expliquer ce désaccord qui existe entre les analyses et des essais faits avec beaucoup de soin, il faut supposer, ce qui est fort admissible, que les échantillons pris dans les tas étaient des morceaux de houille exempts de matières étrangères apparentes, et que ces tas contenaient des parties schisteuses dont la proportion ne pouvait être établie que par l'analyse d'une grande masse de combustible. (*Bulletin de la Société industrielle de Mulhouse*, février 1860. — Rapports des experts sur le concours de chaudières de 1859.)

avantageux; dans ce but, et afin d'arriver à un combustible de composition régulière, il convient de fixer au fournisseur une limite supérieure pour la teneur en cendres. En lui accordant une bonification proportionnelle à la réduction de cette quantité *maxima*, et lui imposant, d'autre part, une retenue pour le cas où il la dépasserait, on arrive généralement à obtenir des houilles de bonne composition moyenne. Une analyse devra, d'ailleurs, accompagner chaque réception de houille, afin de vérifier exactement la teneur du combustible. Cette opération, très-délicate, demande à être exécutée avec le plus grand soin.

La préparation de l'échantillon est, d'après ce que nous venons de voir, la partie la plus difficile; car la composition peut varier beaucoup d'un morceau à l'autre. On commence donc par choisir, au pourtour du tas, une série de morceaux qui, par leur aspect, représentent sensiblement la composition moyenne de l'ensemble de la livraison; sur le tas formé avec ces premiers échantillons, on procède à la même opération, et ainsi de suite, jusqu'à réduction de toutes les prises d'échantillons à quelques morceaux seulement; on les broie de manière à en obtenir une poudre de composition à peu près homogène. Cela fait, on prend environ 10 grammes de cette poudre dans une capsule de platine, tarée à l'avance, que l'on introduit dans la moufle d'un fourneau chauffé au rouge. Quand la charge de la capsule commence à brûler, on a soin d'écarter les cendres qui, en recouvrant la surface, arrêtent la combustion, et l'on continue à chauffer jusqu'à ce que la masse ne présente plus aucun point noir. On fait plusieurs pesées pour s'assurer que la capsule ne perd plus rien par la combustion; alors, du poids définitif de la capsule, on déduit par différence le poids des cendres [1].

[1] Au lieu de ce procédé long et minutieux, on peut avoir recours à celui qui nous a été indiqué par M. P. P. Dehérain : on prend 2 grammes de houille pulvérisée sur une nacelle en platine tarée à l'avance. La nacelle, placée dans un tube en porcelaine chauffé au rouge, est exposée à un courant continu de gaz oxygène, qui produit très-rapidement le départ des

La houille transportée par eau, celle qui a voyagé à découvert, ou qui est restée exposée à l'humidité pendant un certain temps, absorbe une quantité d'eau assez considérable dont il faut tenir compte dans l'opération précédente, en soumettant, au préalable, à une chaleur ménagée l'échantillon que l'on veut analyser, et calculant par différence le poids de l'eau qu'il contient. Il importe, d'ailleurs, de connaître la proportion d'eau, pour déduire du poids total de la livraison celui de l'eau renfermée, si l'on ne veut s'exposer à payer comme combustible une quantité d'eau qui peut atteindre jusqu'à 5 ou 6 pour 100.

Emploi de la houille. — Dans les foyers des chaudières fixes, on brûle ordinairement, en moyenne, 1 kilogramme de houille par décimètre carré de grille et par heure. Les dimensions restreintes des grilles de locomotives par rapport à la surface de chauffe obligent à porter cette consommation à 3 kilogrammes par décimètre carré et par heure. Or, la combustion de ces 3 kilogrammes de houille exige 53 mètres cubes d'air qui, pour passer au travers de la grille — en supposant le rapport du vide au plein de 0,40 au maximum — devraient être animés d'une vitesse de 51 mètres par seconde, tandis que, en réalité, la plus grande dépression produite par le tirage des machines locomotives ne dépasse pas $0^m,060$ à $0^m,080$, correspondant à une vitesse de 30 à 35 mètres par seconde [1]. De là, combustion in-

matières combustibles. Un quart d'heure suffit, en général, pour une incinération.

Quant à la production d'oxygène, elle s'effectue très-facilement en calcinant un mélange de chlorate de potasse et de bioxyde de manganèse, dans une marmite dont l'ouverture est bordée d'une rigole de $0^m,003$ à $0^m,004$ de profondeur garnie de mercure. Cette ouverture est bouchée par un couvercle en fonte à rebord vertical et muni d'une tubulure. La hauteur du rebord du couvercle de la marmite plongé dans le mercure, règle la pression du gaz. L'oxygène est recueilli dans un grand sac de caoutchouc, qui sert de réservoir et de gazomètre.

[1] Notice sur les appareils fumivores appliqués aux foyers des machines à vapeur, etc., par M. Turck. — *Mémoires et compte rendu de la Société des ingénieurs civils.* 1866, 4e trimestre.

complète de la houille, perte de chaleur, par suite de la formation de l'oxyde de carbone, et production de fumée. C'est à ces inconvénients que doivent obvier les appareils fumivores dont nous avons parlé plus haut (355-370), en introduisant dans le foyer un supplément de gaz comburants. Mais, indépendamment de leur application, il y a certaines précautions à observer dans l'emploi de la houille sur les grilles des foyers, afin de tirer de ce combustible le meilleur parti possible :

Tenir la couche de houille sur la grille entre $0^m,15$ et $0^m,30$, selon la nature de la houille ;

Renouveler fréquemment le chargement, de manière à n'introduire à la fois dans le foyer qu'une très-petite quantité de combustible sur les points où le feu semble se dégarnir, et en s'abstenant, par conséquent, d'en mettre une couche sur toute la surface de la grille. La houille menue devra être jetée au-dessous de la porte, afin de tenir l'épaisseur de la couche, sur ce point, plus forte que du côté de la plaque tubulaire.

En opérant de cette façon, on arrive à brûler la fumée aussi complétement que possible, et on évite de faire usage de l'échappement pour activer le feu, opération qui a pour inconvénient d'entraîner, par un tirage trop énergique, les escarbilles dans la boîte à fumée.

Enfin, lorsque la fumée deviendra très-abondante dans le foyer, on laissera la porte de chargement ou les ouvertures du foyer Bonnet entr'ouvertes pendant quelques instants, de manière à introduire un peu d'air pour compléter la combustion.

Lignites. — On désigne sous le nom de *lignites* des houilles de formation récente, qui présentent encore des traces plus ou moins sensibles de texture végétale. Quelques espèces — lignites ligneux — nous montrent le bois encore à peine décomposé ; d'autres, au contraire, se rapprochent de la houille maigre à longue flamme — lignites parfaits.

Enfin, certaines espèces, très-riches en carbures d'hydrogène, tendent à se transformer en véritables bitumes.

La composition des lignites se rapproche de celle des houilles proprement dites, et n'en diffère que par une moins forte proportion de carbone — 60 à 70 pour 100 — et une beaucoup plus grande quantité d'oxygène — 20 pour 100.

Voici, d'après M. Regnault, la composition de quelques types de lignites :

	Lignite parfait (Bouches-du-Rhône.)	Lignite imparfait (Cologne.)
Carbone..................	63,88	63,29
Hydrogène................	4,58	4,98
Oxygène et azote..........	18,11	26,24
Cendres	13,43	5,49

Comme on le voit, la proportion de cendres que contiennent les lignites est très-variable, ce combustible se trouvant souvent mélangé avec une quantité assez considérable de produits étrangers [1].

La quantité d'hydrogène en excès ne dépasse pas 3,32 pour 100 dans les espèces ordinaires, et la capacité calorifique varie de 5000 à 6800 environ.

Les lignites brûlent avec une flamme longue, en produisant d'autant moins de fumée qu'ils se rapprochent plus des houilles. Certaines qualités ont l'inconvénient de donner une quantité considérable d'étincelles incendiaires, et sur le chemin de Saxe, par exemple, on a été obligé de renoncer à leur emploi pour cette raison, malgré les résultats avantageux qu'on espérait en retirer.

Dans certaines parties de l'Allemagne, en Wurtemberg, en Bavière, en Prusse, en Autriche, on les emploie, tantôt seuls, tantôt en mélange avec la houille et le coke. Sur ces diverses lignes, la consommation moyenne par kilomètre varie entre les limites extrêmes de 15 à 34 kilogrammes par kilomètre de parcours [2].

[1] A Bouxwiller, en Alsace, il existe un gisement de lignite argileux employé à la préparation de l'alun, et contenant jusqu'à 58 pour 100 de matières étrangères; les parties les moins impures employées comme combustible laissent encore 33 pour 100 de cendres.

[2] *Deutsche Eisenbahn-Statistik fur das Betriebs-Jahr* 1864.

426. **Coke.** — Le coke est le résidu solide de la distillation des houilles.

Un bon coke de chauffage doit être :

Dense et compacte, de manière à donner un effet calorifique maximum avec le moindre volume, mais sans arriver à une combustibilité difficile;

Non friable, afin de ne pas donner un déchet trop considérable dans le transport ;

Autant que possible exempt de produits sulfurés ;

Chargé, au plus, de 10 pour 100 de cendres en moyenne.

Toutes les houilles ne conviennent pas également à la fabrication du coke. Le coke des houilles maigres est généralement trop friable ; celui des houilles grasses est trop léger quand il est cuit rapidement, ou trop dur quand la carbonisation est trop lente[1].

On arrive aujourd'hui à faire d'excellents cokes avec des mélanges convenablement choisis de houilles grasses et maigres. L'emploi de ces mélanges, en faisant entrer dans la fabrication du coke des houilles moins chères que les houilles grasses, permet d'arriver à une réduction dans le prix de revient.

Pour obtenir un produit satisfaisant aux conditions que nous avons indiquées plus haut, il convient d'observer, dans la fabrication du coke, les principes suivants :

La houille destinée à cette fabrication sera préalablement lavée et pulvérisée ;

Les fours employés à la distillation prendront une élévation suffisante pour obtenir, par la charge du combustible, un coke dense et homogène ;

L'opération sera conduite avec beaucoup de lenteur, afin de rendre le coke moyennement compacte ;

L'extinction du coke au sortir du four doit se faire avec la

[1] Voir notre Mémoire sur la fabrication du coke sur les bassins de la Ruhr et de Saarbruck.

moindre quantité d'eau possible, de telle sorte que tout le liquide soit complétement évaporé par la chaleur communiquée par le combustible et que celui-ci, après refroidissement, soit parfaitement sec.

La perte des houilles à la distillation varie dans des limites assez étendues, suivant leur provenance; en général, la proportion de coke est d'autant plus forte que la houille contient moins de produits gazeux. Les houilles des mines de la Loire donnent de 58 à 60 pour 100 de coke, celles de Saarbruck 65 pour 100; les houilles de Mons, les mélanges des charbons de Charleroi et de Liége jusqu'à 77 et 80 pour 100.

Lorsqu'on aura observé dans la préparation du coke les conditions que nous venons d'indiquer, le volume du coke obtenu ne différera pas beaucoup de celui de la houille employée, et le poids du mètre cube variera dans ce cas de 400 à 450 kilogrammes.

La proportion de cendres contenue dans le coke peut être estimée à 10 pour 100 en moyenne. Il importe de suivre, à cet égard, le même système que pour la houille, et d'observer les mêmes précautions pour en faire l'analyse lors de la réception. Ici encore le poids de l'eau devra être soigneusement déterminé par un essai spécial, car la nature poreuse du coke le rend susceptible d'absorber une grande quantité d'eau; nous avons eu plusieurs fois l'occasion de constater la présence de 5, 6 et quelquefois 12 pour 100 d'eau dans des cokes transportés par bateaux.

Le chargement du coke sur la grille doit être fait en petites quantités, en maintenant l'épaisseur du combustible à $0^m,30$ de hauteur environ vers la plaque tubulaire, et, du côté de la porte, à $0^m,50$ pour les machines à marchandises, et $0^m,60$ à $0^m,65$ pour les machines à voyageurs à petits foyers.

Lorsqu'on dépasse sensiblement cette épaisseur, on fait produire à la masse en question une grande proportion d'oxyde de carbone, qui, s'il n'est pas brûlé par un afflux d'air supplémentaire, est entraîné dans la cheminée, sans avoir dégagé la chaleur qu'il peut donner.

Les morceaux de coke doivent être tous réduits à une moyenne grosseur, afin de ne pas laisser de trop grandes cavités entre eux.

427. **Combustibles agglomérés.** — On désigne sous le nom d'*agglomérés* des combustibles en morceaux plus ou moins volumineux, fabriqués au moyen de menus de houille agglutinés par une certaine quantité de brai ou de goudron à l'aide d'une forte pression.

La consommation de ces combustibles a pris, dans ces dernières années, une extension considérable ; aussi, en raison de l'importance qu'ils ont acquise, entrerons-nous dans quelques détails sur leur fabrication.

Tous les menus de houille peuvent être employés à la fabrication des agglomérés, mais avec plus ou moins d'avantage, suivant leur provenance.

Avant leur emploi, ces menus doivent être lavés, de manière à ne pas contenir plus de 7 à 8 pour 100 de cendres, et moins s'il est possible [1].

La pression dans les appareils compresseurs doit s'élever, par centimètre carré, de 100 à 150 kilogrammes, de manière à obtenir une parfaite liaison des matières et une densité qui atteigne celle de la houille — 1,20 à 1,40 ; — cette pression dépend naturellement de la nature de la houille et de la matière employée pour agglutiner les parcelles charbonneuses. Cette matière, c'est le brai provenant de la distillation des goudrons de gaz, et que l'on mélange au menu en proportion variable, suivant que l'on fera usage de brai plus ou moins *gras*, c'est-à-dire retenant une plus ou moins grande quantité de goudron. L'emploi du *brai sec* [2] a, sur les brais gras, l'avantage de fournir immédiatement des briquettes dures, dégageant peu d'odeur

[1] Au chemin de fer du Midi, on fait usage de menus de charbon maigre de Cardiff non lavés, et les briquettes ne contiennent cependant que 5 à 6 pour 100 de cendres.

[2] Goudron de houille, concentré jusqu'à 280 ou 300 degrés, et dont on a retiré, par distillation, 30 à 40 pour 100 de matières volatiles.

et de fumée et ne se ramollissant que sous une température supérieure à 50 ou 60 degrés ; mais il exige un effort de compression plus énergique. Nous ferons remarquer, enfin, que la proportion de brai s'élèvera d'autant plus que celui-ci sera plus sec et la houille moins collante ; généralement elle varie de 7 à 10 pour 100 ; pour des houilles moyennement grasses agglutinées au brai sec, la proportion convenable se tient entre 8 et 9 pour 100.

Le mélange des substances se fait au moyen de bassines munies d'agitateurs, et dans lesquelles on maintient la température à un degré suffisant pour conserver au brai sa liquidité pendant toute la durée de l'opération — 90 à 100 degrés pour le brai sec.

Lorsqu'on fait usage de brai gras, on commence par fondre ce dernier et on le verse dans la houille menue au fur et à mesure de l'introduction de la matière dans les compresseurs ; mais, lorsqu'on traite le brai sec, il faut d'abord le broyer : le chauffage n'a lieu qu'après le mélange avec la houille.

Une fois le mélange terminé et la pâte suffisamment homogène, on procède au moulage par compression, au moyen d'appareils spéciaux, qui peuvent être classés en deux catégories, d'après le principe sur lequel ils sont basés.

Dans les uns, la matière est comprimée dans des moules à fond mobile montés sur un plateau circulaire ou rectangulaire animé, dans le premier cas, d'un mouvement de rotation, dans l'autre, d'un mouvement de va-et-vient, et venant successivement se placer :

1° Sous un distributeur qui les remplit de la pâte préparée ;

2° Sous un piston compresseur qui oblige la pâte à prendre la forme du moule en s'agglutinant ;

3° Sous un appareil démouleur qui fait sortir les briquettes des moules.

Parmi les nombreuses dispositions brevetées qui reposent sur ce mode d'action, nous citerons principalement la machine de M. Mazeline, dans laquelle ces diverses opérations s'exécutent à l'aide de la vapeur[1], et celle de M. Revollier, appliquée par la société des mines de la Loire, et dans laquelle le moulage et le démoulage se font par pression hydraulique[2].

Dans le second type de machines à agglomérer, la pression nécessaire est obtenue par le simple frottement de la pâte contre les parois d'un moule légèrement conique — machine Jaclot — ou dans un cylindre allongé — machine Evrard.

La première de ces deux dispositions se trouve actuellement employée par la Compagnie du chemin de fer du Midi. La machine en question se compose de deux tambours dont la jante est formée de vides et de pleins égaux, distribués sur toute la circonférence. Les deux tambours sont à peu près tangents et montés de telle sorte que les pleins de l'une des circonférences correspondent aux vides de l'autre.

Tandis que les deux tambours ainsi disposés et mis en mouvement par une transmission à engrenage tournent en sens contraires, l'un vis-à-vis de l'autre, la matière à agglomérer, distribuée par une trémie supérieure, descend entre les deux tambours et vient remplir successivement tous les moules ; là, elle se trouve pressée par les pleins de l'autre roue qui l'obligent à sortir par l'extrémité opposée. Une faible conicité du moule[3] suffit pour déterminer une résistance convenable et pour obtenir une pression très-énergique. La briquette moulée sort au fur et à mesure de la rotation, en avançant de $0^m,01$ environ par tour de roue et avec une consistance suffisante pour être employée sans autre manipulation. Lorsque la briquette atteint la longueur de $0^m,10$ à $0^m,12$, on approche de chaque tambour

[1] Voir la *Publication industrielle* de M. Armengaud, t. XIV, pl. I.

[2] *Idem*, t. XVII, pl. XII et XIII.

[3] Les dimensions des moules sont les suivantes :

Longueur	$0^m,165$
Largeur, dans le sens de la circonférence extérieure	0 ,075
— à $0^m,065$ de la circonférence ext érieure	0 ,067
— à la circonférence intérieure	0 ,067
Conicité, 75-67	0 ,008
Largeur transversale (sans conicité)	0 ,180

un couteau qui, en une seule révolution, coupe et détache toutes les briquettes fabriquées.

Chaque arbre porte en général deux tambours, dont l'ensemble forme un appareil double produisant en dix heures cinquante tonnes de briquettes.

La force absorbée par la machine peut être estimée à 25 ou 30 chevaux [1].

La seconde disposition est celle de M. Evrard, dont la machine a été appliquée dans plusieurs localités de France et de Belgique.

La Compagnie de Lyon, qui a installé pour sa propre consommation trois usines de fabrication d'agglomérés, a adopté pour la construction de ses machines le principe de ce système. Chacune d'elles comprend seize cylindres horizontaux de $0^m,110$ de diamètre sur $0^m,600$ de longueur, recevant chacun un piston compresseur. Le mouvement de va-et-vient est communiqué aux seize pistons à la fois par un seul arbre vertical muni d'un excentrique. A la partie supérieure se trouve un malaxeur chauffé par la vapeur circulant sous une double enveloppe, et dans lequel vient tomber le mélange de menus et de brai préparé dans une cuve spéciale. A la sortie du malaxeur, la matière tombe sur une première table tournante où quatre couteaux la divisent en autant de portions égales et la font tomber sur une seconde table animée également d'un mouvement de rotation ; ici la pâte se trouve de nouveau divisée en parties égales et tombe finalement dans les cylindres en traversant une lumière percée à leur partie supérieure.

Le mélange comprimé sort d'une manière continue par l'autre extrémité du cylindre [2], et arrive sur une table à bascule

[1] *Mémoires et compte rendu de la Société des ingénieurs civils*, séance du 4 septembre 1863.

[2] La compression qui résulte du simple frottement de la pâte sur les parois du cylindre est tellement énergique, que dans les premiers essais, il y eut souvent rupture de l'extrémité du cylindre au moment de l'action du piston. Pour éviter cet inconvénient, on compose cette portion du cylindre de deux segments, dont l'un mobile est maintenu sur l'autre par un ressort qui cède sous l'excès de pression.

qui la divise en pains de 0m,20 à 0m,25 de longueur, chargés immédiatement sur des wagonnets pour être transportés aux magasins. La machine produit 12 tonnes à l'heure.

Une disposition de machine analogue est employée par M. Dehaynin. Elle produit 10 tonnes à l'heure et absorbe une force de 80 chevaux. Son poids total est de 65 000 kilogrammes. Dans cet appareil, le moteur est directement attelé sur l'arbre vertical et placé à la partie inférieure au-dessous des cylindres mouleurs. Sa position ne nous paraît pas avantageuse pour la facilité des réparations, et nous préférons la disposition adoptée par le chemin de fer de Lyon[1].

D'après M. Gruner, ingénieur en chef des mines, le prix de revient de fabrication par tonne de briquettes peut s'établir ainsi :

Brai	4f,50 à 5f,50
Main-d'œuvre	0 ,80 à 1 ,30
Frais généraux et entretien.........	1 ,00 à 1 ,20
Total.............	6f,30 à 8f,00

Lorsque l'administration entreprend pour son propre compte la fabrication des briquettes, il y a lieu, pour les fournitures de houilles menues, d'observer les conditions déjà citées plus haut.

Pour ce qui regarde les brais, on s'assurera qu'ils remplissent bien les conditions désirées, en vérifiant leur température de fusion. Pour le brai sec spécialement, il importe qu'il ne fonde pas au-dessous de 120 à 130 degrés, qu'il soit parfaitement dur et solide à la température ordinaire, et se laisse facilement concasser et réduire en poudre; carbonisé dans un creuset de platine, il doit laisser, comme résidu, au moins 45 à 46 pour 100 de charbon boursouflé.

Dans le cas où il s'agirait, au contraire, de recevoir des briquettes de fabrication extérieure, on procédera à l'analyse par calcination d'un poids donné de matière. On constatera

[1] Ces diverses machines ont figuré à l'Exposition universelle de 1867.

également, en cassant quelques échantillons, que l'agglomération a été faite dans de bonnes conditions, que la texture est homogène, fine et serrée; enfin, on vérifiera le poids de quelques-unes des briquettes pour s'assurer que la densité est bien conforme à celle indiquée par le cahier des charges qui sert de base au marché.

Emploi des briquettes. — En dehors d'une économie très-sensible dans le prix d'achat, les briquettes présentent sur les autres combustibles plusieurs avantages. La consommation en poids est généralement la même que celle du coke, quoique plus souvent un peu inférieure pour les combustibles agglomérés; leur densité, qui égale celle des houilles, et leurs formes régulières, facilitent le transport et l'arrimage. Il en résulte, pour cette dernière opération, une économie de près de 10 pour 100. Leur dureté et leur cohésion les rendent moins susceptibles de se briser dans le transport; le déchet est évalué dans ce cas en général à 1 ou 2 pour 100 seulement[1].

L'épaisseur de combustible dont il faut couvrir les grilles avec l'emploi des briquettes est la même que pour la houille en morceaux.

Lorsque les briquettes sont fabriquées avec des houilles dures et au brai sec, leur combustion s'opère à peu près sans fumée, ainsi que nous l'avons vu plus haut, mais il n'en est pas de même lorsque les houilles renferment au delà de 15 à 20 pour 100 d'éléments volatils, et l'on est obligé d'avoir recours alors à l'emploi des appareils fumivores.

428. **Tourbes et bois.** — *Tourbes.* — Produite par la décomposition des végétaux aquatiques de l'époque actuelle, la tourbe occupe, sur certains points où la configuration du sol facilite le séjour des eaux, des espaces d'une étendue souvent considérable. La France renferme quelques tourbières; mais c'est en Allemagne et en Russie que ce combustible se rencontre en plus grande abondance.

[1] Des essais entrepris par les soins de la marine impériale ont permis de les assimiler sous ce rapport aux charbons en roche des meilleures provenances (Newcastle, etc.).

Composition de la tourbe.—L'origine végétale de la tourbe se manifeste dans sa texture, qui emprunte l'aspect d'un véritable feutre formé de fibres végétales, finement entrelacées, et plus ou moins serrées, suivant l'ancienneté de sa formation. En général, les parties supérieures d'une tourbière sont d'un tissu plus lâche que les couches inférieures.

La quantité d'eau contenue dans la tourbe à l'état naturel est considérable, car après une exposition prolongée à l'air libre, elle peut en renfermer encore jusqu'à 30 pour 100.

Le poids du mètre cube de tourbe sèche peut être évalué à 514 kilogrammes; humide, elle pèse 785 kilogrammes.

La composition de la tourbe diffère de celle des houilles par une augmentation dans la proportion d'oxygène, qui atteint jusqu'à 30 pour 100 avec certains échantillons; la quantité d'hydrogène est à peu près la même, et le carbone varie de 20 à 65 pour 100; les tourbes contiennent généralement 10 à 15 pour 100 de cendres.

Exploitation et préparation. — La tourbe s'exploite à ciel ouvert. Suivant sa nature, on la découpe à l'aide d'un louchet en morceaux rectangulaires — tourbe compacte, — ou bien on l'enlève à la drague — tourbe limoneuse. — Au sortir de la tourbière, elle renferme, ainsi que nous venons de le dire, une grande quantité d'eau qu'il importe d'éliminer pour en tirer un produit combustible. A cet effet, on laisse les morceaux exposés à l'air pendant quelques mois. Cette dessiccation présente avec certaines tourbes — très-compactes — l'inconvénient de les désagréger et de les faire tomber en poussière, d'où résulte une perte sensible au transport. Les tourbes fibreuses acquièrent, d'autre part, dans cette opération, une légèreté qui rend leur emploi très-incommode, principalement pour l'alimentation des machines locomotives. Ces inconvénients ont conduit à fabriquer de la tourbe comprimée.

Le chemin de fer de l'État en Bavière, qui exploite pour son usage depuis une vingtaine d'années les tourbières d'Haspelmoos, essaya, en 1847, de comprimer la tourbe au moyen d'un simple piétinement exécuté par les ouvriers sur le lieu de l'exploitation ; mais les résultats ne lui parurent pas satisfaisants, et il installa, sur les plans de l'ingénieur en chef des machines, M. Exter, une préparation mécanique pouvant produire jusqu'à 10000 mètres cubes de tourbe par année, au prix de 2f,80 par mètre cube.

La préparation de la tourbe comprimée demande deux opérations distinctes : désagréger la tourbe, avec addition d'eau, donnant une sorte de bouillie claire dont on retire par décantation les matières terreuses ; — laisser déposer la tourbe que l'on comprime dans des moules, ou que l'on soumet à une dessiccation à l'air libre, après l'avoir divisée en morceaux. La valeur de ce procédé est contestable ; en général, on doit limiter l'exploitation aux tourbes assez pures pour passer immédiatement à la désagrégation et au moulage. Quel que soit d'ailleurs le procédé, il importe, à chaque réception, de constater, par des essais rigoureux, les quantités d'eau et de cendres contenues dans la tourbe préparée.

Emploi de la tourbe. — L'emploi de la tourbe comme combustible pour les machines locomotives a l'inconvénient de produire beaucoup de fumée et d'étincelles, et de développer une quantité de chaleur relativement faible, ce qui oblige à augmenter la provision de route, et nécessite le plus souvent l'addition de fourgons supplémentaires. Mais si l'on donne au foyer des dimensions suffisantes, en augmentant en conséquence le diamètre des tubes, et en adoptant les appareils à arrêter les flammèches, on arrive à pallier une partie de ces inconvénients, et à obtenir, dans certains cas, des résultats assez avantageux, au point de vue de l'économie du chauffage.

D'après les résultats comparés de chauffage au bois, au coke et à la tourbe pendant une période de neuf ans (1846-1854) sur le chemin de l'État en Bavière, 100 pieds cubes (2^{mc},486) de tourbe de qualité et de siccité moyennes, équivaudraient à 312^{k},50 de coke, et 3^{mc},135 de bois blanc.

A cette époque on trouva que le prix du chauffage à la tourbe revenait à la moitié de celui au coke, et aux deux tiers du chauffage au bois. Mais cette supériorité économique, qui dépendait de circonstances particulières[1], ne s'accuse pas d'une manière aussi évidente dans la plupart des cas. Ainsi, sur le chemin de l'État en Bavière, la consommation de l'année 1861-1862 a donné les résultats suivants :

	Dépense par kilomètre.	
	Houille.	Tourbe.
Machines à voyageurs	$6^k,76$, soit $0^f,166$	$16^k,93$, soit $0^f,172$
Machines à marchandises ..	10 ,18, soit 0 ,249	20 ,28, soit 0 ,207

La moyenne de consommation de la tourbe en 1864 sur les lignes allemandes qui font usage de ce combustible peut s'évaluer à $27^k,3$ par kilomètre pour la tourbe comprimée, et $0^{mc},068$ par kilomètre pour la tourbe simplement desséchée.

Bois. — Les bois sont presque essentiellement composés de *cellulose* et de *ligneux*, substances organiques renfermant du carbone, de l'hydrogène et de l'oxygène dont les proportions atomiques peuvent être représentées par la formule $C^{12}H^{10}O^{10}$. On rencontre également dans le bois une très-forte proportion d'eau qui, au bout d'une année de dessiccation, s'élève encore à 18 ou 20 pour 100. La proportion de carbone dans les bois employés comme combustible varie de 38 à 40 pour 100. On peut diviser ces bois en deux espèces distinctes :

— Les bois durs : — chêne, hêtre, frêne, orme, etc. ;

— Les bois blancs : — sapin, pin, peuplier, bouleau, saule, tremble, etc.

Les dernières sont d'un prix généralement moins élevé, et, quoique moins riches en ligneux et plus légers que les premiers, donnant à volume égal une moindre quantité de chaleur, ils sont préférés à ceux-là pour l'alimentation des foyers ; leur texture, moins serrée, rend la combustion plus facile.

[1] Le prix du coke s'élevait à $47^f,00$ la tonne, tandis que la tourbe ne revenait qu'à $3^f,10$ le mètre cube, ou environ $5^f,00$ la tonne.

Le mesurage des bois se fait au *stère*. Le stère du bois dont le diamètre varie entre 0^m,02 à 0^m,03 et entre 0^m,06 à 0^m,07, pèse 250 à 350 kilogrammes. Les bûches de 0^m,08 à 0^m,20 de diamètre ayant une année de coupe pèsent 350 à 400 kilogrammes le stère. — La puissance calorifique du bois dans ces conditions est de 2,800 à 3,000.

La coupe des bois doit se faire en automne ou en hiver. La proportion d'eau contenue dans le bois s'élève alors à 40 pour 100 environ, et le bois doit être conservé à l'air et à couvert pendant une année au moins avant de pouvoir être employé avantageusement. Lorsqu'on empile les bois pour les faire sécher, on doit laisser à l'air une circulation facile dans tous les sens; cette condition est très-importante, et il importe de ne pas la négliger.

Le transport des bois s'effectue quelquefois par flottage; cette opération a l'inconvénient de faire perdre au bois une partie de ses qualités comme bois de chauffage. Le bois dur flotté, par exemple, n'est pas plus avantageux que le bois tendre ordinaire au point de vue calorifique.

Les clauses du cahier des charges devront donc mentionner comme conditions essentielles de la livraison :

— Un an de coupe et de dessiccation à couvert;

— Proportion maxima d'eau fixée à 20 pour 100. On vérifiera cette dernière condition par un essai effectué sur une certaine quantité d'échantillons.

Il importe enfin de s'assurer que les bois livrés ne sont pas pourris, ce dont on pourra se rendre compte facilement en faisant débiter un certain nombre de bûches.

Emploi du bois. — Le bois doit être fendu en menus morceaux avant son introduction dans le foyer, afin de faciliter le dégagement des gaz et multiplier les points de contact entre l'air et le combustible.

Le bois partage avec la tourbe et le lignite l'inconvénient d'émettre une grande quantité d'étincelles ; aussi est-on obligé, sur toutes les machines où on l'emploie, d'installer des appareils à arrêter les flammèches. A côté de cela, le bois présente l'immense avantage, — constaté sur toutes les lignes qui en font usage, — de ne pas détériorer les parois des boîtes à feu et des tubes, ce qui le rend très-précieux au point de vue de l'économie des frais d'entretien et de réparation, et doit lui assurer la préférence dans le cas où son prix d'achat n'est pas très-élevé.

On a reconnu, sur le chemin Central-Suisse, que 1 mètre cube de bois de sapin équivalait à 176 kilogrammes de coke pour le chauffage des locomotives. Sur la ligne du Sud-Est, le rapport n'était que de 1 mètre cube de bois pour 122 kilogrammes de coke. Et enfin nous avons vu que, sur le chemin de l'État de Bavière, on n'estimait qu'à $99^k,7$ la quantité de coke équivalente à 1 mètre cube de bois.

La consommation de bois, par kilomètre de parcours, peut s'estimer en moyenne à $0^{mc},080$. Dans certains cas, elle devient notablement inférieure à ce chiffre. — Sur le Central-Suisse [1], par exemple, la consommation n'atteignait pendant un certain temps que $0^{mc},031$ de bois de sapin ou de hêtre.

Le chemin du Nord-Est [2] ne dépensait que $0^{mc},054$ de bois par kilomètre pour des machines à voyageurs marchant à 30 kilomètres et remorquant 30 tonnes de charge brute (non compris le tender) sur rampes de 12 pour 1 000 et en courbes de 270 mètres de rayon. Dans les machines à marchandises remorquant 170 tonnes à la vitesse de 22 kilomètres, la consommation ne dépassait pas $0^{mc},099$. — Au Sud-Est Suisse, enfin, les machines consommaient sur rampe de 1/100, en courbes de 360 mètres et à la vitesse de 30 kilomètres, $0^{mc},072$ de bois de sapin par kilomètre.

429. **Magasins et quais à combustibles.** — Dans tous les dépôts se trouve un parc réservé à l'emmagasinage des combustibles, — houille, coke, tourbe ou bois, — qui doivent servir à l'alimentation des machines locomotives et des machines fixes du dépôt ou de la station. — Sur les lignes françaises, les parcs à combus-

[1] En 1856, avant le percement du Hauenstein.

[2] En 1856.

tibles se composent en général d'une enceinte découverte, divisée en compartiments distincts, de manière à faciliter l'inventaire des matières qu'elle contient. Au moment de l'entrée dans le parc, le combustible passe sur un pont-bascule (Ire partie, chap. VIII, § v). A sa sortie, il doit aussi subir le contrôle du pesage ou du mesurage. Il faut donc, dans le magasin, une bascule sur laquelle on puisse tarer et peser les caisses ou paniers qui servent à transporter le combustible sur la machine.

L'usage d'abandonner le combustible à découvert nous semble sinon nuisible, du moins peu économique, surtout avec l'emploi de la houille crue, qui se généralise de plus en plus aujourd'hui. Certaines qualités de houille s'altèrent plus ou moins au contact de l'air et perdent une partie de leurs propriétés calorifiques par un séjour trop prolongé à l'humidité. Transporté sur la grille du foyer, le charbon mouillé arrête momentanément la combustion, refroidit les gaz par un excès de vapeur d'eau, et brûle, par conséquent, dans de mauvaises conditions. Aussi préférons-nous la méthode suivie en Allemagne, qui consiste à abriter les réserves de combustible sous des hangars couverts, dont les parois en planches et à claire-voie laissent cependant à l'air une grande facilité de circulation en tous sens. Cette disposition est celle du magasin à combustible de la figure 521, sur lequel nous avons cependant à faire quelques réserves. En emmagasinant le combustible au niveau du sol, on réalise une perte de main-d'œuvre assez considérable représentée par le produit du poids du combustible qui passe par le magasin, multiplié par la hauteur à laquelle il faut l'élever à bras d'homme pour le charger dans le tender [1]. Les installations bien comprises doivent être combinées pour permettre un prompt déchargement des wagons, un arrimage convenable du combustible sur la plate-forme et un chargement commode sur le tender. A cet effet, on dispose,

[1] La hauteur du tablier des tenders au-dessus du rail varie de $1^m,250$ à $1^m,270$; celle des parois d'enceinte, $2^m,600$ à $2^m,750$.

parallèlement aux voies des machines et des wagons du dépôt, les bordures de quais à combustible, qui, du côté des ma-

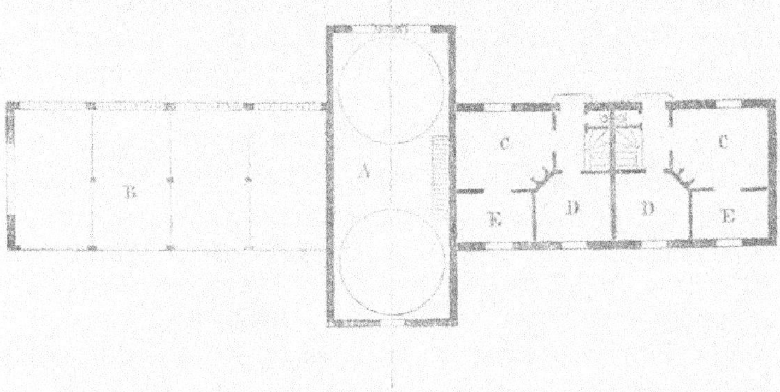

Fig. 521. Magasin et réservoir. (Franz-Joseph, Autriche.) Echelle $\frac{1}{100}$.

chines, s'élèvera à $1^m,70$, et du côté des wagons à $0^m,95$ ou 1 mètre (1re partie, chap. VIII, § II, 285). La figure 522 donne la

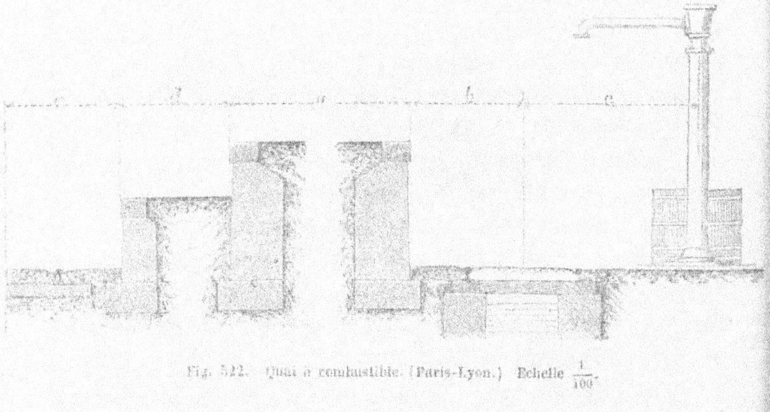

Fig. 522. Quai à combustible. (Paris-Lyon.) Echelle $\frac{1}{100}$.

coupe verticale d'un quai à combustible du chemin de Paris à Lyon. A gauche se trouve la voie par laquelle on amène le combustible dans des wagons spéciaux; à droite, la voie de service servant à la circulation des machines. La distance *b* et *c* des bords du quai aux axes des deux voies est de $1^m,60$; la largeur totale du quai *a* est de $8^m,50$, et sa longueur de 30 à 50 mètres, suivant l'importance du dépôt. L'espace *d*, de $1^m,50$, est réservé au déchargement du combustible.

On dispose généralement, au point où viennent stationner les machines, une ou deux fosses à piquer le feu, et de l'autre côté de la voie une prise d'eau, afin que toutes les opérations — approvisionnement du combustible, remplissage des soutes à eau, piquage du feu — effectuées pendant le stationnement, puissent se faire simultanément et avec le moins de perte de temps possible. Lorsque la colonne d'alimentation ne trouve pas sa place à l'opposite du quai, comme il est indiqué sur le croquis, on la place dans le quai même, en conservant la distance de $2^m,44$, à partir de l'axe de la voie. Ces quais à coke ne sont pas couverts ; leur surface doit être ou pavée ou dallée, ou recouverte d'un enduit (Ire partie, chap. VIII, § II).

Le transport du combustible du magasin au quai et sur la machine se fait à l'aide de caisses ou, mieux, de paniers en osier ; l'emploi de ces appareils offre le double avantage de faciliter la manutention ainsi que le contrôle et la comptabilité, leur capacité correspondant à un poids de combustible de 40 à 50 kilogrammes, que l'on peut considérer comme sensiblement constant, en ayant soin de le déterminer exactement pour chaque nouvelle espèce de combustible, et de le vérifier de temps en temps. Les paniers en osier offrent sur les caisses l'avantage d'une durée beaucoup plus grande, et sont presque exclusivement employés aujourd'hui.

430. **Matières grasses.** — Sous cette dénomination, nous comprendrons :

1° Les huiles et les graisses destinées à lubrifier les fusées de locomotives, tenders et wagons ;

2° Les huiles et le suif servant au graissage des pièces du mécanisme en mouvement ;

3° Les huiles consommées pour l'éclairage des machines et des signaux.

Graissage des fusées. — Nous avons eu l'occasion de dire, en parlant des boîtes à graisse, que la lubrification des fusées d'essieux s'effectuait tantôt au moyen d'huiles simples, tantôt au moyen de mélanges semi-liquides auxquels on donne le nom de *graisses*. Cette dernière méthode, avons-nous dit, tend à disparaître sur la plupart des lignes actuellement exploitées, devant les progrès toujours croissants du graissage à l'huile. Cependant on rencontre encore aujourd'hui une grande quantité de véhicules munis d'anciennes boîtes à graisse, pour lesquels il importe de conserver cette méthode de graissage ; mais il y a plus : quelques administrations, satisfaites des résultats qu'elles en ont obtenus, continuent à l'employer exclusivement, tant pour leurs anciens wagons que pour le nouveau matériel qu'elles mettent en circulation. Avant d'entrer dans l'étude des matières grasses, résumons les avantages de chacune d'elles, au point de vue du graissage des fusées des véhicules de chemin de fer.

Le principal inconvénient des graisses est leur solidité, qui suit naturellement les variations de température et augmente très-sensiblement les frais de traction pendant la saison d'hiver. Avec l'emploi de la graisse, la lubrification de la fusée par-dessous devient impossible ; nous avons constaté précédemment (373) la tendance générale des administrations de chemins de fer à utiliser cette dernière disposition, qui donnera beaucoup plus de garantie de sécurité que la première. Enfin, la plupart des graisses ont l'inconvénient de produire une certaine quantité de cambouis, qui détériore promptement les fusées ; nous verrons cependant plus loin comment on peut arriver par une bonne préparation à diminuer la production de ce phénomène.

D'autre part, la grande fluidité de certaines huiles les rend impropres au graissage des fusées, car, dans ce cas, une trop forte pression chasse l'huile interposée entre les surfaces qui s'échauffent, et finissent par gripper.

En outre, les huiles siccatives, celles qui renferment des principes ayant beaucoup d'affinité pour l'oxygène de l'air, ne donneront également pour cet usage qu'un très-mauvais résultat, car il se forme promptement des grumeaux qui augmentent les frottements, en accélérant l'usure de la fusée et des coussinets.

Enfin, certaines huiles comme certaines graisses mal préparées ou falsifiées présentent une réaction légèrement acide, qui doit en faire rejeter l'emploi dans l'intérêt de la bonne conservation du matériel.

Les conditions auxquelles devront satisfaire les matières lubrifiantes peuvent donc se résumer ainsi :

— Fluidité suffisante pour faciliter le mouvement des molécules, sans cependant atteindre la limite de liquidité au delà de laquelle la matière ne pourrait résister à la pression ;

— Ne pas se solidifier en hiver par suite de l'abaissement de température, ce qui rendrait le graissage impossible dans cette saison, et déterminerait l'échauffement de la fusée ;

— Etre exemptes de tout principe acide, dont l'action sur les coussinets se traduit bientôt par la formation de sels métalliques qui produisent le grippage des surfaces en contact ;

— Se composer d'éléments possédant le moins d'affinité possible pour l'oxygène.

Huiles. — On distingue sous le nom générique d'*huiles* des corps gras composés de deux substances de nature organique, la *margarine* et l'*oléine*, qui, sous l'action d'un alcali, se dédoublent en donnant de la *glycérine* et deux *acides gras*, l'*acide margarique* et l'*acide oléique*. Ces deux dernières substances, en se combinant avec l'alcali, produisent les sels métalliques que l'on désigne sous le nom de *savons ;* l'ensemble du phénomène porte le nom de *saponification*.

Les huiles peuvent se diviser en deux catégories : Huiles siccatives et huiles non siccatives. Nous n'avons d'intérêt qu'à étudier les secondes, puisqu'elles jouissent seules de la propriété essentielle que nous avons énoncée dans les conditions générales.

L'huile d'olive, — l'huile de colza, — l'huile d'amandes douces, — l'huile de spermaceti, — composent la série usuelle des huiles non siccatives. Parmi ces matières, les deux premières seules se rencontrent en assez grande abondance dans l'industrie pour être appliquées à l'usage qui nous occupe ; encore y a-t-il une distinction à faire entre elles.

L'huile d'olive, quoique plus avantageuse pour le graissage, est d'un prix généralement trop élevé pour en permettre l'emploi dans ces conditions [1].

— L'huile de colza non épurée est celle qui convient le mieux aujourd'hui à cet usage.

Cette huile est extraite, par pression, des graines de colza, clarifiée par le filtrage et le repos.

L'huile de colza est jaune, légère, limpide, d'une odeur forte et d'une saveur peu agréable. Sa densité à 15° est de 0,9135. A — 6°,25 elle se congèle sous forme d'aiguilles réunies en étoiles. Elle contient 46 pour 100 de margarine et 54 pour 100 d'oléine. Épurée à l'acide sulfurique — 2 pour 100, — elle conserve une réaction acide qui en fait proscrire l'usage.

L'huile de colza, malgré sa fixité, peut présenter cependant un commencement de décomposition partielle lorsque, par suite de l'échauffement des boîtes à graisse, elle se trouve portée à une très-haute température.

Les falsifications de l'huile de colza se font avec les huiles d'œillette, de cameline, de ravison, de lin, de baleine, de poisson, l'acide oléique ou huile de suif. La falsification la plus commune se fait avec l'huile de baleine et l'huile de lin [2]. Cette dernière, par ses propriétés siccatives, rend l'huile de colza impropre à l'usage auquel on la destine.

Cela posé, s'agit-il de constater qu'une huile de colza remplit les conditions demandées pour le graissage des fusées, on procédera aux essais suivants :

1° A l'aide de l'alcoomètre centésimal de Gay-Lussac, on vé-

[1] Nous parlerons de ses propriétés et des moyens de reconnaître sa pureté au sujet de la fabrication des graisses.

[2] M. Théodore Château, *Connaissance et exploitation des corps gras industriels*, 1864.

rifiera sa densité. A 15 degrés, elle doit marquer avec cet instrument 62°,2.

2° On étend sur une plaque de cuivre rouge parfaitement polie une goutte de l'huile à essayer. Si, après quelques jours, on constate qu'elle s'est transformée en un vernis de consistance solide, ou qu'elle a pris une coloration verte, on pourra en conclure, dans le premier cas, qu'elle contient une proportion plus ou moins forte de principes siccatifs ; dans le second, qu'elle attaque le métal. Pour l'un ou l'autre de ces motifs, on devra la rejeter.

3° En laissant reposer pendant huit jours environ une certaine quantité de l'huile à essayer, si elle se trouve falsifiée par l'huile de baleine, cette dernière se séparera peu à peu en venant se précipiter à la partie inférieure du vase d'essai.

4° On contrôlera ces expériences à l'aide de l'*oléomètre Laurot*. Cet instrument, fondé sur la grande différence de densité qu'accusent les diverses espèces d'huiles portées à la température de 100 degrés, se compose d'une burette en fer-blanc faisant fonction de bain-marie, dans laquelle on introduit un petit cylindre creux rempli de l'huile à essayer. On chauffe l'appareil jusqu'à ce que le thermomètre plongé dans le bain-marie marque 100 degrés, et on plonge alors dans l'huile un petit aréomètre portant deux cent vingt à deux cent vingt-cinq divisions, dont le zéro, placé à la deux centième division à partir du bas, correspond à l'huile de colza pure chauffée à 100 degrés.

Voici les indications que donne l'oléomètre Laurot plongé dans les huiles suivantes à 100 degrés :

Huile de lin........................	210°
Huile de chenevis....................	136°
Huile d'œillette....................	124°
Huile de poisson....................	83°

L'épaississement de l'huile de colza, quand la température descend à quelques degrés au-dessous de zéro, rend difficile son emploi dans ces circonstances. On a essayé de lui conserver sa liquidité par l'addition de substances étrangères. M. le docteur Ziureck, chimiste à Berlin, a trouvé que parmi les substances dont le point de solidification est inférieur à celui de l'huile en question, l'huile de pétrole raffinée peut donner le résultat cherché en préparant les mélanges suivants [1] :

Huile de colza.	Huile de pétrole raffinée.	Température de concrétion en dessous de zéro.
95 pour 100	5 pour 100	8 à 9° Cent.
90 —	10 —	10 à 12° —
85 —	15 —	15 à 16° —
80 —	20 —	19 à 20° —

Il serait intéressant d'avoir quelques renseignements sur la manière dont ces mélanges se comporteraient dans la pratique; car l'extrême fluidité des huiles de pétrole les rend, en effet, tout à fait impropres au graissage. A la température ordinaire, un mélange de 90 parties d'huile de colza et 10 parties d'huile de pétrole n'a plus la viscosité nécessaire à la lubrification. L'huile *lourde* de pétrole peut, toutefois, être employée dans certains cas, en vertu de la propriété qu'elle possède de dissoudre les matières résineuses, et que l'on peut mettre à profit pour enlever, en partie, à une huile ses propriétés siccatives.

Graisses.—Les graisses employées sur les chemins de fer sont des mélanges de corps gras — huiles ou suifs — avec une proportion variable d'eau plus ou moins alcaline. L'emploi d'une grande quantité d'alcali a pour résultat de produire une saponification du corps gras; le savon qui prend naissance ne fond pas, comme la graisse, sous l'action de la chaleur, et forme des grumeaux qui augmentent le frottement au lieu de le diminuer. Il importe de poser en principe que la fabrication de la graisse ne doit pas être une saponification, mais une simple émulsion, et, dans ce but, on devra diminuer, autant que possible, la proportion d'alcali qui entre dans sa composition.

[1] *Organ für die Fortschritte des Eisenbahnwesens*, 1865, 3e et 4e cahier.

Les matières grasses employées sont l'huile de colza ou l'huile d'olive, l'huile de palme et le suif ; la proportion de ces diverses substances doit varier suivant l'époque de l'année, afin que la température de l'air soit sans influence sur la consistance de la graisse, qui doit demeurer toujours la même.

Au chemin de fer d'Orléans, on a fait, pendant longtemps, usage de la composition suivante :

	Graisse d'été.	Graisse de printemps.	Graisse d'hiver.
Huile de colza	10	30	45
Suif	50	30	15
Eau	30	36	38
Carbonate de soude	10	4	2
	100	100	100

La graisse jaune employée sur les chemins belges est composée de suif et d'huile de palme dans les proportions moyennes suivantes :

Suif	8,3
Sel de soude	1,4
Huile de palme	20,7
Eau ordinaire	69,6
	100,0

En été, on augmente la quantité relative d'eau et on la diminue en hiver.

Le chemin de fer de Paris-Lyon-Méditerranée emploie des graisses dont la composition est la suivante :

	Graisse d'été.	Graisse d'hiver.
Huile d'olive	10	40
Suif	40	10
Eau (contenant au plus 1 pour 100 de carbonate de soude)	50	50
	100	100

L'huile d'olive présente sur l'huile de colza l'avantage d'être moins siccative, et de ne se décomposer jamais par suite de l'échauffement de la fusée ; enfin, l'émulsion avec l'huile d'olive est plus persistante que celle de l'huile de colza, ce qui permet, avec la première, de conserver la graisse plus longtemps.

La préparation des graisses se divise en deux opérations :

Mélange des corps gras ; — addition de l'eau et agitation.

La première opération s'effectue dans des bassines métalliques. On commence par fondre le suif, puis on y verse l'huile d'olive ou de colza. Le mélange étant bien brassé, on le fait écouler, sous forme d'un mince filet, dans une cuve contenant l'eau alcaline remuée par un agitateur. Lorsque la masse est convenablement émulsionnée, on la retire.

Nous savons vérifier la pureté d'une huile de colza ; indiquons les procédés d'essai des huiles d'olive et des suifs.

L'huile d'olive employée pour la fabrication des graisses provient de fruits de qualité inférieure. Pure, elle a une densité de 0,9170 correspondant à 58°,5—5°,68 de l'alcoomètre centésimal de Gay-Lussac. En dessous de zéro, elle se fige ; à —6 degrés, elle dépose 0,28 de stéarine et laisse 0,72 d'oléine. Elle peut être falsifiée par l'huile de colza, de navette ou de lin. Ces falsifications se décèlent à l'aide du procédé d'analyse de M. Boudet. — On prépare un mélange de trois parties d'acide azotique à 35 degrés de Baumé et une partie d'acide hypoazotique. On agite, dans un flacon, une certaine quantité du mélange acide avec cinq ou six parties de l'huile à essayer, en opérant parallèlement sur une même quantité d'huile pure. La différence de temps que mettent les deux échantillons à se concréter permet d'en apprécier la pureté.

L'huile pure demandera.....................	$1^h 20^m$
L'huile à 1/20 d'huile d'œillette...............	1 40
— 1/12 —	2 30
— 1/5 —	4

On peut également faire usage des densimètres, tels que l'alcoomètre centésimal de Gay-Lussac, l'élaïomètre de Gobley, l'oléomètre de Lefebvre ou celui de Laurot [1].

[1] Voir M. Th. Château, ouvrage déjà cité.

Ces divers procédés ne devront pas faire négliger l'emploi de la plaque de cuivre, au moyen de laquelle on constate immédiatement que l'huile répond à ces deux conditions : absence de matières siccatives ; — absence de principes acides.

Les tissus graisseux des herbivores, soumis à une température de 105 à 110 degrés, produisent le *suif*. Le meilleur est celui de mouton. Les suifs, — formés de stéarine, de margarine et d'oléine, — sont solides à la température de 12 à 15 degrés, blancs ou légèrement jaunâtres. Ils se falsifient par addition de graisses de qualité inférieure, de flambart. On y ajoute quelquefois de l'eau, en l'incorporant dans la masse par un battage prolongé, et, enfin, des matières solides étrangères : fécule, kaolin, marbre blanc pulvérisé, sulfate de baryte, etc.

La présence des matières minérales et de la fécule se décèle facilement par la dissolution dans l'éther — qui ne dissout que le suif —, ou simplement en faisant bouillir le suif avec 10 pour 100 d'eau. On reconnaît la fécule en malaxant le suif avec de l'eau iodée, et ajoutant quelques gouttes d'acide sulfurique qui amènent une coloration bleue.

Si la matière grasse renferme de l'eau, en la pétrissant avec moitié de son poids de sulfate de cuivre desséché, la masse prend une teinte bleue ou verdâtre. Le poids de l'eau est donné par dessiccation du suif à l'étuve.

L'huile de palme, jaune orangé, a la consistance du beurre. Récemment extraite, elle fond à 27 degrés ; mais son point de fusion s'élève, avec le temps, jusqu'à 34 et même 36 degrés. Elle se compose de 31 pour 100 de stéarine et 69 d'oléine.

L'huile de palme est non-seulement falsifiée, mais quelquefois même composée tout entière de *cire jaune*, d'*axonge* et de *suif de mouton* coloré avec du *curcuma*, et aromatisé avec de la *poudre d'iris*, odeur de l'huile véritable. En la traitant par l'éther, les corps gras sont dissous ; il reste le curcuma et l'iris.

Graissage des pièces du mécanisme. — On fait usage, pour le graissage des pièces de machine, d'huile de pied de bœuf et d'huile d'olive ou de colza mélangée de suif ou autres matières grasses ayant pour but de l'épaissir, de suif pour le graissage des pistons, des tiroirs, et de toutes les parties exposées à une température élevée.

L'huile de pied de bœuf se trouve rarement pure dans le commerce. On la falsifie par addition d'huile de baleine ou d'huile d'œillette. L'oléomètre de Lefebvre peut servir encore à déceler les fraudes. Une série de réactions indiquées dans l'ouvrage de M. Château feront reconnaître plus exactement la présence des huiles étrangères, leur nature et leur proportion.

Huiles d'éclairage. — On peut employer à l'éclairage, soit les huiles végétales, et principalement l'huile de colza épurée, dont nous avons donné les propriétés et les caractères distinctifs, soit les huiles minérales. La nature spéciale et la faible densité de ces derniers produits rendent leur adultération difficile. Les huiles de schiste, dont l'odeur est très-persistante, ne brûlent pas avec autant de facilité que les huiles de pétrole, auxquelles on donnera toujours la préférence.

La densité de l'huile de pétrole doit être 0,800. Mais cette densité n'est pas toujours une preuve de bonne qualité de l'huile employée, car on peut l'obtenir par des mélanges frauduleux d'huiles lourdes et d'essences légères. Or, il suffit d'une très-faible quantité d'essence pour augmenter l'inflammabilité du produit et en rendre l'usage dangereux dans des mains inexpérimentées. Ce dernier point surtout réclame une appréciation sévère ; on fera usage, à cet effet, des appareils connus sous le nom de *naphtomètres*. La température de 35 degrés est considérée comme limite pour le point d'inflammation de ces huiles. Enfin, on s'assure, par un essai dans une lampe, que l'huile a été bien épurée, et qu'elle brûle à fond sans charbonner la mèche.

FIN DU TOME TROISIÈME.

Paris. — Typographie Hennuyer et fils, rue du Boulevard, 7.

AVIS AU RELIEUR.

Placer page 88 les trois tableaux des Machines locomotives et Tenders de l'Exposition universelle de 1867.

Page 321, le tableau des Voitures et wagons de l'Exposition universelle de 1867.

Page 297, la planche XX.

Page 511, la planche XXI.

Page 528, la planche XXII.

www.ingramcontent.com/pod-product-compliance
Lightning Source LLC
Chambersburg PA
CBHW031437210326
41599CB00016B/2033